Arbeitsbuch zur Elektrotechnik 2

Springer

*Berlin
Heidelberg
New York
Barcelona
Budapest
Hongkong
London
Mailand
Paris
Santa Clara
Singapur
Tokio*

Reinhold Paul, Steffen Paul

Arbeitsbuch zur Elektrotechnik 2

Mit 299 Abbildungen und 111 Tafeln

 Springer

Prof. Dr.-Ing. Reinhold Paul

Technische Universität Hamburg-Harburg
Arbeitsbereich Technische Elektronik
Eißendorfer Straße 38
21073 Hamburg

Dr.-Ing. Steffen Paul

Lehrstuhl für Netzwerktheorie
und Schaltungstechnik
TU München
80290 München

ISBN-13:978-3-540-59485-7   e-ISBN-13:978-3-642-79860-3
DOI: 10.1007/978-3-642-79860-3

Die Deutsche Bibliothek - CIP-Einheitsaufnahme
Paul, Reinhold: Arbeitsbuch zur Elektrotechnik 2 / Reinhold Paul; Steffen Paul.
Berlin; Heidelberg; New York; Barcelona; Budapest; Hongkong; London; Mailand;
Paris; Santa Clara; Singapur; Tokio: Springer, 1996
ISBN-13:978-3-540-59485-7
NE: Paul Steffen

Die Wiedergabe von Gebrauchsnamen, Handelsnamen, Warenbezeichnungen usw. in diesem Werk
berechtigt auch ohne besondere Kennzeichnung nicht zu der Annahme, daß solche Namen im Sinne der
Warenzeichen- und Markenschutz-Gesetzgebung als frei zu betrachten wären und daher von jedermann
benutzt werden dürften.

Sollte in diesem Werk direkt oder indirekt auf Gesetze, Vorschriften oder Richtlinien (z.B. DIN, VDI,
VDE) Bezug genommen oder aus ihnen zitiert worden sein, so kann der Verlag keine Gewähr für
Richtigkeit, Vollständigkeit oder Aktualität übernehmen. Es empfiehlt sich, gegebenenfalls für die
eigenen Arbeiten die vollständigen Vorschriften oder Richtlinien in der jeweils gültigen Fassung
hinzuzuziehen.

Satz: Reproduktionsfertige Vorlagen vom Autor
SPIN: 10503034   68/3020 - 5 4 3 2 1 0 - Gedruckt auf säurefreiem Papier

Vorwort

Im Zusammenhang mit den Lehrbüchern "Elektrotechnik 1 und 2" wurde
sehr oft nach Übungen und Material zur Prüfungsvorbereitung gefragt. Obwohl es verschiedene Aufgabensammlungen gibt, entschlossen wir uns, diesem
Wunsche nachzukommen und Trainingsmaterial auszuarbeiten.

Das vorliegende Arbeitsbuch hat drei Zielstellungen: Zum ersten soll das
physikalisch-technische Verständnis des Stoffes so gefördert werden, daß Formeln nicht als mathematische Zusammenhänge und Vorschriften betrachtet
werden, sondern *einen physikalischen Sachverhalt* präzise beschreiben. Aus
solcher Sicht sind dann "Formeln" jeweils Teile eines Ganzen, nämlich des
elektrotechnisch-physikalischen "Weltbildes". Dabei helfen vielfach Modell-
vorstellungen. Um dieses "Denken in Modellen und physikalischen Vorstellungen" zu üben, haben wir in einem separaten "Repetitorium Elektrotechnik"
die wichtigsten Sachverhalte zusammengestellt. Es sollte als roter Faden für
die Stoffwiederholung und Verflechtung dienen, nicht als Ersatz eines Lehrbuches.

Die zweite Zielstellung verfolgt die Anwendung des erlernten Stoffes auf
Problemstellungen, d.h. die Lösung von Übungsaufgaben. Gerade hier gibt
es immer wieder große Schwierigkeiten in folgenden Punkten: Erkennen des
physikalisch-technischen Problems, der wirkenden elektrotechnischen Gesetze
und ihrer logischen Verkettung so, daß schließlich mit den zugehörigen "Formeln" ein Lösungsansatz entsteht. Um diesen (nicht einfachen!) Schritt zu er-
leichtern, wurden Aufgaben unterschiedlichen Schwierigkeitsgrades gewählt.
Zusätzlich werden Lösungshinweise gegeben (als Hilfe zum Auffinden des An-
satzes) und ausführliche Lösungen vorgeführt. Die Diskussion erfolgt dort, wo
angebracht. So stellt der Leser sehr schnell selbst fest, wo Probleme auftreten und der Stoff vertieft werden muß. Thematisch konzentrieren sich die
Aufgaben auf Stoffschwerpunkte, die heute anerkannt zum Grundwissen des
Elektrotechnikers zählen.

Die dritte Zielstellung schließlich hat die Klausur und Prüfungsvorbereitung im Auge. Derartige Klausuren/Prüfungen sind für den Studierenden der
Elektrotechnik wohl die ersten Prüfungen des Fachgebietes.

Sie erfordern *anwendungsbereite* Fachkenntnisse. Um sie zu aktivieren,
werden zunächst Kontrollfragen gestellt mit einer (oder mehreren) richtigen
Antwort. So läßt sich der Kenntnisstand prüfen. Gleichzeitig haben wir auf
eine oder zwei Aufgaben verwiesen, mit denen erprobt werden kann, ob diese
Grundkenntnisse auch anwendungsbereit sind. So lernt man nicht nur den

jeweiligen Kenntnisstand abzuschätzen, sondern erhält auch ein Gefühl, ob die Klausurvorbereitung ausreicht.

Das vorliegende Arbeitsbuch konzentriert sich auf Netzwerke unter verschiedenen Anregungsbedingungen und grundlegende Systemeigenschaften: Wechselstromtechnik und Mehrphasensysteme im Zeit- und Frequenzbereich (Abbildung sinusförmiger Größen durch komplexe Zeitfunktionen) mit zugeordneten Darstellungshilfen (Zeiger, Ortskurve, Bode-Darstellung), Vertiefung der Netzwerkanalyseverfahren (aufbauend auf Arbeitsbuch 1), insbesondere durch Einführung gesteuerter Quellen und des Operationsverstärkers, der Vierpolbetrachtungen, des Superknoten- und Supermaschenkonzeptes sowie einfacher nichtlinearer Netzwerkelemente. Immer mehr setzen sich auch die Zustandsgleichungen durch.

Weitere Schwerpunkte sind Fourierreihe und die grundlegenden Transformationsverfahren: Fourier-Transformation, Laplace-Transformation zusammen mit Einschwingvorgängen und speziellen Anregungen (Impuls- Sprungantwort).

Mit diesen Themengruppen schließt dieser Aufgabenteil in der Folge lose an das Lehrbuch "Elektrotechnik 2" an, ist aber auch mit dem Stoffzugang anderer Lehrbücher kompatibel. Bezüge zum Lehrbuch "Elektrotechnik 2" tragen die Kennzeichnung II/Gl.Nr, Bezüge zum Repetitorium die Gleichungsbenennung III/Gl.Nr.

Weil nichts abgeschlossen ist, sind wir für Anregungen und Verbesserungen stets dankbar, um so möglichst vielen Studenten ein praktisches Hilfsmittel zur Erlernung des Grundgebietes Elektrotechnik an die Hand zu geben.

Unser Dank gilt dem Springer Verlag, insbesondere Herrn T. Lehnert für Anregungen zur Abfassung des vorliegenden Buches, ebenso Herrn B. Huhn und seinen Mitarbeitern für die kamerafertige Umsetzung des Manuskripts und Frau R. Schmidt für die unermüdliche Anfertigung der Bilder.

Der Zweitautor dankt Herrn Prof. Dr. J. A. Nossek, TU München, für das wohlwollende Verständnis zu dieser Arbeit.

Hamburg,   Reinhold Paul,
München, 1996   Steffen Paul

Inhaltsverzeichnis

B   Selbstkontrolle

Teil A

Aufgaben und Lösungen

7. Wechselstromtechnik

7.1 Sinusgrößen, Effektivwerte

Aufgabe 7.1/1 Effektivwert

An einem Widerstand $R = 10\,\Omega$ liegt eine Gleichspannung $U = 10\,\mathrm{V}$.

a) Welche Amplituden U_0 müssen die Zeitverläufe nach Bild 7.1/1 jeweils haben, wenn im Widerstand R im zeitlichen Mittel die gleiche Leistung wie im Gleichstromfall umgesetzt werden soll? Welche physikalische Erklärung folgt daraus für den Effektivwert?

b) Warum unterscheidet sich das Ergebnis für Bild 7.1/1a nicht von der Vorgabe der Aufgabenstellung?

c) Welcher Unterschied besteht zwischen den Bildern 7.1/1c, d sowie zwischen 7.1/1e, f?

d) Bestimmen Sie die Integrale

$$\frac{1}{2\pi} \int_0^{2\pi} \hat{U}_0 \sin(\omega t)\,\mathrm{d}\omega t, \quad \frac{1}{2\pi} \int_0^{2\pi} \hat{U}_0 \sin^2(\omega t)\,\mathrm{d}\omega t.$$

Veranschaulichen Sie das letzte Integral: Tragen Sie $\sin^2 \omega t$ für eine Periode auf (qualitative Skizze aus dem Verlauf $\sin \omega t$, auf Stellen $\omega t = 0$, π, 2π achten!) Was bedeutet die Integration?

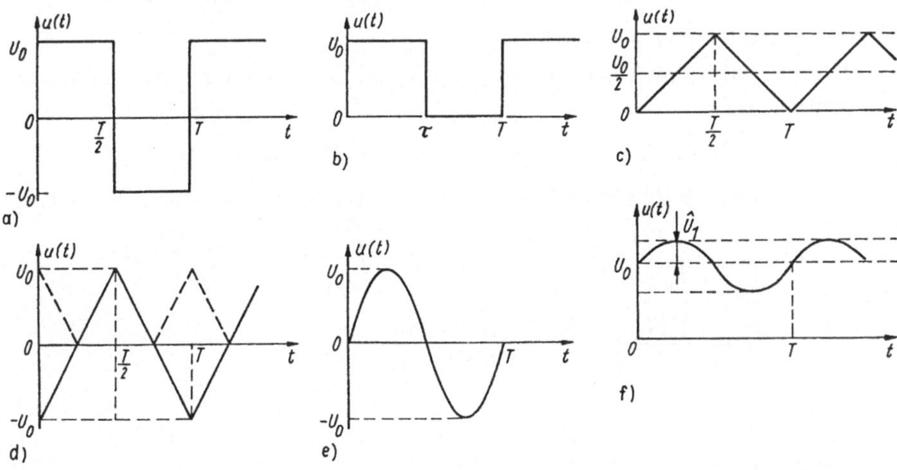

Bild 7.1/1

Hinweis: Wir gehen von der Definitionsgleichung des Effektivwertes aus, formulieren die Verläufe $u(t)$ und berechnen die Integrale (II/Abschn. 5.2.3).

Lösung:

a) b) Die Gleichwertigkeit der Gleichleistung $P = U^2/R$ mit dem Leistungsmittelwert

$$\bar{p}(t) = \frac{1}{T} \int_0^T \frac{u^2(t)}{R}\, \mathrm{d}t = \frac{U_{\mathrm{eff}}^2}{R}$$

führt zur Effektivwertdefinition $U_{\mathrm{eff}}^2 = \frac{1}{T} \int_0^T u^2(t)\, \mathrm{d}t$. Die Integration kann über n Perioden erfolgen, wegen der Periodizität reicht eine Periodenlänge.

Effektivwert der Spannung = mittlere Leistung $\bar{p}$ umgesetzt im Widerstand R so, als ob eine entsprechende Gleichstromleistung $P = \bar{p}(t)$ anliegen würde. Für die Einzelbilder gelten:

Bild a): Die Spannung $u(t)$ hat im Bereich $0 < t < \frac{T}{2}$ den betragsgleichen Verlauf wie im Intervall $\frac{T}{2} < t < T$. Daher gilt $U_{\mathrm{eff}} = U_0$ (durch $u^2(t)$ entfällt das Vorzeichen der zweiten Halbperiode).

Bild b): Ist $u(t)$ nur im Bereich $0 < t < \tau$ von Null verschieden, so gilt

$$TU_{\mathrm{eff}}^2 = \int_0^\tau u^2(t)\, \mathrm{d}t = U_0^2\tau, \quad \text{also } U_{\mathrm{eff}} = U_0\sqrt{\frac{\tau}{T}}. \tag{1}$$

Bild c): Wir formulieren $u(t)$ in den Zeitbereichen $0 < t < \frac{T}{2}$ und $\frac{T}{2} < t < T$:

$$u(t) = U_0 \frac{t}{T} \cdot 2 \quad (0 < t < T/2)$$

$$u(t) = 2U_0 \left(1 - \frac{t}{T}\right) \quad (T/2 < t < T).$$

Der Effektivwert lautet

$$TU_{\mathrm{eff}}^2 = U_0^2 \int_0^{T/2} 2^2 \left(\frac{t}{T}\right)^2 \mathrm{d}t + U_0^2 \int_{T/2}^T 2\left(1 - \frac{t}{T}\right)^2 \mathrm{d}t = 2U_0^2 \frac{T}{6}. \tag{2}$$

Daraus folgt $U_{\mathrm{eff}} = \frac{U_0}{\sqrt{3}}$.

Bild d): Mit dem Ansatz $u(t) = at + b$ und Bestimmung von a, b folgt als Zeitverlauf

$$u(t) = U_0(4t/T - 1) \quad 0 \le t \le T/2, \quad u(t) = U_0(3 - 4t/T).$$

und sinngemäß für die zweite Halbperiode rechts. Der Effektivwert beträgt

$$TU_{\mathrm{eff}}^2 = \int_0^{T/2} U_0^2 \cdot \left(\frac{4t}{T} - 1\right)^2 \mathrm{d}t + \int_{T/2}^T U_0^2 \left(3 - \frac{4t}{T}\right)^2 \mathrm{d}t$$

$$= \frac{U_0^2 T}{6} + \frac{U_0^2 T}{6} \rightarrow U_{\mathrm{eff}} = \frac{U_0}{\sqrt{3}}.$$

Durch die Substitution $z = 4t/T - 1$ bzw. $z' = 3 - 4t/T$ ist die Gleichheit beider Integrale leicht zu zeigen (s. Bild 7.1/1c). Durch Umklappen der negativen $u(t)$-Bereiche ergibt sich die Zeitfunktion nach Bild 7.1/1c (Zeitmaßstab um Faktor 2 vergrößert).

Bild e): Es folgt mit $u(t) = U_0 \sin \omega t \rightarrow$

$$TU_{\text{eff}}^2 = U_0^2 \int_0^T \sin^2 \omega t \, \mathrm{d}t = U_0^2 \int_0^T \left(\frac{1}{2} - \frac{1}{2} \cos 2\omega t \right) \mathrm{d}t = U_0^2 \frac{T}{2}. \quad (3)$$

Bild f): Es gilt

$$\begin{aligned}
TU_{\text{eff}}^2 &= \int_0^T \left(U_0 + \hat{U}_1 \sin \omega t \right)^2 \mathrm{d}t \\
&= \int_0^T \left(U_0^2 + 2U_0\hat{U}_1 \sin \omega t + \hat{U}_1^2 \sin^2 \omega t \right) \mathrm{d}t \\
&= U_0^2 T + \hat{U}_1^2 \frac{1}{2}T, \quad (4)
\end{aligned}$$

d.h. $U_{\text{eff}} = \sqrt{U_0^2 + \frac{\hat{U}_1^2}{2}} = \sqrt{U_0^2 + U_{1\text{eff}}^2}$.

$\rightarrow$ Geometrische Addition der Effektivwerte der Einzelkomponenten.

c) Der Unterschied der Bilder c und d drückt sich nicht im Ergebnis aus, denn durch eine Mittelpunktlinie $U_0/2$ (Bild c) und Amplitudenverdopplung kann Bild c in Bild d durch Achsenverschiebung überführt werden. Die Bilder e und f unterscheiden sich nur durch Zugabe eines weiteres Effektivwertes $U_0 \rightarrow$ Achsenverschiebung.

d) Während Integrale der Form $\int_0^{2\pi} \sin x \, \mathrm{d}x$ grundsätzlich verschwinden (positive und negative Flächen heben sich auf), ergibt die Funktion $\sin^2 x$ positive Werte mit einem Flächenmittelwert $1/2$.

Aufgabe 7.1/2 Effektivwert

Man berechne die Effektivwerte folgender Ströme:

a) $i(t) = \hat{I} \cos(\omega t + \varphi_{\text{i}})$, $\hat{I} = 5\,\text{A}$, $\varphi_{\text{i}} = 30°$
b) $i(t) = I_1 + \hat{I}_2 \cos \omega t$, $I_1 = 1\,\text{A}$, $\hat{I}_2 = 1\,\text{A}$
c) $i(t) = \hat{I}_1 \cos \omega t + \hat{I}_2 \sin \omega t$, $\hat{I}_1 = 6\,\text{A}$, $\hat{I}_2 = 10\,\text{A}$
d) $i(t) = \hat{I}_1 \cos \omega t + \hat{I}_2 \cos \omega t$, $\hat{I}_1 = 6\,\text{A}$, $\hat{I}_2 = 10\,\text{A}$
e) $i(t) = I_1 + \hat{I}_2 \cos(\omega_1 t + \varphi_1) - \hat{I}_3 \sin \omega_2 t + \hat{I}_4 \cos \omega_1 t$, $I_1 = 1\,\text{A}$, $\hat{I}_2 = 2\,\text{A}$, $\hat{I}_3 = 3\,\text{A}$, $\hat{I}_4 = 2\,\text{A}$, $\varphi_1 = -45°$, $\omega_1 \neq \omega_2$.

Hinweis: Wir gehen von der Effektivwertdefinition II/Gl.(5.58) aus.

Lösung:

a) Mit der Effektivwertdefinition folgt

$$I_{\text{eff}}^2 = \frac{1}{T} \int_0^T \hat{I}^2 \cos^2 (\omega t + \varphi_{\text{i}}) \, \mathrm{d}t = \frac{\hat{I}^2}{2} \rightarrow I_{\text{eff}} = \frac{\hat{I}}{\sqrt{2}} = \frac{5\,\text{A}}{\sqrt{2}} = 3,53\,\text{A}.$$

Das Ergebnis gilt auch für eine Sinusfunktion unabhängig vom Phasenwinkel.

b) Ist dem Wechselstrom noch ein Gleichstrom überlagert, so gilt

$$I_{\text{eff}}^2 = \frac{1}{T} \int_0^T (I_1 + \hat{I}_2 \cos \omega t)^2 \, \mathrm{d}t = \frac{1}{T} \left(I_1^2 T + \hat{I}_2^2 \frac{T}{2} \right) = I_1^2 + \frac{\hat{I}_2^2}{2} \quad (1)$$

oder $I_{\text{eff}}^2 = I_{\text{eff1}}^2 + I_{\text{eff2}}^2 = 1\,\text{A}^2 + 1/\sqrt{2}^2\,\text{A}^2 = 1,22\,\text{A}$. Für Ströme unterschiedlicher Frequenz ist der Gesamteffektivwert die geometrische Summe der Einzeleffektivwerte.

c) Ein Strom gleicher Frequenz mit sin- und cos-Komponente führt auf

$$I_{\text{eff}}^2 = \frac{1}{T} \int_0^T \left(\hat{I}_1 \cos\omega t + \hat{I}_2 \sin\omega t \right)^2 \, dt,$$

oder

$$I_{\text{eff}}^2 = I_{\text{eff1}}^2 + I_{\text{eff2}}^2 + I_{\text{eff1}} I_{\text{eff2}} \cos(\varphi_1 - \varphi_2). \tag{2}$$

Da die Phasendifferenz beider Komponenten $90°$ beträgt ($\cos\omega t = \sin(\omega t + \pi/2)$), verschwindet der letzte Term und es verbleibt

$$I_{\text{eff}}^2 = I_{\text{eff1}}^2 + I_{\text{eff2}}^2 = \left(\left(\frac{6}{\sqrt{2}} \right)^2 + \left(\frac{10}{\sqrt{2}} \right)^2 \right) \text{A}^2 = 68\,\text{A}^2; \quad I_{\text{eff}} = 8,24\,\text{A}.$$

Beide Komponenten tragen wie in Aufg. b) geometrisch zum Gesamtwert bei.

d) Die Ströme gleicher Frequenz, deren Komponenten zueinander nicht phasenverschoben sind, haben mit $i(t) = \hat{I}_1 \cos\omega t + \hat{I}_2 \cos\omega t = (\hat{I}_1 + \hat{I}_2) \cos\omega t$ den Effektivwert

$$I_{\text{eff}}^2 = \frac{(\hat{I}_1 + \hat{I}_2)^2}{2}; \quad I_{\text{eff}} = \frac{(\hat{I}_1 + \hat{I}_2)}{\sqrt{2}} = \frac{(6 + 10)}{\sqrt{2}} \text{A} = 11,31\,\text{A}.$$

Jetzt trägt zum Effektivwert die Summe der Einzelamplituden arithmetisch bei!

e) Wir zerlegen zunächst den Strom in zuordenbare Komponenten (wegen $\cos(\omega t - \varphi_i) = \cos\omega t \cos\varphi_i - \sin\omega t \sin\varphi_i$) und erhalten

$$i(t) = I_1 + (\hat{I}_2 \cos\varphi_i + \hat{I}_4) \cos\omega_1 t - \hat{I}_2 \sin\varphi_i \sin\omega_1 t - \hat{I}_3 \sin\omega_2 t.$$

Zum Effektivwert tragen dann bei (vgl. Aufgabe c), b)):

$$I_{\text{eff}}^2 = I_1^2 + \left(\frac{\hat{I}_2 \cos\varphi_i + \hat{I}_4}{\sqrt{2}} \right)^2 + \left(\frac{\hat{I}_2 \sin\varphi_i}{\sqrt{2}} \right)^2 + \left(\frac{\hat{I}_3}{\sqrt{2}} \right)^2$$

$$= 1\,\text{A}^2 + \left(\frac{1,41 + 2}{\sqrt{2}} \right)^2 \text{A}^2 + \left(\frac{1,41}{\sqrt{2}} \right)^2 \text{A}^2 + \left(\frac{3}{\sqrt{2}} \right)^2 \text{A}^2$$

$$= 12,31\,\text{A}^2, \quad \text{d.h. } I_{\text{eff}} = 3,51\,\text{A}.$$

Aufgabe 7.1/3 Mittelwert. Effektivwert

a) Man bestimme den Mittelwert der Funktion $u(t)$ (Bild 7.1/3) allgemein und für $\hat{U} = 10\,\text{V}$, $T = 7\,\text{ms}$, $\tau = 1\,\text{ms}$.

b) Wie lautet $u(t)$ als normierte Kurve (u normiert auf $1\,\text{V}$, t normiert auf $1\,\text{ms}$).

c) Berechnen Sie den Effektivwert allgemein, für die gegebenen Zahlenwerte und die normierte Form.

Hinweis: Wir führen die Integration abschnittsweise durch und formulieren den entsprechenden Kurvenverlauf. Dabei dient als Ansatz $u(t) = at + b$ mit jeweils zu bestimmenden Konstanten a, b.

Lösung:

a) Der Kurvenverlauf lautet in den einzelnen Abschnitten:

$$0 \leq t \leq \tau : \qquad u(t) = \hat{U} t / \tau$$
$$\tau \leq t \leq 3\tau : \qquad u(t) = \hat{U}$$
$$3 \leq t \leq 4\tau = T_1 : \quad u(t) = \hat{U}((T_1 - t)/(T_1 - 3\tau)).$$

Damit lautet der arithmetische Mittelwert

$$\begin{aligned}
\overline{u} &= \frac{1}{T} \left(\int_0^\tau \hat{U} \frac{t}{\tau}\, dt + \int_\tau^{3\tau} \hat{U}\, dt + \int_{3\tau}^{T_1} \hat{U} \left(\frac{T_1 - t}{T_1 - 3\tau} \right) dt \right) \\
&= \hat{U} \left(\frac{\tau}{2T} + \frac{(3\tau - \tau)}{T} + \frac{T_1}{T} - \frac{1}{2T}(T_1 + 3\tau) \right)
\end{aligned} \tag{1}$$

und speziell für $T_1 = 4\tau$ ergibt sich $\overline{u} = \hat{U} \frac{3\tau}{T} = 4,28\,\text{V}$.

b) Die normierte Form (u bezogen auf 1 V, t auf 1 ms, $t' = t/1\text{ms}$) lautet

$$\overline{u}(t) = \frac{1}{7} \int_0^1 \frac{2 \cdot 10 t'}{1}\, dt' + \frac{1}{7} \int_1^3 10\, dt' = \frac{3 \cdot 10}{7} = 4,28.$$

Dabei wurde berücksichtigt, daß der Mittelwert von Abschnitt 3 dem ersten Abschnitt entspricht (Faktor 2, s. Diskussion).

Zur Gewinnung der normierten Form dividieren wir jede Größe durch die gewünschte Einheit und setzen dann Zahlenwert und Einheit in dieser Form ein, z.B. als erstes Glied von Gl.(1) rechts

$$\frac{\overline{u}}{1\,\text{V}} 1\,\text{V} = \frac{1\,\text{ms}}{T\,\text{ms}} \int_0^\tau \frac{\hat{U}\,1\,\text{V}}{1\,\text{V}} \cdot \frac{t \cdot \text{ms}}{\tau \cdot \text{ms}}\, dt \frac{\text{ms}}{\text{ms}} \quad \text{usw.}$$

Werden jetzt $\hat{U}$ in Volt, t, τ und T je in ms eingesetzt, so heben sich die Einheiten weg und es verbleiben nur die Zahlenwerte wie dargestellt.

Dimensionslose Gleichungen sind für die numerische Auswertung zwar notwendig, sollten aber erst am Ende einer Lösung aufgestellt werden, weil physikalische Größen nicht nur die Dimensionskontrolle, sondern auch bessere funktionelle Einsicht vermitteln. Es ist deshalb günstiger, normierte Größen einzuführen, die auf physikalische Größen selbst bezogen sind, z.B. auf eine Normierungszeit $t_0 :\to T' = T/t_0$; $t' = t/t_0$, $\tau' = \tau/t_0$; und eine Spannung U_0: $\hat{U}' = \hat{U}/U_0$. Dann wird

$$U_0 \overline{u}' = \frac{1}{T' t_0} \int_0^{t_0 \tau'} \hat{U}' U_0 \frac{t t_0'}{\tau' t_0} t_0\, dt' = \frac{U_0}{T'} \int_0^{\tau'} \hat{U}' \frac{t}{\tau'}\, dt',$$

d.h.

$$\overline{u}' = \frac{1}{T'} \int_0^{\tau'} \hat{U}' \frac{t'}{\tau'}\, dt'.$$

Über die Normierungsgrößen U_0, t_0 kann frei verfügt werden.

Diskussion: In Aufgabe a) verläuft die Spannung im Abschnitt 3 nach der gleichen Zeitfunktion wie in Abschnitt 1, nur abfallend. Da der Mittelwert die mittlere Fläche darstellt (und diese mit der des ersten Abschnittes übereinstimmt), entsteht der gleiche Mittelwert, wenn der erste Zeitabschnitt doppelt angesetzt wird:

$$\overline{u}(t) = \frac{1}{T}\left(2\int_0^{T}\hat{U}\frac{t}{T}\,\mathrm{d}t + \int_{\tau}^{3\tau}\hat{U}\,\mathrm{d}t\right) = \hat{U}\left(\frac{\tau}{T} + \frac{2\tau}{T}\right) = \hat{U}\cdot T\frac{3\tau}{T}. \tag{2}$$

c) Der Effektivwert folgt durch Quadrierung und Mittelung der einzelnen Abschnitte, dabei liefert Abschnitt 3 ($3\,\mathrm{ms} < t < T_1$) den gleichen Betrag wie Abschnitt 1. Wir erhalten

$$\begin{aligned}
U_{\mathrm{eff}}^2 &= \frac{2}{T}\int_0^{\tau}\hat{U}^2\left(\frac{t'}{\tau}\right)^2\mathrm{d}t' + \frac{1}{T}\int_{\tau}^{3\tau}\hat{U}^2\,\mathrm{d}t' = \hat{U}^2\left(\frac{2\tau}{3T} + \frac{2\tau}{T}\right) \\
&= \hat{U}^2\frac{8\tau}{3T} = 100\,\mathrm{V}^2\cdot\frac{8}{3\cdot7} = 38,09\,\mathrm{V}^2.
\end{aligned}$$

Die normierte Darstellung wird entsprechend berechnet.

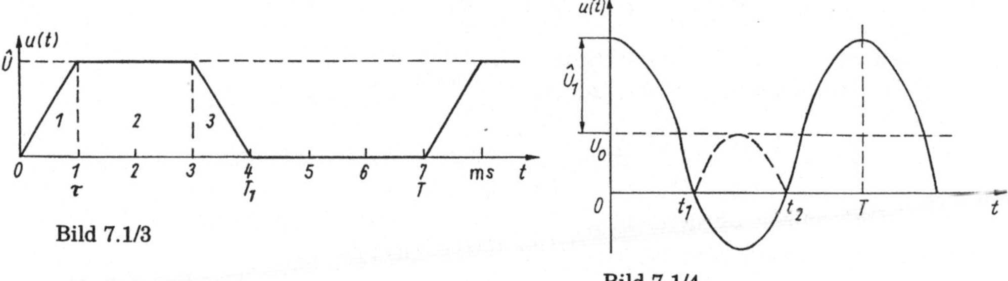

Bild 7.1/3

Bild 7.1/4

Aufgabe 7.1/4 Gleichrichtwert

a) Bestimmen Sie den Gleichrichtwert der Spannung $u(t) = U_0 + \hat{U}_1\cos\omega t$ mit $\hat{U}_1 > |U_0|$ allgemein.

b) Welche Werte stellen sich für $U_0 = 1\,\mathrm{V}$, $\hat{U}_1 = 2\,\mathrm{V}$ ein?

Hinweis: Man gehe von der Definition II/Gl.(5.57) aus und überlege, wie die Betragsbildung durchgeführt werden kann. Dabei ist zu beachten, daß durch den Gleichanteil U_0 positive und negative Funktionsanteile verschieden sind. Skizzieren Sie den Verlauf $u(t)$ ($U_0 > 0$).

Lösung:

a) Im Funktionsverlauf (Bild 7.1/4) liegt für die Bedingung $\hat{U}_1 > |U_0|$ zwischen den Zeitpunkten t_1, t_2 ein Bereich mit $u(t) < 0$ vor. Bei Betragsbildung erhält dieser Bereich $u(t)$ positives Vorzeichen. Dazu müssen die Nullstellen t_1, t_2 bestimmt werden

$$u(t) = 0 = U_0 + \hat{U}_1\cos\omega t_1 \rightarrow \omega t_1 = \arccos\left(-\frac{U_0}{\hat{U}_1}\right). \tag{1}$$

Wegen $\cos\alpha = \cos(-\alpha)$ gibt es noch eine zweite Nullstelle t_2 bei $\cos(-\omega t_2) = -U_0/\hat{U}_1$, d.h.

$$\omega t_2 = -\arccos\left(-\frac{U_0}{\hat{U}_1}\right). \tag{2}$$

(Die Funktion $u(t)$ hat innerhalb der Periodendauer entweder keine Nullstelle (für $|U_0| > \hat{U}_1$) oder zwei für $|U_0| < \hat{U}_1$, Bild 7.1/4).

Mit den Nullstellen t_1, t_2 kann der Gleichrichtwert notiert werden:

$$T\overline{|u|} = \int_0^{t_1}u(t)\,\mathrm{d}t - \int_{t_1}^{t_2}u(t)\,\mathrm{d}t + \int_{t_2}^{T}u(t)\mathrm{d}t. \tag{3}$$

Das negative Vorzeichen im zweiten Integral berücksichtigt das "Umklappen" der Kurve. Die Auswertung ergibt mit $\int (U_0 + \hat{U}_1 \cos \omega t)\, \mathrm{d}t = U_0 t + \hat{U}_1/\omega \sin \omega t$

$$T\overline{|u|} = \left(U_0 t + \frac{\hat{U}_1}{\omega} \sin \omega t \right)\Bigg|_0^{t_1} - \left(U_0 t + \frac{\hat{U}_1}{\omega} \sin \omega t \right)\Bigg|_{t_1}^{t_2}$$

$$+ \left(U_0 t + \frac{\hat{U}_1}{\omega} \sin \omega t \right)\Bigg|_{t_2}^{T}$$

schließlich (mit Zwischenrechnung)

$$\overline{|u|} = U_0 \left(1 - \frac{2(t_2 - t_1)}{T} \right) + \frac{\hat{U}_1}{\pi} \left(\sin \omega t_1 - \sin \omega t_2 \right). \tag{4}$$

Diskussion/Kontrolle: Für $U_0 = \hat{U}_1$ fallen beide Zeitpunkte zusammen: $\overline{|u|} = U_0$. Wegen des stets positiven Wertes $u(t)$ können dann Betragsstriche entfallen. Der arithmetische Mittelwert einer harmonischen Funktion mit überlagertem Gleichanteil ist stets der Gleichanteil U_0.
Für $U_0 = 0$ lauten die beiden "Schnittzeiten" t_1, t_2: $\omega t_1 = \pi/2$ und $\omega t_2 = 3/2\pi$, damit wird

$$\overline{|u|} = \frac{\hat{U}_1}{\pi} \left(\sin \frac{\pi}{2} - \sin \frac{3\pi}{2} \right) = \frac{2\hat{U}_1}{\pi}. \tag{5}$$

Das ist der Gleichrichtwert einer Sinusspannung.
b) Zur Berechnung der Zahlenwerte sind die "Schnittzeiten" t_1, t_2 zu bestimmen. Wir erhalten aus Gl.(1), (2)

$$\omega t_1 = \arccos(-U_0/\hat{U}_1) = \arccos(-1/2) = 120° \,\hat{=}\, 2/3\pi$$

$$\omega t_2 = -\arccos(-U_0/\hat{U}_1) = -\arccos(-1/2) = -120° \,\hat{=}\, 4/3\pi \tag{6}$$

Die Lösungssymmetrie ist aufgrund des Kurvenverlaufes zu erwarten. Die Zahlenwerte lauten nach Gl.(4)

$$\overline{|u|} = 1\,\mathrm{V} \left(1 - 2\frac{4\pi/3 - 2\pi/3}{2\pi} \right) + \frac{2\,\mathrm{V}}{\pi} \left(\sin \frac{2}{3}\pi - \sin \frac{4}{3}\pi \right)$$

$$= \left(\frac{1}{3} + \frac{2\sqrt{3}}{\pi} \right) V = 1,43\,\mathrm{V}.$$

Diskussion: Durch die Gleichkomponente verschiebt sich der Gleichrichtwert zwischen $2/\pi \cdot \hat{U}_1$ für reine Wechselspannung und $\hat{U}_1$ für $|U_0| = \hat{U}_1$. Grundsätzlich läßt sich der Verlauf mit Gl.(1),(2),(4) numerisch ermitteln. Derartige Kurven liegen für sog. Gleichrichterschaltungen mit Vorspannung vor, bei denen dieses Problem auftritt.

Aufgabe 7.1/5 Effektivwert

Bestimmen Sie die Mittel- und Effektivwerte der in Bild 7.1/5a, b gegebenen Spannungsverläufe $u(t)$.
Hinweis: Zur Berechnung nach den Definitionsgleichungen II/Gl.(5.56), (5.58) ist die abschnittsweise Formulierung der Kurven durchzuführen.

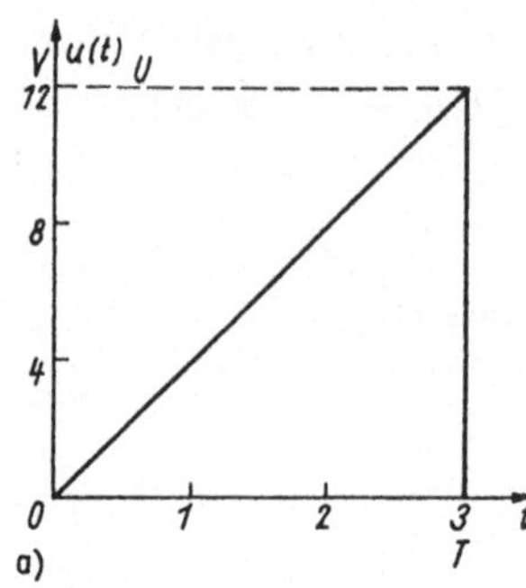
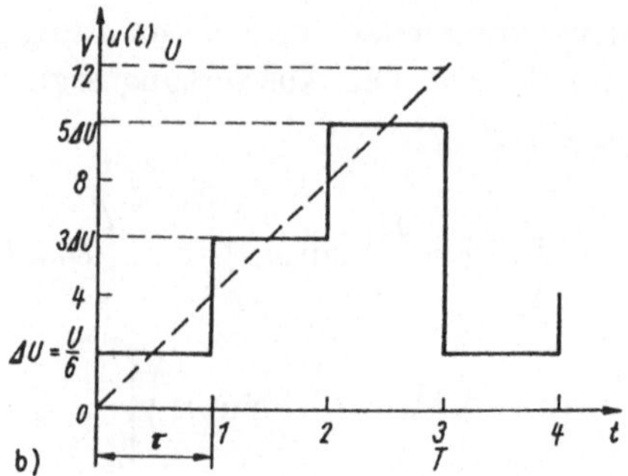

Bild 7.1/5

Lösung:

a) Der Zeitverlauf (Bild 7.1/5a) lautet im gesamten Integrationsintervall $(0 \leq t \leq T)$: $u(t) = Ut/T$. Er hat den (linearen) Mittelwert

$$\bar{u} = \frac{1}{T} \int_0^T u(t)\, \mathrm{d}t = \frac{U}{T} \int_0^T \frac{t}{T}\, \mathrm{d}t = \frac{U}{T^2} \frac{T^2}{2} = \frac{U}{2}. \tag{1}$$

Für Bild 7.1/5b muß die Integration schrittweise erfolgen. Dabei ist die Gesamtspannung U in sechs gleiche Teile $\Delta U = U/6$ unterteilt. Es ergibt sich mit dem Zeitintervall $\tau = T/3$:

$$\bar{u} = \frac{1}{T} \int_0^T u(t)\, \mathrm{d}t = \frac{1}{T} \left(\int_0^\tau \frac{U}{6}\, \mathrm{d}t + \int_\tau^{2\tau} \frac{3}{6}U\, \mathrm{d}t + \int_{2\tau}^{3\tau} \frac{5}{6}U\, \mathrm{d}t \right)$$

$$= \frac{U}{T} \left(\frac{\tau}{6} + \frac{3}{6}\tau + \frac{5}{6}\tau \right) = \frac{U \cdot 9}{T \cdot 6}\tau = \frac{U}{2}. \tag{2}$$

Im Ergebnis unterscheiden sich beide Lösungen nicht, m.a.W. ist die Treppenkurve eine "Schnittapproximation" des genauen Verlaufes.

b) Der Effektivwert lautet für Bild 7.1/5a

$$U_{\text{eff}}^2 = \frac{1}{T} \int_0^T u^2(t)\, \mathrm{d}t = \frac{1}{T} \int_0^T U^2 \left(\frac{t}{T} \right)^2 \mathrm{d}t = \frac{U^2 \cdot t^3}{T^3 \cdot 3} \bigg|_0^T = \frac{U^2}{3},$$

d.h. $U_{\text{eff}} = \frac{12\,\text{V}}{\sqrt{3}} = 6,928\,\text{V}$.

Für die Approximationskurve Bild 7.1/5b erhalten wir:

$$U_{\text{eff}}^2 = \frac{1}{T} \int_0^T u^2(t)\, \mathrm{d}t$$

$$= \frac{1}{T} \left(\int_0^\tau \left(\frac{U}{6} \right)^2 \mathrm{d}t + \int_\tau^{2\tau} \left(\frac{3U}{6} \right)^2 \mathrm{d}t + \int_{2\tau}^{3\tau} \left(\frac{5U}{6} \right)^2 \mathrm{d}t \right)$$

$$= \frac{U^2}{T6^2} (\tau + 9\tau + 25\tau) = \frac{U^2 \cdot 35\tau}{36 \quad T}$$

oder mit $\tau = T/3$: $U_{\text{eff}} = \frac{U}{\sqrt{3}}\sqrt{\frac{35}{36}} = 6,83\,\text{V}$. Gegenüber dem genauen Zeitverlauf nähert die "Treppenstufe" recht gut. Der Unterschied verkleinert sich mit feiner werdender Unterteilung ΔU. Derartige Näherungs-verläufe werden in sog. AD-Wandlern benutzt.

7.2 Netzwerkgleichung im Zeitbereich

Aufgabe 7.2/1 Netzwerk-Differentialgleichung, *RL*-Anordnung

a) Stellen Sie für die Schaltung Bild 7.2/1 die Netzwerk-Differentialgleichung des Stromes $i(t)$ auf (R, L, ω, $\hat{U}_q$ gegeben).

b) Bestimmen Sie den Strom mit einem Ansatz $i(t) = \hat{I}\cos(\omega t + \varphi_i)$. Wie lauten die Teilspannungen u_R, u_L? Gilt die Spannungsteilerregel z.B. für die Spannung u_L?

c) Diskutieren Sie den Quotienten $\frac{u_q(t)}{i(t)}$ für unterschiedliche Zeitpunkte.

d) Berechnen Sie $\hat{I}$ und φ_i für $\hat{U}_q = 10\,\text{V}$; $R = 5\,\Omega$; $\omega L = 10\,\Omega$.

e) Skizzieren Sie die Verläufe u_q, φ_i, u_R, u_L im Liniendiagramm.

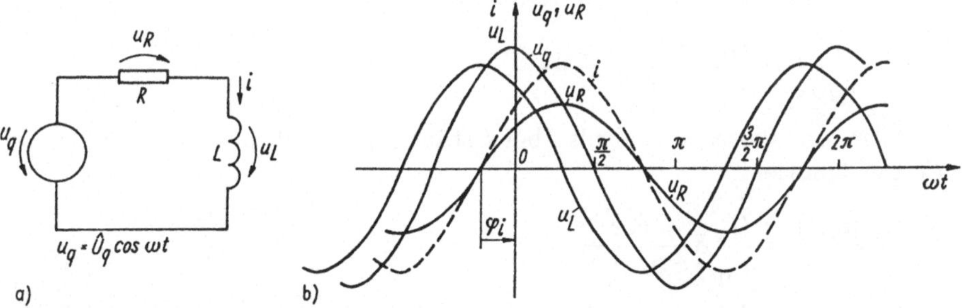

Bild 7.2/1

Hinweis: Wir gehen nach der Lösungsmethodik II/Abschn. 6.1.2.2 vor und stellen zunächst die Netzwerk-Differentialgleichung mit dem Maschensatz und den u-i-Beziehungen der Grundelemente auf.

Lösung:

a) Der Maschensatz liefert $u_L + u_R = u_q$, mit den u-i-Beziehungen der Netzwerkelemente also

$$L\frac{di}{dt} + iR = \hat{U}_q \cos\omega t. \tag{1}$$

Das ist die gesuchte Netzwerk-Differentialgleichung. Zur Gewinnung ihrer stationären (= eingeschwungenen) Lösung treffen wir den Ansatz $i(t)$ (s.o.).

b) Da im eingeschwungenen Zustand ein Sinusstrom (gleiche Frequenz, unbekannte Amplitude und Phase) fließt, setzen wir gleichwertig an (mit $\cos(u + v) = \cos u \cos v - \sin u \sin v$):

$$i = A\cos\omega t + B\sin\omega t = \hat{I}(\cos\varphi_i \cos\omega t - \sin\varphi_i \sin\omega t)$$

und erhalten durch Einsetzen in Gl.(1) links:

$$L(-\omega A \sin\omega t + \omega B \cos\omega t) + R(A\cos\omega t + B\sin\omega t) = \hat{U}_q \cos\omega t. \tag{2}$$

Zur Erfüllung der Gleichung ergibt der Koeffizientenvergleich (sin-, cos-Glieder links und rechts) die beiden Gleichungen

$$AR + \omega LB = \hat{U}_\mathrm{q} \quad \text{und} \quad -\omega LA + RB = 0 \tag{3}$$

mit den Lösungen

$$A = \frac{R\hat{U}_\mathrm{q}}{R^2 + (\omega L)^2} = \hat{I}\cos\varphi_\mathrm{i}; \quad B = \frac{\omega L\hat{U}_\mathrm{q}}{R^2 + (\omega L)^2} = -\hat{I}\sin\varphi_\mathrm{i}. \tag{4}$$

Wir fassen jetzt $i(t)$ wieder zu $\hat{I}\cos(\omega t + \varphi_\mathrm{i})$ zusammen und erhalten mit Gl.(4)

$$\hat{I} = \frac{\hat{U}_\mathrm{q}}{\sqrt{R^2 + (\omega L)^2}} = \frac{\hat{U}_\mathrm{q}}{Z}; \quad \tan\varphi_\mathrm{i} = -\frac{\omega L}{R} \tag{5}$$

mit dem Scheinwiderstand $Z = \sqrt{R^2 + (\omega L)^2}$. Die Teilspannungen ergeben sich zu $u_\mathrm{R} = iR$; $u_\mathrm{L} = L\frac{di}{dt}$.

Die Spannungsteilerregel für $u_\mathrm{L}(t)$ z.B. als Funktion von $u_\mathrm{q}(t)$ kann im Zeitbereich *nicht* angesetzt werden, denn aus

$$\frac{u_\mathrm{L}(t)}{u_\mathrm{q}(t)} = \frac{\hat{U}_\mathrm{L}}{\hat{U}_\mathrm{q}}\frac{\cos(\omega t + \varphi_{u_\mathrm{L}})}{\cos\omega t}$$

folgt, daß dieses Verhältnis über t ständig schwanken würde.

c) Der Quotient

$$\frac{u_\mathrm{q}(t)}{i(t)} = \frac{\hat{U}_\mathrm{q}}{\hat{U}_\mathrm{q}}Z\frac{\cos\omega t}{\cos(\omega t + \varphi_\mathrm{i})}$$

hat zwar als "Amplitude" den Scheinwiderstand Z, zufolge der Zeitfunktion schwankt er ständig (zwischen $\pm\infty$!), ist also *nicht* definiert.

d) Die Zahlenwerte führen auf

$$Z = \sqrt{R^2 + (\omega L)^2} = \sqrt{5^2 + 10^2}\,\Omega = 11,18\,\Omega$$

$$\varphi_\mathrm{i} = -\arctan\frac{\omega L}{R} = -\arctan\frac{10}{5} = -63,43°$$

$$\hat{I} = \frac{\hat{U}_\mathrm{q}}{Z} = \frac{10\,\mathrm{V}}{11,18\,\Omega} = 0,894\,\mathrm{A}.$$

e) Die Zeitverläufe wurden in Bild 7.2/1b skizziert, stets gilt $u_\mathrm{R} + u_\mathrm{L} = u_\mathrm{q}$ zu jedem Zeitpunkt.

Diskussion: Das Ansatzverfahren zur Gewinnung der stationären Lösung der Netzwerk-Differentialgleichung ist schon bei einfachen Schaltungen aufwendig, es wird bei größeren rasch rechenintensiv. Abhilfe schafft die Berechnung über die komplexe Ebene. Gleichermaßen muß mit Nachdruck davor gewarnt werden, Quotienten im Zeitbereich zu bilden, bei denen sich die Zeitfunktion (wegen der Phasenverschiebung beider Komponenten) *nicht* heraushebt. Daher sind bestimmte Begriffe (z.B. Spannungs-, Stromteilerregel, Widerstandsbegriff) im Zeitbereich nicht definiert!

Aufgabe 7.2/2 Netzwerk-Differentialgleichung, *RC*-Anordnung

a) Für die Schaltungen Bild 7.2/2a...c stelle man die Netzwerk-Differential-gleichung der Spannung u_2 jeweils mit dem Knotenspannungsverfahren auf.

b) Wie würde die Aufstellung der Netzwerkgleichung für Bild 7.2/2c mit der Maschenstromanalyse ablaufen?

c) Lösen Sie Schaltung Bild 7.2/2c für den Kondensatorstrom $i_C(t)$ mit einem Ansatz $i_C(t) = \hat{I}_C \cos(\omega t + \varphi_i)$.

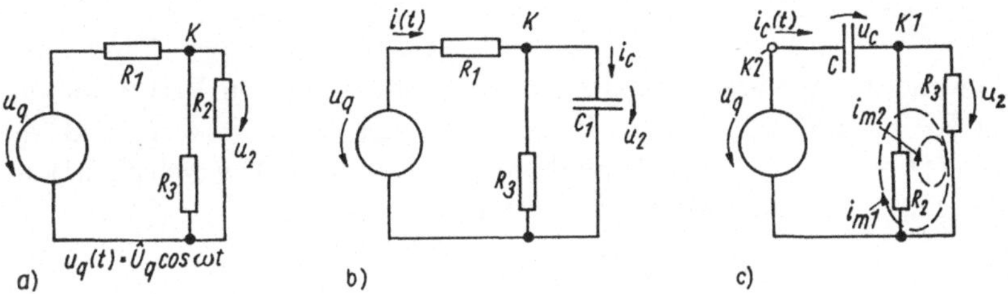

Bild 7.2/2

Hinweis: Wir wandeln die Spannungsquelle (mit R_1) in eine Stromquelle, um das Knotenspannungsverfahren in seiner Standardform anwenden zu können. Die Lösung erfolgt später.

Lösung:

a) Nach Wandlung der Spannungs- in eine Stromquelle liefert das Knoten-spannungsverfahren eine Gleichung für den Knoten K (Bild 7.2/2a) (we-gen $k = 2$ ist nur eine Knotengleichung erforderlich)

$$u_2(t)\left(\frac{1}{R_2} + \frac{1}{R_3}\right) = \frac{u_q(t)}{R_1}. \tag{1}$$

Bei rein resistivem Netzwerk hat die Spannung $u_2(t)$ die Zeitfunktion der Spannungsquelle und eine Differentialgleichung existiert nicht.

Für Bild 7.2/2b lautet die Knotengleichung des Knotens K:

$$\frac{u_2(t)}{R_3} + i_C = \frac{u_q(t)}{R_1}, \quad \frac{u_2(t)}{R_3} + C\frac{du_2}{dt} = \frac{u_q(t)}{R_1}. \tag{2}$$

Durch den Energiespeicher entsteht eine (lineare) Differentialgleichung erster Ordnung für u_2. Da die "Erregerfunktion" (Störglied rechts) be-kannt ist, wird die stationäre Lösung $u_2(t)$ mit einem Ansatz bestimmt (s.u.).

Im Bild 7.2/2c liegt der Kondensator in Reihe zur Spannungsquelle. Wir schreiben daher für den Knoten K_1

$$u_2(t)\left(\frac{1}{R_2} + \frac{1}{R_3}\right) = C\frac{du_C}{dt} = C\frac{d}{dt}(u_q - u_2).$$

oder umgeformt

$$u_2(t)\left(\frac{1}{R_2} + \frac{1}{R_3}\right) + C\frac{du_2}{dt} = C\frac{du_q}{dt}. \tag{3}$$

Das ist die Differentialgleichung für u_2, wobei rechts die Quellenspannung differenziert auftritt.

Grundsätzlich kann die Spannungsquelle u_q mit "Innenelement C" in eine Stromquelle mit dem Kurzschlußstrom

$$i_\mathrm{C} = i_\mathrm{K} = i_\mathrm{q} = C\frac{du_\mathrm{q}}{dt} \tag{4}$$

umgeformt werden, der das "Innenelement C_2" parallel legt (Bild 7.2/2d). Ihr Klemmenstrom lautet

$$i = C\frac{du_\mathrm{q}}{dt} - C\frac{du_2}{dt} = i_\mathrm{K} - i_\mathrm{C}.$$

b) Zur Anwendung der Maschenstromanalyse zählen wir den Verbindungsknoten K_2 in Bild 7.2/2c mit. Es ergeben sich mit $z = 4$, $k = 3 \rightarrow m = z - (k - 1) = 4 - 2 = 2$ unabhängige Maschen. Die Maschengleichungen lauten mit den Maschenströmen i_m1, i_m2:

$$u_\mathrm{q}(t) = u_\mathrm{C} + i_\mathrm{m1}R_3 + i_\mathrm{m2}R_3 \tag{5}$$
$$0 = i_\mathrm{m1}R_3 + i_\mathrm{m2}(R_2 + R_3). \tag{6}$$

Mit $u_C = \frac{1}{C}\int i_\mathrm{m1}\,dt$ wird daraus

$$\frac{1}{C}\int i_\mathrm{m1}\,dt + i_\mathrm{m1}R_3 + i_\mathrm{m2}R_3 = u_\mathrm{q}, \quad i_\mathrm{m1}R_3 + i_\mathrm{m2}(R_2 + R_3) = 0.$$

In der ersten Zeile treten im "Ringwiderstand" die Spannungsabfälle $i_\mathrm{m1}R_3$ und $\frac{1}{C}\int i_\mathrm{m1}\,dt$ auf. Zur Bestimmung der Spannung u_2 eliminieren wir i_m1 und erhalten beiden Gleichungen zusammengefaßt:

$$\frac{1}{C}\left(1 + \frac{R_2}{R_3}\right)\int i_\mathrm{m2}\,dt + i_\mathrm{m2}R_2 = -u_\mathrm{q}(t). \tag{7}$$

Mit $i_\mathrm{m2} = -u_2/R_2$ (Richtung i_m2!) und Differenzieren wird schließlich (s. Gl.(3))

$$\frac{1}{C}\left(\frac{1}{R_2} + \frac{1}{R_3}\right)u_2 + \frac{du_2}{dt} = \frac{du_\mathrm{q}}{dt}. \tag{8}$$

c) Der Strom i folgt entweder aus $i = C\frac{du_\mathrm{C}}{dt} = C\frac{d(u_\mathrm{q}-u_2(t))}{dt}$ bei Kenntnis von u_2 oder durch Umstellen der Netzwerkgleichung auf i (mit $G = 1/R_2 + 1/R_3$

$$\int\frac{i\,dt}{C} = u_\mathrm{q} - u_2(t), \quad \frac{du_\mathrm{q}}{dt} = \frac{1}{G}\frac{di}{dt} + \frac{i}{C} \tag{9}$$

bzw. differenziert und geordnet rechts. Mit dem Lösungsansatz $i(t) = \hat{I}\cos(\omega t + \varphi_\mathrm{i})$ folgt nach Einsetzen und Ordnen

$$-\omega\hat{U}_\mathrm{q}\sin\omega t = -\frac{\omega\hat{I}}{G}\sin(\omega t + \varphi_\mathrm{i}) + \frac{\hat{I}}{C}\cos(\omega t + \varphi_\mathrm{i}) \tag{10}$$

$$= \sin\omega t\left(-\frac{\omega\hat{I}}{G}\cos\varphi_\mathrm{i} - \frac{\hat{I}}{C}\sin\varphi_\mathrm{i}\right)$$

$$+ \cos\omega t\left(-\frac{\omega\hat{I}}{G}\sin\varphi_\mathrm{i} + \frac{\hat{I}}{C}\cos\varphi_\mathrm{i}\right).$$

Der cos-Term rechts muß verschwinden, woraus sich der Phasenwinkel φ_i ergibt:

$$\frac{\sin \varphi_i}{\cos \varphi_i} = \tan \varphi_i = \frac{G}{\omega C} \rightarrow \varphi_i = \arctan \frac{G}{\omega C}.$$

Rückeingesetzt in Gl.(10) und zusammengefaßt folgt mit

$$\hat{U}_q = \hat{I} R \cos \varphi_i \left(1 + \frac{1}{(R\omega C)^2} \right)$$

die Lösung für die Stromamplitude

$$\hat{I} = \frac{\hat{U}_q \sqrt{1 + \frac{1}{(\omega R C)^2}}}{R \left(1 + \frac{1}{(\omega C R)^2} \right)} = \frac{\hat{U}_q}{R \sqrt{1 + \frac{1}{(\omega C R)^2}}}. \tag{11}$$

Damit sind Amplitude und Phase des Stromes bekannt.

Diskussion: Das Lösungsverfahren ist rechenintensiv. Zunächst muß die Netzwerk-Differentialgleichung aufgestellt werden (nur über die Kirchhoffsche Gleichung bzw. abgeleitete Verfahren, aber z.B. nicht Spannungs- und Stromteilerregel), dann erfordert die Ansatzlösung immer die Auflösung zweier algebraischer Gleichungen und anschließend ist das Ergebnis zusammenzufassen.

Aufgabe 7.2/3 Netzwerk-Differentialgleichung, *RLC*-Anordnung

Für die Schaltung Bild 7.2/3 stelle man die Netzwerk-Differentialgleichung der Spannung u_2 auf nach
a) der Maschenstromanalyse, b) der Zweipoltheorie, c) der Knotenspannungsanalyse.

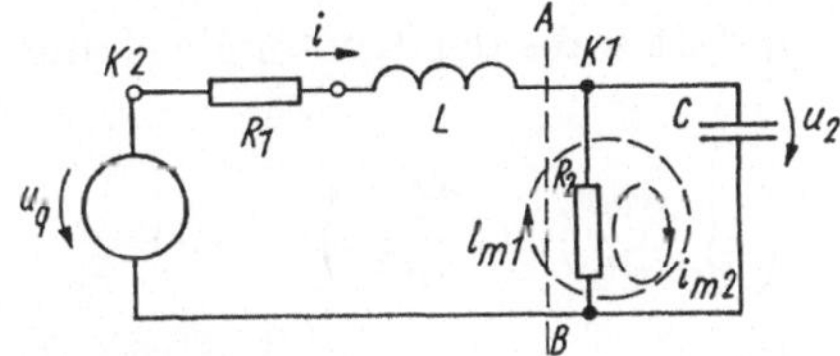

Bild 7.2/3

Lösung:

a) Das Netzwerk besitzt mit $z = 5$ Zweige, $k = 4$ Knoten insgesamt $m = z - (k - 1) = 2$ unabhängige Maschen. Wir führen zwei Maschenströme i_{m1}, i_{m2} (Bild 7.2/3) ein und erhalten:

$$R_1 i_{m1} + \underbrace{L \frac{d i_{m1}}{dt}}_{u_{L1}} + \frac{1}{C} \int (i_{m1} + i_{m2}) \, dt = u_q \tag{1}$$

$$i_{m2} R_2 + \frac{1}{C} \int (i_{m1} + i_{m2}) \, dt = 0. \tag{2}$$

Die Spannung u_2 lautet $u_2 = -i_{m2} R_2$. Wird in Gl.(1) i_{m1} durch Gl.(2) eliminiert, so folgt über

$$i_{m1} = -R_2 C \frac{\mathrm{d}i_{m2}}{\mathrm{d}t} - i_{m2}$$

schließlich mit $u_2 = -i_{m2}R_2$

$$LC \frac{\mathrm{d}^2 u_2}{\mathrm{d}t^2} + \left(\frac{L}{R_2} + R_1 C \right) \frac{\mathrm{d}u_2}{\mathrm{d}t} + \left(1 + \frac{R_1}{R_2} \right) u_2 = u_q. \tag{3}$$

b) Zur Anwendung der Zweipoltheorie bestimmen wir die Klemmenspannung des aktiven Zweipols links von A, B (Bild 7.2/3):

$$u_2 = u_q - iR_1 - L \frac{\mathrm{d}i}{\mathrm{d}t}. \tag{4}$$

Der passive Zweipol (Netzwerk R_2, C) führt bei der Spannung u_2 den Strom

$$i = \frac{u_2}{R_2} + i_C = \frac{u_2}{R_2} + C \frac{\mathrm{d}u_2}{\mathrm{d}t}. \tag{5}$$

Bei Zusammenschaltung ergibt sich

$$u_2 = u_q - R_1 \left(\frac{u_2}{R_2} + C \frac{\mathrm{d}u_2}{\mathrm{d}t} \right) - L \left(\frac{1}{R_2} \frac{\mathrm{d}u_2}{\mathrm{d}t} + C \frac{\mathrm{d}^2 u_2}{\mathrm{d}t^2} \right) \tag{6}$$

Daraus folgt umgeformt Gl.(3).

c) Zur Anwendung der Knotenspannungsanalyse fassen wir die ideale Spannungsquelle als *gegebene Knotenspannung* auf, dann ist lediglich noch die Knotenspannung des Knotens K_1 zu suchen:

$$K_1 : \quad \frac{u_2}{R_2} + C \frac{\mathrm{d}u_2}{\mathrm{d}t} - i = 0. \tag{7}$$

Der Strom i folgt aus Gl.(4). Wir setzen dort i aus der Knotengleichung (7) ein und erhalten:

$$u_2 - u_q = R_1 \left(-\frac{u_2}{R_2} - C \frac{\mathrm{d}u_2}{\mathrm{d}t} \right) - L \left(\frac{1}{R_2} \frac{\mathrm{d}u_2}{\mathrm{d}t} + C \frac{\mathrm{d}^2 u_2}{\mathrm{d}t^2} \right)$$

Zusammengefaßt ergibt sich wieder Gl.(3).

Diskussion: Prinzipiell kann die Netzwerkgleichung mit allen gängigen Verfahren gewonnen werden, der Aufwand ist unterschiedlich (und wegen des Umgangs mit Differentialen und Integralen ungewohnter). Insbesondere existiert bei der Zweipoltheorie bei Auftreten von Energiespeichern der Begriff "Innenwiderstand" nicht, vielmehr müssen die Kirchhoffschen Gleichungen zur Beschreibung des aktiven und passiven Zweipols herangezogen werden.

Das Aufstellen der Netzwerkgleichung wird durch Transformation in die komplexe Ebene (s.u.) stark vereinfacht.

7.3 Netzwerke im Frequenzbereich

Aufgabe 7.3/1 Komplexer Scheitel- und Effektivwert

Berechnen Sie folgende Größen:

a) den komplexen Scheitel- und Effektivwert der Spannung $u(t) = \hat{U} \cos(\omega t + \varphi_u)$ ($\hat{U} = \sqrt{2} \cdot 230\,\mathrm{V}$, $\varphi_u = 30°$).

b) den komplexen Scheitel- und Effektivwert der Spannung $u(t) = \hat{U}\sin(\omega t + \varphi_\mathrm{u})$.

Hinweis: Arbeiten Sie II/Abschn. 6.2.1.2 durch, weil es sich bei diesen Größen um fundamentale Begriffe der Wechselstromtechnik handelt.

Lösung:

a) Die Zeitfunktion $\cos(\omega t + \varphi_\mathrm{u})$ kann gleichwertig mit der Euler-Beziehung $\exp\mathrm{j}\omega t = \cos\omega t + \mathrm{j}\sin\omega t$ als Realteil von $\exp\mathrm{j}\omega t$ geschrieben werden: $\cos\omega t = \mathrm{Re}(\exp\mathrm{j}\omega t)$. Damit lautet der Momentanwert der Spannung

$$u(t) = \hat{U}\cos(\omega t + \varphi_\mathrm{u}) = \hat{U}\mathrm{Re}(\exp\mathrm{j}(\omega t + \varphi_\mathrm{u}))$$

oder mit Zerlegung der Exponentialfunktion in zwei Produkte:

$$u(t) = \hat{U}\mathrm{Re}(\exp\mathrm{j}\omega t\,\exp\mathrm{j}\varphi_\mathrm{u}) = \mathrm{Re}(\hat{U}\exp\mathrm{j}\varphi_\mathrm{u}\exp\mathrm{j}\omega t).$$

Dabei bildet $\hat{U}\exp\mathrm{j}\varphi_\mathrm{u} = \underline{\hat{U}}$ den *komplexen Scheitelwert*.
Der *komplexe Effektivwert* oder die *komplexe Amplitude* ist der komplexe Scheitelwert dividiert durch $\sqrt{2}$ (herrührend vom Effektivwert einer Sinus-/Cosinus-Funktion) $U = \frac{\hat{U}}{\sqrt{2}}$.
Merke: Komplexe Scheitel-/Effektivwerte sind Größen, die nur im Bild- oder Frequenzbereich (komplexe Ebene, sog. Wechselstromrechnung) vorkommen, nicht in der physikalischen Realität. Die komplexen Amplituden $\underline{U}$ und $\underline{\hat{U}}$ unterscheiden sich immer um den Faktor $\sqrt{2}$.
Zahlenbeispiel: $\hat{U} = 230\,\mathrm{V}$, $\varphi_\mathrm{u} = 30°$: $\underline{\hat{U}} = \hat{U}\exp\mathrm{j}30° = \sqrt{2}\cdot 230\,\mathrm{V}\exp\mathrm{j}30° = \sqrt{2}\cdot 230\,\mathrm{V}(\cos 30° + \mathrm{j}\sin 30°) = \sqrt{2}\cdot 230\,\mathrm{V}(1/2\sqrt{3} + \mathrm{j}1/2)$; komplexer Effektivwert $\underline{U} = \underline{\hat{U}}/\sqrt{2} = 230\,\mathrm{V}\exp\mathrm{j}30°$.

b) Die Darstellung der Sinusfunktion durch die Euler-Beziehung kann entweder von der phasenverschobenen cos-Schwingung ausgehen ($\sin x = -\cos(x + \pi/2) = \cos(x - \pi/2)$) oder von der Euler-Beziehung direkt: $\exp\mathrm{j}x = \cos x + \mathrm{j}\sin x$ durch beiderseitige Multiplikation mit $-\mathrm{j}$:

$$\sin x - \mathrm{j}\cos x = -\mathrm{j}\exp\mathrm{j}x = \exp-\mathrm{j}\pi/2\exp\mathrm{j}x = \exp\mathrm{j}(x - \pi/2).$$

Dann ergibt die Realteilbildung

$$\sin x = \mathrm{Re}(-\mathrm{j}\exp\mathrm{j}x) = \mathrm{Re}(\exp\mathrm{j}(x - \pi/2)). \tag{1}$$

Das ist die phasenverschobene cos-Funktion rechts. Schließlich kann auch der Imaginärteil herangezogen werden. Durch Vergleich folgt:

$$\cos x + \mathrm{j}\sin x = \mathrm{Re}(\exp\mathrm{j}x) + \mathrm{j}\mathrm{Im}(\exp\mathrm{j}x)$$
$$\sin x = \mathrm{Im}(\exp\mathrm{j}x).$$

Damit folgt der komplexe Scheitelwert gleichwertig aus

$$\begin{aligned} u(t) &= \mathrm{Re}(-\hat{U}\mathrm{j}\exp\mathrm{j}(\omega t + \varphi_\mathrm{u})) = \mathrm{Re}(-\hat{U}\mathrm{j}\exp\mathrm{j}\varphi_\mathrm{u}\exp\mathrm{j}\omega t) \\ &= \mathrm{Re}(\underline{\hat{U}}\exp\mathrm{j}\omega t) \end{aligned}$$

mit

$$\underline{\hat{U}} = -\hat{U}\mathrm{j}\exp\mathrm{j}\varphi_\mathrm{u} = U\exp\mathrm{j}(\varphi_\mathrm{u} - \pi/2) \tag{2}$$

oder über die Imagniärteilbedingung

$$u(t) = \hat{U}\sin(\omega t + \varphi_\mathrm{u}) = \mathrm{Im}(\hat{U}\exp\mathrm{j}(\varphi_\mathrm{u} + \omega t)) = \mathrm{Im}(\underline{\hat{U}}\exp\mathrm{j}\omega t)$$

mit $\underline{\hat{U}} = \hat{U}\exp\mathrm{j}\varphi_\mathrm{u}$.

Aufgabe 7.3/2 Transformation ruhender Zeiger ↔ Zeitfunktion

Gegeben sind die drei Wechselströme in einem Knoten (Bild 7.3/2). Wie groß ist der Momentanwert des Stromes i_4?

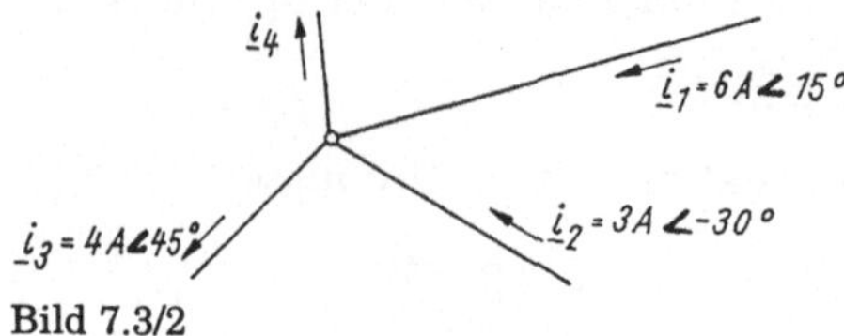

Bild 7.3/2

Hinweis: Wir berechnen zunächst $\underline{\hat{I}}_4$ nach dem Knotensatz und überführen das Ergebnis anschließend in den Zeitbereich. Grundsätzlich können auch die Einzelkomponenten in den Zeitbereich überführt und dann $i_4(t)$ gebildet werden. Dieser Weg ist aber umständlicher.

Lösung:
Für die ruhenden Zeiger $\underline{I}_\nu$ gilt der Knotensatz $\underline{I}_4 = \underline{I}_1 + \underline{I}_2 - \underline{I}_3$. Die Zerlegung jeder Komponente nach Real-und Imaginärteil ergibt

$$\begin{aligned}
\underline{I}_4 &= I_1(\cos\varphi_1 + \mathrm{j}\sin\varphi_1) + I_2(\cos\varphi_2 + \mathrm{j}\sin\varphi_2) - I_3(\cos\varphi_3 + \mathrm{j}\sin\varphi_3)\\
&= I_1\cos\varphi_1 + I_2\cos\varphi_2 - I_3\cos\varphi_3 + \mathrm{j}(I_1\sin\varphi_1 + I_2\sin\varphi_2 - I_3\sin\varphi_3)\\
&= \sum_{\nu=1}^{3}\mathrm{Re}(\underline{I}_\nu) + \mathrm{j}\sum_{\nu=1}^{3}\mathrm{Im}(\underline{I}_\nu)
\end{aligned}$$

und führt auf

$$I_4 = \sqrt{\left(\mathrm{Re}\sum_{\nu=1}^{3}\underline{I}_\nu\right)^2 + \left(\mathrm{Im}\sum_{\nu=1}^{3}\underline{I}_\nu\right)^2}, \quad \varphi_4 = \arctan\frac{\mathrm{Im}\sum\underline{I}_\nu}{\mathrm{Re}\sum\underline{I}_\nu}. \tag{1}$$

Der Momentanwert lautet $i_4(t) = \hat{I}_4\cos(\omega t + \varphi_\mathrm{u})$. Dabei ist zu beachten, daß die Amplituden der Ströme $I_1\ldots I_3$ als Effektivwerte gegeben sind, also $\hat{I}_4 = \sqrt{2}\cdot I_4$ gilt.

Die zahlenmäßige Auswertung führt auf
$$\mathrm{Re}\sum\underline{I}_\nu = 6\,\mathrm{A}\cos 15° + 3\,\mathrm{A}\cos(-30°) - 4\,\mathrm{A}\cos 45° = 5,46\,\mathrm{A}$$
$$\mathrm{Im}\sum\underline{I}_\nu = 6\,\mathrm{A}\sin 15° + 3\,\mathrm{A}\sin(-30°) - 4\,\mathrm{A}\cos 45° = -2,77\,\mathrm{A}$$
und damit $\underline{I}_4 = (5,46 - \mathrm{j}2,77)\,\mathrm{A} = 6,22\,\mathrm{A}\angle - 26,57°$.

Für die praktische Berechnung der Stromsumme mit dem Taschenrechner gibt man zweckmäßig alle Komponenten in der P-Form ein, addiert und liest das Ergebnis in der P-Form ab (den erforderlichen Wechsel P ↔ R führt der Rechner automatisch durch).

Diskussion: Die vorzeichenbehaftete Summe komplexer Ströme und Spannungen, wie sie im Knoten- und Maschensatz auftritt, läßt sich bei Rechnerauswertung häufig schneller durchführen als durch fortwährende P-R-Wandlung.

Aufgabe 7.3/3 Netzwerkberechnung, Transformation Zeit-, Frequenzbereich

a) Für die Schaltung Bild 7.3/3 stelle man die Netzwerk-Differentialgleichung für den Strom $i(t)$ auf und berechne ihn durch schrittweise Transformation in den Frequenzbereich.

b) Wie lauten der Momentanwert $i(t)$, der komplexe Momentanwert und der komplexe Scheitelwert?

c) Wie ist vorzugehen, wenn eine Spannung $u_q(t) = \hat{U}_q \sin(\omega t + \varphi_u)$ an der Schaltung anliegt?

d) Bestimmen Sie mit der Lösung nach Aufgabe a) die Spannung u_L 1). nur über den Zeitbereich, 2). unter Nutzung der Lösung $i(t)$ im Frequenzbereich.

e) Berechnen sie die Bestimmungsstücke des Stromes $i(t)$ nach Aufgabe a) für $\hat{U}_q = 10\,\mathrm{V}$, $\varphi_u = 30°$, $R = 10\,\Omega$, $\omega L = 30\,\Omega$.

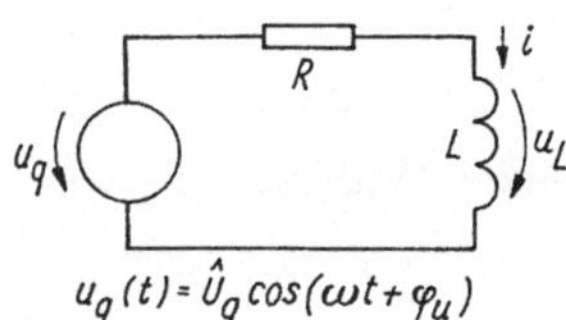

Bild 7.3/3

Hinweis: Wir stellen zunächst die Netzwerk-Differentialgleichung auf (Grundlage Kirchhoffsche Gleichungen im Zeitbereich) und transformieren mittels der Lösungsmethodik II/Abschn. 6.2.2.1 in den Frequenzbereich (auch Bildbereich oder komplexe Ebene). Anschließend wird der Strom im Frequenzbereich berechnet, das Ergebnis in die P-Form gebracht und rücktransformiert.

Lösung:

a) Ausgang ist die Gleichung $L\frac{di}{dt} + iR = \hat{U}_q \cos(\omega t + \varphi_u)$. Sie wurde in Aufgabe 7.2/1 mit dem Stromansatz $i(t) = \hat{I}\cos(\omega t + \varphi_i)$ gelöst.

1. Wir stellen zunächst die Zeitfunktion $\cos\omega t$ als Realteil einer Euler-Beziehung dar:

$$L\frac{d}{dt}\hat{I}\mathrm{Re}(\exp j(\omega t + \varphi_i)) + R\hat{I}\mathrm{Re}(\exp j(\omega t + \varphi_i))$$

$$= \hat{U}_q\mathrm{Re}(\exp j(\omega t + \varphi_u)) \tag{1}$$

und benutzen

2. im nächsten Schritt den Stromansatz

$$\underline{i}(t) = \hat{I}\exp j(\omega t + \varphi_i) = \underline{\hat{I}}\exp j\omega t \tag{2}$$

(komplexer Momentanwert, $\underline{u}_q(t) = \hat{U}_q\exp j(\omega t + \varphi_u) = \underline{\hat{U}}_q\exp j\omega t$ analog). Zusätzlich wird die Realteilbildung auf alle Terme erstreckt:

$$\mathrm{Re}\left(L\frac{d}{dt}(\underline{\hat{I}}\exp j\omega t) + R\underline{\hat{I}}\exp j\omega t\right) = \mathrm{Re}(\underline{\hat{U}}_q\exp j\omega t)$$

$$= \mathrm{Re}((j\omega L\underline{\hat{I}} + R\underline{\hat{I}})\exp j\omega t). \tag{3}$$

3. Im nächsten Schritt

- lassen wir die Realteile weg (Übergang von dem Zeit- in den Frequenzbereich
- und heben $\exp j\omega t$ heraus (Übergang von sog. rotierenden Zeigern zu
  ruhenden Zeigern).

Das Ergebnis

$$j\omega L\hat{\underline{I}} + R\hat{\underline{I}} = \hat{\underline{U}}_q \tag{4}$$

ist die gesuchte algebraischen Gleichung für den komplexen Scheitelwert
$\hat{\underline{I}}$ des Stromes

$$\hat{\underline{I}} = \frac{\hat{\underline{U}}_q}{R + j\omega L} = \frac{\hat{U}_q \exp j\varphi_u}{Z \exp j\varphi_z}. \tag{5}$$

als Lösung im Frequenzbereich.

4. Die Rücktransformation in den Zeitbereich führt auf den Momentanwert

$$i(t) = \hat{I}\cos(\omega t + \varphi_i) = \mathrm{Re}(\hat{\underline{I}}\exp j\omega t) = \mathrm{Re}(|\hat{\underline{I}}|\exp j\varphi_i \exp j\omega t). \tag{6}$$

Dabei wurde die Abkürzung $\underline{Z} = R + j\omega L$ (komplexer Widerstand) ver-
wendet mit $\tan\varphi = \frac{\mathrm{Im}(\underline{Z})}{\mathrm{Re}(\underline{Z})} = \frac{\omega L}{R}$; $\varphi_z = \arctan\frac{\omega L}{R}$.
Damit gilt

$$\hat{\underline{I}} = \frac{\hat{U}_q \exp j(\varphi_u - \varphi_z)}{Z} \quad \text{mit } \hat{I} = \frac{\hat{U}_q}{Z}, \quad \varphi_i = \varphi_u - \varphi_z. \tag{7}$$

Um aus der Lösung Gl.(5) im Frequenzbereich wieder in den Zeitbereich
zu gelangen, wird

- Gl.(5) beiderseits mit $\exp j\omega t$ multipliziert (Übergang vom ruhenden
  zum rotierenden Zeiger)
- und die Realteilbildung nach Gl.(6) durchgeführt:

$$i(t) = \mathrm{Re}(\underline{i}(t)) = \mathrm{Re}(\hat{\underline{I}}\exp j\omega t) = \mathrm{Re}(\hat{I}\exp j(\omega t + \varphi_i))$$
$$= \hat{I}\cos(\omega t + \varphi_i)$$

mit $\hat{I}$ und φ_i nach Gl.(7). Das Ergebnis stimmt mit Aufgabe 7.2/1
überein.

Wichtigstes Ergebnis der Methode ist, daß die Differentialgleichung (1) durch
Transformation ins Komplexe in eine algebraische Gleichung (4) übergeht. Der
Stromansatz Gl.(2) ist in jedem Falle eine Lösung der komplexen Netzwerk-
Differentialgleichung (siehe II/Abschn. 6.2.2.1).

b) Der komplexe Momentanwert lautet $\underline{i}(t) = \hat{\underline{I}}\exp j\omega t = (\hat{\underline{U}}_q/\underline{Z})\exp j\omega t = (\hat{U}_q/Z)\exp j(\omega t + \varphi_u - \varphi_z)$,

- der komplexe Scheitelwert $\hat{\underline{I}} = \hat{I}\exp j\varphi_i = (\hat{U}_q/Z)\exp j(\varphi_u - \varphi_z)$
- der komplexe Effektivwert $\underline{I} = \hat{\underline{I}}/\sqrt{2}$.

c) Liegt eine Sinusspannung $u_q(t) = \hat{U}_q\sin(\omega t + \varphi_u)$ an, so bieten sich zur
Bestimmung von $i(t)$ zwei Wege :

- Wir wandeln $\sin\omega t$ in $\cos\omega t$ um: $\sin(\omega t + \varphi_u) = \cos(\omega t + \varphi_u - \pi/2)$,
  ändern also den Phasenwinkel und verfahren nach Aufgabe a). Dann
  lautet der Strom

$$i(t) = \hat{I}\cos(\omega t + \varphi_u - \pi/2 - \varphi_z) = \hat{I}\sin(\omega t + \varphi_u - \varphi_z).$$

- Wir behalten die Sinusfunktion der Spannung bei, stellen die Zeitfunktion $\sin \omega t$ als Imaginärteil einer Euler-Beziehung dar $i(t) = \mathrm{Im}(\underline{i}(t)) = \mathrm{Im}(\underline{\hat{I}} \exp \mathrm{j}\omega t) = \hat{I} \sin(\omega t + \varphi_\mathrm{i})$ und führen die Transformation ab Gl.(1) für den Imaginärteil durch. Dann ist von der algebraischen Lösung Gl.(5) der Imaginärteil zu nehmen.

d) Die Spannung $u_\mathrm{L}(t)$ kann auf mehreren Wegen bestimmt werden:
  - durch Aufstellung der Netzwerk-Differentialgleichung für u_L und Lösung (Führen Sie dies zur Übung durch.)
  - als Spannungsabfall über der Induktivität gemäß $u_\mathrm{L} = L \frac{\mathrm{d}i}{\mathrm{d}t}$, wenn der Stromverlauf bekannt ist. Mit der Lösung Gl.(6) folgt

$$u_\mathrm{L} = L \frac{\mathrm{d}}{\mathrm{d}t}(\hat{I} \cos(\omega t + \varphi_\mathrm{i})) = -\omega L \hat{I} \sin(\omega t + \varphi_\mathrm{i})$$
$$= \omega L \hat{I} \cos(\omega t + \varphi_\mathrm{i} + \pi/2)$$

  (Voreilung der Spannung um $90°$ gegenüber dem Strom). Eine direkte Berechnung von u_L im Zeitbereich über die Spannungsteilerregel mit u_q ist nicht möglich! Versuchen Sie es.
  - als Spannungsabfall $\underline{u}_\mathrm{L}$ im Frequenzbereich

$$\underline{u}_\mathrm{L} = L \frac{\mathrm{d}\underline{i}}{\mathrm{d}t} = L \frac{\mathrm{d}}{\mathrm{d}t}(\underline{\hat{I}} \exp \mathrm{j}\omega t) = \mathrm{j}\omega L \underline{\hat{I}} \exp \mathrm{j}\omega t = \mathrm{j}\omega L \underline{i}.$$

  Die Rücktransformation in den Zeitbereich ergibt

$$u_\mathrm{L} = \mathrm{Re}(\underline{u}_\mathrm{L}(t)) = \mathrm{Re}(\omega L \exp(\mathrm{j}\pi/2)\underline{\hat{I}} \exp \mathrm{j}\omega t)$$
$$= \mathrm{Re}(\omega L \hat{I} \exp \mathrm{j}(\omega t + \varphi_\mathrm{i} + \pi/2)) = \omega L \hat{I} \cos(\omega t + \varphi_\mathrm{i} + \pi/2).$$

  - über die Spannungsteilerregel im Frequenzbereich. Aus Gl.(5) folgen

$$\underline{\hat{I}} = \frac{\underline{\hat{U}}_\mathrm{q}}{R + \mathrm{j}\omega L}; \quad \underline{\hat{U}}_\mathrm{L} = \mathrm{j}\omega L \underline{\hat{I}}$$

  und durch Eliminieren von $\underline{\hat{I}}$:

$$\underline{\hat{U}}_\mathrm{L} = \frac{\mathrm{j}\omega L}{R + \mathrm{j}\omega L} \underline{\hat{U}}_\mathrm{q}. \tag{8}$$

  Die Rücktransformation führt auf

$$u_\mathrm{L} = \mathrm{Re}(\underline{u}_\mathrm{L}) = \mathrm{Re}\left(\frac{\mathrm{j}\omega L}{R + \mathrm{j}\omega L} \hat{U}_q \exp \mathrm{j}(\omega t + \varphi_\mathrm{u})\right)$$
$$= \mathrm{Re}\left(\frac{\omega L \exp \mathrm{j}\pi/2}{Z \exp \mathrm{j}\varphi_\mathrm{z}} \hat{U}_\mathrm{q} \exp \mathrm{j}(\omega t + \varphi_\mathrm{u})\right)$$
$$= \frac{\omega L}{Z} \hat{U} \cos\left(\omega t + \varphi_\mathrm{u} + \frac{\pi}{2} - \varphi_\mathrm{z}\right) = \omega L \hat{I} \cos\left(\omega t + \varphi_\mathrm{i} + \frac{\pi}{2}\right). \tag{9}$$

  Die Spannungsteilerregel ist im Frequenzbereich anwendbar, weil als Ausgang die algebraische Gleichung (5) des Stromes zugrunde liegt.

e) Bestimmungsstücke des Stromes $i(t)$ sind Frequenz (vorgegeben über ωL und L), Amplitude $\hat{I}$ und Phase φ_i. Es folgen mit Gl.(6), (7):

$$\hat{I} = \frac{U_\mathrm{q}}{Z} = \frac{10\,\mathrm{V}}{\sqrt{R^2 + (\omega L)^2}} = \frac{10\,\mathrm{V}}{\sqrt{10^2\Omega^2 + 30^2\Omega^2}} = 0{,}316\,\mathrm{A}$$

$$\varphi_\mathrm{i} = \arctan \frac{\omega L}{R} = \arctan \frac{30}{10} = 71{,}65°.$$

Damit lautet die Lösung $i(t) = 0{,}316\,\mathrm{A} \cos(\omega t + 71{,}65°)$.

Diskussion: Die Bestimmung einer Größe in einem sin-/cos-förmig erregten (linearen!) Netzwerk besteht aus den Schritten: Netzwerk-Differentialgleichung, Transformation in den Frequenzbereich, Lösung der Gleichung dort mit komplexem Ansatz für die gesuchte Größe und Rücktransformation. Prägen Sie sich diese Schrittfolge fest ein und üben Sie diese von Zeit zu Zeit an einfachen Beispielen. Später werden wir noch weitere Vereinfachungen durchführen.

7.4 Einfache Wechselstromkreise

Aufgabe 7.4/1 Komplexer Widerstand

Durch einen Zweipol fließt ein Strom $i = \hat{I}\cos(\omega t + \varphi_i)$, dabei wird der Spannungsabfall $u(t) = \hat{U}\cos(\omega t + \varphi_u)$ gemessen.

a) Wie kann der Zusammenhang von i und u beschrieben werden?
   Zahlenwerte: $\hat{I} = 10\,\text{mA}$, $f = 50\,\text{Hz}$, $\varphi_i = 30°$, $\hat{U} = 20\,\text{V}$, $\varphi_u = -50°$.

b) Realisieren Sie den Widerstandsoperator $\underline{Z}$ nach Aufgabe a) durch eine Reihen- bzw. Parallelschaltung zweier Elemente. Wie groß sind die Elemente?

c) Wie ist die Entwicklung durchzuführen, wenn die gemessene Spannung als $u(t) = \hat{U}\cos(\omega t + \varphi_u)$ angegeben und ein Sinusstrom $i(t) = \hat{I}\sin(\omega t + \varphi_i)$ in den Zweipol eingeprägt wird?

d) Erläutern Sie die Umwandlung einer RC-Reihen- in eine RC-Parallelschaltung graphisch.

Hinweis: Man repetiere die Begriffe Widerstands- und Leitwertoperator $\underline{Z}$, $\underline{Y}$ und überlege sich die Beziehung zu i, u (II/Abschn. 6.2.2.2). Die Ersatzschaltung kann als Reihen- oder Parallelschaltung zweier Elemente ausgeführt werden.

Lösung:

a) Da Strom $i(t)$ und Spannung $u(t)$ in allen Stücken bekannt sind, gilt dies auch für die *komplexen Momentanwerte* $\underline{i}$, $\underline{u}$. Dann lautet der komplexe Widerstand

$$\underline{Z} = \frac{\underline{u}}{\underline{i}} = \frac{\sqrt{2}\underline{U}\exp j\omega t}{\sqrt{2}\underline{I}\exp j\omega t} = \frac{\underline{U}}{\underline{I}} = \frac{U}{I}\exp j(\varphi_u - \varphi_i) = Z\exp j\varphi_z. \tag{1}$$

Dabei handelt es sich bei $\underline{Z}$ um eine Rechengröße. Gemäß Aufgabe gilt bei gegebenem Strom $\underline{i}(t)$ (im Frequenzbereich!) $\underline{u}(t) = \underline{Z}\underline{i}(t)$ oder rücktransformiert in den Zeitbereich

$$\begin{aligned} u(t) &= \text{Re}(\underline{u}(t)) = \hat{U}\cos(\omega t + \varphi_u) = \text{Re}(Z\exp j\varphi_z\hat{I}\exp j(\omega t + \varphi_i)) \\ &= Z\hat{I}\cos(\omega t + \varphi_i + \varphi_z), \end{aligned} \tag{2}$$

also $\hat{U} = Z\hat{I}$, $\varphi_u = \varphi_i + \varphi_z$.
Zahlenmäßig: $Z = U/I = 20\,\text{V}/10\,\text{mA} = 2\,\text{k}\Omega$, $\varphi_z = \varphi_u - \varphi_i = -50° - 30° = -80°$.

b) Zur Interpretation durch eine Reihenersatzschaltung zerlegen wir $\underline{Z}$ in Real- und Imaginärteil

$$\underline{Z} = Z(\cos\varphi_z + j\sin\varphi_z) = R + jX \tag{3}$$

und erhalten durch Vergleich

$$R = Z \cos \varphi_z = 2\,\text{k}\Omega \cos(-80°) = 347\,\Omega,$$

$$jX = jZ \sin \varphi_z = j2\,\text{k}\Omega \sin(-80°) = -j1,969\,\text{k}\Omega.$$

X ist negativ (kapazitiver Blindwiderstand). Damit wird angesetzt (vgl. Definition II/Abschn. 6.2.2.2)

$$X = -\frac{1}{\omega C} = Z \sin \varphi_z = -1,969\,\text{k}\Omega,$$

$$C = \frac{1}{3145\,\text{rads}^{-1} \cdot 1,969\,\text{k}\Omega} = 1,617\,\mu\text{F}.$$

Für die Parallelersatzschaltung gehen wir vom komplexen Leitwert $\underline{Y} = 1/\underline{Z}$ aus mit der Nachbildung durch zwei parallelliegende Elemente (Wirk-, Blindleitwert):

$$\underline{Y} = \frac{1}{\underline{Z}} = G + jB = \frac{1}{Z}\frac{1}{\cos\varphi_z + j\sin\varphi_z} = \frac{(\cos\varphi_y + j\sin\varphi_y)}{Z} \qquad (4)$$

wegen $\cos^2 \varphi_z + \sin^2 \varphi_z = 1$ und mit $\varphi_z = -\varphi_y$. Wir erhalten

$$\underline{Y} = G + jB = G + j\omega C_\text{p} = \frac{1}{2\,\text{k}\Omega}(\cos(-80°) + j\sin(80°))$$

$$= 86,8\,\mu\text{S} + j492\,\mu\text{S}$$

oder Parallelwiderstand und Parallelkapazität

$$R_\text{p} = 1/G = 1/86,8\,\mu\text{S} = 11,52\,\text{k}\Omega,$$

$$B = \omega C_\text{p} \to C_\text{p} = 1,57\,\mu\text{F}.$$

Bild 7.4/1a zeigt die Ersatzschaltung des kapazitiven Leitwertes (Überprüfung mit Umwandlungsbeziehung Reihen-,-Parallelschaltung).

c) Grundsätzlich müssen Strom und Spannung zur Berechnung des Phasenwinkels $\varphi_z = \varphi_\text{u} - \varphi_\text{i}$ beide entweder als Cosinus- oder Sinus-Funktion vorliegen. Bei Mischung (wie hier) muß eine der beiden Funktionen vor der Z-Berechnung in die andere umgeformt werden, also z.B.

$$i(t) = \sin(\omega t + \varphi_\text{i}') = \hat{I}\cos(\omega t + \varphi_\text{i}' - \pi/2)$$

bzw.

$$u(t) = \hat{U}\cos(\omega t + \varphi_\text{u}) = \hat{U}\sin(\omega t + \varphi_\text{u} - \pi/2).$$

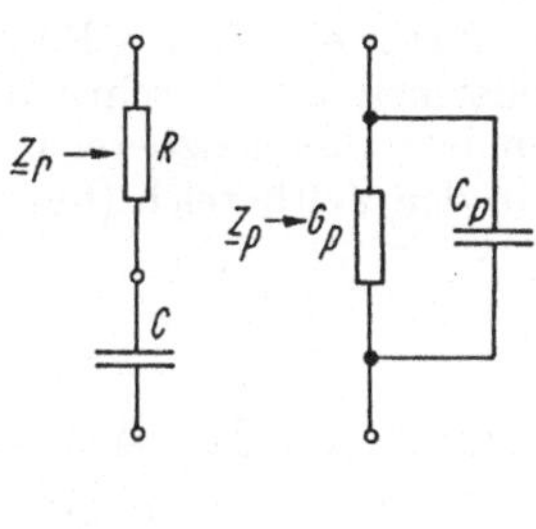

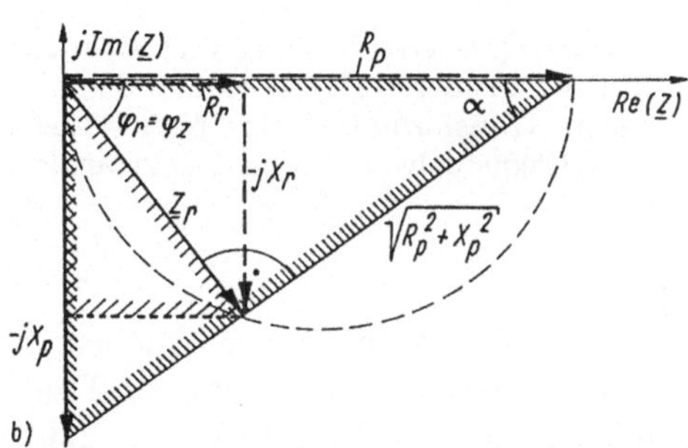

Bild 7.4/1

Damit entsteht (erwartungsgemäß) eine zusätzliche Phasenverschiebung von $\pm\pi/2$ in einer der beiden Komponenten.

d) Im Bild 7.4/1b wurde die Impedanz $\underline{Z}_\mathrm{r} = R_\mathrm{r} + \mathrm{j}X_\mathrm{r}$ in die komplexe Widerstandsebene eingetragen, ferner eine Senkrechte im Endpunkt des Zeigers $\underline{Z}_\mathrm{r}$. Sie scheidet auf der Achse die Komponenten R_p, X_p der gleichwertigen Parallelschaltung ab. Dies folgt aus der Ähnlichkeit der beiden schraffierten Dreiecke (Betragsgleichheit von $\underline{Z}_\mathrm{r}$ und $\underline{Z}_\mathrm{p}$)

$$\frac{Z_\mathrm{r}}{X_\mathrm{p}} = \frac{R_\mathrm{p}}{\sqrt{R_\mathrm{p}^2 + X_\mathrm{p}^2}} \rightarrow Z_\mathrm{r} = \frac{X_\mathrm{p}R_\mathrm{p}}{\sqrt{R_\mathrm{p}^2 + X_\mathrm{p}^2}} = Z_\mathrm{p}.$$

Für den Winkel α entnimmt man Bild 7.4/1b: $\tan\alpha = X_\mathrm{p}/R_\mathrm{p}$, ferner $\alpha + \varphi_\mathrm{r} = \pi/2$. Daraus folgt

$$\varphi_\mathrm{p} = \pi/2 - \arctan X_\mathrm{p}/R_\mathrm{p} = \pi/2 - (\pi/2 - \varphi_\mathrm{r}) = \varphi_\mathrm{r},$$

d.h. Gleichheit der Winkel von $\underline{Z}_\mathrm{r}$ und $\underline{Z}_\mathrm{p}$.

Die hier erläuterte Konstruktion liegt dem Kreisdiagramm (II/Abschn. 6.3.3.3) zugrunde.

Diskussion: Streng ist zu beachten, daß nicht etwa die Elemente der Parallelschaltung nicht etwa als reziproke Werte der Widerstände der Reihenschaltung sind (vgl. unterschiedliche Kapazitäts- und Widerstandswerte!).

Aufgabe 7.4/2 Transformation der Schaltung

Gegeben ist die Schaltung Bild 7.4/2a mit zwei harmonischen Quellen gleicher Frequenz ($\hat{U}_\mathrm{q} = 10\,\mathrm{V}$, $\hat{I}_\mathrm{q} = 10\,\mathrm{mA}$, $\varphi_\mathrm{u} = -30°$, $\varphi_\mathrm{i} = 30°$, $R = 1\,\mathrm{k\Omega}$, $C = 1\,\mu\mathrm{F}$, $L = 1\,\mathrm{H}$, $\omega = 10^3\,\mathrm{rads}^{-1}$).

a) Führen Sie in das Netzwerk Momentanwerte aller Ströme und Spannungen ein, so daß jeweils Betrag und Phase bestimmt werden kann.

b) Wie lassen sich die Ströme und Spannungen durch komplexe Amplituden ausdrücken?

c) Führen Sie in das Netzwerk komplexe Momentanwerte ein.

d) Transformieren Sie das Netzwerk in den Frequenzbereich.

e) Berechnen Sie den Strom durch die Induktivität allgemein und für obige Zahlenwerte.

f) Kann man aus der allgemeinen Lösung die Netzwerk-Differentialgleichung rückgewinnen?

Hinweis: Zur Analysevereinfachung läßt sich das gesamte Netzwerk in den Frequenzbereich transformieren (II/Abschn. 6.2.2.2.3). Wir vollziehen alle Teilschritte der Reihe nach: Transformation der Netzwerkelemente in den Frequenzbereich, Berechnung im Frequenzbereich und Rücktransformation in den Zeitbereich (falls gewünscht).

Lösung:

a) b) Die Schaltung enthält zwei Quellen. Zur Durchführung der Transformation formen wir zuerst die sin-Funktion der Stromquelle in eine cos-Funktion um (Bild 7.4/2b), weil die Transformation von einer einheitlichen Zeitfunktion der Erregungen ausgeht. Außerdem werden Mo-

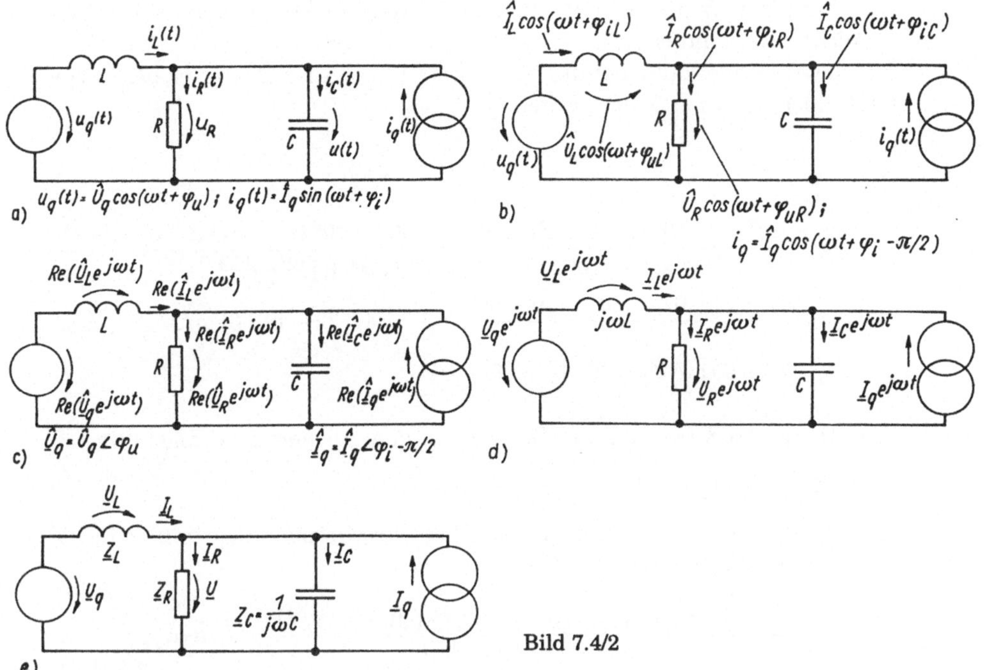

Bild 7.4/2

mentanwerte eingeführt, z.B. der Form

$$i_R = \hat{I}_R \cos(\omega t + \varphi_{iR}), \quad i_L = \hat{I}_L \cos(\omega t + \varphi_{iL}) \quad \text{usw.}$$

c) Zur Einführung komplexer Momentanwerte ($\underline{i}(t)$, $\underline{u}(t)$) setzen wir

$$i = \hat{I} \cos(\omega t + \varphi_i) = \text{Re}(\underline{i}(t)) = \text{Re}(\underline{\hat{I}} \exp j\omega t) \quad \text{usw.}$$

in allen Zweigen (Bild 7.4/2c). Die komplexen Momentanwerte haben keine physikalische Bedeutung, sie sind Rechengrößen.

d) Bei Transformation des Netzwerkes aus dem Zeit- in den Frequenzbereich (Bild 7.4/2d) werden eingeführt:

- anstelle der Energiespeicher die zugehörigen komplexen Widerstände bzw. Leitwerte

$$u_L = L \frac{di}{dt} \rightarrow \underline{u}_L = \underline{Z}_L \underline{i} = j\omega L \underline{i}$$

- anstelle der Realteile der Amplituden $\rightarrow$ komplexe Amplituden.
- Der Zeitfaktor $\exp j\omega t$ hebt sich heraus. Damit entsteht die transformierte Schaltung (Bild 7.4/2e). Wir erhalten Sie nach den Regeln II/Abschn. 6.2.2.2.3.

e) Der Strom durch die Induktivität folgt mit
Knotensatz: $\underline{I}_L = \underline{I}_R + \underline{I}_C + \underline{I}_q$, Maschensatz: $\underline{U}_q = \underline{U}_R + \underline{U}_L$, $\underline{U}_R = \underline{U}_C$ und komplexen Widerständen $\underline{U}_L = j\omega L \underline{I}_L$, $\underline{U}_C = \underline{I}_C/(j\omega C)$, $\underline{U}_R = R \underline{I}_R$, zusammengefaßt

$$\underline{I}_L = \frac{(1 + j\omega RC)\underline{U}_q - R\underline{I}_q}{R - \omega^2 LCR + j\omega L}. \tag{1}$$

Damit ist der zweite Schritt, die Berechnung im Frequenzbereich (Bildbereich) abgeschlossen.

An dieser Stelle kann bereits eine numerische Auswertung erfolgen (jedoch auch später möglich, gegeben $\hat{U}_q$, $\hat{I}_q$!)

$$\underline{\hat{I}}_L =$$
$$\frac{(1 + j10^3\,s^{-1} \cdot 10^3\,\Omega \cdot 10^{-6}\,F) \cdot 10\,V\angle - 30^0 - 10^3\,\Omega \cdot 10\,mA\angle(30° - 90°)}{1\,k\Omega - (10^6\,s^{-2}1\,k\Omega \cdot 1\,\mu F \cdot 1\,H) + j\frac{10^3}{s\cdot A}\frac{1\,Vs}{}}$$
$$= \frac{(1 + j)10\angle - 30° - 10 - 60°}{-j}\,mA = (12,32 - j8,66)\,mA$$
$$= 15,05\,mA\angle(-125,1° + 90°).$$

Die Rücktransformation des Stromes in den Zeitbereich erfolgt mit

$$i_L(t) = \mathrm{Re}(\underline{\hat{I}}_L \exp j\omega t) = \hat{I}_L \cos(\omega t + \varphi_{iL}) \tag{2}$$

Amplitude und Phase werden aus Gl.(1) bestimmt (wozu immer in die P-Form zu überführen ist)

$$\underline{\hat{I}}_L = \frac{(1 + j\omega RC)\hat{U}_q \exp j\varphi_u - R\hat{I}_q \exp j(\varphi_i - \pi/2)}{R(1 - \omega^2 LC) + j\omega L} = \hat{I}_L \exp j\varphi_{iL}. \tag{3}$$

Die allgemeine Angabe von $\hat{I}_L$ und φ_{iL} ist unübersichtlich (weshalb sich hier die numerische Auswertung empfiehlt), in einfacheren Fällen werden wir diesen Schritt später vorführen.

f) Bei der Hintransformation werden $\frac{d}{dt} \to j\omega$ usw. ersetzt (II/Abschn. 6.2.2.1). Umgekehrt muß aus $j\omega \to \frac{d}{dt}$ wieder die Differentialgleichung folgen und so aus Gl.(1) auch die Netzwerk-Differentialgleichung. Wir multiplizieren dazu Gl.(1) mit dem Nenner und erhalten

$$(R - \omega^2 RLC + j\omega L)\underline{I}_L = (1 + j\omega RC)\underline{U}_q - R\underline{I}_q$$

und mit $-\omega^2 = (j\omega)^2$

$$(R + RLC(j\omega)^2 + j\omega L)\underline{I}_L = (1 + j\omega RC)\underline{U}_q - R\underline{I}_q. \tag{4}$$

Beim Übergang von $\underline{I}_L$ zu $i_L = \underline{I}_L \exp j\omega t$ (Multiplikation mit $\exp j\omega t$ auf beiden Seiten) folgt dann $(j\omega)^2 \to \frac{d^2}{dt^2}$, $j\omega \to \frac{d}{dt}$):

$$RLC\frac{d^2 i_L}{dt^2} + L\frac{d i_L}{dt} + R\underline{i}_L = RC\frac{d u_q}{dt} + \underline{u}_q - R\underline{i}_q. \tag{5}$$

Wird auf beiden Seiten der Realteil gebildet, so liegt die Netzwerk-Differentialgleichung vor

$$RLC\frac{d^2 i_L}{dt^2} + L\frac{d i_L}{dt} + Ri_L = RC\frac{d u_q}{dt} + u_q - Ri_q. \tag{6}$$

mit $u_q = \hat{U}_q \cos(\omega t + \varphi_u)$, $i_q = \hat{i}_q \cos(\omega t + \varphi_i - \pi/2)$.

Diskussion: Wir haben die Transformation des Netzwerkes in den Bildbereich hier in allen Zwischenschritten durchgeführt. Dadurch mag der Eindruck einer umständlichen Methode entstehen. Später wird das Verfahren verkürzt, sofort die transformierte Schaltung angegeben und die Lösung im Bildbereich ermittelt. Die Rücktransformation in den Zeitbereich entfällt meist, da sie ohnehin immer dem gleichen Schema folgt.

Aufgabe 7.4/3 Transformation der Schaltung, *RL*-Anordnung

Man transformiere die Schaltung Bild 7.4/3 in den Frequenzbereich und berechne den Strom a1) im Frequenzbereich, a2) im Zeitbereich.

Hinweis: Arbeiten Sie die Lösungsmethodik "Transformation der Schaltung" (II/Abschn. 6.2.2.2.3) und Aufgabe 7.4/2 durch.

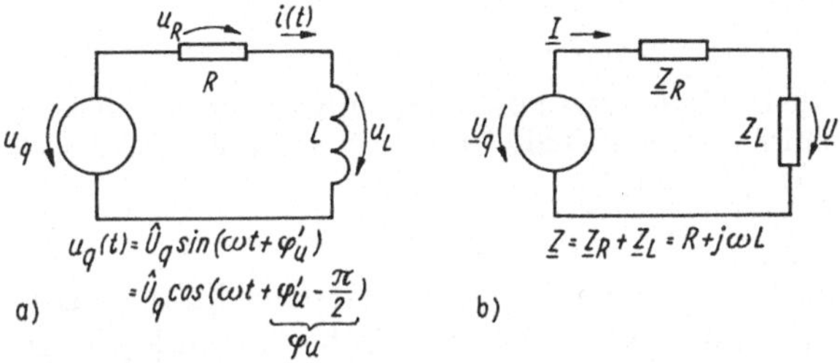

Bild 7.4/3

Lösung:

Die Aufgabe wurde bereits über den Zeitbereich gelöst (Aufgabe 7.2/1), ebenso die Transformation in den Frequenzbereich (Aufgabe 7.3/3). Jetzt transformieren wir die Schaltung sofort in den Frequenzbereich (formale Ersetzung der Größen im Zeitbereich durch die Größen im Bildbereich), also

$$i \;\rightarrow\; \underline{I} = I \exp \mathrm{j}\varphi_\mathrm{i}, \quad u \rightarrow \underline{U} = U \exp \mathrm{j}\varphi_\mathrm{u},$$

$$u_\mathrm{q} \;=\; \hat{U}\cos(\omega t + \varphi_\mathrm{u}) \rightarrow \underline{U}_\mathrm{q} = U_\mathrm{q} \exp \mathrm{j}\varphi_\mathrm{q},$$

$$R \rightarrow R = \underline{Z}_R, \quad L \rightarrow \mathrm{j}\omega L = \underline{Z}_\mathrm{L}, \quad C \rightarrow \frac{1}{\mathrm{j}\omega C} = \underline{Z}_\mathrm{C}$$

und erhalten sofort Bild 7.4/3b. Der Strom beträgt (Maschensatz)

$$\underline{I} = \frac{\underline{U}_\mathrm{q}}{R + \mathrm{j}\omega L} = \frac{\underline{U}_\mathrm{q}}{\underline{Z}} = \frac{U_\mathrm{q}\exp \mathrm{j}\varphi_\mathrm{q}}{Z \exp \mathrm{j}\varphi_\mathrm{z}} \;\text{mit}\; I = \frac{U_\mathrm{q}}{Z}; \;\; \varphi_\mathrm{i} = \varphi_\mathrm{q} - \varphi_\mathrm{z}$$

und

$$\underline{Z} = \sqrt{R^2 + (\omega L)^2}\, \exp \mathrm{j}\varphi_\mathrm{z}.$$

Grundsätzlich genügt bereits das unterstrichene Ergebnis als Lösung, denn die Folgeschritte lassen sich jederzeit nach gleichem Schema durchführen. Im Zeitbereich lautet der Strom $i(t) = \hat{I}\cos(\omega t + \varphi_\mathrm{i})$, falls dieses Ergebnis gewünscht wird (mit $I = \hat{I}/\sqrt{2}$).

Deutlich wird die erhebliche Lösungsvereinfachung gegenüber Aufgabe 7.2/1.

Diskussion: Die Stromkreisberechnung entspricht völlig derjenigen in resistiven Schaltungen bei Ersatz von L durch den Widerstandsoperator $\underline{Z}_\mathrm{L}$ (obwohl die Ströme/Spannungen dann im Bildbereich keine physikalische Bedeutung haben, nicht meßbar usw.). Deshalb sind auch alle dort gelernten Analysemethoden anwendbar.

Verbreitet ist die Schreibweise mit komplexen Effektivwerten ($\underline{I}$ anstelle komplexer Momentanwerte $\underline{i}$. Es gilt: $\underline{I} = \underline{i}/\sqrt{2}\,\exp j\omega t$). Mißverständnisse sind ausgeschlossen, wenn die komplexen Scheitelwerte ($\hat{\underline{I}}$) verwendet werden: $\underline{i} = \hat{\underline{I}}\exp j\omega t$.

Aufgabe 7.4/4 Zweipol, Ersatzgrößen

Ein aktiver Zweipol (Leerlaufwechselspannung $u_L = \hat{U}_L\cos(\omega t + \varphi_u)$, Innenwiderstand mit Energiespeicher) wird einmal mit dem Widerstand R belastet (gemessener Strom i_1), zum anderen mit einem Kondensator (gemessener Strom i_2). Bestimmen Sie die Ersatzelemente des aktiven Zweipols. Zahlenwerte: $i_1(t) = 2,5\,\mathrm{mA}\cos(\omega t - 30°)$, $i_2(t) = 5\,\mathrm{mA}\cos(\omega t - 30°)$, $R = 2\,\mathrm{k\Omega}$, $C = 1\,\mu\mathrm{F}$, $\omega = 500\,\mathrm{rad/s}$.

Hinweis: Wir transformieren den aktiven Zweipol ins Komplexe, führen die Belastungsfälle durch (für bestimmte passive Schaltelemente Ströme gegeben) und berechnen daraus die Ersatzgrößen $\underline{U}_l$ und $\underline{Z}_i$.

Lösung:
Wir gehen von der in den Bildbereich transformierten Ersatzschaltung Bild 7.4/4b des aktiven Zweipols aus und erhalten für beide Belastungen $\underline{Z}_{a1} = R$, $\underline{Z}_{a2} = 1/(j\omega C)$:

$$\underline{I}_1 = \frac{\underline{U}_q}{\underline{Z}_i + R}, \quad \underline{I}_2 = \frac{\underline{U}_q}{\underline{Z}_i + 1/(j\omega C)}. \tag{1}$$

Da jeder Strom $\underline{I}$ zwei Informationen (Amplitude, Phase) enthält, sind somit ausreichend viele Gleichungen zur Bestimmung der vier unbekannten Größen von $\underline{U}_q$ und $\underline{Z}_i$ verfügbar. Der Quotient beider Ströme führt auf

$$\frac{\underline{I}_1}{\underline{I}_2} = \frac{\underline{Z}_i + 1/(j\omega C)}{\underline{Z}_i + R} \rightarrow \underline{Z}_i = \frac{\underline{I}_1 R - \underline{I}_2/(j\omega C)}{\underline{I}_2 - \underline{I}_1} \tag{2}$$

als Bestimmungsgleichung für den Innenwiderstandsoperator $\underline{Z}_i$. Analog ergibt sich durch Einsetzen von $\underline{Z}_i$ in $\underline{I}_1$ Gl.(1)

$$\underline{U}_q = \underline{I}_1\underline{Z}_i + \underline{I}_1 R = \frac{\underline{I}_2(R - 1/(j\omega C))}{\underline{I}_2 - \underline{I}_1}\underline{I}_1. \tag{3}$$

Zahlenmäßig folgt für Gl.(2) mit den komplexen Strömen $\hat{\underline{I}}_1 = 2,5\,\mathrm{mA}\angle{-30°}$, $\hat{\underline{I}}_2 = 5\,\mathrm{mA}\angle{-30°}$:

$$\underline{Z}_i = \frac{\left(2,5\angle{-30°}\cdot 2 - (5\angle{-30°})\frac{10^6}{j500}\right)\mathrm{k\Omega}\cdot\mathrm{mA}}{(5\angle{-30°} - 2,5\angle{-30°})\,\mathrm{mA}} = (2 + j4)\,\mathrm{k\Omega}$$

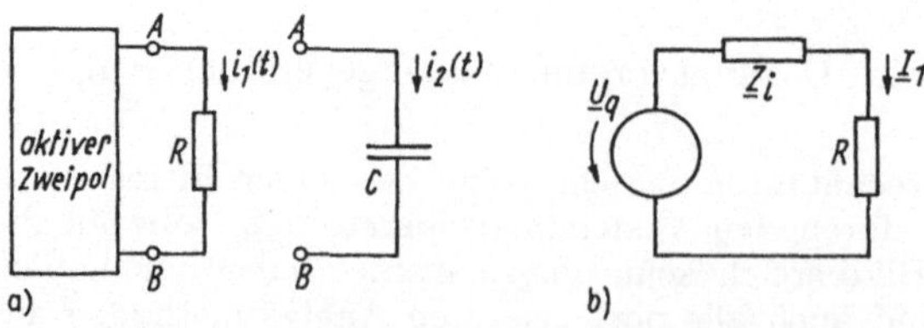

Bild 7.4/4

und für die Quellenspannung

$$\hat{\underline{U}}_q = \frac{(5\angle - 30° \cdot (2 - 2/\mathrm{j}) \cdot 2,5\angle - 30° \,(\mathrm{mA})^2\,\mathrm{k}\Omega}{(5\angle - 30° - 2,5\angle - 30°)\,\mathrm{mA}}$$
$$= (2 + \mathrm{j}2)5\angle - 30°\,\mathrm{V} = 14,14\,\mathrm{V}\angle + 15°.$$

Ob zur Auswertung die Wandlung P-↔R-Form getrennt durchgeführt werden muß, hängt vom verwendeten Rechner ab (wir haben diese Schritte deshalb weggelassen), meist ist eine Direkteingabe in vorliegender Form möglich. Die Spannung lautet somit im Zeitbereich

$$u_q(t) = 14,14\,\mathrm{V}\cos(\omega t + 15°),$$

weil offensichtlich eine cos-Funktion des Stromes zugrunde lag.

Diskussion: Nach Berechnung der Ersatzgrößen $\underline{U}_q, \underline{Z}_i$ empfiehlt sich eine Kontrolle des Stromes:

$$\hat{\underline{I}}_1 = \frac{\hat{\underline{U}}_q}{\underline{Z}_i + R} = \frac{(2 + \mathrm{j}2)5\angle - 30°\,\mathrm{V}}{(2 + \mathrm{j}4 + 2)\,\mathrm{k}\Omega} = 2,5\angle - 30°\,\mathrm{mA},$$

was die Richtigkeit der ermittelten Werte bestätigt.

Aufgabe 7.4/5 Grundstromkreis

Ein (linearer) aktiver Zweipol (mit sinusförmiger Leerlaufspannung, Frequenz ω) wird der Reihe nach mit drei Lastelementen beschaltet: a) ohmscher Widerstand $R = 200\,\Omega$, b) Kondensator $C = 0,313\,\mu\mathrm{F}$, c) Spule $L = 100\,\mathrm{mH}$. Dabei ergeben sich jeweils die Klemmenspannung a) $U_1 = 40\,\mathrm{V}$, b) $U_2 = 160\,\mathrm{V}$, c) $U_3 = 80\,\mathrm{V}$ (die Kreisfrequenz betrage $\omega = 4 \cdot 10^3\,\mathrm{rad/s}$), außerdem sei durch eine Leerlaufspannungsmessung der Betrag der Quellenspannung $|\underline{U}_q|$ bekannt.

a) Bestimmen Sie die prinzipiellen Beziehungen zur Bestimmung der Ersatzgrößen des aktiven Zweipols für die Spannungsquellenersatzschaltung.

b) Wie vereinfachen Sie die Bedingungen, wenn die Lastelemente so bemessen werden, daß die Strombeträge in allen Fällen gleich sind?

Hinweis: Da jeweils nur die Beträge der Spannungen gemessen wurden, ermitteln wir zunächst die zugehörigen Strombeträge und schließen daraus auf den Innenwiderstand. So entsteht eine Reihe von Gleichungen. Die Bestimmung der Leerlaufspannung und des komplexen Innenwiderstandes erfordert insgesamt 4 Komponenten. Da die Phase der Spannung Bezugsgröße ist, kann sie mit dieser Methode nicht bestimmt werden.

Lösung:

a) Aus den drei Belastungsversuchen ergeben sich die Strombeträge

$$I_R = |\underline{I}_R| = \frac{|\underline{U}_1|}{|\underline{Z}_R|} = \frac{40\,\mathrm{V}}{200\,\Omega} = 0,2\,\mathrm{A},$$

$$I_C = |\underline{I}_C| = \frac{|\underline{U}_2|}{|\underline{Z}_C|} = \frac{160\,\mathrm{V}}{800\,\Omega} = 0,2\,\mathrm{A},$$

$$I_L = |\underline{I}_L| = \frac{|\underline{U}_3|}{|\underline{Z}_L|} = \frac{80\,\mathrm{V}}{400\,\Omega} = 0,2\,\mathrm{A}$$

als bekannte Größen. Zusätzlich müssen die Ströme auch folgenden Bedingungen genügen:

$$I_R = \frac{|\underline{U}_q|}{|\underline{Z}_R + \underline{Z}_i|}, \quad I_C = \frac{|\underline{U}_q|}{|\underline{Z}_C + \underline{Z}_i|}, \quad I_L = \frac{|\underline{U}_q|}{|\underline{Z}_L + \underline{Z}_i|}. \tag{1}$$

Das sind drei Bedingungsgleichungen (s.u.). Wir bilden das Verhältnis

$$a = \frac{I_C}{I_L} = \frac{|\underline{Z}_L + \underline{Z}_i|}{|\underline{Z}_C + \underline{Z}_i|} = \frac{|R_i + jX_i + jX_L|}{|R_i + jX_i + jX_C|}. \tag{2}$$

Durch Quadratur und Ausführung der Beträge folgt daraus

$$R_i^2(a^2 - 1) = (X_i + X_L)^2 - a^2(X_i + X_C)^2 \tag{3}$$

als erste Beziehung zwischen R_i und X_i. Analog gewinnen wir aus dem Verhältnis

$$b = \frac{I_R}{I_L} = \frac{|\underline{Z}_R + \underline{Z}_i|}{|\underline{Z}_L + \underline{Z}_i|} = \frac{|R_i + jX_i + jX_L|}{|R + R_i + jX_i|}. \tag{4}$$

nach Quadratur und Auflösung eine zweite Beziehung

$$b^2(R + R_i)^2 - R_i^2 = (X_L + X_i)^2 - b^2 X_i^2. \tag{5}$$

Mit Gl.(4), (5) stehen zwei Gleichungen zur Bestimmung von R_i , X_i als Funktion bekannter Größen zur Verfügung. Da die explizite Lösung umständlich ist, verzichten wir auf weitere Einzelheiten in dieser allgemeinen Form.

b) Für die Bedingung gleicher Strombeträge ($a = b = 1$) vereinfachen sich Gl.(3), (4) zu:

$$2X_i = -(X_C + X_L), \quad R_i = \frac{-X_L X_C - R^2}{2R}. \tag{6}$$

Diese Bedingungen $a = b = 1$ sind nach Aufgabe a) durch die Zahlenwerte gewährleistet. Die Quellenspannung folgt schließlich zu

$$|\underline{U}_q| = |\underline{I}_R| |\underline{Z}_i + R|. \tag{7}$$

Zahlenmäßig ergibt sich $Z_R = 200\,\Omega$, $Z_C = 1/(\omega C) = s^2/(4 \cdot 10^3 \cdot 0,313\,\mu F) = 800\,\Omega$ ($X_C = -800\,\Omega$); $Z_L = \omega L = 4 \cdot 10^3 \cdot 0,1\,Hs^{-1} = 400\,\Omega$ und mit Gl.(6):

$$X_i = -\frac{X_C + X_L}{2} = -\frac{(-800 + 400)\,\Omega}{2} = 200\,\Omega$$

$$R_i = \frac{-400(-800) - (200)^2}{2 \cdot 200\,\Omega}\,\Omega^2 = 70\,\Omega.$$

Dann beträgt die Quellenspannung mit $I_R = 0,2\,A$

$$U_q = I_R\sqrt{(R + R_i)^2 + X_i^2} = 0,2\,A\sqrt{(200 + 70)^2 + (200)^2}\,\Omega = 67,2\,V.$$

Diskussion: Das Verfahren erlaubt die Bestimmung eines unbekannten aktiven Zweipols im Wechselstromkreis ohne Phasenmessung, da übliche Spannungsmesser nur den Effektivwert anzeigen. Dafür ist der Auswerteaufwand (namentlich mit

Gl.(4), (5)) größer. Eine bessere Methode zur Ersatzgrößenbestimmung des aktiven Zweipols besteht allerdings darin, Leerlaufspannung und Kurzschlußstrom als Liniendiagramme mit einem Zweistrahl-Oszillographen direkt anzuzeigen und die Ersatzgröße aus den Amplituden und der Relativphase $\underline{Z}_i$ zu ermitteln.

Aufgabe 7.4/6 Zweipol mit Gegeninduktivität

Das gegebene Netzwerk Bild 7.4/6a mit gekoppelten Spulen (L_1, L_2, M eisenfrei) forme man auf eine Zweipolersatzschaltung (Spannungsquellenform) um.

a) Wie lauten Leerlaufspannung und Kurzschlußstrom?
b) Wie groß ist der Innenwiderstand $\underline{Z}_i$?
c) Welches Ergebnis stellt sich in den Fällen a), b) für $M \to 0$ ein?
d) Berechnen Sie die Ersatzgrößen für folgende Zahlenwerte: $\underline{U}_q = 10\,\text{V}$, $R = 10\,\Omega$, $j\omega L_1 = j5\,\Omega$, $j\omega L_2 = j3\,\Omega$, $1/(j\omega C) = -j10\,\Omega$, $j\omega M = j3\,\Omega$.

Hinweis: Die Gegeninduktivität erschwert die direkte Anwendung der Lösungsmethodik zur Bestimmung der Zweipolgrößen. Wir wenden deshalb besser ein allgemeines Netzwerkanalyseverfahren an, beziehen die u-i-Beziehungen der Gegeninduktivität ein und berechnen die Zweipolgrößen über $\underline{U}_l$ und $\underline{I}_k$.

Lösung:

a) In der Schaltung sind gekoppelte Spulen enthalten. Sie werden über ihre u-i-Beziehungen berücksichtigt. Dabei ist auf die Richtung der Ströme und Spannungen zu achten. Die Analyse erfolgt zweckmäßig mit dem Maschenstromverfahren. Die Maschenströme werden in beiden Maschen so orientiert, daß sie mit den definierten u-i-Beziehungen gekoppelter Spulen übereinstimmen (symmetrische Stromrichtungen gewählt). Bild 7.4/6b enthält das so gewonnene Netzwerk (Darstellung im Zeitbereich). Die Maschengleichungen lauten mit Einbezug der Kopplung durch stromgesteuerte Spannungsquellen:

$$\text{M}_1 \ : \ u_q + L_1\frac{di_{m1}}{dt} + M\frac{di_{m2}}{dt} + R(i_{m1} - i_{m2}) = 0 \tag{1}$$

$$\text{M}_2 \ : \ L_2\frac{di_{m2}}{dt} + M\frac{di_{m1}}{dt} - u_C + R(i_{m2} - i_{m1}) = 0$$

Nach Transformation ins Komplexe wird daraus im Frequenzbereich:

$$\begin{aligned}
j\omega L_1\underline{I}_{m1} + j\omega M\underline{I}_{m2} + R(\underline{I}_{m1} - \underline{I}_{m2}) &= -\underline{U}_q \\
j\omega L_2\underline{I}_{m2} + j\omega M\underline{I}_{m1} + \underline{I}_{m2}/(j\omega C) + R(\underline{I}_{m2} - \underline{I}_{m1}) &= 0
\end{aligned} \tag{2}$$

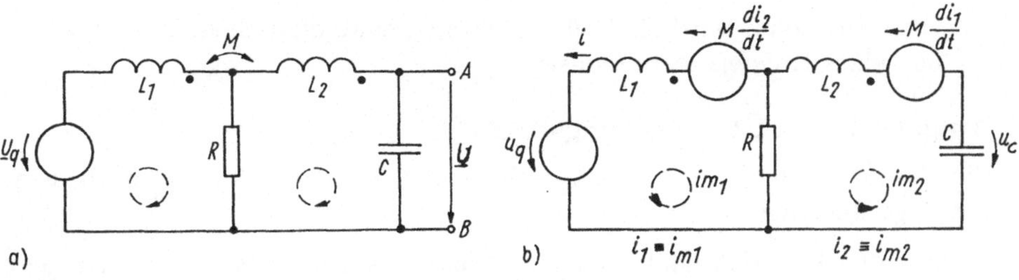

Bild 7.4/6

mit der Lösung $\underline{I}_{m2}$ (durchgerechnet):

$$\underline{I}_{m2} = \frac{\underline{U}_q(-R + j\omega M)}{(R + j\omega L_1)(R + j\omega L_2 - j/(\omega C)) - (-R + j\omega M)^2} \tag{3}$$

und damit der Leerlaufspannung (Richtungsfestlegung $\underline{I}_{m2}$!) an AB:

$$\underline{U}_l = \underline{U}_C = -\frac{\underline{I}_{m2}}{j\omega C}. \tag{4}$$

Bei Bestimmung des Kurzschlußstromes (Klemmen A, B kurzgeschlossen) entfällt der Einfluß der Kapazität und es wird $\underline{I}_{m2}$ gleich dem negativen Kurzschlußstrom $\underline{I}_k$. Statt die Berechnung erneut durchzuführen, denken wir uns den Kurzschluß durch Grenzübergang $C \to \infty$ realisiert und übernehmen das Ergebnis Gl.(3) für diesen Sonderfall: $\underline{I}_k = -\underline{I}_{m2}|_{C \to \infty}$

$$\underline{I}_k = \frac{-\underline{U}_q(-R + j\omega M)}{(R + j\omega L_1)(R + j\omega L_2) - (-R + j\omega M)^2}. \tag{5}$$

b) Zur Innenwiderstandsbestimmung eignet sich die Methode "Außerbetriebsetzung unabhängiger Quellen" und Berechnung von den Klemmen A, B her wegen der gekoppelten Spulen nicht (da die Kopplung durch gesteuerte Quellen darstellbar ist). Deshalb wird das Verfahren des Probestromes verwendet. Implizit ist aber bereits $\underline{I}_k$ ein solcher Probestrom und wir bestimmen daher besser (Gl.(3)) $\underline{Z}_i$ über Leerlaufspannung und Kurzschlußstrom:

$$\underline{Z}_i = \frac{\underline{U}_l}{\underline{I}_k} = \frac{1}{j\omega C} \cdot \frac{(R + j\omega L_1)(R + j\omega L_2) - (-R + j\omega M)^2}{(R + j\omega L_1)(R + j\omega L_2 - j/(\omega C)) - (-R + j\omega M)^2}. \tag{6}$$

c) Bei verschwindender Kopplung ($M \to 0$) kann die Leerlaufspannung $\underline{U}_l$ durch doppelte Anwendung der Spannungsteilerregel leicht nachvollzogen werden, ebenso läßt sich dann $\underline{Z}_i$ auf konventionelle Weise von den Klemmen A, B her bestimmen.

d) Die Zahlenwerte führen der Reihe nach auf (Gl.(3) - (6))

$$\underline{U}_l = +j10\,\Omega \frac{10\,\text{V}(-5 + j3)\,\Omega}{((5 + j5)(5 + j3 - j10) - (-5 + j3)^2)\,\Omega^2}$$

$$= 12,06\,\text{V}\angle - 145,4°$$

$$\underline{I}_k = \frac{-10\,\text{V}(-5 + j3)\,\Omega}{((5 + j5)(5 + j3) - (-5 + j3)^2)\,\Omega^2} = 0,83\,\text{A}\angle - 125,86°$$

$$\underline{Z}_i = \frac{\underline{U}_l}{\underline{I}_k} = 14,53\,\Omega\angle - 19,53° = (13,69 - j4,86)\,\Omega.$$

Diese Impedanz wird als Reihenschaltung eines ohmschen Widerstandes und eines Kondensators realisiert.

Aufgabe 7.4/7 Überlagerungssatz

Für die Schaltung Bild 7.4/7a berechne man die Spannung $u(t)$ nach dem Überlagerungssatz:

a) Für den Fall, daß beide Quellen gleiche Frequenz haben: $\omega = \omega_1 = \omega_2$. Kann die Analyse durch die Transformation der Schaltung in den Fre-

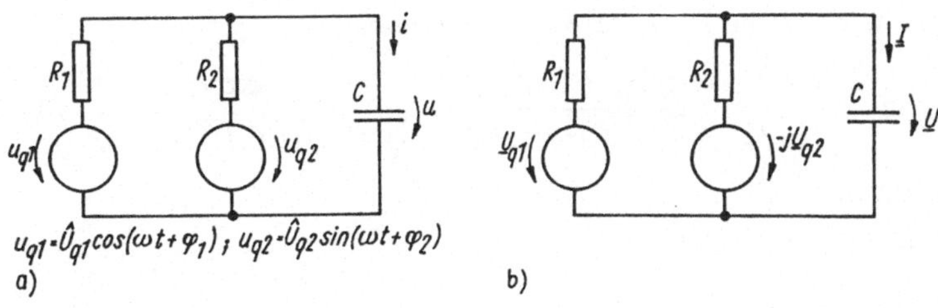

Bild 7.4/7

quenzbereich erfolgen? (Wählen Sie im Verlaufe der Rechnung den Ansatz $R_1 = R_2 = R$.)

b) Für den Fall $\omega_1 \neq \omega_2$. Wie ist die Analyse jetzt hinsichtlich Überlagerungssatz und Transformation in den Frequenzbereich zu führen?

Hinweis: Beide Teilaufgaben machen auf ein Problem aufmerksam, das bei Anwendung des Überlagerungssatzes auf Schaltungen mit Erregungen verschiedener Frequenzen auftritt.

Lösung:

a) Beide Spannungsquellen haben gleiche Frequenz, aber unterschiedliche Zeitfunktionen ($\cos \omega t$, $\sin \omega t$). Da wir das Ergebnis mit nur einer Rücktransformationsgleichung gewinnen, darf auch für die Hintransformation nur eine Form vorliegen. Wir wählen die cos-Funktion und wandeln u_{q2} um:

$$u_{q2} = \hat{U}_{q2} \sin(\omega_2 t + \varphi_2) = \hat{U}_{q2} \cos(\omega_2 t + \varphi_2 - \pi/2)$$

oder im Komplexen:

$$\underline{u}_{q2} = \hat{U}_{q2} \exp j(\omega_2 t + \varphi_2 - \pi/2) = -j\hat{U}_{q2} \exp j(\omega t + \varphi_2).$$

Damit folgt die Schaltung Bild 7.4/7b, die problemlos in den Frequenzbereich transformierbar ist. Die Spannung $\underline{U}$ berechnen wir mit dem Überlagerungssatz für jede Quelle und der entsprechenden Spannungsteilerformel:

- Quelle 1 wirkend:
$$\frac{\underline{U}}{\underline{U}_{q1}} = \frac{R_2 \| \underline{Z}_C}{R_1 + R_2 \| \underline{Z}_C} = \frac{1}{1 + R_1(1/R_2 + \underline{Y}_C)} \tag{1}$$

- Quelle 2 wirkend:
$$\frac{\underline{U}}{-j\underline{U}_{q2}} = \frac{R_1 \| \underline{Z}_C}{R_2 + R_1 \| \underline{Z}_C} = \frac{1}{1 + R_2(1/R_1 + \underline{Y}_C)}. \tag{2}$$

Durch Überlagerung folgt für $R_1 = R_2 = R$ als gesuchte Lösung:

$$\underline{U} = \frac{\underline{U}_{q1} - j\underline{U}_{q2}}{2 + R\underline{Y}_C} = \frac{\underline{U}_{q1} - j\underline{U}_{q2}}{2 + j\omega C R}. \tag{3}$$

Zur Rücktransformation können wir (nach Multiplikation mit $\sqrt{2} \exp j\omega t$)
- beide Quellen in der Form $\underline{U}_{q1} - j\underline{U}_{q2} = U_{res} \exp j\varphi_{res}$ zusammenfassen und die Rücktransformation des Gesamtausdrucks durchführen oder
- die Summenterme einzeln behandeln.

Vorher muß die P-Form in beiden Fällen gewählt werden.

Im ersten Fall wird ausgehend von Gl.(3) gebildet

$$\underline{U} = U \exp \mathrm{j}\varphi_{\mathrm{u}} = \frac{|\underline{U}_{\mathrm{q}1} - \mathrm{j}\underline{U}_{\mathrm{q}2}| \exp \mathrm{j}\varphi_{\mathrm{res}}}{\sqrt{2^2 + (\omega CR)^2} \exp \mathrm{j}\varphi} = \frac{U_{\mathrm{qres}} \exp \mathrm{j}\varphi_{\mathrm{res}}}{\sqrt{2^2 + (\omega CR)^2} \exp \mathrm{j}\varphi} \tag{4}$$

und $\varphi = \arctan \omega CR/2$.
Die Spannung formen wir um:

$$\begin{aligned}
\underline{U}_{\mathrm{q}1} - \mathrm{j}\underline{U}_{\mathrm{q}2} &= \underline{U}_{\mathrm{q}1} + \underline{U}_{\mathrm{q}2} \exp -\mathrm{j}\pi/2 \\
&= U_{\mathrm{q}1} \exp \mathrm{j}\varphi_1 + \mathrm{j}\, U_{\mathrm{q}2} \exp \mathrm{j}(\varphi_2 - \pi/2)
\end{aligned}$$

und erhalten nach den Regeln der Addition komplexer Größen

$$U_{\mathrm{qres}} = \sqrt{U_{\mathrm{q}1}^2 + U_{\mathrm{q}2}^2 + 2U_{\mathrm{q}1}U_{\mathrm{q}2} \cos(\varphi_1 - \varphi_2 + \pi/2)} \tag{5a}$$

$$\varphi = \arctan \left(\frac{U_{\mathrm{q}1} \sin \varphi_1 + U_{\mathrm{q}2} \sin(\varphi_2 - \pi/2)}{U_{\mathrm{q}1} \cos \varphi_1 + U_{\mathrm{q}2} \cos(\varphi_2 - \pi/2)} \right). \tag{5b}$$

Nach beidseitiger Multiplikation von Gl.(4) mit $\sqrt{2}\exp \mathrm{j}\omega t$ folgt mit $\underline{u}(t) = \sqrt{2}\underline{U} \exp \mathrm{j}\omega t$ im Zeitbereich

$$u(t) = \mathrm{Re}(\underline{u}(t)) = \frac{\hat{U}_{\mathrm{qres}} \cos(\omega t + \varphi_{\mathrm{res}} - \varphi)}{\sqrt{2^2 + (\omega CR)^2}} \tag{6}$$

mit den Phasenwinkeln φ_{res}, φ nach Gl.(5b), (4).
Werden die Summenterme der Gesamtspannung einzeln betrachtet und rücktransformiert, so folgt aus Gl.(3) wieder nach beidseitiger Multiplikation mit $\sqrt{2}\exp \mathrm{j}\omega t$:

$$\begin{aligned}
u(t) &= \mathrm{Re}(\underline{u}(t)) \\
&= \frac{\hat{U}_{\mathrm{q}1} \cos(\omega t + \varphi_1 - \varphi) + \hat{U}_{\mathrm{q}2} \cos(\omega t + \varphi_2 - \pi/2 - \varphi)}{\sqrt{2^2 + (\omega CR)^2}}.
\end{aligned} \tag{7}$$

Die Form läßt sich in Gl.(6) überführen.

b) Bei *unterschiedlichen* Frequenzen $\omega_1 \neq \omega_2$ hat auch die Lösung zwei unterschiedliche Frequenzen. Da das Transformationskonzept *nur für jeweils eine Frequenz* erlaubt ist, muß die Reaktion auf jede Einzelquelle *getrennt* (durchaus über den Frequenzbereich) und die Überlagerung der Ergebnisse erst im Zeitbereich erfolgen. Wir erhalten

• für die Frequenz ω_1 (analog zu Gl.(1))

$$\underline{U}(\omega_1) = \frac{U_{\mathrm{q}1}(\omega_1)}{2 + \mathrm{j}\omega_1 RC} \rightarrow u_1(t) = \frac{\hat{U}_{\mathrm{q}1} \cos(\omega_1 t + \varphi_1 - \varphi(\omega_1))}{\sqrt{2^2 + (\omega_1 RC)^2}} \tag{8a}$$

mit der Phase

$$\varphi(\omega_1) = \arctan \omega_1 CR/2; \tag{8b}$$

• für die Frequenz ω_2 analog Gl.(2)

$$\underline{U}(\omega_2) = \frac{-\mathrm{j}\underline{U}_{\mathrm{q}2}(\omega_2)}{2 + \mathrm{j}\omega_2 RC} \rightarrow$$

$$u_2(t) = \frac{\hat{U}_{\mathrm{q}2} \cos(\omega_2 t + \varphi_2 - \varphi(\omega_2) - \pi/2)}{\sqrt{2^2 + (\omega_2 RC)^2}} \tag{9a}$$

$$\varphi(\omega_2) = \arctan \omega_2 CR/2. \tag{9b}$$

Das Gesamtergebnis lautet

$$u(t) = u_1(t) + u_2(t) \tag{10}$$

Für $\omega_1 = \omega_2$ folgt Gl.(7).

Diskussion: Es ist niemals zulässig, ruhende Zeiger verschiedener Frequenz zu addieren, etwa nach:

$$\underline{U} = \frac{\underline{U}_{q1}(\omega_1)}{2 + j\omega_1 RC} - \frac{j\underline{U}_{q2}(\omega_2)}{2 + j\omega_2 RC}.$$

Stets lassen sich nur Zeiger derselben Frequenz überlagern (vgl. Aufgabe a). Deswegen kann der Überlagerungssatz in Aufgabe a) bereits im Frequenzbereich angewendet und das Ergebnis in einem Schritt rücktransformiert werden.

Bei unterschiedlichen Frequenzen ist die Transformation in den Frequenzbereich wohl für jede Frequenz getrennt möglich, die Rückführung in den Zeitbereich muß aber getrennt erfolgen. Erst im Zeitbereich erfolgt Überlagerung.

7.5 Zeigerbilder, Inversion und Ortskurven

Aufgabe 7.5/1 Zeigerbild

a) Man entwerfe das Zeigerbild aller Teilströme und -spannungen, falls am Netzwerk Bild 7.5/1a die Spannung $u(t) = \hat{U} \cos\omega t$ anliegt.

b) Prüfen Sie die Teilgrößen nach für $I_q = 5\,\text{A}$, $R_1 = 15\,\Omega$, $R_2 = 8\,\Omega$, $j\omega L = j25\,\Omega$, $1/(j\omega C) = -j30\,\Omega$.

Hinweis: Zeigerbilder konstruiert man immer "vom Schaltungsinneren" (genauer der gesuchten Größe) her auf die Erregung zu. Dazu wird die gesuchte Größe angenommen und von ihr aus das Zeigerbild entwickelt nach Maßgabe der Kirchhoffschen Gleichungen. Voraussetzung des Zeigerbildes ist die Transformation der Schaltung in den Frequenzbereich (komplexe Ebene).

Lösung:

a) Nach Festlegung aller Teilströme und -spannungen beginnen wir mit dem Strom $\underline{I}_1$ (Bild 7.5/1b), haben damit $\underline{U}_{R1}\|\underline{I}_1$ und $\underline{U}_C \perp \underline{I}_1$. Die Summe $\underline{U}_R$ und $\underline{U}_C$ gibt $\underline{U} = \underline{U}_R + \underline{U}_C$. Die Gesamtspannung $\underline{U}$ teilt sich gleichzeitig in $\underline{U}_{R2}$ und $\underline{U}_L$ auf. Wir zerlegen daher $\underline{U}$ in $\underline{U}_{R2}$ und $\underline{U}_L$ (Thales-Kreis), wobei $\underline{U}_L$ gegenüber $\underline{U}_{R2}$ um $90°$ voreilt. Mit $\underline{U}_{R2}$ haben wir gleichzeitig die Richtung des Stromes $\underline{I}_2$ und damit am Knoten K den Gesamtstrom $\underline{I} = \underline{I}_2 + \underline{I}_1$. Damit liegt das Zeigerbild qualitativ fest.

b) Rechnerisch ergibt sich über die Stromteilerregel

$$\frac{\underline{I}_1}{\underline{I}_q} = \frac{R_2 + j\omega L}{R_1 + R_2 + j(\omega L - 1/(\omega C))} = \frac{8 + j25}{(8 + 15) + j(25 - 30)};$$

$$\underline{I}_1 = 5,57\,\text{A}\angle 84,5°$$

$$\frac{\underline{I}_2}{\underline{I}_q} = \frac{R_1 + 1/(j\omega C)}{R_1 + R_2 + j(\omega L - 1/(\omega C))} = \frac{15 - j30}{(8 + 15) + j(25 - 30)};$$

$$\underline{I}_2 = 7,125\,\text{A}\angle -51,17°$$

$$\underline{U}_1 = \underline{I}_1 R_1, \quad \underline{U}_C = \underline{I}_1 \cdot 1/(j\omega C), \quad \underline{U}_2 = \underline{I}_2 R_2 = 57\,\text{V}\angle -51,17°;$$

$$\underline{U}_L = \underline{I}_2 j\omega L = 178\,\text{V}\angle 38,8°,$$

$$\underline{U} = \underline{U}_2 + \underline{U}_L = 186,8\,\text{V}\angle 21,08°.$$

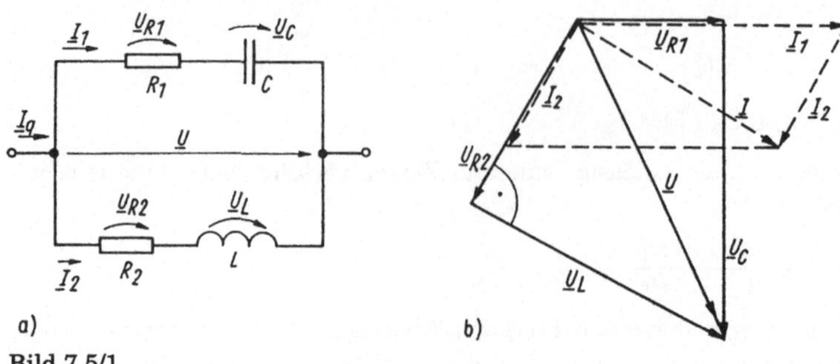

Bild 7.5/1

Damit folgt $\underline{I} = \underline{I}_1 + \underline{I}_2 = 5,001\,\mathrm{A}\angle - 0,07°$. Da $\underline{I}_1$ in die reelle Achse gelegt wurde, ergeben sich die restlichen Zeiger $\underline{I}_2$, $\underline{I}$ durch Multiplikation mit $\exp -\mathrm{j}84,5°$; $\underline{I}_2 = 7,125\,\mathrm{A}\angle - 136,2°$ und $\underline{I} = 5,001\,\mathrm{A}\angle - 84,5°$. Eine entsprechende Relativphasenkorrektur ist für die Spannungen erforderlich: $\underline{U}_1$ wurde in die reelle Achse gelegt. Die Gesamtspannung $\underline{U}$ beträgt dann $\underline{U} = \underline{U}_\mathrm{R} + \underline{U}_\mathrm{C} = \underline{I}_1(R - \mathrm{j}/(\omega C)) = (15 - \mathrm{j}30)\,\Omega \cdot 5,57\angle 84,5° = 186,8\,\mathrm{V}\angle 21,08°$. Wird $\underline{I}_1$ in die reelle Achse gedreht, so ist $\underline{U}$ mit $\exp -\mathrm{j}84,5°$ zu multiplizieren: $\rightarrow \underline{U} = 186,8\,\mathrm{V}\angle - 63,42°$. Ebenso sind die Teilspannungen $\underline{U}_2$, $\underline{U}_\mathrm{L}$ mit $\exp -\mathrm{j}84,5°$ zu multiplizieren: $\rightarrow \underline{U}_2 = 57\,\mathrm{V}\angle - 135,67°$, $\underline{U}_\mathrm{L} = 178\,\mathrm{V}\angle - 45,7°$. Diese Verhältnisse kommen im qualitativen Zeigerbild zum Ausdruck.

Aufgabe 7.5/2 Grundstromkreis, Zeigerbild (Dreispannungsverfahren)

Im Grundstromkreis (Bild 7.5/2a) wurden gemessen: $\underline{U}_\mathrm{q} = 10\,\mathrm{V}\angle 0$, $|\underline{U}_1| = 8,5\,\mathrm{V}$, $|\underline{U}_2| = 6\,\mathrm{V}$.

a) Konstruieren Sie ein Zeigerdiagramm, aus dem $\underline{U}_1$ und $\underline{U}_2$ nach Betrag und Phase bestimmt werden können. (Wieviele Lösungen sind möglich?)
b) Bestimmen Sie $\underline{U}_1$ und $\underline{U}_2$ für den Fall, daß $\underline{Z}_1$ induktiv und $\underline{Z}_2$ kapazitiv ist.

Hinweis: Lassen Sie für $\underline{Z}_1$, $\underline{Z}_2$ allgemeine Phasenwinkel zu und überlegen Sie, wie die Aufgabe geometrisch gelöst werden kann.

Lösung:

a) Grundsätzlich gilt der Maschensatz, so daß zwei Zeigerdiagramme je nach den Phasenwinkeln der Impedanz möglich sind (Bild 7.5/2b): ein voreilendes sowie ein nacheilendes (im ersten Fall z.B. für die Reihenschaltung von R und C).
Da die Beträge der drei Spannungen gegeben sind, nehmen wir vom Anfangs-/Endpunkt des Zeigers $\underline{U}_\mathrm{q}$ die Radien $|\underline{U}_1|$, $|\underline{U}_2|$ in den Zirkel und erhalten die Schnittpunkte A bzw. B. Die beiden möglichen Lösungen hängen vom Charakter der Impedanzen $\underline{Z}$ ab.
Aus dem allgemeinen Dreieck (Bild 7.5/2b) folgen:
$U_\mathrm{q} = |\underline{U}_1|\cos\alpha + |\underline{U}_2|\cos\beta$, ebenso für die Höhe des Dreiecks: $|\underline{U}_1|\sin\alpha = |\underline{U}_2|\sin\beta$. Mit

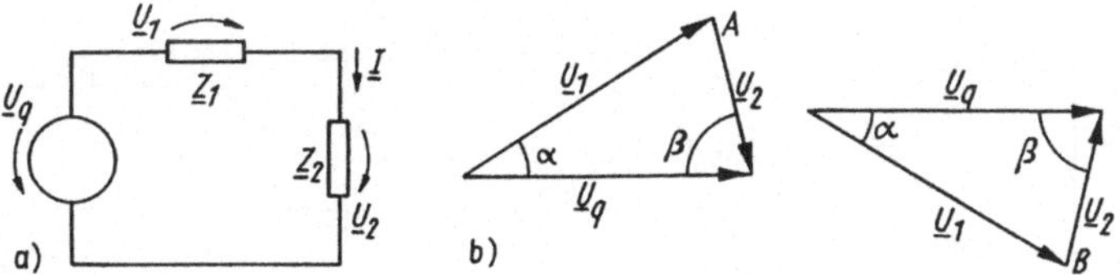

Bild 7.5/2

$$\cos^2 \beta = 1 - \sin^2 \beta = 1 - \left(\frac{U_1}{U_2}\right)^2 \sin^2 \alpha = 1 - \left(\frac{U_1}{U_2}\right)^2 (1 - \cos^2 \alpha)$$

$$= 1 - \left(\frac{U_1}{U_2}\right)^2 + \left(\frac{U_1}{U_2}\right)^2 \cos^2 \alpha$$

wird rückeingesetzt:

$$\frac{U_q}{U_2} = \frac{U_1}{U_2} \cos \alpha + \sqrt{1 - \left(\frac{U_1}{U_2}\right)^2 + \left(\frac{U_1}{U_2}\right)^2 \cos^2 \alpha}. \tag{1}$$

Wir lösen nach $\cos \alpha$ auf und erhalten links zusammengefaßt

$$\left(\frac{U_q}{U_2}\right)^2 - 2 \left(\frac{U_q U_1}{U_2^2}\right) \cos \alpha = 1 - \left(\frac{U_1}{U_2}\right)^2$$

oder

$$\cos \alpha = \frac{\left(\frac{U_q}{U_2}\right)^2 - 1 + \left(\frac{U_1}{U_2}\right)^2}{2 \left(\frac{U_q U_1}{U_2}\right)} = \frac{U_q^2 - U_2^2 + U_1^2}{2 U_q U_1}. \tag{2}$$

Damit kann der Winkel bestimmt werden. Die Zahlenwerte führen auf

$$\cos \alpha = \frac{100 \, \text{V}^2 - 36 \, \text{V}^2 + (8,5)^2 \, \text{V}^2}{2 \cdot 10 \, \text{V} \cdot 8,5 \, \text{V}} = 0,80147.$$

Mit $\alpha = 36,72°$ ergeben sich weiter $\sin \beta = \frac{U_1}{U_2} \sin \alpha = 0,8472, \rightarrow \beta -$
$57,91°$. Damit lauten die Spannungen

$$\underline{U}_1 = 8,5 \, \text{V} \angle 36,72°, \quad \underline{U}_2 = 6 \, \text{V} \angle 57,91°. \tag{3}$$

b) Da $\underline{Z}_1$ und $\underline{Z}_2$ vom gleichen Strom durchflossen werden, muß bei induk-
tivem $\underline{Z}_1 \rightarrow \angle \underline{Z}_1 = \angle \underline{U}_1 = 36,7°$ sein und $\angle \underline{Z}_2 = \angle \underline{U}_2 = -57,9°$
betragen. Die Spannungen lauten dann: $\underline{U}_1 = 8,5 \, \text{V} \angle 36,7°$, $\underline{U}_2 =$
$6 \, \text{V} \angle -57,9°$. Eine Kontrolle ergibt $\underline{U}_q = \underline{U}_1 + \underline{U}_2 = 10 \, \text{V}$.

Diskussion: Da das Verfahren auf der Messung dreier Spannungsbeträge basiert,
kann es zur raschen Bestimmung von Impedanzen verwendet werden.

Aufgabe 7.5/3 Ortskurve

Für die Schaltungen Bild 7.5/3a, b konstruiere man die Ortskurven von $\underline{Z}_{AB}$
und $\underline{Y}_{AB}$ unter folgenden Bedingungen:

a) variable Frequenz im Bereich $0 \leq \omega \leq \infty$
b) variabler Wirkwiderstand R: $0 \leq R \leq \infty$.

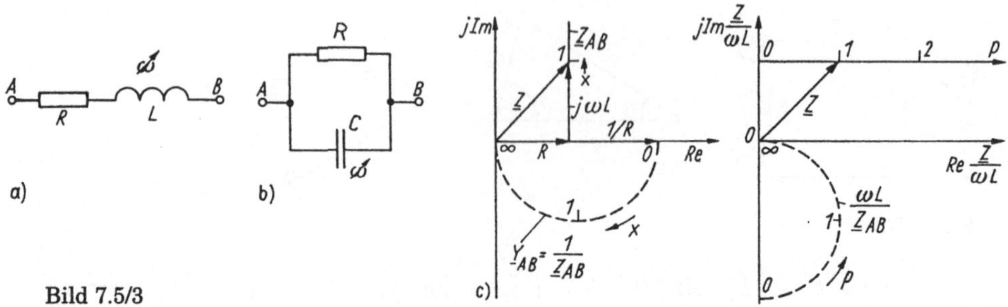

Bild 7.5/3

Hinweis: Man wähle zweckmäßig eine normierte Darstellung und trage die Zeiger mit der variablen Größe als Parameter auf.

Lösung:

a) Die Schaltung Bild 7.5/3a hat die Impedanz $\underline{Z}_{AB} = R + j\omega L = R(1 + j\omega L/R)$. Wir setzen $\omega_{45} = R/L$ und erhalten $\underline{Z}_{AB} = R(1 + j\omega/\omega_{45}) = R(1+jx)$ als normierte Darstellung: Gerade parallel zur imaginären Achse (Bild 7.5/3c). Sie ergibt bei der Inversion einen Kreisabschnitt durch den Nullpunkt (Mittelpunkt auf der reellen Achse, Kreisdurchmesser $1/R \rightarrow$ Maßstab für $\underline{Y}_{AB}$). Die Parameterwerte lassen sich leicht übertragen, entweder durch Berechnung oder Konstruktion der konjugiert komplexen Kurve $\underline{Z}_{AB}^*$.

Die Ortskurve des Leitwertes der Schaltung Bild 7.5/3b beträgt

$$\underline{Y}_{AB} = G + j\omega C = G(1 + j\omega C/G) = G(1 + j\omega/\omega_{45}) = G(1 + jx),$$

($\omega_{45}C = G$). Sie ist vom gleichen Typ wie die Kurve für $\underline{Z}_{AB}$ von Schaltung 7.5/3a. Analog verhält sich die inverse Kurve $\underline{Z}_{AB} = 1/\underline{Y}_{AB}$ der Schaltung 7.5/3b.

b) Wird der Parameter R resp. G verändert, so gilt für Schaltung a) (Parameter p: $R = pR_1$, R_1 Normierungswert): $\underline{Z}_{AB} = pR_1 + j\omega L = \omega L(p+j)$. Dabei wurde $R_1 = \omega L$ als Normierung verwendet (ω Festfrequenz). Als Ortskurve ergibt sich jetzt eine Parallele zur reellen Achse (Bild 7.5/3d). Sie führt bei der Inversion auf $\underline{Y}_{AB} = 1/\omega L(p + j)$, also einen Halbkreis im vierten Quadranten mit den Grenzen:

$$\underline{Y}_{AB} = -\left.\frac{j}{\omega L}\right|_{p=0} \quad \text{und} \quad \underline{Y}_{AB} = 0|_{p\to\infty}.$$

Damit sind die Ortskurven der Schaltungen a) und b) dual zueinander. Die Reihenschaltung von R, L hat für $\underline{Z}_{AB}$ die gleiche Ortskurve wie $\underline{Y}_{AB}$ für die Parallelschaltung von G und C, im letzten Fall muß statt R der Leitwert G variiert werden.

7.6 Leistungsbetrachtungen

Aufgabe 7.6/1 Leistung, Ersatzschaltung

An einem passiven Zweipol liegt eine Spannung (cos-förmig, $\varphi_u = 0$, Effektivwert $U = 230\,\text{V}$, $f = 50\,\text{Hz}$), es fließt ein Strom $i(t) = \hat{I}\cos(\omega t + \varphi_i)$, $\varphi_i = -60°$, $I = 2,3\,\text{A}$.

a) Geben Sie mögliche Ersatzschaltungen des Zweipols und ihre Elemente an.

b) Wie groß sind in den zu a) gehörenden Ersatzschaltungen Wirk-, Blind- und Scheinleistung?

Hinweis: Arbeiten Sie die grundlegenden Leistungsbeziehungen II/Abschn. 6.4 durch.

Lösung:

a) Der negative Phasenwinkel φ_i des Stromes ($\varphi_u = 0$) läßt wegen $\varphi_z = \varphi_u - \varphi_i > 0$ auf induktive Belastung schließen, als Ersatzschaltung ist deshalb eine Reihen- oder Parallelschaltung von Widerstand und Induktivität erforderlich: $\underline{Z}_r = R_r + j\omega L_r$, $\underline{Y}_p = 1/R_p + 1/(j\omega L_p)$. Es gilt:

$$\underline{Z}_r = Z_r \angle \varphi_z = R_r + j\omega L_r$$

$$= \frac{U \exp j\varphi_u}{I \exp j\varphi_i} = \frac{U}{I}(\cos(-\varphi_i) + j\sin(-\varphi_i)) \tag{1}$$

$$R_r = \frac{U}{I}\cos(-\varphi_i) = \frac{230\,\mathrm{V}}{2,3\,\mathrm{A}}\cos 60° = 50\,\Omega$$

$$L_r = \frac{U}{\omega I}\sin(-\varphi_i) = \frac{230\,\mathrm{V}}{314\,\mathrm{s}^{-1}\cdot 2,3\,\mathrm{A}}\sin 60^0 = 0,273\,\mathrm{H}$$

$$\underline{Y}_p = Y_p \angle -\varphi_z = \frac{1}{R_p} - \frac{j}{\omega L_p}$$

$$= \frac{I \exp j\varphi_i}{U \exp j\varphi_u} = \frac{I}{U}(\cos\varphi_i + j\sin\varphi_i)$$

$$R_p = \frac{U}{I\cos\varphi_i} = 200\,\Omega \quad L_p = \frac{-U}{\omega I \sin\varphi_i} = 0,367\,\mathrm{H}.$$

b) Die *Wirkleistung* beträgt $P = UI\cos\varphi_z = 230\,\mathrm{V}\cdot 2,3\,\mathrm{A}\cos 60° = 264,5\,\mathrm{W}$ oder gleichwertig ausgedrückt durch die Ersatzschaltelemente:

$$P = I^2 R_r = (2,3\,\mathrm{A})^2 50\,\Omega = 264,5\,\mathrm{W}$$

$$P = U^2/R_p = (230\,\mathrm{V})^2/200\,\Omega = 264,5\,\mathrm{W}.$$

Die *Blindleistung* beträgt $Q = UI\sin\varphi_z = 230\,\mathrm{V}\cdot 2,3\,\mathrm{A}\sin 60° = 458\,\mathrm{var}$ oder gleichwertig ausgedrückt durch die Ersatzschaltelemente:

$$Q = I^2 X_r = I^2 \omega L_r = (2,3\,\mathrm{A})^2 \cdot 314\,\mathrm{s}^{-1} \cdot 0,273\,\mathrm{H} = 458\,\mathrm{var}$$

$$Q = -U^2 B_p = \frac{U^2}{\omega L_p} = \frac{(230\,\mathrm{V})^2}{314\,\mathrm{s}^{-1}\cdot 0,367\,\mathrm{H}} = 458\,\mathrm{var}. \tag{2}$$

Die *Scheinleistung* wird schließlich $S = UI = 230\,\mathrm{V}\cdot 2,3\,\mathrm{A} = 529\,\mathrm{VA}$ oder ausgedrückt durch die Ersatzschaltelemente:

$$S = I^2\sqrt{R_r^2 + (\omega L_r)^2} = U^2\sqrt{\frac{1}{R_p^2} + \frac{1}{(\omega L_p)^2}}.$$

Durch Einsetzen obiger Zahlenwerte überzeugt man sich von der Richtigkeit der bisherigen Berechnungen.

Diskussion: Die Begriffe Wirk-, Blind- und Scheinleistung im sinusförmig erregten Wechselstromkreis werden am besten mit den beiden möglichen Formen der Zweipolersatzschaltung interpretiert. Dabei ist darauf zu achten, daß Blindleistung auch negativ sein kann, Wirkleistung (im VPS!) beim passiven Zweipol dagegen stets positiv.

Aufgabe 7.6/2 Wirk- und Blindleistungsbestimmung, Dreispannungsverfahren

Die in einem Wechselstromwiderstand umgesetzte Wirk- und Blindleistung läßt sich durch Vorschalten eines bekannten Widerstandes R_1 und Bestimmung der Beträge aller drei Spannungsabfälle $\underline{U}_1 \ldots \underline{U}_3$ (hochohmiger Spannungsmesser!) berechnen (Bild 7.6/2a).

a) Stellen Sie das Zeigerbild der Anordnung für alle Spannungen und den Strom dar.

b) Entwickeln Sie aus dem Zeigerbild Beziehungen für die Wirk- und Blindleistung ausgedrückt durch die drei Spannungsbeträge.

c) Berechnen Sie die Ersatzelemente des Wechselstromwiderstandes $\underline{Z}$ aus den Spannungsbeträgen.

d) Für eine gegebene Anordnung wurden gemessen: $U_1 = 2\,\mathrm{V}$, $U_2 = 8,944\,\mathrm{V}$, $U_3 = 10\,\mathrm{V}$. Wie groß sind die Leistungen P, Q und der Wechselstromwiderstand $\underline{Z}$ bei $R_1 = 1\,\mathrm{k}\Omega$? Wie kann festgestellt werden, ob der Phasenwinkel kapazitiv oder induktiv ist?

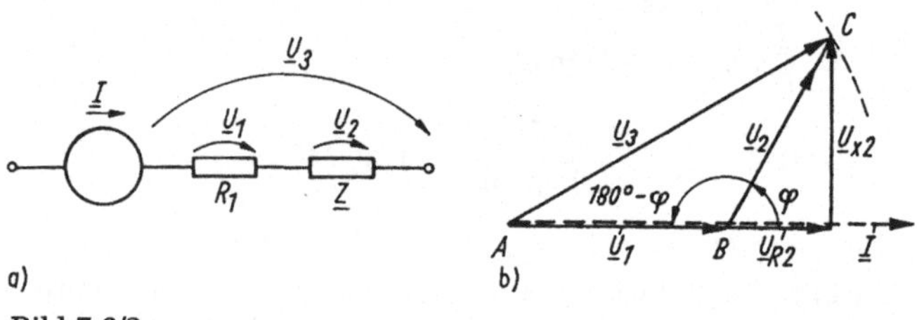

Bild 7.6/2

Hinweis: Wir entwickeln zunächst das Zeigerbild der Spannungen und stellen uns als Hilfe vor, daß $\underline{Z}$ aus der Reihenschaltung eines Wirk- und Blindwiderstandes besteht. Die gesuchten Winkelbeziehungen ergeben sich geometrisch aus den gegebenen Spannungsbeträgen.

Lösung:

a) Wir legen den Spannungsabfall $\underline{U}_{R1}$ über R_1 in die reelle Achse und haben damit auch die Lage des Stromes $\underline{I}$ (Bild 7.6/2b). Da von den Spannungen $\underline{U}_3$, $\underline{U}_2$ nur die Beträge bekannt sind, schlagen wir Radien von A ($\rightarrow \underline{U}_3$) und B ($\underline{U}_2$) aus und erhalten den Schnittpunkt C. So liegt das Zeigerdiagramm fest, ebenso der Winkel der Spannung $\underline{U}_2$ gegen $\underline{U}_1 = \underline{U}_R$ und damit dem Strom $\underline{I}$. Die Spannung $\underline{U}_2$ läßt sich bei Annahme einer Reihenschaltung $\underline{Z} = R + \mathrm{j}X$ in die Spannungsabfälle $\underline{U}_{X_2}$ und $\underline{U}_{R2}$ zerlegen.

b) Die Wirk- und Blindleistungen betragen allgemein

$$P = IU_2 \cos\varphi = IU_{R2}; \quad Q = IU_2 \sin\varphi = IU_{X2}. \tag{1}$$

Das Dreieck mit den Seiten U_1, U_2, U_3 erfüllt den Cosinussatz:

$$U_3^2 = U_1^2 + U_2^2 - 2U_1U_2\cos(\pi - \varphi) = U_1^2 + U_2^2 + 2U_1U_2\cos\varphi,$$

über dem komplexen Widerstand $\underline{Z} = R + jX$ betragen die Teilspannungen $\underline{U}_{R2}$ und $\underline{U}_{X2}$ von $\underline{U}_2$ (mit Gl.(1))

$$U_{R2} = U_2\cos\varphi = \frac{U_3^2 - (U_1^2 + U_2^2)}{2U_1}, \tag{2}$$

also die Wirkleistung

$$P = IU_2\cos\varphi = \frac{U_3^2 - (U_1^2 + U_2^2)}{2R_1}, \quad I = \frac{U_1}{R_1} \tag{3}$$

mit dem Leistungsfaktor

$$\cos\varphi = \frac{U_3^2 - (U_1^2 + U_2^2)}{2U_1U_2}. \tag{4}$$

Für die Blindleistung Q bilden wir $\sin\varphi$ entweder aus $\cos\varphi$ (Satz des Pythagoras) oder über U_{X2} (Gl.(2))

$$U_{X2} = \sqrt{U_2^2 - U_{R2}^2} = \sqrt{U_2^2 - \left(\frac{U_3^2 - (U_1^2 + U_2^2)}{2U_1}\right)^2}. \tag{5}$$

Mit $I = U_1/R_1$ wird dann

$$Q = IU_{X2} = \frac{U_1}{R_1}\sqrt{U_2^2 - \left(\frac{U_3^2 - (U_1^2 + U_2^2)}{2U_1}\right)^2}. \tag{6}$$

c) Die Ersatzelemente $\underline{Z} = R + jX$ folgen zu

$$R = Z\cos\varphi = \frac{U_2}{I}\cos\varphi = \frac{U_{R2}}{I}, \quad X = Z\sin\varphi = \frac{U_2}{I}\sin\varphi = \frac{U_{X2}}{I}. \tag{7}$$

Sie sind damit durch Gl.(4), (5) berechenbar.

d) Für die gegebenen Zahlenwerte betragen

- die Wirkleistung nach Gl.(3)

$$P = \frac{U_3^2 - (U_1^2 + U_2^2)}{2R_1} = \frac{10^2 - (4 + 8{,}944^2)}{2\cdot 10^3} \cdot 10^{-3}\,\text{W} = 8{,}002\,\text{mW}$$

der Leistungsfaktor

$$\cos\varphi = \frac{10^2 - (2^2 + 8{,}944^2)}{2^2 \cdot 8{,}944} = 0{,}44936$$

$$R = \frac{U_2}{I}\cos\varphi = \frac{U_2}{U_1}R_1\cos\varphi = \frac{8{,}944}{2}\cos\varphi = 2{,}0096\,\text{k}\Omega$$

$$X = \frac{U_2}{I}\sin\varphi = \frac{U_2R_1}{U_1}\sin\varphi = 3{,}995\,\text{k}\Omega$$

$$Q = IU_2\sin\varphi = \frac{U_1U_2}{R_1}\sin\varphi = 15{,}88\,\text{mvar}.$$

Diskussion: Eine Entscheidung, ob kapazitiver oder induktiver Phasenwinkel vorliegt, ist aus der Messung direkt nicht möglich. Wird allerdings die Frequenz der Spannungsquelle etwas erhöht, so sinkt Z bei kapazitivem Phasenwinkel grundsätzlich ab (und damit U_2), bei induktivem Winkel steigt Z und damit U_2. So ist eine Unterscheidung möglich und das Zeigerbild der Spannungen kann dann richtig dargestellt werden (ggf. Spiegelung an der reellen Achse). (Man überlege sich, daß Z für die Reihen- oder Parallelschaltung von R und C mit steigender Frequenz immer abnimmt!)

Das Verfahren selbst erlaubt eine einfache Wirk- und Blindleistungsmessung, ohne auf direkte Phasenmessung angewiesen zu sein. Es kann ebenso gut auf die Messung dreier Ströme umgestellt werden.

Aufgabe 7.6/3 Leistung im Gleich- und Wechselstromkreis

a) Man berechne die im Widerstand R (Bild 7.6/3a) umgesetzte Wirkleistung und trage den Verlauf über R allgemein auf.

b) Berechnen Sie die Wirkleistung für das Zahlenbeispiel: $U_q = 20\,\text{V}$, $U_Q = 10\,\text{V}$, $R_1 = R_2 = 20\,\Omega$, $j\omega L = j20\,\Omega$, $R = 50\,\Omega$.

Hinweis: Im Netzwerk wirken sowohl eine Gleich- wie Wechselspannung, wobei jede Quelle die entsprechende Leistung liefert. Deshalb sind die Teilleistungen getrennt zu bestimmen.

Lösung:

a) Im Gleichstromkreis (Induktivität L durch Kurzschluß ersetzt) beträgt die in R umgesetzte Leistung (Bild 7.6/3b)

$$P_{\text{DC}} = \frac{U^2}{R} = \left(\frac{R}{R+R_i}\right)^2 U_Q^2 \cdot \frac{1}{R} = \left(\frac{R}{R+R_i}\right)^2 U_Q^2 \tag{1}$$

mit $R_i = R_1 \| R_2$. Ein Maximum stellt sich für $R = R_i$ ein (Anpassung). Für das Wechselstromnetzwerk wandeln wir den Teil links von A, B in einen Ersatzzweipol um mit (Bild 7.6/3c)

$$u_q' = \frac{R_2}{R_1 + R_2} u_q, \quad \underline{Z}_i = R_1 \| R_2. \tag{2}$$

b) Im Widerstand R wird die Wirkleistung

$$P_{\text{AC}} = \frac{u_q'^2}{R} = |\underline{I}|^2 R = \frac{|\underline{U}_q'|^2 R}{|R_i + R + j\omega L|^2}$$

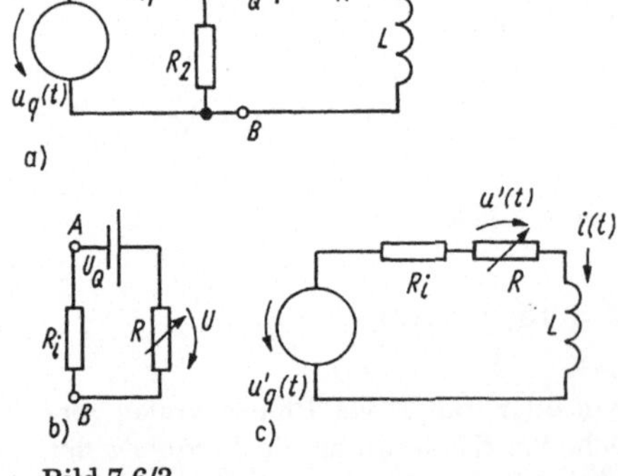

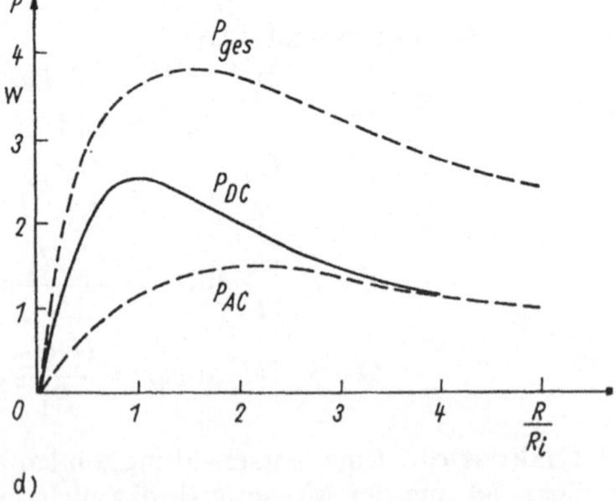

Bild 7.6/3

umgesetzt:

$$P_{\mathrm{AC}} = \frac{R}{(R + R_{\mathrm{i}})^2 + (\omega L)^2} \frac{R_2}{R_1 + R_2} |\underline{U}_{\mathrm{q}}|^2. \tag{3}$$

Sie hat ein Extrem bei $R = |\underline{Z}_{\mathrm{i}}| = |R_{\mathrm{i}} + \mathrm{j}\omega L|$ (Nachweis!), also an anderer Stelle als die Gleichkomponente. Die im Widerstand R umgesetzte Gesamtleistung wird dann

$$\begin{aligned}
P_{\mathrm{ges}} &= P_{\mathrm{DC}} + P_{\mathrm{AC}} \\
&= \frac{R}{(R + R_{\mathrm{i}})^2} U_{\mathrm{Q}}^2 + \frac{R}{(R + R_{\mathrm{i}})^2 + (\omega L)^2} \left(\frac{R_2}{R_1 + R_2}\right)^2 U_{\mathrm{q}}^2.
\end{aligned}$$

In der Darstellung $P_{\mathrm{ges}}(R)$ gibt es ein Maximum jeder einzelnen Leistungskomponente und ein dazwischenliegendes Maximum des Gesamtverlaufes (auf die genaue Berechnung soll verzichtet werden).

c) Zahlenmäßig folgen $R_{\mathrm{i}} = R_1 \| R_2 = 10\,\Omega$ und damit für den Gleichstromkreis

$$R_{|\max} = R_{\mathrm{i}} = 10\,\Omega \quad \text{mit} \quad P_{\mathrm{DC}|\max} = \frac{U_{\mathrm{Q}}^2}{4 R_{\mathrm{i}}} = \frac{(10\,\mathrm{V})^2}{4 \cdot 10\,\Omega} = 2,5\,\mathrm{W}.$$

Im Wechselstromkreis stellt sich ein Wirkleistungsmaximum über R bei $R_{|\max} = |\underline{Z}_{\mathrm{i}}| = \sqrt{(10)^2 + (20)^2}\,\Omega = 22,36\,\Omega$ ein mit der Leistung

$$\begin{aligned}
P_{\mathrm{AC}|\max} &= \frac{|\underline{Z}_{\mathrm{i}}|}{|\underline{Z}_{\mathrm{i}} + R|^2} \left(\frac{1}{2}\right)^2 U_{\mathrm{eff}}^2 \\
&= \frac{22,36}{(22,36 + 10)^2 + (20)^2} \frac{1}{4} \frac{10^2\,\mathrm{V}^2}{\Omega} = 1,545\,\mathrm{W}.
\end{aligned}$$

Der Gesamtleistung (Bild 7.6/3d) verläuft relativ flach in Umgebung des Maximums.

Aufgabe 7.6/1 Komplexe Leistung

Einer Spannungsquelle $\underline{U}$ sind zwei Verbraucher parallelgeschaltet mit den Scheinleistungen S_1, (Leistungsfaktor $\cos\varphi_1$) und S_2 (Leistungsfaktor $\cos\varphi_2$). Beide Phasen mögen nacheilend sein.

a) Welcher Strom fließt in beide Verbraucher?
b) Welcher Leistungsfaktor stellt sich ein?

Zahlenbeispiel: $S_1 = 800\,\mathrm{VA}$, $\cos\varphi_1 = 0,9$, $S_2 = 1200\,\mathrm{VA}$, $\cos\varphi_2 = 0,7$, $U_{\mathrm{q}} = 230\,\mathrm{V}$.

Hinweis: Lösen Sie die Aufgabe über die komplexe Leistung.

Lösung:

a) Aus den Vorgaben hat Verbraucher 1 die komplexe Leistung $\underline{S}_1 = S_1 \angle \varphi_1$ und führt damit den Strom

$$\underline{I}_1^* = \frac{\underline{S}_1}{\underline{U}} = \frac{S_1}{U} \angle(\varphi_1 - \varphi_{\mathrm{u}}), \quad \underline{I}_2^* = \frac{\underline{S}_2}{\underline{U}} = \frac{S_2}{U} \angle(\varphi_2 - \varphi_{\mathrm{u}}). \tag{1}$$

Analog hat Verbraucher 2 die komplexe Leistung $\underline{S}_2 = S_2 \angle \varphi_2$ und damit den Strom $\underline{I}_2^*$.

b) Der Gesamtstrom der Anordnung ergibt sich durch die Parallelschaltung zu

$$\underline{I}^* = \underline{I}_1^* + \underline{I}_2^* = I\angle - \varphi_i = \frac{S_1\angle\varphi_1 + S_2\angle\varphi_2}{U\angle\varphi_u}. \tag{2}$$

Die komplexe Leistung $\underline{S}$ lautet

$$\underline{S} = \underline{U} \cdot \underline{I}^* = UI\angle(\varphi_u - \varphi_i) = S_1\angle\varphi_1 + S_2\angle\varphi_2$$

und die Wirkleistung (der Leistungsfaktor $\cos\varphi$)

$$P = \mathrm{Re}(\underline{S}) = S\cos\varphi = S_1\cos\varphi_1 + S_2\cos\varphi_2$$

oder

$$\cos\varphi = \frac{S_1}{S}\cos\varphi_1 + \frac{S_2}{S}\cos\varphi_2. \tag{3}$$

Zahlenmäßig ergibt sich $\underline{S}_1 = S_1\angle\varphi_1 = 800\,\mathrm{VA}\angle 25,8°$, da $\cos\varphi_1 = 0,9$ $\rightarrow \varphi_1 = 25,8°$

$$\underline{I}_1^* = \frac{800\,\mathrm{VA}\angle 25,8°}{230\,\mathrm{V}\angle 0} = 3,47\,\mathrm{A}\angle 25,8°, \quad \underline{I}_1 = 3,47\,\mathrm{A}\angle - 25,8°,$$

analog für den Verbraucher 2 ($\cos\varphi = 0,7 \rightarrow \varphi_2 = 45,57°$) $\underline{S}_2 = 1200\,\mathrm{VA}\angle 45,57°$, $\underline{I}_2^* = 5,21\,\mathrm{A}\angle 45,57°$, $\underline{I}_2 = 5,21\,\mathrm{A}\angle - 45,57°$, Gesamtstrom $\underline{I} = \underline{I}_1 + \underline{I}_2 = 3,47\,\mathrm{A}\angle - 25,8° + 5,21\,\mathrm{A}\angle - 45,57° = 8,55\angle - 37,6°\,\mathrm{A}$

$$\cos\varphi = \frac{(800\cos\varphi_1 + 1200\cos\varphi_2)\,\mathrm{VA}}{230\cdot 8,55\,\mathrm{AV}} = 0,7933, \quad \varphi_{\mathrm{ges}} = 37,5°.$$

Diskussion: Die Lösung kann auch direkt über den Zeitbereich ohne Zuhilfenahme der komplexen Rechnung gewonnen werden, die Analyse wird dann etwas aufwendiger.

Aufgabe 7.6/5 Tellegenscher Satz

Für das Netzwerk Bild 7.6/5 überprüfe man den Tellegenschen Satz für die Bemessung $\underline{Z}_\mathrm{L} = \mathrm{j}10\,\Omega$, $R = 10\,\Omega$, $1/(\mathrm{j}\omega C) = -\mathrm{j}5\,\Omega$, $I_\mathrm{q} = 1\,\mathrm{A}$ (Effektivwert).
Hinweis: Führen Sie Zweigströme und -spannungen ein und berechnen Sie diese Größen, anschließend die Produkte $U \cdot I$ (Leistungen) sowie die komplexe Leistung $\underline{S} = \underline{U} \cdot \underline{I}^*$ und ordnen Sie die Ergebnisse tabellarisch (II/Abschn. 6.4.6).

Lösung:
Wir erhalten nach Transformation der Schaltung für Knoten K die Gleichung

$$\underline{I}_\mathrm{q} = \underline{I}_1 + \underline{I}_2 = \frac{\underline{U}}{R + \underline{Z}_\mathrm{L}} + \mathrm{j}\omega C\underline{U} = \left(\mathrm{j}\omega C + \frac{1}{R + \mathrm{j}\omega L}\right)\underline{U}. \tag{1}$$

Mit $\underline{U} = \underline{I}_2\underline{Z}_\mathrm{C} = \underline{I}_1(R + \underline{Z}_\mathrm{L})$ folgen für die Zweigströme

$$\underline{I}_1 = \frac{\underline{I}_\mathrm{q}}{(R + \underline{Z}_\mathrm{L})}\frac{1}{\mathrm{j}\omega C + 1/(R + \underline{Z}_\mathrm{L})} = \frac{\underline{I}_\mathrm{q}}{\mathrm{j}\omega C(R + \underline{Z}_\mathrm{L}) + 1} \tag{2}$$

$$\underline{I}_2 = \frac{\underline{I}_\mathrm{q}}{\underline{Z}_\mathrm{C}}\frac{1}{1/\underline{Z}_\mathrm{C} + 1/(R + \underline{Z}_\mathrm{L})} = \underline{I}_\mathrm{q}\frac{1}{1 + \underline{Z}_\mathrm{C}/(R + \underline{Z}_\mathrm{L})}$$

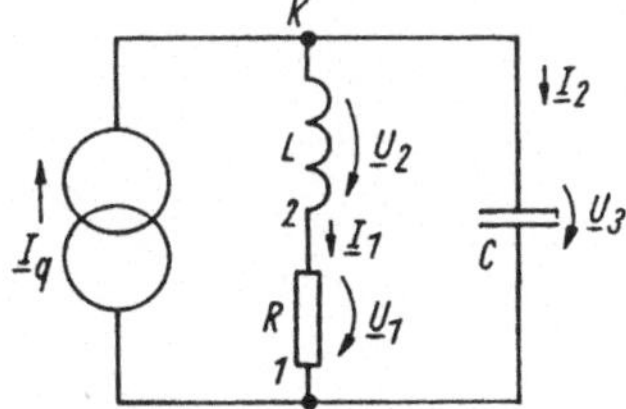

Bild 7.6/5

und damit die Teilspannungen

$$\underline{U}_{\mathrm{R}} = \underline{I}_1 R, \quad \underline{U}_{\mathrm{L}} = \mathrm{j}\omega L \underline{I}_1, \quad \underline{U} = \underline{I}_2 \underline{Z}_{\mathrm{C}} = -\frac{\mathrm{j}\underline{I}_2}{\omega C}. \tag{3}$$

Für die einzelnen Netzwerkelemente ordnen wir die numerischen Ergebnisse als Tabelle an:

$$\underline{I}_1 = \frac{1\,\mathrm{A}}{1 + (10 + \mathrm{j}10)/(-5\mathrm{j})} = (-0,2 - \mathrm{j}0,4)\,\mathrm{A},$$

$$\underline{I}_2 = \frac{1\,\mathrm{A}}{1 + -5\mathrm{j}/(10 + \mathrm{j}10)} = (1,2 + \mathrm{j}0,4)\,\mathrm{A}.$$

Mit Gl.(3) ergeben sich dann:

Zweig	$\underline{I}/\mathrm{A}$	$\underline{U}/\mathrm{V}$	Produkt $\underline{U}\cdot\underline{I}/\mathrm{W}$	komplexe Leistung $\underline{S},\ \underline{U}\cdot\underline{I}^*/\mathrm{W}$	
1 R	$\underline{I}_1$: $-0,2 - \mathrm{j}0,4$	$-2 - \mathrm{j}4$	$-1,2 + \mathrm{j}1,6$	$2,0 + \mathrm{j}0$	vom Netz-
2 L	$\underline{I}_1$: $-0,2 - \mathrm{j}0,4$	$4 - \mathrm{j}2$	$-1,6 - \mathrm{j}1,27$	$0 + \mathrm{j}2$	werk aufge-
3 C	$\underline{I}_2$: $1,2 + \mathrm{j}0,4$	$2 - \mathrm{j}6$	$4,8 - \mathrm{j}6,4$	$0 - \mathrm{j}8$	nommen
4 $\sum \underline{I}_1 + \underline{I}_2$ $= \underline{I}_\mathrm{q}$	$-(1 + \mathrm{j}0)$	$2 - \mathrm{j}6$	$\sum 2 - \mathrm{j}6$ $-(2 - \mathrm{j}6)$ $\overline{0 + \mathrm{j}0}$	$\sum(2 - \mathrm{j}6)$ $-(2 - \mathrm{j}6)$ $\overline{0 + \mathrm{j}0}$	von Quellen geliefert $\underline{U}\underline{I}_\mathrm{q}$

Addiert man die Leistungen jeweils aller Zweige (wobei im Quellenzweig 4 der Strom vom Knoten wegfließend positiv, hier also negativ anzusetzen ist), so verschwindet die Summe aller $\underline{U}\underline{I}$-Produkte. Die komplexe Leistung $\underline{S}$ der Quelle wird im Netzwerk umgesetzt in die Wirkleistung $\underline{S}_{\mathrm{R}} = |\underline{I}_1|^2 R = (2 + \mathrm{j}0)\,\mathrm{W}$ (Realteil), die Blindleistung $\underline{S}_{\mathrm{L}} = \underline{U}_{\mathrm{L}}\underline{I}_{\mathrm{L}}^* = 2\,\mathrm{var}$ und die Blindleistung $\underline{S}_{\mathrm{C}} = \underline{U}_{\mathrm{C}}\underline{I}_{\mathrm{C}}^* = -8\,\mathrm{var}$, $\underline{S}_{\mathrm{C}}$ und $\underline{S}_{\mathrm{L}}$ sind Imaginärteile von $\underline{S}$. Mit der von der Quelle gelieferten Leistung ist dann der Tellegensche Satz erfüllt:

$$\sum \underline{S}_i = 0 \ \rightarrow \ \underline{S}_\mathrm{q} + \underline{S}_{\mathrm{R}} + \underline{S}_{\mathrm{L}} + \underline{S}_C = 0$$

$$-(2 - \mathrm{j}6)\,\mathrm{AV} + (2 - \mathrm{j}6)\,\mathrm{AV} = 0$$

sowohl für die Wirk- wie die Blindleistungen. Es sei noch darauf verwiesen, daß $\sum_i \underline{S}_i = 0$ nicht $\sum_i |\underline{S}|_i = 0$ bedingt! Man überprüfe dies.

7.7 Typische Wechselstromschaltungen

Aufgabe 7.7/1 Parallelresonanz, Spule mit Verlusten

Gegeben ist die Schaltung Bild 7.7/1.

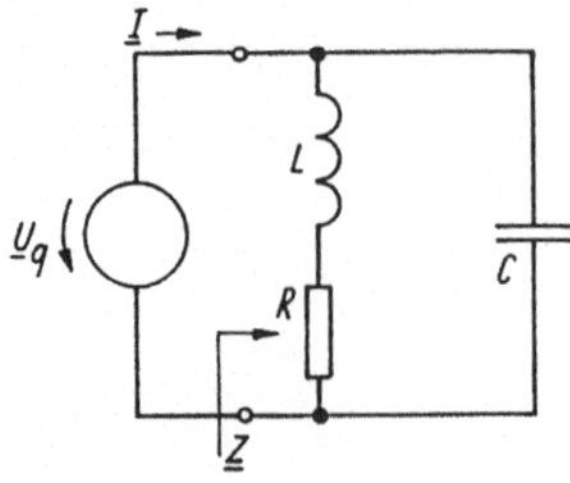

Bild 7.7/1

a) Unter welcher Bedingung gilt $\mathrm{Im}(\underline{Z}) = 0$?
b) Für welche Bedingung wird $|\underline{Z}|$ unabhängig von R?
c) An der Schaltung liegen der Reihe nach folgende Quellenspannungen an:
a) $u_\mathrm{q}(t) = 100\,\mathrm{V}\cos\omega t$; b) $u_\mathrm{q}(t) = 10\,\mathrm{V}\sin\omega t$. Wie äußern sich diese Unterschiede im Strom $i(t)$?

Lösung:

a) Aus der Schaltung folgt für den Widerstandsoperator

$$\underline{Z} = \frac{1}{\underline{Y}} = \frac{1}{\mathrm{j}\omega C + 1/(R + \mathrm{j}\omega L)} = \frac{R + \mathrm{j}\omega L}{1 - \omega^2 LC + \mathrm{j}\omega RC}. \tag{1}$$

Die Bedingung $\mathrm{Im}(\underline{Z}) = 0$ kann bestimmt werden entweder direkt (nach konjugiert komplexer Multiplikation mit dem Nennerterm) oder aus der Bedingung Phasenwinkel $= 0$. Wir wählen letztere und bilden dazu die Phasenwinkel von Zähler- und Nennerterm:

$$\varphi = \arctan\frac{\omega L}{R} - \arctan\frac{\omega CR}{1 - \omega^2 LC} = 0. \tag{2}$$

Aus der Lösung $\tan\varphi_\mathrm{z} = \omega L/R = \tan\varphi_\mathrm{N} = \omega CR/(1 - \omega^2 LC)$ ergibt sich über $1 - \omega^2 LC = CR^2/L$ schließlich

$$R = \sqrt{\frac{L}{C}(1 - \omega^2 LC)} = \sqrt{\frac{L}{C}\left(1 - \left(\frac{\omega}{\omega_0}\right)^2\right)}. \tag{3}$$

Definiert man $\mathrm{Im}(\underline{Z}) = 0$ als *Resonanzbedingung* (bei beliebigem R), so folgt aus Gl.(1) mit $\omega_0 = 1/\sqrt{LC}$ als Resonanzfrequenz

$$\omega_\mathrm{res} = \sqrt{\left(1 - \frac{CR^2}{L}\right)\frac{1}{LC}} = \omega_0\sqrt{1 - \frac{CR^2}{L}}. \tag{4}$$

Sie ändert sich durch den Widerstand R gegenüber der Resonanzfrequenz ω_0 des idealen Schwingkreises (RLC-Parallelkreis).

b) Wir bestimmen $|\underline{Z}|$ aus Gl.(1) und suchen eine Bedingung, in der der Widerstand R nicht vorkommt. Der Betrag einer komplexen Größe $\underline{A}$ ist dann unabhängig von einer Variablen x, wenn sie auf die Form $\underline{A} = (1 \mp \mathrm{j}ax)/(1 \pm \mathrm{j}ax)\underline{B}$ gebracht werden kann, wobei der Faktor $\underline{B}$ Elemente unabhängig von x enthält. Soll im vorliegenden Fall $\underline{Z}$ unabhängig von R sein, so darf $\underline{Z}$ nur $\mathrm{j}\omega L$ und $1/(\mathrm{j}\omega C)$ enthalten. Wir formen daher Gl.(1)

um:

$$\underline{Z} = \frac{j\omega L}{1 - \omega^2 LC} \frac{1 - jR/(\omega L)}{1 + j\omega RC/(1 - \omega^2 LC)}$$

und setzen die mit R belegten Terme gleich:

$$\frac{R}{\omega L} = \frac{RC}{1 - \omega^2 LC}. \tag{5}$$

Daraus folgt ausgerechnet $2\omega^2 LC = 1$. Für diesen Fall wird

$$\underline{Z} = 2j\omega L\frac{1 - jR/(\omega L)}{1 + j2\omega RC} = jZ\frac{1 - j2R/Z}{1 + j2R/Z} = Z \tag{6}$$

mit $Z = \sqrt{2} \cdot \sqrt{L/C}$. Dann ist $|\underline{Z}|$ unabhängig von R.

c) Nach Transformation der Schaltung in den Frequenzbereich ergibt sich
der Strom zu (komplexer Widerstand $\underline{Z}$ gemäß Bild 7.7/1a): $\underline{I} = \underline{U}_q/\underline{Z}$.
Daraus wird im Zeitbereich (nach Multiplikation mit $\exp j\omega t$)

$$i(t) = |\underline{\hat{I}}|\mathrm{Re}(\exp j(\omega t + \varphi_i)) = \mathrm{Re}\left(\frac{\left|\hat{U}_q\right| \exp j(\omega t + \varphi_u)}{|\underline{Z}| \exp j\varphi_z}\right)$$

$$= \frac{\left|\hat{U}_q\right|}{|\underline{Z}|} \cos(\omega t + \varphi_u - \varphi_z).$$

Die Spannungen a), b) unterscheiden sich nur in der Phasenlage (es ist
$\sin(\omega t + \varphi) = \cos(\omega t + \varphi - \pi/2)$. Das beeinflußt wohl die Phasenlage des
Stromes i, die Phase φ_z der Impedanz $\underline{Z}$ bleibt davon unberührt.

Aufgabe 7.7/2 Strom-Übertragungsfunktion des Parallelresonanzkreises

Für einen Parallelschwingkreis, der von einer Wechselstromquelle $\underline{I}_q$ gespeist
wird, bestimme man

a) die Stromverhältnisse $\underline{I}_G/\underline{I}_q$, $\underline{I}_L/\underline{I}_q$, $\underline{I}_C/\underline{I}_q$ als Funktion von ω mit der
   Kreisgüte ϱ als Parameter.
b) Wie verlaufen die Beträge dieser Größen über der Frequenz? Skizzieren
   Sie Kurven für sehr kleine und große Kreisgüten.

Hinweis: Zweckmäßig wird für die Darstellung die normierte Frequenz $\Omega = \omega\sqrt{LC}$
gewählt. Die Kreisgüte beträgt $\varrho = 1/(G\sqrt{L/C}) = 1/G(\sqrt{C/L})$.

Lösung:

a) Der Parallelschwingkreis nach Bild 7.7/2a hat die Admittanz $\underline{Y}$

$$\underline{Y} = G + j\omega C + \frac{1}{j\omega L} = G + j\sqrt{\frac{C}{L}}\left(\frac{\omega}{\omega_0} - \frac{\omega_0}{\omega}\right)$$

$$= G\left(1 + j\varrho\left(\Omega - \frac{1}{\Omega}\right)\right). \tag{1}$$

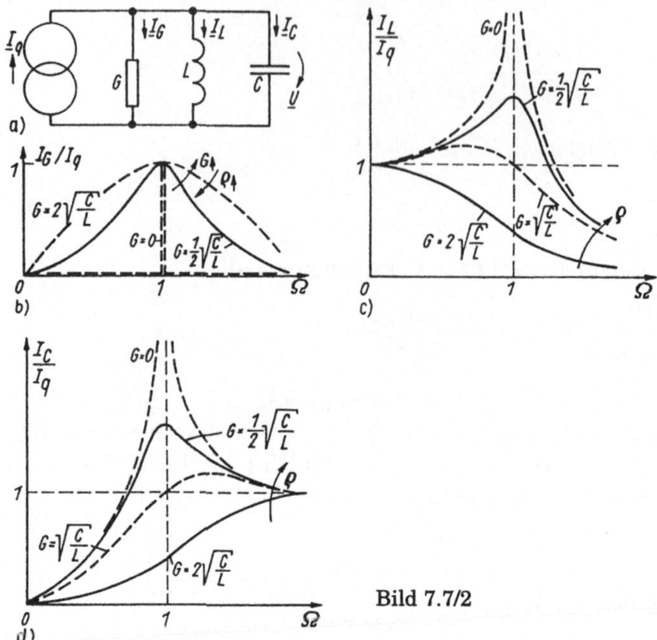

Bild 7.7/2

Damit ergeben sich die gesuchten Beziehungen über die jeweilige Stromteilerregel

$$\frac{\underline{I}_G}{\underline{I}_q} = \frac{G}{\underline{Y}} = \frac{1}{1 + j\varrho(\Omega - 1/\Omega)}$$

$$\frac{\underline{I}_C}{\underline{I}_q} = \frac{j\omega C}{\underline{Y}} = \frac{j\varrho\Omega}{1 + j\varrho(\Omega - 1/\Omega)} \tag{2}$$

$$\frac{\underline{I}_L}{\underline{I}_q} = \frac{1}{j\omega L\underline{Y}} = \frac{-j\varrho}{\Omega(1 + j\varrho(\Omega - 1/\Omega))}.$$

Die Resonanzfrequenz $\omega_0 = 1/\sqrt{LC}$ ist hier zugleich Betrags- und Phasenresonanzfrequenz ($|\underline{Y}|_{\omega_b} \to \min$, $\mathrm{Im}(\underline{Y})|_{\omega_p} = 0$).

b) Für die Beträge ergeben sich der Reihe nach aus Gl.(2)

- *Strom* $\underline{I}_G$:

$$\frac{I_G}{I_q} = \frac{1}{\sqrt{1 + \varrho^2(\Omega - 1/\Omega)^2}} \tag{3}$$

mit dem Wert 1 bei $\Omega = 1$ (Maximum) und den Grenzwerten

$$\left.\frac{I_G}{I_q}\right|_0 = 0; \quad \left.\frac{I_G}{I_q}\right|_\infty = 0.$$

Für $\Omega \to 0$ steigt die Funktion näherungsweise frequenzproportional an (proportional Ω/ϱ). Im Bild 7.7/2b wurden die Verläufe für verschiedene Güten dargestellt, besonders ab $\varrho > 1$ bildet sich die Resonanzkurve stärker heraus.

- *Strom* I_L/I_q: Es folgt aus Gl.(2)

$$\frac{I_L}{I_q} = \frac{\varrho}{\Omega\sqrt{1 + \rho^2(\Omega - 1/\Omega)^2}} = \frac{\varrho}{\sqrt{\Omega^2 + \rho^2(\Omega^2 - 1)^2}}. \tag{4}$$

Die Kurve hat für $\Omega \to 0$ den Wert 1 (weil dann der Strom voll durch L fließt) und für $\Omega \to \infty$ den Wert 0: der Gesamtstrom $\underline{I}_\mathrm{q}$ fließt durch den Kondensator (Bild 7.7/2c).

- Zur Berechnung der Extremwerte genügt die Betrachtung des Nenners N von Gl.(4). Wir erhalten aus

$$\frac{\mathrm{d}N^2}{\mathrm{d}\Omega} = 0 \to 2\Omega + \varrho^2 2(\Omega^2 - 1)\Omega 2 = 0$$

durch Nullsetzen die Lösungen $\Omega = 0$ mit $I_\mathrm{L}/I_\mathrm{q} = 1$ und

$$\Omega = \sqrt{1 - \frac{1}{2\varrho^2}} \quad \text{mit} \quad \frac{I_\mathrm{L}}{I_\mathrm{q}} = \frac{\varrho}{\sqrt{1 - 1/(4\varrho^2)}} \tag{5}$$

oder entnormiert als Frequenz, für die I_L maximal wird:

$$\omega_\mathrm{r} = \frac{1}{\sqrt{LC}}\sqrt{1 - \frac{LG^2}{2C}}. \tag{6}$$

Diese zweite Extremstelle, d.h. das technisch gewünschte Maximum, existiert nur für $\varrho^2 > 1/2$. Im Grenzfall $G \to 0$ (idealer Schwingkreis) ergibt sich ein Pol.

- *Strom $I_\mathrm{C}/I_\mathrm{q}$:* Ausgehend von Gl.(2) folgt

$$\frac{I_\mathrm{C}}{I_\mathrm{q}} = \frac{\Omega^2 \varrho}{\sqrt{\Omega^2 + \varrho^2(\Omega^2 - 1)^2}}. \tag{7}$$

Aus physikalischen Gründen verschwindet der Strom I_C bei $\Omega = 0$, für $\Omega \to \infty$ folgt $I_\mathrm{C} = I_\mathrm{q}$. Im Zwischenbereich gibt es ggf. ein Maximum. Wir berechnen dazu $\mathrm{d}(I_\mathrm{C}/I_\mathrm{q})/\mathrm{d}\Omega$ und setzen den Wert gleich Null:

$$\frac{\mathrm{d}(I_\mathrm{C}/I_\mathrm{q})}{\mathrm{d}\Omega} = \varrho\Omega \frac{2\varrho^2 + (1 - 2\varrho^2)\Omega^2}{N^2} \to 0.$$

Die Lösungen lauten $\Omega = 0 \to I_\mathrm{C}/I_\mathrm{q} = 0$ und

$$\Omega = \frac{1}{\sqrt{1 - 1/(2\varrho^2)}} \quad \text{mit} \quad \frac{I_\mathrm{C}}{I_\mathrm{q}} = \frac{\varrho}{\sqrt{1 - 1/(4\varrho^2)}} \tag{8}$$

oder entnormiert

$$\omega_0 = \frac{1}{\sqrt{LC}}\frac{1}{\sqrt{1 - G^2 L/(2C)}}. \tag{9}$$

Das zweite Maximum existiert wieder nur für $\varrho^2 > 1/2$. Für $G^2 L = 2C$ wandert es ins Unendliche, für $\varrho < 1/\sqrt{2}$ tritt kein Maximum mehr auf. Im Grenzfall $G \to 0$ existiert keine waagerechte Tangente, sondern ein Pol (Bild 7.7/2d).

Diskussion: Zusammenfassend ergibt sich als typisches Resonanzverhalten des Parallelkreises:

- Maximum des Stromes I_G bei Phasenresonanz
- gleichgroße entgegenwirkende Ströme I_C, I_L (so daß bei Resonanz $\underline{I}_\mathrm{C} + \underline{I}_\mathrm{L} = 0$)
- im Resonanzfall Stromresonanzüberhöhung

$$\frac{I_\mathrm{C}}{I_\mathrm{q}} = \varrho = \frac{1}{G}\sqrt{\frac{C}{L}} = \frac{I_\mathrm{L}}{I_\mathrm{q}} \tag{10}$$

- die Maxima der Ströme I_C, I_L treten nicht genau bei $\Omega = 1$ auf, sondern bei Ω nach Gl.(5) bzw. Gl.(8), also geringfügig von $\Omega = 1$ verschoben.

Die gleichen Verhältnisse treffen prinzipiell auch auf den Reihenresonanzkreis zu (Teilspannungen größer als die Gesamtspannung), wenn statt $\underline{I}_\mathrm{C}/\underline{I}_\mathrm{q} \to \underline{U}_\mathrm{L}/\underline{U}_\mathrm{q}$, $I_\mathrm{L} \to U_\mathrm{C}$, $I_\mathrm{G} \to U_\mathrm{R}$ gewählt und die Güte ϱ durch die Elemente des Reihenresonanzkreises ausgedrückt werden.

Aufgabe 7.7/3 Betrags-, Phasenresonanz, Parallelschwingkreis

In technischen Schwingkreisen muß im Regelfall stets der Verlustwiderstand der Spule berücksichtigt werden, seltener der Verlustwinkel des Kondensators. Ein so gebildeter technischer Parallelschwingkreis hat die Ersatzschaltung Bild 7.7/3a.

a) Bestimmen Sie diejenige Frequenz, bei der Phasenresonanz herrscht.

b) Für welche Frequenz gilt Betragsresonanz?

c) Skizzieren Sie die Ortskurve des Leitwertes $\underline{Y}(\omega)$. Welchen Einfluß übt eine Veränderung von C aus? Erläutern Sie die Lösungen der Aufgaben a), b) in der Ortskurve.

d) Stellen Sie $\underline{Y}(\omega)$ und $\varphi_y(\omega)$ aus Aufgabe a) dar.

e) Wie groß sind die in Aufgabe a), b) berechneten Lösungen für einen Schwingkreis mit $L = 20\,\text{mH}$, $C = 20\,\text{nF}$, $R = 200\,\Omega$?

f) Berechnen Sie die Resonanzfrequenz (Phasenresonanz), Güte ϱ, Bandbreite und den Widerstand, wenn die verlustbehaftete Spule als Parallelschaltung R_p, L_p dargestellt wird und der Kondensator ebenfalls einen Verlustwinkel δ_C haben soll. Es gelten die Zahlenwerte nach Aufgabe e), außerdem d_C (bei Phasenresonanz) von 10^{-3}.

Hinweis: Überlegen Sie den Unterschied zwischen Phasen- und Betragsresonanz.

Lösung:

a) Die Admittanz $\underline{Y}$ des Parallelschwingkreises lautet

$$\underline{Y} = \text{j}\omega C + \frac{1}{R + \text{j}\omega L} = \frac{1}{R_\text{p}} + \frac{1}{\text{j}\omega L_\text{p}} + \text{j}\omega C \tag{1}$$

$$= \frac{R}{R^2 + (\omega L)^2} + \text{j}\omega\,\frac{C(R^2 + (\omega L)^2) - L}{R^2 + (\omega L)^2}.$$

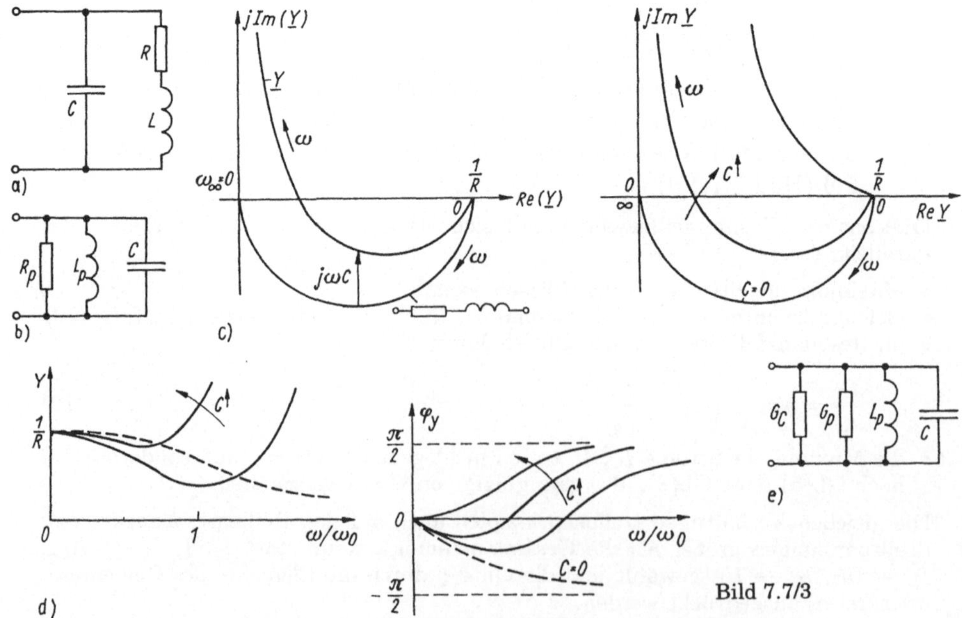

Man erkennt die gleichartige Darstellung als reiner Parallelkreis mit den Elementen R_p, L_p, C (Bild 7.7/3b).

Phasenresonanz ist an die Bedingung $\mathrm{Im}\underline{Y} = 0$ gekoppelt, da $\tan\varphi_\mathrm{y} = \mathrm{Im}(\underline{Y})/\mathrm{Re}(\underline{Y})$: in diesem Fall wird $\underline{Y}$ reell. Wir erhalten aus Gl.(1) die Bedingung

$$\omega\frac{C(R^2 + (\omega L)^2) - L}{R^2 + (\omega L)^2} = 0$$

mit der ersten Lösung $\omega_\mathrm{p1} = 0$ (Triviallösung). Eine zweite nichttriviale Lösung folgt durch Nullsetzen des Klammerinhaltes (Zähler) zu

$$\omega_\mathrm{p2} = \frac{1}{\sqrt{LC}}\sqrt{1 - \frac{R^2 C}{L}}. \tag{2}$$

Die Lösung existiert nur für $R^2 C < L$. Für $R^2 C = L$ gibt es Phasenresonanz nur noch bei $\omega = 0$ (s. Ortskurve Aufgabe c).

b) Um die Betragsresonanz zu ermitteln, d.h. zu prüfen, für welche Frequenz $|\underline{Y}| = Y$ ein Extrem hat, bilden wir das Betragsquadrat von Gl.(1) und erhalten

$$Y^2 = \frac{(1 - \omega^2 LC)^2 + (\omega RC)^2}{R^2 + (\omega L)^2}. \tag{3}$$

Damit der Rechenaufwand beim Suchen des Extrems vertretbar bleibt, schreiben wir mit $x = \omega^2$

$$\frac{\mathrm{d}Y}{\mathrm{d}\omega} = \frac{\mathrm{d}Y}{\mathrm{d}x} \cdot \frac{\mathrm{d}x}{\mathrm{d}\omega} = 2\omega\frac{\mathrm{d}Y}{\mathrm{d}x} = \frac{\omega}{Y}\frac{\mathrm{d}Y^2}{\mathrm{d}x},$$

da $\frac{\mathrm{d}Y^2}{\mathrm{d}\omega} = 2Y\frac{\mathrm{d}Y}{\mathrm{d}x}$. Eine erste Lösung für die Bedingung $\frac{\mathrm{d}Y}{\mathrm{d}\omega} = 0$ lautet $\omega_\mathrm{b1} = 0$. Die Berechnung von $\frac{\mathrm{d}Y^2}{\mathrm{d}x} = 0$ führt mit der Quotientenregel auf

$$\frac{(R^2 + xL^2)((RC)^2 - 2LC(1 - xLC)) - L^2((1 - xLC)^2 + x(RC)^2)}{(R^2 + xL^2)^2} = 0.$$

Nach Lösung einer quadratischen Gleichung wird die Gleichung für

$$\omega_\mathrm{b2}^2 = -\left(\frac{R}{L}\right)^2 \pm \sqrt{\frac{1}{LC}\left(\frac{1}{LC} + 2\left(\frac{R}{L}\right)^2\right)} \tag{4}$$

$$\omega_\mathrm{b2} = \frac{1}{\sqrt{LC}}\sqrt{\sqrt{1 + \frac{2R^2 C}{L}} - \frac{R^2 C}{L}} \tag{5}$$

erfüllt. (Das negative Vorzeichen ist physikalisch bedeutungslos.) Weiter umgeformt ergibt sich Gl.(5) als gesuchte Betragsresonanzfrequenz. Sie gibt es nur, solange $R^2 C/L < 1 + \sqrt{2}$, erfüllt ist. Im Grenzfall $R^2 C/L = 1 + \sqrt{2}$ geht die Betragsresonanzfrequenz nach $\omega_\mathrm{b2} \to 0$.

Im Vergleich zur Phasenresonanz Gl.(2) gilt (allgemein!) $\omega_\mathrm{p2} < \omega_\mathrm{b2}$, d.h. die Betragsresonanz (Min von Y) liegt stets oberhalb der Phasenresonanz. Im Grenzfall $R \to 0$ fallen Phasen- und Betragsresonanz zusammen mit der Resonanzfrequenz $\omega_0 = 1/\sqrt{LC}$ des idealen Schwingkreises.

Deshalb gilt generell

$$\omega_p < \omega_b < \omega_0. \tag{6}$$

c) Die Ortskurve der Teiladmittanz $\underline{Y}' = 1/(R + j\omega L)$ ist ein Halbkreis im 4. Quadranten (Bild 7.7/3c). Dazu wird frequenzproportional der Leitwert $j\omega C$ in Richtung der imaginären Achse addiert. So entsteht die Gesamtkurve $\underline{Y}$ (Bild 7.7/3c). Dabei kann die Ortskurve mit wachsendem C die reelle Achse nicht mehr schneiden (also Phasenresonanz ω_{p2} verschwinden). Phasen- und Betragsresonanz lassen sich im Verlauf deutlich unterscheiden.

d) Aus der Ortskurve (oder den berechneten Werten) können $\underline{Y}(\omega)$ und $\varphi_y(\omega)$ leicht dargestellt werden (Bild 7.7/3d). Es bestätigt sich, daß Y für $C \to 0$ kein Minimum durchläuft und φ_y von $-\pi/2$ bei $C = 0$ stets auf $\varphi_y = +\pi/2$ für $\omega \to \infty$ wechselt. Der Unterschied zwischen Phasen- und Betragsresonanz tritt deutlich zutage.

e) Für die gegebenen Zahlenwerte folgt als Phasenresonanz nach Gl.(2)

$$\omega_p = \frac{1}{\sqrt{20 \cdot 10^{-3}\,\mathrm{H} \cdot 20 \cdot 10^{-9}\,\mathrm{F}}} \sqrt{1 - \frac{(200)^2\,\Omega^2 \cdot 20 \cdot 10^{-9}}{20 \cdot 10^{-3}}}$$

$$= 48,99 \cdot 10\,\mathrm{rads}^{-1}; \quad f_p = 7,79\,\mathrm{kHz} \tag{7a}$$

als Betragsresonanz nach Gl.(5)

$$\omega_b = \frac{1}{\sqrt{20 \cdot 10^{-3}\,\mathrm{H} \cdot 20 \cdot 10^{-9}\,\mathrm{F}}} \cdot$$

$$\frac{}{\sqrt{\sqrt{1 + \frac{2(200)^2\,\Omega^2 \cdot 20 \cdot 10^{-9}\,\mathrm{F}}{20 \cdot 10^{-3}\,\mathrm{H}}} - \frac{(200)^2 \cdot 20 \cdot 10^{-9}}{20 \cdot 10^{-3}}}} \tag{7b}$$

$$= 49,981 \cdot 10\,\mathrm{rads}^{-1} \to f_{b2} = 7,954\,\mathrm{kHz}.$$

Ohne ohmschen Widerstand beträgt die Resonanzfrequenz (Gl.(6))

$$\omega_0 = 1/\sqrt{LC} = 50 \cdot 10^3\,\mathrm{rads}^{-1} \to f_0 = 7,9577\,\mathrm{kHz}.$$

Die Unterschiede bestätigen die Ungleichung (6), sie sind - trotz der schlechten Kreisgüte (s. Aufgabe f) - gering.

f) Wir verwenden zweckmäßig die Verlustwinkel δ_L, δ_C mit $\tan\delta_L = \frac{R}{\omega L} = d_L$, $\tan\delta_C = \frac{G_C}{\omega C} = d_C$ jeweils bei der Phasenresonanz. Die Umrechnung der Reihenschaltung $R + j\omega L$ in eine Parallelschaltung ergibt nach Gl.(1)

$$R_p = R\left(1 + \left(\frac{\omega L}{R}\right)^2\right) \approx \frac{(\omega L)^2}{R} = \frac{\omega L}{d_L},$$

$$L_p = L\left(1 + \left(\frac{R}{\omega L}\right)^2\right) \approx L(1 + d_L^2). \tag{8}$$

Damit kann der Schwingkreis als verlustbehafteter "Standardparallelkreis" (Bild 7.7/3e) betrachtet werden. Seine Phasenresonanz beträgt

$$\omega_p = \frac{1}{\sqrt{L_p C}} \approx \frac{1}{\sqrt{LC}}\left(1 - \frac{d_L^2}{2}\right). \tag{9}$$

Zur näherungsweisen Berechnung ermitteln wir zunächst $\omega_\mathrm{p} = \frac{1}{\sqrt{L_\mathrm{p}C}} = 50 \cdot 10^3 \,\mathrm{rads}^{-1}$, berechnen anschließend $d_\mathrm{L}(\omega_\mathrm{p})$

$$d_\mathrm{L}(\omega_\mathrm{p}) = \frac{R}{\omega_\mathrm{p}L} = \frac{200\,\Omega}{50 \cdot 10^3\,\mathrm{s}^{-1} \cdot 20 \cdot 10^{-3}\,\mathrm{H}} = 0,2$$

und korrigieren Gl.(9): $\omega_\mathrm{p} \approx 50 \cdot 10^3\,\mathrm{rads}^{-1}\left(1 - (0,2)^2/2\right) = 49,0 \cdot 10^3\,\mathrm{rads}^{-1}$. Der Unterschied ist gegenüber Gl.(7a) gering.

Die Kreisgüte ϱ beträgt bei Phasenresonanz

$$\varrho = \left.\frac{\omega_\mathrm{p}C}{G_\mathrm{C} + 1/R_\mathrm{p}}\right|_{\omega_\mathrm{p}} = \left.\frac{1}{d_\mathrm{C} + d_\mathrm{L}}\right|_{\omega_\mathrm{p}} = \frac{1}{0,2 + 10^{-3}} = 4,975. \tag{10}$$

Sie ist sehr gering, bedingt durch den hohen Verlustfaktor der Spule. Damit lautet die Bandbreite

$$b = \frac{f_0}{\varrho} = \left.\frac{d_\mathrm{C} + d_\mathrm{L}}{2\pi\sqrt{LC}}\right|_{\omega_\mathrm{p}} = \frac{0,2 + 10^{-3}}{2\pi}50 \cdot 10^3\,\mathrm{s}^{-1} = 1,599 \cdot 10^3\,\mathrm{Hz} \tag{11}$$

und der Gesamtwiderstand (bei ω_p)

$$Z|_{\omega_\mathrm{p}} = \left.\frac{1}{Y}\right|_{\omega_\mathrm{p}} = \frac{1}{G_\mathrm{C} + 1/R_\mathrm{p}} = \left.\frac{1}{\omega C(d_\mathrm{L} + d_\mathrm{C})}\right|_{\omega_\mathrm{p}} = \frac{1}{d_\mathrm{L} + d_\mathrm{C}}\sqrt{\frac{L}{C}}$$

$$= \frac{1}{0,2 + 10^{-3}}\sqrt{\frac{20 \cdot 10^{-3}\,\mathrm{H}}{20 \cdot 10^{-9}\,\mathrm{F}}} = 4,975\,\mathrm{k\Omega}. \tag{12}$$

Durch die relativ niedrige Spulengüte liegt ein "schlechter" Parallelresonanzkreis (mit niedriger Güte, großer Bandbreite und geringem ohmschen Widerstand bei Phasenresonanz) vor. Dennoch sind die in Aufgabe f) benutzten Näherungsbeziehungen, die sich durch Reihen- $\leftrightarrow$ Parallelumwandlung der verlustbehafteten Spule ergeben, sehr gut anwendbar.

Aufgabe 7.7/4 Betrags-, Phasenresonanz

a) Für die Schaltung Bild 7.7/4a berechne man die Frequenz, für die Im($\underline{Z}$), an den Klemmen A, B verschwinden (Phasenresonanz).

b) Berechnen Sie die Spannung $\underline{U}_\mathrm{C}$ allgemein, für welche Frequenz besitzt U_C ein Maximum? (Betragsresonanz).

c) Für welche Schwingkreisbemessung fallen Phasen- und Betragsresonanz zusammen?

d) Welche Impedanz $\underline{Z}$ entsteht an A, B, wenn die Bedingung c) erfüllt ist?

e) Wie groß ist die Spannung $\underline{U}_\mathrm{L}$ bei Phasenresonanz im Falle $R_\mathrm{r} = 0$?

f) Berechnen sie den Strom $\underline{I}_\mathrm{R}(\underline{U}_\mathrm{q})$ durch R_p im Falle $R_\mathrm{r} = 0$. Wann ist $\underline{I}_\mathrm{R}$ unabhängig von R_p, wie groß ist dann die Kondensatorspannung $\underline{U}_\mathrm{C}$?

g) Berechnen Sie die Frequenzen Aufg. a), b) für die Werte $R_\mathrm{r} = 10\,\Omega$, $R_\mathrm{p} = 10\,\mathrm{k\Omega}$, $L = 20\,\mathrm{mH}$, $C = 20\,\mathrm{nF}$.

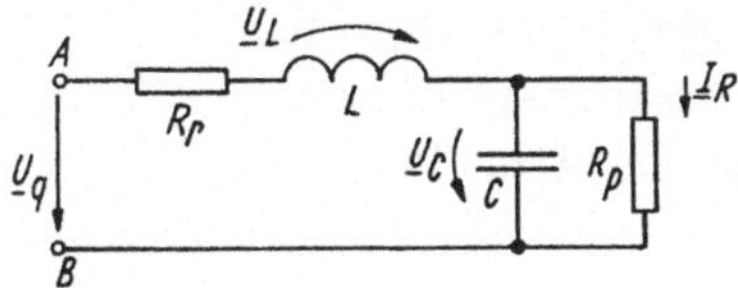

Bild 7.7/4

Hinweis: Die Aufgabe schließt inhaltlich an Aufgabe 7.7/4 an, sie enthält jetzt noch einen Längswiderstand R_r.

Lösung:

a) Wir berechnen die Impedanz $\underline{Z}$ direkt aus der Schaltung und erhalten

$$\underline{Z} = R_r + j\omega L + \frac{1}{1/R_p + j\omega C} = R_r + j\omega L + \frac{R_p(1 - j\omega C R_p)}{1 + (\omega C R_p)^2}. \qquad (1)$$

Die Bedingung der Phasenresonanz $\mathrm{Im}(\underline{Z}) = 0$ führt aus Gl.(1) außer einer Triviallösung für $\omega = 0$ auf eine zweite nichttriviale aus der Bedingung $1 + (\omega C R)^2 = C R^2 / L$

$$\omega_p = \sqrt{\frac{1}{LC} - \frac{1}{(R_p C)^2}} = \omega_0 \sqrt{1 - \frac{L}{R_p^2 C}}. \qquad (2)$$

Sie hängt nicht vom Längswiderstand R_r, wohl aber R_p ab. Eine physikalisch sinnvolle Lösung erfordert einen positiven Radikanden, also $R_p^2 > L/C$. Dann stellt sich als Realteil von $\underline{Z}$ ein:

$$\mathrm{Re}(\underline{Z}(\omega_p)) = R_r + \frac{R_p}{1 + (\omega_p R_p C)^2} = R_r + \frac{L}{C R_p}. \qquad (3)$$

b) Die Spannung $\underline{U}_C$ ergibt sich über die Spannungsteilerregel zu

$$\frac{\underline{U}_C}{\underline{U}_q} = \frac{1}{1 + (R_r + j\omega L)(G_p + j\omega C)} \qquad (4)$$

oder für das Betragsquadrat

$$\left| \frac{\underline{U}_C}{\underline{U}_q} \right|^2 = \frac{1}{(1 + R_r G_p - \omega^2 LC)^2 + \omega^2 (LG_p + CR_r)^2}. \qquad (5)$$

Über der Frequenz durchläuft U_C in Nähe von $\omega_0 = \sqrt{LC}$ ein Maximum, die Betragsresonanz. Sie tritt auf, wenn der Nenner N von Gl.(5) ein Minimum hat. Wir berechnen $\frac{dN}{d\omega}$ und suchen die Nullstellen $\frac{dN}{d\omega} = 0$. Das Ergebnis der Rechnung lautet zunächst:

$$-4(1 + R_r G_p - \omega^2 LC)^2 \omega LC + 2\omega (LG_p + CR_r)^2 = 0.$$

Es enthält neben der Triviallösung $\omega = 0$ die Lösung

$$\omega_b = \sqrt{\frac{1}{LC} - \frac{(LG_p)^2 + (R_r C)^2}{2(LC)^2}} = \sqrt{\omega_p^2 + \frac{(LG_p)^2 - (R_r C)^2}{2(LC)^2}} \qquad (6)$$

mit ω_p nach Gl.(2). Die Amplitudenresonanzfrequenz ω_b unterscheidet sich von der Phasenresonanz ω_p (Gl.(2)). Abhängig von der Kreisbemessung kann die Betragsresonanz größer oder kleiner als die Phasenresonanz sein, dies geht aus den Termen unter der Wurzel in Gl.(6) hervor.

c) Amplituden- und Phasenresonanz fallen zusammen, wenn in Gl.(6) der Zusatzterm zu ω_p verschwindet ($\omega_b = \omega_p$). Das trifft für

$$LG_p = R_r C \qquad (7)$$

zu.

d) Fallen Betrags- und Phasenresonanz nach Gl.(7) zusammen, so verschwindet in Gl.(1) $\mathrm{Im}(\underline{Z})$ definitionsgemäß und als Realteil verbleibt nach Gl.(1) ... (3)

$$\mathrm{Re}(\underline{Z}) = R_\mathrm{r} + \frac{L}{R_\mathrm{p}C} = 2R_\mathrm{r}. \tag{8}$$

Das ist der Eingangswiderstand R_r und R_p, wobei letzterer mit dem Kennwiderstandsquadrat $Z^2 = L/C$ auf die Eingangsseite transformiert wird! (Transformationswirkung des Schwingkreises im Resonanzfall, Transformation eines großen Parallelwiderstandes in einem kleinen Längswiderstand).

e) Der Spannungsabfall $\underline{U}_\mathrm{L}$ kann auf verschiedene Weise bestimmt werden, z.B. über die Spannungsteilerregel bei der Resonanzfrequenz ω_p. Da wir $\underline{Z}(\omega_\mathrm{p})$ bereits kennen, bestimmen wir besser den Spulenstrom $\underline{I}_\mathrm{L}$ und errechnen $\underline{U}_\mathrm{L}$ als Spannungsabfall:

$$\underline{U}_\mathrm{L}|_{\omega_0} = \mathrm{j}\omega L|_{\omega_\mathrm{p}} \frac{\underline{U}_\mathrm{q}}{\mathrm{Re}(\underline{Z}(\omega_\mathrm{p}))} = \underline{U}_\mathrm{L}(\omega_\mathrm{p}) = \mathrm{j}\underline{U}_\mathrm{q}\sqrt{\frac{R_\mathrm{p}^2 C}{L} - 1}. \tag{9}$$

Die Spannung $\underline{U}_\mathrm{L}$ eilt im Phasenresonanzfall der anliegenden Spannung um $90°$ vor. Dabei kann $|\underline{U}_\mathrm{L}| > |\underline{U}_\mathrm{q}|$ werden (Spannungsüberhöhung, Resonanz), nämlich für

$$\sqrt{\frac{R_\mathrm{p}^2 C}{L} - 1} > 1 \quad \text{oder} \quad \frac{R^2 C}{L} > 2. \tag{10}$$

f) Der Teilstrom $\underline{I}_\mathrm{R}$ beträgt nach der Stromteilerregel

$$\underline{I}_\mathrm{R} = \frac{1/(\mathrm{j}\omega C)}{R + 1/(\mathrm{j}\omega C)}\underline{I}_\mathrm{L} = \frac{\underline{U}_\mathrm{q}}{\underline{Z}(1 + \mathrm{j}\omega CR)} = \frac{\underline{U}_\mathrm{q}}{R(1 - \omega^2 LC) + \mathrm{j}\omega L}. \tag{11}$$

Wird speziell $\omega = \omega_\mathrm{res} = \frac{1}{\sqrt{LC}}$ gewählt, so hängt $\underline{I}_\mathrm{R}$ nicht von der Größe R ab und die Kondensatorspannung U_C beträgt $\underline{U}_\mathrm{C} = -\mathrm{j}R\sqrt{\frac{C}{L}}\underline{U}_\mathrm{q}$.

g) Für die gegebenen Zahlenwerte erhalten wir
- als Phasenresonanzfrequenz Gl.(2)

$$\omega_\mathrm{p} = \frac{1}{\sqrt{20 \cdot 10^{-3} \cdot 20 \cdot 10^{-9}\,\mathrm{F}}}\sqrt{1 - \frac{20 \cdot 10^{-3}\,\mathrm{H}}{20 \cdot 10^{-9}\,\mathrm{F} \cdot 10^8\,\Omega}}$$

$$= 50 \cdot 10\,\mathrm{rads}^{-1} \cdot 0,9949 \quad \text{resp.} \quad f_\mathrm{p} = \frac{\omega_\mathrm{p}}{2\pi} = 7,918\,\mathrm{kHz}$$

- als Betragsresonanz Gl.(6)
  $$\omega_\mathrm{b} = \omega_0 \cdot 0,99495; \quad f_\mathrm{b} = 7,9176\,\mathrm{kHz}.$$
  Die Frequenzen f_b und f_p fallen praktisch zusammen, theoretisch nach Gl.(7) für $R_\mathrm{r} = L/CR_\mathrm{p} = 100\,\Omega$. Da $R_\mathrm{r} = 10\,\Omega$ gegeben war, muß ein Zusatzwiderstand von $R_\mathrm{z} = (100 - 10)\,\Omega = 90\,\Omega$ in Reihe zu R_r geschaltet werden.

Aufgabe 7.7/5 Resonanzkreis, normierte Darstellung

Gegeben sei ein Reihenschwingkreis mit den Elementen $R = 50\,\Omega$, $L = 0,2\,\mathrm{mH}$, $C = 20\,\mathrm{nF}$ $(\rightarrow \omega_0)$.

a) Bestimmen Sie die Impedanz $\underline{Z}$ des Reihenschwingkreises, wählen Sie eine Skalierungsfrequenz ω_s und einen Skalierungswiderstand R_S und geben Sie die normierte Impedanz $\underline{Z}_n$ an.

b) Entnormieren Sie die Schaltung wieder. Welche Werte erhält sie, wenn als Normierung $R_S = 10\,\Omega$, $\omega_s = 10^4\,\text{rad/s}$ gewählt werden?

c) Berechnen Sie für einen Reihenschwingkreis mit $\omega_s = 50\cdot 10^3\,\text{rad/s}$, $R_S = 10\,\Omega$ mit den normierten Werten $R_n = 1$, $L_n = 20$, $\omega_{0n} = 1$ die Werte von C, Güte Q, Bandbreite b und dem Widerstand R.

Lösung:

a) Wir schreiben die Impedanz

$$\underline{Z} = R + j\omega L + \frac{1}{j\omega C} = R + j\frac{\omega}{\omega_s}(\omega_s L) + \frac{1}{j(\omega/\omega_s)\omega_s C}, \tag{1}$$

rechts skaliert mit einer Bezugsfrequenz ω_s. Im nächsten Schritt beziehen wir $\underline{Z}$ auf einen Normierungswiderstand R_S:

$$\frac{\underline{Z}}{R_S} = \frac{R}{R_S} + j\frac{\omega}{\omega_s}\frac{\omega_s L}{R_S} + \frac{1}{j(\omega/\omega_s)\omega_s R_S C}. \tag{2}$$

Damit lautet die normierte (dimensionslose) Form

$$\underline{Z}_n = R_n + j\omega L_n + \frac{1}{j\omega_n C_n} \tag{3}$$

mit

$$Z_n = \frac{Z}{R_S}, \; L_n = \frac{\omega_s L}{R_S}, \; \omega_n = \frac{\omega}{\omega_s}, \; R_n = \frac{R}{R_S}, \; C_n = \omega_s R_s C. \tag{4}$$

Durch Skalierung und Normierung können die gesuchten Größen jederzeit an beliebige Werte angepaßt werden. Um von den gegebenen Zahlenwerten auf die normierte Form zu gelangen, wählen wir neben $R_S = 50\,\Omega$, als Normierungsfrequenz die Resonanzfrequenz

$$\omega_0 = \frac{1}{\sqrt{CL}} = \frac{1}{\sqrt{0,2\cdot 10^{-3}\cdot 20\cdot 10^{-9}\,\text{s}}} = \frac{1}{2}10^6\,\text{s}^{-1} = \omega_s.$$

Damit lauten die normierten Elemente nach Gl.(4)

$$L_n = \frac{\omega_s L}{R_S} = \frac{10^6}{2}\frac{0,2\cdot 10^{-3}}{50\,\Omega}\frac{\text{H}}{\text{s}} = 2,$$

$$C_n = \omega_s R_S C = \frac{1}{2}10^6\frac{1}{\text{s}}50\,\Omega\cdot 20\cdot 10^{-9}\frac{\text{As}}{\text{V}} = 0,5,$$

$$R_n = \frac{R}{R_S} = 1$$

und die Impedanz Gl.(3)

$$\underline{Z}_n = 1 + j\omega_n 2 - j/(\omega_n\cdot 0,5). \tag{5}$$

Durch Entnormierung mit $R_S = 50\,\Omega$, $\omega_s = 0,5\cdot 10^6\,\text{rad/s}$ erhalten wir die Ausgangswerte zurück:

$$R = (R_S)R_n = 50\,\Omega \cdot 1 = 50\,\Omega,$$

$$L = \left(\frac{R_S}{\omega_s}\right) L_n = \left(\frac{50\,\Omega}{1/2 \cdot 10^6\,\mathrm{s}^{-1}}\right) \cdot 2 = 0,2\,\mathrm{mH}$$

$$C = \left(\frac{1}{\omega_s R_S}\right) C_n = \left(\frac{2}{10^6\,\mathrm{s}^{-1} \cdot 50\,\Omega}\right) \frac{1}{2} = 2 \cdot 10^{-8}\,\mathrm{F} = 20\,\mathrm{nF}.$$

Geänderte Normierungswerte $R_S = 10\,\Omega$, $\omega_s = 10^4\,\mathrm{rad/s}$ liefern dagegen mit Gl.(4)

$$R = R_S R_n = 10\,\Omega \cdot 1 = 10\,\Omega$$

$$L = (R_S/\omega_s)L_n = (10\,\Omega/10^4\,\mathrm{s}^{-1}) \cdot 2 = 2\,\mathrm{mH}$$

$$C = 1/(\omega_s R_S)C_n = 1/(10^4\,\mathrm{s}^{-1} \cdot 10\,\Omega) \cdot 0,5 = 5\,\mu\mathrm{F}.$$

b) Wir berechnen für den gegebenen Reihenkreis zunächst die entnormierten Elemente:

$$C = \frac{1}{\omega_s R_S}C_n = \frac{1}{\omega_s R_S}\frac{1}{L_n \omega_{0n}^2}$$

$$= \frac{1}{5 \cdot 10^4\,\mathrm{s}^{-1} \cdot 10\,\Omega}\frac{1}{20 \cdot 1} = 1 \cdot 10^{-7}\,\mathrm{F} = 0,1\,\mu\mathrm{F}.$$

Dabei wurde die normierte Resonanzfrequenz $\omega_{0n} = 1/\sqrt{L_n C_n}$ verwendet. In gleicher Weise ergeben sich

$$L = \frac{R_S L_n}{\omega_s} = \frac{10\,\Omega \cdot 20}{50 \cdot 10^3\,\mathrm{s}^{-1}} = 4\,\mathrm{mH}, \quad R = R_S R_n = 10\,\Omega.$$

Damit lauten die gesuchten Größen
Kreisgüte Q:

$$Q = \frac{\omega_0 L}{R} = \frac{1}{R}\sqrt{\frac{L}{C}} = \frac{1}{R_S R_n}\sqrt{\frac{R_S L_n \omega_s R_S}{\omega_s C_n}} = \frac{1}{R_n}\sqrt{\frac{L_n}{C_n}} = Q_n.$$

Die Kreisgüte bleibt unabhängig von der Normierung erhalten. Zahlenmäßig folgt

$$Q = \frac{1}{1}\sqrt{\frac{20}{1/20}} = 20 = \frac{1}{10}\sqrt{\frac{4\,\mathrm{mH}}{0,1 \cdot 10^{-6}\,\mathrm{F}}}.$$

Die Bandbreite b (absolut) beträgt

$$b = \frac{\omega_0}{Q} = \frac{R}{L} = \frac{R_n R_s}{L_n R_s}\omega_s = \frac{1}{20} \cdot 5 \cdot 10^4\,\mathrm{rad/s} = 2,5 \cdot 10^3\,\mathrm{rad/s},$$

die auf ω_s bezogene Bandbreite b' wird hingegen

$$b' = \frac{b}{\omega_s} = \frac{\omega_{0n}}{Q_n}.$$

Diskussion:

- Normierte Größen R_n, C_n, L_n, ω_n (und die daraus ableitbaren Größen) haben den Vorteil bequemer Zahlenrechnung. Sie sind direkt für die Rechnerauswertung geeignet. Eine Dimensionskontrolle ist nicht möglich.

- Bei Bezug auf die Einheiten der jeweiligen Größen bleiben die Zahlenwerte erhalten. Damit ist eine Dimensionskontrolle aus den physikalischen Zusammenhängen möglich. Nachteilig sind die u.U. großen, zu überdeckenden Zahlenbereiche.
- Mit physikalischen Größen (nicht normiert) ist Dimensionsprobe möglich, allerdings auf Kosten der umständlichen Zahlenrechnung. Die Ergebnisse treffen nur im Einzelfall zu. Sie eignen sich nicht für die Rechnerauswertung.

Aufgabe 7.7/6 *RC*-Bandpaß

Für die *RC*-Schaltung (Bild 7.7/6a) wird die Spannungsübersetzung $\underline{U}_2/\underline{U}_1$ gesucht.

a) Wie arbeitet die Schaltung bei tiefen, mittleren und hohen Frequenzen? Verwenden sie einfache Ersatzschaltungen.

b) Berechnen Sie $\underline{U}_2/\underline{U}_1$ nach Betrag und Phase, die Grenzfrequenzen, Bandbreite und Bandmittenfrequenzen.

c) Wie ändern sich die Verhältnisse, wenn ein idealer Trennverstärker zwischengeschaltet wird (Bild 7.7/6b)?

d) Stellen Sie die Netzwerk-Differentialgleichung für Schaltung a) oder b) auf und prüfen Sie, ob sie vom Resonanzkreistyp ist.

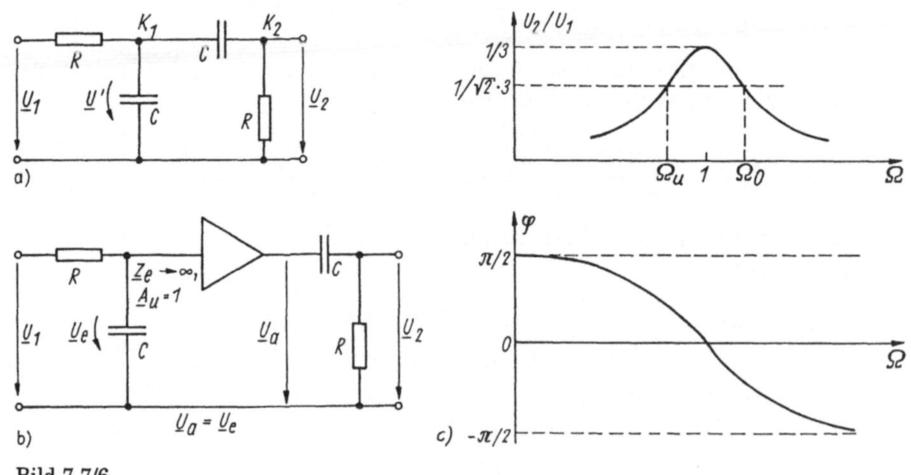

Bild 7.7/6

Hinweis: Das Spannungsübersetzungsverhältnis läßt sich entweder über Vierpolbetrachtungen oder einfacher die Spannungsteilerregel (mit Hilfsspannung) bestimmen. Überlegen Sie Funktionsweise und Eigenschaften des idealen Trennverstärkers.

Lösung:

a) Die Schaltung besteht aus einem ersten Tiefpaß und einem zweiten Hochpaß. Während die Ausgangsspannung des ersten Teilers mit steigender Frequenz fällt (besonders ab der Grenzfrequenz ω_0), steigt die des Hochpasses ab ω_0 an. Für $\omega \to 0$ verhält sich die Kapazität wie eine Leitungsunterbrechung.
Der Gesamtübertragungsfaktor ergibt sich durch Produktbildung beider Teilerfaktoren, so daß der Übertragungsfaktor in Umgebung von ω_0 ein Maximum haben wird.

b) Wir bestimmen das Verhältnis mit der Spannungsteilerregel unter Nutzung einer Hilfsspannung $\underline{U}'$ $(\Omega = \omega RC)$

$$\frac{\underline{U}_2}{\underline{U}_1} = \frac{\underline{U}_2}{\underline{U}'} \cdot \frac{\underline{U}'}{\underline{U}_1}, \quad \frac{\underline{U}_2}{\underline{U}'} = \frac{R}{R + 1/(\mathrm{j}\omega C)} = \frac{\mathrm{j}\Omega}{1 + \mathrm{j}\Omega}. \tag{1}$$

Für das zweite Teilerverhältnis ergibt sich

$$\frac{\underline{U}'}{\underline{U}_1} = = \frac{1}{1 + R\,(\mathrm{j}\omega C + 1/(R + 1/\mathrm{j}\omega C))} = \frac{1}{1 + \mathrm{j}\Omega + \frac{\mathrm{j}\Omega}{1+\mathrm{j}\Omega}}. \tag{2}$$

Die Multiplikation mit Gl.(1) liefert

$$\frac{\underline{U}_2}{\underline{U}_1} = \frac{\mathrm{j}\Omega}{(1 + \mathrm{j}\Omega)^2 + \mathrm{j}\Omega} = \frac{1}{3 + \mathrm{j}(\Omega - 1/\Omega)} \tag{3}$$

mit Betrag und Phase

$$\frac{U_2}{U_1} = \frac{1}{\sqrt{9 + (\Omega - 1/\Omega)^2}}; \quad \varphi = -\arctan\frac{1}{3}\left(\Omega - \frac{1}{\Omega}\right). \tag{4}$$

Der Betrag hat bei $\Omega = 1$ ein Maximum $(1/3)$, die Phase verschwindet. Über Ω zeigt der Verlauf eine typische Resonanzkurve mit positiver Phase für $\Omega < 1$ und negativer für $\Omega > 1$ (Bild 7.7/6c).
Die *Bandbreite* ($\rightarrow$ obere und untere Grenzfrequenz) ergibt sich aus der Definition, daß $|\underline{U}_2/\underline{U}_1|$ bei den Grenzfrequenzen auf $1/\sqrt{2}$ des Wertes von $\Omega_0 = 1$ $(U_2/U_1 = 1/3)$ gefallen ist. Wir erhalten so aus Gl.(4)

$$\frac{1}{\sqrt{2}}\frac{1}{3} = \frac{1}{\sqrt{9 + (\Omega_0 - 1/\Omega_0)^2}} \quad \rightarrow \quad \Omega_0^2 \pm 3\Omega_0 - 1 = 0.$$

Die beiden physikalisch relevanten Lösungen lauten

$$\Omega_{1/2} = \Omega_{o/u} = \pm\frac{3}{2} + \sqrt{\left(\frac{3}{2}\right)^2 + 1} = \left\{ \begin{array}{l} 3,303 \\ 0,303 \end{array} \right. \tag{5}$$

und damit die normierte Bandbreite

$$\Omega_b = \Omega_o - \Omega_u = 3. \tag{6}$$

Sie ist relativ groß im Vergleich zu Schwingkreisen.

c) Mit Trennverstärker (Verstärkung $\underline{A}_u = 1$, reell, Bild 7.7/6b) sind beide Spannungsteiler "entkoppelt" und deshalb die Spannungsteilerverhältnisse des Tief- und Hochpasses zu multiplizieren:

$$\frac{\underline{U}_2}{\underline{U}_1} = \underbrace{\frac{1}{1 + \mathrm{j}\Omega}}_{\text{TP}} \underbrace{\frac{\mathrm{j}\Omega}{1 + \mathrm{j}\Omega}}_{\text{HP}} = \frac{\mathrm{j}\Omega}{(1 + \mathrm{j}\Omega)^2} = \frac{\mathrm{j}\Omega}{1 - \Omega^2 + 2\mathrm{j}\Omega}. \tag{7}$$

Wieder stellt sich für $\Omega = 1$ "Resonanz" ein mit

$$\left.\frac{\underline{U}_2}{\underline{U}_1}\right|_{\Omega=1} = \frac{1}{\mathrm{j}2\Omega}, \tag{8}$$

jetzt etwas geringer gedämpft. Die weitere Diskussion stimmt mit der eben geführten überein, wir erhalten aus

$$\frac{1}{\sqrt{2}}\frac{1}{2} = \frac{1}{\sqrt{4 + (\Omega_o - 1/\Omega_o)^2}} \to \Omega_o^2 \pm 2\Omega_o - 1 = 0$$

die beiden Grenzfrequenzen $\Omega_u = 0,414$, $\Omega_o = 2,41$ mit der Bandbreite $\Omega_b = \Omega_o - \Omega_u = 2$.

d) Zur Netzwerk-Differentialgleichung gelangen wir z.B. mit der Maschenstrom- oder Knotenspannungsanalyse; wir verwenden letztere. Für Knoten K_1 gilt (Bild 7.7/6a):

$$-\frac{u_1 - u'}{R} + C\frac{du'}{dt} + C\frac{d(u' - u_2)}{dt} = 0 \tag{9}$$

und für K_2:

$$C\frac{d(u' - u_2)}{dt} = \frac{u_2}{R} \to C\frac{du'}{dt} = \frac{u_2}{R} + C\frac{du_2}{dt}. \tag{10}$$

Aus Gl.(10) geht u' hervor. Differenzieren von Gl.(9) gestattet die Eliminierung von u':

$$-\frac{1}{R}\frac{du_1}{dt} + \frac{1}{R}\frac{du'}{dt} + 2C\frac{d^2u'}{dt^2} - C\frac{d^2u_2}{dt^2} = 0,$$

umgeformt und zusammengefaßt

$$C\frac{d^2u_2}{dt^2} + \frac{3}{R}\frac{du_2}{dt} + \frac{u_2}{R^2C} = \frac{1}{R}\frac{du_1}{dt} \tag{11a}$$

bzw.

$$\frac{d^2u_2}{dt^2} + 3\omega_0\frac{du_2}{dt} + \omega_0^2 u_2 = \omega_0\frac{du_1}{dt}. \tag{11b}$$

Die linke Seite ist vom Schwingkreistyp (allerdings mit starker Dämpfung), wir können noch mit $\omega_0 RC = 1$ zur unteren Schreibweise vereinfachen.

Wir hätten die Differentialgleichung ebenso aus Gl.(3) erhalten können, denn durch Ausmultiplizieren folgt $\underline{U}_2((1 + (j\Omega)^2) + 3j\Omega) = j\Omega\underline{U}_1$. Wird diese Gleichung in den Zeitbereich rücktransformiert (wobei $j\omega \to \frac{d}{dt}$, vgl. II, Abschn. 6.2.1.2), so verbleibt die Form Gl.(11).

Diskussion: "Resonanzcharakteristiken" einer Übertragungseigenschaft sind prinzipiell durch die Form der Netzwerk-Differentialgleichung (2. Ordnung, linear, geringe Dämpfung) bestimmt, nicht primär durch Kondensator und Spule im Netzwerk (Anwendung: sog. aktive RC-Filter).

Aufgabe 7.7/7 Wechselstrom-Paradoxon

Für die Schaltung Bild 7.7/7a

a) soll der Betrag des Stromes bei offenem und geschlossenem Schalter gleich sein (sog. Wechselstrom-Paradoxon). Wie ist bei gegebenen Größen R_1, C der Widerstand R_2 zu wählen?

b) Entwickeln Sie die Ortskurve $\underline{Z}\,(R_2)$ bei geschlossenem Schalter.

c) In welchem Punkt der Ortskurve ist Bedingung a) erfüllt?

d) Welche Kapazität wird für $R_1 = 100\,\Omega$, $R_2 = 200\,\Omega$, $f = 50\,\text{Hz}$ erforderlich, damit Bedingung a) gilt?

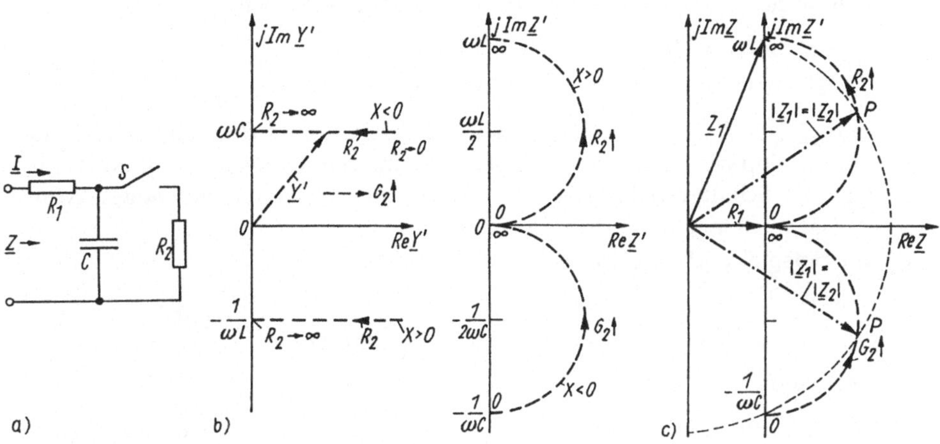

Bild 7.7/7

Lösung:

a) Gleichheit der Strombeträge bedeutet bei gleicher anliegender Spannung Gleichheit der Beträge des Eingangswiderstandes. Wir erhalten mit

offenem Schalter   geschlossenem Schalter
$$\underline{Z}_1 = R_1 + jX \qquad \underline{Z}_2 = R_1 + \frac{R_2 jX}{R_2 + jX} = \frac{R_1 R_2 + jX(R_1 + R_2)}{R_2 + jX}. \tag{1}$$

Betragsgleichheit erfordert (nach Reellmachen des Nenners rechts) die Erfüllung der Bedingungen

$$(R_1^2 + X^2)(R_2^2 + X^2) = (R_1 R_2)^2 + X^2 (R_1 + R_2)^2. \tag{2}$$

Nach Ausmultiplizieren und Herausheben führt Gl.(2) auf

$$X^2 = 2R_1 R_2 \tag{3}$$

als Bedingung. Dabei kann der Blindwiderstand sowohl positiv wie negativ sein.

b) Die Ortskurve des Widerstandsoperators $\underline{Z} = R_1 + \frac{R_2 jX}{R_2 + jX} = R_1 + \frac{jX}{1 + G_2 jX}$ bauen wir - wie jedes Zeigerdiagramm - vom "Inneren" her auf und beginnen mit dem Leitwert $\underline{Y}' = \frac{1}{1/R_2 - j/X}$. Das ist für variables R_2 eine Gerade parallel zur reellen Achse mit positivem oder negativem Imaginärteil (X kapazitiv, < 0, X induktiv, > 0, Bild 7.7/7b). Im nächsten Schritt invertieren wir $\underline{Y}'$ (Gerade nicht durch Nullpunkt $\rightarrow$ Kreis durch Nullpunkt, hier als Halbkreis) zu $\underline{Z}' = 1/\underline{Y}'$.
Nach den Inversionsgesetzen ändert sich dabei das Vorzeichen des Winkels, Endpunkte sind (für $X = -1/(\omega C)$)

$$G_2 = 0 \rightarrow \underline{Z}' = \frac{1}{j\omega C}, \quad G_2 \rightarrow \infty \rightarrow \underline{Z}' = 0. \tag{4}$$

Damit folgt die Ortskurve von $\underline{Z}'$ (Bild 7.7/7b).

Die Ortskurve des Widerstandsoperators $\underline{Z} = R_1 + \underline{Z}'$ ergibt sich durch Ergänzung von R_1: Verschiebung des Nullpunktes um R_1 auf der reellen Achse (Bild 7.7/7c).

c) Durch den Umschalter schwankt die Ortskurve zwischen:

$$\begin{aligned}\underline{Z}_1 &= R_1 + jX|_{R_2 \to \infty}, \quad \text{Schalter offen}\\ \underline{Z}_1 &= R_1 + jX|_{R_2 = 0}, \quad \text{Schalter geschlossen}\end{aligned} \qquad (5)$$

mit $|\underline{Z}_1| = |\underline{Z}_2|$. Wir suchen daher den Schnittpunkt des Zeigers $|\underline{Z}_1|$ mit der Ortskurve und erhalten die beiden Punkte P, in denen $|\underline{Z}|$ unabhängig von der Schalterstellung ist. Die Bedingung ist sowohl mit einem Kondensator als auch einer Spule erfüllbar.

d) Im Beispiel muß die Kapazität nach Gl.(3)

$$C = \frac{1}{\omega\sqrt{2R_1 R_2}} = \frac{1}{314\,\text{rads}^{-1}\sqrt{2 \cdot 100 \cdot 200}\,\Omega} = 15,92\,\mu\text{F}$$

betragen.

Diskussion: Wechselstromschaltungen der erwähnten Art, bei denen sich der Betrag einer Größe unabhängig von einer Umschaltung im Netzwerk bleibt, lassen sich auf mehrere Arten entwerfen. Der Effekt gilt allerdings nur für eine Schaltungsbemessung.

Aufgabe 7.7/8 Zweipolersatzgrößen

Gegeben sind zwei unbekannte Wechselstromzweipole a, b.

a) Werden sie nach Schaltung Bild 7.7/8a zusammengeschaltet, so mißt man den Strom $\underline{I}_1$ und die Spannung $\underline{U}_1$ an den Klemmen, bei Verbindung beider Zweipole nach Bild 7.7/8b werden $\underline{I}_2$ und $\underline{U}_2$ gemessen. Wie lauten die Ersatzgrößen beider Zweipole allgemein?

b) Bestimmen Sie diese Ersatzgrößen für folgende Meßwerte: $\underline{I}_1 = 1\angle 0\,\text{A}$, $\underline{U}_1 = \sqrt{3}\angle -30°\,\text{V}$, $\underline{U}_2 = \sqrt{3}\angle +30°\,\text{V}$, $\underline{I}_2 = 4\angle 0\,\text{A}$.

Hinweis: Nehmen Sie jeweils eine allgemeine Zweipolersatzschaltung (Spannungsquellenersatzschaltung) an und formulieren Sie die Lastbedingungen.

Lösung:

a) Für Schaltung 7.7/8a gilt die Ersatzschaltung Bild 7.7/8c. Ein Zweipol arbeitet im Verbraucher-, der andere im Erzeugerpfeilsystem. Deshalb

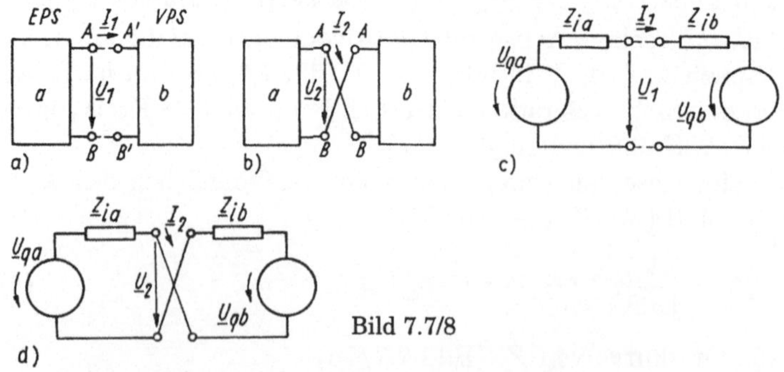

Bild 7.7/8

gelten die beiden Maschengleichungen

$$\underline{U}_{qa} = \underline{Z}_{ia}\underline{I}_1 + \underline{U}_1; \quad \underline{U}_{qb} = -\underline{Z}_{ib}\underline{I}_1 + \underline{U}_1. \tag{1}$$

Zur Schaltung 7.7/8b gehört die umgezeichnete Ersatzschaltung 7.7/8d mit den Maschengleichungen

$$\underline{U}_{qa} = \underline{Z}_{ia}\underline{I}_2 + \underline{U}_2, \quad \underline{U}_{qb} = \underline{Z}_{ib}\underline{I}_2 - \underline{U}_2. \tag{2}$$

Aus Gl.(1), (2) folgen zwei Bestimmungsgleichungen für Zweipol a:

$$\underline{U}_{qa} = \underline{Z}_{ia}\underline{I}_1 + \underline{U}_1, \quad \underline{U}_{qa} = \underline{Z}_{ia}\underline{I}_2 + \underline{U}_2 \tag{3}$$

mit der Lösung

$$\underline{Z}_{ia} = -\frac{\underline{U}_1 - \underline{U}_2}{\underline{I}_1 - \underline{I}_2}, \quad \underline{U}_{qa} = \frac{\underline{I}_1\underline{U}_2 - \underline{I}_2\underline{U}_1}{\underline{I}_1 - \underline{I}_2}. \tag{4}$$

Ganz analog ergeben sich für Zweipol b aus Gl.(1), (2) die Beziehungen

$$\underline{U}_{qb} = -\underline{Z}_{ib}\underline{I}_1 + \underline{U}_1, \quad \underline{U}_{qb} = \underline{Z}_{ib}\underline{I}_2 - \underline{U}_2 \tag{5}$$

mit den Lösungen

$$\underline{Z}_{ib} = \frac{\underline{U}_2 + \underline{U}_1}{\underline{I}_1 + \underline{I}_2}, \quad \underline{U}_{qb} = \frac{\underline{I}_2\underline{U}_1 - \underline{I}_1\underline{U}_2}{\underline{I}_1 + \underline{I}_2}. \tag{6}$$

b) Zahlenmäßig folgt mit den Meßwerten der Reihe nach

$$\underline{Z}_{ia} = \frac{\underline{U}_2 - \underline{U}_1}{\underline{I}_1 - \underline{I}_2} = \frac{\sqrt{3}(1\angle 30° - 1\angle -30°)\,\mathrm{V}}{(1-4)\,\mathrm{A}} = 0,577\,\Omega\angle -90°$$

$$\underline{U}_{qa} = \frac{\sqrt{3}\cdot 1\angle 30° - 4\cdot\sqrt{3}\angle -30°}{(1-4)\,\mathrm{A}}\,\mathrm{VA} = 2,08\,\mathrm{V}\angle -43,9°$$

$$\underline{Z}_{ib} = \frac{\sqrt{3}(1\angle 30° + 1\angle -30°)}{(1+4)\,\mathrm{A}}\,\mathrm{V} = 0,6\,\Omega$$

$$\underline{U}_{qb} = \frac{\sqrt{3}(4\angle -30° - 1\angle 30°)}{(1+4)\,\mathrm{A}}\,\mathrm{VA} = 1,24\,\mathrm{V}\angle -43,9°.$$

Diskussion: Das Verfahren eignet sich zur Bestimmung der Ersatzgrößen unbekannter aktiver Zweipole, die nach Bild 7.7/8c, d einmal mit ihren Leerlaufspannungsquellen antiseriell und einmal seriell geschaltet werden. Es versagt, wenn z.B. Zweipol b passiv ist, also nach Gl.(6) $\underline{U}_2/\underline{I}_2 = \underline{U}_1/\underline{I}_1$ gilt, denn dann folgt zwangsläufig auch $\underline{U}_{qa} = 0$ (Gl.(3)). Anschaulich mißt man bei "Verdrehung" des passiven Zweipols b stets die gleichen Klemmenwerte $\underline{U}$, $\underline{I}$, d.h. das Verfahren ist dann nicht eindeutig. In solchen Fällen wird besser die Methode mit zwei verschiedenen Lastelementen gewählt (s. Aufgabe 7.4/4, 7.4/5).

8. Netzwerke

8.1 Gesteuerte Quellen in Netzwerken

Aufgabe 8.1/1 Quellenwandlung

Gegeben ist das Netzwerk Bild 8.1/1a mit spannungsgesteuerter Spannungsquelle.

a) Wie muß der Steuerfaktor A' des Netzwerkes Bild 8.1/1b gewählt werden, wenn in beiden Kreisen der gleiche Strom fließen soll?

b) Ersetzen Sie den gesteuerten Zweipol zwischen den Klemmen A, B durch eine gesteuerte Stromquelle, die vom Strom i gesteuert werden soll. Bestimmen Sie den Steuerfaktor der Quelle so, daß der gleiche Strom i im Kreis fließt.

c) Ändern Sie die gesteuerte Stromquelle nach Aufgabe b) so, daß als Steuergröße der Strom durch den Leitwert G_2 auftritt.

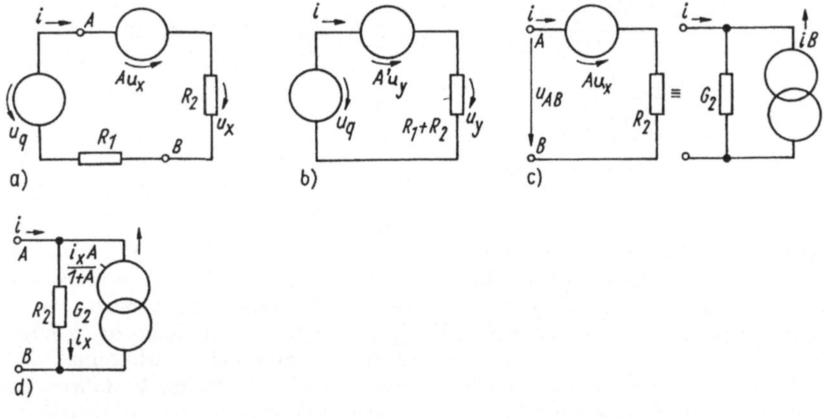

Bild 8.1/1

Lösung:

a) Im Netzwerk Bild 8.1/1a hat die gesteuerte Quelle die Ersatzspannung $Au_\mathrm{x} = AR_2 i$. Aus dem Maschensatz $u_\mathrm{q} = i(R_1 + R_2) + AR_2 i = i(R_1 + R_2(1 + A))$ ergibt sich der Kreisstrom

$$i = \frac{u_\mathrm{q}}{R_1 + R_2(1 + A)}. \tag{1}$$

Im Netzwerk 8.1/1b folgt für die gleiche Masche mit

$$u_y = i(R_1 + R_2),$$
$$u_q = A'u_y + i(R_1 + R_2) = A'(R_1 + R_2)i + i(R_1 + R_2)$$

oder

$$i = \frac{u_q}{(R_1 + R_2)(1 + A')}. \tag{2}$$

Gleicher Strom fließt für (Auflösen)

$$A' = \frac{R_1 + R_2(1 + A) - R_1 - R_2}{R_1 + R_2} = \frac{R_2 A}{R_1 + R_2}. \tag{3}$$

Das Ergebnis hätte ebenso über die Spannungsteilerregel gewonnen werden können, denn die Zweige mit u_x, u_y werden vom gleichen Strom durchflossen. Deswegen gilt

$$\frac{u_x}{u_y} = \frac{R_2}{R_1 + R_2} \quad \text{oder} \quad Au_x = A\frac{R_2}{R_1 + R_2}u_y = A'u_y.$$

b) Die Wandlung der gesteuerten Spannungs- in eine Stromquelle (Bild 8.1/1c) führt auf den Kurzschlußstrom

$$i_k = \frac{u_l}{R_2} = A\frac{u_x}{R_2} = i \cdot B. \tag{4}$$

Da sie vom Strom i gesteuert sein soll, bestimmen wir den Steuerfaktor B so, daß Gl.(4) erfüllt ist. In der ursprünglichen Schaltung fließt der Strom i nach Gl.(1). Er soll nicht verändert werden. Da $u_x/R_2 = i$, folgt $B = A$.

Wir überprüfen, ob in beiden Schaltungen die gleichen Spannungen u_{AB} auftreten. Für Bild 8.1/1a folgt

$$u_{AB} = u_q - iR_1 = \frac{R_1 + R_2(1 + A) - R_1}{R_1 + R_2(1 + A)}u_q = \frac{R_2(1 + A)}{R_1 + R_2(1 + A)}u_q.$$

Für Bild 8.1/1c folgt aus dem Knotensatz in A $i + iA - u_{AB}G_2 = 0$ oder mit Gl.(1)

$$u_{AB} = R_2(1 + A)i = \frac{R_2(1 + A)u_q}{R_1 + R_2(1 + A)},$$

m.a.W. sind die Schaltungen gleichwertig.

c) Wir führen den Steuerstrom $i_x = u_{AB}/R_2$ ein. Der Knotensatz in A lautet $i + iA - i_x = 0$ und damit $i_x = i(1 + A)$. So folgt die Ersatzschaltung Bild 8.1/1d.

Aufgabe 8.1/2 Gesteuerte Quellen und Zweipolersatzwiderstände

Gegeben sind die Schaltungen Bild 8.1/2 mit spannungsgesteuerter Spannungsquelle.

a) Bestimmen Sie jeweils den Widerstand R_{AB} nach der Methode des Probestromes bzw. der Probespannung ($R = 1\,k\Omega$, $A_u = 10$). Erklären Sie insbesondere die Schaltungen Bild 8.1/2a und b), d) und e) sowie g).

b) Gilt das bei der Zweipoltheorie benutzte Prinzip des "Kurzschlusses von Spannungsquellen"? Wie muß es einschränkend formuliert werden? (Versuchen Sie nach Berechnung einiger Schaltungen die Spannungsquelle kurzzuschließen! Es entstehen andere Ergebnisse!)

c) Welche Ergebnisse würden sich für $A_u = -10$ einstellen? Was bedeutet das physikalisch, wie läßt sich negative Verstärkung schaltungstechnisch realisieren?

d) Gegeben sei zur Realisierung der Schaltungen 8.1/2a-g ein Verstärker (Ersatzschaltung Bild 8.1/2h). Bilden Sie damit die Schaltungen a) und b) nach. Wo liegen die Punkte A, B?

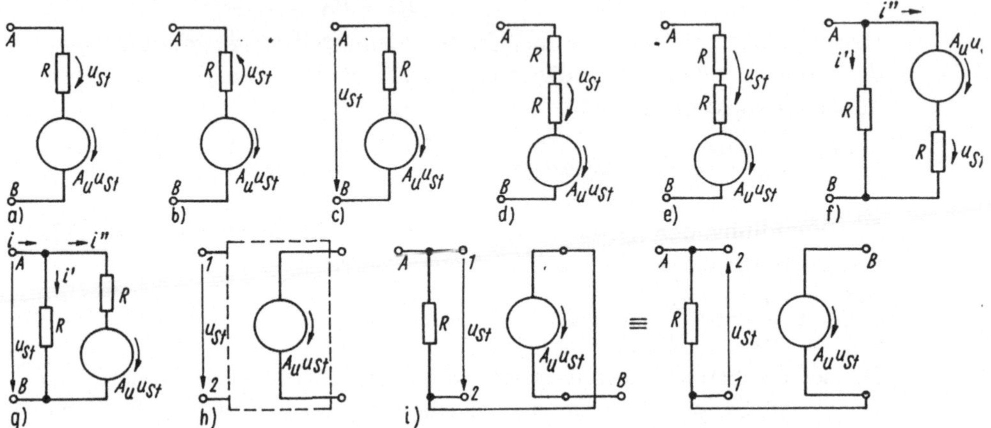

Bild 8.1/2

Lösung:

a) Wir prägen in Bild 8.1/2a einen Probestrom i_{pr} ein. Dann fällt an R die Spannung $u = i_{pr}R = u_{St}$ ab und die gesteuerte Quelle wird wirksam. Der Maschensatz führt auf

$$u_{AB} = u_R + A_u u_{St} = i_{pr}R + A_u i_{pr}R = i_{pr}R(1 + A_u).$$

Damit lautet der Widerstand zwischen A, B

$$R_{AB} = \frac{u_{AB}}{i_{pr}} = R(1 + A_u). \tag{1}$$

Für Bild 8.1/2b folgt analog

$$u_{AB} = u_R + A_u u_{St} = i_{pr}R - A_u i_{pr}R = i_{pr}R(1 - A_u),$$

da $i_{pr}R = -u_{St}$. Hier kann für $A_u > 1$ ein negativer Wirkwiderstand R_{AB} entstehen, ein zunächst nicht erwartetes Ergebnis:

$$R_{AB} = \frac{u_{AB}}{i_{pr}} = R(1 - A_u). \tag{2}$$

Für Bild 8.1/2c gilt $u_{AB} = u_{St} = i_{pr}R + A_u u_{St}$, $u_{AB}(1 - A_u) = i_{pr}R$ und für den Widerstand

$$R_{AB} = \frac{u_{AB}}{i_{pr}} = \frac{R}{1 - A_u} \tag{3}$$

(Umpolung der gesteuerten Quelle würde den Faktor $1 - A_u$ in $1 + A_u$ kehren!)

Bild 8.1/2d kann aufgefaßt werden als Schaltung a), der ein Reihenwiderstand R zugefügt ist:

$$R_{AB} = R + R_{AB}|_a = R + R(1 + A_u). \tag{4}$$

(Nachweis!) Es gilt das Gesetz der Widerstandsreihenschaltung dann, wenn über dem zugeschalteten Widerstand keine Steuerspannung abgegriffen wird. Genau das trifft auf Bild 8.1/2e nicht zu:

$$u_{AB} = i_{pr}2R + A_u u_{St} \text{ mit } u_{St} = 2Ri_{pr} \rightarrow R_{AB} = \frac{u_{AB}}{i_{pr}} = 2R(1 + A_u). \tag{5}$$

Wir erkennen den Unterschied zu Gl.(4).

Die Schaltung Bild 8.1/2f besteht aus Bild 8.1/2a, der ein weiterer Widerstand parallelgeschaltet ist. Wir gehen daher von der Leitwertform aus:

$$G_{AB} = \frac{1}{R} + G_{AB}|_a = \frac{1}{R} + \frac{1}{R(1 + A_u)}. \tag{6}$$

Es gelten die Parallelschaltungsregeln, wenn der zugeschaltete Leitwert nicht am Steuereffekt beteiligt ist.

Die Berechnung von G_{AB} erfolgt zweckmäßig nicht mit einem Probestrom i_{pr}, sondern einer Probespannung $u_{pr} = u_{AB}$. Als Folge von u_{pr} entstehen der Teilstrom $i' = Gu_{pr}$ durch G und der Teilstrom i'' durch den Zweig mit der Quelle ($i'' = u_{St}/R$): $u_{pr} = A_u u_{St} + u_{St} = i''R(1 + A_u)$. Damit wird $i'' = u_{pr}/R(1 + A_u)$ und insgesamt

$$i_{AB} = i' + i'' = G_{AB}u_{pr} = \left(G + \frac{1}{R(1 + A_u)} \right) u_{pr}, \tag{7}$$

also G_{AB} wie in Gl.(6) ermittelt.

Den Leitwert Bild 8.1/2g bestimmen wir ebenfalls über eine Probespannung $u_{pr} = u_{St}$. Sie ist gleichzeitig Steuergröße. Es fließen zwei Teilströme. Der erste $i' = u_{pr}/R$ ist sofort zu entnehmen. Für den zweiten Zweig gilt $u_{pr} = u_{St} = i''R + A_u u_{St}$, also $i'' = (u_{St}/R)(1 - A_u)$.

Damit lautet der Ersatzleitwert

$$G_{AB} = \frac{i}{u_{pr}} = \frac{i' + i''}{u_{AB}} = \frac{1}{R} + \frac{1}{R}(1 - A_u). \tag{8}$$

Gegenüber Schaltung 8.1/2f ändert sich der gesteuerte Teil. Dort wurde er kleiner ($A_u > 0$), hier kann er sogar negativ (und betragsmäßig größer) werden!

b) Offensichtlich versagt das bei der Zweipoltheorie mit ungesteuerten Quellen benutzte Prinzip des Außerkraftsetzens der Quellen. Das Wesen der gesteuerten Quelle liegt gerade darin, daß sie von einer anderen Zweiggröße abhängt. Fehlt diese Zweiggröße (wie dies die üblichen Reihen-Parallelschaltungsregeln voraussetzen), so muß das Ergebnis zwangsläufig falsch werden.

Bei Widerstandsberechnungen von Schaltungen mit gesteuerten Quellen verbleiben letztere in der Analyse, die selbst nach der Methode der Probengrößen (Spannung, Strom) durchzuführen ist.

c) Für $A_\mathrm{u} = -10$ führt beispielsweise Bild 8.1/2a (Gl.(1)) auf $R_\mathrm{AB} = R(1 - 10) = -9R$. Es entsteht ein negativer Widerstand in der u-i-Kennlinie (VPS). Geht die Kennlinie vom sonst üblichen ersten in den zweiten Quadranten über, wird die Leistung $p = iu$ negativ. Ein negativer Widerstand wirkt offenbar wie eine Energiequelle (wobei im Moment unwesentlich sein soll, woher letztere stammt). Deshalb ist der Zweipol AB jetzt nicht passiv (wie sonst, 1. Quadrant), sondern aktiv.

Durch gesteuerte Quellen können sonst passive Zweipole in aktive Zweipole gewandelt werden.

d) Mit einem Verstärker (Bild 8.1/2h) lassen sich die beiden Schaltungen nach Bild 8.1/2a, b in der Form Bild 8.1/2i realisieren. Der Strom i durchfließt R, erzeugt die Steuerspannung und durchströmt dann die gesteuerte Quelle. Durch Umpolen der Steuerspannung läßt sich die Schaltung vereinfachen. Für Schaltung b müßte eine erneute Umpolung der Steuerspannung erfolgen.

Diskussion:

- Der Einbezug gesteuerter Quellen in Netzwerke setzt eine sorgfältige Anwendung der bisher kennengelernten Gesetzmäßigkeiten voraus, besonders bei Widerstandsberechnungen
- Die Ersatzwiderstandsbestimmung erfolgt mit der Methode der Probegrößen.

Aufgabe 8.1/3 Spannungsgesteuerte Stromquellen im Stromkreis

Gegeben ist die Schaltung Bild 8.1/3a mit spannungsgesteuerter Stromquelle (R_1, R_2, S gegeben).

a) Welcher Strom i fließt im Stromkreis A, B? Wie groß ist der Widerstand R_AB?

b) Kann die Schaltung auch mit stromgesteuerter Stromquelle, z.B. $A_\mathrm{i} i_\mathrm{St}$, ausgeführt werden?

c) Wandeln Sie den Zweipol zwischen K und B in eine spannungsgesteuerte Spannungsquelle um. Was ist zu beachten?

Hinweis: Wir führen die Analyse hier der Anschaulichkeit wegen mit den Kirchhoffschen Sätzen durch, um die entsprechenden Umwandlungen leicht nachvollziehen zu können.

Lösung:

a) Es gelten die Kirchhoffschen Gleichungen:

$$\mathrm{M_1} : u_\mathrm{q} = iR_1 - u_\mathrm{St}, \quad \mathrm{K} : i = -i_1 + Su_\mathrm{St} = -\frac{u_\mathrm{St}}{R_2} + Su_\mathrm{St}. \tag{1}$$

Durch Eliminieren der Steuerspannung u_St folgen der Strom durch A, B und Widerstand R_AB

$$i = \frac{u_\mathrm{q}}{R_1 + R_2/(1 - SR_2)} \rightarrow R_\mathrm{AB} = \frac{u_\mathrm{q}}{i} = R_1 + \frac{R_2}{1 - SR_2}. \tag{2}$$

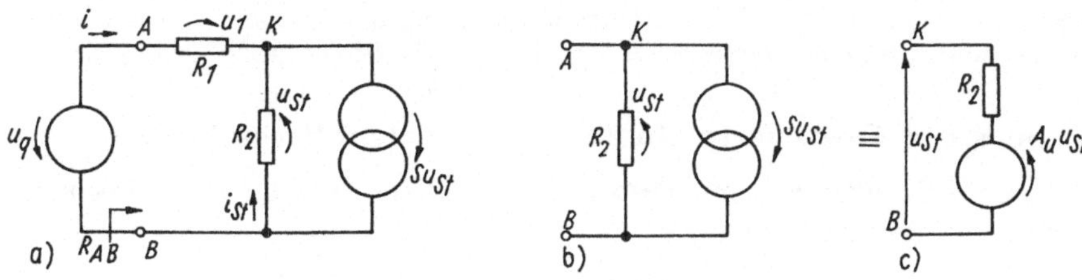

Bild 8.1/3

Je nach der Größe von S, R_2, R_1 kann R_{AB} positiv, null oder negativ sein.

b) Wir führen eine stromgesteuerte Quelle $A_i i_{St}$ in Gl.(1) ein. Dann lautet die Knotengleichung $i = -i_{St} + A_i i_{St} = i_{St}(A_i - 1)$. In der Maschengleichung wird die Steuerspannung u_{St} ersetzt: $u_q = iR_1 - R_2 i_{St}$. Eliminieren von i_{St} aus beiden Beziehungen führt auf u_q und schließlich R_{AB}:

$$u_q = iR_1 - \frac{R_2 i}{A_i - 1} \rightarrow R_{AB} = R_1 + \frac{R_2}{1 - A_i}. \tag{3}$$

Dieses Ergebnis kann auch einfacher erhalten werden: Die Stromquelle $i_q = A_i i_{St} = A_i u_{St}/R_2 = S u_{St}$ wird eingeführt, indem

- im Steuerzweig ($\rightarrow R_2$) statt u_{St} der neue Steuerstrom i_{St} (in üblicher u-i-Zuordnung) markiert
- und die spannungsgesteuerte Stromquelle in der Schaltung durch die stromgesteuerte Quelle ersetzt
- sowie in der Lösung die Größe $S \rightarrow A_i/R_2$ vertauscht werden.

Dann stimmen die Ergebnisse (2), (3) überein.

c) Für die Umwandlung der gesteuerten (technischen) Stromquelle (mit Innenleitwert) muß beachtet werden:

- die Steuergröße darf sich bei der Wandlung nicht ändern (es bleibt also u_{St} wie eingetragen zwischen B und K)
- die Richtungszuordnung der Quelle ($\rightarrow$ aktive Zweipolwandlung) muß beachtet werden.

Im Bild 8.1/3b wurden die Richtungen schrittweise eingetragen. Die Wandlung des Widerstandes R_2 in einen Reihenwiderstand ist unproblematisch. Für die Spannungsquelle $u_q = A_u u_{St}$ gilt $u_q = i_q R_2 = S R_2 u_{St}$, d.h. $A_u = S R_2$. Mit Bild 8.1/3c ist die Wandlung vollzogen. Wir prüfen zur Kontrolle R_{AB} mit dem Probestrom i_q: $u_{AB} = i_q R_1 + i_q R_2 - A_u u_{St}$, zusätzlich gilt $u_{St} = A_u u_{St} - i_q R_2 \rightarrow u_{St}(1 - A_u) = -i_q R_2$. Eliminiert man u_{St}, so wird

$$u_{AB} = i_q R_1 + i_q R_2 + \frac{A_u R_2 i_q}{1 - A_u} = i_q R_1 + \frac{R_2}{1 - A_u} i_q. \tag{4}$$

Das Ergebnis entspricht in Gl.(4).

Diskussion:

- In Netzwerken mit gesteuerten Quellen sind Quellenwandlungen möglich: im Steuerkreis zwischen Strom und Spannung über einen Widerstand (Richtungen von U, I beachten).

- Im Kreis der gesteuerten Quellen (Strom-Spannungsquellenwandlung unter Zuhilfenahme des Innenwiderstandes). Dabei bleibt die Steuergröße unverändert.

Aufgabe 8.1/4 Gesteuerte Quellen in einfachen Stromkreisen

Gegeben sind Schaltungen mit gesteuerten Quellen (Bild 8.1/4). Berechnen Sie jeweils die gesuchte Größe.

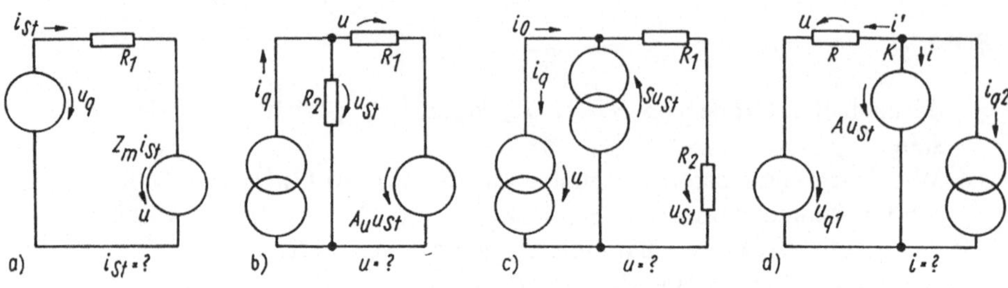

Bild 8.1/4

Hinweis: Lösung durch Anwendung der Knoten- und Maschengleichungen. Auf u-i-Richtungen an den Netzwerkelementen achten.

Lösung:

Es gilt für die Schaltung 8.1/4a die Maschengleichung $u_\mathrm{q} = i_\mathrm{St} R_1 + u = i_\mathrm{St} R_1 + Z_\mathrm{m} i_\mathrm{St}$ und damit

$$i_\mathrm{St} = \frac{u_\mathrm{q}}{R_1 + Z_\mathrm{m}}. \tag{1}$$

Für Schaltung 8.1/4b stellen wir die Knotengleichung auf mit $u = u_\mathrm{St} - A_\mathrm{u} u_\mathrm{St}$: $i_\mathrm{q} = u_\mathrm{St}/R_2 + 1/R_1(u_\mathrm{St} - A_\mathrm{u} u_\mathrm{St})$. Damit ergibt sich die gesuchte Spannung zu

$$u = (1 - A_\mathrm{u})u_\mathrm{St} = \frac{(1 - A_\mathrm{u})i_\mathrm{q}}{1/R_2 + (1 - A_\mathrm{u})/R_1}. \tag{2}$$

Sie ist dem Strom i_q proportional (plausibel), doch sind die einzelnen Widerstandsbeträge nicht ohne weiteres zu interpretieren. Mit $A_\mathrm{u} = 0$ (gesteuerte Quelle nicht vorhanden) folgt das Ergebnis sofort über die Stromteilerregel.

Für Schaltung 8.1/4c ergeben sich zunächst die Spannungsteilerregel $u_\mathrm{St}/u = R_2/(R_1 + R_2)$ (in diesem Zweig liegt keine gesteuerte Quelle) und mit dem Knotensatz - $i_\mathrm{q} + S u_\mathrm{St} = 1/R_1(u - u_\mathrm{St})$. Durch Eliminieren der Steuerspannung u_St über die Spannungsteilerregel wird $-i_\mathrm{q} = u/R_1 - (1/R_1 + S)u_\mathrm{St}$ und die gesuchte Spannung

$$u = \frac{i_\mathrm{q}}{(S + 1/R_1)\,R_2/(R_1 + R_2) - 1/R_1} = \frac{-(R_1 + R_2)i_\mathrm{q}}{1 - SR_2}. \tag{3}$$

Für $S = 0$ erzeugt der Quellenstrom i_q die Spannung $-(R_1 + R_2)i_\mathrm{q}$. (Richtung der Quelle bedingt Minuszeichen!). Interessanterweise wächst u für $SR_2 = 1$ über alle Grenzen (s.u.).

In Schaltung 8.1/4d schließlich sind zwei Quellen (u_q1, i_q2) eingeprägt. Wir suchen den Strom i im Zweig der gesteuerten Quelle und erhalten für den Knoten K: $i' + i + i_\mathrm{q2} = 0$. Zusätzlich gelten $i' = u_\mathrm{St}/R_1$ und für die

Masche $u_{q1} - A_u u_{St} + u_{St} = 0 \rightarrow u_{q1} = u_{St}(A_u - 1)$. Zusammengefaßt:

$$i = -i_{q2} - i' = -i_{q2} - \frac{u_{St}}{R_1} = -i_{q2} + \frac{u_{q1}}{R_1(1 - A_u)}. \tag{4}$$

Das Ergebnis ist für $A_u = 0$ sofort verständlich, denn der Strom im Zweig rührt her von i_{q2} (unbeeinflußt durch A_u, dafür wirkt die gesteuerte Spannungsquelle als Kurzschluß) und den Zweigstrom durch R_1. Mit wachsender Spannungsverstärkung A_u wächst die gesteuerte Quelle (sie wirkt wie eine zweite Spannungsquelle im Kreis) und der Strom i' sinkt.

Diskussion: Die relativ einfachen Schaltungen erfahren durch gesteuerte Quellen einige bemerkenswerte Eigenschaften.

Es tritt für $Z_m = -R_1$ (Schaltung 8.1/4a) kein Kreisstrom auf ($\rightarrow$ Leerlauf der Quelle), für $|Z_m| > R_1$ kann sich sogar die Richtung umkehren. Dann würde von der gesteuerten Quelle Energie zur Spannungsquelle u_q geliefert, die jetzt als "Verbraucher" wirkt.

In Schaltung 8.1/4b kann die Ausgangsspannung u für $A_u = 1$ verschwinden oder für verschwindenden Nenner, d.h.

$$0 = \frac{1}{R_1} + \frac{(1 - A_u)}{R_1} \rightarrow A_u \geq 1 + \frac{R_1}{R_2} \tag{5}$$

über alle Grenzen wachsen.

Eine ähnliche Situation trifft in Schaltung 8.1/4c für Gl.(3) $SR_2 = 1$ zu. Um dies näher zu verstehen, bestimmen wir den Strom i_0 (Bild 8.1/4c), der in dieser Situation zum Knoten fließt:

$$i_0 = -Su_{St} + \frac{u}{R_1 + R_2} = -\frac{SR_2 u}{R_1 + R_2} + \frac{u}{R_1 + R_2} = \frac{u}{R_1 + R_2}(1 - SR_2) \tag{6}$$

und damit auch den Leitwert G_{AB}. Er verschwindet für $SR_2 = 1$ (bei gegebener endlicher Spannung). Offenbar bewirkt in diesem Zustand die durch die gesteuerte Quelle in den Kreis gebrachte Energie, den Verlust in R_1, R_2 auszugleichen.

Da wir jedoch in Schaltung 8.1/4c die Quelle i_q einprägen, muß wegen $i_q = G_{AB}u = $ const. für G_{AB} zwangsläufig die Spannung u über alle Grenzen wachsen.

Derartige Bedingungen wie Gl.(6) sind offenbar an Energietransfer gebunden.

Aufgabe 8.1/5 Quellentransformation

a) Das Netzwerk Bild 8.1/5a soll mit der Maschenstromanalyse berechnet werden. Transformieren Sie dazu die gesteuerte Stromquelle in eine Spannungsquelle.

b) Berechnen Sie die Ströme durch R_1 und R_4 allgemein und für die Zahlenwerte $R_1 = 2\,\mathrm{k\Omega}$, $R_2 = 4\,\mathrm{k\Omega}$, $R_3 = 4\,\mathrm{k\Omega}$, $R_4 = 6\,\mathrm{k\Omega}$, $A_u = 5$, $A_i = 2$, $u_q = 1\,\mathrm{V}$.

Hinweis: Die Strom-Spannungsquellen-Transformation ist für unabhängige und gesteuerte Quellen möglich, die Abhängigkeit bleibt dabei erhalten.

Lösung:

a) Wir transformieren zunächst den Teil rechts von AB in eine Spannungsquellen-Ersatzschaltung (Richtung $i_q \leftrightarrow u_q$ beachten, Bild 8.1/5b). Die Spannungsquelle lautet $u_q = R_4 A_i i_{St}$. Da die Maschenstromanalyse eingesetzt werden soll (rechts, $z = 7$, $k = 6 \rightarrow m = 2$), führen wir zwei Maschenströme i_{m1}, i_{m2} ein und drücken den Steuerstrom i_{St} durch Maschenströme aus: $i_{St} = i_{m1} - i_{m2}$. Damit ist die gesteuerte Stromquelle für die Maschenstromanalyse vorbereitet.

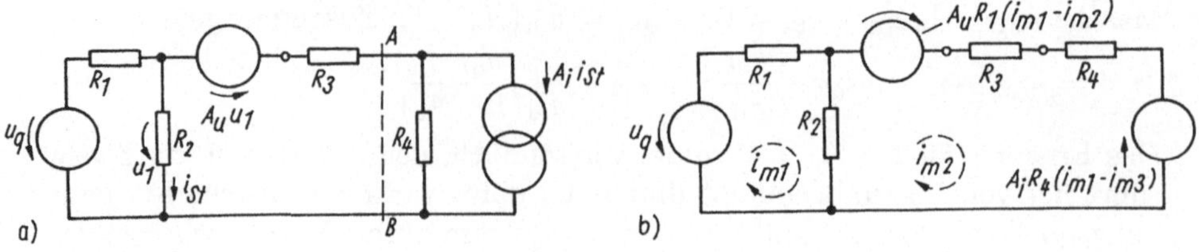

Bild 8.1/5

b) Die Maschenstromgleichungen lauten (Bild 8.1/5b)

$$M_1: \quad (R_1 + R_2)i_{m1} - R_2 i_{m2} = u_q$$

$$M_2: \quad (A_u R_2 - R_2 + A_i R_4)i_{m1} + (R_2 - R_2 A_u + R_4 + R_4 A_i)i_{m2} = 0$$

oder zusammengefaßt

$$\begin{pmatrix} R_1 + R_2 & -R_2 \\ (R_2(-1 + A_u) - A_i R_4) & (R_2(1 - A)_u) + R_4(1 + A_i)) \end{pmatrix} \cdot \begin{pmatrix} i_{m1} \\ i_{m2} \end{pmatrix} = \begin{pmatrix} u_q \\ 0 \end{pmatrix}.$$

Zahlenmäßig ergibt sich $(R/\mathrm{k}\Omega,\ u/\mathrm{V},\ i/\mathrm{mA})$ aus dem Gleichungssystem

$$\begin{pmatrix} 6 & -4 \\ 16 - 12 & 18 - 16 \end{pmatrix} \begin{pmatrix} i_{m1} \\ i_{m2} \end{pmatrix} = \begin{pmatrix} 1 \\ 2 \end{pmatrix}$$

die Lösung $i_{m1} = 0,0714\,\mathrm{mA}$, $i_{m2} = 0,143\,\mathrm{mA}$.

Diskussion: Zusammengefaßt ist die Quellentransformation an folgende Voraussetzungen gebunden

- der Spannungsquelle liegt ein Netzwerkelement in Reihe
- der Stromquelle liegt ein Netzwerkelement parallel
- der Schaltungsteil, in dem die Steuergröße erhalten bleibt, sollte (ohne besondere Vorsicht) nicht gewandelt werden
- komplizierte Fälle lassen sich u.U. mit den Quellenteilungs- bzw. Versetzungssätzen einfacher lösen (I/Abschn. 2.4.4.2).

Aufgabe 8.1/6 Transformation der Steuergröße

a) Im Netzwerk Bild 8.1/6 mit zwei gesteuerten Quellen ist die Knotenspannung u gesucht. Stellen Sie die dafür erforderlichen Gleichungen auf.

b) Wie groß ist u für $R_1 = 1\,\mathrm{k}\Omega$, $R_2 = 2\,\mathrm{k}\Omega$, $R_3 = 3\,\mathrm{k}\Omega$, $R_4 = 4\,\mathrm{k}\Omega$, $R_5 = 5\,\mathrm{k}\Omega$, $A_{u1} = 10$, $A_{u2} = 5$, $u_{q1} = u_{q2} = 1\,\mathrm{V}$?

Hinweis: Entscheiden Sie zunächst die zweckmäßigste Analysemethode und passen Sie dann die gesteuerten Quellen an.

Lösung:

a) Da im Netzwerk nur gesteuerte und ungesteuerte Spannungsquellen auftreten, empfiehlt sich die Maschenstromanalyse ($z = 5$, $k = 3$, $m = 3$). Wir drücken deshalb die Steuerspannungen durch Maschenströme i_m aus und erhalten nach Einführung von $i_{m1} \ldots i_{m3}$ (Bild 8.1/6b)

$$u_{St1} = R_4(i_{m2} - i_{m3}), \quad u_{St2} = R_2(i_{m1} - i_{m2}). \tag{1}$$

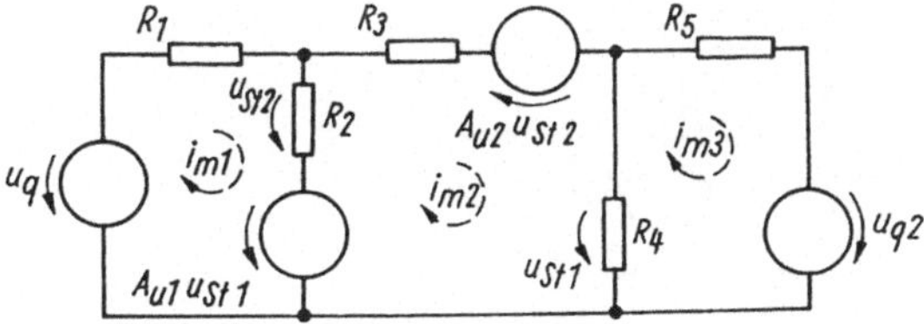

Bild 8.1/6

Die Maschengleichungen lauten

$$M_1: \quad (R_1 + R_2)i_{m1} - R_2 i_{m2} + A_{u1}R_4(i_{m2} - i_{m3}) = u_{q1}$$

$$M_2: \quad -R_2 i_{m1} + (R_2 + R_3 + R_4)i_{m2} - R_4 i_{m3} +$$
$$A_{u1}R_4(i_{m2} - i_{m3} - A_{u2}R_2(i_{m1} - i_{m2}) = 0 \qquad (2)$$

$$M_3: \quad -R_4 i_{m2} + (R_4 + R_5)i_{m3} = -u_{q2}.$$

Damit ergibt sich geordnet als Matrixgleichung (3)

$$\begin{pmatrix} R_1 + R_2 & -R_2 + A_{u1}R_4 & -A_{u1}R_4 \\ -R_2 - A_{u2}R_2 & R_2 + R_3 + R_4 & -R_4 - A_{u1}R_4 \\ & +A_{u1}R_4 + A_{u2}R_2 & \\ 0 & -R_4 & R_4 + R_5 \end{pmatrix} \begin{pmatrix} i_{m1} \\ i_{m2} \\ i_{m3} \end{pmatrix} = \begin{pmatrix} u_{q1} \\ 0 \\ -u_{q2} \end{pmatrix}.$$

Zunächst fällt für $A_{u1} = A_{u2} = 0$ die zu erwartende Symmetrie der Matrix auf, gesteuerte Quellen machen die Matrix unsymmetrisch.

b) Zur Berechnung der Knotenspannung $u = u_{q1} - R_1 i_{m1}$ benötigen wir den Maschenstrom i_{m1}. Die numerische Gleichung (3) lautet ($R/\mathrm{k\Omega}$, u/V, i/mA)

$$\begin{pmatrix} 3 & 38 & -40 \\ -12 & 59 & -44 \\ 0 & -4 & 9 \end{pmatrix} \cdot \begin{pmatrix} i_{m1} \\ i_{m2} \\ i_{m3} \end{pmatrix} = \begin{pmatrix} 1 \\ 0 \\ -1 \end{pmatrix}.$$

Sie hat die Lösungen $i_{m1} = -0,1025\,\mathrm{mA}$, $i_{m2} = -0,155\,\mathrm{mA}$, $i_{m3} = 0,18\,\mathrm{mA}$. Damit beträgt die Spannung u: $u_1 = 1\,\mathrm{V} - 1\,\mathrm{k\Omega}(-0,1025\,\mathrm{mA}) = 1,1025\,\mathrm{V}$.

Aufgabe 8.1/7 Zweipolersatzschaltung

Man berechne die Zweipolersatzschaltung Bild 8.1/7a bezüglich A, B

a) in Spannungsquellenform,
b) in Stromquellenform.
c) Wie groß sind Leerlaufspannung und Kurzschlußstrom für die Testfrequenz $\omega = 10^4\,\mathrm{rad/s}$ ($C = 1\,\mu\mathrm{F}$, $L = 1\,\mathrm{mH}$, $\underline{Z}_\mathrm{m} = 100\,\Omega\angle 0$, $\underline{u}_\mathrm{q} = 1\,\mathrm{V}\angle 0$, $\underline{i}_\mathrm{q} = 0,1\,\mathrm{A}\angle 90°$)?

Hinweis: Da eine gesteuerte Quelle auftritt, wenden wir das Probestrom / Spannungsverfahren zur Bestimmung der Zweipolersatzgrößen an.

Lösung:

a) Die Leerlaufspannung der Schaltung mit stromgesteuerter Spannungsquelle ergibt mit dem Knotensatz $\underline{I}_1 + \underline{I}_\mathrm{q} = \underline{I}_2$ zunächst über die Ma-

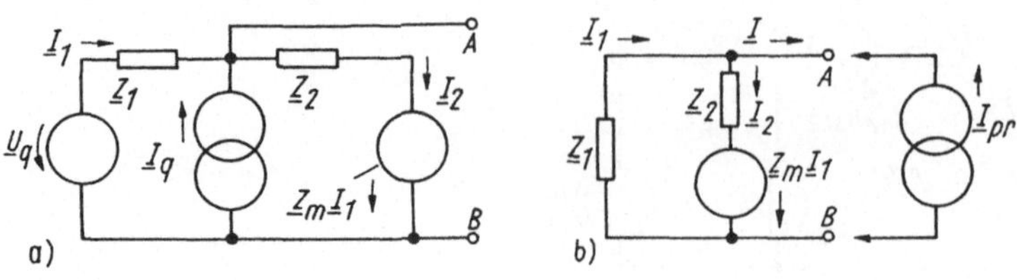

Bild 8.1/7

schengleichung

$$-\underline{U}_q + \underline{Z}_1\underline{I}_1 + \underline{Z}_2(\underline{I}_1 + \underline{I}_q) + \underline{Z}_m\underline{I}_1 = 0$$

den Steuerstrom

$$\underline{I}_1 = \frac{\underline{U}_q - \underline{Z}_2\underline{I}_q}{\underline{Z}_1 + \underline{Z}_2 + \underline{Z}_m}. \tag{1}$$

Damit folgt als Leerlaufspannung

$$\underline{U}_1 = \underline{U}_q - \underline{Z}_1\underline{I}_1 = \underline{U}_q - \frac{\underline{Z}_1(\underline{U}_q - \underline{Z}_2\underline{I}_q)}{\underline{Z}_1 + \underline{Z}_2 + \underline{Z}_m} = \frac{\underline{U}_q(\underline{Z}_2 + \underline{Z}_m) + \underline{Z}_1\underline{Z}_2\underline{I}_q}{\underline{Z}_1 + \underline{Z}_2 + \underline{Z}_m}. \tag{2}$$

Zur Berechnung des Innenwiderstandes setzen wir die unabhängigen Quellen außer Betrieb und legen einen Probestrom $\underline{I}_{pr}$ an (Bild 8.1/7b). Mit $\underline{I} = -\underline{I}_{pr}$ wird im Knoten A

$$\frac{\underline{U}_{ab}}{\underline{Z}_1} + \frac{\underline{U}_{ab} - \underline{Z}_m\underline{I}_1}{\underline{Z}_2} = \underline{I}_{pr} \quad \text{mit } \underline{I}_1 = -\frac{\underline{U}_{ab}}{\underline{Z}_1}.$$

Durch Eliminieren des Steuerstromes $\underline{I}_1$ folgt $\underline{U}_{ab}$ und daraus der Innenwiderstand $\underline{Z}_i$:

$$\underline{U}_{ab} = \frac{\underline{Z}_2\underline{I}_{pr}}{1 + \underline{Z}_2/\underline{Z}_1 + \underline{Z}_m/\underline{Z}_1} \rightarrow \underline{Z}_i = \frac{\underline{U}_{ab}}{\underline{I}_{pr}} = \frac{\underline{Z}_2}{1 + \underline{Z}_2/\underline{Z}_1 + \underline{Z}_m/\underline{Z}_1} \tag{3}$$

b) Der Kurzschlußstrom wird berechnet entweder aus $\underline{U}_1$ und $\underline{Z}_i$ oder - wie hier - zur Kontrolle direkt über die Schaltung. Er setzt sich aus folgenden Teilen zusammen

$$\underline{I}_k = \underline{I}_1 + \underline{I}_q - \underline{I}_2 = \frac{\underline{U}_q}{\underline{Z}_1} + \underline{I}_q + \frac{\underline{Z}_m}{\underline{Z}_2}\underline{I}_1,$$

da $\underline{I}_2 = -\underline{Z}_m/\underline{Z}_2\underline{I}_1$ und $\underline{I}_1 = \underline{U}_q/\underline{Z}_1$:

$$\underline{I}_k = \frac{\underline{U}_q}{\underline{Z}_1}\left(1 + \frac{\underline{Z}_m}{\underline{Z}_2}\right) + \underline{I}_q. \tag{4}$$

Die Kontrolle über $\underline{U}_1$, $\underline{Z}_i$ bestätigt das Ergebnis.

c) Zahlenmäßig folgen als Leerlaufspannung $\underline{U}_1$ nach Gl.(2)

$$\underline{U}_1 = \frac{\underline{U}_q(-\omega^2 LC + j\omega C\underline{Z}_m) + j\omega L\underline{I}_q}{1 - \omega^2 LC + j\omega L\underline{Z}_m}$$

$$= \frac{1\,\text{V}(-0,1 + j) - 1\,\text{V}}{1 - 0,1 + j} = 1,104\,\text{V}\angle 89,71°,$$

als Innenwiderstand nach Gl.(3)

$$\underline{Z}_\mathrm{i} = \frac{\mathrm{j}\omega L}{1 - \omega^2 LC + \mathrm{j}\omega C\underline{Z}_\mathrm{m}} = \frac{\mathrm{j}10\,\Omega}{1 - 0,1 + \mathrm{j}} = (5,52 + \mathrm{j}4,97)\,\Omega$$

und als Kurzschlußstrom

$$\underline{I}_\mathrm{k} = \underline{U}_\mathrm{l}/\underline{Z}_\mathrm{i} = (0,00995 + \mathrm{j}0,109)\,\mathrm{A} = 0,148\,\mathrm{A}\angle 47,72^\circ.$$

Aufgabe 8.1/8 Gesteuerte Quelle, Leistungsbilanz

a) Für das Netzwerk Bild 8.1/8 berechne man schrittweise alle Ströme und
   Spannungen über die Kirchhoffschen Gleichungen.
b) Welche Leistung wird in jedem Netzwerkelement umgesetzt, verschwindet
   die Nettosumme?

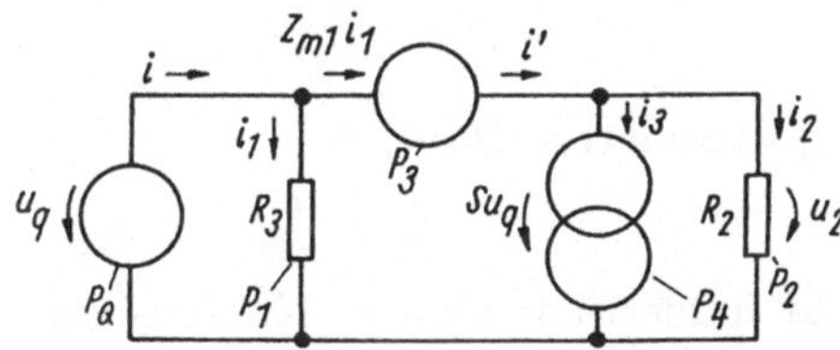

Bild 8.1/8

Zahlenwerte $u_\mathrm{q} = 10\,\mathrm{V}$, $R_1 = 50\,\Omega$, $R_2 = 10\,\Omega$, $Z_\mathrm{m} = 10\,\Omega$, $S = 0,1\,\mathrm{S}$.

Hinweis: Die Aufgabe wird zweckmäßig von der unabhängigen Quelle her gelöst,
weil die abhängigen Quellen "quellennahe" Steuergrößen haben. Die Anwendung
des Ähnlichkeitssatzes (z.B. vom Widerstand R_2 ausgehend mit i_2 als Annahme)
würde bereits bei der Quelle Su_q Probleme bereiten, da u_q noch nicht bekannt ist.
Dann entsteht ein Gleichungssystem für u_q, i_1, das zunächst gelöst werden muß.
Das widerspricht aber dem Wesen des Ähnlichkeitssatzes (schrittweiser Aufbau,
Proportionalitätsbeziehung für die Lösung) (I/Abschn. 2.4.4.2).

Lösung:

a) Wir erhalten von der Quelle $u_\mathrm{q} = 10\,\mathrm{V}$ ausgehend den Strom $i_1 = u_\mathrm{q} G_1 =$
   $10/50\,\mathrm{A} = 0,2\,\mathrm{A}$.
   Damit beträgt der Spannungsabfall u_3 über der gesteuerten Quelle

$$u_3 = Z_\mathrm{m} i_1 = \frac{u_\mathrm{q}}{R_1} Z_\mathrm{m} = 10V \cdot \frac{10\,\Omega}{50\,\Omega} = 2\,\mathrm{V}.$$

Die Spannung u_2 lautet $u_2 = u_\mathrm{q} - u_3 = u_\mathrm{q}(1 - Z_\mathrm{m}/R_1) = 8\,\mathrm{V}$.
Kennt man die Spannung u_2, so folgen
- der Strom i_2: $i_2 = u_2/R_2 = 8\,\mathrm{V}/10\,\Omega = 0,8\,\mathrm{A}$
- der Strom i_3: $i_3 = Su_\mathrm{q} = 0,1\,\mathrm{S} \cdot 10\,\mathrm{V} = 1\,\mathrm{A}$.

Mit den Strömen ergeben sich
- der Strom durch die stromgesteuerte Spannungsquelle
  $i' = i_3 + i_2 = (1 + 0,8)\,\mathrm{A} = 1,8\,\mathrm{A}$
- der Strom durch die Quelle u_q: $i_\mathrm{q} = i_1 + i' = (0,2 + 1,8)\,\mathrm{A} = 2,0\,\mathrm{A}$.

Damit sind sämtliche Ströme und Spannungen bekannt. Grundsätzlich
hätten die Beziehungen auch allgemein aufgestellt und gelöst werden
können, doch ist der beschrittene Weg hier einfacher.

b) Mit den Zweiggrößen werden die einzelnen Teilleistungen berechnet. Wir legen das VPS zugrunde und erhalten
- Leistung $P_1 = i_1 u_1 = 0{,}2\,\text{A} \cdot 10\,\text{V} = 2\,\text{W}$
- Leistung $P_2 = i_2 u_2 = 0{,}8\,\text{A} \cdot 8\,\text{V} = 6{,}4\,\text{W}$
- Leistung $P_3 = i' Z_\text{m} i_1 = 1{,}8\,\text{A} \cdot 10\,\Omega \cdot 0{,}2\,\text{A} = 3{,}6\,\text{W}$
- Leistung $P_4 = u_2 i_3 = u_2 S u_\text{q} = 8\,\text{V} \cdot 1\,\text{A} = 8\,\text{W}$
- Leistung der Quelle (i_q, u_q entgegengesetzt gerichtet): $P_\text{Q} = -i_\text{q} u_\text{q} = -10\,\text{V} \cdot 2\,\text{A} = -20\,\text{W}$.

Insgesamt lautet die Bilanz:

$$\underbrace{P_\text{Q}}_{\text{Quelle}} + \underbrace{P_1 + P_2 + P_3 + P_4}_{\text{Netzwerk}} = 0.$$

Sie folgt zwangsläufig mit dem Tellegenschen Satz (II/Abschn. 6.4.6) in dieser Form.

Aufgabe 8.1/9 Netzwerk mit zwei gesteuerten Quellen

Gegeben ist die Schaltung Bild 8.1/9.

a) Berechnen Sie $\underline{U}_2/\underline{U}_\text{q}$ allgemein und numerisch mit der Knotenspannungsanalyse. Welcher Wert stellt sich für $C_1 \to 0$ ein?

b) Wie groß ist der Eingangswiderstand $\underline{Z}_\text{e}$ allgemein und speziell für $C_1 \to 0$?

c) Durch welche Zweipolersatzschaltung kann das Netzwerk zwischen den Klemmen A, B ersetzt werden?

Zahlenwerte: $\underline{U}_\text{q} = 0{,}1\,\text{V}$, $R_1 = 50\,\Omega$, $R_2 = 25\,\Omega$, $R_3 = 10\,\text{k}\Omega$, $A_\text{u} = 10^{-2}$, $B = 100$, $1/(\omega C_1) = 1\,\text{k}\Omega$, $1/(\omega C_2) = 10\,\text{k}\Omega$.

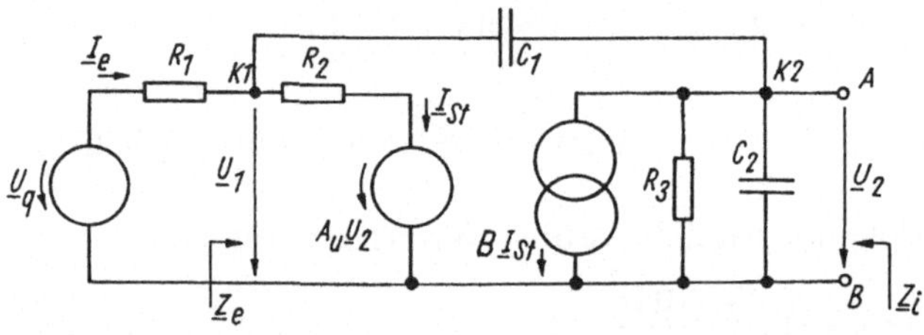

Bild 8.1/9

Hinweis: Die Schaltung stellt eine Transistorverstärkerschaltung mit kapazitiver Belastung (C_2) und kapazitiver Rückwirkung (C_1) vom Ausgang nach dem Eingang dar. Der Transistor wird dabei ersatzschaltungsmäßig durch die sog. Stromverstärkung (B), Spannungsrückwirkung (A_u) sowie die Widerstände R_2, R_3 als lineares Netzwerk nachgebildet.

Lösung:

a) Wir stellen die Knotengleichungen für die Knoten K_1, K_2 auf und erhalten:

$$\begin{aligned}
K_1 &: \quad (\underline{U}_1 - \underline{U}_\text{q})G_1 + j\omega C_1(\underline{U}_1 - \underline{U}_2) + G_2(\underline{U}_1 - A_\text{u}\underline{U}_2) = 0 \\
K_2 &: \quad B\underline{I}_\text{St} + j\omega C_1(\underline{U}_2 - \underline{U}_1) + (G_3 + j\omega C_2)\underline{U}_2 = 0,
\end{aligned} \tag{1}$$

außerdem gilt für den Steuerstrom $\underline{I}_{St} = (\underline{U}_1 - A_u\underline{U}_2)G_2$. In Gl.(1) gesetzt und geordnet ergibt sich in Matrixschreibweise:

$$\begin{pmatrix} G_1 + G_2 + j\omega C_1 & -(j\omega C_1 + A_u G_2) \\ G_2 B - j\omega C_1 & G_3 + j\omega(C_1 + C_2) - A_u G_2 B \end{pmatrix} \begin{pmatrix} \underline{U}_1 \\ \underline{U}_2 \end{pmatrix} = \begin{pmatrix} G_1 \underline{U}_q \\ 0 \end{pmatrix}.$$

$$(2)$$

Die Gleichung wird entweder mit der Cramerschen Regel nach $\underline{U}_2$ aufgelöst oder das Ergebnis numerisch berechnet. Man erhält im ersten Fall

$$\underline{U}_2 = \frac{\underline{U}_q G_1 (G_2 B - j\omega C_1)}{N}. \tag{3}$$

$N = (G_1 + G_2 + j\omega C_1)(G_3 + j\omega(C_1 + C_2) - A_u G_2 B) + (A_u G_2 + j\omega C_1)(G_2 B - j\omega C_1)$ Zahlenmäßig ergibt sich $(G/S, U/V)$

$$\begin{pmatrix} \frac{1}{50} + \frac{1}{25} + j10^{-3} & -\left(\frac{10^{-2}}{25} + j10^{-3}\right) \\ \frac{100}{25} - j10^{-3} & 10^{-4} + j(10^{-3} + 10^{-4}) - \frac{100 \cdot 10^{-2}}{25} \end{pmatrix} \begin{pmatrix} \underline{U}_1 \\ \underline{U}_2 \end{pmatrix} = \begin{pmatrix} \frac{0,1}{50} \\ 0 \end{pmatrix} (4)$$

mit den Lösungen

$$\underline{U}_1 = (4,2897 + j18,976) \cdot 10^{-3}\,\text{V}, \quad \underline{U}_2 = (0,378 + j1,913)\,\text{V}.$$

b) Der Eingangswiderstand $\underline{Z}_e$ wird mit der Methode des Probestromes berechnet. Nach Bild 8.1/9 erzeugt die Spannung $\underline{U}_q$ den Eingangsstrom $\underline{I}_e$, dann gilt

$$\underline{Z}_e = \frac{U_1}{\underline{I}_e} = \frac{U_1}{\frac{U_q - U_1}{R_1}} = \frac{R_1}{\frac{\underline{U}_q}{\underline{U}_1} - 1} = 50,436\,\Omega\angle 177°$$

$$= (-50,366 + j2,639)\,\Omega. \tag{5}$$

Grundsätzlich kann $\underline{U}_1$ aus Gl.(1) gelöst werden, wir ziehen aber die numerische Lösung mit Gl.(4) vor.

c) Soll die Schaltung durch einen aktiven Zweipol zwischen den Klemmen A, B ersetzt werden, so hat er die Leerlaufspannung $\underline{U}_1$ (identisch mit $\underline{U}_2$ nach Gl.(3)) und einen Innenwiderstand. Wir ermitteln zweckmäßig den Kurzschlußstrom $\underline{I}_k$ der Klemmen A, B. Aus den verschiedenen Möglichkeiten, $\underline{I}_k$ zu berechnen, wählen wir die folgende: es wird parallel zu G_3 der Leitwert G geschaltet und der Strom $\underline{I}$ durch G berechnet: $\underline{I} = \underline{U}_2 G$, dabei ergibt sich $\underline{U}_2$ aus Gl.(2), wenn dort G_3 durch $G_3 + G$ ersetzt wird. Im Kurzschlußfall geht $\underline{U}_2$ nach Null und G wächst über alle Grenzen, so daß $\underline{I} \to \underline{I}_k$. Wir erhalten so zunächst mit Gl.(3)

$$\underline{I} = \frac{G\underline{U}_q G_1 (G_2 B - j\omega C_1)}{(G_1 + G_2 + j\omega C_1)(G + G_3 + j\omega(C_1 + C_2) - A_u B G_2) + (..)(÷)}.$$

Mit wachsendem G wird schließlich

$$\underline{I} \approx \frac{U_q(G_2 B - j\omega C_1)}{G_1 + G_2 + j\omega C_1} \cdot G_1 \frac{G}{G} \to \underline{I}_k = \frac{G_1 \underline{U}_q (G_2 B - j\omega C_1)}{(G_1 + G_2 + j\omega C_1)}$$

und im Kurzschlußfall das rechte Ergebnis. Es überzeugt sofort, denn bei Kurzschluß ($\underline{U}_2 = 0$) tragen die Stromteile

$$\underline{I}_k = j\omega C_1 \underline{U}_1 - B\underline{I}_{St} = (j\omega C_1 - B G_2)\underline{U}_1$$

mit $\underline{U}_1/\underline{U}_q = G_1/(G_1 + G_2 + j\omega C_1)$ bei (Spannungsteilerregel).
Insgesamt ergibt sich dann der Innenwiderstand $\underline{Z}_i$ zu (Gl.(3),(6))

$$\underline{Z}_i = \frac{\underline{U}_l}{\underline{I}_k} = \frac{\underline{U}_2}{\underline{I}_k}$$

$$= \frac{1}{G_3 + j\omega(C_1 + C_2) - A_u B G_2 + \frac{(A_u G_2 + j\omega C_1)(G_2 B - j\omega C_1)}{G_1 + G_2 + j\omega C_1}} \, . \qquad (6)$$

Ohne gesteuerte Quellen ($A_u = 0$, $B = 0$) folgt mit

$$\underline{Z}_i = \frac{G_1 + G_2 + j\omega C_1}{(G_3 + j\omega(C_1 + C_2))(G_1 + G_2 + j\omega C_1) + \omega^2 C_1^2} \qquad (7)$$

das direkt aus der Schaltung nachprüfbare Ergebnis.
Die zahlenmäßige Auswertung von Gl.(7) ergibt $\underline{Z}_i = (-0,134 + j0,321)\,\Omega$,
ohne gesteuerte Quelle nach Gl.(8) hingegen $\underline{Z}_i = (1,644 - j18,03)\,\Omega$. Für
das erste Ergebnis mit negativem Wirkwiderstand sind die gesteuerten
Quellen in Verbindung mit dem Rückkoppelelement C_1 verantwortlich,
ohne gesteuerte Quellen tritt stets ein positiver Wirkwiderstand auf.

Diskussion: Es überrascht der in Gl.(5) auftretende negative Wirkanteil des Eingangswiderstandes. Er deutet auf ein instabiles Netzwerk hin. Ursache dafür ist die Rückkopplung über den Kondensator C_1 in Verbindung mit gesteuerten Quellen. Ohne Rückkopplung hat $\underline{Z}_e$ stets positiven Realteil.

Aufgabe 8.1/10 Transistorschaltung

Die Schaltung Bild 8.1/10 stellt die Arbeitspunktversorgungsschaltung eines Bipolartransistors (E Emitter, C Kollektor, B Basis) dar. Er wird in erster Näherung durch eine Ersatzschaltung bestehend aus einer Schleusenspannung U_{FO} ($\approx 0,7\,\text{V}$) und einer stromgesteuerten Stromquelle beschrieben. Die sich einstellenden Gleichströme (Arbeitspunkt) sind zur Funktion des Transistors als Verstärker notwendig. Gegeben: $B = 40$, $U_{FO} = 0,7\,\text{V}$, $R_C = 2\,\text{k}\Omega$, $R_E = 500\,\Omega$, $U_{CC} = 10\,\text{V}$.

a) Welche Ströme I_E, I_B fließen, wenn der Kollektorstrom $I_C = 1\,\text{mA}$ betragen soll?

b) Welche Knotenspannungen U_C, U_E, U_B treten auf? Führen Sie die Berechnung schrittweise nach Kenntnis der Ströme I_B, I_E, I_C durch.

c) Wie groß sind die Ströme I_1, I_2 (Widerstand R_1 vorgegeben, $R_1 = 20\,\text{k}\Omega$). Wie groß muß R_2 gewählt werden?

d) Berechnen Sie die Knotenspannungen U_B, U_C, U_E mit der Knotenspannungsanalyse und anschließend den Basisstrom I_B.

e) Schließen Sie die gesteuerte Stromquelle in eine Supermasche ein und berechnen Sie I_B mit dem Maschenstromverfahren.

Lösung:

a) Wir betrachten den Transistor als Stromknoten mit $I_C + I_B + I_E = 0$ und der Steuergleichung $I_C = B I_B$. Daraus ergeben sich $I_B = I_C/B = 1\,\text{mA}/40 = 25\,\mu\text{A}$ und $I_E = -I_C - I_C/B = -I_C(1 + 1/B) = -1\,\text{mA}(1 + 1/40) = -1,025\,\mu\text{A}$ als gesuchte Ströme.

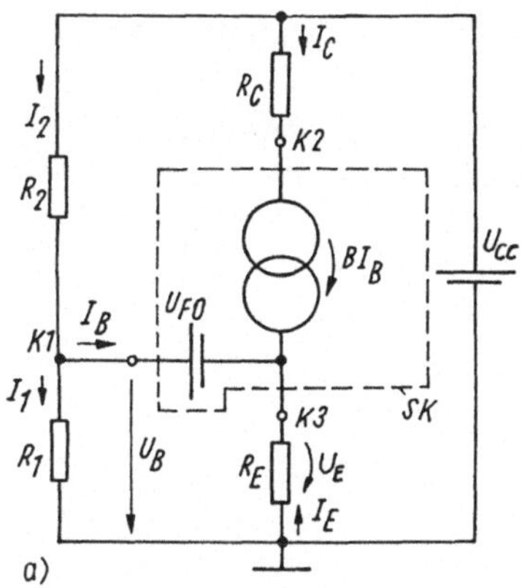
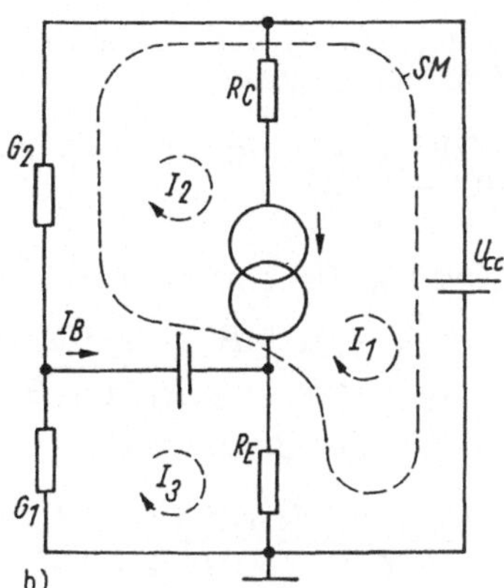

Bild 8.1/10

b) Die Knotenspannungen lauten der Reihe nach

$$U_\mathrm{C} = U_\mathrm{CC} - R_\mathrm{C}I_\mathrm{C} = 10\,\mathrm{V} - 1\,\mathrm{mA} \cdot 2\,\mathrm{k\Omega} = 8\,\mathrm{V}$$

$$U_\mathrm{E} = -I_\mathrm{E}R_\mathrm{E} = R_\mathrm{E}I_\mathrm{C}(1 + 1/B) = 0,5125\,\mathrm{V},$$

$$U_\mathrm{B} = U_\mathrm{FO} + U_\mathrm{E} = 1,212\,\mathrm{V}.$$

c) Die Ströme I_1, I_2 durch den Spannungsteiler betragen:

$$I_1 = U_\mathrm{B}/R_1 = 1,212\,\mathrm{V}/20\,\mathrm{k\Omega} = 0,0606\,\mathrm{mA},$$

$$I_2 = I_\mathrm{B} + I_1 = I_\mathrm{C}/B + U_\mathrm{B}/R_1 = 85,6\,\mathrm{\mu A}.$$

Für den Widerstand R_2 wählen wir

$$R_2 = \frac{U_\mathrm{CC} - U_\mathrm{B}}{I_2} = \frac{10\,\mathrm{V} - 1,212\,\mathrm{V}}{85,6\,\mathrm{\mu A}} = 102,657\,\mathrm{k\Omega}.$$

Würde R_1 über alle Grenzen wachsen, so müßte mit $I_2 = I_\mathrm{B} = 25\,\mathrm{\mu A}$

$$R_2 = \frac{10\,\mathrm{V} - 1,212\,\mathrm{V}}{25\,\mathrm{\mu A}} = 351\,\mathrm{k\Omega}$$

betragen.

d) Das eben vollzogene schrittweise Lösungsverfahren wird jetzt geschlossen mit der Knotenspannungsanalyse durchgeführt. Sie erfordert drei Gleichungen für die Knoten $1\ldots3$ (Bild 8.1/10). Die Gleichung für Knoten $+U_\mathrm{CC}$ entfällt (Spannung U_CC vorgegeben). Wir umschließen die Spannungsquelle U_FO mit einem Superknoten (SK, Bild 8.1/10). Dadurch sinkt die Anzahl der Knotengleichungen auf zwei (1, 2) und die Zwangsbedingung $U_\mathrm{B} - U_\mathrm{E} = U_\mathrm{FO}$. Die Knotenbilanzen lauten:

$$\mathrm{K}_1 \ : \ G_1U_\mathrm{B} + G_2(U_\mathrm{B} - U_\mathrm{CC}) - I_\mathrm{B}B + (U_\mathrm{B} - U_\mathrm{FO})G_\mathrm{E} = 0$$

$$\mathrm{K}_2 \ : \ (U_\mathrm{C} - U_\mathrm{CC})G_\mathrm{C} + I_\mathrm{B}B = 0.$$

Der Steuerstrom I_B wird auf die Knotenspannungen zurückgeführt. Dabei gilt speziell im Verzweigungspunkt 1:

$$(U_\mathrm{CC} - U_\mathrm{B})G_2 = U_\mathrm{B}G_1 + I_\mathrm{B}. \tag{1}$$

Eliminierung von I_B und ordnen ergibt für die Knotenspannungen U_C, U_B das Gleichungssystem

$$\begin{pmatrix} (G_1 + G_2)(1 + B) + G_\mathrm{E} & 0 \\ -(G_1 + G_2)B & G_\mathrm{C} \end{pmatrix} \cdot \begin{pmatrix} U_\mathrm{B} \\ U_\mathrm{C} \end{pmatrix} = \begin{pmatrix} U_\mathrm{CC}G_2(1 + B) + U_\mathrm{FO}G_\mathrm{E} \\ U_\mathrm{CC}(G_\mathrm{C} - BG_2) \end{pmatrix}.$$

$$(2)$$

Damit sind U_B, U_C bestimmbar, z.B. folgt

$$U_\mathrm{B} = \frac{U_\mathrm{CC}G_2(1 + B) + G_E U_\mathrm{FO}}{G_\mathrm{E} + (G_1 + G_2)R_\mathrm{E}(1 + B)} \tag{3}$$

und mit Gl.(1) der Basisstrom

$$I_\mathrm{B} = \frac{U_\mathrm{CC}G_2 - U_\mathrm{FO}(G_1 + G_2)}{1 + (G_1 + G_2)R_\mathrm{E}(1 + B)}. \tag{4}$$

Die Kollektorspannung U_C ergibt sich entweder aus Gl.(2) oder einfach über

$$\begin{aligned} U_\mathrm{C} &= U_\mathrm{CC} - I_\mathrm{C}R_\mathrm{C} = U_\mathrm{CC} - R_\mathrm{C}BI_\mathrm{B} \\ &= U_\mathrm{CC} - \frac{R_\mathrm{C}B(U_\mathrm{CC}G_2 - U_\mathrm{FO}(G_1 + G_2))}{1 + (G_1 + G_2)R_\mathrm{E}(1 + B)}. \end{aligned} \tag{5}$$

Die numerische Auswertung der Gl.(2) liefert $U_\mathrm{B} = 1,21225\,\mathrm{V}$, $U_\mathrm{C} = 8,00096\,\mathrm{V}$. Grundsätzlich kann aus Gl.(4) bei Vorgabe von I_B resp. $I_\mathrm{C} = BI_\mathrm{B}$ der Widerstand R_2 bestimmt werden. (s. Aufgaben a)...c)). Dabei empfiehlt sich allerdings eine Multiplikation der ersten Zeile mit $R_\mathrm{E}R_2$ und der zweiten mit R_2R_C, um die Genauigkeit zu erhöhen.

e) Von den drei Maschen der Schaltung (mit Maschenströmen $I_{\mathrm{m}1}...I_{\mathrm{m}3} = I_1...I_3$) gehen I_1, I_2 durch die gesteuerte Stromquelle. Deshalb gilt die Zwangsbedingung (Bild 8.1/10b) $I_\mathrm{B}B = I_2 - I_1$ (bzw. da $I_\mathrm{B} = -I_2 + I_3$) und damit $I_1 = I_2(1 + B) - I_3B$. Außerdem gibt es die Gleichungen
  - der Supermasche
$$R_\mathrm{E}(I_3 - I_1) - I_2R_2 = U_\mathrm{CC} - U_\mathrm{FO} \tag{6}$$
  - der dritten Masche:
$$U_\mathrm{FO} + R_\mathrm{E}(I_3 - I_1) + I_3R_1 = 0. \tag{7}$$
Wir eliminieren I_1 in den beiden letzten Beziehungen und erhalten

$$\begin{pmatrix} +R_2 + R_\mathrm{E}(1 + B) & -R_\mathrm{E}(1 + B) \\ -R_\mathrm{E}(1 + B) & R_1 + R_\mathrm{E}(1 + B) \end{pmatrix} \cdot \begin{pmatrix} I_2 \\ I_3 \end{pmatrix} = \begin{pmatrix} -U_\mathrm{CC} + U_\mathrm{FO} \\ -U_\mathrm{FO} \end{pmatrix}. \tag{8}$$

Die Lösungen I_2, I_3 der Gl.(8) lauten

$$I_2 = \frac{-U_\mathrm{CC}(R_1 + R_\mathrm{E}(1 + B)) + U_\mathrm{FO}R_1}{R_1R_2 + (R_1 + R_2)R_\mathrm{E}(1 + B)}$$

$$I_3 = \frac{-U_\mathrm{CC}R_\mathrm{E}(1 + B) - U_\mathrm{FO}R_2}{R_1R_2 + (R_1 + R_2)R_\mathrm{E}(1 + B)} \tag{9}$$

und ergeben schließlich den Basisstrom $I_\mathrm{B} = I_3 - I_2$ übereinstimmend zu Gl.(4).

Die numerische Auswertung liefert mit $R_2 = 102,66\,\mathrm{k\Omega}$ (und den weiteren angegebenen Werten) $I_2 = -85,6\,\mu\mathrm{A}$, $I_3 = -60,61\,\mu\mathrm{A}$ und damit $I_\mathrm{B} = I_3 - I_2 = 25\,\mu\mathrm{A}$.

8.2 Netzwerke mit Operationsverstärkern

Aufgabe 8.2/1 Nichtinvertierender Operationsverstärker

a) Berechnen Sie die Spannungsverstärkung u_a/u_q der Schaltung Bild 8.2/1a unter Annahme eines idealen Operationsverstärkers (mit endlicher Spannungsverstärkung A_u).

b) Welcher Grenzwert von u_a/u_q stellt sich für $A_u \to \infty$ ein, wie groß ist dann die Eingangsdifferenzspannung u_d? Wie kann in diesem Fall die Spannungsverstärkung u_a/u_q einfach bestimmt werden?

c) Berechnen Sie Aufgabe a), b) für $A_u = 10^3$, $R_2 = 1\,\mathrm{k\Omega}$, $R_1 = 9\,\mathrm{k\Omega}$, $u_q = 1\,\mathrm{mV}$.

d) Der Operationsverstärker werde mit einer Gleichspannung (Versorgungsspannung $\pm15\,\mathrm{V}$) betrieben, die Aussteuergrenzen für u_a mögen bei $\pm13\,\mathrm{V}$ erreicht sein. Wie hoch darf die Quellenspannung u_q nach Aufgabe a) maximal sein, damit der Operationsverstärker noch im linearen Bereich arbeitet?

e) Konstruieren Sie die Arbeitskennlinien $u_a\,(u_d)$ und $u_a\,(u_q)$.

f) Wählen Sie ein reales OP-Modell (Eingangswiderstand r_e, Ausgangswiderstand r_a, Spannungsverstärkung A_u) und berechnen Sie den Eingangswiderstand der Schaltung. Zahlen: $r_e = 100\,\mathrm{k\Omega}$, $r_a = 10\,\Omega$, sonst Aufgabe c).

Hinweis: Die Eigenschaften des idealen Operationsverstärkers sind in II/Abschnitt 7.5 bzw. III/Abschnitt 8.4.1.4 zusammengestellt. Zeichnen Sie zunächst eine Ersatzschaltung des Netzwerkes zu Aufgabe a).

Lösung:

a) Bild 8.2/1b zeigt die Ersatzschaltung. Da der ideale Operationsverstärker keinen Eingangsstrom führt, ergibt sich die Spannung der N-Klemme

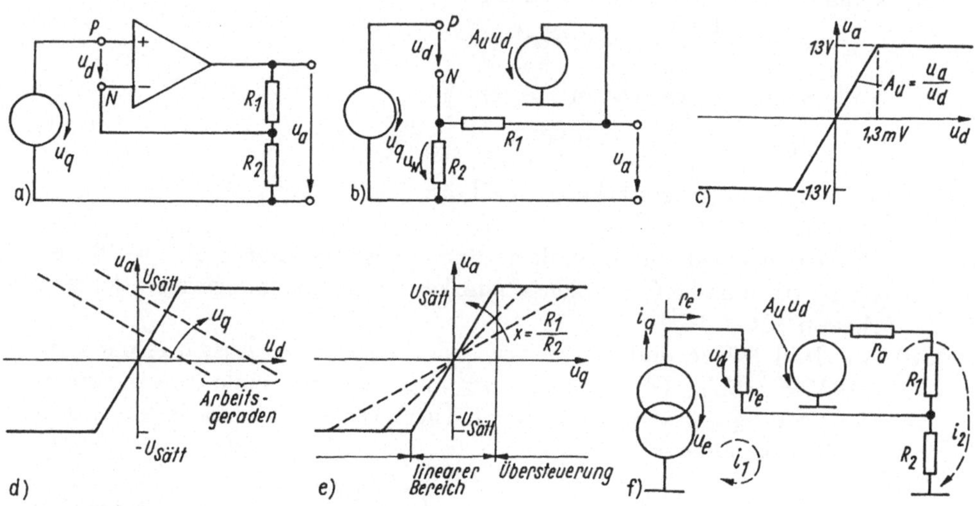

Bild 8.2/1

durch Spannungsteilung der Ausgangsspannung u_a:

$$u_N = \frac{R_2}{R_1 + R_2} u_a = \frac{R_2}{R_1 + R_2} A_u u_d. \tag{1}$$

Die Eingangs(differenz)spannung lautet dann mit $u_d = u_P - u_N = u_q - u_N$ und mit Gl.(1)

$$u_d = \frac{u_q}{1 + \frac{R_2}{R_1 + R_2} A_u}, \tag{2}$$

$$A_f = \frac{u_a}{u_q} = \frac{A_u u_d}{u_q} = \frac{A_u}{1 + \frac{R_2 A_u}{R_1 + R_2}}. \tag{3}$$

Daraus folgt die Spannungsverstärkung $A_f = u_a/u_q$ Gl.(3).

Das Rückkopplungsnetzwerk R_1, R_2 koppelt einen Teil der Ausgangsspannung auf den Eingang zurück. Deshalb ist die Spannungsverstärkung A_f kleiner als A_u (und von gleicher Phase $\rightarrow$ nichtinvertierend).

b) Bei unendlich hoher Spannungsverstärkung ($A_u \rightarrow \infty$) verschwindet die Eingangsdifferenzspannung u_d (Gl.(2)) und die Spannungsverstärkung (mit sog. Gegenkopplung durch R_1, R_2) beträgt mit Gl.(3)

$$\frac{u_a}{u_q} = A_f = 1 + \frac{R_1}{R_2} > 1. \tag{4}$$

Dann wird die Ausgangsspannung $u_a = A_u u_d = \infty \cdot 0$ beliebig, d.h. nicht durch den Verstärker bestimmt, sondern ausschließlich das Netzwerk (R_1, R_2) ($\rightarrow$ Grundeigenschaft stark rückgekoppelter Verstärker). Weil wegen $u_d = 0$ (bei $i_1 = i_P = i_N = 0$!) eingangsseitig sog. *virtueller Kurzschluß* herrscht, d.h. die Spannung u_q auch an R_2 liegt (ohne daß zwischen der Quelle u_q und R_2 eine galvanische Verbindung herrschen würde!), gilt nach der Spannungsteilerregel (Bild 8.2/1b) $u_q/u_a = R_2/(R_1 + R_2)$ übereinstimmend mit Gl.(4).

c) Zahlenmäßig folgen der Reihe nach
- die Differenzspannung u_d Gl.(2):

$$u_d = \frac{1\,\text{mV}}{1 + \frac{1}{1+9} 10} = 9,9\,\mu\text{V}$$

- die Spannungsverstärkung A_f Gl.(3):

$$A_f = \frac{10}{1 + \frac{1}{1+9} 10} = 9,90$$

- die Spannungsverstärkung A_f Gl.(4):
  $A_f = 1 + 9/1 = 10.$

Der Unterschied durch endliche Spannungsverstärkung $A_u = 10^3$ ist gering (technische Operationsverstärker haben Spannungsverstärkungen A_u von $10^4 \ldots 10^6$).

d) Aus Bild 8.2/1c und der vorgegebenen maximalen Ausgangsspannung $\pm 13\,\text{V} = \pm U_{\text{Sätt}}$ (Aussteuergrenze) folgt eine maximale Eingangsspannung von $u_d|_{\text{max}} = \pm u_a/A_u = \pm 1,3\,\text{mV}$. Dazu gehört nach Gl.(2) eine Quellenspannung

$$u_q = \left(1 + \frac{R_2}{R_1 + R_2} A_u\right) u_d|_{\text{max}} = \left(1 + \frac{10^3}{10}\right) u_d|_{\text{max}} = \pm 131\,\text{mV}.$$

e) Die Arbeitskennlinie entsteht durch Schnitt der Verstärkerkennlinie $u_\mathrm{a} = A_\mathrm{u} u_\mathrm{d}$ mit der Rückkopplungskennlinie (Bild 8.2/1d)

$$u_\mathrm{a} = -\left(1 + \frac{R_1}{R_2}\right) u_\mathrm{d} + \left(1 + \frac{R_1}{R_2}\right) u_\mathrm{q}. \tag{5}$$

Letztere folgt aus $u_\mathrm{N} = u_\mathrm{q} - u_\mathrm{d}$ und $u_\mathrm{d} = u_\mathrm{a} R_1/(R_1 + R_2)$ (II/Abschn. 7.5.2 und Bild 8.2/1d). Wird u_d mit Gl.(2) eliminiert, so lautet die resultierende Verstärkungscharakteristik

$$\frac{u_\mathrm{a}}{u_\mathrm{q}} = \frac{1 + x}{1 + (1 + x)/A_\mathrm{u}}, \quad x = \frac{R_1}{R_2}. \tag{6}$$

In Bild 8.2/1e wurde die Kurve angedeutet. Die Gegenkopplung reduziert die Verstärkung ($\rightarrow$ geringere Kurvensteigung), außerdem wachsen die Aussteuergrenzen der Eingangsspannung.

f) Bild 8.2/1f enthält der reale OP-Ersatzschaltung. Zur Berechnung des Eingangswiderstandes r'_e prägen wir den Probestrom i_q anstelle der Spannungsquelle u_q ein. Der Quotient $u_\mathrm{e}/i_\mathrm{q} = r'_\mathrm{e}$ liefert die gesuchte Größe. Wir führen zwei Maschenströme $i_\mathrm{m1} = i_1$, $i_\mathrm{m2} = i_2$ ein und erhalten auf der Eingangsseite:

$$u_\mathrm{e} = i_1 r_e + R_2(i_1 + i_2) \tag{7}$$

ferner auf der Ausgangsseite

$$A_\mathrm{u} u_\mathrm{d} = (R_1 + r_\mathrm{a}) i_2 + R_2(i_1 + i_2). \tag{8}$$

Eliminieren von i_2 ergibt mit $i_1 = i_\mathrm{q}$ den Eingangswiderstand $r'_\mathrm{e} = u_\mathrm{e}/i_\mathrm{q}$

$$\frac{u_\mathrm{e}}{i_\mathrm{q}} = r_\mathrm{e}\left(1 + \frac{A_\mathrm{u} R_2}{r_\mathrm{a} + R_1 + R_2}\right) + (r_\mathrm{a} + R_1)\|R_2. \tag{9}$$

Er kann verstanden werden als Reihenschaltung eines durch die Gegenkopplung stark vergrößerten Verstärkereingangswiderstandes R'_e (erster Anteil) und der Reihenschaltung von $(r_\mathrm{a} + R_1)\|R_2$.

Zur Berechnung der Verstärkung $A_\mathrm{f} = u_\mathrm{a}/u_\mathrm{q}$ legen wir eine Eingangsspannung $u_\mathrm{q} = u_\mathrm{e}$ an und erhalten die erste Maschenstromgleichung (7). Mit der zweiten Maschenstromgleichung (8) lassen sich die beiden Maschenströme i_1, i_2 bestimmen.

Die Ausgangsspannung (und damit die Verstärkung) lautet dann zusammengefaßt

$$\begin{aligned} u_\mathrm{a} &= R_2(i_1 + i_2) + R_1 i_2 \\[2mm] &= u_\mathrm{q} \frac{(R_1 + R_2) r_\mathrm{e} A_\mathrm{u} + r_\mathrm{a} R_2}{(r_\mathrm{e} + R_2)(R_1 + R_2 + r_\mathrm{a}) + R_2(A_\mathrm{u} r_\mathrm{e} - R_2)}. \end{aligned} \tag{10}$$

Dabei wurden die Zwischenergebnisse

$$i_1 = -u_\mathrm{q}\frac{(R_1 + R_2 + r_\mathrm{a})}{N}, \quad i_2 = u_\mathrm{q}\frac{R_2 - A_\mathrm{u} r_\mathrm{e}}{N}$$

mit $N = R_2(R_2 - A_\mathrm{u} r_\mathrm{e}) - (r_\mathrm{e} + R_2)(R_1 + R_2 + r_\mathrm{a})$ verwendet. Folgende Grenzfälle stellen sich ein (Nachweis!):

$$r_\mathrm{e} \to \infty \;:\; u_\mathrm{a} = u_\mathrm{q}\frac{R_1 + R_2}{R_2 + (R_1 + R_2 + r_\mathrm{a})/A_\mathrm{u}} \quad \text{(s. Gl.(3))}$$

$$A_\mathrm{u} \to \infty \;:\; u_\mathrm{a} = u_\mathrm{q}\left(1 + \frac{R_1}{R_2}\right) \quad (r_\mathrm{e}\ \text{beliebig})\ (\text{s.Gl.(4)}).$$

Diskussion: Der Einbezug des realen Verstärkermodells macht die Beziehungen rasch unübersichtlich. Aus den beiden Grenzfällen $r_\mathrm{e} \to \infty$, $A_\mathrm{u} \to \infty$ wird deutlich, daß im ersten Fall der Verstärkerinnenwiderstand r_a vernachlässigt werden kann, wenn er klein gegen den Spannungsteiler R_1, R_2 ist. Bei unendlicher Spannungsverstärkung hat r_e durch den virtuellen Kurzschluß keinerlei Einfluß.

Zahlenmäßig ergibt sich ein Eingangswiderstand nach Gl.(9) von

$$r_\mathrm{e}' = 100\,\mathrm{k\Omega}\left(1 + \frac{10^3 \cdot 1\,\mathrm{k\Omega}}{10\,\mathrm{k\Omega} + 10\,\Omega}\right) + 1\,\mathrm{k\Omega}\|10\,\mathrm{k\Omega} \approx 100\,\mathrm{M\Omega}.$$

Aufgabe 8.2/2 Nichtinvertierender realer Operationsverstärker (OP)

Gegeben ist das Netzwerk Bild 8.2/2a mit realem OP (Kennwerte A_u, r_a, r_e, vgl. Aufgabe 8.2/1, Schaltung ergänzt durch den Lastwiderstand R_L).
Hinweis: Ersatzschaltung des realen OP'v s. II/Abschn. 7.5 bzw. III/Abschn. 8.4.1.4.

a) Berechnen Sie die Spannungsverstärkung $u_\mathrm{a}/u_\mathrm{q}$ mit der Knotenspannungsanalyse.

b) Spezialisieren Sie das Ergebnis der Reihe nach für
  - hohe Spannungsverstärkung $A_\mathrm{u} \gg 1$ ($> 10^3$)
  - hohen Eingangswiderstand $r_\mathrm{e} \gg R_1$
  - geringen Ausgangswiderstand $r_\mathrm{a} \ll R_2 \ll r_\mathrm{e}$.

c) Stellen Sie die Verstärkung des rückgekoppelten Verstärkers in der Form

$$\frac{u_\mathrm{a}}{u_\mathrm{q}} = A_\mathrm{f} = \frac{\alpha A_\mathrm{u}}{1 + \beta A_\mathrm{u}}$$

dar mit $A = A_\mathrm{u}$ der Leerlaufverstärkung, dem Rückkopplungsfaktor β und dem Teilerfaktor α.

d) Wie groß ist der vom Ausgang her in die Schaltung gemessene Widerstand r_a' (ohne R_L)? Bringen Sie das Ergebnis in Beziehung zu den Größen β, A (Aufgabe c).

e) Berechnen Sie den Eingangswiderstand r_e' der Anordnung (lassen Sie dabei den Eingangswiderstand r_e des OPs zu).

f) Berechnen Sie die Aufgaben a)...e) für die Zahlenwerte $A_\mathrm{u} = 10^4$, $r_\mathrm{a} = 10\,\Omega$, $r_\mathrm{e} = 100\,\mathrm{k\Omega}$, $R_2 = 1\,\mathrm{k\Omega}$, $R_1 = 9\,\mathrm{k\Omega}$, $R_\mathrm{L} = 100\,\Omega$.

g) Vergleichen Sie die Ergebnisse im Grenzfall $r_\mathrm{e} \to \infty$, $r_\mathrm{a} \to 0$, $A_\mathrm{u} \to \infty$ mit denen von Aufgabe 8.2/1.

h) Geben Sie eine einfache Ersatzschaltung (Makromodell) des Netzwerkes nach Bild 8.2/2a mit möglichst wenig Elementen an.

Hinweis: Ersatzschaltung des realen Operationsverstärkers II/Abschnitt 7.5 bzw. III/Abschnitt 8.4.1.4.

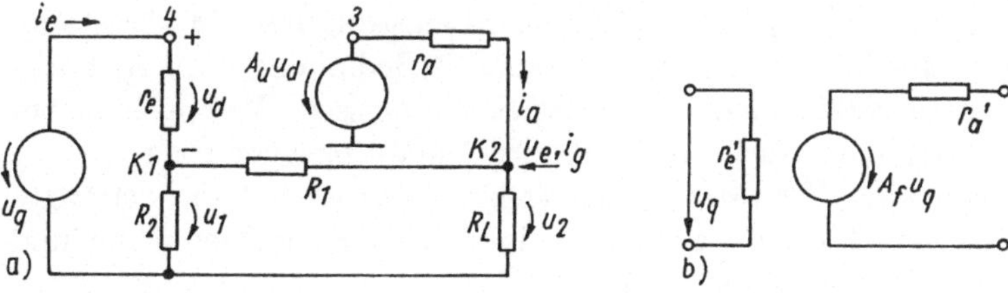

Bild 8.2/2

Lösung:

a) Wir führen die Knoten K_1, K_2 mit den Knotenspannungen u_1, $u_2 = u_a$ ein. Die Gleichungen für Knoten 3, 4 müssen nicht aufgestellt werden, da dort ideale Spannungsquellen anliegen ($\rightarrow$ Knotenspannung bekannt). Für Knoten K_1 lautet die Knotengleichung $G_2 u_1 + G_1(u_1 - u_2) + g_e(u_1 - u_q) = 0$ oder umgeschrieben

$$(G_2 + G_1 + g_e)u_1 - G_1 u_2 = g_e u_q. \tag{1}$$

Analog folgt für Knoten 2: $G_L u_2 + G_1(u_2 - u_1) + g_a(u_2 - A_u(u_q - u_1)) = 0$ oder geordnet

$$(-G_1 + A_u g_a)u_1 + (g_a + G_1 + G_L)u_2 = A_u g_a u_q. \tag{2}$$

Damit lautet die Knotenadmittanzmatrixform

$$\begin{pmatrix} G_1 + G_2 + g_e & -G_1 \\ -G_1 + A_u g_a & g_a + G_1 + G_2 \end{pmatrix} \cdot \begin{pmatrix} u_1 \\ u_2 \end{pmatrix} = \begin{pmatrix} g_e u_q \\ g_a A_u u_q \end{pmatrix}. \tag{3}$$

Durch Auflösen folgt für die Spannung $u_2 = u_a$ (nach Ordnen)

$$u_a = \frac{((G_1 + G_2)A_u g_a + g_e G_1)u_q}{(A_u G_1 + G_2)g_a + G_1 G_2 + G_2 G_L + G_1(g_a + G_L) + g_e(g_a + G_1 + G_L)}.$$

Umgeformt wird daraus durch Multiplikation mit $R_1 r_a / A_u$ bei gleichzeitiger Faktorisierung von $(1 + G_L r_a)(1 + R_1(G_2 + y_e))$

$$A_f = \frac{u_a}{u_q} = \frac{1 + \frac{R_1}{R_2} + \frac{1}{A_u}\frac{r_a}{r_e}}{1 + \frac{1}{A_u}\left(\left(1 + \frac{r_a}{R_L}\right)(1 + R_1(G_2 + g_e)) + r_a(G_2 + g_e)\right)}. \tag{4}$$

Das ist die gesuchte Spannungsverstärkung der Schaltung. Sie hängt vom Rückkopplungsnetzwerk und den Parametern des realen Operationsverstärkers in komplizierter Weise ab.

b) Die Näherungen ergeben der Reihe nach
- für hohe Verstärkung $A_u \gg 1$:

$$A_f = \frac{u_a}{u_q} \approx \frac{(1 + R_1/R_2)}{1 + r_a G_1} \tag{5a}$$

- für hohen Eingangswiderstand r_e ($g_e \rightarrow 0$)

$$A_f = \frac{u_a}{u_q} = \frac{(1 + R_1/R_2)}{1 + \frac{1}{A_u}(1 + r_a/R_L)(1 + R_1 G_2) + r_a G_2} \tag{5b}$$

- für geringen Ausgangswiderstand $r_a \ll R_2 \ll r_e$:

$$A_f = \frac{u_a}{u_q} \approx \frac{\left(1 + \frac{R_1}{R_2}\right)}{1 + \frac{1}{A_u}\left(1 + \frac{r_a}{R_L}\right)\left(1 + \frac{R_1}{R_2}\right)}. \tag{5c}$$

Die Bedingung $r_a \ll R_2$ bedeutet geringe Belastung des Verstärkerausganges durch das Rückkopplungsnetzwerk, die Bedingung $r_e \gg R_1$ hochohmigen Verstärkereingang. Gl.(5c) ist eine praktische Verstärkungsbeziehung für den realen nichtinvertierenden Operationsverstärker.

c) Um die allgemeine Verstärkung Gl.(4) bzw. Gl.(5c) auf die verlangte Form zu bringen, formen wir Gl.(5c) durch Ausmultiplizieren um und erhalten durch Vergleich ($A_u = A$):

$$\beta = \frac{R_2}{R_1 + R_2} \frac{R_L}{R_L + r_a} \approx \left. \frac{R_2}{R_1 + R_2} \right|_{R_L > r_a} \tag{6a}$$

sowie

$$\alpha = \frac{R_L}{R_L + r_a} \lesssim 1. \tag{6b}$$

Für große Verstärkung A_u wird nach Aufgabe c)

$$A_f = \frac{u_a}{u_q} \approx \frac{\alpha}{\beta} = 1 + \frac{R_1}{R_2}. \tag{6c}$$

Die Verstärkung hängt bei hoher Spannungsverstärkung nur noch vom Netzwerk ab (allgemeine Eigenschaft stark rückgekoppelter Schaltungen).

d) Der Widerstand r_a' von der Ausgangsseite her (bei fortgelassenem Widerstand R_L) kann auf verschiedene Weise bestimmt werden:

- durch Anlegen eines Probestromes und Berechnung des Klemmenspannungsabfalles
- durch Berechnung von Leerlaufspannung u_a und Kurzschlußstrom
- durch Belastung mit einem Außenwiderstand $R_a = r_a'$, wobei dann die Leerlaufspannung auf die Hälfte fallen muß. Wir verwenden die beiden letzten Methoden, weil die Ausgangsspannung u_a mit Gl.(4) bereits bekannt ist.

Die Ausgangsspannung u_a bei Leerlauf ($R_L \to \infty$) ergibt sich aus Gl.(4) mit $g_e = 0$ (aus Vereinfachung) zu

$$u_a|_{R_L \to \infty} = \frac{\left(1 + \frac{R_1}{R_2}\right) u_q}{1 + r_a G_2 + \frac{1}{A_u}(1 + R_1 G_2)}. \tag{7}$$

Den Kurzschlußstrom $i_{2|k}$ bestimmen wir aus dem Strom $i_2 = u_a/R_L$ im Grenzfall $R_L \to 0$. Mit Gl.(4) folgt für den Strom i_2:

$$i_2 = \frac{u_2}{R_L} = \frac{1 + R_1/R_2}{R_L(1 + r_a G_2) + (R_L + r_a)(1 + R_1 G_2)/A_u} u_q. \tag{8a}$$

Daraus wird im Grenzfall $R_L \to 0$:

$$i_2|_{R_L = 0} = i_{2|k} = \frac{A_u u_q}{r_a} \tag{8b}$$

unabhängig vom Rückkopplungsnetzwerk. Der Ausgangswiderstand r_a' lautet dann mit Gl.(7), (8b)

$$r_a' = \frac{u_{2|e}}{i_{2|k}} = \frac{r_a\left(1 + \frac{R_1}{R_2}\right)}{1 + R_1 G_2 + A_u(1 + r_a G_2)} \approx \frac{r_a\left(1 + \frac{R_1}{R_2}\right)}{A_u(1 + r_a G_2)}. \tag{9}$$

Im zweiten Fall folgt mit Gl.(4) und $R_L = r_a'$

$$\frac{\left(1 + \frac{R_1}{R_2}\right)}{1 + r_a G_2 + \frac{1}{A_u}\left(1 + \frac{r_a}{r_a'}\right)(1 + R_1 G_2)} = \frac{1}{2}\frac{\left(1 + \frac{R_1}{R_2}\right)}{1 + r_a G_2 + \frac{1}{A_u}(1 + R_1 G_2)}.$$

Durch Auflösen nach r_a' ergibt sich (nach längerer Rechnung) die Lösung Gl.(9).

Der ausgangsseitige Gesamtwiderstand (mit dem Lastwiderstand R_L) lautet dann:

$$r_{a|ges} = R_L \| r_a'.$$

Das Ergebnis Gl.(9) kann mit dem Rückkopplungsfaktor β Gl.(6a) auch in der Form

$$r_a' = \frac{r_a}{\beta \cdot A} = \frac{r_a}{\beta \cdot A_u} \tag{10}$$

geschrieben werden: Durch Rückkopplung sinkt der Ausgangswiderstand stark ab.

e) Durch den Eingangswiderstand des Operationsverstärkers ließt der Strom i_e, zwischen den $+$- und $-$Klemmen liegt die Spannungsdifferenz $u_q - u_N = u_d$. Wir erhalten dann als Eingangsstrom $i_e = \frac{u_q - u_N}{r_e}$ und Eingangswiderstand $r_e' = u_q/i_e = r_e/(1 - u_N/u_q) > r_e$. Das Verhältnis $u_N/u_q = u_1/u_q$ muß aus Gl.(3) bestimmt werden. Die Lösung lautet mit $u_1 = u_N$:

$$u_1 = \frac{u_q\left(g_e(g_a + G_1 + G_2) + G_1 g_a A_u\right)}{g_a(A_u G_1 + G_2) + G_1 G_2 + G_2 G_L + G_1(g_a + G_L) + g_e(g_a + G_1 + G_L)} \tag{11}$$

oder umgeformt

$$\frac{u_1}{u_q} = \frac{1 + \frac{g_e r_a}{A_u}(1 + R_1(G_2 + g_a))}{1 + \frac{1}{A_u}\left([1 + r_a G_L)(1 + R_1(G_2 + g_e)) + r_a(G_2 + y_e)\right)}$$

$$\approx \frac{1 + \frac{g_e r_a}{A_u}(1 + R_1 g_a)}{1 + \frac{1}{A_u}\left((1 + r_a G_L)(1 + R_1 G_2) + r_a G_2\right)} \tag{12}$$

Für den Eingangswiderstand r_e' folgt dann mit Gl.(12)

$$\frac{r_e'}{r_e} = \frac{A_u + (1 + R_1 G_2) + r_a(G_L(1 + R_1 G_2) + G_2)}{1 + R_1 G_2 + r_a((1 + R_1 G_2)G_L + G_2)} \approx A_u. \tag{13}$$

Er steigt etwa um die Spannungsverstärkung an!

f) Die Spannungsverstärkung u_a/u_q nach Gl.(4) beträgt für die angegebenen Zahlenwerte $u_a/u_q = 9,98$ mit dem Grenzwert $u_a/u_q \to 10$ für $A_u \to \infty$. Der Verstärkereinfluß bleibt also gering.

Der Außenwiderstand r_a' folgt nach Gl.(9) zahlenmäßig:

$$r_a' = \frac{10\,\Omega(1 + 9/1)}{1 + 9/1 + 10^4(1 + 10/10^3)} = 9,89 \cdot 10^{-3}\,\Omega(!)$$

Er ist außerordentlich niedrig. Die Näherungsbeziehung Gl.(10) würde $r_a' = 10\Omega/(1/10 \cdot 10^4) = 10^{-2}\,\Omega$ ergeben. Für den Eingangswiderstand r_e'

nach Gl.(13) erhalten wir schließlich

$$r'_{\mathrm{e}} \approx A_{\mathrm{u}} r_{\mathrm{e}} = 10^4 \cdot 10^5 = 10^9 \, (!)$$

Diskussion: Durch die Rückkopplung über das Netzwerk R_1, R_2 sinkt die Verstärkung gegenüber $A_{\mathrm{u}} = 10^4$ auf den Wert $A_{\mathrm{f}} = 10$ (und hängt nur noch von R_1, R_2 ab). Gleichzeitig fällt der Ausgangswiderstand der Schaltung stark und der Eingangswiderstand steigt. Im Vergleich zur Analyse (Aufgabe 8.2/1) erfolgt die Berechnung hier systematischer und leistungsfähiger.

g) Im Grenzfall des idealen Operationsverstärkers ($A_{\mathrm{u}} \to \infty$, $g_{\mathrm{e}} \to 0$, $r_{\mathrm{a}} \to 0$) ergeben sich die Lösungen Aufgabe 8.2/1. Vergleicht man die hier sehr aufwendig erzielten Ergebnisse mit den praktischen Zahlenwerten und den relativ einfach erhaltenen Werten dort, so wird der Vorteil des einfacheren Verfahrens deutlich, wie es für reale Operationsverstärker durchaus anwendbar ist.

h) Mit den Lösungen Gl.(4), (9) und (10) bzw. (13) wurden die Größen A_{f}, r'_{a} und r'_{e} des realen Operationsverstärkers einschließlich der umgebenen Schaltung bestimmt. Damit kann die Ersatzschaltung einer spannungsgesteuerten Quelle mit Innenwiderstand nach Bild 8.2/2b angegeben werden. Grundsätzlich können auch die Werte $r'_{\mathrm{e}}, r'_{\mathrm{a}}, A_{\mathrm{f}}$ für $R_{\mathrm{L}} \to \infty$ gewählt werden (dies ist anschaulicher). So läßt sich das umfangreichere Netzwerk Bild 8.2/2a für die weitere Verwendung durch ein einfaches Modell ($\to$ Makromodell) mit drei Elementen ersetzen. Es erlaubt, z.B. auch den Einfluß des Innenwiderstandes der Quellenspannung einzubeziehen, der bisher vernachlässigt wurde.

Aufgabe 8.2/3 Invertierender Operationsverstärker

Gegeben ist die Schaltung Bild 8.2/3a mit idealem Operationsverstärker (aber endlicher Verstärkung A_{u}).

a) Bestimmen Sie die Spannungsverstärkung $u_{\mathrm{a}}/u_{\mathrm{q}} = A_{\mathrm{f}}$ allgemein und speziell für $R_1 = 100\,\Omega$, $R_2 = 900\,\Omega$, $A_{\mathrm{u}} = 10^3$ mit der Knotenspannungsanalyse. Welcher Wert gilt für $A_{\mathrm{u}} \to \infty$?

b) Wie groß ist die Eingangsspannung u_{d} allgemein und speziell für $A_{\mathrm{u}} \to \infty$? Berechnen Sie die Spannungsverstärkung auch mit der Methode des virtuellen Kurzschlusses.

c) Berechnen Sie Aufgabe a), b) für die Zahlenwerte $A_{\mathrm{u}} = 10^3$, $R_2 = 10\,\mathrm{k}\Omega$, $R_1 = 1\,\mathrm{k}\Omega$, $u_{\mathrm{q}} = 1\,\mathrm{mV}$.

d) Der OP werde mit einer Gleichspannung (Versorgungsspannung $\pm 15\,\mathrm{V}$) betrieben, die Aussteuergrenzen für u_{a} mögen bei $\pm 13\,\mathrm{V}$ erreicht sein. Wie hoch darf die Quellenspannung u_{q} maximal sein, damit der OP noch im linearen Bereich arbeitet?

e) Konstruieren Sie die Arbeitskennlinien $u_{\mathrm{a}}(u_{\mathrm{d}})$ und $u_{\mathrm{a}}(u_{\mathrm{q}})$.

f) Bestimmen Sie in der allgemeinen Verstärkungsdarstellung $u_{\mathrm{a}}/u_{\mathrm{q}} = A_{\mathrm{f}} = \alpha A_{\mathrm{u}}/(1 + \beta A_{\mathrm{u}})$ die Koeffizienten α, β, A_{u}. Zeigen Sie, daß gleichfalls $u_{\mathrm{d}} = \alpha u_{\mathrm{q}} - \beta u_{\mathrm{a}}$ gilt und berechnen Sie α, β durch Überlagerung: für $u_{\mathrm{a}} \to 0$ bestimme man α, für $u_{\mathrm{q}} \to 0$ bestimme man β.

g) Entwerfen Sie für Aufgabe f) eine Ersatzschaltung (sog. Makromodell) des gegengekoppelten Verstärkers.

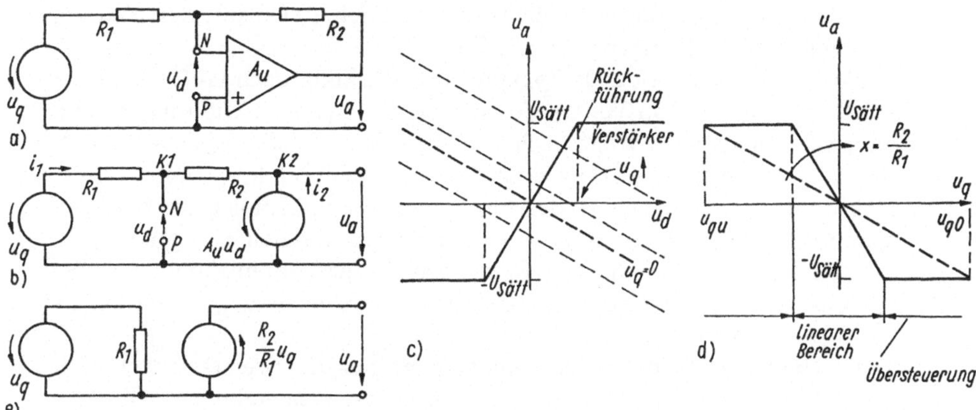

Bild 8.2/3

Hinweis: Die Eigenschaften idealer Operationsverstärker sind in II/Abschnitt 7.5 bzw. III/Abschnitt 8.4.1.4 zusammengestellt. Geben Sie zunächst eine Ersatzschaltung an.

Lösung:

a) Bild 8.2/3b zeigt die Ersatzschaltung. Da der ideale Operationsverstärker keine Eingangsströme hat, ergibt sich mit der Spannung u_N an der N-Klemme aus der Masche am Eingang (Knoten 1) $G_1(u_q-u_1)+G_2(A_u u_d - u_1) = 0$ mit $u_1 = -u_d$, $u_2 = A_u u_d$. Daraus folgt für das Spannungsverhältnis:

$$A_f = \frac{u_2}{u_q} = \frac{u_a}{u_q} = \frac{-G_1}{\frac{G_1}{A_u} + G_2(1 + \frac{1}{A_u})} = \frac{-R_2 A_u}{R_2 + R_1(1 + A_u)}. \tag{1}$$

mit dem Grenzwert $-R_2/R_1$ für $A_u \to \infty$. Die Ausgangsspannung kehrt das Vorzeichen (Name, vgl. Aufgabe 8.2/1) und hängt wieder nur von der Schaltung ab.

b) Die Eingangsspannung u_d des Verstärkers beträgt

$$u_d = \frac{u_2}{A_u} = -\frac{R_2 u_q}{R_2 + R_1(1 + A_u)}. \tag{2}$$

Sie verschwindet für $A_u \to \infty$: virtueller Kurzschluß. Dann erzeugt die Eingangsspannung $u_d \to 0$ wegen $A_u \to \infty$ eine unbestimmte, d.h. beliebige Ausgangsspannung u_2: m.a.W. ist u_2 durch das Netzwerk, nicht den Verstärker bestimmt. Deshalb kann die Spannungsverstärkung auch folgendermaßen bestimmt werden:

- Strom im Eingangskreis $i_1 = u_q/R_1$, Strom im Ausgangskreis $i_2 = u_2/R_2$ (in beiden Fällen ist $u_d = 0$ vorausgesetzt)
- Strombilanz am - Knoten 1: $i_1 + i_2 + \underbrace{i_d}_{0} = 0$ (dabei fließt in den OP-

Eingang kein Strom: $i_d = 0$). So folgt $i_1 = -i_2$ oder $u_2/u_q = -R_2/R_1$ (s.o.). Der virtuelle Kurzschluß (mit $u_d = 0$, $i_d = 0$ Kennlinienursprung!) unterscheidet sich vom (idealen) Kurzschluß ($u = 0$, i beliebig!) durch Vorgabe verschwindender Strom- *und* Spannungswerte.

(Für diesen Zustand wird ein besonderes Schaltelement, der *Nullator* eingeführt, s. III/Abschn. 8.1.1, 2.)

c) Zahlenmäßig ergibt sich als Spannungsverstärkung nach Gl.(1) $u_a/u_q = -9,89$ gegenüber dem Wert $u_2/u_q = -10$ für $A_u \to \infty$. Die Eingangsdifferenzspannung u_d beträgt nach Gl.(3) bei $u_q = 1\,\text{mV}$: $u_d = -9,89\,\mu\text{V}$ für $A_u = 10^3$ bzw. $i_d \to 0$ im virtuellen Kurzschluß ($A_u \to \infty$).

d) Durch die Sättigungsgrenze der Ausgangsspannung zufolge der Betriebsspannung (Bild 8.2/3c) ergeben sich zunächst aus den Sättigungsspannungen $\pm U_{\text{Sätt}}$ die zugehörigen Eingangsdifferenzspannungen $u_d = \pm\frac{U_{\text{Sätt}}}{A_u}$ zur Bestimmung der Eingangsaussteuerspannungen $\pm u_{q|\,\text{max}}$ über Gl.(2). Im Beispiel beträgt $u_d = \pm 13\,\text{mV}$.

e) Die Arbeitskennlinie (Arbeitspunkt) folgt aus der Verstärkerkennlinie $u_a = A_u u_d$ ($u_d = u_p - u_N$) und der Rückführungskennlinie (s. Gl.(2))

$$u_2 = \frac{u_d(G_1 + G_2)}{G_2} - \frac{u_q G_1}{G_2} = -u_d\left(1 + \frac{R_2}{R_1}\right) - \frac{R_2}{R_1}u_q = u_a. \tag{3}$$

Bild 8.2/3c zeigt beide Kennlinien. Für die jeweilige Eingangsspannung u_q kann die Differenzspannung im Arbeitspunkt abgelesen werden. Durch Schnitt mit der Verstärkerkennlinie $u_a = A_u u_d$ ergibt sich der Arbeitspunkt. Die Arbeitskennlinie $u_a = f(u_q)$ erhalten wir direkt aus Gl.(1) mit $x = R_2/R_1$ (Bild 8.2/3d):

$$\frac{u_a}{u_q} = \frac{-xA_u}{x + 1 + A_u} = -\frac{x}{1 + (1 + x)/A_u}. \tag{4}$$

Der proportionale Bereich (linearer OP-Betrieb) endet an den Sättigungsgrenzen der Ausgangsspannung ($U_{\text{Sätt}} = \pm u_{\text{amax,min}}$), nämlich

$$u_{\text{qu}} = -\frac{u_{\text{amax}}}{x} + \frac{1 + x}{A_u} \approx -\frac{u_{\text{amax}}}{x} \tag{5a}$$

$$u_{\text{qo}} = \frac{|u_{\text{amin}}|}{x}\left(1 + \frac{1 + x}{A_u}\right) \approx \frac{u_{\text{amin}}}{x}. \tag{5b}$$

Im Beispiel betragen $u_{\text{amax,min}} = \pm 13\,\text{V}$ und $x = R_2/R_1 = 10$, so daß die Aussteuergrenzen durch die Quellenspannung etwa bei $\pm 1,3\,\text{V}$ liegen.

f) Aus Gl.(1) erhalten wir umgeformt

$$A_f = \frac{u_a}{u_q} = \frac{-R_2 A_u}{(R_1 + R_2)\left(1 + \frac{R_1}{R_1 + R_2}A_u\right)}, \tag{6a}$$

$$\alpha = -\frac{R_2}{R_1 + R_2}; \quad \beta = \frac{R_1}{R_1 + R_2} \tag{6b}$$

und durch Vergleich das zweite Ergebnis. Gleichwertig läßt sich die Knotengleichung K_1 mit $u_1 = -u_d$ ($u_2 = u_a$) angeben:

$$u_d = \frac{-G_2}{G_1 + G_2}u_2 - \frac{G_1}{G_1 + G_2}u_q = -\beta u_a + \alpha u_q$$

$$\to \beta = \frac{G_2}{G_1 + G_2}; \quad \alpha = -\frac{G_1}{G_1 + G_2}.$$

Die Berechnung der Koeffizienten ist auch auf folgende Weise mit dem Überlagerungssatz möglich: Wir schließen zunächst den Ausgang kurz ($u_a = 0$) und berechnen $u_1 = -u_d$ über die Spannungsteilerregel am Eingang. Das ergibt $\frac{u_1}{u_q} = \frac{R_2}{R_1+R_2} = -\frac{u_d}{u_q} = -\alpha$. Wird jetzt u_q kurzgeschlossen und eine Spannung $u_a = u_2$ an den Ausgang gelegt, so entsteht - wieder über die Spannungsteilerregel - die Eingangsspannung

$$\frac{u_1}{u_a} = \frac{R_1}{R_1 + R_2} = -\frac{u_d'}{u_a} = -\beta.$$

g) Wir entwerfen die Ersatzschaltung so, daß am Eingang direkt die Steuerspannung u_q anliegt und ausgangsseitig die Spannung u_a auftritt: $u_a = A_f u_q \approx -R_2/R_1 u_q$.

Sie wird durch die spannungsgesteuerte Spannungsquelle $R_2/R_1 u_q$ (mit vertauschter Richtung, -!) dargestellt (Bild 8.2/3e). Ihr Innenwiderstand wird Null (s. Aufg. 8.2/4). Eingangsseitig verschwindet die Spannung u_d bei idealem OP. Von der Spannungsquelle aus gesehen arbeitet diese dann auf den Widerstand R_1, der als Eingangswiderstand der Ersatzschaltung auftritt. Die so gewonnene einfache Ersatzschaltung mit idealem OP eignet sich gut für die Berechnung größerer Netzwerkkomplexe, ihre Elemente hängen nur von R_1, R_2 ab.

Aufgabe 8.2/4 Umkehrverstärker mit realem Operationsverstärker

Gegeben ist der Umkehrverstärker Bild 8.2/4a mit einem realen Operationsverstärker. Zahlenwerte: $r_e = 10\,\text{k}\Omega$, $r_a = 100\,\Omega$, $A_u = 10^3$, $R_L = 100\,\Omega$, $R_2 = 10\,\text{k}\Omega$, $R_1 = 1\,\text{k}\Omega$.

a) Berechnen Sie die Spannungsverstärkung u_2/u_q zweckmäßig mit der Knotenspannungsanalyse. Entwerfen Sie vorher eine Ersatzschaltung. Geben Sie Näherungslösungen für folgende Fälle an: für $A_u \to \infty$, $r_e \to \infty$, $r_a \to 0$. Berechnen Sie die Spannungsverstärkung u_2/u_q zahlenmäßig.

b) Wie groß ist der Eingangswiderstand $r_e' = u_q/i_e$ der Schaltung? Hängt er vom Lastwiderstand R_L ab?

c) Wie groß ist der Ausgangswiderstand r_a' (ohne Berücksichtigung von R_L)? Diskutieren Sie verschiedene Lösungsansätze.

Hinweis: Wir verwenden die Ersatzschaltung des realen Operationsverstärkers nach Aufgabe 8.2/2, aus der sich durch Grenzübergang einzelner Elemente schritt-

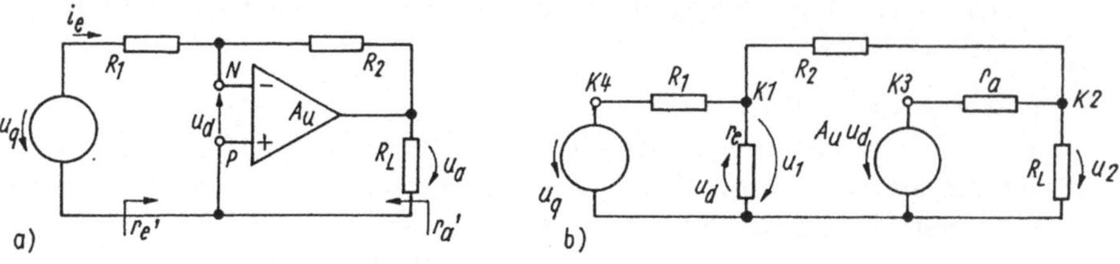

Bild 8.2/4

weise die Annäherung an den idealen OP vollziehen läßt. Bezug auch II/Abschn. 7.5 und III/Abschn. 8.4.1.4.

Lösung:

a) Wir entwerfen zunächst die Ersatzschaltung (Bild 8.2/4b) mit den Knoten $K_1 \ldots K_4$. Da die Knotenspannungen K_3, K_4 ($\rightarrow$ Spannungsquellen) bekannt sind, müssen lediglich die Knotenspannungen u_1, u_2 berechnet werden. Es ergeben sich:

$$K_1 \ : \ G_1(u_1 - u_q) + g_e u_1 + G_2(u_1 - u_2) = 0 \qquad (1)$$

$$K_2 \ : \ G_2(u_2 - u_1) + u_2/R_L + g_a(u_2 + A_u u_1) = 0. \qquad (2)$$

Daraus folgt geordnet und als Matrixgleichung geschrieben:

$$\begin{pmatrix} G_1 + G_2 + g_e & -G_2 \\ -G_2 + g_a A_u & G_2 + G_L + g_a \end{pmatrix} \cdot \begin{pmatrix} u_1 \\ u_2 \end{pmatrix} = \begin{pmatrix} G_1 u_q \\ 0 \end{pmatrix}. \qquad (3a)$$

Die Spannung u_2 lautet (Lösung mit Cramerscher Regel)

$$\frac{u_2}{u_q} = \frac{-G_1(-G_2 + g_a A_u)}{(G_1 + G_2 + g_e)(G_2 + G_L + g_a) + G_2(-G_2 + g_a A_u)}. \qquad (3b)$$

Es sind alle Einflußfaktoren des realen Operationsverstärkers enthalten. Im Grenzfall $A_u \rightarrow \infty$ folgt $\frac{u_2}{u_q} = -\frac{G_1}{G_2} = -\frac{R_2}{R_1}$ übereinstimmend mit Aufgabe 8.2/3a des idealen Operationsverstärkers (das Ergebnis gilt unabhängig von g_e und g_a).

Die Näherung $r_e \rightarrow \infty$ ($g_e \rightarrow 0$) ergibt nur geringe Änderung, für $r_a \rightarrow 0$, d.h. $g_a \rightarrow \infty$ formen wir Gl.(3) vorher noch um (Multiplikation des Zählers und Nenners mit r_a, dann Grenzübergang $r_a \rightarrow 0$). Die Lösung lautet (Nachweis!)

$$\frac{u_2}{u_q} = \frac{-G_1 A_u}{G_1 + G_2 + G_2 A_u} = \frac{-R_2}{R_1 + (R_1 + R_2)/A_u}, \qquad (4)$$

(s. Aufgabe 8.2/3a, Gl.(1)).

Um den Einfluß von r_a (in Bezug zu R_L sowie R_1, R_2) explizit auszudrücken, multiplizieren wir Gl.(3) aus und fassen zusammen

$$\frac{u_2}{u_q} = \frac{-R_2 + r_a/A_u}{R_1 + ((R_1 + R_2)(1 + r_a G_L) + r_a)/A_u}. \qquad (5)$$

Die numerische Auswertung von Gl.(3b) liefert

$$\frac{u_2}{u_q} = \frac{-1\,\mathrm{mS}(-0,1\,\mathrm{mS} + 10^3 \cdot 10\,\mathrm{mS})}{(1 + 0,1 + 0,1)\mathrm{mS}(0,1 + 10 + 10)\mathrm{mS} + 0,1(-0,1 + 10^3 \cdot 10)\mathrm{mS}^2}$$

$$= -9,76$$

und $u_1/u_q = 0,0196$.

(Diese Werte lassen sich schneller durch numerische Lösung des Gleichungssystems (3a) ermitteln.) Die Netzwerkelemente g_e, r_a des Operationsverstärkers bringen folgende Änderungen:

- $g_e \rightarrow 0$: $u_2/u_q = -9,784$; $u_1/u_q = 0,0197$
- $r_a \rightarrow 0$: $u_2/u_q = -9,89$; $u_1/u_q = 0,0099$.

Im letzten Fall wird die zweite Zeile in Gl.(3a) mit r_a multipliziert und der Grenzübergang $r_a \to 0$ vollzogen. Während der Einfluß von g_e lediglich u_1 bestimmt (aber dennoch oft vernachlässigbar ist), muß r_a bei kleineren Lastwiderständen R_L berücksichtigt werden.

b) Der Eingangswiderstand r'_e beträgt von der Spannungsquelle her gesehen mit $i_e = (u_q - u_1)/R_1$

$$r'_e = \frac{u_q}{i_e} = \frac{R_1}{1 - u_1/u_q}. \tag{6}$$

Der Quotient u_1/u_q muß aus Gl.(3a) berechnet werden. Die allgemeine Lösung

$$\frac{u_1}{u_q} = \frac{G_1(G_2 + G_L + g_a)}{(G_1 + G_2 + g_e)(G_2 + G_L + g_a) + G_2(-G_2 + g_a A_u)} \tag{7a}$$

führt auf folgende Sonderfälle:

- $g_e \to 0$:
$$r'_e = \frac{1 + R_1 g_a A_u + (R_1 + R_2)(G_L + g_a)}{G_L + g_a(1 + A_u)} \tag{7b}$$

- $r_a \to 0$:
$$r'_e = R_1 + \frac{R_2}{1 + A_u}. \tag{7c}$$

Im Grenzfall $A_u \to \infty$ wird $r'_e = R_1$. Interessant ist, daß der Eingangswiderstand im Falle $r_a = 0$ vom Lastwiderstand R_L abhängt!

Zahlenmäßig ergibt sich (mit dem unter Aufgabe a berechneten Verhältnis u_1/u_q: $(R_1 = 1\,\text{k}\Omega)$)

- für $g_e \to 0$: $r'_e = 1020\,\Omega$ (gegenüber $r'_e = R_1 = 1\,\text{k}\Omega$ für $A_u \to \infty$, der Einfluß ist gering)

- für $r_a \to 0$ mit den Zahlenwert $u_1/u_q = 0{,}0099$: $r'_e = 1010\,\Omega$ bzw. über Gl.(7c) direkt berechnet: $r'_e = 1\,\text{k}\Omega + 10\,\text{k}\Omega/(1 + 10^3) = 1010\,\Omega$.

c) Die Berechnung des Außenwiderstandes r'_a kann auf unterschiedliche Weise erfolgen (s. auch Aufgabe 8.2/2), naheliegend aber durch Loorlaufspannung u_l und Kurzschlußstrom nach der Zweipoltheorie. Letzterer beträgt (mit Gl.(3b) und Grenzübergang $R_L \to 0$)

$$i_k = \left.\frac{u_2}{R_L}\right|_{R_L \to 0} = \frac{-G_1(-G_2 + g_a A_u)}{G_1 + G_2 + g_e} u_q. \tag{8}$$

Die Leerlaufspannung $u_l = u_2|_{R_L \to \infty}$ folgt aus Gl.(3b) für $G_L \to 0$. Damit wird schließlich durch Quotientenbildung

$$r'_a = \frac{u_l}{i_k} = \frac{1}{G_2 + g_a + \frac{G_2(-G_2 + g_a A_u)}{(G_1 + G_2 + g_e)}} \approx \frac{r_a\left(1 + \frac{R_2}{R_1}\right)}{A_u} \tag{9}$$

oder bei Vernachlässigung von $g_e(\to 0)$ rechts zusammengefaßt.

Der Ausgangswiderstand sinkt mit wachsender Verstärkung!

Als weitere Lösungsmöglichkeit wäre $R_L = r'_a$ zu wählen, weil dann die Verstärkung $(\to u_2)$ auf den halben Wert gegenüber $u_2|_{R_L \to \infty}$ (Gl.(5)) sinken muß (Grundstromkreis $R_i = R_a \to u_a = 1/2 u_l$).

Schließlich besteht noch die Möglichkeit, statt des Widerstandes R_L den Strom $i_L = u_2/R_L$ in die Knotengleichung K2 als Unbekannte einzuführen, das Gleichungssystem nach u_2, i_L zu lösen und die Gleichung eines aktiven Zweipols anzusetzen: $u_2 = u_e - i_L r'_a$. Wir erhalten im letzten Fall zunächst statt Gl.(2) am Knoten 2

$$G_2(u_2 - u_1) + i_L + g_a(u_2 + A_u u_1) = 0$$

und damit statt Gl.(3a)

$$\begin{pmatrix} G_1 + G_2 + g_e & -G_2 \\ -G_2 + g_a A_u & G_2 + g_a \end{pmatrix} \begin{pmatrix} u_1 \\ u_2 \end{pmatrix} = \begin{pmatrix} G_1 u_q \\ -i_L \end{pmatrix} \tag{10}$$

Durch Eliminieren von u_1 folgt daraus die Form $u_2 = f(i_L, u_q)$ und nach Vergleich mit der Zweipolkennlinien schließlich r'_a. Das Ergebnis stimmt mit Gl.(9) überein.

Aufgabe 8.2/5 Integrator

a) Für Schaltung Bild 8.2/5 stelle man die Netzwerk-Differentialgleichung für $u_a = f(u_q)$ unter Annahme eines idealen Operationsverstärkers mit endlicher Spannungsverstärkung A_u auf.

b) Wie arbeitet die Schaltung, wenn die Kapazität durch eine Induktivität ersetzt wird?

c) Stellen Sie die Netzwerk-Differentialgleichung für Aufgabe a) auf, wenn der Kapazität ein Leitwert G_2 parallel geschaltet wird.

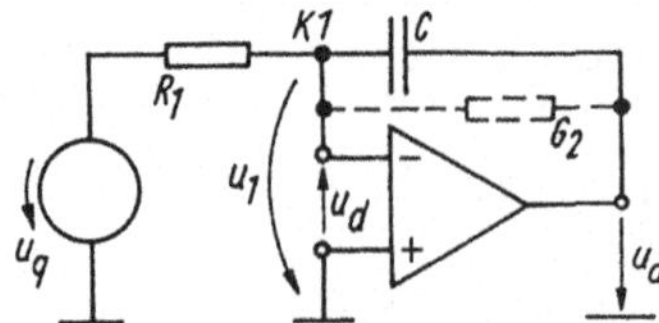

Bild 8.2/5

Hinweis: Wir wenden die Kirchhoffschen Gleichungen zum Aufstellen der Netzwerk-Differentialgleichung an. Für den OP muß dabei ein Netzwerkmodell gewählt werden (vgl. II/Abschnitt 7.5 bzw. III/Abschn. 8.4.1.4).

Lösung:

a) Am Knoten 1 gilt: $G_1(u_1 - u_q) + C \frac{d}{dt}(u_1 - u_a) = 0$. Zusammen mit der Verstärkergleichung $u_a = A_u u_d = -A_u u_1$ wird daraus

$$G_1\left(-\frac{u_a}{A} - u_q\right) + C\frac{d}{dt}\left(\left(-\frac{1}{A_u} - 1\right)u_a\right) = 0 \tag{1}$$

oder umgestellt

$$\frac{du_a}{dt} + \frac{1}{1 + A_u}\frac{1}{RC}u_a = -\frac{A_u}{1 + A_u}\frac{u_q}{RC}. \tag{2}$$

Zur Schaltung gehört somit eine Netzwerk-Differentialgleichung erster Ordnung, im Grenzfall $A_u \to \infty$ wird daraus

$$\frac{du_a}{dt} = -\frac{u_a}{\tau} \to u_a = -\frac{1}{RC}\int_{-\infty}^{t} u_q \, dt' = 0 \quad (\tau = RC). \tag{3}$$

Mit idealem OP ist die Ausgangsspannung u_a stets das Integral der Eingangsspannung.

b) Wird die Kapazität durch eine Induktivität L ersetzt, so gilt für Knoten 1 die Strombilanz

$$G_1(u_2 - u_q) + \frac{1}{L} \int_{-\infty}^{t} (u_1 - u_a)\, dt' = 0.$$

Mit der Verstärkergleichung (s.o.) folgt schließlich zusammengefaßt und nach Differentiation

$$\frac{du_a}{dt} + (1 + A_u)\frac{R_1}{L} u_a = -A_u \frac{du_q}{dt}.$$

Im Grenzfall $A_u \to \infty$ wird dann

$$u_a = -\frac{L}{R_1}\frac{du_q}{dt}. \tag{4}$$

Die Schaltung arbeitet mit idealem OP als (negativer) Differenzierer der Eingangsspannung.

c) Ein Leitwert G_2 parallel zu C bedingt in Gl.(1) auf der linken Seite noch den Strom $G_2(u_1 - u_a)$. Die Durchrechnung führt auf

$$\frac{du_a}{dt} + \frac{u_a}{C}\left(G_2 + \frac{G_1}{1 + A_u}\right) = \frac{-u_q A_u}{R_1 C(1 + A_u)}. \tag{5}$$

Gegenüber Gl.(2) ändert sich nur das Proportionalitätsglied durch den Leitwert G_2.

Diskussion: Die Anwendung des Operationsverstärkers in Netzwerken mit Energiespeichern ist Grundlage vieler Filterschaltungen. Wir kommen darauf im Abschnitt 8.3 zurück.

Aufgabe 8.2/6 Mitkopplung in einer OP-Schaltung

Bisher wurde ein Teil der Ausgangsspannung immer an den negativen Eingang des OPs zurückgeführt. Dadurch tritt eine Schwächung der effektiv wirkenden Steuerspannung ein, man spricht von Gegenkopplung. Gelangt ein Teil der Ausgangsspannung hingegen an den $+$-Eingang, so steigt die Steuerspannung, und es liegt Mitkopplung vor.

a) Berechnen Sie für Schaltung Bild 8.2/6a die Spannungsverstärkung u_a/u_q mit idealem OP (A_u endlich). Kann die Schaltung so arbeiten? Prüfen Sie das Ergebnis unter Annahme einer unendlich hohen Verstärkung nach.

b) Berechnen Sie den Eingangswiderstand $r_e' = r_{ab}$ der Schaltung mit dem OP-Modell nach Aufgabe a), ebenso den Widerstand r_{cb}.

c) Stellen Sie die Kennlinie des OPs (mit Sättigungsspannungen $\pm U_{sätt}$) und die Arbeitsgeraden des Netzwerkes in einem Diagramm dar und erläutern Sie typische Betriebspunkte.

Hinweis: Die Aufgabe dient zum tieferen Verständnis des OP-Modells (II/Abschn. 7.5).

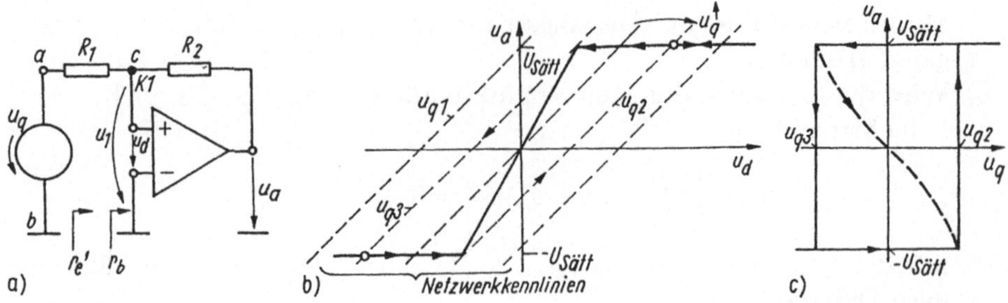

Bild 8.2/6

Lösung:

a) Wir stellen die Knotengleichung (1) auf (Bild 8.2/6a): $G_1(u_1 - u_q) + G_2(u_1 - u_a) = 0$, ferner gilt für den Verstärker $u_a = A_u u_d$ sowie $u_1 = u_d$. Daraus folgt geordnet

$$\frac{u_a}{u_q} = \frac{G_1 A_u}{G_1 + G_2(1 - A_u)} = \frac{R_2 A_u}{R_2 + R_1(1 - A_u)} \rightarrow -\frac{R_2}{R_1}\bigg|_{A_u \to \infty}. \tag{1}$$

Die Spannungsverstärkung u_a/u_q ist abhängig von A_u entweder positiv, unendlich groß (für $A_u = R_2/R_1 + 1$) oder negativ. Würde man von Anfang an mit $A_u \to \infty$ rechnen (virtueller Kurzschluß, $u_1 \to 0$), so ergäbe sich Gl.(1) rechts sofort. M.a.W. kann es nicht die allgemeine Lösung des Problems sein.

b) Der Eingangswiderstand $r'_e = r_{ab}$ wird wegen der im Netzwerk enthaltenen gesteuerten Quelle mit der Methode der Probespannung (u_q) bestimmt, dabei fließt der Strom $i_1 = (u_q - u_1)/R_1$ durch R_1 und wir erhalten

$$r'_e = r_{ab} = \frac{u_q}{i_1} = R_1 \frac{u_q}{u_q - u_1} = \frac{R_1}{1 - \frac{u_a}{u_q A_u}}$$

$$= \frac{R_1}{1 - \frac{R_2}{R_2 + R_1(1 - A_u)}} = R_1 + \frac{R_2}{1 - A_u}. \tag{2}$$

Dieser (Wirk)widerstand wird negativ ($R_1 < 0$), falls $A_u > 1$ oder $(1 + R_2/R_1) < A_u$. Damit tritt für $1 < A_u < (1 + R_2/R_1)$ ein negativer Widerstand am Eingang auf. Er ist direktes Ergebnis der Mitkopplung der Ausgangsspannung. Den Widerstand r_{cb} erhalten wir zu $r_{cb} = u_1/(-i_1)$ (Richtung i_1: Strom fließt auf den Betrachtungsknoten zu $\rightarrow$ Erzeugerpfeilrichtung)

$$r_{cb} = \frac{u_1 R_1}{-(u_q - u_1)} = \frac{R_1 u_a}{-(u_q A_u - u_a)} = \frac{R_1}{-(u_q A_u/u_a - 1)} = \frac{R_2}{A_u - 1}, \tag{3}$$

wenn Gl.(1) links eingesetzt wird. Für $A_u < 1$ wird r_{cb} negativ.
Wir tragen in einem Diagramm $u_a(u_d)$ auf (Bild 8.2/6b)

- die Verstärkerkennlinie mit linearem Bereich und den beiden Sättigungsästen (stückweise lineares Modell, voll ausgezogen)
- die Netzwerkkennlinie $u_a = (1 + R_2/R_1)u_d - R_2/R_1 u_q$ (Knotengleichung 1 umgeschrieben auf Widerstände, gestrichelt dargestellt).

Dabei tritt die Spannung u_q als Parameter auf. Abhängig von den Parametern gibt es entweder einen oder drei Schnittpunkte (Arbeitspunkte mit Verstärkerkennlinie, im letzteren Fall ist stets einer instabil). So entsteht für u_{q1} nur ein Schnittpunkt (mit $u_a = -U_{\text{Sätt}}$), wächst u_q auf u_{q2}, dann gibt es den Schnittpunkt $u_{a2} = +U_{\text{Sätt}}$: Aufwärtssprung. Direkt vor der Aufwärtsspannung gilt: $u_{\text{qauf}} \rightarrow u_{a\,\text{min}} = -U_{\text{Sätt}}$, $u_d = -U_{\text{Sätt}}/A_u$ oder mit der Netzwerkkennlinie

$$u_{a\,\text{min}} = \left(1 + \frac{R_2}{R_1}\right) \frac{u_{a\,\text{min}}}{A_u} - \frac{R_2}{R_1} u_{\text{qab}} \rightarrow$$

$$u_{\text{qauf}} \approx -\frac{u_{a\,\text{min}}}{R_2} R_1 = \frac{U_{\text{Sätt}} R_1}{R_2}. \tag{4}$$

Bei sinkender Spannung u_q kommt es für u_{q3} zum Abwärtssprung, insgesamt entsteht Hystereseverhalten (Bild 8.2/6c). Wir erhalten analog für den Abwärtssprung.

$$u_{\text{qab}} = u_{q3} \approx \frac{u_{\text{qmax}}}{R_2/R_1} = -\frac{U_{\text{Sätt}}}{R_2} R_1 \quad (\text{für } A_u \rightarrow \infty)$$

Diskussion: Durch Mitkopplung wird nicht nur die Verstärkung vergrößert, sondern es kann sogar zum Hystereseverhalten der Schaltung und negativem Eingangswiderstand kommen. In solchen Fällen wird das Netzwerk instabil.

Aufgabe 8.2/7 Invertierende und nichtinvertierende Mitkopplung

In Aufgabe 8.2/6 erfolgte die Mitkopplung durch die Verbindung von u_a mit dem P-Anschluß und durch Verbindung des Eingangs mit P das nichtinvertierende Verhalten. Verbindet man gleichzeitig den Eingang mit N, so liegt zusätzlich invertierende Kopplung vor (Bild 8.2/7a).

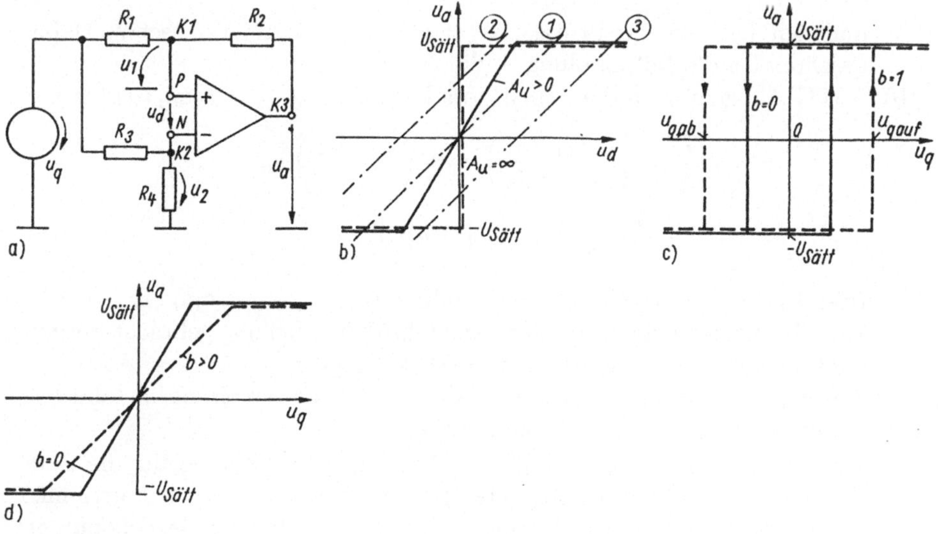

Bild 8.2/7

a) Bestimmen Sie unter Zugrundelegung eines linearen OP-Modells (A_u endlich) das Verhältnis $u_\mathrm{a} = f(u_\mathrm{q})$. Welchen Einfluß haben die Widerstandsteiler? Welcher Wert folgt für $A_\mathrm{u} \to \infty$?

b) Bestimmen Sie die Arbeitsgeraden (Netzwerkgleichung) $u_\mathrm{a} = f(u_\mathrm{q}, u_\mathrm{d})$, und stellen Sie die Verstärkerkennlinie (mit Sättigungsästen $\pm U_\mathrm{Sätt}$) $u_\mathrm{a}(u_\mathrm{d})$ dar für folgende Fälle ($U_\mathrm{Sätt} = \pm 13\,\mathrm{V}$, $R_2/R_1 = 10$):

1. $A_\mathrm{u} \to \infty$ und $R_4 = 0$ bzw. $R_3 = R_4$
2. $A_\mathrm{u} = 10$ und $R_4 = 0$ bzw. $R_3 = R_4$.

Hinweis: Betrachten Sie den OP als gesteuerte Quelle, deren Gültigkeitsbereich durch die Sättigungsspannungen eingeschränkt wird (s. II/Abschn. 7.5, III/Abschn. 8.4.1.4).

Lösung:

a) Wir wenden die Knotenspannungsanalyse an und erhalten mit den Knotenspannungen u_1, u_2

- für Knoten 1:
$$G_1(u_1 - u_\mathrm{q}) + G_2(u_1 - u_\mathrm{a}) = 0 \tag{1}$$
- für Knoten 2:
$$G_3(u_2 - u_\mathrm{q}) + G_4 u_2 = 0. \tag{2}$$

Dazu kommt die Verstärkerbeziehung $u_\mathrm{a} = A_\mathrm{u} u_\mathrm{d} = A_\mathrm{u}(u_1 - u_2)$ ausgedrückt durch die Knotenspannungen (Knoten K_3). Geordnet und zusammengefaßt wird daraus

$$\begin{pmatrix} G_1 + G_2(1 - A_\mathrm{u}) & A_\mathrm{u} G_2 \\ 0 & G_3 + G_4 \end{pmatrix} \begin{pmatrix} u_1 \\ u_2 \end{pmatrix} = \begin{pmatrix} G_1 u_\mathrm{q} \\ G_3 u_\mathrm{q} \end{pmatrix} \tag{3}$$

mit der Lösung

$$\frac{u_\mathrm{a}}{u_\mathrm{q}} = \frac{A_\mathrm{u}(G_1 G_4 - G_2 G_3)}{(G_3 + G_4)(G_1 + G_2(1 - A_\mathrm{u}))} = \frac{A_\mathrm{u}(a - b)}{(1 + b)(1 + a - A_\mathrm{u})}. \tag{4}$$

und den Leitwertverhältnissen $a = G_1/G_2$; $b = G_3/G_4$ rechts. Dabei beschreibt a die Mitkopplung, b die Gegenkopplung.

b) Aus Gl.(1) geht auch die Arbeitsgeradengleichung $u_\mathrm{a} = f(u_\mathrm{q}, u_\mathrm{d})$ hervor:

$$u_\mathrm{a} = \left(-\frac{G_1}{G_2} + \frac{1 + G_1/G_2}{1 + G_3/G_4} \right) u_\mathrm{q} + \left(1 + \frac{G_1}{G_2} \right) u_\mathrm{d}$$

$$= \left(-a + \frac{(1 + a)}{(1 + b)} \right) u_\mathrm{q} + (1 + a) u_\mathrm{d}. \tag{5}$$

Bild 8.2/7b zeigt die Verstärkerkennlinie (für $A_\mathrm{u} \to \infty$ und $A_\mathrm{u} > 0$ z.B. 10), die mit der Arbeitsgeraden nach Gl.(5) zum Schnitt gebracht werden muß. Folgende Situationen sind in Gl.(4) möglich:

- Für $(1 + a) = (1 + R_2/R_1) < A_\mathrm{u}$ arbeitet die Schaltung instabil ($\to$ Mitkopplung dominiert, Kennlinie 1)
- wird dagegen $1 + a = R_2/R_1 + 1 > A_\mathrm{u}$ gewählt (wie für die Zahlenwerte bei $A_\mathrm{u} = 10$ zutreffend), so gibt es nur einen Schnittpunkt und die Schaltung arbeitet mit resultierend wirkender Gegenkopplung (Kennlinie 2, 3).

Für die gegebenen Werte gelten dann folgende Fälle:

1. *Mitkopplungsverhalten* $(1+a) < A_\mathrm{u}$. Dann kommt es zu Sprüngen (Auf, Ab), wenn gilt:
   - *Aufwärtssprung:* $u_\mathrm{a} = u_\mathrm{amax} = +U_\mathrm{Sätt}$, $u_\mathrm{d} = u_\mathrm{amax}/A_\mathrm{u} \to 0$, $u_\mathrm{q} = u_\mathrm{qab}$ oder eingesetzt in die Arbeitsgeradengleichung (5)

$$u_\mathrm{amax} = \left(-a + \frac{1+a}{1+b}\right) u_\mathrm{qab} + (1+a)\frac{u_\mathrm{qmax}}{A_\mathrm{u}} \qquad (6)$$

   - *Abwärtssprung:* $u_\mathrm{a} = u_\mathrm{amin} = -U_\mathrm{Sätt}$, $u_\mathrm{d} = u_\mathrm{amin}/A_\mathrm{u} \to 0$, $u_\mathrm{q} = u_\mathrm{qauf}$ (Ersetzen der Größe in Gl.(6)). Aufgelöst nach $u_\mathrm{qab(auf)}$ wird

$$u_\mathrm{qab/auf} = \frac{1+b}{b-a}\left(1 - \frac{1+a}{A_\mathrm{u}}\right) u_\mathrm{amax/min}. \qquad (7)$$

Im Bereich der Gegenkopplung, also für $a + 1 > A_\mathrm{u}$ gilt Gl.(4), im Bereich $u_\mathrm{amin} < u_\mathrm{a} < u_\mathrm{amax}$. Für die Zahlenwerte $R_2/R_1 = 10 \to 1 + R_2/R_1 < A_\mathrm{u} \to \infty$ liegt für $A_\mathrm{u} \to \infty$ Mitkopplung vor und die Kippspannung $u_\mathrm{qab/auf}$ beträgt nach Gl.(7) ($a = 10$) $\pm 1,3\,\mathrm{V}$, da $u_\mathrm{amax/min} = \pm 13\,\mathrm{V}$ ($R_4 = 0$, $b = 0$). Für $R_3 = R_4$ ($\to b = 1$) wird hingegen $u_\mathrm{qmax/min} = \pm 2,88\,\mathrm{V}$. Bild 8.2/7c zeigt die Kennlinien.

2. Bei endlicher Verstärkung ($A_\mathrm{u} = 10$) ergeben sich hingegen für $R_4 = 0$ mit Gl.(4) $\frac{u_\mathrm{a}}{u_\mathrm{q}} = 100$ und für $R_4 = R_3$ ($b = 1$) $\to \frac{u_\mathrm{a}}{u_\mathrm{q}} = 45$, also eine geringere Verstärkung.

8.3 Netzwerkanalyse

Aufgabe 8.3/1 Überlagerungssatz

In einem linearen Netzwerk (Bild 8.3/1) mit drei Quellen werde in einem Zweig der Strom i_x bei Anlegen von Spannungs- und Stromquellen unter folgenden Bedingungen gemessen:

i_Q3, u_Q2, $(u_\mathrm{Q1} = 0) \to i_\mathrm{x} = 18\,\mathrm{mA}$; i_Q3, $(u_\mathrm{Q2} = 0)$, $u_\mathrm{Q1} \to i_\mathrm{x} = -4\,\mathrm{mA}$
mit allen drei Quellen: $i_\mathrm{x} = 10\,\mathrm{mA}$.

Welcher Strom: i_x fließt, wenn

a) nur i_Q3 eingeprägt wird, b) nur die Spannung u_Q2 anliegt, c) nur die Spannung u_Q1 anliegt, d) sich i_Q3, u_Q1 in der Amplitude verdoppeln und u_Q2 umgepolt wird?

Hinweis: Überlegen Sie nach dem Überlagerungssatz, wie sich der Strom i_x grundsätzlich aus den Quellen zusammensetzen muß (s. II/Abschnitt 5.1.1.3 bzw. III/Abschnitt 3.3.2).

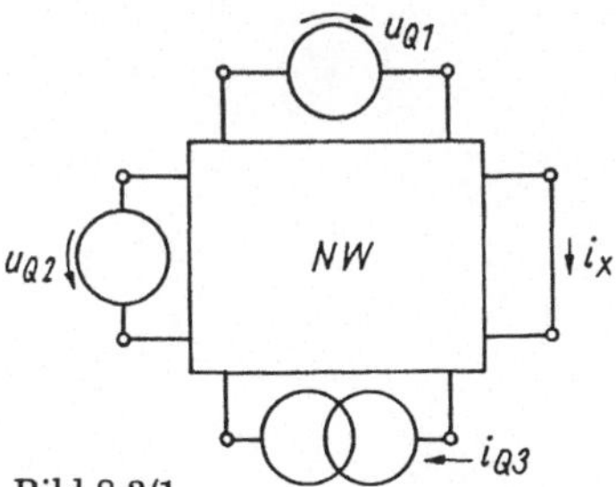

Bild 8.3/1

Lösung:

Nach dem Überlagerungssatz müssen zum Strom i_x alle drei Quellenterme linear beitragen. Wir setzen daher $i_x = Ai_{Q3} + Bu_{Q1} + Cu_{Q2}$. Aus den drei vorgegebenen Bedingungen resultieren die folgenden Gleichungen:

$$\begin{aligned} Ai_{Q3} + 0 + Cu_{Q2} &= 18\,\text{mA} \\ Ai_{iQ3} + Bu_{Q1} + 0 &= -4\,\text{mA} \\ Ai_{Q3} + Bu_{Q1} + Cu_{Q2} &= 10\,\text{mA} \end{aligned} \qquad \begin{pmatrix} 1 & 0 & 1 \\ 1 & 1 & 0 \\ 1 & 1 & 1 \end{pmatrix} \cdot \begin{pmatrix} Ai_{Q3} \\ Bu_{Q1} \\ Cu_{Q2} \end{pmatrix} = \begin{pmatrix} 18 \\ -4 \\ 10 \end{pmatrix}.$$

Das ist ein eindeutig lösbares Gleichungssystem für die Unbekannten Ai_{Q3}, Bu_{Q1}, Cu_{Q2} mit den Lösungen $Ai_{Q3} = 4\,\text{mA}$, $Bu_{Q1} = -8\,\text{mA}$, $Cu_{Q2} = 14\,\text{mA}$.

a), b), c) Liegt nur i_{Q3} an, so fließt der Strom $i_x = 4\,\text{mA}$. Analog stellt sich nur für u_{Q2} der Strom $i_x = -8\,\text{mA}$ ein und schließlich $i_x = 14\,\text{mA}$, wenn nur u_{Q1} anliegt.

d) Aus der Vorgabe folgt die Gleichung

$$i_x = 2Ai_{Q3} + 2Bu_{Q1} - Cu_{Q2} = 2 \cdot 4\,\text{mA} - 2 \cdot 16\,\text{mA} - 14\,\text{mA} = -38\,\text{mA}.$$

Diskussion: Grundlage der Unbekanntenbestimmung ist der Überlagerungssatz. Hier werden durch unterschiedliche Netzwerkeinspeisungen so viele Bedingungen geschaffen, daß daraus alle Koeffizienten der linearen u-i-Netzwerkgleichungen bestimmbar sind.

Aufgabe 8.3/2 Maschenstromanalyse, gesteuerte Spannungsquelle

a) Stellen Sie die Maschenströme des Netzwerkes Bild 8.3/2 mit stromgesteuerten Spannungsquellen auf.

b) Wie lauten die Maschenströme für folgende Netzwerkbemessung: $R_1 = 1\,\text{k}\Omega$, $R_2 = 2\,\text{k}\Omega$, $R_3 = 1\,\text{k}\Omega$, $R_4 = 2\,\text{k}\Omega$, $R_5 = 1\,\text{k}\Omega$, $Z_{\text{ma}} = 1\,\text{k}\Omega$, $Z_{\text{mb}} = 1\,\text{k}\Omega$, $u_{\text{q1}} = 10\,\text{V}$?

c) Was ändert sich, wenn alle Widerstände um einen Faktor k (z..B. $k = 5$) vergrößert werden?

d) Wie werden die Maschenströme zweckmäßig eingeführt, wenn der Strom durch R_2 gesucht wird?

e) Die stromgesteuerten Spannungsquellen werden durch spannungsgesteuerte ersetzt, z.B. $u_{\text{q2}} = A_{\text{u2}}u_2$, $u_{Q3} = A_{\text{u3}}u_3$. Stellen Sie die Maschenstromgleichungen auf.

Hinweis: Zum Maschenstromverfahren siehe II/Abschn. 5.3.3.2ff und III/Abschn. 3.2.4, 8.3.2.

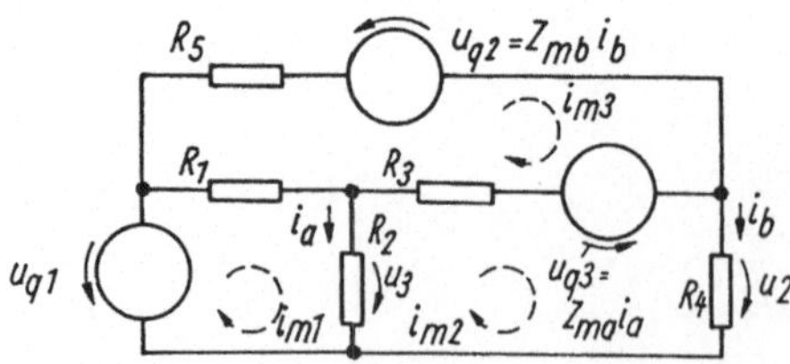

Bild 8.3/2

Lösung:

a) Das Netzwerk enthält nur Spannungsquellen (gesteuert, ungesteuert) und wird deshalb mit der Standardform der Maschenstromanalyse behandelt. Es ist planar, hat $z = 8$ Zweige, $k = 6$ Knoten und daher $z - (k - 1) = 3$ unabhängige Maschen. Wir führen drei Maschenströme $i_{m1} \ldots i_{m3}$ (Bild 8.3/2) ein und drücken die Steuerströme i_a, i_b durch die Maschenströme aus

$$i_a = i_{m1} - i_{m2}, \quad i_b = i_{m2}. \tag{1}$$

Damit lassen sich die Maschengleichungen angeben. Im ersten Schritt betrachtet man die gesteuerten Spannungsquellen noch unabhängig, im zweiten werden die Steuerströme i_a, i_b nach Gl.(1) durch Maschenströme ausgedrückt.

$$\begin{aligned}
M_1 \;:\; & (R_1 + R_2)i_{m1} - R_2 i_{m2} - R_1 i_{m3} = u_{q1} \\
M_2 \;:\; & -R_2 i_{m1} + (R_2 + R_3 + R_4)i_{m2} - R_3 i_{m3} + \\
& \quad Z_{ma}(i_{m1} - i_{m2}) = 0 \\
M_3 \;:\; & -R_1 i_{m1} - R_3 i_{m2} + (R_1 + R_3 + R_5)i_{m3} - \\
& \quad Z_{ma}(i_{m1} - i_{m2}) - Z_{mb} i_{m2} = 0.
\end{aligned} \tag{2}$$

Wir ordnen links nach den Strömen, fassen zusammen und schreiben als Matrixgleichung

$$\begin{pmatrix} R_1 + R_2 & -R_2 & -R_1 \\ -R_2 + Z_{ma} & R_2 + R_3 + R_4 - Z_{ma} & -R_3 \\ -R_1 - Z_{ma} & -R_3 + Z_{ma} - Z_{mb} & R_1 + R_3 + R_5 \end{pmatrix} \cdot \begin{pmatrix} i_{m1} \\ i_{m2} \\ i_{m3} \end{pmatrix} = \begin{pmatrix} u_{q1} \\ 0 \\ 0 \end{pmatrix}. \tag{3}$$

Deutlich treten die Ringwiderstände zutage; daß Z_{ma} im Ringwiderstand 2) auftritt, liegt daran, daß der Ringstrom i_{m2} zugleich Steuergröße ist. Die Unsymmetrie in den Nebendiagonalelementen ist plausibel. Durch Kurzschluß der gesteuerten Quellen läßt sich Matrixsymmetrie überprüfen.

Gl.(3) kann nach den Maschenströmen gelöst werden. Wir verzichten darauf und beschränken uns auf die numerische Lösung.

b) Einsetzen der numerischen Werte in Gl.(3) führt auf ($u \to$ Volt, $R \to$ kΩ, $i_m \to$ mA, selbstkonsistente Einheiten, im Zweifelsfall immer an einer Maschengleichung überprüfen):

$$\begin{pmatrix} 3 & -2 & -1 \\ -1 & 4 & -1 \\ -2 & -1 & 3 \end{pmatrix} \cdot \begin{pmatrix} i_{m1} \\ i_{m2} \\ i_{m3} \end{pmatrix} = \begin{pmatrix} 10 \\ 0 \\ 0 \end{pmatrix}.$$

Die Lösung (Taschenrechner, PC, Cramer-Regel) lautet:

$$i_{m1} = 7,857\,\text{mA}, \; i_{m2} = 3,571\,\text{mA}, \; i_{m3} = 6,428\,\text{mA}.$$

Sie läßt sich etwa durch die erste Zeile von Gl.(2) überprüfen.

c) Werden alle Widerstandswerte (auch die Transimpedanzen Z_m) des Netzwerkes um einen Faktor k verändert, so ändern sich alle Maschenströme bei gleichbleibenden unabhängigen (!) Spannungen um den Faktor $1/k$, resp. müssen die Spannungen um einen Faktor k vergrößert werden, wenn die gleichen Maschenströme fließen sollen.

d) Wird der Zweigstrom durch R_2 gesucht, so wählen wir ihn zum Maschenstrom, führen also z.B. nur i_{m1} durch R_2, behalten i_{m3} bei und wählen für i_{m2} die äußere Masche. Dann genügt die Lösung des Maschenstromgleichungssystems nach einer Unbekannten (i_{m1}), bei Aufgabe a) ergibt sich $i_2 = i_{m1} - i_{m2}$ aus zwei Unbekannten.

e) Bei spannungsgesteuerten Spannungsquellen müssen die Steuerspannungen durch Maschenströme ausgedrückt werden, also z.B. (s. Aufgabe a)

$$u_{q2} = A_{u2}u_2 = A_{u2}R_4 i_{m4}, \quad u_{q3} = A_{u3}u_3 = A_{u3}R_2(i_{m1} - i_{m2}).$$

Die Aufstellung der Gleichungen erfolgt wie in Aufgabe a).

Aufgabe 8.3/3 Supermasche

a) Stellen Sie für das Netzwerk Bild 8.3/3 die Maschenstromgleichungen der Supermasche auf. Führen Sie dabei über i_{q3} eine Hilfsspannung u_H ein.
b) Eliminieren Sie die Hilfsspannung u_H und interpretieren Sie die verbleibende Maschengleichung.
c) Diskutieren Sie das Ergebnis für den Sonderfall ohne gesteuerte Quelle ($S = 0$).

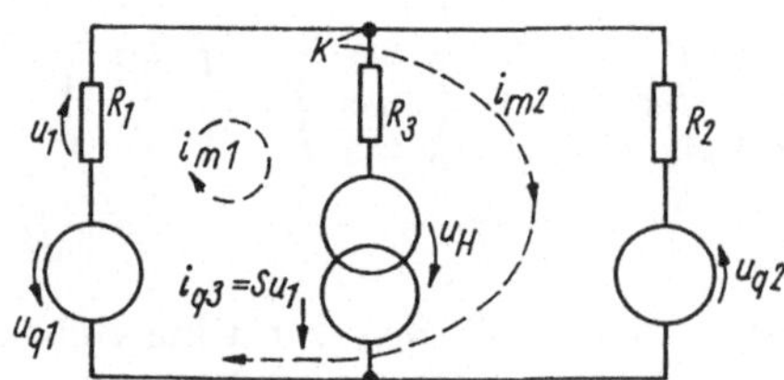

Bild 8.3/3

Hinweis: Maschen, die eine Stromquelle mit zwei anderen Maschen gemeinsam haben (wobei keine von ihnen eine Stromquelle in einer Außenmasche hat), bilden eine sog. Supermasche. Behandeln Sie die Stromquelle zunächst als unabhängige Quelle (s. II/Abschnitt 5.3.3.3, III/Abschnitt 8.3.2).

Lösung:

a) Wir führen die Maschenströme i_{m1}, i_{m2} ein und bilden die Maschengleichung der Supermasche, die die Quelle i_{q3} einschließt:

$$-u_{q1} + R_1 i_{m1} + R_2 i_{m2} - u_{q2} = 0. \tag{1}$$

Die Knotengleichung in K liefert eine Zwangsbedingung zwischen Maschenströmen i_{m1}, i_{m2} und Stromquelle i_{q3}:

$$i_{m1} - i_{m2} = i_{q3} \tag{2}$$

als zweite Gleichung zur Bestimmung von i_{m1}, i_{m2} nach dem Supermaschenverfahren. Zur Umgehung der Supermasche ordnen wir über der Quelle i_{q3} eine Hilfsspannung u_H an, damit sich der Maschensatz überhaupt bilden läßt. So folgen:

$$M_1 \ : \ i_{m1}R_1 + R_3(i_{m1} - i_{m2}) + u_H = u_{q1}$$
$$M_2 \ : \ R_3(i_{m2} - i_{m1}) + R_2 i_{m2} - u_H = u_{q2}. \tag{3}$$

Das Gleichungssystem (2), (3) ist für die Unbekannten i_{m1}, i_{m2}, u_H eindeutig lösbar.

b) Durch Addition beider Maschen in Gl.(3) hebt sich die Hilfspannung u_H heraus und es entsteht

$$R_1 i_{m1} + R_2 i_{m2} = u_{q1} + u_{q2}, \tag{1'}$$

als Umlauf längs der Supermasche, die die Stromquelle i_{q3} einschließt. Die zweite Gleichung zur Bestimmung von i_{m1}, i_{m2} ist die Knotengleichung (2).

Die Steuerwirkung der Stromquelle i_{q3} wird direkt einbezogen:

$$i_{m1} - i_{m2} = i_{q3} = S u_1 = S R_1 i_{m1},$$

sie muß auf die Variablen (i_{m1}, i_{m2}) zurückgeführt werden. Damit stellen

$$\begin{pmatrix} R_1 & R_2 \\ 1 - SR_1 & -1 \end{pmatrix} \begin{pmatrix} i_{m1} \\ i_{m2} \end{pmatrix} = \begin{pmatrix} u_{q1} + u_{q2} \\ 0 \end{pmatrix}. \tag{4}$$

die Gleichungen der Maschenströme in Matrixform dar mit der Lösung z.B. für den Strom

$$i_{m1} = \frac{\det \begin{pmatrix} u_{q1} + u_{q2} & R_2 \\ 0 & -1 \end{pmatrix}}{-R_1 - R_2(1 - SR_1)} = \frac{u_{q1} + u_{q2}}{R_1 + R_2(1 - SR_1)}.$$

c) Im Falle verschwindender Steilheit $S = 0 \to i_{q3}$ folgt nach Gl.(2) zwangsläufig $i_{m1} = i_{m2}$, d.h. der Zweig mit i_{q3} ist wirkungslos (auftrennen!) und die Schaltung hat nur noch eine Masche mit $i_{m1} = i_{m2} = \frac{u_{q1} + u_{q2}}{R_1 + R_2}$.

Diskussion: Das Supermaschenverfahren besteht im ersten Schritt im "Umschließen der Stromquelle" mit der Supermasche, der Aufstellung ihrer Maschengleichung und der Zwangsbedingung (Knotensatz) für die Stromquelle. Die Hilfsspannung tritt in der Supermasche nicht auf. Das Verfahren erspart die Einführung einer Hilfsspannung über der (idealen) Stromquelle im Maschenstromverfahren. Es ist grundsätzlich auch mit gesteuerten Stromquellen durchführbar. (Vergleichen Sie dazu die Einführung des Superknotens statt eines Hilfsstromes beim Knotenspannungsverfahren.) Im Ergebnis tritt der Widerstand R_3 nicht auf; er hätte als Widerstand in Reihe zu einer idealen Stromquelle von Anfang an entfallen können.

Aufgabe 8.3/4 Supermasche

a) Stellen Sie für das Netzwerk Bild 8.3/4 die Maschenstromgleichungen auf und verwenden Sie dabei das Supermaschenkonzept.

b) Ersetzen Sie im Netzwerk die Elemente R_6 durch eine Kapazität C und R_5 durch eine Induktivität L und stellen Sie die Maschenstromgleichungen auf.

c) Was ändert sich in der Lösung Aufgabe b), wenn die Quellen sinusförmige Zeitfunktion haben?

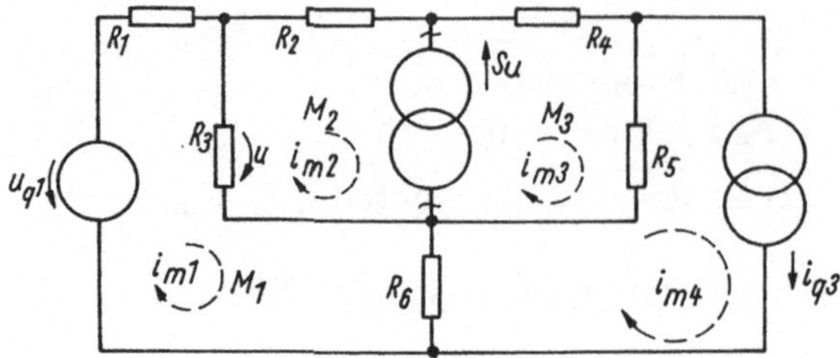

Bild 8.3/4

Hinweis: Zum Supermaschenkonzept siehe II/Abschnitt 5.3.3.3 bzw. III/Abschnitt 8.3.2.

Lösung:

a) Nach Prüfung des Netzwerkes auf Planarität, Maschennummerierung und Einführung von Maschenströmen (nach Bestimmung der Zahl unabhängiger Maschen) werden

- Supermaschen mit gemeinsamer Stromquelle gesucht
- die Maschengleichungen für jede Hauptmasche aufgestellt
- die Zwangsbedingung der Ströme einer Supermasche geschrieben.

Im Bild 8.3/4 wurden die Maschenströme $i_{m1} \ldots i_{m4}$ eingeführt.

Die Masche M_1 ($\to i_{m1}$) ist eine Hauptmasche, da sie keine Stromquelle enthält. Der Maschensatz lautet:

$$-u_{q1} + i_{m1}R_1 + R_3(i_{m1} - i_{m2}) + R_6(i_{m1} - i_{m4}) = 0 \tag{1}$$

M_2, M_3 ($\to i_{m2}, i_{m3}$) bilden eine Supermasche SM, die eine Stromquelle einschließt. Wir erhalten mit dem Maschensatz

$$R_3(i_{m2} - i_{m1}) + R_2 i_{m2} + R_4 i_{m3} + R_5(i_{m3} - i_{m4}) = 0. \tag{2}$$

Für die Supermasche (mit $M_2 \to i_{m2}$ als Hauptmasche) gilt ferner der Knotensatz

$$i_{m3} - i_{m2} = Su = SR_3(i_{m1} - i_{m2}),$$

d.h.

$$i_{m3} = SR_3 i_{m1} + (1 - SR_3)i_{m2}. \tag{3}$$

Damit kann der Maschenstrom i_{m3} in Gl.(2) eliminiert werden. Der Maschenstrom i_{m4} liegt durch die Stromquelle i_{q3} im Außenkreis fest:

$$i_{m4} = i_{q3}. \tag{4}$$

Insgesamt stehen so drei Gleichungen (1)...(3) für die Maschenströme $i_{m1} \ldots i_{m3}$ zur Verfügung. Sie lassen sich mit dem Konzept der Supermasche auf zwei einschließlich des Knotensatzes (3) (eliminierbar) reduzieren. In Matrixform lautet das endgültige Gleichungssystem:

$$\begin{pmatrix} R_1 + R_3 + R_6 & -R_3 \\ -R_3 + SR_3(R_4 + R_5) & R_2 + R_3 + (R_4 + R_5)(1 - SR_3) \end{pmatrix} \cdot \begin{pmatrix} i_{m1} \\ i_{m2} \end{pmatrix}$$

$$= \begin{pmatrix} i_{q3}R_6 + u_{q1} \\ R_5 i_{q3} \end{pmatrix}.$$

Die Lösung nach i_{m1}, i_{m2} ist sofort möglich und damit auch die von i_{m3} nach Gl.(3).

b) Bei Austausch der Schaltelemente bleiben von den bisherigen Beziehungen unverändert erhalten: der Maschenstrom i_{m4} (Gl.(4)), der Knotensatz Gl.(3) (Steuerbedingung).

Für Masche M_1 lautet der Maschensatz anstelle von Gl.(1)

$$-u_{q1} + i_{m1}R_1 + R_3(i_{m1} - i_{m2}) + \frac{1}{C} \int_{-\infty}^{t} (i_{m1} - i_{m4})\, d\tau = 0. \tag{5}$$

Auch die Supermasche SM Gl.(2) ist neu zu formulieren:

$$R_3(i_{m2} - i_{m1}) + R_2 i_{m2} + R_4 i_{m3} + L\frac{d}{dt}(i_{m3} - i_{m4}) = 0. \tag{6}$$

Wir eliminieren wieder i_{m3} mit Gl.(3) und schreiben Gl.(5), (6) in Matrixform:

$$\begin{pmatrix} R_1 + R_3 + \frac{1}{C}\int_{-\infty}^{t} d\tau & -R_3 \\ -R_3 + SR_3(R_4 + L\frac{d}{dt}) & R_2 + R_3 + (1 - SR_3)\left(R_4 + L\frac{d}{dt}\right) \end{pmatrix} \begin{pmatrix} i_{m1} \\ i_{m2} \end{pmatrix}$$

$$= \begin{pmatrix} u_{q1} + \frac{1}{C}\int_{-\infty}^{t} i_{q3} d\tau \\ L\frac{d i_{q3}}{dt} \end{pmatrix}. \tag{7}$$

Lösungen derartiger Matrixdifferentialgleichungen für i_{m1}, i_{m2} erfolgen später in Abschnitt 11.

c) Liegen sinusförmige Quellen u_{q1}, i_{q3} stationär an, so können die Differentiationen/Integrationen in Gl.(7) ausgeführt werden. Dann ergeben sich für i_{m1}, i_{m2} sinusförmige, phasenverschobene Ströme, die entweder mit einem Ansatzverfahren oder durch Transformation der gesamten Schaltung in den Frequenzbereich gelöst werden, also durch Übergang $R_6 \rightarrow 1/(j\omega C)$, $R_5 \rightarrow j\omega L$, $i_{m1} \rightarrow \underline{i}_{m1}$, $u \rightarrow \underline{u}$ usw.

Aufgabe 8.3/5 Superknoten, Grundprinzip

Gegeben ist das Netzwerk Bild 8.3/5a mit sog. schwebender Spannungsquelle.

a) Stellen Sie alle Knotengleichungen auf. Prüfen Sie, ob ausreichend viele Gleichungen für die Unbekannten verfügbar sind.

b) Eliminieren Sie aus dem Gleichungssystem Aufgabe a) den Strom I_3. Wie kann die Knotenspannung des Knotens 3 bestimmt werden?

c) Betrachten Sie die Spannungsquelle U_Q als in einem Superknoten liegend und stellen Sie dafür die Knotengleichung auf. Wieviele Gleichungen sind zur Bestimmung der Spannungen U_1, U_2 erforderlich?

d) Wandeln Sie zur Kontrolle den Zweig U_Q, R_3 in eine Stromquelle um und stellen Sie das Knotenspannungssystem auf.

Hinweis: Zum Superknotenkonzept siehe II/Abschnitt 5.3.4.2ff, ebenso III/Abschn. 8.3.3 und III/Tafel R 3.2/2.

Lösung:

a) Die Schaltung hat drei unabhängige Knoten $K_1 \ldots K_3$. Dafür gelten nach Einführung der Knotenspannungen $U_1 \ldots U_2$ die Knotengleichungen:

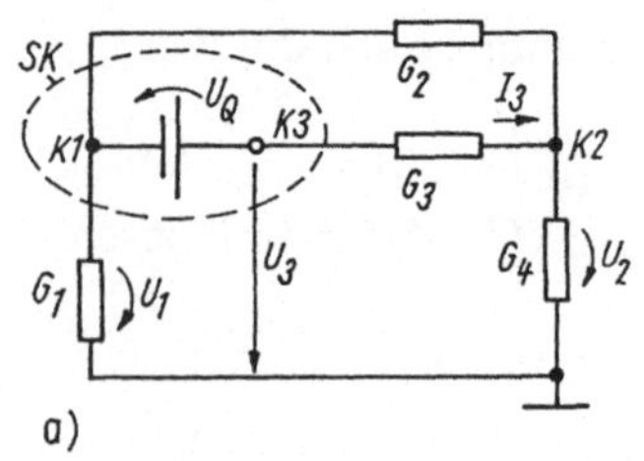 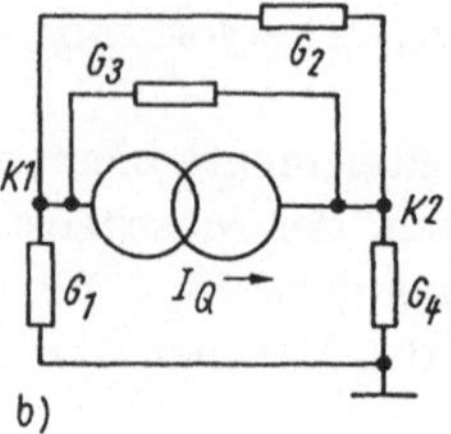

a)   b)

Bild 8.3/5

$$K_1 \ : \ U_1(G_1 + G_2) - G_2 U_2 + I_3 = 0,$$
$$K_2 \ : \ -G_2 U_1 - G_3(U_1 + U_Q) + (G_2 + G_3 + G_4)U_2 = 0. \tag{1}$$
$$K_3 \ : \ G_3(U_1 + U_Q) - G_3 U_2 - I_3 = 0$$

Statt der Unbekannten U_3 wurde der Strom I_3 verwendet. Dieses System läßt sich für die Unbekannten U_1, U_2, I_3 lösen.

b) Da der Strom I_3 nicht interessiert, wird er durch Addition der Knotengleichungen K_1, K_3 eliminiert:

$$\begin{aligned} SK = K_1 + K_3 \ &: \ (G_1 + G_2 + G_3)U_1 - (G_2 + G_3)U_2 = -U_Q G_3 \\ K_2 \qquad\quad &: \ -(G_2 + G_3)U_1 + (G_2 + G_3 + G_4)U_2 = U_Q G_3. \end{aligned} \tag{2}$$

Durch Zusammenfassen der Knoten K_1, K_3 (über eine Spannungsquelle!) entsteht der Superknoten. Von außen betrachtet fließen Ströme zu und ab, und es gilt für ihn eine Knotengleichung. Gl.(2) lautet in Matrixform:

$$\begin{pmatrix} G_1 + G_2 + G_3 & -(G_2 + G_3) \\ -(G_2 + G_3) & G_2 + G_3 + G_4 \end{pmatrix} \cdot \begin{pmatrix} U_1 \\ U_2 \end{pmatrix} = \begin{pmatrix} -G_3 U_Q \\ G_3 U_Q \end{pmatrix}. \tag{3}$$

Durch Einführung des Superknotens müssen nur noch zwei statt vorher drei Gleichungen gelöst werden. Die Spannung des Knotens 3 - U_3 - folgt aus der Zwangsbedingung

$$U_3 - U_1 = U_Q. \tag{4}$$

c) Mit dem Superknotenkonzept kann die Spannungsquelle U_Q als "in diesem Superknoten befindlich" aufgefaßt werden. Seine Knotengleichung lautet:

$$G_1 U_1 + G_2(U_1 - U_2) + G_3(U_3 - U_2) = 0. \tag{5}$$

Umgeformt mit der Zwangsbedingung Gl.(4) folgt daraus die erste Gleichung von (2). Die Knotengleichung des Superknotens berücksichtigt die tatsächlichen Spannungen U_1, U_3 im Knoten bei Aufstellung der Strombilanz.

d) Die Standardform der Knotenspannungsanalyse geht von der in eine Stromquelle gewandelten Spannungsquelle aus (Bild 8.3/5b). Dafür lautet das Gleichungssystem (in Matrixform) mit $I_Q = U_Q/R_3$

$$\begin{pmatrix} G_1 + G_2 + G_3 & -(G_2 + G_3) \\ -(G_2 + G_3) & G_2 + G_3 + G_4 \end{pmatrix} \cdot \begin{pmatrix} U_1 \\ U_2 \end{pmatrix} = \begin{pmatrix} -I_Q \\ +I_Q \end{pmatrix}. \tag{6}$$

Das ist aber Gl.(2).

Aufgabe 8.3/6 Superknoten, gesteuerte Quelle

Für das Netzwerk Bild 8.3/6a berechne man die Spannung U_2 mit der Knotenspannungsanalyse, wenn das Netzwerkelement N wahlweise eines der folgenden Elemente ist:

a) Leerlauf zwischen beiden Klemmen,

b) ein Widerstand R_4 in Reihe zu einer Spannungsquelle U_{Q3}, positiver Pol am Knoten 2,

c) eine Spannungsquelle U_{Q3} wie Aufgabe b) mit $R_4 = 0$,

d) eine stromgesteuerte Stromquelle B I_B (zu K_1 gerichtet),

e) eine spannungsgesteuerte Spannungsquelle $A_u U_2$ (K_2 positiv).

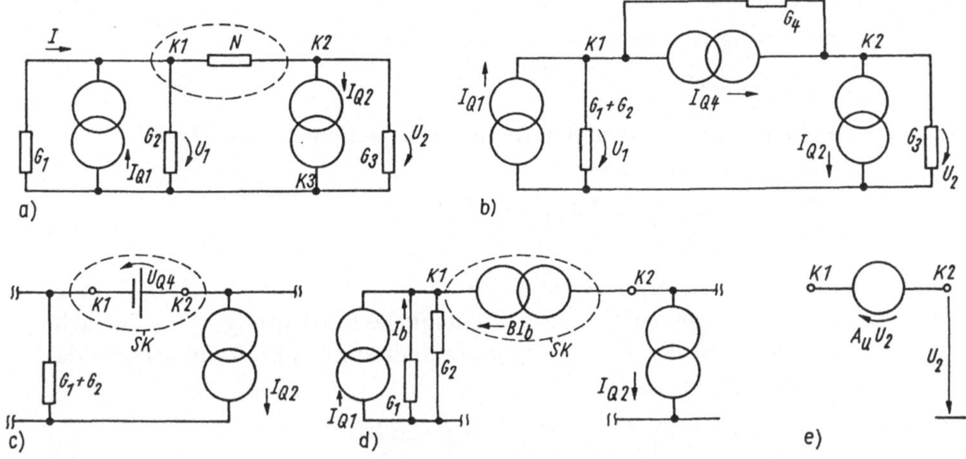

Bild 8.3/6

Hinweis: Wenden Sie die Lösungsmethodik Knotenspannungsanalyse systematisch an und versuchen Sie das Gleichungssystem in Matrixform zu gewinnen. Zum Superknotenverfahren siehe II/Abschnitt 5.3.4.2 ff bzw. III/Abschnitt 8.3.3 und III/Tafel R 3.2/2

Lösung:

Die Schaltung hat $k = 3$ Knoten, davon sind K_1, K_2 unabhängig, wenn K_3 als Referenzknoten gewählt wird. Deshalb gibt es die beiden Knotenspannungen U_1, U_2.

a) Bei Leerlauf wird G_3 nur von der Stromquelle I_{Q2} durchströmt, daher folgt

$$U_2 = R_3 I_2 = -R_3 I_{Q2} \tag{1}$$

unabhängig von I_{Q1}.

b) Die Spannungsquelle mit Innenwiderstand R_4 wandeln wir in eine Stromquelle um (Richtung beachten) und erhalten direkt aus der Schaltung (Bild 8.3/6b)

$$
\begin{matrix} K_1: \\ K_2: \end{matrix}
\begin{pmatrix} G_1 + G_2 + G_4 & -G_4 \\ -G_4 & G_3 + G_4 \end{pmatrix}
\cdot
\begin{pmatrix} U_1 \\ U_2 \end{pmatrix}
=
\begin{pmatrix} I_{Q1} - I_{Q4} \\ -I_{Q2} + I_{Q4} \end{pmatrix}. \tag{2}
$$

Diese Gleichung ergibt aufgelöst nach U_2 ($I_{Q4} = U_{Q4}/R_4$)

$$U_2 = \frac{I_{Q4}(G_1 + G_2) + G_4 I_{Q1} - (G_1 + G_2 + G_4)I_{Q2}}{(G_3 + G_4)(G_1 + G_2 + G_4) - G_4^2}. \tag{3}$$

Im Grenzfall $R_4 \to 0$ wird daraus

$$U_2 = \frac{U_{Q4}(G_1 + G_2) + I_{Q1} - I_{Q2}}{G_1 + G_2 + G_3}. \tag{4}$$

c) Liegt nur die Spannungsquelle U_{Q4} an ("schwebend" zwischen den Knoten 1, 2), so bilden wir um sie einen Superknoten SK (Bild 8.3/6c). Für ihn gelten die Knotenbilanz

$$U_1(G_1 + G_2) + U_2 G_3 = I_{Q1} - I_{Q2} \tag{5}$$

und die Zwangsbedingung

$$U_{Q4} = U_2 - U_1. \tag{6}$$

Beide Gleichungen bestimmen die Knotenspannungen U_1, U_2. Gl.(5), (6) lauten in Matrixschreibweise:

$$\begin{pmatrix} G_1 + G_2 & G_3 \\ -1 & 1 \end{pmatrix} \cdot \begin{pmatrix} U_1 \\ U_2 \end{pmatrix} = \begin{pmatrix} I_{Q1} - I_{Q2} \\ U_{Q4} \end{pmatrix}. \tag{7}$$

Aufgelöst nach U_2 ergibt sich Gl.(4).

d) Eine eingefügte gesteuerte ideale Stromquelle in Richtung zu K_1 betrachten wir zunächst als unabhängig und erhalten mit der Standardform des Knotenspannungsverfahrens

$$\begin{pmatrix} G_1 + G_2 & 0 \\ 0 & G_3 \end{pmatrix} \begin{pmatrix} U_1 \\ U_2 \end{pmatrix} = \begin{pmatrix} I_{Q1} + B I_B \\ -I_{Q2} - B I_B \end{pmatrix}. \tag{8}$$

Im nächsten Schritt führen wir den Steuerstrom I_B der Quelle auf Knotenspannungen zurück, hier also auf die Knotenspannung über G_1:

$$U_1 = \frac{I_1}{G_1} = -\frac{I_B}{G_1}. \tag{9}$$

Eingesetzt in Gl.(8) und auf die linke Seite gebracht wird daraus das Gleichungssystem in Matrixform

$$\begin{pmatrix} G_1 + G_2 + B G_1 & 0 \\ -B G_1 & G_3 \end{pmatrix} \cdot \begin{pmatrix} U_1 \\ U_2 \end{pmatrix} = \begin{pmatrix} I_{Q1} \\ -I_{Q2} \end{pmatrix}. \tag{10}$$

Die Lösung für die Knotenspannung U_2 lautet

$$U_2 = \frac{B G_1 I_{Q1} - I_{Q2}(G_1 + G_2 + G_1 B)}{G_3(G_1 + G_2 + G_1 B)}. \tag{11}$$

Für $B = 0$ (Stromquelle außer Betrieb) erhalten wir erwartungsgemäß Gl.(1).

e) Wird eine spannungsgesteuerte Spannungsquelle $U_Q = A_u U_2$ eingefügt (mit + an K_2, Bild 8.3/6e), so kann das Superknotenkonzept angewendet werden. Wir übernehmen daher die Lösung von Aufgabe c), fassen also U_Q zunächst als unabhängige Spannung im Superknoten auf. Damit gilt

Gl.(7). Zufolge der Steuerwirkung führen wir die Spannung $U_{Q4} = U_Q = A_u U_2$ über die Steuerspannung U_2 auf die Knotenspannung zurück. Es gilt dann (ausgeschrieben) für Knoten

$$K_1 : (G_1 + G_2)U_1 + G_3 U_2 = I_{Q1} - I_{Q2},$$

hingegen als Zwangsbedingung für den Superknoten (s. Gl.(6))

$$-U_1 + U_2 = A_u U_2. \tag{12}$$

Das Gleichungssystem lautet in Matrixschreibweise:

$$\begin{pmatrix} G_1 + G_2 & G_3 \\ -1 & 1 - A_u \end{pmatrix} \cdot \begin{pmatrix} U_1 \\ U_2 \end{pmatrix} = \begin{pmatrix} I_{Q1} - I_{Q2} \\ 0 \end{pmatrix} \tag{13}$$

mit der Lösung z.B. für U_2

$$U_2 = \frac{I_{Q1} - I_{Q2}}{G_3 + (G_1 + G_2)(1 - A_u)} \tag{14}$$

und dem speziellen Ergebnis

$$U_4 = \frac{I_{Q1} - I_{Q2}}{G_1 + G_2 + G_3}$$

für $A_u \to 0$, d.h. Außerbetriebsetzen der gesteuerten Quelle (Kurzschlußverbindung der Knoten K_1, K_2). Das ist Lösung Gl.(4) für $U_{Q4} = 0$.

Diskussion: In Aufgabe b) kann der Widerstand R_4 auch als Hilfsgröße zum Einbezug der idealen Spannungsquelle in das Knotenspannungsverfahren betrachtet werden, im Falle $R_4 \to 0$ ergibt sich die Lösung Gl.(4). Sie wird einfacher mit dem Superknotenkonzept Gl.(7) erhalten, das grundsätzlich auch auf gesteuerte Spannungsquellen anwendbar ist. Wäre die Spannungsquelle stromgesteuert, müßte der Steuerstrom des Zweiges durch das betreffende Netzwerkelement und die zugehörigen Knotenspannungen ausgedrückt werden.

Aufgabe 8.3/7 Superknoten, gesteuerte Quelle

a) Gegeben ist das Netzwerk Bild 8.3/7 mit unabhängigen und gesteuerten Quellen. Zahlenwerte: $G_1 = 1\,\mathrm{mS}$, $G_2 = 4\,\mathrm{mS}$, $G_3 = 5\,\mathrm{mS}$, $G_4 = 2\,\mathrm{mS}$, $U_{Q1} = 10\,\mathrm{V}$, $I_{Q2} = 10\,\mathrm{mA}$, $G_m = 5\,\mathrm{mS}$, $A_u = 10$.
   Wählen Sie einen geeigneten Bezugspunkt und stellen Sie die Gleichungen aller Knotenspannungen auf. Gibt es Superknoten?

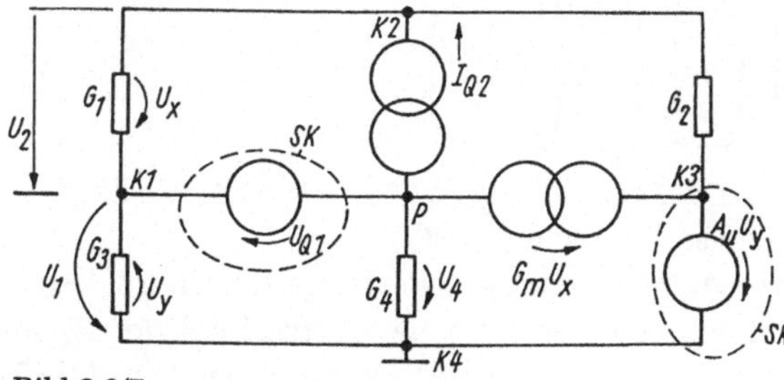

Bild 8.3/7

b) Wählen Sie im numerischen Beispiel $A_\mathrm{u} = 0$, $G_\mathrm{m} = 0$ und berechnen Sie die Knotenspannungen $U_1 \ldots U_4$. Wie ist das Ergebnis zu erklären?

Hinweis: Verfahren Sie nach der Lösungsmethodik II/Abschnitt 5.3.4.3 bzw. III/Abschnitt 3.2.5 und 8.3.3. Welche Kriterien gelten für die Wahl eines Bezugspunktes?

Lösung:

a) Wir wählen P als Referenzpunkt, weil so eine unabhängige Spannungsquelle einseitig an Masse liegt und damit U_Q1 in einem Superknoten einseitig an Masse. Deshalb entfällt die Knotengleichung für K_1: $U_1 = -U_\mathrm{Q1}$. Ein zweiter Superknoten K_3, K_4 enthält die gesteuerte Spannungsquelle $A_\mathrm{u}U_\mathrm{y}$. Im Knoten K_2 gilt die Knotengleichung

$$G_1(U_2 - U_1) + G_2(U_2 - U_3) = I_\mathrm{Q2}. \tag{1}$$

Zum Superknoten SK (3, 4) gehört die Knotengleichung

$$G_2(U_3 - U_2) - G_\mathrm{m}U_\mathrm{x} + G_4U_4 + G_3(U_4 - U_1) = 0. \tag{2}$$

Die Steuerspannung U_x wird durch die Knotenspannungen ausgedrückt:

$$U_\mathrm{x} = U_2 - U_1, \tag{3}$$

ebenso gilt als Zwangsbedingung des Superknotens

$$U_3 - U_4 = A_\mathrm{u}U_\mathrm{y} = A_\mathrm{u}(U_4 - U_1) \rightarrow A_\mathrm{u}U_1 + U_3 - (1 + A_\mathrm{u})U_4 = 0. \tag{4}$$

Damit stehen für die Knotenspannungen $U_1 \ldots U_4$ die Gleichungen $U_1 = -U_\mathrm{Q1}$ (SK_1) sowie Gl.(2) ($\mathrm{SK}_{3,4}$) Gl.(3) als Zwangsbedingung und Gl.(1) (Knoten K_2) zur Verfügung. Sie lauten zusammengefaßt in Matrixschreibweise:

$$\begin{pmatrix} -G_1 & G_1 + G_2 & -G_2 & 0 \\ G_\mathrm{m} - G_3 & -(G_2 + G_\mathrm{m}) & G_2 & (G_3 + G_4) \\ 1 & 0 & 0 & 0 \\ A_\mathrm{u} & 0 & 1 & -(1 + A_\mathrm{u}) \end{pmatrix} \cdot \begin{pmatrix} U_1 \\ U_2 \\ U_3 \\ U_4 \end{pmatrix} = \begin{pmatrix} I_\mathrm{Q2} \\ 0 \\ -U_\mathrm{Q1} \\ 0 \end{pmatrix}. \tag{5}$$

Für die Zahlenwerte folgt dann bei Angabe der Leitwerte in mS, der Ströme in mA und Spannungen in V ($\rightarrow$ selbstadjungiertes Einheitensystem)

$$\begin{pmatrix} -1 & 5 & -4 & 0 \\ 0 & -9 & 4 & 7 \\ 1 & 0 & 0 & 0 \\ 10 & 0 & 1 & -11 \end{pmatrix} \begin{pmatrix} U_1 \\ U_2 \\ U_3 \\ U_4 \end{pmatrix} = \begin{pmatrix} 10 \\ 0 \\ -10 \\ 0 \end{pmatrix} \tag{6}$$

mit den Lösungen $U_1 = -10\,\mathrm{V}$, $U_2 = -19,85\,\mathrm{V}$, $U_3 = -24,82\,\mathrm{V}$, $U_4 = -11,34\,\mathrm{V}$ (Gleichungslöser Taschenrechner, PC).

b) Wir wählen $G_\mathrm{m} = 0$ sowie $A_\mathrm{u} = 0$, setzen also die gesteuerten Quellen außer Betrieb ($\rightarrow$ Auftrennen der Stromquelle, Kurzschluß der Spannungsquelle). Das Gleichungssystem in Matrixform ergibt sich aus Gl.(5)

zu

$$\begin{pmatrix} -1 & 5 & -4 & 0 \\ -5 & -4 & 4 & 7 \\ 1 & 0 & 0 & 0 \\ 0 & 0 & 1 & -1 \end{pmatrix} \cdot \begin{pmatrix} U_1 \\ U_2 \\ U_3 \\ U_4 \end{pmatrix} = \begin{pmatrix} 10 \\ 0 \\ -10 \\ 0 \end{pmatrix}. \tag{7}$$

Die Lösungen lauten $U_1 = -10\,\text{V}$, $U_2 = -5,12\,\text{V}$, $U_3 = U_4 = -6,41\,\text{V}$.

Aufgabe 8.3/8 Netzwerk-Differentialgleichung, Superknoten

a) Für das Netzwerk Bild 8.3/8 stelle man die Knotenspannungsgleichungen auf.

b) Spezialisieren Sie das Gleichungssystem für stationäre Sinuserregung $i_q(t) = \hat{i}_q \cos\omega t$, $u_{q2} = \hat{u}_{q2} \cos\omega t$.

c) Wie lauten die Lösungen für $G_1 = G_2 = G_3 = G_4 = 1\,\text{mS}$, $\omega C = 1/(\omega L) = 2\,\text{mS}$, $Z_\text{m} = 3\,\text{k}\Omega$, $\underline{i}_q = 1\,\text{mA}\angle 0°$, $\underline{u}_q = 1\,\text{V}\angle 0°$?

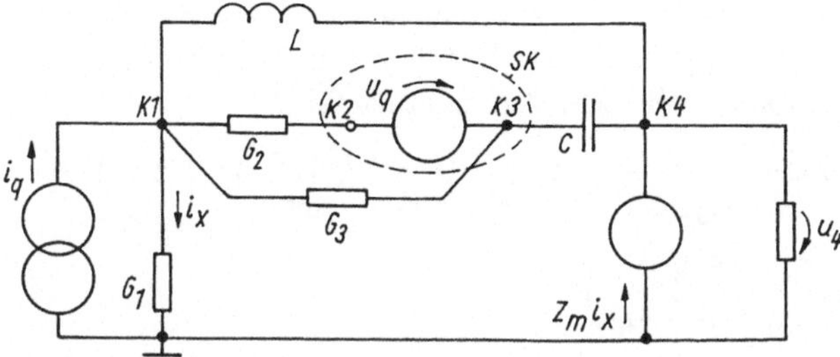

Bild 8.3/8

Hinweis: Prüfen Sie zunächst die Zahl notwendiger Gleichungen. Zum Superknoten siehe II/Abschnitt 5.3.4.4 und III/Abschnitt 8.3.3.

Lösung:

a) Das Netzwerk hat eine "schwebende" Spannungsquelle, die wir in den Superknoten einschließen. Nach Wahl des Referenzknotens und der Knotennummerierung ($K_1 \ldots K_4$) ergeben sich der Reihe nach folgende Knotengleichungen. Für K_1:

$$G_1 u_1 + G_3(u_1 - (u_2 - u_q)) + G_2(u_1 - u_2) + \frac{1}{L}\int_{-\infty}^{t}(u_1 - u_4)\,\mathrm{d}\tau = i_q. \tag{1}$$

Superknoten SK:

$$G_2(u_2 - u_1) + G_3((u_2 - u_q) - u_1) + C\frac{\mathrm{d}}{\mathrm{d}t}((u_2 - u_q) - u_4) = 0. \tag{2}$$

Der Knoten K_4 ist direkt mit der gesteuerten Spannungsquelle verbunden, deshalb muß nur eine Steuergleichung aufgestellt werde,:

$$u_4 = -Z_\text{m} i_\text{x} = -Z_\text{m} G_1 u_1, \tag{3}$$

aber keine Knotengleichung. Für die Knoten 2, 3 gilt noch die Zwangsbedingung

$$u_3 = u_2 - u_q. \tag{4}$$

Die Gln.(1), (2) lassen sich zu einer Matrix-DGL zusammenfassen:

$$\begin{pmatrix} G_1 + G_3 + G_2 + \frac{1}{L}\int_{-\infty}^{t}\mathrm{d}\tau + \frac{1}{L}\int_{-\infty}^{t} Z_\mathrm{m}G_1\,\mathrm{d}\tau & -(G_3 + G_2) \\ -\left(G_2 + G_3 - Z_\mathrm{m}G_1 C\frac{\mathrm{d}}{\mathrm{d}t}\right) & G_2 + G_3 + C\frac{\mathrm{d}}{\mathrm{d}t} \end{pmatrix} \cdot \begin{pmatrix} u_1 \\ u_2 \end{pmatrix}$$

$$= \begin{pmatrix} i_\mathrm{q} - u_\mathrm{q}G_3 \\ G_3 u_q + C\frac{\mathrm{d}}{\mathrm{d}t}u_q \end{pmatrix}. \tag{5}$$

Für die allgemeine Lösung u_1, u_2 solcher Differentialgleichungssysteme verweisen wir auf Abschnitt 11, denn dafür müssen die Zeitfunktionen der Erregerquelle (und ggf. die Anfangswerte der Energiespeicher) bekannt sein.

b) Bei stationärer Sinuserregung der unabhängigen Quellen i_q, $u_{\mathrm{q}2}$ kann die Aufgabe auf zwei Wegen gelöst werden: Wir setzen einmal die Zeitfunktionen $i_\mathrm{q}(t)$, $u_\mathrm{q}(t)$ wie gegeben an und treffen für die Lösungen u_1, u_2 einen Ansatz, z.B. $u_1 = \hat{u}_1 \cos(\omega t + \varphi_1)$ (Methode des Koeffizientenvergleichs, s. II/Abschn. 6.1.2.2). Einfacher ist es, das gesamte Netzwerk ins Komplexe zu transformieren, die Lösung zu suchen und das Ergebnis in den Zeitbereich zurückzutransformieren. Dabei gelten insbesondere die Regeln II/Abschn. 6.2.2.2.3). Wir erhalten so statt Gl.(5)

$$\begin{pmatrix} G_1 + G_2 + G_3 + 1/(\mathrm{j}\omega L)(1 + Z_\mathrm{m}G_1) & -(G_2 + G_3) \\ -(G_2 + G_3 - Z_\mathrm{m}G_1\mathrm{j}\omega C) & G_2 + G_3 + \mathrm{j}\omega C \end{pmatrix} \cdot \begin{pmatrix} \underline{u}_1 \\ \underline{u}_2 \end{pmatrix}$$

$$= \begin{pmatrix} \underline{i}_\mathrm{q} - G_3\underline{u}_\mathrm{q} \\ G_3\underline{u}_\mathrm{q} + \mathrm{j}\omega C\underline{u}_\mathrm{q} \end{pmatrix}. \tag{6}$$

Die Lösungen $\underline{u}_1$, $\underline{u}_2$ sind z.B. über die Cramersche Regel leicht zu erhalten, etwa für $\underline{u}_1$:

$$\underline{u}_1 = \frac{\underline{i}_\mathrm{q}(G_2 + G_3 + \mathrm{j}\omega C) + G_2\mathrm{j}\omega C\underline{u}_\mathrm{q}}{(G_2 + G_3 + \mathrm{j}\omega C)\left(G_1 + \frac{1+Z_\mathrm{m}G_1}{\mathrm{j}\omega L}\right) + \mathrm{j}\omega C(G_2 + G_3)(1 + Z_\mathrm{m}G_1)}$$

$$= u_1\angle\varphi_\mathrm{u}. \tag{7}$$

Dazu gehört im Zeitbereich die Lösung $u_1(t) = \hat{u}_1 \cos(\omega t + \varphi_\mathrm{u})$.

c) Für die angegebenen Zahlenwerte spezialisiert sich Gl.(7). (Zahlenangaben: G/mS, i/mA, u/V) auf

$$\begin{pmatrix} 3 - \mathrm{j}2(1+3) & -2 \\ -(2 - \mathrm{j}3\cdot 2) & (2 + \mathrm{j}2) \end{pmatrix} \begin{pmatrix} \underline{u}_1 \\ \underline{u}_2 \end{pmatrix} = \begin{pmatrix} 1\angle 0 - 1\angle 0 \\ (1 + 2\mathrm{j})1\angle 0 \end{pmatrix}$$

mit den Lösungen $\underline{u}_1 = (0,134 + \mathrm{j}0,207)\,\mathrm{V} = 0,247\,\mathrm{V}\angle 57,09°$, $\underline{u}_2 = 1,055\,\mathrm{V}\angle -12,35°$. Die Nachprüfung über Gl.(8) liefert das gleiche Ergebnis.

Diskussion: In der gesamten Rechnung tritt der Leitwert G_4 nicht auf, da er einer idealen Spannungsquelle parallel liegt und deshalb entfällt.

Aufgabe 8.3/9 Arbeitspunktschaltung

a) In der Transistorschaltung Bild 8.3/9a ersetze man den Transistor durch eine Gleichstromersatzschaltung Bild 8.3/9b (Elemente U_{FO}, basisstromgesteuerte Stromquelle und Ausgangsleitwert g_C zwischen Basis und Kol-

lektor). Berechnen Sie den Kollektorstrom I_C mit der Knotenspannungsanalyse. Prüfen Sie, ob das Superknotenkonzept anwendbar ist.

b) Berechnen Sie I_C direkt aus der Schaltung.

c) Berechnen Sie die Spannungen U_2, U_3 und I_C für $U_Q = 10\,\mathrm{V}$, $\beta = 100$,
$R_1 = 100\,\mathrm{k\Omega}$, $R_C = 0,5\,\mathrm{k\Omega}$, $R_E = 3\,\mathrm{k\Omega}$, $U_{FO} = 0,7\,\mathrm{V}$.

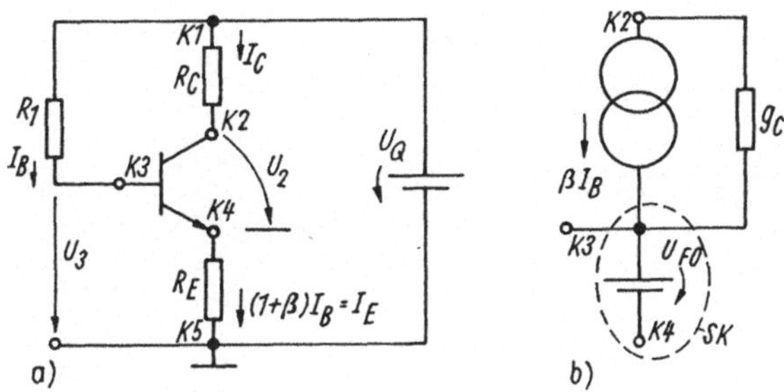

Bild 8.3/9

Lösung:

a) Wir führen die Transistorersatzschaltung Bild 8.3/9b (Gleichstrom) ein.
Das Netzwerk hat 5 Knoten, also 4 Knotenspannungen. Zweckmäßig wird
die Gleichspannungsquelle U_Q einseitig als Referenzpunkt gewählt. Mit
den Knotenspannungen $U_1 \ldots U_4$ berechnet sich der Kollektorstrom zu
$I_C = (U_1 - U_2)/R_C$.

Weitere Merkmale des Netzwerkes sind:

- Knotenspannung $U_1 = U_Q$ ist bekannt ($\rightarrow$ Superknoten nach Referenzpunkt)

- zwischen den Knoten 3, 4 liegt eine ideale Spannungsquelle U_{FO}, wir
umschließen sie mit einem Superknoten.

Dann verbleiben noch die Knotenspannungen $U_2 \ldots U_4$. Verfügbar sind
die Knotenbilanz des Superknotens SK, die zugehörige Zwangsbedingung
für die Knotenspannungen U_3, U_4 sowie die Knotengleichung für Knoten
K_2. Es ergeben sich der Reihe nach

$$K_2 : \quad (g_C + G_C)U_2 - G_C U_1 - g_C U_3 = -\beta I_B$$
$$SK : \quad -G_1 U_1 - g_C U_2 + (g_C + G_1)U_3 + G_E U_4 = \beta I_B \qquad (1)$$
$$\text{Zwangsbedingung} : \quad U_3 - U_4 = U_{FO}.$$

Zusätzlich ist der Steuerstrom I_B durch Knotenspannungen auszudrücken:

$$I_B = \frac{U_1 - U_3}{R_1} = \frac{U_Q - U_3}{R_1}. \qquad (2)$$

So sind mit Gl.(1) die drei Gleichungen für $U_2 \ldots U_4$ formuliert. Wir
setzen Gl.(2) ein, ordnen und erhalten in Matrixform:

$$\begin{pmatrix} g_C + G_C & -(g_C + \beta G_1) & 0 \\ -g_C & g_C + G_1(1+\beta) & G_E \\ 0 & 1 & -1 \end{pmatrix} \cdot \begin{pmatrix} U_2 \\ U_3 \\ U_4 \end{pmatrix} = \begin{pmatrix} -\beta G_1 U_Q + G_C U_Q \\ U_Q(G_1 + \beta G_1) \\ U_{FO} \end{pmatrix}.$$

$$(3)$$

Der Kollektorstrom erfordert nur die Knotenspannung U_2:

$$U_2 = \frac{\det\begin{pmatrix} -\beta G_1 U_Q + G_C U_Q & -(g_C + \beta G_1) & 0 \\ U_Q(G_1 + \beta G_1) & g_C + G_1(1 + \beta) & G_E \\ U_{FO} & 1 & -1 \end{pmatrix}}{-(g_C + G_C)(g_C + G_1(1 + \beta)) - (G_E(g_C + G_C) - (g_C + \beta G_C)g_C)}. \qquad (4)$$

b) Im Sonderfall $g_C = 0$ wird aus Gl.(4) ausgerechnet

$$U_2 = U_Q \left((1 - \beta G_1 R_C) + \frac{\beta(1 + \beta)G_1^2}{G_C(G_E + G_1(1 + \beta))} \right) - \frac{-\beta G_1 G_E U_{FO}}{G_C(G_E + G_1(1 + \beta))}. \qquad (5)$$

Damit folgt der Kollektorstrom zu

$$I_C = G_C(U_{Q1} - U_2) = \frac{\beta(U_Q - U_{FO})}{R_1 + R_E(1 + \beta)}. \qquad (6)$$

Die Auswertung von Gl.(5) ist mühevoll ebenso wie die Berechnung der endgültigen Lösung I_C Gl.(6).

c) Der aufwendige Weg - bedingt durch Auswertung der Matrixgleichung (4) - ist nicht unbedingt zwingend, wie die folgenden Betrachtungen unter Benutzung der Knotenbilanz $I_E = I_B + I_C = (1 + \beta)I_B$ zeigen. Die Knotenspannung U_4 beträgt $U_4 = R_E(1 + \beta))I_B$, wobei $U_3 = U_{FO} + U_4$. Weiter gilt für den Basisstrom

$$I_B = \frac{U_Q - U_3}{R_1} = \frac{U_Q - U_{FO} - (1 + \beta)I_B R_E}{R_1}$$

mit der Lösung

$$I_B = \frac{U_Q - U_{FO}}{R_1 + (1 + \beta)R_E}, \quad \text{also } I_C = \beta I_B \quad \text{s. Gl.(6).} \qquad (7)$$

Die vorgegebenen Zahlenwerte führen nach Gl.(3) (mit $g_C = 0$) auf folgende Matrixgleichungen für die Spannungen $U_2 \ldots U_4$:

$$\begin{pmatrix} 2 & -1 & 0 \\ 0 & 101/100 & 1/3 \\ 0 & 1 & -1 \end{pmatrix} \cdot \begin{pmatrix} U_2 \\ U_3 \\ U_4 \end{pmatrix} = \begin{pmatrix} 10 \\ 10 \cdot 101/100 \\ 0,7 \end{pmatrix}.$$

Dabei wurden Leitwerte in mS, Ströme in mA und Spannungen in Volt eingesetzt (selbstkonsistente Einheiten). Die numerische Lösung führt auf $U_2 = 8,846\,\mathrm{V}$, $U_3 = 7,692\,\mathrm{V}$ und $U_4 = 6,992\,\mathrm{V}$ sowie den Kollektorstrom

$$I_C = \frac{10\,\mathrm{V} - 8,846\,\mathrm{V}}{0,5\,\mathrm{k\Omega}} = 2,308\,\mathrm{mA}.$$

Das Ergebnis läßt sich über Gl.(7) leicht nachweisen.

Diskussion: Obwohl die Knotenspannungsanalyse ein systematisches Aufstellen der notwendigen Gleichungen erlaubt, gelingt die Lösung kleinerer Netzwerke durch eine kombinierte Analyse wie hier meist schneller. Dennoch bietet das Knotenspannungsverfahren gerade bei elektronischen Schaltungen eine transparente Lösungsstrategie.

Aufgabe 8.3/10 Unbestimmte Admittanzmatrix

Gegeben ist ein Dreitor mit ohmschen Widerständen (Bild 8.3/10a).

a) Stellen Sie die unbestimmte Admittanzmatrix der Schaltung auf. Begründen Sie jeweils die Einträge der einzelnen Elemente. Welche Eigenschaft ergibt sich?

b) Leiten Sie aus Aufgabe a) der Reihe nach her
  • eine Vierpoldarstellung mit Knoten 3 als Referenz
  • eine Vierpoldarstellung mit Knoten 2 als Referenz.

c) Fügen Sie zwischen die Klemmen 1, 2 eine Kapazität (Leitwert $j\omega C$) ein. Wie wirkt dies auf die Admittanzmatrix?

d) Fügen Sie eine spannungsgesteuerte Stromquelle Su zwischen Knoten 2 und 3 so ein, daß sie von der Klemmenspannung u_1, u_3 gesteuert wird und der Strom zu Klemme 2 hin fließt.

e) Berechnen Sie die Eingangsimpedanz $\underline{Z}_{11}$ der Anordnung bei ausgangsseitigem Leerlauf ($\underline{i}_2 = 0$).

f) Die Knoten 2, 3 werden kurzgeschlossen. (Sie bilden den neuen Knoten p.) Wie lautet das Knotengleichungssystem? Welcher Leitwert stellt sich zwischen Klemme 1 und p ein? Prüfen Sie das Ergebnis durch direkte Berechnung nach.

g) Berechnen Sie den Leitwert zwischen Knoten 1, 3, wenn Knoten 2 leerläuft. Prüfen Sie das Ergebnis durch direkte Berechnung nach. (Im Ergebnis dieser Betrachtung verschwindet Knoten 2, er wird zum sog. inneren Knoten.)

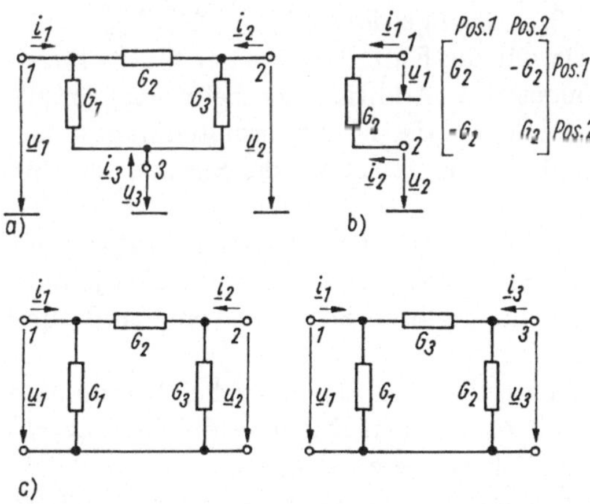

Bild 8.3/10

Hinweis: Repetieren Sie die Eigenschaften der unbestimmten Knotenmatrix in II/Abschn. 5.3.4.4 und III/Abschn. 8.4.2.

Lösung:

a) Da das Netzwerk 3 Tore besitzt, gehen wir von der unbestimmten Knotenmatrix

$$\begin{pmatrix} Y_{11} & Y_{12} & Y_{13} \\ Y_{21} & \cdot & \cdot \\ Y_{31} & \cdot & Y_{33} \end{pmatrix} \cdot \begin{pmatrix} \underline{u}_1 \\ \underline{u}_2 \\ \underline{u}_3 \end{pmatrix} = \begin{pmatrix} \underline{i}_1 \\ \underline{i}_2 \\ \underline{i}_3 \end{pmatrix} \tag{1}$$

aus. Der Bezugsknoten liegt fiktiv außerhalb des Netzwerkes. Deshalb gibt es für k Knoten insgesamt k Knotenspannungen. Da nur $k-1$ unabhängige Knotengleichungen existieren, ist das Gleichungssystem unbestimmt. Erst durch Vorgabe einer Knotenspannung, z.B. $\underline{u}_3 = 0$ sind die restlichen $k-1$ Knotenspannungen bestimmt.

Für das gegebene Netzwerk erhalten wir nach den Regeln zum Aufstellen der Knotenadmittanzmatrix:

$$\begin{array}{ccc} \mathrm{K}_1 & \mathrm{K}_2 & \mathrm{K}_3 \end{array}$$
$$\begin{pmatrix} G_1 + G_2 & -G_2 & -G_1 \\ -G_2 & G_2 + G_3 & -G_3 \\ -G_1 & -G_3 & G_1 + G_3 \end{pmatrix} \cdot \begin{pmatrix} \underline{u}_1 \\ \underline{u}_2 \\ \underline{u}_3 \end{pmatrix} = \begin{pmatrix} \underline{i}_1 \\ \underline{i}_2 \\ \underline{i}_3 \end{pmatrix}. \tag{2}$$

Ein Leitwert z.B. zwischen den Knoten 1 und 2 bewirkt die Ströme

$$\underline{i}_1 = G_2(\underline{u}_1 - \underline{u}_2), \tag{3a}$$

$$\underline{i}_2 = G_2(\underline{u}_2 - \underline{u}_1) = -\underline{i}_1, \tag{3b}$$

sonst keine weiteren Einträge. Deshalb tritt er in den Matrixelementen $Y_{11} = G_2$, $Y_{22} = G_2$, $Y_{12} = -G_2$ (zufolge (3a)) und $Y_{21} = -G_2$ (zufolge (b)) auf (Bild 8.3/10b). Wäre nur das Element G_2 im Netzwerk, so müßten die restlichen Glieder der $k \times k$-Matrix mit Nullen gefüllt werden. Daher stehen in den Hauptdiagonalgliedern die Admittanz G_2 positiv, in den Nebendiagonalelementen negativ. Ganz analog besetzt ein Leitwert G_3 zwischen Knoten 2, 3 die Positionen $Y_{22} = G_3$, $Y_{33} = G_3$, $Y_{23} = -G_3$ und $Y_{32} = -G_3$. Da wir die Einzelbeträge der G_i (= Parallelschaltung von Einzelkomponenten = Addition der Leitwerte) jeweils durch entsprechende Elementeinträge in der Matrix erhalten, ergibt sich Gl.(2). So entsteht die Gesamtadmittanzmatrix aus der Summe der Teiladmittanzmatrizen. Folglich gilt:

- Die Zeilen- und Spaltensummen der unbestimmten Admittanzmatrix und die Spaltensumme des Quellenstromvektors verschwinden jeweils. (Prüfen Sie das, legen Sie um die gesamte Schaltung eine Hülle und stellen Sie die Strombilanz auf!).

- Aus der unbestimmten Knotenform können alle möglichen bestimmten Knotengleichungssysteme ermittelt werden. Dabei ist die dem jeweiligen Bezugsknoten zugeordnete Gleichung zu streichen.

b) Wird Knoten 3 als Referenz gewählt ($\rightarrow \underline{u}_3 = 0$, $\underline{i}_3 = -\underline{i}_1 - \underline{i}_2$), so bedeutet das Streichen der dritten Spalte und Zeile, und wir erhalten die übliche Vierpoldarstellung des Netzwerkes mit den Vierpolparametern $Y_{11} \ldots Y_{22}$ (Bild 8.3/10c).

Wird Knoten 2 als Referenz gewählt ($\underline{u}_2 = 0$, $\underline{i}_2 = -(\underline{i}_1 + \underline{i}_3)$), so ergibt sich eine Vierpoldarstellung mit anderen Parametern (andere Grundschaltung, Koeffizienten Y_{11}, Y_{13}, Y_{31}, Y_{33}). Kennt man z.B. nur diese Form, so läßt sich umgekehrt die unbestimmte Form ermitteln, da gilt

$$Y_{11} + Y_{12} + Y_{13} = 0, \quad Y_{11} + Y_{21} + Y_{33} = 0 \quad \text{usw.} \tag{4}$$

c) Wird eine Kapazität zwischen den Knoten 1, 2 eingefügt, so ergeben sich Beiträge zu $Y_{11}\ldots Y_{22}$ in Gl.(2):

$$\begin{pmatrix} G_1 + G_2 + j\omega C & -G_2 - j\omega C & \cdot \\ -G_2 - j\omega C & G_1 + G_2 + j\omega C & \cdot \\ \cdot & \cdot & \cdot \end{pmatrix} \tag{5}$$

Auf diese Weise lassen sich weitere Elemente leicht berücksichtigen.

d) Die spannungsgesteuerte Stromquelle hat gemäß Anordnungen die Klemmenbeziehungen

$$\underline{i}_2 = S(\underline{u}_1 - \underline{u}_3), \quad \underline{i}_3 = S(\underline{u}_3 - \underline{u}_1) = -\underline{i}_2. \tag{6}$$

Dabei wurde die Steuerspannung durch die Knotenspannungen ausgedrückt. Wir tragen daher ein:

$$\begin{pmatrix} 1 & 2 & 3 \\ S & 0 & -S \\ -S & 0 & S \end{pmatrix} \qquad \begin{array}{l} \text{in Zeile } \underline{i}_2 \text{ den Beitrag } S \text{ in Spalte } \underline{u}_1 \\ \text{in Zeile } \underline{i}_2 \text{ den Beitrag } -S \text{ in Spalte } \underline{u}_3 \\ \text{in Zeile } \underline{i}_3 \text{ den Beitrag } S \text{ in Spalte } \underline{u}_3 \end{array}$$

und erhalten als zusätzliche "Maske":

$$\begin{array}{c} \begin{matrix} 1 & 2 & 3 \end{matrix} \\ \begin{matrix} 1 \\ 2 \\ 3 \end{matrix} \begin{pmatrix} 0 & 0 & 0 \\ S & 0 & -S \\ -S & 0 & S \end{pmatrix} \end{array} \tag{7}$$

die zu Gl.(2) links addiert werden muß. Wird jetzt z.B. Knoten 3 als Referenz gewählt ($\underline{u}_3 = 0$), so folgt als Matrixgleichung

$$\begin{pmatrix} G_1 + G_2 & -G_2 \\ -G_2 + S & G_2 + G_3 \end{pmatrix} \cdot \begin{pmatrix} \underline{u}_1 \\ \underline{u}_2 \end{pmatrix} = \begin{pmatrix} \underline{i}_1 \\ \underline{i}_2 \end{pmatrix}. \tag{8}$$

Das ist die übliche Vierpolform eines Vierpols mit $Y_{21} \neq Y_{12}$. Durch die gesteuerte Stromquelle wird die Matrix in der Nebendiagonale unsymmetrisch.

e) Bei Verbindung (Kurzschluß) der Knoten 2 und 3 folgt für die Knotenspannungen $\underline{u}_2 = \underline{u}_3 = \underline{u}_\mathrm{p}$ als Zwangsbedingung, außerdem gilt $\underline{i}_\mathrm{p} = \underline{i}_2 + \underline{i}_3$.

Wir erhalten daher aus dem Gleichungssystem (1)

$$\begin{aligned} \underline{i}_1 &= Y_{11}\underline{u}_1 + (Y_{12} + Y_{13})\underline{u}_\mathrm{p}, \\ \underline{i}_2 &= Y_{21}\underline{u}_1 + (Y_{22} + Y_{23})\underline{u}_\mathrm{p}, \\ \underline{i}_3 &= Y_{31}\underline{u}_1 + (Y_{32} + Y_{33})\underline{u}_\mathrm{p}. \end{aligned}$$

Addition der letzten beiden Gleichungen gemäß der Forderung $\underline{i}_\mathrm{p} = \underline{i}_2 + \underline{i}_3$ ergibt

$$\begin{aligned} \underline{i}_1 &= Y_{11}\underline{u}_1 + (Y_{12} + Y_{13})\underline{u}_\mathrm{p}, \\ \underline{i}_\mathrm{p} &= (Y_{21} + Y_{31})\underline{u}_1 + (Y_{22} + Y_{23} + Y_{32} + Y_{33})\underline{u}_\mathrm{p}, \end{aligned}$$

oder in Matrixform geschrieben:

$$\begin{pmatrix} Y_{11} & Y_{12} + Y_{13} \\ Y_{21} + Y_{31} & Y_{22} + Y_{23} + Y_{32} + Y_{33} \end{pmatrix} \cdot \begin{pmatrix} \underline{u}_1 \\ \underline{u}_\mathrm{p} \end{pmatrix} = \begin{pmatrix} \underline{i}_1 \\ \underline{i}_\mathrm{p} \end{pmatrix}. \tag{9}$$

Verbindung zweier Knoten bedeutet Addition der beiden Spalten und Streichen einer Spalte (hier Spalte 3 zu 2 und streichen von Spalte 3) sowie Addition der Zeilen 2 und 3 (3 zu 2) und Streichen von Zeile 3.

Im Beispiel ergibt sich für das Ausgangsnetzwerk (mit spannungsgesteuerter Stromquelle $S\underline{u}$) aus Gl.(2) ergänzt um Gl.(7)

$$\begin{pmatrix} G_1 + G_2 & -(G_1 + G_2) \\ -(G_1 + G_2) & G_1 + G_2 \end{pmatrix} \cdot \begin{pmatrix} \underline{u}_1 \\ \underline{u}_\mathrm{p} \end{pmatrix} = \begin{pmatrix} \underline{i}_1 \\ \underline{i}_\mathrm{p} \end{pmatrix}. \tag{10}$$

Die gesteuerte Stromquelle tritt erwartungsgemäß durch Kurzschluß ihrer Wirkung (Klemme 2, 3) nicht auf.

Den Leitwert $\underline{Y}_{1p}$ zwischen Klemme 1 und p erhalten wird durch Anlegen eines Probestromes $\underline{i}_\mathrm{pr} = \underline{i}_1 = -\underline{i}_\mathrm{p}$ und Bestimmung der Spannung $\underline{u}_{1\mathrm{p}} = \underline{u}_1 - \underline{u}_\mathrm{p}$. Unter der Bedingung $\underline{i}_1 = -\underline{i}_\mathrm{p}$ sind beide Gleichungen in (10) identisch und ergeben z.B. in der ersten Zeile $(G_1 + G_2)(\underline{u}_1 - \underline{u}_\mathrm{p}) = \underline{i}_\mathrm{p}$ und damit

$$\frac{1}{Y_1} = \frac{\underline{u}_1 - \underline{u}_\mathrm{p}}{\underline{i}_\mathrm{p}} = \frac{1}{G_1 + G_2}. \tag{11}$$

Das ist aber der Leitwert, der aus Bild a direkt zwischen 1 und p bei Kurzschluß der Knoten 2, 3 berechnet werden kann.

f) Soll Knoten 2 verschwinden (also zu einem sog. inneren Knoten werden), so folgt $\underline{i}_2 = 0$ als Zwangsbedingung. Damit muß in Gl.(1) $\underline{u}_2 = f(\underline{u}_1, \underline{u}_3)$ eliminiert werden:

$$\underline{u}_2 = -\frac{Y_{21}\underline{u}_1 - Y_{23}\underline{u}_3}{Y_{22}}. \tag{12}$$

Wir setzen $\underline{u}_2$ in Gl.(1) ein und erhalten

$$\begin{pmatrix} Y_{11} - \frac{Y_{21}Y_{12}}{Y_{22}} & Y_{13} - \frac{Y_{23}Y_{12}}{Y_{22}} \\ Y_{31} - \frac{Y_{21}Y_{32}}{Y_{22}} & Y_{33} - \frac{Y_{23}Y_{32}}{Y_{22}} \end{pmatrix} \cdot \begin{pmatrix} \underline{u}_1 \\ \underline{u}_3 \end{pmatrix} = \begin{pmatrix} \underline{i}_1 \\ \underline{i}_3 \end{pmatrix}. \tag{13}$$

Dabei ist $Y_{22} \neq 0$ vorausgesetzt. Fall dies nicht zutrifft, kann Knoten 2 nicht als interner Knoten gewählt werden. Mit Gl.(13) liegt die gesuchte Lösung vor: $\underline{i}_2$ und $\underline{u}_2$ treten nicht mehr auf. Wird ein Knoten zum inneren Knoten gemacht, so ergibt sich das neue Gleichungssystem durch Eliminierung der zugehörigen Knotengrößen: $\underline{u}_2$ aus Zeile 2 ermitteln (anschließend Zeile 2 streichen) und in den restlichen Spalten $\underline{u}_2$ eliminieren (dann Spalte muß $\underline{u}_2$ streichen). Den Widerstand bzw. Leitwert zwischen Knoten 1, 3 erhalten wir mit dem Probestrom $\underline{i}_\mathrm{pr} = \underline{i}_1 = -\underline{i}_3$ und der Spannung $\underline{u} = \underline{u}_1 - \underline{u}_3$ zu

$$\underline{Z}_1 = \frac{\underline{u}_1 - \underline{u}_3}{\underline{i}_\mathrm{pr}}. \tag{14}$$

Wir führen zur Vereinfachung in Gl.(13) die Vierpolparameter Y'_{ik} ein

$$\begin{pmatrix} Y'_{11} & Y'_{12} \\ Y'_{21} & Y'_{22} \end{pmatrix} \begin{pmatrix} \underline{u}_1 \\ \underline{u}_2 \end{pmatrix} = \begin{pmatrix} \underline{i}_1 \\ -\underline{i}_1 \end{pmatrix} \tag{15}$$

und erhalten durch Berechnung aus der Matrix (2)

$$Y'_{11} = Y'_{22} = G_1 + G_2 - \frac{G_2^2}{G_2 + G_3},$$

$$Y'_{21} = Y'_{12} = -G_1 - \frac{G_2 G_3}{G_2 + G_3}.$$

Mit Gl.(14) lassen sich die Spannungen $\underline{u}_1$, $\underline{u}_3$ sofort berechnen:

$$\underline{u}_1 = \frac{\underline{i}_1}{Y'_{11} - Y'_{12}}, \quad \underline{u}_3 = \frac{-\underline{i}_1}{Y'_{11} - Y'_{12}} \tag{16}$$

Damit folgt mit Gl.(14)

$$\underline{Z}_1 = \frac{\underline{u}_1 - \underline{u}_3}{\underline{i}_1} = \frac{2}{\underline{Y}_{11} - \underline{Y}_{12}} = \frac{1}{G_1 + \frac{G_2 G_3}{G_2+G_3}} = R_1 \| (R_2 + R_3). \tag{17}$$

Das Ergebnis geht auch direkt aus der Schaltung hervor.
Wir haben im letzten Aufgabenteil (aus Übersichtsgründen) die Steilheit S weggelassen. Zugegebenermaßen folgt das Ergebnis Gl.(17) durch direkte Berechnung rascher, der eingeschlagene Weg ist aber systematisch und eignet sich vor allen für größere Netzwerke.

Aufgabe 8.3/11 Spannungsfolger, Nullorkonzept

a) Für einen realen OP (Elemente g_e, r_a, A_u) gebe man die Kettenparameter (symmetrische Betriebsrichtung an).

b) Zeigen Sie, wie durch schrittweisen Übergang zum idealen OP das Nullorkonzept entsteht.

c) Berechnen Sie für den Spannungsfolger (Bild 8.3/11a) die Spannungsverstärkung u_a/u_e mit einem OP nach Aufgabe a). Welche Eingangs- und Ausgangsströme fließen?

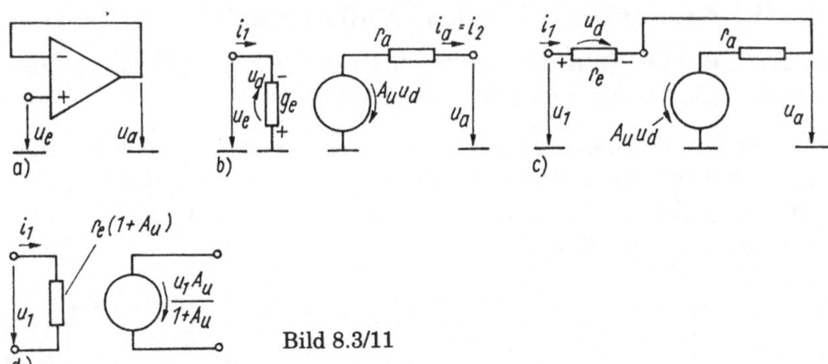

Bild 8.3/11

Hinweis: Zum Operationsverstärkermodell siehe II/Abschnitt 7.5 und III/Abschnitt 8.4.1.4 (Nullorkonzept).

Lösung:

a) Wir legen die Ersatzschaltung Bild 8.3/11b zugrunde. Die Kettenparameter können entweder direkt aus den Definitionsgleichungen oder durch

Umrechnung einfacher zugänglicher anderer Parameter gewonnen werden. Der OP werde als sog. Umkehrverstärker betrieben. Dann gelten ($i_a = i_2$, $u_a = u_2$, $u_e = u_1$):

$$A_{11} = \left.\frac{u_a}{u_e}\right|_{i_a=0} = -\frac{1}{A_u}; \qquad A_{12} = \left.\frac{u_e}{i_a}\right|_{u_2=0} = -\frac{r_a}{A_u};$$

$$A_{21} = \left.\frac{i_1}{u_2}\right|_{i_2=0} = \frac{g_e u_1}{-A_u u_1} = -\frac{g_e}{A_u}; \quad A_{22} = \left.\frac{i_1}{i_a}\right|_{u_2=0} = \frac{g_e u_1 r_a}{-A_u u_1} = -\frac{g_e r_a}{A_u}.$$

Damit lautet die Kettenmatrix in asymmetrischer Betriebsrichtung (Kettenpfeilrichtung)

$$\begin{pmatrix} u_1 \\ i_1 \end{pmatrix} = \boldsymbol{A} \cdot \begin{pmatrix} u_2 \\ i_2 \end{pmatrix} \quad \text{mit } \boldsymbol{A} = \frac{1}{A_u} \begin{pmatrix} -1 & -r_a \\ -g_e & -g_e r_a \end{pmatrix}.$$

b) Gehen die Elemente g_e, r_a schrittweise gegen Null, so verbleibt zunächst nur noch eine spannungsgesteuerte Spannungsquelle mit dem Matrixelement $A_{11} = -1/A_u$, erst für den idealen OP ($A_u \to \infty$) verschwinden alle Kettenparameterelemente, und es entsteht das Nullorkonzept mit verschwindender Kettenmatrix.

c) Der OP wird mit Rückkopplung (Ausgang nach - -Anschluß) betrieben, die Steuerspannung liegt am +-Eingang. So ergibt sich die Ersatzschaltung Bild 8.3/11c mit $u_d = u_1 - u_a$, $u_a = A_u u_d = A_u(u_1 - u_a)$ und damit $u_a/u_1 = A_u/(A_u + 1)$. Der Eingangsstrom beträgt

$$i_1 = \frac{u_d}{r_e} = \frac{u_1}{r_e} \frac{1}{A_u + 1}.$$

Dann kann das Verhalten mit der Ersatzschaltung Bild 8.3/10d als Makromodell beschrieben werden. Während der Eingangsstrom durch r_e und A_u bestimmt ist, liefert der OP durch die ideale Spannungsquelle am Ausgang einen beliebigen Strom.

Aufgabe 8.3/12 Operationsverstärker, Nullormodell

Gegeben ist ein realer OP (mit der Ersatzschaltung Bild 8.3/12a, b, der als Umkehrverstärker (Schaltung Bild 8.3/12a) arbeitet.

a) Stellen Sie die Knotenspannungsmatrix des Netzwerkes auf und geben Sie eine Ersatzschaltung an. Bestimmen Sie das Spannungsverhältnis u_2/u_q bei schrittweiser Näherung mit $g_e = 0$, $r_a \to 0$, $A_u \to \infty$. Betrachten Sie jeweils die Ausgangsgleichungen.

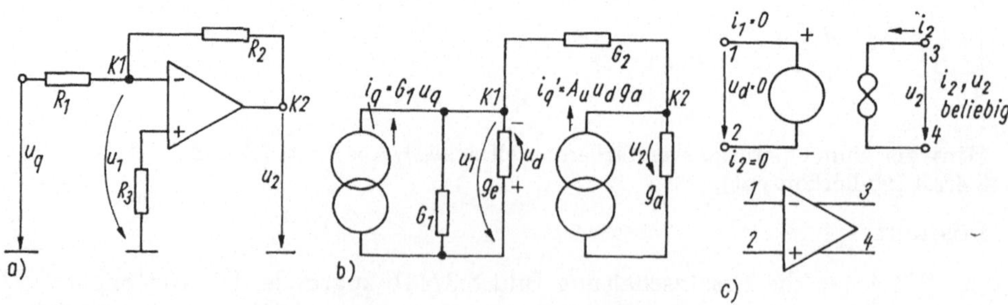

Bild 8.3/12

b) Berechnen Sie u_2/u_q unter Annahme eines idealen OPs (mit $A_\mathrm{u} \to \infty$) von Anfang an.

c) Verwenden Sie für den idealen OP (mit $A_\mathrm{u} \to \infty$) das Nullorkonzept. Wiederholen Sie dazu die Begriffe Nullator, Norator. (Schalten Sie zur Veranschaulichung in Bild 8.3/12b in den +-Zweig noch den Widerstand R_3 nach Masse.)

d) Wie lautet die Kettengleichungsdarstellung des realen und idealen OPs?

Hinweis: Zum Nullorkonzept siehe III/Abschnitt 8.1.1 und 8.4.1.4.

Lösung:

a) Zur Anwendung der Knotenspannungsanalyse wandeln wir alle (realen) Spannungsquellen in Stromquellen. Das erfolgt eingangsseitig über den Widerstand R_1, ausgangsseitig über r_a. Dann verbleiben zwei unabhängige Knoten mit den Knotenspannungen u_1, u_2, außerdem gilt $u_1 = -u_\mathrm{d}$ Bild 8.3/12b. Die Knotenspannungsgleichungen lauten:

$$\mathrm{K}_1 \; : \; (G_1 + g_\mathrm{e} + G_2)u_1 - G_2 u_2 = i_\mathrm{q}$$
$$\mathrm{K}_2 \; : \; -G_2 u_1 + (g_\mathrm{a} + G_2)u_2 = A_\mathrm{u} u_\mathrm{d} g_\mathrm{a}$$

oder umgeformt mit $u_1 = -u_\mathrm{d}$:

$$
\begin{aligned}
G_1 u_\mathrm{q} &= (G_1 + g_\mathrm{e} + G_2)u_1 - G_2 u_2 \\
0 &= (-G_2 + A_\mathrm{u} g_\mathrm{a})u_1 + (g_\mathrm{a} + G_2)u_2.
\end{aligned}
\tag{1}
$$

Dieses Gleichungssystem läßt sich nach $u_2(u_\mathrm{q})$ auflösen:

$$
\frac{u_2}{u_\mathrm{q}} = -\frac{G_1}{G_2} \frac{1}{1 + \frac{(G_2 + g_\mathrm{a})}{G_2(g_\mathrm{a} A_\mathrm{u} - G_2)}(G_1 + G_2 + g_\mathrm{e})}.
\tag{2}
$$

Aus dieser Lösung ergibt sich problemlos der Sonderfall $g_\mathrm{e} = 0$: $r_\mathrm{a} = 1/g_\mathrm{a}$. Für $r_\mathrm{a} \to 0$ wird aus Gl.(1) (bei Ausheben von y_a) das Gleichungssystem

$$u_1 A_\mathrm{u} + u_2 = 0,
\tag{3}$$

d.h. $u_2 = -u_1 A_\mathrm{u}$. Dazu kommt die erste Zeile (mit $g_\mathrm{e} = 0$) von Gl.(1). Das Gleichungssystem (3), (1) (erste Zeile) gewinnen wir durch

- Aufstellen der Knotenbilanz für K_1 (nur dieser!)
- und die "Verstärkergleichung" $u_2 = -u_1 A_\mathrm{u}$, also Wegfall der Knotengleichung K_2: Knoten K_2 bildet jetzt über die (ideale!) gesteuerte Spannungsquelle einen Superknoten nach Masse!

Wir können m.a.W. zunächst die Netzwerk-Gleichung ohne Verstärker bei $r_\mathrm{e} \to \infty$, $r_\mathrm{a} \to 0$ aufstellen und die Steuergleichung der gesteuerten Quelle ($u_2 = -A_\mathrm{u} u_1$) separat hinzunehmen. Für den idealen OP mit $A_\mathrm{u} \to \infty$

- verschwindet u_1 ($u_1 \to 0$, virtueller Kurzschluß, da u_2 endlich bleibt)
- und u_2 wird nicht mehr durch die Verstärkergleichung, sondern nur noch über die Netzwerk-Gleichung (Knoten K_1) bestimmt!

b) Bei idealem Verstärker stellen in Schaltung b) $u_\mathrm{a} = u_2$ sowie u_q gegebene Knotenspannungen dar. Ferner liegt der Knoten 1 virtuell auf Masse (wobei aber $i_1 + i_2 = 0$ gilt!). Dann folgen mit den Netzwerk-Gleichungen

$u_q = R_1 i_1$, $u_2 = R_2 i_2$ sofort ($i_1 = -i_2$):

$$\frac{u_2}{u_q} = -\frac{R_2}{R_1}. \tag{4}$$

Bei endlicher Verstärkung A_u wäre zu schreiben
- die Netzwerk-Gleichung am Knoten K_1

$$i_1 = \frac{u_q - u_1}{R_1} = -i_2 = -\frac{(u_2 - u_1)}{R_2} \tag{5a}$$

- zusätzlich die Verstärkergleichung

$$u_2 = -A_u u_1. \tag{5b}$$

Durch Eliminieren von u_1 erhalten wir die Lösung Gl.(2) (für $g_e = 0$, $r_a \to 0$) und für $A_u \to \infty$ schließlich Gl.(4) mit idealem OP.

c) Die typischen Eigenschaften des Nullators und Norators lauten:
- der *Nullator* ist ein (hypothetisches) Zweipolelement mit dem AP $u = 0$, $i = 0$, der also gleichzeitig Leerlauf für i und Kurzschluß für u bedeutet. (Im technischen Kurzschluß ist wohl $u = 0$, aber i beliebig, im technischen Leerlauf $i = 0$, aber u beliebig.)
- Der *Norator* hat keine Verkopplung zwischen den Variablen u, i, d.h. u beliebig, i beliebig (beide sind voneinander unabhängig).

  Der reale OP mit den Parametern g_e, g_a, A_u hat die Leitwertparameter (symmetrische Stromrichtungen)

$$y = \begin{pmatrix} g_e & 0 \\ -A_u g_a & g_a \end{pmatrix} \tag{6}$$

(begründen Sie diese!) Daraus folgt durch Umrechnung die Kettenmatrix (vgl. Aufg. 8.3/11):

$$A = \frac{1}{y_{21}} \begin{pmatrix} -y_{22} & 1 \\ -\det y & y_{11} \end{pmatrix} = -\frac{1}{A_u g_a} \begin{pmatrix} -g_a & 1 \\ -g_e g_a & g_e \end{pmatrix}$$

$$\begin{pmatrix} u_1 \\ i_1 \end{pmatrix} = \begin{pmatrix} \frac{1}{A_u} & -\frac{r_a}{A_u} \\ \frac{g_e}{A_u} & -\frac{g_e r_a}{A_u} \end{pmatrix} \cdot \begin{pmatrix} u_2 \\ i_2 \end{pmatrix}.$$

Es ergeben sich als Sonderfälle $g_e \to 0 \to i_1 = 0$, $r_a \to 0$

$$A = \begin{pmatrix} \frac{1}{A_u} & 0 \\ 0 & 0 \end{pmatrix} \tag{7a}$$

und schließlich der ideale OP mit $A_u \to \infty$

$$\begin{pmatrix} u_1 \\ i_1 \end{pmatrix} = \begin{pmatrix} 0 & 0 \\ 0 & 0 \end{pmatrix} \cdot \begin{pmatrix} u_2 \\ i_2 \end{pmatrix}. \tag{7b}$$

Der ideale OP hat eine Kettenmatrix mit verschwindenden Koeffizienten.

Bild 8.3/12c zeigt die Ersatzschaltung des idealen OPs mit einem Nullator am Eingang und Norator am Ausgang, der genau Gl.(7b) repräsentiert. Ein solches Zweitor heißt *Nullor* (wobei Nullator und Norator immer nur in Kombination auftreten, s.u.).

Es gilt (wegen der Verstärkung $A_u \to \infty$) nur im linearen Bereich des OPs.

Die Kirchhoffschen Gleichungen enthalten Zweige mit regulären u-i-Beziehungen (z.B. $i_2 = G_2 u_2$, $u_5 = R_5 i_5$), einen Nullatorzweig mit $u_3 = 0$ und $i_3 = 0$ sowie einen Noratorzweig mit u_4 beliebig, i_4 beliebig (keine Verkopplung zwischen u_4, i_4). Damit die Gleichungen eindeutig lösbar sind, müssen Nullator und Norator stets paarweise auftreten! Wegen dieser Unabhängigkeit u_2, i_2 gilt: Die Anwendung des Nullormodells setzt immer äußere Beschaltung vom Ausgang nach dem Eingang voraus (Verkopplung u_2, i_2 Eingänge u_d, $i+$, $i-$, ohne äußere Rückkopplung ist das Modell also nicht anwendbar!).

Aufgabe 8.3/13 Nullor-Konzept

Für die Schaltung (Bild 8.3/13) stelle man auf:

a) Die Knotengleichungen mit idealem Operationsverstärker,

b) dto. bei endlicher Spannungsverstärkung A_u des Operationsverstärkers,

c) Welches System (Analyse) stellt sich mit idealem OP unter Anwendung des Nullormodells ein?

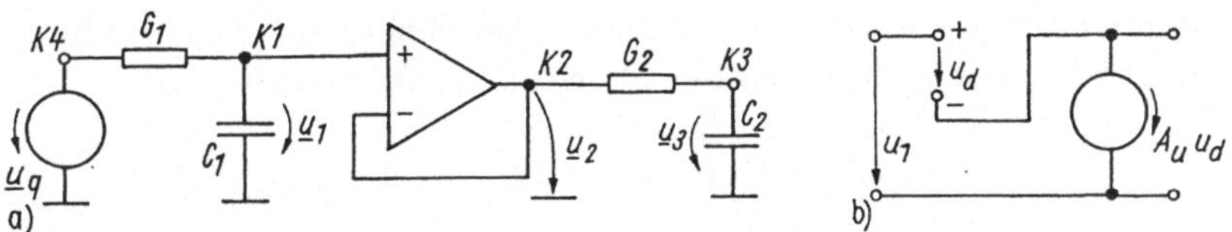

Bild 8.3/13

Hinweis: Zum Operationsverstärker siehe II/Abschnitt 7.5 und III/Abschnitt 8.4.1.4 und 8.4.2.3

Lösung:

a) Die Schaltung hat vier Knoten, wobei die Knotenspannung $\underline{u}_4 = \underline{u}_q$ bekannt ist und wir für Knoten 2 die Spannung $\underline{u}_2$ zunächst als gegeben annehmen: beim OP mit Innenleitwert $r_a = 0$ liegt eine gesteuerte Quelle nach Masse vor. Dann ist $\underline{u}_2 \sim \underline{u}_1$ und deshalb muß für K_2 keine Gleichung aufgestellt werden. Wir erhalten der Reihe nach:

$$K_1 : G_1(\underline{u}_1 - \underline{u}_q) + j\omega C_1\underline{u}_1 - 0 \rightarrow \underline{u}_1(G_1 \mid j\omega C_1) = G_1\underline{u}_q \tag{1a}$$

$$K_3 : G_2(\underline{u}_3 - \underline{u}_2) + j\omega C_2\underline{u}_3 = 0 \rightarrow -G_2\underline{u}_2 + (G_2 + j\omega C_2)\underline{u}_3 = 0. \tag{1b}$$

In diesem Gleichungssystem tritt der OP nicht auf, der Zusammenhang $\underline{u}_2 = f(\underline{u}_1)$ beinhaltet den Verstärker. Setzen wir für den idealen Spannungsfolger $\underline{u}_2 = \underline{u}_1$, so folgt aus Gl.(1) das Gleichungssystem in Matrixform:

$$\begin{pmatrix} G_1 + j\omega C_1 & 0 \\ -G_2 & G_2 + j\omega C_2 \end{pmatrix} \cdot \begin{pmatrix} \underline{u}_1 \\ \underline{u}_3 \end{pmatrix} = \begin{pmatrix} G_1\underline{u}_q \\ 0 \end{pmatrix}. \tag{2}$$

Die Lösung $\underline{u}_3(\underline{u}_q)$ lautet:

$$\frac{\underline{u}_3}{\underline{u}_q} = \frac{G_1 G_2}{(G_1 + j\omega C_1)(G_2 + j\omega C_2)} \tag{3}$$

und ergibt einen Tiefpaß zweiter Ordnung.

b) Wir führen den OP mit endlicher Verstärkung A_u als gesteuerte (ideale) Spannungsquelle ein mit der Modellbeziehung (Bild 8.3/13b)

$$\underline{u}_1 = \underline{u}_d + A_u\underline{u}_d \rightarrow \underline{u}_d = \underline{u}_1/(1 + A_u)$$
$$\underline{u}_2 = A_u\underline{u}_d = A_u\underline{u}_1/(1 + A_u). \tag{4}$$

Mit Gl.(4) tritt zu Gl.(1) eine dritte Gleichung und das Matrixsystem lautet

$$
\begin{matrix} \mathrm{K_1:} \\ \mathrm{K_3:} \\ \mathrm{K_2:} \end{matrix}
\begin{pmatrix} G_1 + j\omega C_1 & 0 & 0 \\ 0 & -G_2 & G_2 + j\omega C_2 \\ \frac{-A_\mathrm{u}}{1+A_\mathrm{u}} & 1 & 0 \end{pmatrix}
\cdot
\begin{pmatrix} \underline{u}_1 \\ \underline{u}_2 \\ \underline{u}_3 \end{pmatrix}
=
\begin{pmatrix} G_1\underline{u}_\mathrm{q} \\ 0 \\ 0 \end{pmatrix}
\qquad (5)
$$

mit der Lösung für $\underline{u}_3(\underline{u}_\mathrm{q})$

$$
\frac{\underline{u}_3}{\underline{u}_\mathrm{q}} = \frac{G_1 G_2}{(G_1 + j\omega C_1)(G_2 + j\omega C_2)} \frac{1}{1 + \frac{1}{A_\mathrm{u}}}.
\qquad (6)
$$

Das ist Gl.(3) versehen mit einem Faktor ≤ 1. Das Gesamtverhalten ergibt sich als Produkt der Einzelübertragungsfaktoren der beiden *RC*-Glieder.

Der Spannungsfolger wirkt als Trennverstärker (bei direkter Verbindung der Knoten 1 und 2 ändert sich die Übertragungsfunktion).

c) Mit Anwendung des Nullormodells haben wir

- wegen $\underline{u}_1 = \underline{u}_2$ die Spalten 1 und 2 in Gl.(5) zusammenzufassen

$$
\begin{matrix} \mathrm{K_1:} \\ \mathrm{K_3:} \\ \mathrm{K_2:} \end{matrix}
\begin{pmatrix} G_1 + j\omega C_1 & 0 \\ -G_2 & G_2 + j\omega C_2 \\ 1 - \frac{A_\mathrm{u}}{1+A_\mathrm{u}} & 0 \end{pmatrix}
\cdot
\begin{pmatrix} \underline{u}_{1+2} \\ \underline{u}_3 \end{pmatrix}
=
\begin{pmatrix} G_1\underline{u}_\mathrm{q} \\ 0 \end{pmatrix}
\qquad (7)
$$

- die dritte Zeile (Knoten 2 des Norators) zu streichen. Das restliche Gleichungssystem (7) liefert die Lösung Gl.(6) für $A_\mathrm{u} \to \infty$.

Aufgabe 8.3/14 Operationsverstärkerschaltung, Nullor-Konzept

Die gegebene Schaltung Bild 8.3/14 soll mit idealen bzw. realen Operationsverstärkern unter Benutzung des Nullormodells die Gleichung für die Ausgangsspannung $\underline{u}_5(\underline{u}_\mathrm{q})$ aufgestellt werden.

Hinweis: Zum Nullormodell siehe III/Abschnitt 8.4.2.3.

Lösung:

a) Wir führen zunächst die Knoten ein, für die Knotengleichungen formuliert werden müssen. Das ist bei idealen OPs an den Stellen x nicht erforderlich. So verbleiben 3 Knoten $\mathrm{K_1 \ldots K_3}$ mit den Knotenspannungen $u_1 \ldots u_3$. Wir erhalten:

$$
\begin{matrix} \mathrm{K_1} \\ \mathrm{K_2} \\ \mathrm{K_3} \\ \mathrm{K_4} \\ \mathrm{K_5} \end{matrix}
\begin{pmatrix}
G_2 + G_3 & & & & -G_2 \\
& G_1 + G_7 & & -G_7 & -G_1 \\
& & G_4 + G_6 + G_5 & -G_4 & \\
0 & -G_7 & -G_4 & G_4 + G_7 & \\
-G_2 & -G_1 & & & (G_1 + G_2)
\end{pmatrix}
\cdot
\begin{pmatrix} \underline{u}_1 \\ \underline{u}_2 \\ \underline{u}_3 \\ \underline{u}_4 \\ \underline{u}_5 \end{pmatrix}
$$

$$
= \begin{pmatrix} G_3\underline{u}_\mathrm{q} \\ 0 \\ G_6\underline{u}_\mathrm{q} \\ \underline{i}_\mathrm{n1} \\ \underline{i}_\mathrm{n2} \end{pmatrix}.
$$

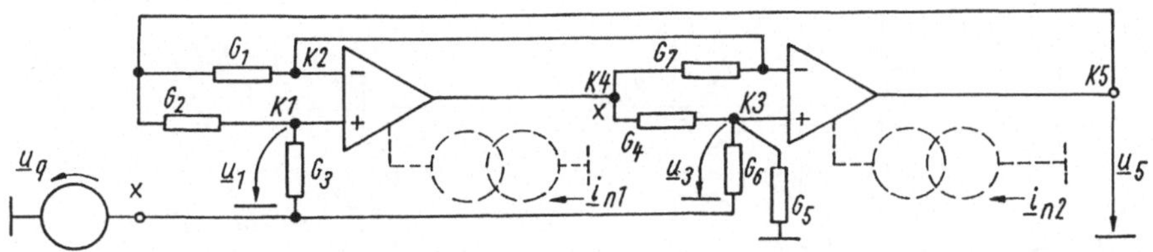

Bild 8.3/14

Für die Knoten K_4, K_5 denken wir uns Hilfsstromquellen $\underline{i}_{n1}$, $\underline{i}_{n2}$ eingeführt, die später beim Noratorkonzept eliminiert werden. Der Einbezug des idealen OPs - Nulloreinsatz - erfordert

- einen Nullator zwischen $K_{1,2}$ $\rightarrow$ Addition der Spalten 1, 2, streichen der Spalte 1
- einen Nullator zwischen $K_{2,3}$ $\rightarrow$ Addition der Spalten 2, 3, streichen Spalte 3

$$
\begin{array}{c}
1 \\ 2 \\ 3 \\ \underline{i}_{n1} \\ \underline{i}_{n2}
\end{array}
\begin{pmatrix}
G_2 + G_3 & 0 & 0 & -G_2 \\
G_1 + G_7 & 0 & -G_7 & -G_1 \\
0 & G_4 + G_5 + G_6 & -G_4 & 0 \\
-G_7 & -G_4 & G_4 + G_7 & 0 \\
-G_2 - G_1 & 0 & 0 & G_1 + G_2
\end{pmatrix}
\cdot
\begin{pmatrix}
\underline{u}_1 \\ \underline{u}_2 \\ \underline{u}_3 \\ \underline{u}_4 \\ \underline{u}_5
\end{pmatrix}
=
\begin{pmatrix}
G_3 \underline{u}_q \\ 0 \\ G_6 \underline{u}_q \\ \underline{i}_{n1} \\ \underline{i}_{n2}
\end{pmatrix}.
$$

(Spaltenüberschriften: $\underline{u}_{1+2}$, $\underline{u}_3$, $\underline{u}_4$, $\underline{u}_5$)

So verbleibt (mit $\underline{u}_2 = \underline{u}_1 = \underline{u}_3$):

$$
\begin{array}{c}
1 \\ 2 \\ 3 \\ \underline{i}_{n1} \\ \underline{i}_{n2}
\end{array}
\begin{pmatrix}
G_2 + G_3 & 0 & -G_2 \\
G_1 + G_7 & -G_7 & -G_1 \\
G_4 + G_5 + G_6 & -G_4 & 0 \\
-(G_4 + G_7) & G_4 + G_7 & 0 \\
-(G_1 + G_2) & 0 & G_1 + G_2
\end{pmatrix}
\cdot
\begin{pmatrix}
\underline{u}_1 \\ \underline{u}_2 \\ \underline{u}_3 \\ \underline{u}_4 \\ \underline{u}_5
\end{pmatrix}
=
\begin{pmatrix}
G_3 \underline{u}_q \\ 0 \\ G_6 \underline{u}_q \\ \underline{i}_{n1} \\ \underline{i}_{n2}
\end{pmatrix}.
$$

(Spaltenüberschriften: $\underline{u}_2$, $\underline{u}_4$, $\underline{u}_5$)

Die Noratoren werden berücksichtigt
- durch Streichen der Zeile 4 ($\rightarrow \underline{i}_{n1}$)
- durch Streichen der Zeile 5 ($\rightarrow \underline{i}_{n2}$).

Dem entspricht das Modell, wonach an einem Norator u und i beliebig sind. Die so reduzierte Gleichung läßt sich problemlos nach $\underline{u}_5 = f(\underline{u}_q)$ lösen. Wählt man z.B. $G_7 = j\omega C_7$, $G_6 = j\omega C_6$, so entsteht ein Allpaß.

Aufgabe 8.3/15 Operationsverstärker mit symmetrischem Ausgang, Nullor-Konzept

Gegeben ist die Schaltung Bild 8.3/15a mit einem OP und symmetrischem Ausgang.

a) Stellen Sie die Knotenspannungsgleichungen auf, zunächst ohne OP, jedoch mit einem Strom i_N durch die Verstärkerausgangsquelle.

b) Wenden Sie auf den OP das Nullor-Konzept an.

c) Was folgt, wenn der OP ideal ist, aber endliche Verstärkung hat?

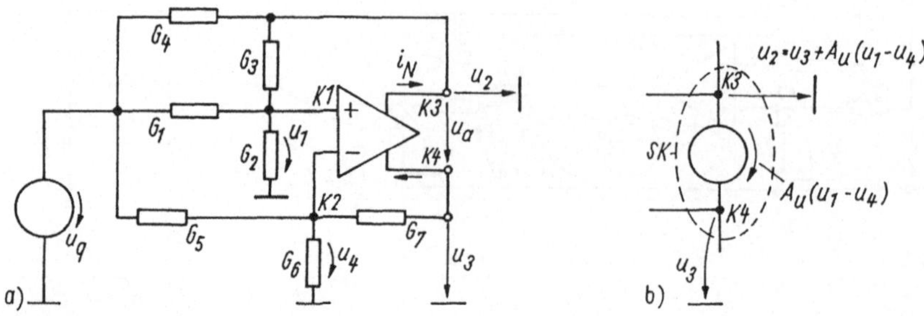

Bild 8.3/15

Hinweis: Zum Nullor-Konzept siehe III/Abschnitt 8.4.2.3.

Lösung:

a) Die Schaltung hat vier Knoten $K_1 \ldots K_4$, für die Knotenspannungen einzuführen sind. Sie sind in Bild 8.3/15a eingetragen. Die Gleichungen lauten:

$$K_1 \;:\; (G_1 + G_2 + G_3)u_1 - G_3 u_2 = G_1 u_\mathrm{q}$$

$$K_2 \;:\; (G_5 + G_6 + G_7)u_4 - G_7 u_3 = G_5 u_\mathrm{q}$$

$$K_3 \;:\; -G_3 u_1 + (G_3 + G_4)u_2 - i_\mathrm{N} = G_4 u_\mathrm{q}$$

$$K_4 \;:\; -G_7 u_4 + G_7 u_3 + i_\mathrm{N} = 0.$$

Wir ordnen das System in Matrixform:

$$
\begin{array}{c}
K_1 \\ K_2 \\ K_3 \\ K_4
\end{array}
\begin{pmatrix}
G_1 + G_2 + G_3 & -G_3 & 0 & 0 \\
0 & 0 & -G_7 & G_5 + G_6 + G_7 \\
-G_3 & G_3 + G_4 & 0 & 0 \\
0 & 0 & G_7 & -G_7
\end{pmatrix}
\cdot
\begin{pmatrix}
u_1 \\ u_2 \\ u_3 \\ u_4
\end{pmatrix}
$$

$$
=
\begin{pmatrix}
G_1 u_\mathrm{q} \\
G_5 u_\mathrm{q} \\
G_4 u_\mathrm{q} + i_\mathrm{N} \\
-i_\mathrm{N}
\end{pmatrix}.
\tag{1}
$$

Daraus läßt sich prinzipiell $u_\mathrm{a} = f(u_\mathrm{q})$ bestimmen, wobei $u_\mathrm{a} = u_2 - u_3$ als Differenzspannung wegen des symmetrischen Ausgangs auftritt. Der Strom i_N ist noch unbekannt und kann z.B. durch eine gesteuerte Quelle ersetzt werden.

b) Wird das Nullor-Konzept verwendet, so beinhaltet dies:
- Anordnung eines Nullators zwischen den Eingangsklemmen des Operationsverstärkers, dadurch wird

$$u_1 = u_4 \tag{2}$$

erzwungen. Deshalb sind Spalten 1 und 4 zu addieren und eine zu streichen:

$$
\begin{array}{c}
K_1 : \\ K_2 : \\ K_3 : \\ K_4 :
\end{array}
\begin{pmatrix}
G_1 + G_2 + G_3 & -G_3 & 0 \\
G_5 + G_6 + G_7 & 0 & -G_7 \\
-G_3 & G_3 + G_4 & 0 \\
-G_7 & 0 & G_7
\end{pmatrix}
\cdot
\begin{pmatrix}
u_{1+4} \\ u_2 \\ u_3
\end{pmatrix}
=
\begin{pmatrix}
G_1 u_\mathrm{q} \\
G_5 u_\mathrm{q} \\
G_4 u_\mathrm{q} + i_\mathrm{N} \\
-i_\mathrm{N}
\end{pmatrix}
\tag{3}
$$

- Norator am Ausgang bedingt Addition der Zeilen mit i_N, $-i_N$ (Eliminierung von i_N) und Streichen einer Zeile (K_4):

$$K_1 : \begin{pmatrix} \overset{u_{1+4}}{G_1 + G_2 + G_3} & \overset{u_2}{-G_3} & \overset{u_3}{0} \\ G_5 + G_6 + G_7 & 0 & -G_7 \\ -(G_3 + G_7) & G_3 + G_4 & G_7 \end{pmatrix} \cdot \begin{pmatrix} u_{1+4} \\ u_2 \\ u_3 \end{pmatrix} = \begin{pmatrix} G_1 u_q \\ G_5 u_q \\ G_4 u_q \end{pmatrix}. \tag{4}$$

Damit läßt sich die Ausgangsspannung $u_a = u_2 - u_3$ als Funktion von u_q bestimmen.

c) Hat der OP endliche Verstärkung A_u, so tritt zusätzlich die Bedingung

$$u_a = u_2 - u_3 = A_u u_d = A_u(u_1 - u_4) \tag{5}$$

auf. Wir betrachten den OP-Ausgang mit gesteuerter (idealer) Spannungsquelle als Superknoten (schwebende Quelle), bedenken $u_1 \neq u_4$ und stellen z.B. das Gleichungssystem für u_1, u_3, u_4 auf. Dazu wird in Gl.(2) die Spannung u_2 durch

$$u_3 + A_u(u_1 - u_4), \tag{6}$$

ersetzt K_3 und K_4 zusammengefaßt (Addition, dadurch entfällt der Hilfsstrom i_N) und erhalten:

$$\begin{aligned} K_1 \ &: \ (G_1 + G_2 + G_3(1 - A_u))u_1 - G_3 u_3 + G_3 A_u u_4 = G_1 u_q \\ K_2 \ &: \ -G_7 u_3 + (G_5 + G_6 + G_7)u_4 = G_5 u_q \\ K_3 \ &: \ (-G_1(1 - A_u) + G_4)u_1 + (G_3 + G_4 + G_7)u_3 - \\ & \qquad (G_7 + A_u(G_3 + G_4))u_4 = G_4 u_q. \end{aligned} \tag{7}$$

Für $A_u \to \infty$ wird $u_1 \to u_4$ mit dem Ergebnis Gl.(5).

8.4 Nichtlineare Netzwerkelemente

Aufgabe 8.4/1 Zusammenschaltung von nichtlinearen Zweipolen

Gegeben sind zwei nichtlineare Zweipole mit den Kennlinien $U = f_1(I)$ und $U = f_2(I)$ (Bild 8.4/1a) jeweils im Verbraucherpfeilsystem.

a) Beide Zweipole werden parallelgeschaltet. Wie ergibt sich der Arbeitspunkt? Welcher der beiden Zweipole wirkt aktiv, welcher passiv?

b) Zerlegen Sie die Kennlinie des Zweipoles 2 in eine Quellengröße (Strom I_0, bzw. Spannung U_0) und einen nichtlinearen Zusammenhang $U' = f_2(I_2)$.

c) Wenden Sie die Ergebnisse der Aufgaben a), b) an auf die Zusammenschaltung
  - einer Halbleiterdiode D_1, Kennlinie (VPS)
$$I_1 = I_{S1}\left(\exp\frac{U_1}{U_T} - 1\right) = I_{D1}$$
  - mit einer Solarzelle, Kennlinie (VPS)
$$I_2 = I_{S2}\left(\exp\frac{U_2}{U_T} - 1\right) - I_0 = I_{D2} - I_0.$$

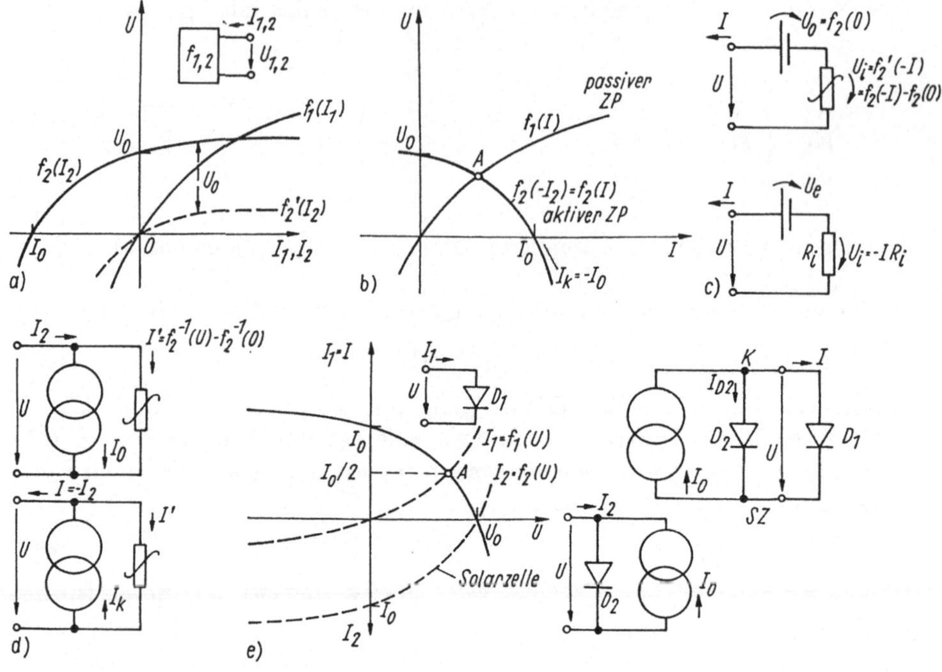

Bild 8.4/1

Geben Sie eine Ersatzschaltung (mit Dioden) an und tragen Sie die Ströme ein. Wo liegt der Arbeitspunkt, wenn die Diode im Flußbereich arbeiten soll?

Hinweis: Gehen Sie in der graphischen Darstellung zweckmäßig von der Kennlinienform $I = f(U)$ für beide Zweipole aus.

d) Bestimmen Sie den Arbeitspunkt rechnerisch für den Fall, daß beide Dioden gleiche Sättigungsströme $I_{S1} = I_{S2} = I_S$ haben und außerdem $I_0/I_S = 10^{10}$ gelten soll ($U_T = 25\,\mathrm{mV}$). Wie groß ist der nichtlineare Innenleitwert $G_i = \frac{I_D}{U}$ des aktiven Zweipols, um welche Art von Leitwert handelt es sich?

e) Entwickeln Sie für die gegebene Solarzelle eine Spannungsquellenersatzschaltung. Wie lauten die Quellenspannung U_0, der Spannungsabfall U_{Ri} über dem "nichtlinearen Innenwiderstand" und die Klemmenspannung U? Lassen sich Diodenschaltzeichen verwenden?

Hinweis: Überprüfen Sie die Ergebnisse a), b) jeweils für den Sonderfall linearer Zweipole (Innen-, Außenwiderstand $f_1 \to R_a$, $f_2 \to R_i$, $U_0, I_0 \to U_1, I_k$).

Lösung:

a) Beim Parallelschalten der Zweipole gelten: $U_1 = U_2$ und $I = I_1 = -I_2$. Da beide Kennlinien $U_1 = f_1(I_1)$ und $U_2 = f_2(I_2)$ im VPS vorliegen (Bild 8.4/1a), wird für U_2 ($\to$ aktiver Zweipol, erkenntlich an U_0, I_0) zunächst die gespiegelte Kurve $U_2 = f_2(-I_2) = f_2(I)$ an der U-Achse im U_1-I_1-Diagramm konstruiert (Bild 8.4/1b). Der Schnittpunkt mit $f_1(I)$ ist der Arbeitspunkt A.

b) Zweipol f_1 ist passiv ($U \to 0$ für $I \to 0$), Zweipol f_2 aktiv, da für $I \to 0 \to U \to U_0$ (Leerlaufspannung), für $U = 0 \to +I_2 = -I_0$ (Kurzschlußstrom). Die nichtlineare Kennlinie entsteht ausschließlich durch den "nichtlinearen Innenwiderstand".

Für den linearen Zweipol lauten die entsprechenden U-I-Beziehungen:

$$f_1 \;:\; U_1 = R_a I_1 \quad \text{(VPS)}$$
$$f_2 \;:\; U_2 = U_0 + R_i I_2 \quad \text{(VPS!) mit } U_1 = U_0, \quad -\frac{U_0}{R_i} = I_0$$

oder bei Übergang zum EPS für den aktiven Zweipol ($I_2 = -I_1$) in der gängigen Form:

$$U_2 = U_0 - I_1 R_i; \quad I_k|_{U_1=0} = \frac{U_0}{R_i}.$$

Wir können uns die Kennlinie $U_2 = f_2(I_2)$ aufgebaut denken:

1. aus der Kennlinie $U_i = f_2'(I_2)$ durch den Nullpunkt, die um $U_0 = f_2(0)$ verschoben ist (Bild 8.4/1a, gestrichelt):

$$U_2 = f_2(I_2) = f_2'(I_2) + U_0 \tag{1a}$$
$$U_2 = U_0 + f_2'(-I) \tag{1b}$$

mit $U_0 = f_2(0)$ oder im EPS ($I = I_1 = -I_2$) nach Gl.(1b). Damit ist der nichtlineare innere Spannungsabfall U_i definiert durch $U_i = f_2'(-I)$. So entsteht das Spannungsquellen-Ersatzschaltbild (Bild 8.4/1c im EPS). Für den linearen Zweipol ergibt sich aus dem Ansatz $U_2 = f_2(I_2) = aI_2 + b$ durch Vergleich: $b = U_0 = U_1$ (Leerlaufspannung), $a = \frac{b}{-I_{2k}} = R_i$ und $f_2'(I_2) = U_2 \cdot U_0 = aI_2 = R_i I_2 = -R_i I_0$. Das negative Vorzeichen entsteht durch entgegengesetzte Orientierung von U_i und I.

2. Analog kann mit der Umkehrkennlinie $I_2 = f_2^{-1}(U_2)$ (f_2^{-1} Umkehrfunktion von f_2) verfahren werden. Sie wird zerlegt in $I_2 = I_{2k} = I_0 = f_2^{-1}(0)$ - den Kurzschlußstrom - und einen Zweigstrom I:

$$I_2 = f_2^{-1}(U_2) = I_0 + I'. \tag{2a}$$

Dabei fließt der Teilstrom $I' = f_2'^{-1}(U_2) = f_2^{-1}(U_2) - f_2^{-1}(0)$ durch den "nichtlinearen Innenleitwert" (Bild 8.4/1d). Bei Übergang zum EPS wird daraus

$$I = -I_2 = \underbrace{-I_0}_{I_k} -(f_2^{-1}(U_2) - f_2^{-1}(0)). \tag{2b}$$

Gl.(2b) ist die Stromquellen-Ersatzschaltung mit nichtlinearem, parallel liegenden "Innenleitwert" (Zweigstromkennlinie $I' = (f_2^{-1}(U_2) - f_2^{-1}(0))$. Da üblicherweise der Kurzschlußstrom I_k eine entgegengesetzte Richtung zur Spannung hat, setzen wir $I_k = -I_0$.

Je nach Form der Nichtlinearität $f(U)$ kann es zur gegebenen Spannungsquellen-Ersatzschaltung eine zweckmäßige Stromquellen-Ersatzschaltung geben oder nicht, formal ist sie immer möglich. Für den linearen Zweipol mit $U = f_2(I_2) = aI_2 + b \to f_2^{-1} = \frac{U}{a} - \frac{b}{a}$ folgt durch Vergleich mit Gl.(2b):

$$I = I_k - G_i U_2 \to I_k = -I_0 = \frac{U_0}{R_i}$$
$$I' = f_2^{-1}(U_2) - f_2^{-1}(0) = \frac{U_2}{a} = G_i U.$$

c) Im Bild 8.4/1e wurden die Kennlinien von Diode und Solarzelle in einer I-U-Darstellung (VPS) mit Ersatzschaltung zunächst einzeln (gestrichelt) eingetragen. Bei Zusammenschaltung gilt $U_1 = U_2 = U$, $-I_2 = I_1 = I$. Deshalb ist die Kennlinie der Solarzelle an der U-Achse zu spiegeln (voll ausgezogen). Dabei bleibt Ersatzschaltung Bild 8.4/1e erhalten. Im Knoten K gilt nämlich $I_1 = I_{S1}(\exp U/U_T - 1) = -I_2 = -I_{D2} + I_0$ oder

$$I + I_{D2} = I_0 \quad \text{oder } I = I_0 - I_{D2} = I_0 - I_{S2}\left(\exp\frac{U}{U_T} - 1\right).$$

Der Arbeitspunkt ist der Schnittpunkt mit der Diodenkennlinie:

$$I_{S1}\left(\exp\frac{U}{U_T} - 1\right) = I_0 - I_{S2}\left(\exp\frac{U}{U_T} - 1\right). \tag{3}$$

Für gleiche Sättigungsströme $I_{S1} = I_{S2} = I_S$ folgt aufgelöst nach U als Arbeitspunktspannung:

$$\frac{U}{U_T} = \ln\left(1 + \frac{I_0}{2I_S}\right) \tag{4}$$

und rückeingesetzt in die Diodenkennlinie D_1

$$I = I_S\left(\exp\frac{U}{U_T} - 1\right) = I_S\left(1 + \frac{I_0}{2I_S} - 1\right) = \frac{I_0}{2}. \tag{5}$$

Im Arbeitspunkt stellt sich in diesem Fall der halbe Solarzellenkurz-schlußstrom I_0 ein (Bild 8.4/1e). Die zugehörige Spannung lautet $U = 25\,\text{mV}\ln(1 + (1/2)\cdot 10^{10}) = 0,558\,\text{V}$. Ein (nichtlinearer) Innenleitwert G_i der Solarzelle läßt sich formal definieren durch

$$G_i = \frac{I_{D2}}{U} = \frac{I_{S2}}{U}\left(\exp\frac{U}{U_T} - 1\right) \approx \frac{I_{S2}}{U}\exp\frac{U}{U_T}, \tag{6}$$

er hängt erwartungsgemäß von der Klemmenspannung U ab. Das ist der Sekanten- oder Großsignalleitwert der Diode D_2.

d) Zur Umwandlung der Solarzellenkennlinie aus der Form $I = G(U)$ in die Spanungsquellenform bilden wir die Umkehrfunktion $U = G^{-1}(I)$ aus der Vorgabe. Sie lautet:

$$U = U_T\ln\left(1 + \frac{I_0 - I}{I_{S2}}\right) = G^{-1}(I). \tag{7}$$

Die Leerlaufspannung $U_l = U_0$ folgt aus $U_0 = G^{-1}(0)$ zu

$$U_0 = U_T\ln\left(1 + \frac{I_0}{I_{S2}}\right) \tag{8}$$

(Festwert, unabhängig von I, Wesen einer idealen Spannungsquelle). Der Spannungsabfall U_i über dem "nichtlinearen Innenwiderstand" lautet für die gewählte Stromrichtung (EPS)

$$U_i = U_0 - U = G^{-1}(0) - G^{-1}(I) = U_T\ln\frac{I_{S2} + I_0}{I_{S2} + I_0 - I}. \tag{9}$$

Er hängt vom Strom ab. Der nichtlineare Innenwiderstand $R_i(I)$ - verstanden als Sekantenwiderstand - wird dann

$$R_i(I) = \frac{U_i}{I} = \frac{U_T}{I} \ln \frac{I_{S2} + I_0}{I_{S2} + I_0 - I} \approx \frac{U_T}{I} \ln \frac{1}{1 - \frac{I}{I_0}}\bigg|_{I_0 - I \gg I_{S2}} . \qquad (10)$$

Es gilt im allgemeinen *nicht* $R_i = \frac{1}{G_i}$, wie beim linearen Zweipol (s. Gl.(6)!).

Diodenschaltzeichen lassen sich zur Veranschaulichung der Nichtlinearität des so errechneten Innenwiderstandes nicht verwenden.

Diskussion: Bild 8.4/1e läßt erkennen:

- Diode D_1 arbeitet mit den gewählten U-, I-Richtungen in Durchlaßrichtung (Richtung des Pfeilsymbols im Schaltzeichen) niederohmig, in umgekehrter Spannungsrichtung (Sperrichtung) fließt nur der Sperrstrom $I = -I_{S1}$ (Richtwert: μA...pA, "Widerstand" unendlich).
- Die Solarzelle hat den Kurzschlußstrom I_0. Er entsteht durch Loch-Elektronen-Paarbildung zufolge Lichteinstrahlung im pn-Übergang unabhängig von der Höhe der anliegenden Spannung (es handelt sich um eines der wenigen physikalischen Prinzipien, die einen "Quellenstrom" liefern).
- Die Stromquellen-Ersatzschaltung der Solarzelle entspricht der natürlichen Ersatzschaltung. Sie kann aus dem Wirkprinzip der Fotodiode hergeleitet werden.
- Die Umwandlung in eine Spannungsquellen-Ersatzschaltung ist formal möglich, bringt aber keine Vorteile (ggf. bessere Konvergenz bei der numerischen Arbeitspunktbestimmung).

Aufgabe 8.4/2 Leistungsumsatz aktiver, passiver nichtlinearer Zweipol

Gegeben ist je ein aktiver und passiver Zweipol: Spannungsquellenersatzschaltung, Leerlaufspannung U_Q, innerer Spannungsabfall $U_1(I)$ mit $I = f_1(U_1)$ (› nichtlinearer Innenwiderstand), passiver Zweipol $I - g(U_2)$.

a) Stellen Sie die Kennlinien $I(U_1)$ des "nichtlinearen Innenwiderstandes", die Kennlinie des nichtlinearen aktiven Zweipols und des nichtlinearen passiven Zweipols dar. Wie groß sind die Leistungen P_2, P_1 im Außen- und Innenwiderstand? Zwischen welchen Werten können diese Leistungen variieren?

b) Unter welcher Bedingung wird an den passiven Zweipol maximale Leistung abgegeben?

c) Stellen Sie die maximale Leistung bezogen auf die verfügbare Quellenleistung $P_V = I_k U_Q$ nach Aufgabe b) allgemein dar.

d) Überprüfen Sie die gefundenen Ergebnisse für den linearen aktiven und passiven Zweipol (R_i, R_a).

e) Wie lauten die Ergebnisse für zwei Parabelkennlinien der nichtlinearen Widerstände: Quelle: $I = f_1(U_1) = k_Q U_1^2$ bzw. $I^2 = k'^2 U_1$, passiv, $I = g_2(U_2) = k U_2^2$?

f) Verallgemeinern Sie die Ergebnisse der Aufgabe e) für den nichtlinearen aktiven und passiven Zweipol.

Lösung:

a) Wir tragen in einem Diagramm $I = f(U)$ auf (Bild 8.4/2a):
   - die Kennlinie $I = g_2(U_2)$ des passiven Zweipols (z.B. Diodenkennlinie) über U_2
   - die Kennlinie $I = f_1(U_1)$ mit $U_1 = U_Q - U_2$. Von U_Q ausgehend muß dann stromabhängig $U_1(I) = f_1^{-1}(I)$ abgezogen werden: $U = U_Q - f_1^{-1}(I)$. Schnittpunkt beider Kennlinien ist der Arbeitspunkt A. Dazu wird die Kennlinie $I = f_1(U_1)$ in U_Q angesetzt und an der Achse $U_Q =$ const. gespiegelt. Die Leistungen betragen:

   – im passiven Zweipol (schraffiertes Rechteck)
   $$P_2 = IU_2 = I(U_Q - U_1) \tag{1}$$
   – im aktiven Zweipol (umgesetzte Verlustleistung) (schraffiertes Rechteck)
   $$P_1 = IU_1 = I(U_Q - U_2). \tag{2}$$
   Wird durch Variation der Lastkennlinie g_2 I bzw. U_2 sehr groß oder klein gewählt, so ergeben sich die Arbeitspunkte B oder C. Damit ändert sich P_2, m.a.W. gibt es eine Spannung U_2 resp. U_1, für die P_2 ein Maximum wird: $P_2 = I(U_1)(U_Q - U_1) \to$ Maximum.

b) Die maximale Leistung P_2 folgt durch Differenzieren von Gl.(1)
   $$\frac{\mathrm{d}P_2}{\mathrm{d}U_1} = -I + (U_Q - U_1)\frac{\mathrm{d}I}{\mathrm{d}U_1}. \tag{3}$$

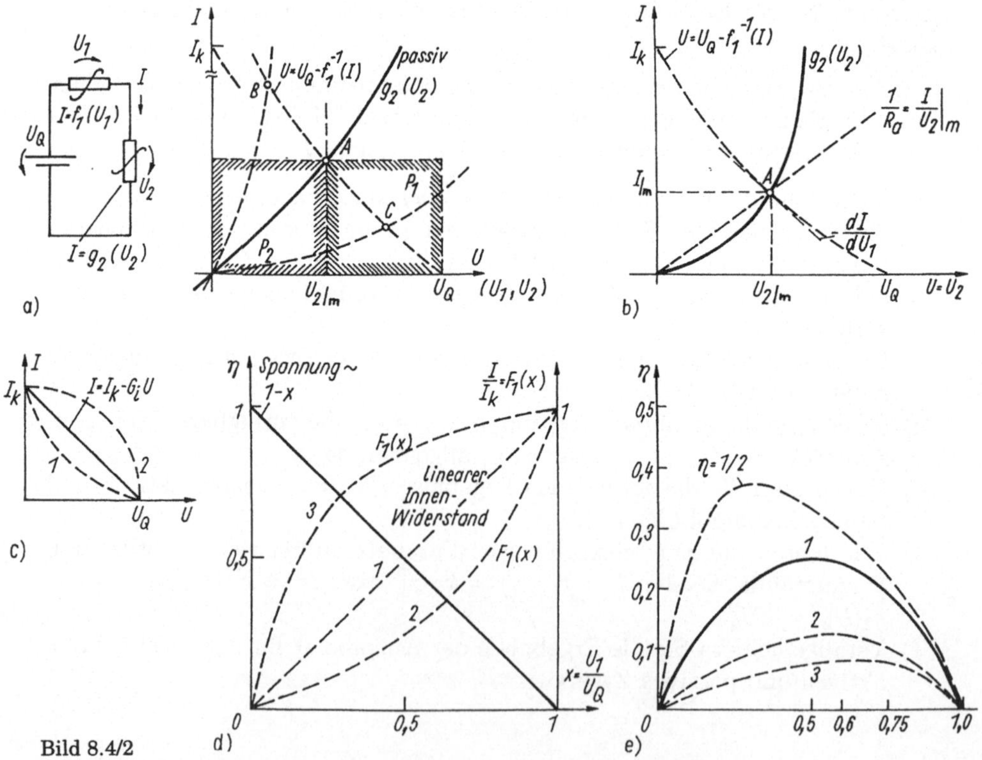

Bild 8.4/2

Die Ableitung verschwindet für

$$I|_\mathrm{m} = (U_\mathrm{Q} - U_1)\frac{\mathrm{d}I}{\mathrm{d}U_1} \quad \text{maximale Leistung} \tag{4a}$$

oder allgemeiner mit Gl.(1)

$$f_1(U_1)|_\mathrm{m} = (U_\mathrm{Q} - U_1)\frac{\mathrm{d}f}{\mathrm{d}U_1}\Big|_m \quad \begin{array}{l}\text{Bedingung für max. Leistung im}\\ \text{passiven Zweipol.}\end{array} \tag{4b}$$

Die an den passiven Zweipol abgegebene Leistung hängt nur von den Generatoreigenschaften ab! Anders formuliert lautet Gl.(4a) gleichwertig mit $U_\mathrm{Q} - U_1 = U_{2|\mathrm{m}}$ (Bild 8.4/2b)

$$R_\mathrm{A}^{-1} = \frac{I}{U_{2|\mathrm{m}}} = \frac{\mathrm{d}I}{\mathrm{d}U_1}\Big|_{\text{aktiver Zweipol}} = g_\mathrm{d}. \tag{5}$$

Maximale Leistungsübertragung herrscht, wenn der (nichtlineare!) Sekantenleitwert des passiven Zweipols gleich dem differentiellen Generatorinnenleitwert ist. Damit stimmt die Tangente an die Generatorkennlinie mit der komplementären Steigung I/U_2 der Last im Arbeitspunkt überein.

c) Die maximale Leistung beträgt nach Gl. (1) und (4a)

$$P_{2|\mathrm{m}} = I(U_\mathrm{Q}-U_1)|_\mathrm{m} = \left((U_\mathrm{Q} - U_1)^2\frac{\mathrm{d}I}{\mathrm{d}U_1}\right)_\mathrm{m} = \left(I^2\left(\frac{\mathrm{d}I}{\mathrm{d}U_1}\right)^{-1}\right)_\mathrm{m}, \tag{6}$$

die verfügbare Leistung $P_\mathrm{V} = I_\mathrm{k}U_\mathrm{Q}$ setzt Kenntnis des Kurzschlußstromes I_k voraus. Er folgt für $U_2 = 0$, d.h. $U_1 = U_\mathrm{Q}$ und beträgt damit nach Gl.(1) $I_k = f_1(U_\mathrm{Q})$. Dann lautet der Wirkungsgrad

$$\eta = \frac{P_{2|\mathrm{m}}}{P_\mathrm{V}} = \frac{(U_\mathrm{Q} - U_1)^2|_\mathrm{m}}{I_\mathrm{k}U_\mathrm{Q}}\frac{\mathrm{d}I}{\mathrm{d}U_1}\Big|_\mathrm{m}$$

$$= \left(1 - \frac{U_1}{U_\mathrm{Q}}\right)^2\Big|_\mathrm{m}\frac{U_\mathrm{Q}}{I_\mathrm{k}}\frac{\mathrm{d}I}{\mathrm{d}U_1}\Big|_\mathrm{m} = \left(\frac{U_2}{U_\mathrm{Q}}\right)^2 R_\mathrm{i}g_\mathrm{d}. \tag{7}$$

$R_\mathrm{i} = U_\mathrm{Q}/I_\mathrm{k}$ kann als "Sekanteninnenwiderstand" des aktiven Zweipols interpretiert werden.
Der Wirkungsgrad hängt vom relativen (inneren) Generatorspannungsabfall, seinem Sekanteninnenwiderstand und dem differentiellen Innenleitwert (im Punkt maximaler Leistungsübertragung) ab.

d) Bei linearem aktiven Zweipol folgt wegen $I = f_1(U_1) = G_\mathrm{i}U_1$ aus Gl.(4a):
$I_\mathrm{m} = (U_\mathrm{Q} - U_1)|_\mathrm{m}G_\mathrm{i}$

$$U_{1|\mathrm{m}} = \frac{U_\mathrm{Q}}{2} = U_{2|\mathrm{m}} \quad \left(\rightarrow I = \frac{I_\mathrm{k}}{2}\right) \tag{8}$$

(halber Spannungsabfall am Lastwiderstand) und $I/U_{2|\mathrm{m}} = G_\mathrm{i}$, unabhängig vom nichtlinearen passiven Zweipol! Der Wirkungsgrad wird dann mit $\frac{\mathrm{d}I}{\mathrm{d}U_1} = G_\mathrm{i}$, $\frac{U_\mathrm{Q}}{I_\mathrm{k}} = \frac{1}{G_\mathrm{i}}$ nach Gl.(7)

$$\eta = \left(1 - \frac{1}{2}\right)^2 \cdot 1 = \frac{1}{4}$$

übereinstimmend mit dem Fall linearer aktiver/passiver Zweipol bei Anpassung.

e) Ein nichtlinearer Innenleitwert mit der Kennlinie $I = f(U_1) = k_Q U_1^2$ ergibt nach Gl.(4b) und

$$\frac{\mathrm{d}I}{\mathrm{d}U_1} = 2k_Q U_1$$

$$I_{|m} = k_Q U_{1|m}^2 = (U_Q - U_1)2k_Q U_1 \rightarrow \frac{U_1}{2} = U_Q \rightarrow U_{1|m} = \frac{2}{3}U_Q \qquad (9)$$

und so mit dem Kurzschlußstrom $I_k = k_Q U_Q^2$ schließlich den Wirkungsgrad (Gl.(7))

$$\eta = \left(1 - \frac{2}{3}\right)^2 \frac{U_Q}{k_Q U_Q^2} 2k_G \left(\frac{2}{3}U_Q\right)\Big|_m = \left(\frac{1}{3}\right)^2 \frac{4}{3} = \frac{4}{27} \approx 14,8\%! \quad (10)$$

Ein nichtlinearer Innenleitwert mit der Kennlinie $I^2 = k'^2 U_1$ liefert nach Gl.(4b) mit $\frac{\mathrm{d}I}{\mathrm{d}U_1} = k'\frac{1}{2\sqrt{U_1}}$

$$k'\sqrt{U_1} = (U_Q - U_1)k'\frac{1}{2\sqrt{U_1}} \rightarrow U_1 = \frac{U_Q}{3} \qquad (11)$$

und weiter den Wirkungsgrad (Gl.(7))

$$\eta = \left(1 - \frac{1}{3}\right)^2 \frac{U_Q k'}{k'\sqrt{U_1}} \frac{1}{2\sqrt{U_1}}\Big|_m = \left(1 - \frac{U_1}{U_Q}\right)^2 \frac{U_Q}{2U_1}\Big|_m$$

$$= \left(1 - \frac{1}{3}\right)^2 \frac{1}{2} \cdot 3 = \frac{2}{3} = 66\%. \qquad (12)$$

Im ersten Fall beträgt der Faktor $\frac{U_Q}{I_k} \cdot \frac{\mathrm{d}I}{\mathrm{d}U_{1|m}} = \frac{4}{3}$, im zweiten $3/2$.
Die Ergebnisse erlauben folgende Schlüsse:
- bei konkaver Kennliniennichtlinearität (Kennlinie 1) des aktiven Zweipols gilt offenbar (Bild 8.4/2c)
  $\eta < 25\%$ ($U_1 > U_Q/2$, d.h. $U_2 < U_Q/2$),
  d.h. ein geringerer Wirkungsgrad als im linearen Fall, und die Spannung fällt hauptsächlich am "Innenwiderstand" ab
- bei konvexer Kennlinie (Kennlinie 2) gilt
  $\eta > 25\%$,   ($U_2 > U_Q/2$, $U_1 < U_Q/2$),
  m.a.W. fällt die Spannung hauptsächlich am passiven Zweipol ab.

Die Ergebnisse unterscheiden sich grundlegend vom Verhalten des linearen aktiven Zweipols.

f) Die in Aufgabe e) gefundenen Ergebnisse lassen sich verallgemeinern. Die Leistung P_2 im passiven Zweipol lautet, bezogen auf $I_k U_Q$, nach Gl.(1)

$$\eta = \frac{P_2}{U_Q I_k} = \frac{I U_2}{U_Q I_k} = \frac{f_1(U_1)(U_Q - U_1)}{U_Q I_k} = F_1(x)(1 - x) \qquad (13)$$

($0 \leq x \leq 1$) mit $x = U_1/U_Q$, dabei wurden die normierte Stromfunktion $I(U_1)/I_k = F_1(x)$ und der auf U_Q bezogene Spannungsabfall U_1 am "Innenwiderstand" verwendet. Dieser Wirkungsgrad η hat über x ein

Maximum $\left(\frac{\mathrm{d}\eta}{\mathrm{d}x} = 0\right)$ bei

$$1 - x_{|\mathrm{m}} = \left.\frac{F_1(x)}{\frac{\mathrm{d}F_1}{\mathrm{d}x}}\right|_{\mathrm{m}} \tag{14}$$

von

$$\eta|_{\max} = (1 - x)^2|_{\mathrm{m}} F'_{1|\mathrm{m}}(x) \tag{15}$$

(s. Gl.(4)).

Eine zweite Beziehung für den Grundstromkreis resultiert noch aus der Knotenbedingung $I_1 = I_2$, da $I_1 = f_1(U_1) = g_2(U_2) = g_2(U_\mathrm{Q} - U_1)$ oder normiert

$$F_1(x) = G_2(1 - x). \tag{16}$$

Wir untersuchen zunächst Gl.(13) als Produkt der Strom- und Spannungsfunktion (Bild 8.4/2d). Für $F_1(x) = x$ (Gerade, entsprechend $I = G_\mathrm{i}U_1$ bei linearem aktiven Zweipol) hat η ein Maximum bei $\frac{U_1}{U_\mathrm{Q}} = \frac{1}{2}$ in Höhe von $\eta = \frac{1}{4}$ (Bild 8.4/2c). Ein konvexer Stromverlauf $F_1(x)$ (Kurve 2) führt zu $\eta < \frac{1}{4}$ mit einem Spannungsabfall $\frac{U_1}{U_\mathrm{Q}} = x_{|\mathrm{m}} = 0,5 \ldots 1$ (mehr als die halbe Quellenspannung fällt im aktiven Zweipol ab), ein konkaver Verlauf $F_1(x)$ (Kurve 1) liefert $\eta_{|\mathrm{m}} > \frac{1}{4}$ mit $\left.\frac{U_1}{U_\mathrm{Q}}\right|_{\mathrm{m}} < 0,5$; die Spannung fällt hauptsächlich am Außenwiderstand ab.

Der Schnittpunkt der Kurve $1 - x$ und $F_1(x)$ ist zugleich die Lage des Maximums von η, außerdem gilt $\left.\frac{\mathrm{d}F_1}{\mathrm{d}x}\right|_{x_\mathrm{m}} = 1$ entsprechend der Bedingung Gl.(5), weil der Sekantenwiderstand identisch ist mit der Geraden $1 - x$ mit der Steigung $|1|$.

Gilt beispielsweise als Nichtlinearität des Innenleitwertes $I \sim U_\mathrm{i}^n$ ($\to$ $F_1(x) = x^n$) und $F'_1(x) = nx^{n-1}$, $n > 0$ mit konvexem Verlauf für $n > 1$ und konkaven $n < 1$, so liegt das Maximum bei

$$x_{|\mathrm{m}} = \frac{n}{1 + n} \tag{17}$$

mit

$$\left.\frac{P_2}{U_\mathrm{Q}I_\mathrm{k}}\right|_{\mathrm{m}} = x|_{\mathrm{m}}^n \frac{1}{1 + n} = \left(\frac{n}{n + 1}\right)^n \frac{1}{n + 1}. \tag{18}$$

Im Bild 8.4/2e wurden einige Verläufe $\eta(x)$ dargestellt. Je konkaver die Kennlinie $F_1(x)$ verläuft, um so grösser wird der Wirkungsgrad. Das sind aber Kennlinien des Innenwiderstandes mit ausgeprägtem Sättigungsverhalten, z.B. Ausgangskennlinien, von Transistoren. Im Zusammenwirken mit der Lastelementgleichung sind dann zwei Kreisbemessungen möglich:

- F_1 und G_2 sind funktionell vorgegeben, dann liefert Gl.(16) den Arbeitspunkt x (Kennlinienschnittpunkt A, Bild 8.4/1a). Der Wirkungsgrad berechnet sich nach Gl.(13). Das ist i.a. nicht das Maximum.
- Man legt den maximalen Wirkungsgrad durch Gl.(14) fest und so (mit F_1) auch den normierten Spannungsabfall. Dann ist durch Gl.(16) für gegebenes x eine Funktion G_2 zu suchen, die die Beziehung erfüllt.

Übrigens folgt noch aus Gl.(16) entnormiert

$$\frac{\mathrm{d}f_1}{\mathrm{d}U_1} = \frac{\mathrm{d}I}{\mathrm{d}u_1} = \frac{\mathrm{d}f_2}{\mathrm{d}U_1} = \frac{\partial f_2}{\partial U_2} \cdot \frac{\mathrm{d}U_2}{\mathrm{d}U_1} = -\frac{\partial f_2}{\partial U_2}$$

links steht der "differentielle Innenleitwert", rechts steht (abgesehen vom Vorzeichen) der "differentielle Außenleitwert". M.a.W. schneiden sich die Kennlinien beider Zweipole im Arbeitspunkt stehts mit betragsgleicher Tangente, aber verschiedenen Vorzeichen.

Von besonderem Interesse sind aktive Zweipole vom Typ 2, wie sie beispielsweise in der Solarzelle und in Transistorschaltungen mit sog. aktiver Last (Transistor mit Sättigungskennlinie dient als nichtlinearer Innenleitwert) vorliegen. Dann ist der Gleichspannungsabfall über dem Innenleitwert gering und dennoch der Innenleitwert im Arbeitspunkt groß (Ziel: große Verstärkung).

Aufgabe 8.4/3 Nichtlinearer aktiver und passiver Zweipol, Arbeitspunkt, Kleinsignalverhalten

Gegeben sind ein nichtlinearer aktiver Zweipol (Kennlinie des "Innenwiderstandes" $I_1 = k_G U_1^2$) und ein passiver Zweipol (Kennlinie $I_2 = k_L U_2^2$). Leerlaufspannung $U_Q = 10\,\mathrm{V}$ (Zweipolersatzschaltung s. Bild 8.4/2a).

a) Wie lautet die Kennlinie $U_2 = U = f(I)$ des aktiven Zweipols? Stellen Sie diese maßstäblich so ein, daß ein Kurzschlußstrom $I_k = 10\,\mathrm{mA}$ fließt. Wie ist k_G zu wählen?

b) Berechnen Sie die an den passiven Zweipol abgegebene Leistung und stellen Sie den Verlauf über U_2 dar!

c) Bestimmen Sie die Lastkennlinien ($\rightarrow k_L$) für folgende drei ausgewählte Arbeitspunkte: $I = 8\,\mathrm{mA}$, $U_{2|m} = U_Q/3$, $U_2 = 7\,\mathrm{V}$. Tragen Sie die Werte in das Diagramm Aufgabe a, b) ein. Welche Leistung P_2 wird umgesetzt?

d) Wie lautet der differentielle Innenleitwert des aktiven Zweipols? Zeigen Sie, daß im Punkt maximaler Verbraucherleistung $\left.\frac{I}{U_2}\right|_m = \left.\frac{\mathrm{d}I}{\mathrm{d}U_1}\right|_m$ gilt ($m \rightarrow$ Maximumwert).

e) Wie groß sind die im passiven Zweipol umgesetzte Leistung P_2 bezogen auf die verfügbare Quellenleistung $P_V = I_k U_Q$ und der Wirkungsgrad $\eta = \frac{P_2}{P_V}$?

f) Geben Sie zur Spannungsquellen-Ersatzschaltung nach Aufgabe a) eine Stromquellen-Ersatzschaltung des aktiven Zweipols an. Was ist bezüglich des Klemmenverhaltens zu beachten?

g) Der Grundstromkreis nach Bild 8.4/3a werde mit einer Kleinsignalspannung $\Delta U_Q(\Delta U_Q \ll U_Q)$ betrieben. Geben Sie eine Kleinsignalersatzschaltung an und berechnen Sie die Kleinsignalspannung ΔU_2.

Lösung:

a) Aus der Ersatzschaltung (Bild 8.4/3a) folgt für den Kurzschlußstrom

$$I_k = 10\,\mathrm{mA} = k_G U_Q^2 \text{ da } U_2 = 0 \rightarrow k_G = \frac{10\,\mathrm{mA}}{100\,\mathrm{V}^2} = 0,1\,\frac{\mathrm{mA}}{\mathrm{V}^2}.$$

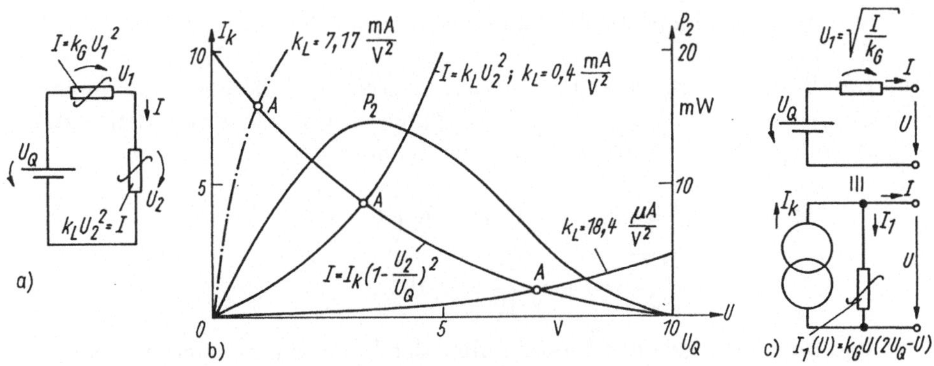

Bild 8.4/3

Die Kennliniendarstellung des aktiven Zweipols lautet dann

$$U_2(I) = U_Q - U_1 = U_Q - \sqrt{\frac{I}{k_G}} = U_Q - U_Q\sqrt{\frac{I}{I_k}} = U_Q\left(1 - \sqrt{\frac{I}{I_k}}\right). \quad (1)$$

Sie verläuft erwartungsgemäß nichtlinear zwischen Leerlaufspannung U_Q. und Kurzschlußstrom I_k. Im Bild 8.4/3b wurde die Kennlinie des nichtlinearen aktiven Zweipols nach Gl.(1) resp. $I = I_k\left(1 - \frac{U_2}{U_Q}\right)^2$ dargestellt.

b) Die im passiven Zweipol umgesetzte Leistung beträgt

$$P_2 = IU_2 = U_2 k_G (U_Q - U_2)^2 = \frac{I_k}{U_Q^2}U_2(U_Q - U_2)^2$$

$$= I_k U_Q \frac{U_2}{U_Q}\left(1 - \frac{U_2}{U_Q}\right)^2 \quad (2)$$

mit einem Maximum über U_2 (Bild 8.4/3b)

$$\frac{dP_2}{dU_2} = 0 = I_k\left(1 - \frac{U_2}{U_Q}\right)\left(1 - \frac{U_2}{U_Q} - 2\frac{U_2}{U_Q}\right) \quad \text{bei}$$

$$U_{2|m} = \frac{U_Q}{3} \quad \text{und} \quad P_{2|m} = I_k U_Q \left(\frac{1}{3}\right)\left(\frac{2}{3}\right)^2 = \frac{4}{27}I_k U_Q \quad (3)$$

(im Beispiel 14,8 mW). Dabei fließt der Strom

$$I_{|m} = k_G U_1^2|_m = k_G(U_Q - U_2)_m^2 = I_k\left(1 - \frac{U_2}{U_Q}\right)^2|_m$$

$$= I_k\left(\frac{2}{3}\right)^2 = 0,444 I_k \quad (4)$$

also nicht der halbe Kurzschlußstrom wie bei linearem Zweipol (s. Bild 8.4/3b)!

c) Damit ein Arbeitspunkt möglich ist, müssen stets die beiden Bedingungen: $I_1 = I_2$ und $U_Q = U_1 + U_2$ gelten. Daraus folgt für den ersten Arbeitspunkt $I = 8\,\mathrm{mA}$ zunächst die Spannung U_2

$$I = k_G U_1^2 = k_G(U_Q - U_2)^2 = I_k\left(1 - \frac{U_2}{U_Q}\right)^2 \rightarrow$$

$$\frac{U_2}{U_Q} = 1 - \sqrt{\frac{I}{I_k}} = 1 - \sqrt{\frac{8}{10}} = 0,105$$

und mit der gegebenen Lastkennlinie der Kennlinienparameter k_L:

$$I = k_L U_2^2 \rightarrow k_L = \frac{I}{U_2^2} = 7,17\,\frac{\mathrm{mA}}{\mathrm{V}^2}.$$

(Die Wahl von k_L entspricht somit der "Einstellung des Außenwiderstandes", vgl. Bild 8.4/3b.)

Analog verfahren wir für den zweiten Arbeitspunkt $U_2 = U_Q/3$ im Punkt maximaler Leistungsabgabe P_2 (s. Gl.(3)). Die Stromkontinuität führt auf die Bedingung:

$$I = k_G(U_Q - U_2)^2 = k_L U_2^2 \quad \text{für } U_2 = \frac{U_Q}{3}:$$

$$k_L = k_G\left(\frac{U_Q}{U_2} - 1\right)^2 = 4k_G = 0,4\,\frac{\mathrm{mA}}{\mathrm{V}^2}. \tag{5}$$

Der Verlauf $I = k_L U_2^2$ wurde in Bild 8.4/3b mit eingetragen. Der Arbeitspunkt A (Schnittpunkt mit Kennlinie Gl.(4)) liegt bei maximaler Leistungsabgabe. Für den dritten Arbeitspunkt $U_2 = 7\,\mathrm{V}$ folgt analog

$$k_L = k_G\left(\frac{U_Q}{U_2} - 1\right)^2 = k_G\left(\frac{3}{7}\right)^2 = 18,36 \cdot 10^{-3}\,\frac{\mathrm{mA}}{\mathrm{V}^2}.$$

Dazu gehört eine sehr flach verlaufende Lastkennlinie.

d) Der differentielle Leitwert der Quelle ergibt sich aus der Nichtlinearität des Innenelementes mit der Kennlinie $I = k_G U_1^2$ zu

$$g_i = \frac{dI}{dU_1} = 2k_G U_1 = 2k_G(U_Q - U_2) = \frac{2I_k}{U_Q}\left(1 - \frac{U_2}{U_Q}\right). \tag{6}$$

Er fällt, beginnend mit dem Wert $2k_G U_Q = 2\,\mathrm{mS}$ bei $U_2 = 0$ linear über U_2 auf 0 bei $U = U_2 = U_Q$ ab.

Der Sekantenleitwert (= sog. Großsignalleitwert) des Lastleitwertes lautet

$$G_a(U_2) = \frac{I}{U_2} = k_L\frac{U_2^2}{U_2} = k_L U_2. \tag{7}$$

Er steigt mit der Spannung U_2 an. Bei maximaler Leistungsabgabe gilt dann

$$G_{a|U_{2m}} = k_L U_{2|m} = 2k_G(U_Q - U_2)|_m, \quad \text{d.h.}$$

$$k_L = 2k_G\left(\frac{U_Q}{U_2} - 1\right)\bigg|_m = 4k_G. \tag{8}$$

da $U_{2\mathrm{m}} = U_\mathrm{Q}/3$. Das ist eine Verbindungsgerade durch den Arbeitspunkt A maximaler Leitungsabgabe und den Nullpunkt (Bild 8.4/3b).

Diskussion: Damit unterschiedliche Arbeitspunkte zwischen aktivem und passivem Zweipol zustandekommen, mußte nach Aufgabe a) $k_\mathrm{L}\,(U_2)$ verändert werden. Dies ist bei jeder Definition von $G_a(U_2)$ zu beachten. Wir erhalten $k_\mathrm{L}\,(U_2)$ aus dem Maschen- und Knotensatz: $U_\mathrm{Q} = U_1 + U_2$, $I_1 = I_2$ und damit (Gl.(5))

$$k_\mathrm{L} U_2^2 = k_\mathrm{G}(U_\mathrm{Q} - U_2)^2 \to k_\mathrm{L} = k_\mathrm{G}\left(\frac{U_\mathrm{Q}}{U_2} - 1\right)^2 = \frac{I_\mathrm{k}}{U_\mathrm{Q}^2}\left(\frac{U_\mathrm{Q}}{U_2} - 1\right)^2,$$

also nach Gl.(7)

$$G_a(U_2) = \frac{I_2}{U_2} = k_\mathrm{L}\frac{U_2^2}{U_2} = \frac{I_\mathrm{k}}{U_\mathrm{Q}}\frac{(1-x)^2}{x}, \quad x = \frac{U_2}{U_\mathrm{Q}} \tag{9}$$

mit den Werten $G_a(U_2) \to \infty$ für $U_2 = 0$ und $G_a = 0$ für $U_2 = U_\mathrm{Q}$. Maximale Leistungsabgabe herrscht für $g_\mathrm{i} = G_a(U_2)$ oder

$$2(1-x) = \frac{(1-x)^2}{x} \quad \text{d.h. } x = \frac{U_2}{U_\mathrm{Q}} = \frac{1}{3} \quad (\text{s.o.})$$

Die in $G_a(U_2)$ umgesetzte Verlustleistung P_2 beträgt

$$P_2 = U_2^2 G_a(U_2) = U_2 I_\mathrm{k}\left(1 - \frac{U_2}{U_\mathrm{Q}}\right)^2 = I_\mathrm{k} U_\mathrm{Q}\frac{U_2}{U_\mathrm{Q}}\left(1 - \frac{U_2}{U_\mathrm{Q}}\right)^2$$

(s. Aufgabe b).

e) Der Leistungswirkungsgrad (Aufgabe b)

$$\frac{P_2}{P_\mathrm{V}} = \frac{I_\mathrm{k} U_\mathrm{Q}}{I_\mathrm{k} U_\mathrm{Q}} \cdot \frac{U_2}{U_\mathrm{Q}}\left(1 - \frac{U_2}{U_\mathrm{Q}}\right)^2$$

hat den gleichen Verlauf wie P_2, er erreicht den Höchstwert für "Anpassung" $\frac{U_2}{U_\mathrm{Q}} = \frac{1}{3}$, $\frac{4}{27} = 14,8\%$. Beim linearen Grundstromkreis ergab sich ein Verhältnis von 25%. Der kleinere Umsatzwirkungsgrad entsteht durch die konvexe Kennlinie des aktiven Zweipols (s. Aufg. 8.4/2f).

f) Die Stromdarstellung $I(U)$ des aktiven Zweipols folgt aus Lösung a) Gl.(1) $U = U_\mathrm{Q} - U_1 = U_\mathrm{Q} - \sqrt{I/k_\mathrm{G}}$ bezüglich des Zweipolklemmenverhaltens U, I (das erhalten bleiben muß) zu

$$\sqrt{\frac{I}{k_\mathrm{G}}} = U_\mathrm{Q} - U; \quad I = k_\mathrm{G}(U_\mathrm{Q} - U)^2$$

$$I = k_\mathrm{G}(U_\mathrm{G}^2 - 2UU_\mathrm{G} + U^2) = I_\mathrm{k} - k_\mathrm{G}U(2U_\mathrm{Q} - U). \tag{10}$$

Eine Trennung in nur von $I_\mathrm{k}(U_\mathrm{Q})$ und nur von U bestimmte Teile wie beim linearen Zweipol ist wegen der Nichtlinearität hier nicht möglich. Formal gelingt eine Darstellung nach Bild 8.4/3c als Kurzschlußquelle mit parallel liegender Nichtlinearität

$$I_1(U) = k_\mathrm{G}U(2U_\mathrm{Q} - U). \tag{11}$$

Die in P_2 umgesetzte Leitung $P_2 = UI_2 = Uk_\mathrm{G}(U_\mathrm{Q} - U)^2$ bleibt erhalten (s. Aufgabe b).

g) Ändert sich die Quellenspannung U_Q um ΔU_Q (z.B. durch eine überlagerte Wechselspannung), so läßt sich das Netzwerk bei Vorgabe einer Kleinsignalbedingung ($\Delta U_Q \ll U_Q$) zerlegen in einen nichtlinearen Gleichstromkreis ($\rightarrow$ Einstellung des Arbeitspunktes A, der entsprechend Aufgabe a)...d) zu bemessen ist) und einen (linearen) Kleinsignalkreis bestehend aus Spannungsquelle ΔU_Q und den Kleinsignalelementen

$g_i = \left.\frac{\mathrm{d}I}{\mathrm{d}U_1}\right|_{AP}$; $\quad g_a = \left.\frac{\mathrm{d}I}{\mathrm{d}U_2}\right|_{AP}$ (Bild 8.4/3d). Berechnung der Elemente nach Gl.(6) und g_a analog

$$g_a = \frac{\mathrm{d}I}{\mathrm{d}U_2} = k_L 2 U_2. \tag{12}$$

Für ein Netzwerk aus Kleinsignalelementen gilt die Zweipoltheorie. Im vorliegenden Fall fließt die Stromänderung

$$\Delta I = \frac{\Delta U_Q}{1/g_i + 1/g_a}, \tag{13}$$

und die Ausgangsspannung berechnet sich nach der Spannungsteilerregel:

$$\Delta U_2 = \Delta U_Q \left.\frac{r_a}{r_i + r_a}\right|_{AP} = \Delta U_Q \frac{g_i}{g_i + g_a} = \Delta U_Q \frac{k_G U_1}{k_G U_1 + k_L U_2}. \tag{14}$$

Das Teilerverhältnis hängt somit vom Arbeitspunkt (U_1, U_2) ab!

Diskussion: Die Bemessung des Grundstromkreises mit nichtlinearen Elementen erfordert die Anwendung der Kirchhoffschen Gleichungen. Für Kleinsignalaussteuerung um einen Arbeitspunkt verhält sich das Netzwerk linear, und es gilt die Zweipoltheorie.

Aufgabe 8.4/4 Temperatureinfluß auf ein lineares Netzwerk

Gegeben ist ein lineares resistives Netzwerk, in dem

- alle Quellenspannungen gemäß $U_Q = U_{Q0}(1 + \alpha_U \Delta T)$
- alle Stromquellen gemäß $I_Q = I_{Q0}(1 + \alpha_I \Delta T)$
- alle Widerstände gemäß $R = R_0(1 + \alpha_R \Delta T)$

temperaturabhängig sind. Die TKs einer jeden Gruppe sollen übereinstimmen, z.B. gleicher Spannungsquellentyp, gleiche Widerstandsart (z.B. Kohleschichtwiderstände).

a) Bestimmen Sie den TK eines beliebigen Zweigstromes in diesem Netzwerk, falls zunächst nur Spannungsquellen wirken. Verwenden Sie für kleine Temperaturänderungen ΔT die Näherung $\frac{1}{1+x} \approx 1 - x$ ($|x| \ll 1$).

b) Ist ein beliebiger Zweigstrom mit dem TK = 0 möglich?

c) Lassen Sie im Ergebnis a) (beschränkt auf eine Spannungsquelle U_{Q1}) noch eine zusätzliche Stromquelle $I_{Q2}(T)$ an beliebiger Stelle im Netzwerk zu. Wie ändern sich die Ergebnisse?

d) Bestimmen Sie den TK des Stromes I für die Schaltung Bild 8.4/4. Wie groß ist die absolute Stromänderung ΔI im Temperaturbereich $20\ldots 70°C$?

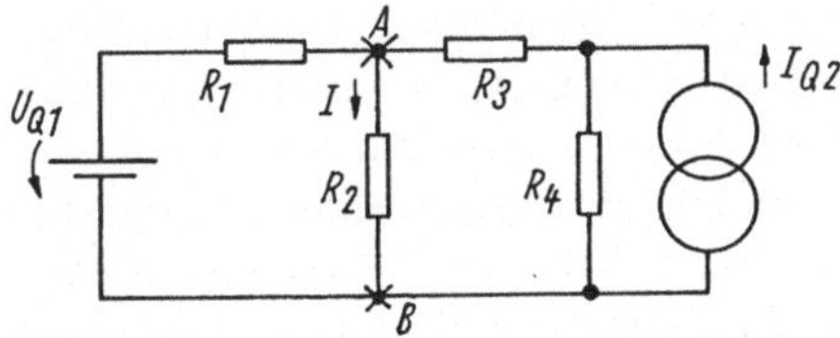

Bild 8.4/4

Es werden Kohleschichtwiderstände verwendet mit $\alpha_R = 1500\,\mathrm{ppm/K}$, die Quellen haben die Temperaturbeiwerte $\alpha_U = 3 \cdot 10^{-3}/\mathrm{K}$, $\alpha_I = 10^{-3}/\mathrm{K}$.

Zahlenwerte: $R_1 = R_2 = R$, $R_3 = 3R$, $R_4 = 5R$, $R = 10\,\mathrm{k\Omega}$.

Lösung:

a) Die Berechnung eines beliebigen Zweigstromes im Netzwerk führen wir mit der Zweipoltheorie auf den Grundstromkreis (Komponenten U_l, R_i, R_a) zurück. Dadurch tritt der gesuchte Zweigstrom I jetzt direkt durch den Außenwiderstand R_a auf. Für die TKs der einzelnen Elemente gelten folgende Aussagen:

- die TKs von Ersatzinnen- und -außenwiderstand stimmen mit α_R überein (man überprüfe dies)
- die Leerlaufspannung U_l ergibt sich immer nach einer umfangsreicheren Spannungsteilerregel aus U_Q, ist also von der Form

$$U_l = \frac{U_Q \sum\limits_{\nu=1}^{n} R_\nu}{\sum\limits_{\mu=1}^{m} R_\mu} = \frac{U_Q \sum\limits_{r=1}^{n} R_{\nu 0}(1 + \alpha_{R_\nu}\Delta T)}{\sum\limits_{r=1}^{m} R_{\nu 0}(1 + \alpha_{R_\nu}\Delta T)} = k_u U_Q(T) \tag{1}$$

und somit unabhängig von α_R, wenn die Tks aller Widerstände übereinstimmen. Damit wird die Leerlaufspannung nur vom TK α_U der Spannungsquellen bestimmt.

Der Zweigstrom I läßt sich auf den Grundstromkreis zurückführen:

$$I(T) = I_0(1 + \beta\Delta T) = \frac{U_{l0}(1 + \alpha_U\Delta T)}{(R_{i0} + R_{a0})(1 + \alpha_R\Delta T)}$$

$$\approx \frac{U_{l0}}{R_{i0} + R_{a0}}\left(1 + (\alpha_U - \alpha_R)\Delta T - \underbrace{\frac{a_R^2}{2}\Delta T^2}_{\approx 0}\right) \tag{2}$$

oder durch Vergleich

$$\beta \approx \alpha_U - \alpha_R. \tag{3}$$

Der TK des Zweigstromes hängt von der Differenz der (vorzeichenbehafteten) TKs der Spannungsquelle und des Widerstandes ab! Das Ergebnis gilt auch, wenn sich die Leerlaufspannung U_l aus mehreren Spannungsquellen mit gleichem TK zusammensetzt.

b) Temperaturkompensation des Stromes $(\beta) = 0$ verlangt nach Gl.(3) $\alpha_U - \alpha_R$, d.h. übereinstimmende TKs aller Spannungsquellen und Widerstände.

c) Eine Stromquelle I_{Q2} (wie gegeben) in irgendeinem Zweig des Netzwerkes läßt sich (mittels Stromteilung, Teilerfaktor k_I) stets in eine Kurzschlußstromquelle I_{k2} transformieren, die im Grundstromkreis nach Aufgabe a, b) wirkt. Dabei bleibt aus gleichen Gründen wie bei der Spannungsquelle der TK α_I erhalten (s. Gl.(1)). Im nächsten Schritt wandeln wir die Kurzschlußquelle in eine adäquate Leerlaufspannungsquelle im Grundstromkreis um:

$$U_{21}(T) = I_k(T)R_i(T) = I_{k02}R_{i0}(1 + \alpha_I\Delta T)(1 + \alpha_R\Delta T)$$

$$\approx I_{k02}R_{i0}(1 + (\alpha_I + \alpha_R)\Delta T) \tag{4}$$

mit $\alpha_I\alpha_R\Delta T << (\alpha_I + \alpha_R)$ als guter Näherung für kleine ΔT.
Die Leerlaufspannung erzeugt zusammen mit der ursprünglichen Leerlaufspannung U_{11} nach dem Überlagerungssatz den Gesamtstrom

$$I(T) = I_0(1 + \beta\Delta T) = \frac{U_{l01}(1 + \alpha_U\Delta T) + I_{k02}R_{i0}(1 + (\alpha_I + \alpha_R)\Delta T)}{(R_{i0} + R_{a0})(1 + \alpha_R\Delta T)}$$

im Grundstromkreis. Durch Vergleich der temperaturabhängigen Anteile auf beiden Seiten ergibt sich der Temperaturkoeffizient β (mit $(1 + \alpha_R\Delta T)^{-1} \approx 1 - \alpha_R\Delta T$)

$$\beta \approx \frac{1}{I_0}\frac{U_{l01}(\alpha_U - \alpha_R) + I_{k02}R_{i0}\alpha_I}{(R_{i0} + R_{a0})} = \frac{U_{l01}(\alpha_U - \alpha_R) + I_{k02}R_{i0}\alpha_I}{U_{l01} + I_{k02}R_{i0}}.$$

Um auf die ursprünglich gegebenen Quellen zurückzugelangen, müssen die Spannungs- bzw. Stromteilerfaktoren k_U, k_I (s.o.) wieder eingesetzt werden. So entsteht endgültig mit den Quellen U_{Q1}, I_{Q2}

$$\beta \approx \frac{k_U U_{Q1}(\alpha_U - \alpha_R) + k_I I_{Q2}R_{i0}\alpha_I}{k_U U_{Q1} + k_I I_{Q2}R_{i0}}. \tag{5}$$

Der TK des Stromes hängt von den TKs der Quellen und Widerstände ab. Folgende Grenzfälle entstehen:
- nur Spannungsquelle wirkend ($I_{k0} = 0$) (s. Gl.(3))
- nur Stromquelle wirkend ($U_{i0} = 0$) $\rightarrow \alpha_I$. Das Ergebnis ist plausibel, denn eine Stromquelle mit α_I erzwingt im Kreis den Strom I mit zwangsläufig gleichem TK.

d) Für die Schaltung Bild 8.4/4 bildet $R_a \equiv R_2$ den Außenwiderstand, der Innenwiderstand lautet $R_i = R_1\|(R_3 + R_4) = R\|(8R) = 8/9R$. Nach dem Überlagerungssatz beträgt die Leerlaufspannung U_l herrührend von

$$U_{Q1} : U_1 = U_Q\frac{R_3 + R_4}{R_1 + R_3 + R_4} = \frac{8}{9}U_Q \quad \left(k_U = \frac{8}{9}\right)$$

der Kurzschlußstrom I_k herrührend von

$$I_{Q2} : I_k = I_{Q2}\frac{G_3}{G_3 + G_4} = \frac{5}{8}I_{Q2}, \quad k_I = \frac{5}{8}.$$

Mit $\alpha_R = 1500\,\text{ppm/K} = 1,5 \cdot 10^{-3}/\text{K}$ sowie den übrigen gegebenen Werten wird

$$\beta = \frac{\frac{8}{9}(3 - 1,5)10^{-3}/\text{K} \cdot 10\,\text{V} + \frac{5}{8} \cdot \frac{8}{9} \cdot 10\,\text{mA} \cdot 10\,\text{k}\Omega \cdot 10^{-3}/\text{K}}{\frac{8}{9} \cdot 10\,\text{V} + \frac{5}{8} \cdot \frac{8}{9} \cdot 10\,\text{k}\Omega \cdot 10\,\text{mA}}$$

$$= 1,06 \cdot 10^{-3}/\text{K}.$$

Die absolute Stromänderung beträgt $\Delta I = I_0 \beta \Delta T$ mit $\Delta T = (70-20)\,\text{K}$. Der Bezugsstrom I_0 ergibt sich aus Gl.(2) zu

$$I_0 = \frac{k_\text{U} U_\text{Q1} + k_\text{I} I_\text{Q2} R_\text{i0}}{R_\text{i0} + R_\text{a0}} = 0,9027\,\text{mA}$$

und damit $\Delta I = 0,903\,\text{mA} \cdot 1,06 \cdot 10^{-3}/\text{K} \cdot 50\,\text{K} = 48,26\,\mu\text{A}$ oder $I/I_0 = \beta \Delta T = 5,34\%$.

Aufgabe 8.4/5 Temperaturkoeffizient von Heiß- und Kaltleitern

Gegeben ist ein temperaturabhängiger Widerstand $R(T)$ mit dem TK $\alpha = \frac{1}{R(T)} \cdot \frac{\text{d}R}{\text{d}T}$.

a) Welchen Temperaturverlauf hat $R(T)$ allgemein im Temperaturbereich $T_0 \ldots T$, wenn bei einer Bezugstemperatur $T_0 \to R_0 = R(T_0)$ herrschen soll?

b) Welche Näherung folgt für kleine $\frac{T-T_0}{T_0} \ll 1$? Stellen Sie den Verlauf $R(T)$ graphisch dar.

c) Welchen Temperaturgang müßte $\alpha(T)$ haben, damit $R(T)$ im gesamten Bereich linear über der Temperatur steigt?

d) Welcher Verlauf stellt sich für $\alpha \to -b/T^2$ ein? Um welchen Widerstandstyp handelt es sich? Welche Näherung ergibt sich für die Abweichung $\frac{T-T_0}{T_0}$ und speziell für kleine Abweichungen $\frac{T-T_0}{T_0} \ll 1$? Welcher Verlauf gehört zur Angabe in Grad Celsius: ($\delta = T - 273\,\text{K}$ in ^{0}C)?

e) Bestimmen Sie rückwirkend aus Aufgabe d) den Temperaturkoeffizienten $\alpha = \frac{1}{R}\frac{\text{d}R}{\text{d}T}$.

f) Bestimmen Sie für einen Heißleiter ($R_0 = R(T_0) = 30\,\text{k}\Omega$, $b = 4000\,\text{K}$) den Verlauf $R(T)/R_0$ und $\alpha = -b/T^2$ im Temperaturbereich $T_0 \ldots T = 300\,\text{K} \ldots 500\,\text{K}$. Wie verlaufen $R(T)/R_0$, wenn mit einem Mittelwert $\bar{\alpha} = (\alpha(300) + \alpha(500))/2$ gerechnet wird?

g) Wie ist zu verfahren, wenn die Temperaturangaben in $^\circ$C vorliegen?

Lösung:

a) Es gilt aufgelöst aus der Vorgabe $\alpha \text{d}T = \frac{\text{d}R}{R(T)}$ und beiderseits integriert zwischen den Grenzen $R_0 \to T_0$ und $R \to T$.

$$\int_{R_0}^{R} \frac{\text{d}R}{R} = \int_{T_0}^{T} \alpha\,\text{d}T = \ln\frac{R(T)}{R(T_0)}.$$

Aus der Lösung folgt durch beiderseitiges Exponieren:

$$\exp\ln\frac{R(T)}{R(T_0)} = \frac{R(T)}{R(T_0)} = \exp\int_{T_0}^{T} \alpha(T')\,\text{d}T' \tag{1}$$

mit dem Sonderfall $\alpha = \text{const.}$

$$R(T) = R(T_0)\exp\alpha(T - T_0). \tag{2}$$

Dies ist für $\alpha > 0$ eine Kaltleiterkennlinie: mit steigender Temperatur steigt $R(T)$ nach Maßgabe des Temperaturkoeffizienten α an (Bild 8.4/5a).

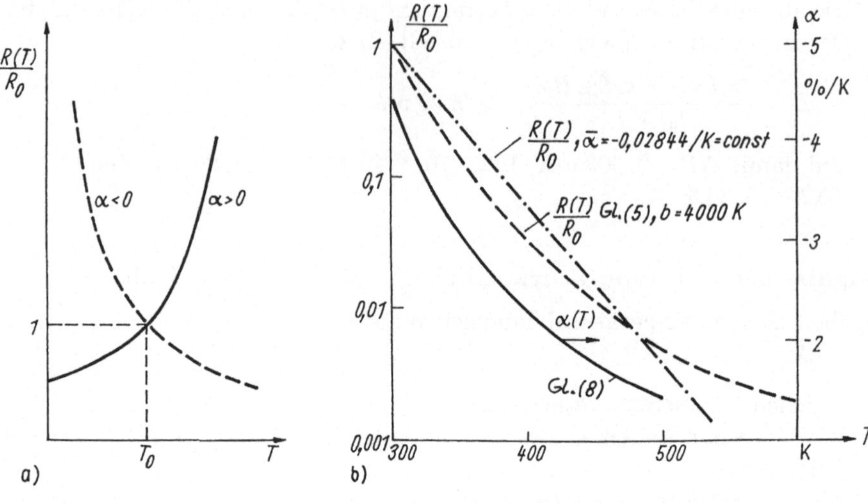

Bild 8.4/5

b) Für kleine $x = \alpha(T - T_0)$ folgt durch Reihenentwicklung $\exp x \approx 1 + x + x^2/2 + \ldots$

$$\frac{R(T)}{R(T_0)} \approx 1 + \alpha(T - T_0) + \frac{\alpha^2(T - T_0)^2}{2} + \ldots \tag{3}$$

Das ist die übliche Beschreibung des Temperaturganges eines Widerstandes, meist auf das zu ΔT proportionale Glied beschränkt.

c) Hätte $\alpha(T)$ selbst einen Temperaturgang und sollte $R(T)$ streng linear mit der Temperatur ansteigen, z.B. in der Form $\frac{R(T)}{R(T_0)} = 1 + c(T - T_0)$, so müßte mit Gl.(1) gelten

$$1 + c(T - T_0) = \exp \int_{T_0}^{T} \alpha(T')\, dT'$$

oder

$$\ln(1 + c(T - T_0)) = \int_{T_0}^{T} \alpha(T')\, dT'$$

und nach T differenziert

$$\alpha(T) = \frac{d(\ln(1 + c(T - T_0)))}{dT} = \frac{c}{1 + c(T - T_0)} : \tag{4}$$

Abnahme des Temperaturkoeffizienten mit steigender Temperatur.

d) Es wird $\alpha = -b(T)/T^2$ gewählt (Bild 8.4/5a) und so eine Abnahme des Widerstandes mit steigender Temperatur angesetzt ($\to$ Heißleiter). Dann folgt über $-b \cdot \frac{dT}{T^2} = \frac{dR}{R}$ durch Integration

$$-\int_{T_0}^{T} b(T') \frac{dT'}{T'^2} = \int_{R_0}^{R} \frac{dR'}{R'} = \ln \frac{R(T)}{R(T_0)}$$

und beiderseits exponiert:

$$\frac{R(T)}{R(T_0)} = \exp - \int_{T_0}^{T} b(T') \frac{dT'}{T'^2}$$

und für $b = \text{const.}$ mit $\int dx/x^2 = -1/x$

$$\frac{R(T)}{R(T_0)} = \exp b \left(\frac{1}{T} - \frac{1}{T_0} \right). \tag{5}$$

Meist interessiert nur der Verlauf $R(T)$ gegenüber einem Bezugswert T_0. Dann wird aus Gl.(5) mit $\Delta T = T - T_0$

$$\frac{R}{R_0} = \exp \frac{b}{T_0} \left(\frac{T_0}{T} - 1 \right) = \exp - \frac{b}{T_0} \frac{\Delta T}{T}. \tag{6}$$

Bei Angabe der Temperatur in Grad Celsius gilt $\delta = T - 273\,°\mathrm{C}$. Dann lautet Gl.(6)

$$\frac{R}{R_0} \exp - \frac{b}{T_0} \left(1 - \frac{T_0}{(\delta + 273)\,\mathrm{K}} \right) \tag{7}$$

(z.B. mit $T_0 = 300\,\mathrm{K}$ bei Zimmertemperatur).

e) Zur Kontrolle berechnen wir den relativen Temperaturkoeffizienten $\alpha = \frac{1}{R(T)} \frac{dR}{dT}$ aus Gl.(5). Mit

$$\frac{dR}{dT} = R_0 \exp \left(-\frac{b}{T_0} \right) \frac{d(\exp b/T)}{dT} = -\frac{bR_0}{T^2} \exp -b \left(\frac{1}{T} - \frac{1}{T_0} \right)$$

$$= -\frac{b}{T^2} R(T)$$

wird

$$\alpha = \frac{1}{R(T)} \frac{dR}{dT} = -\frac{b}{T^2}. \tag{8}$$

f) Den Verlauf $R(T)/R_0$ nach Gl.(5) ($T_0 = 300\,\mathrm{K}$) zeigt Bild 8.4/5b für einen gegebenen Zahlenwert b. Wegen des großen Werteumfanges empfiehlt sich eine einfach logarithmische Darstellung. Ist z.B. bei der Auswertung mit einem Taschenrechner-Programm entsprechendes Papier nicht zur Hand, so kann ein logarithmischer Maßstab leicht erzeugt werden: Grobraster, Dekade (0,01, 0,1, 1 Faktor 10 $\rightarrow$ gleiche lineare Teilung), zusätzlich muß jede Dekade in 10 abstandsgleiche Teile unterteilt werden: Zunahme der Maßzahl jeweils um den Faktor $\sqrt[10]{10} = 1,26$ (d.h. 26% vom jeweiligen Wert): $\rightarrow$ 1-1,26-1,6-2,0-2,5-3,2-4,0-5,0-6,4-8,0-10. Der Temperaturkoeffizient α ändert sich von -4,44%/K bei $T = 300\,\mathrm{K}$ auf $\alpha = 1,6\%/\mathrm{K}$ bei $T = 500\,\mathrm{K}$ relativ stark. Rechnet man mit dem Mittelwert $\bar{\alpha} = (\alpha(300) + \alpha(500))/2 = -2,844\%/\mathrm{K}$, so fällt $R(T)$ in der einfach logarithmischen Darstellung linear über T ab, allerdings merklich abweichend vom exakten Verlauf.

g) Grundsätzlich gilt $T/\mathrm{K} = 273 + \delta/(°\mathrm{C})$ (und analog für eine Bezugstemperatur T_0, meist Zimmertemperatur $\delta U = 20°\mathrm{C}$). Überall dort, wo Temperaturdifferenzen auftreten kann $T \sim \delta$ auch in $°\mathrm{C}$ eingesetzt werden. In allen anderen Fällen (z.B. in b/T) ist jedoch die Angabe in K erforderlich (u.a. für die Einheitenrechnung!)

Aufgabe 8.4/6 Thermistorkennlinie, Selbstaufheizung eines Bauelementes

Die Betriebstemperatur T eines Heißleiterwiderstandes (Thermistor) vom Widerstand $R = R_0 \exp -b(1/T_0 - 1/T)$ hängt von der umgesetzten Verlustleistung $P = UI$ und der Wärmeleistung ab, die über den sog. Wärmewiderstand $R_{th} = 1/G_{th}$ an die Umgebung abgeführt wird: $P_W = G_{th}(T - T_U)$ (T_U Umgebungstemperatur). Solange $T \approx T_U$ gilt (Eigenaufheizung vernachlässigt), hängt R nur von der Umgebungstemperatur T_U ab (Anwendung als Sensor), also auch nicht den Klemmenstrom-/Spannungswerten. Es liegt ein temperaturabhängiger, aber linearer Widerstand vor. Steigt dagegen $T(U,I)$ durch die Verlustleistung: $P_V = IU = P_W = G_{th}(T - T_U)$ an, so wird $R(U,I)$ nichtlinear und die Kennlinie weicht von der Geraden $U = \mathrm{const.}I$ ab. Dabei kann durch starke Eigenaufheizung nach anfänglichem Kennlinienanstieg ein fallender Kennlinienbereich entstehen.

a) Formulieren Sie alle Beziehungen, die das U-I-Verhalten des Heißleiters bestimmen (zur Vereinfachung sei für die Analyse $(T - T_0) \ll T, T_0$ zugelassen).

b) Bei welcher Temperatur liegt das Maximum der Kennlinie $U(I)$?

c) Führen Sie eine numerische Berechnung der Kennlinie für folgende Daten durch: $R_0 = 30\,\mathrm{k\Omega}$ bei $T_0 = 300\,\mathrm{K}$, $b = 4000\,\mathrm{K}$, Umgebungstemperatur $T_U = 300\,\mathrm{K}$, Wärmewiderstand $R_{th} = 1/G_{th} = 150\,\mathrm{K/W}$.

Hinweis: Gehen Sie nach Zusammenstellung der Beziehungen zweckmäßig von einer angenommenen Temperatur T aus und berechnen Sie alle relevanten Größen und so auch $U(T)$, $I(T)$ als Parameterdarstellung.

Lösung:

a) Als relevante Beziehungen stehen zur Verfügung:
- der temperaturabhängige Widerstand
$$R(T) = R_0 \exp -b\left(\frac{1}{T} - \frac{1}{T_0}\right) = R_0 \exp -b\frac{T - T_0}{TT_0}$$
$$\approx R_0 \exp \alpha(T - T_0) \tag{1}$$

(R_0 Bezugswert bei $T = T_0$). Die letzte Näherung setzt $T_0 \approx T$ voraus und damit $\alpha = -b/T_0^2$ als Festwert; wir verwenden diese Form für die Analyse.

- die abgeführte Wärmeleistung
$$P_W = G_{th}(T - T_U) = P_{th} \tag{2}$$
- die elektrische Verlustleistung
$$P_V = P_{th} = UI = \frac{U^2}{R(T)} \rightarrow U(T) = \sqrt{P_V R(T)} \tag{3}$$
die Kennlinienbeziehung
$$I = \frac{U(T)}{R(T)}. \tag{4}$$

Damit hängt die Kennliniengleichung (4) implizit von der Temperatur T ab und diese wieder über die Leistungsbeziehungen Gl.(2), (3) von Strom und Spannung.

Wir schreiben diese Gleichungen zusammengefaßt über $U^2 = R(T)P_V$ mit $P_V = P_W$

$$U^2 = R(T)G_{th}(T - T_U) = R_0 G_{th}(T - T_0)\underbrace{\exp -b\left(\frac{1}{T_0} - \frac{1}{T}\right)}_{\approx \exp \alpha(T-T_0),\,\alpha<0} \qquad (5a)$$

und analog $I^2 = P_V/R(T)$

$$I^2 = \frac{G_{th}(T - T_0)}{R(T)} = \frac{G_{th}(T - T_0)}{R_0 \exp -b(1/T_0 - 1/T)} = \frac{G_{th}(T - T_0)}{R_0 \exp \alpha(T - T_0)} \qquad (5b)$$

als Parameterdarstellung $U(T)$, $I(T)$: bei vorgegebener Temperatur T sind damit U und I eindeutig bestimmt ($\rightarrow$ numerische Auswertung, s. Aufgabe c).

b) Für die analytische Betrachtung nehmen wir $T - T_0 \ll T$, $T_0 \to \alpha =< 0$ (const.) an. Da $U^2(T)$ durch den Beifaktor von G_{th} ($\sim T$) über T ansteigt und über $R(T)$ abfällt, erwartet man ein Maximum über T. Aus Gl.(5a) folgt durch Differenzieren und Zusammenfassen

$$\frac{dU^2}{dT} = 2U\frac{dU}{dT} \sim G_{th}R_0(1 + \alpha(T - T_0))\exp \alpha(T - T_0) \to 0$$

mit der Bedingung

$$T - T_0|_{\max} = -\frac{1}{\alpha} \qquad (> 0) \qquad\qquad (6)$$

an der Stelle $\frac{dU^2}{dT} = 0$. Zu dieser Temperatur T_m gehören:
- die Spannung
$$U^2|_m = -\frac{R_0 G_{th}}{\alpha}\exp(T - T_0)_m = -\frac{R_0 G_{th}}{\alpha e} \qquad (7a)$$
- der Strom nach Gl.(5b)
$$I^2|_m = \frac{G_{th}(T - T_0)_m}{R_0 \exp \alpha(T - T_0)_m} = \frac{-G_{th}}{\alpha R_0 \exp(-1)} = \frac{-G_{th}}{\alpha R_0}e \qquad (7b)$$

und somit der Widerstand
$$\left.\frac{U}{I}\right|_m = \sqrt{\frac{R_0 G_{th}}{\alpha e}\frac{\alpha R_0}{G_{th}}\frac{1}{e}} = \frac{R_0}{e}. \qquad (8)$$

Bei der Temperatur T_m durchläuft die Kennlinie $U(I)$ ein Maximum, jenseits davon liegt ein fallender Bereich vor (Bild 8.4/6a). Die zugehörige Verlustleistung P_V beträgt

$$P_V = P_W = G_{th}(T - T_0)_m = -\frac{G_{th}}{\alpha}. \qquad (9)$$

Bemerkung: Wird die Näherung $T - T_0 \ll T, T_0$ nicht getroffen, also mit dem exakten Verlauf $R(T)$ gerechnet, so ergibt sich aus Gl.(5a) nach Differenzieren analog zu Gl.(6) eine Lösung

$$T_m = \frac{b}{2}\left(1 - \sqrt{1 - \frac{4T_0}{b}}\right) \approx T_0\left(1 + \frac{T_0}{b}\right) \qquad (10)$$

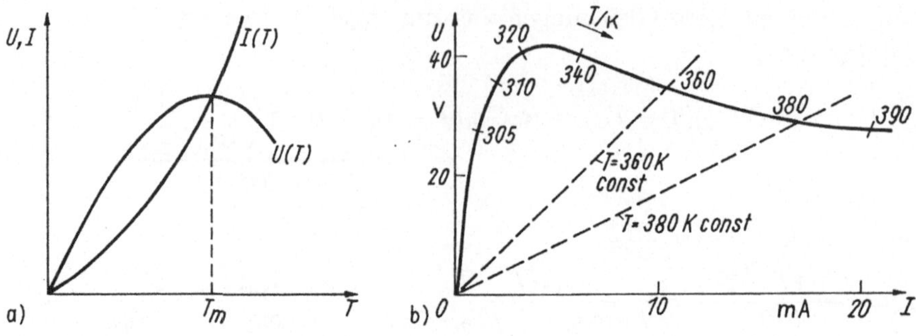

Bild 8.4/6

mit

$$U^2_{|m} = R_0 G_{th}(T - T_0)_m \exp{-\frac{T_m}{T_0}} \tag{11a}$$

$$I^2_{|m} = \frac{G_{th}(T - T_0)}{R_0 \exp{-T_m/T_0}} \tag{11b}$$

und

$$\left.\frac{U}{I}\right|_m = R_0 \exp{-\frac{T_m}{T_0}}. \tag{12}$$

Da gewöhnlich $\frac{4T_0}{b} \ll 1$ gilt (s.u.) folgt durch Wurzelentwicklung in Gl.(10) (binomische Reihe) der rechts stehende Ausdruck und für $\alpha = -\frac{b}{T_0 T} \approx -\frac{b}{T_0^2}$ die obige Lösung.

c) *Numerische Analyse.* Für die gegebenen Zahlenwerte wurde $U(I)$ berechnet und dargestellt (Bild 8.4/6b). Es tritt ein Maximum auf (bei etwa $T = 330\,\mathrm{K}$, genauer $322\,\mathrm{K}$), dort beträgt der Widerstand $R(T_m) = \left.\frac{U}{I}\right|_m = \frac{42,25\,\mathrm{V}}{4,7\,\mathrm{mA}} \approx 9\,\mathrm{k\Omega}$, nach Gl.(8) sollte gelten (allerdings mit der linearen Näherung!) $R = R_0/e = 30\,\mathrm{k\Omega}/e \approx 11,03\,\mathrm{k\Omega}$, nach Gl.(12) $R \approx 9,01\,\mathrm{k\Omega}$.

Diskussion: Der Quotient U/I aus G.(5a), (5b) ergibt (s. Gl.(1))

$$\frac{U}{I} = R_0 \exp{-b\left(\frac{1}{T_0} - \frac{1}{T}\right)}.$$

Das ist für $T = $ const. eine lineare U-I-Kennlinie. Sie wurde im Bild 8.4/6b für $T = 360\,\mathrm{K} = $ const. eingetragen. Entsprechend entsteht für höhere Temperatur, z.B. $T = 380\,\mathrm{K}$, wieder eine lineare Kennlinie mit $R(380) > R(360)$. Die Bedingung $T = $ const. läßt sich z.,B. dadurch einhalten, daß man die Umgebungstemperatur T_U auf T erhöht und sie dann konstant hält. Dazu ist ideale Wärmeableitung (thermischer Widerstand $R_{th} \to \infty$, $P_W = 0$) erforderlich, so daß die elektrisch erzeugt Verlustleistung $P_V = UI$ wegen der idealen Wärmeableitung keine Temperaturerhöhung nach sich zieht.

Im Regelfall erzeugt ein eingeprägter Strom I zunächst eine Spannung $U(T_U) = R_0 I$, dadurch eine Verlustleistung $P_V = UI$, wodurch die Temperatur ($P_W = P_V$) auf T ansteigt und der Widerstand $U(T)/I = R(T) < R_0$ abfällt und damit auch $U(T)$. Dadurch sinkt P_V und damit wieder T etwas, $R(T)$ steigt wieder usw., bis ein stationärer Wert $R(T)$ entsteht. Durch die reale Wärmeableitung (R_{th}) stellt sich so eine lastabhängige (mitlaufende) Betriebstemperatur T ein. Sie bestimmt die nichtlineare U-I-Kennlinie. Die Zeit, die nach Anlegen der U-I-Werte an einen stromlosen Heißleiter bis zum Erreichen der stationären Temperatur T verstreicht, hängt von der thermischen Zeitkonstanten ab (Richtwert $\tau_{th} \approx ms\ldots s$). Deshalb verhält sich der Heißleiter gegenüber Änderungen, die deutlich schneller ablaufen als τ_{th}, als linearer ohmscher Widerstand (Verhalten z.B. bei kurzen Stromimpulsen), im "statischen Betrieb" (Änderung langsam im Vergleich zu τ_{th}) dagegen wie ein nichtlineares Element.

Zwei Bemerkungen

- Das Problem der "Kennlinienrückläufigkeit" wie in Bild b dargestellt kann generell bei Bauelementen mit hohem TK auftreten, z.B. bei Dioden und Transistoren im Sperrbereich mit stark temperaturabhängigem Sättigungstrom (s. Aufg. 8.4/7).
- Die thermische Zeitkonstante beeinflußt auch das Zeitverhalten eines sonst als resistiv geltenden Zweipols.

Aufgabe 8.4/7 Kennlinie eines nichtlinearen resisitiven Zweipols bei Selbstaufheizung

Gegeben ist eine in Sperrichtung betriebene Halbleiterdiode mit der Kennlinie

$$I = I_S \left(\exp -\frac{U}{U_T} - 1 \right), \quad I_S(T) = I_{S0}(T_0)\exp c(T - T_0)$$

bei der Umgebungstemperatur T_0 mit temperaturabhängigem Sättigungsstrom $I_S(T)$. Durch die Verlustleistung $P_{el} = U I_S(T)$ steigt einerseits die Betriebstemperatur T, andererseits wird die Verlustleistung $P_{el} = P_W$ als Wärmestrom nach Maßgabe des Wärmewiderstandes R_{th} an die Umgebung abgeführt: $P_{ab} = P_W = \frac{T-T_0}{R_{th}} = P_{el}$. Die steigende Temperatur erhöht $I_S(T)$ und damit wieder P_{el}, so daß sich eine sog. "nichtisotherme" Kennlinie einstellt.

a) Stellen Sie den Sättigungsstrom (im Sperrbereich) für unterschiedliche Temperaturen T über U dar (zweckmäßige Schrittweite $\Delta T = 5\,K$ wählen, $T_0 = 300\,K$. $I_S(T_0) = 100\,\mu A$ (sog. isotherme Kennlinie)), Spannungsbereich $0 \le U \le 100\,V$.

b) Bestimmen Sie die thermisch erzeugte Leistung $P_W = P_{el} = U I_S(T)$ und tragen Sie Kurven gleicher Verlustleistung in das Diagramm ein mit der Temperatur T als Parameter. Gegeben: $c = 0,1\,K$, $R_{th} = \frac{10\,K}{(30\,mW}$.

c) Suchen Sie Punkte gleicher Temperatur aus den Verläufen a) und b) und verbinden Sie diese zur nichtisothermen Kennlinie.

d) Formulieren Sie die für a) ... c) benutzten Gleichungen und bestimmen Sie den analytischen Verlauf der Kennlinie c). Wo liegt ein Extremum?

Lösung:

a) Im Bild 8.4/7a wurde der Sperrbereich der Diode herausgegriffen (sonst Darstellung im 3. Quadranten üblich). Der Sättigungsstrom (gestrichelte Darstellung) ist spannungsunabhängig, aber stark temperaturbeeinflußt. Beispielsweise folgt für $T = 315\,K$ ($\Delta T = 5\,K$):

$$I_S(315) = I_S(300)\exp(0,1/K)5\,K = 100\,\mu A \cdot 1,64 \approx 164\,\mu A.$$

Gleiche Temperaturschritte ΔT ergeben eine Schar paralleler Geraden zur U-Achse, die isothermen Kennlinien mit $T =$ const. als Parameter.

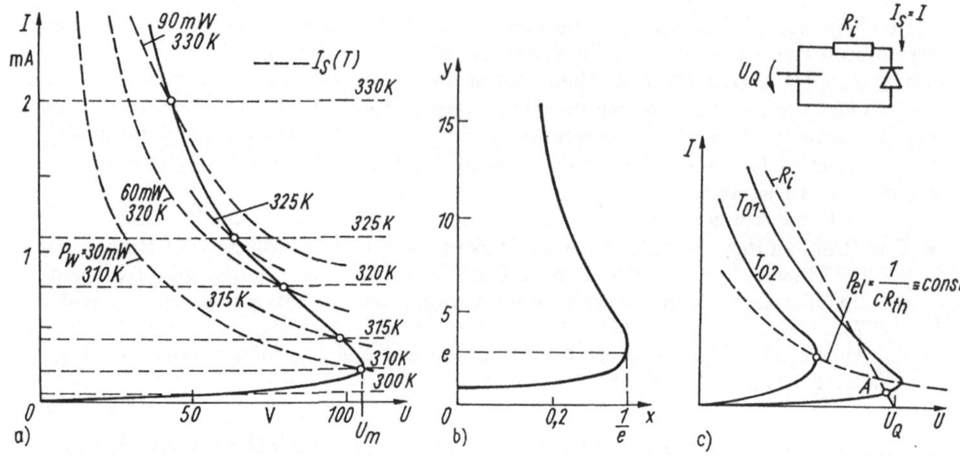

Bild 8.4/7

b) Die thermisch erzeugte Leistung $P_W = \frac{\Delta T}{R_{th}}$ führt auf

$$P_W = \frac{\Delta T}{10\,K}\,30\,mW,$$

also z.B. für $T = 310\,K$ auf $P_W = 30\,mW$. Die Verlustleistungshyperbel $P_W = P_{el} = U I_S(T)$ wurde im Bild 8.4/7a mit T als Parameter eingetragen. Für die übrigen Temperaturen $T = $ const. entstehen so weitere Hyperbeln.

c) Im nächsten Schritt suchen wir die Schnittpunkte der Kurven Aufgabe a), b), die zur gleichen Temperatur gehören und verbinden sie. Das ist die gesuchte "nichtisotherme Kennlinie" mit einem Spannungsmaximum und ausgeprägt fallendem Bereich für Ströme I

d) Es gilt für
  • die Kennlinie
$$\frac{I_S(T)}{I_S(T_0)} = \exp c\Delta T \tag{1}$$
  • die Verlustleistung
$$P_{el} = U I_S(T) \tag{2}$$
  • die Wärmeverlustleistung
$$P_W = \frac{\Delta T}{R_{th}} = P_{el}. \tag{3}$$

Daraus folgt zusammengefaßt:
  • entweder die Parameterdarstellung
$$I_S(T) = I_S(T_0)\exp c\Delta T, \quad U(T) = \frac{\Delta T}{R_{th}} \cdot \frac{1}{I_S(T_0)\exp c\Delta T}, \tag{4}$$
aus denen für vorgegebene ΔT die zugehörigen I-, U-Werte hervorgehen,
  • oder in impliziter Form die Lösung
$$\frac{I_S(T)}{I_S(T_0)} = \exp c\Delta T = \exp(cR_{th}I_S(T))U. \tag{5}$$

Mit den normierten Größen $y = \frac{I_S(T)}{I_S(T_0)}$ und $x = cR_{th}I_S(T_0)U$ folgt die normierte nichtisotherme Kennlinie

$$y = \exp yx \quad \text{oder} \quad x = \frac{\ln y}{y}. \tag{6}$$

Bild 8.4/7b zeigt den Verlauf. Die Kurve hat ein Maximum (auf der I-Achse, [y-Achse]) bei

$$\frac{dx}{dy} = 0 = 1 - \ln y \rightarrow y_{|m} = e \quad \text{mit } x_{|m} = \frac{1}{e}. \tag{7}$$

Im Zahlenbeispiel erhalten wir

$$U_{|m} = \frac{1}{ecR_{th}I_S(T_0)} = \frac{1 \cdot 30\,\text{mW}}{e(0, 1/\text{K})\,10\,\text{K} \cdot 100\,\mu\text{A}} = 11\,\text{V}$$

und

$$I_{S|m} = eI_S(T_0) = 271\,\mu\text{A}.$$

Das Maximum heißt thermischer Durchbruch, denn mit Überschreiten der Grenzspannung springt der Arbeitspunkt (bei geringem Spannungsquellenwiderstand) zu einem extrem großen Strom, der die Diode zerstört.

Entnormiert lassen sich aus Bild 8.4/7b Kurven mit verschiedenen Bezugstemperaturen T_0 gewinnen, wobei die Maxima auf der Hyperbel $P_{el|max} = \frac{1}{cR_{th}} = UI_{S|max}$ liegen (Bild 8.4/7c), im Beispiel also längs $P_{el} = 30\,\text{mW}$. Eine höhere Umgebungstemperatur $T_{02} > T_{01}$ führt somit schon bei kleiner Spannung U zum thermischen Durchbruch. Der Einfluß des Grundstromkreises auf die Arbeitspunkteinstellung A wird deutlich.

Diskussion: Solange die eingestellte elektrische Leistung klein gegen die "Durchbruchsleistung" $P_{W|max} = \frac{1}{cR_{th}}$ bleibt, ergibt sich keine nennenswerte Kennlinienveränderung. Wir messen die "isotherme Kennlinie" bei $T \approx T_0 \approx$ const. Bei wachsender elektrischer Verlustleistung P_{el} kommt es schließlich zum thermischen Durchbruch (Maximum der Kurve) und darüber hinaus zur fallenden Kennlinie.

Aufgabe 8.4/8 Nichtlinearer Grundstromkreis, graphische Lösung

Für den Grundstromkreis Bild 8.4/8a mit einer Diode (Kennlinie $I = kU^2$, Punkte $U = 1\,\text{V} \rightarrow I = 10\,\text{mA}$) bestimme man

a) den Arbeitspunkt A für die Spannung U_{AB}. Bestimmen Sie den zugehörigen Strom I graphisch und analytisch ($U_Q = 2\,\text{V}$, $R_1 = 150\,\Omega$, $R_2 = 50\,\Omega$),

b) den Arbeitspunkt, wenn U_Q von 2 V auf 2,5 V steigt,

c) den Arbeitspunkt, wenn die Diode durch eine Knickkennlinie ($U_Q = 2\,\text{V}$) so ersetzt wird, daß die Tangente im Arbeitspunkt A eine Schleusenspannung U_{FO} auf der U-Achse abschneidet.

Hinweis: Es gibt mehrere Lösungsmöglichkeiten:

- passiver Zweipol Diode, Restschaltung aktiver linearer Zweipol, Bestimmung des Stromes und der Diodenspannung und Rückrechnung auf U_{AB}

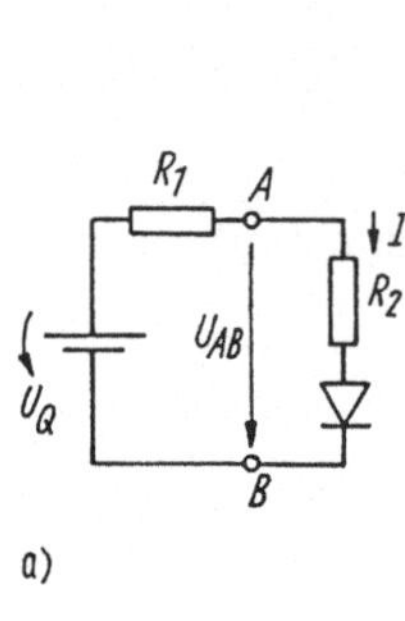

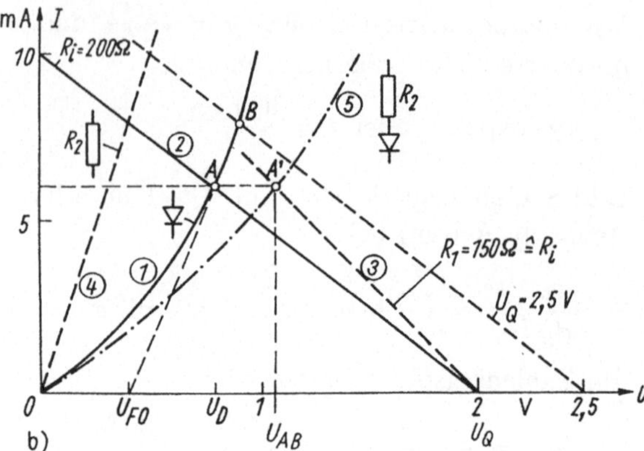

Bild 8.4/8

- aktiver Zweipol U_Q, R_1, passiver Zweipol D mit reihengeschaltetem Widerstand R_2 Konstruktion einer nichtlinearen Ersatzkennlinie und graphische Bestimmung des Arbeitspunktes. Dem entspricht die direkte Bestimmung von U_{AB}.
- Ersatz der Diode durch eine Knickkennlinie.

Lösung:

a) Wir passen zunächst die Diodenkennlinie an die Vorgabe an: Aus der Spannung $U = 1\,V$ folgt $I = $ const. $\rightarrow 10\,mA \rightarrow k = 10\,mA/1\,V^2$. Es wurde eine Diode mit sog. quadratischer Kennlinie verwendet (wie sie sich annähernd mit einem MOS-Transistor realisieren läßt), um die Lösungen auch analytisch angeben zu können. Im Bild 8.4/8b wurde die Kennlinie 1 eingetragen. Die Diodenkennlinie führt als Schnittpunkt A mit dem aktiven Zweipol ($R_i = R_1 + R_2 = 200\,\Omega$, $U_Q = 2\,V$, Kurve 2) auf den Strom $I = 6\,mA$ und damit die Spannung U_{AB}: $U_{AB} = U_Q - IR_1$ (Schnittpunkt A') bzw. $U_{AB} = IR_2 + U_D$.

Im ersten Fall folgt $U_{AB} = 2\,V - 6\,mA \cdot 150\,\Omega = 1,1\,V$ im zweiten über $U_D = \sqrt{I/k} = 0,77\,V \rightarrow U_{AB} = 6\,mA \cdot 50\,\Omega + 0,77\,V = 1,07\,V$. (Die Differenz deutet darauf hin, daß der Arbeitspunkt $I \approx 6\,mA$ nicht genau genug ermittelt wurde.) Die analytische Lösung folgt aus $U_Q = (R_1 + R_2)I + \sqrt{I/k}$ oder $2/V = 0,2 \cdot I/mA + \sqrt{I/mA/10}$ zu $6,09\,mA$. Dazu gehört $U_{AB} = 1,08\,V$, wie graphisch ermittelt.

Im nächsten Schritt konstruieren wir

- die Kennlinie des aktiven Zweipols mit $R_i = 150\,\Omega$ (Kurve 3, Bild 8.4/8b)
- die Kennlinie des passiven Zweipols bestehend aus der Diode und dem Reihenwiderstand $R_2 = 50\,\Omega$. Letzterer ergibt eine Gerade (Kurve 4). Punktweise Addition der Teilspannungen Kurve (4) und (1) liefert für verschiedene Ströme Kurve (5). Wir erhalten den gleichen Strom I und im Arbeitspunkt A' die Spannung U_{AB}. Dieser Weg ist umständlicher.

b) Steigt die Quellenspannung U_Q von 2 V auf 2,5 V, so bedeutet dies eine Parallelverschiebung der Kennlinie des aktiven Zweipols. ($\rightarrow$ Kurve (6)). Der Strom beträgt $I \approx 8\,mA$ im Arbeitspunkt B (genau 8,02 mA).

c) Die Tangente der Diodenkennlinie lautet $\frac{\mathrm{d}I}{\mathrm{d}U} = 2k_{\mathrm{U}} = 20\,\frac{\mathrm{mA}}{\mathrm{V}^2} \cdot U$, im Arbeitspunkt $(U = 0,78\,\mathrm{V})$: $\frac{\mathrm{d}I}{\mathrm{d}U} = 15,61\,\frac{\mathrm{mA}}{\mathrm{V}}$, d.h. $r = \frac{\mathrm{d}U}{\mathrm{d}I} = 64,07\,\Omega$. Die Verlängerung der Tangente auf die U-Achse schneidet dort die Spannung U_{FO} ab. Es gilt

$$\left.\frac{U - U_{\mathrm{FO}}}{I - 0}\right|_{\mathrm{A}} = \frac{\mathrm{d}U}{\mathrm{d}I} = 64,07\,\Omega$$

und

$$U_{\mathrm{FO}} = U_{|\mathrm{A}} - rI_{|\mathrm{A}} \approx 0,78\,\mathrm{V} - 64,07\,\Omega \cdot 6.08\,\mathrm{mA} = 0,39\,\mathrm{V}.$$

Mit dieser Knickkennlinie folgt die Maschengleichung

$$U_{\mathrm{Q}} = (R_1 + R_2)I + rI + U_{\mathrm{FO}}$$

oder

$$I = \frac{U_{\mathrm{Q}} - U_{\mathrm{FO}}}{R_1 + R_2 + r} = \frac{2\,\mathrm{V} - 0,39\,\mathrm{V}}{200 + 64,07\,\Omega} = 6,09\,\mathrm{mA}.$$

Diese Näherung ist relativ gut, m.a.W. stellt das Konzept der Knickkennlinie ein brauchbares Verfahren zur Analyse dar.

Diskussion: Es ist meist zweckmäßig, die Schaltung unabhängig von der gesuchten Größe in linearen und nichtlinearen Teil zu trennen und den linearen soweit als möglich zusammenzufassen. Das vereinfacht auch die numerische Analyse.

Die Knickkennliniennäherung einer nichtlinearen U-I-Relation stellt einen guten Ansatz dar (auch für die Gewinnung von Startwerten bei der numerischen Analyse). Sie erhöht darüber hinaus die Übersichtlichkeit beim Aufstellen der Ausgangsgleichungen.

8.5 Übertrager in Netzwerken

Aufgabe 8.5/1 Transformatorbestimmung

a) An einem Transformator wurden bei der Frequenz $f = 50\,\mathrm{Hz}$ gemessen:
   - bei sekundärem Leerlauf der Strom $\underline{i}_1 = 2,56\angle -55,31°\,\mathrm{A}$, bei $\underline{u}_1 = 90\angle 0\,\mathrm{V}$
   - bei sekundärem Kurzschluß die Spannungen $\underline{u}_1 = 25\angle 0°\,\mathrm{V}$ und die Ströme $\underline{i}_1 = 0,92602\angle -20,986°\,\mathrm{A}$, $\underline{i}_2 = 1,0967\angle +171,285°\,\mathrm{A}$ (symmetrische Stromrichtungen).

   Bestimmen Sie alle Elemente der Ersatzschaltung.

b) Der Transformator wird ausgangsseitig mit einem Widerstand $\underline{Z}_{\mathrm{L}} = 10\angle 45°\,\Omega$ belastet, gleichzeitig liegt die Spannung $\underline{u}_1 = 100\angle 0°\,\mathrm{V}$ an. Berechnen Sie die Ströme $\underline{i}_1$, $\underline{i}_2$, die Spannung $\underline{u}_2$ und den Eingangswiderstand $\underline{Z}_{\mathrm{e}}$.

c) Welche Spannungs- $\left(\frac{\underline{u}_2}{\underline{u}_1}\right)$, Strom- $\left(\frac{\underline{i}_2}{\underline{i}_1}\right)$ und Leistungsübersetzung $G = \left(-\frac{\underline{u}_2 \underline{i}_2^*}{\underline{u}_1 \underline{i}_1^*}\right)$ stellt sich im Falle b) ein?

d) Geben Sie eine Zweipolersatzschaltung der Anordnung bezüglich der Sekundärklemmen an. Überprüfen Sie damit den Strom $\underline{I}_2$ (Aufgabe b), der bei Belastung mit $\underline{Z}_{\mathrm{L}}$ fließt.

e) Wie müßte die Belastung $\underline{Z}_\mathrm{L}$ gewählt werden, damit die Schaltung maximale Wirkleistung abgibt?

Hinweis: Legen Sie die Transformatorgleichungen mit symmetrischen Stromrichtungen zugrunde (s. I/Abschn. 3.4.2, II/Abschn. 7.4.4 und III/Abschn. 8.1.2.

Lösung:

a) Wir gehen von den Transformatorgleichungen aus und erhalten bei Leerlauf $\underline{i}_2 = 0$

$$R_1 + \mathrm{j}\omega L_1 = \left.\frac{\underline{u}_1}{\underline{i}_1}\right|_{\underline{i}_2=0} = \frac{90\angle 0^\circ\,\mathrm{V}}{2,56\angle -55,31^\circ\,\mathrm{A}} = (20,00 + \mathrm{j}28,906)\,\Omega$$

$$\rightarrow L_1 = \frac{28,906\,\Omega}{2\pi \cdot 50\,\mathrm{Hz}} = 92,06\,\mathrm{mH}.$$

Bei Kurzschluß ($\underline{u}_2 = 0$) folgen aus den Transformatorgleichungen (II/Gl.(7.111), aber symmetrische Stromrichtungen) (erste Zeile)

$$\begin{aligned}
\mathrm{j}\omega M &= \frac{\underline{u}_1}{\underline{i}_2} - \frac{(R_1 + \mathrm{j}\omega L_1)\underline{i}_1}{\underline{i}_2}\\[2mm]
&= \frac{25\angle 0\,\mathrm{V} - (20,0 + \mathrm{j}28,906)\cdot 0,962\angle -20,986^\circ\,\mathrm{A}\Omega}{1,0967\angle 171,285^\circ\,\mathrm{A}}\\[2mm]
&= \mathrm{j}17,593\,\Omega
\end{aligned}$$

und aus der zweiten Zeile:

$$\begin{aligned}
R_2 + \mathrm{j}\omega L_2 &= -\mathrm{j}\omega M\frac{\underline{i}_1}{\underline{i}_2} = -(\mathrm{j}17,593\,\Omega)\frac{0,962\angle -20,986^\circ\,\mathrm{A}}{1,0967\angle 171,285^\circ\,\mathrm{A}}\\[2mm]
&= (3,27 + \mathrm{j}15,07)\,\Omega,\\[2mm]
L_2 &= \frac{15,07\,\Omega}{2\pi \cdot 50\,\mathrm{s}^{-1}} = 48\,\mathrm{mH}.
\end{aligned}$$

Damit sind die Ersatzschaltelemente des Transformators bestimmt: $R_1 = 20\,\Omega$, $L_1 = 96\,\mathrm{mH}$, $R_2 = 3,27\,\Omega$, $L_2 = 48\,\mathrm{mH}$, $M = 56\,\mathrm{mH}$.

b) Wird der Transformator ausgangsseitig mit $\underline{Z}_\mathrm{L}$ belastet ($\underline{u}_2 = -\underline{Z}_\mathrm{L}\underline{i}_2$) und liegt die Spannung $\underline{u}_1$ an, so ergibt sich aus den Transformatorgleichungen das System

$$\begin{pmatrix} R_1 + \mathrm{j}\omega L_1 & \mathrm{j}\omega M \\ \mathrm{j}\omega M & R_2 + \mathrm{j}\omega L_2 + \underline{Z}_\mathrm{L} \end{pmatrix} \cdot \begin{pmatrix} \underline{i}_1 \\ \underline{i}_2 \end{pmatrix} = \begin{pmatrix} \underline{u}_1 \\ 0 \end{pmatrix}. \tag{1}$$

Wir lösen es nach den Strömen $\underline{i}_1$, $\underline{i}_2$ und erhalten

$$\underline{i}_1 = \frac{\det\begin{pmatrix} \underline{u}_1 & \mathrm{j}\omega M \\ 0 & R_2 + \mathrm{j}\omega L_2 + \underline{Z}_\mathrm{L} \end{pmatrix}}{\det\begin{pmatrix} R_1 + \mathrm{j}\omega L_1 & \mathrm{j}\omega M \\ \mathrm{j}\omega M & R_2 + \mathrm{j}\omega L_2 + \underline{Z}_\mathrm{L} \end{pmatrix}}$$

$$\underline{i}_2 = \frac{\det\begin{pmatrix} R_1 + \mathrm{j}\omega L_1 & \underline{u}_1 \\ \mathrm{j}\omega M & 0 \end{pmatrix}}{\det\begin{pmatrix} R_1 + \mathrm{j}\omega L_1 & \mathrm{j}\omega M \\ \mathrm{j}\omega M & R_2 + \mathrm{j}\omega L_2 + \underline{Z}_\mathrm{L} \end{pmatrix}}. \tag{2}$$

Damit folgen die Ausgangsspannung $\underline{u}_2 = -\underline{Z}_L \underline{i}_2$ (symmetrische Stromrichtungen!) und der Eingangswiderstand

$$\underline{Z}_e = \frac{\underline{u}_1}{\underline{i}_1} = R_1 + j\omega L - \frac{(j\omega M)^2}{R_2 + j\omega L_2 + \underline{Z}_L}. \tag{3}$$

Die Auswertung der Ströme $\underline{i}_1$, $\underline{i}_2$ kann in Gl.(2) noch allgemein erfolgen, wir wollen sie aber numerisch durchführen und erhalten mit den in
Aufgabe a) berechneten Ersatzgrößen

$$\begin{pmatrix} 20 + j28,906 & j17,593 \\ j17,593 & 3,27 + j15,08 + 7,07 + j7,07 \end{pmatrix} \cdot \begin{pmatrix} \underline{i}_1 \\ \underline{i}_2 \end{pmatrix} = \begin{pmatrix} 100 \\ 0 \end{pmatrix}. \tag{4}$$

Dabei sind die Impedanzen in Ω, Ströme in A und Spannung in V angesetzt.

Die Lösung von Gl.(4) ergibt (Gleichungslöser im PC oder Taschenrechner):

$$\underline{i}_1 = 3,249\angle -34,5^\circ\, \text{A}, \quad \underline{i}_2 = 2,339\angle 170,51^\circ\, \text{A}, \tag{5}$$

damit der Eingangswiderstand $\underline{Z}_e$ zu

$$\underline{Z}_e = \frac{100\,\text{V}}{3,249\angle -34,5^\circ\,\text{A}} = 30,778\angle 34,5^\circ\,\Omega = (25,36 + j17,43)\,\Omega.$$

Die Nachrechnung über Gl.(3) bestätigt das Ergebnis sofort.

c) Die Spannungs-, Strom- und Leistungsverhältnisse können entweder über
die Ersatzschaltung oder die Transformatorgleichungen bestimmt werden, da deren Elemente bekannt sind. Wir wollen die Lösung zunächst
mit den numerischen Ergebnissen vollziehen und später über die Ersatzschaltung nachprüfen.
Das Spannungsverhältnis beträgt mit Gl.(5)

$$\frac{\underline{u}_2}{\underline{u}_1} = \frac{-\underline{i}_2 \underline{Z}_L}{\underline{u}_1} = \frac{-10\angle 45^\circ \cdot 2,339\angle 170,51^\circ\,\text{A}\Omega}{100\,\text{V}} = 0,233\angle 35,51^\circ.$$

(Der Strom $\underline{i}_2$ wurde bei einer angelegten Spannung von 100 V berechnet.)
Das Stromverhältnis folgt mit Gl.(5)

$$\frac{\underline{i}_2}{\underline{i}_1} = \frac{2.339\angle 170,51^\circ\,\text{A}}{3,249\angle -34,5^\circ\,\text{A}} = 0,717\angle -154,99^\circ.$$

Das Leistungsverhältnis beträgt allgemein mit komplexen Größen

$$G = \frac{-\underline{u}_2 \underline{i}_2^*}{\underline{u}_1 \underline{i}_1^*} = \left(\frac{-\underline{u}_2}{\underline{u}_1}\right)\left(\frac{\underline{i}_2}{\underline{i}_1}\right)^*$$

$$= -0,233\angle 35,51^\circ (0,717\angle -154,99^\circ)^*$$

$$= 0,16706\angle 10,5^\circ,$$

es läßt sich über die bereits bekannten Strom- und Spannungsübersetzungen berechnen. Die Kontrolle über die Ersatzschaltung führt auf:

$$\frac{\underline{u}_2}{\underline{u}_1} = \frac{-\mathrm{j}\omega M \underline{Z}_\mathrm{L}}{(R_1 + \mathrm{j}\omega L_1)(R_2 + \mathrm{j}\omega L_2 + \underline{Z}_\mathrm{L}) - (\mathrm{j}\omega M)^2}$$

$$= \frac{-\mathrm{j}17,59 \cdot 10\angle 45°}{(20 + \mathrm{j}28,906)(3,27 + \mathrm{j}15,079 + 10\angle 45°) - (\mathrm{j}17,59)^2}$$

$$= 0,233\angle 35,51° \tag{6}$$

und für das Stromverhältnis:

$$\frac{\underline{i}_2}{\underline{i}_1} = \frac{-\mathrm{j}\omega M}{R_2 + \mathrm{j}\omega L_2 + \underline{Z}_\mathrm{L}} = \frac{-\mathrm{j}17,59}{(3,27 + \mathrm{j}15,079 + 10\angle 45°)}$$

$$= 0,719\angle -154,99°.$$

d) Wir ersetzen die gesamte Schaltung links der Sekundärklemmen durch einen aktiven Zweipol mit Leerlaufspannung $\underline{u}_\mathrm{l}$ und Innenwiderstand $\underline{Z}_\mathrm{i}$. Die Leerlaufspannung beträgt ($\underline{i}_2 = 0$):

$$\underline{u}_\mathrm{l} = \underline{u}_2|_{i_2=0} = \mathrm{j}\omega M \underline{i}_1 = \frac{\mathrm{j}\omega M}{R_1 + \mathrm{j}\omega L_1}\underline{u}_\mathrm{q} = \frac{\mathrm{j}17,59\,\Omega}{(20 + \mathrm{j}28,906)\,\Omega}\underline{u}_\mathrm{q}. \tag{7}$$

Dabei ist der Strom $\underline{i}_1$ der Leerlaufmessung $\underline{i}_2 = 0$ nach Aufgabe a) zu verwenden oder der Wert, der sich aus $\underline{u}_1 = \underline{Z}_1\underline{i}_1 = (R_1 + \mathrm{j}\omega L_1)\underline{i}_1$ ergibt. Den Innenwiderstand $\underline{Z}_\mathrm{i}$ berechnen wir bei kurzgeschlossenen Klemmen 1, 1' durch Anlegen einer Probespannung $\underline{u}_2$ und Bestimmung des Stromes $\underline{i}_2$. Aus den Transformatorgleichungen folgt mit $\underline{u}_\mathrm{q} = 0$, $\underline{Z}_1 = R_1 + \mathrm{j}\omega L_1$, $\underline{Z}_2 = R_2 + \mathrm{j}\omega L_2$

$$\begin{pmatrix} \underline{Z}_1 & \mathrm{j}\omega M \\ \mathrm{j}\omega M & \underline{Z}_2 \end{pmatrix} \cdot \begin{pmatrix} \underline{i}_1 \\ \underline{i}_2 \end{pmatrix} = \begin{pmatrix} 0 \\ \underline{u}_2 \end{pmatrix}$$

und somit der Strom $\underline{i}_2$ bzw. der Innenwiderstand $\underline{Z}_\mathrm{i}$

$$\underline{i}_2 = \frac{(R_1 + \mathrm{j}\omega L_1)\underline{u}_2}{(R_1 + \mathrm{j}\omega L_1)(R_2 + \mathrm{j}\omega L_2) + (\omega M)^2} \rightarrow \tag{8}$$

$$\underline{Z}_\mathrm{i} = \frac{\underline{u}_2}{\underline{i}_2} = R_2 + \mathrm{j}\omega L_2 + \frac{(\omega M)^2}{R_1 + \mathrm{j}\omega L_1}. \tag{9}$$

Zahlenmäßig ergibt sich

$$\underline{Z}_\mathrm{i} = \left(3,27 + \mathrm{j}15,079 + \frac{(17,59)^2}{20 + \mathrm{j}28,906}\right)\Omega = 11,40\,\Omega\angle 43,44°,$$

$$\underline{u}_\mathrm{l} = 0,50\angle 34,67°\,\mathrm{V}.$$

Damit ist die Aufgabe auf den Grundstromkreis zurückgeführt, wobei der Lastwiderstand $\underline{Z}_\mathrm{L}$ den passiven Zweipol darstellt.

e) Abgabe maximaler Wirkleistung eines Zweipols setzt Wirkleistungsanpassung voraus. Da die Transformatorschaltung (ohne die Lastimpedanz $\underline{Z}_\mathrm{L}$ in Aufgabe f) über den aktiven Zweipol auf den Grundstromkreis zurückgeführt wurde, gilt für Wirkleistungsanpassung $\underline{Z}_\mathrm{i} = \underline{Z}_\mathrm{L}^*$ oder $\underline{Z}_\mathrm{L} = \underline{Z}_\mathrm{i}^* = 11,4\angle -43,44°\,\Omega = (8,277 - \mathrm{j}7,83)\Omega$. Das ist eine kapazitive Last.

Die abgegebene Leistung beträgt bei Wirkleistungsanpassung

$$P_{\text{L}|\max}/\text{W} = \frac{|\underline{u}_1|^2}{4R_\text{i}} = \frac{|\underline{u}_\text{q}|^2}{\text{V}}\frac{(0,5)^2}{4\cdot 8,27\,\Omega} = \frac{|\underline{u}_\text{q}|^2}{\text{V}\cdot 7,56\cdot 10^{-3}\,\Omega},$$

im Falle $\underline{u}_\text{q} = 100\,\text{V}$ also $P_\text{L} = 75,6\,\text{W}$.

Daß zur Wirkleistungsanpassung kapazitive Last erforderlich ist, ergibt sich schon aus der Anschauung: Der Innenwiderstand des Transformators hat mit Sicherheit eine induktive Komponente. Dann muß die Last für Wirkleistungsanpassung ($\to$ Resonanz) eine kapazitive Komponente haben.

Aufgabe 8.5/2 Anpassung mit Transformator

Eine Spannungsquelle (Leerlaufspannung $\underline{U}_\text{q}$, Innenwiderstand R_i) soll über einen Transformator so an einen Widerstand R_a angepaßt werden, daß maximale Wirkleistung abgegeben wird.

a) Wie muß dazu das Übersetzungsverhältnis $\ddot{u}$ eines idealen Übertragers gewählt werden?

b) Wiederholen Sie Aufgabe a) für einen Transformator mit L_1, L_2, M, aber $R_1 = R_2 = 0$. Welche Spannungsübersetzung $\frac{\underline{U}_2}{\underline{U}_\text{q}}$ stellt sich allgemein ein?

c) Wählen Sie gleiche Zeitkonstanten $\tau_1 = \frac{L_1}{R_\text{i}} = \tau_2 = \frac{L_2}{R_\text{a}}$ (Lastwiderstand R_a) und die Streuung $\sigma = 1 - \frac{M^2}{L_1 L_2}$. Für welche Zeitkonstante $\tau = \tau_1 = \tau_2$ wird der Betrag $\left|\frac{\underline{U}_2}{\underline{U}_\text{q}}\right|$ bei fester Frequenz maximal? Wie groß ist die an den Verbraucher maximal abgebbare Wirkleistung?

d) Wie groß sind die obere und untere Grenzfrequenz ω_o, ω_u, wenn dort die übertragene Wirkleistung auf die Hälfte des Maximalwertes gefallen sein soll? Worauf sind die Grenzfrequenzen physikalisch zurückzuführen?

Hinweis: Ausgang sind die u-i-Beziehungen gekoppelter Spulen mit symmetrischen Stromrichtungen.

Lösung:

a) Ohne Übertrager erfordert Leistungsanpassung $R_\text{a} = R_\text{i}$ mit $P_{2\max} = \frac{\hat{u}_\text{q}^2}{8R_\text{i}}$. Da der ideale Übertrager den Widerstand R_a mit $\frac{R_\text{a}}{\ddot{u}^2}$ auf die Primärseite überträgt, muß gelten:

$$R_\text{i} = R_\text{i}' = \frac{R_\text{a}}{\ddot{u}^2} \to \ddot{u} = \pm\sqrt{\frac{R_\text{a}}{R_\text{i}}}. \tag{1}$$

Damit liegt das erforderliche Übertragungsverhältnis fest.

b) Aus den Transformatorgleichungen

$$\begin{aligned}\underline{U}_1 &= j\omega L_1\underline{I}_1 + j\omega M\underline{I}_2,\\ \underline{U}_2 &= j\omega M\underline{I}_1 + j\omega L_2\underline{I}_2\end{aligned} \tag{2}$$

der Lastbeziehung $\underline{U}_2 = -\underline{I}_2 R_\text{a}$ und Quellenbeziehung $\underline{U}_1 = \underline{U}_\text{q} - R_\text{i}\underline{I}_1$ folgt durch Eliminieren von $\underline{I}_2$ und anschließend Ersatz von $\underline{I}_1 = (1 +$

$\frac{\mathrm{j}\omega L_2}{R_\mathrm{a}})\frac{U_2}{\mathrm{j}\omega M}$ als Spannungsübersetzung

$$\frac{U_2}{U_\mathrm{q}} = \frac{\mathrm{j}\omega M}{R_\mathrm{i} + \frac{\omega^2}{R_\mathrm{a}}(M^2 - L_1 L_2) + \mathrm{j}\omega\left(L_1 + L_2\frac{R_\mathrm{i}}{R_\mathrm{a}}\right)}. \tag{3}$$

Sie kann mit der Streuung $1 - \frac{M^2}{L_1 L_2} = \sigma$ vereinfacht werden:

$$\frac{U_2}{U_\mathrm{q}} = \frac{\mathrm{j}\omega\sqrt{1-\sigma}\sqrt{L_1 L_2}R_\mathrm{a}}{R_\mathrm{i}R_\mathrm{a} - \sigma L_1 L_2 \omega^2 + \mathrm{j}\omega(L_2 R_\mathrm{i} + L_1 R_\mathrm{a})}. \tag{4}$$

c) Für gleiche Zeitkonstanten $\tau_1 = \frac{L_1}{R_\mathrm{i}} = \tau_2 = \frac{L_2}{R_\mathrm{a}} = \tau$ erhalten wir aus Gl.(4) mit der Abkürzung $x = \omega\tau$:

$$\frac{U_2}{U_\mathrm{q}} = \frac{\mathrm{j}\sqrt{1-\sigma}\cdot x\sqrt{\frac{R_\mathrm{a}}{R_\mathrm{i}}}}{1 - \sigma x^2 + 2\mathrm{j}x}, \tag{5}$$

$$\left|\frac{U_2}{U_\mathrm{q}}\right|^2 = \frac{(1-\sigma)x^2\frac{R_\mathrm{a}}{R_\mathrm{i}}}{(1-\sigma x^2)^2 + (2x)^2}. \tag{6}$$

Die Funktion $U_2 = f(x)$ durchläuft über x ein Maximum (Nachweis!) für $x^2 = (\omega\tau)^2 = 1/\sigma$, also $\omega\tau = 1/\sqrt{\sigma}$. Das Spannungsquadrat Gl.(6) lautet in diesem Falle

$$\left|\frac{U_2}{U_\mathrm{q}}\right|^2_{\max} = \frac{\frac{1-\sigma}{\sigma}\left(\frac{R_\mathrm{a}}{R_\mathrm{i}}\right)}{\frac{4}{\sigma}} = \frac{(1-\sigma)}{4}\left(\frac{R_\mathrm{a}}{R_\mathrm{i}}\right) \tag{7}$$

und damit die an die Last maximal abgebbare Wirkleistung

$$P_{2|\max} = \frac{|U_2|^2_{\max}}{R_\mathrm{a}} = \frac{\hat{u}_\mathrm{q}^2(1-\sigma)}{8R_\mathrm{i}}. \tag{8}$$

Gegenüber dem idealen Übertrager ($\sigma = 0$) tritt eine Minderung durch die Streuung auf.

d) Bei fester Streuung σ durchläuft P_2 und damit $|U_2|^2$ über der Frequenz bzw. x nach Gl.(6) ein Maximum mit $P_{2|\max}$ Gl.(8). Die obere und untere Grenzfrequenz ergibt sich aus dem (Leistungs-) Abfall $\frac{P_2}{P_{2|\max}} = \frac{1}{2}$, was der üblichen $\frac{1}{\sqrt{2}}$ Definition für die Spannungsbeträge entspricht. Wir erhalten aus Gl.(6)

$$\frac{1}{2} = \frac{4x^2}{(1-\sigma x^2)^2 + (2x)^2} \rightarrow \left(\frac{\omega_\mathrm{o/u}}{\omega}\right)^2 = 1 + \frac{2}{\sigma} \pm \sqrt{\left(1 + \frac{2}{\sigma}\right)^2 - 1} \tag{9}$$

mit den Lösungen rechts.

Für die Bandbreite $\Delta\omega = \omega_\mathrm{o} - \omega_\mathrm{u}$ ist die Differenz maßgebend. Da $\sigma \ll 1$ (Werte im %-Bereich), stellt $1/\sigma$ einen großen Wert dar. Entwicklung der Wurzel nach dem binomischen Satz (nach Umformung) führt auf

$$\frac{\Delta\omega}{\omega} = \frac{\omega_\mathrm{o} - \omega_\mathrm{u}}{\omega} \approx \frac{2}{\sqrt{\sigma}}. \tag{10}$$

Die bezogene Bandbreite eines Transformators ist um so größer, je kleiner seine Streuung. Der ideale Übertrager ($\sigma \to 0$) hat keine Bandbreitenbegrenzung.

Aufgabe 8.5/3 Transformatorzusammenschaltung

Zwei gleiche, symmetrische Transformatoren (ohne Wicklungswiderstände) sind nach Bild 8.5/3a zusammengeschaltet ($L_1 = L_2 = L$, $M = L/3$).

a) Welche Impedanz $\underline{Z}_1$ tritt bei Leerlauf der Klemmen 3, 4 ein?
b) Berechnen Sie $\underline{Z}_1$ bei Kurzschluß der Klemmen 3, 4.
c) Wie groß ist $\underline{Z}_2$ bei Kurzschluß der Klemmen 1, 2?
d) Wie groß ist $\underline{Z}_2$ bei Leerlauf der Klemmen 1, 2?

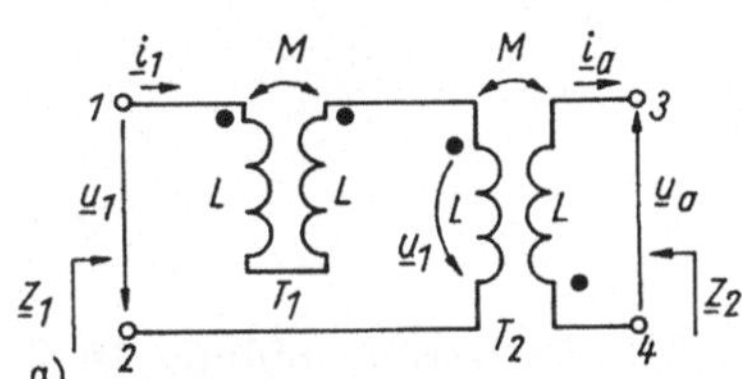 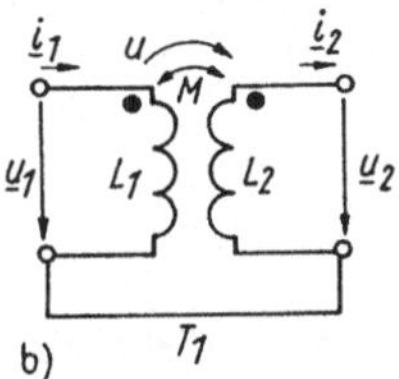

Bild 8.5/3

Hinweis: Ersetzen Sie den Transformator T_1 durch einen Ersatzzweipol (Anwendung der Transformatorgleichungen) und führen Sie dann die Berechnungen durch.

Lösung:

a) Wir schreiben zunächst für Transformator T_1 die Transformatorgleichungen (unsymmetrische Stromrichtungen, Bild 8.5/3b):

$$\begin{pmatrix} u_1 \\ u_2 \end{pmatrix} = \begin{pmatrix} L_1 & -M \\ M & -L_2 \end{pmatrix} \cdot \begin{pmatrix} \frac{di_1}{dt} \\ \frac{di_2}{dt} \end{pmatrix}$$

und erhalten mit $i = i_1 = i_2$ und $u = u_1 - u_2$ die Zweipolersatzbeziehung

$$u = (L_1 - M - M + L_2)\frac{di}{dt} = L_{\text{ers}}\frac{di}{dt} \tag{1}$$

und bei Transformation ins Komplexe mit $L_1 = L_2 = L$, $M = L/3$:

$$\underline{u} = j\omega L_{\text{ers}}\underline{i} = j\omega\left(L - \frac{L}{3} - \frac{L}{3} + L\right)\underline{i} = j\omega\frac{4}{3}L\underline{i} \tag{2}$$

als $\underline{u}$-$\underline{i}$-Beziehung des Transformators T_1 in der Schaltung Bild 8.5/3b). Die Eingangsspannung an T_1, T_2 bei Ausgangsleerlauf $\underline{i}_a = 0$ lautet dann (Bild 8.5/3a):

$$\underline{u}_1 = \underline{u} + \underline{u}_{1|T2} = j\omega\left(\frac{4}{3}L + L\right)\underline{i} = j\omega\frac{7}{3}L\underline{i}. \tag{3}$$

Dazu gehört die Eingangsleerlaufimpedanz $\underline{Z}_1 = \frac{\underline{u}_1}{\underline{i}} = j\omega\frac{7}{3}L$.

b) Wird Transformator T_2 sekundärseitig kurzgeschlossen ($\underline{u}_a = 0$), so gehören dazu die Transformatorgleichungen

$$\begin{pmatrix} \underline{u}_1 \\ 0 \end{pmatrix} = \begin{pmatrix} j\omega L_1 & -j\omega M \\ -j\omega M & j\omega L_2 \end{pmatrix} \cdot \begin{pmatrix} \underline{i}_1 \\ \underline{i}_2 \end{pmatrix}.$$

Durch Eliminieren von $\underline{i}_2$ folgt die Primärspannung (mit $\underline{i}_1 = \underline{i}$)

$$\underline{u}_1 = j\omega \left(L_1 - \frac{M^2}{L_2} \right) \underline{i}_1 = j\omega L \left(1 - \left(\frac{1}{3} \right)^2 \right) \underline{i}_1. \tag{4}$$

Die Reihenschaltung mit der Impedanz von Transformator T_1 ergibt die Gesamtspannung (Gl.(1))

$$\underline{u}_1 = \underline{u} + \underline{u}_1 = j\omega L \left(\frac{4}{3} + 1 - \left(\frac{1}{3} \right)^2 \right) \underline{i} = j\omega \frac{20}{9} L \underline{i}$$

und damit

$$\underline{Z}_e = \frac{\underline{u}_1}{\underline{i}} = \frac{20}{9} j\omega L. \tag{5}$$

Durch die geringe Gegeninduktivität ($M = L/3$, für feste Kopplung $M \leq L$ angestrebt) geht der Abschluß der Ausgangsseite nur schwach ein.

c) Bei Kurzschluß der Klemmen 1, 2 am Schaltungseingang wird T_2 mit der Induktivität $L_{ers} = 4/3L$ eingangsseitig belastet (s. Gl.(2)). Es gelten (mit der Punktkonvention gemäß Aufgabe a)

$$T_2 \; : \; \begin{pmatrix} \underline{u}_1 \\ \underline{u}_2 \end{pmatrix} = \begin{pmatrix} j\omega L_1 & -j\omega M \\ -j\omega M & j\omega L_2 \end{pmatrix} \cdot \begin{pmatrix} \underline{i}_1 \\ \underline{i}_2 \end{pmatrix} \tag{6}$$

$$\text{Last} \; : \; \underline{u}_1 = -j\omega \frac{4}{3} L \underline{i}_1$$

und zusammengefaßt:

$$0 = j\omega \left(L_1 + \frac{4}{3} L \right) \underline{i}_1 - j\omega M \underline{i}_2$$

$$\underline{u}_2 = -j\omega M \underline{i}_1 + j\omega L_2 \underline{i}_2 = -j \frac{M^2}{7/3 L} \underline{i}_2 + j\omega L \underline{i}_2. \tag{7}$$

Mit Gl.(7) kann die Impedanz $\underline{Z}_2$ bei Kurzschluß der Klemmen 1, 2 nach Eliminieren von $\underline{i}_1$ direkt bestimmt werden:

$$\underline{Z}_2 = \frac{\underline{u}_2}{\underline{i}_2} = j\omega \left(L - \frac{M^2}{7/3 \, L} \right) = \frac{20}{21} j\omega L.$$

d) Laufen die Eingangsklemmen leer ($\underline{i}_1 = 0$), so mißt man vom Trafo T_2 ausgangsseitig (mit Gl.(6)) nur die Impedanz

$$\underline{Z}_2 = \frac{\underline{u}_1}{\underline{i}_2} = j\omega L_2 = j\omega L.$$

Diskussion: Der Ersatzwiderstand von T_1 beträgt nach Gl.(1) bei fester Verkopplung $\left(M = \sqrt{L_1 L_2} \right)$ allgemein $\underline{Z}_1 = j\omega \left(L_1 - 2\sqrt{L_1 L_2} + L_2 \right) = j\omega \left(\sqrt{L_1} - \sqrt{L_2} \right)^2$, er verschwindet für $L_1 = L_2$: bei gleichem Strom $\underline{i}$ stimmen dann die Spannungen $\underline{u}_1$, $\underline{u}_2$ überein.

Aufgabe 8.5/4 Transformatoranwendung

a) Für die Schaltung Bild 8.5/4a (mit realem Transformator, verlustfrei) berechne man die Spannung $\underline{u}_2$ allgemein. Welche Werte stellen sich ein für die Sonderfälle:

$\underline{Z}_\mathrm{L} \to \infty$, $\underline{Z}_2$ endlich; $\underline{Z}_2 \to \infty$, $\underline{Z}_\mathrm{L}$ endlich; $\underline{Z}_2 \to \infty$, $\underline{Z}_\mathrm{L} \to \infty$?

b) Berechnen Sie $\frac{\underline{u}_2}{\underline{u}_\mathrm{q}}$ für die Werte $\underline{Z}_1 = 25\,\Omega$, $\mathrm{j}\omega L_1 = \mathrm{j}400\,\Omega$, $\mathrm{j}\omega L_2 = \mathrm{j}100\,\Omega$, $\mathrm{j}\omega M = \mathrm{j}150\,\Omega$, $\underline{Z}_2 = 25\,\Omega$, $\underline{Z}_\mathrm{L} = 10\,\Omega$. Welches Übersetzungsverhältnis $ü$ und welchen Kopplungsfaktor k hat der Übertrager?

c) Berechnen Sie $\frac{\underline{u}_2}{\underline{u}_\mathrm{q}}$ unter Zugrundelegung eines idealen, streuungsfreien Transformators, sowohl direkt über die Schaltung (Kirchhoffsche Gleichungen) als auch mit der Zweipoltheorie.

d) Berechnen Sie $\underline{u}_2$ für einen idealen Übertrager unter Anwendung der Vierpoltheorie.

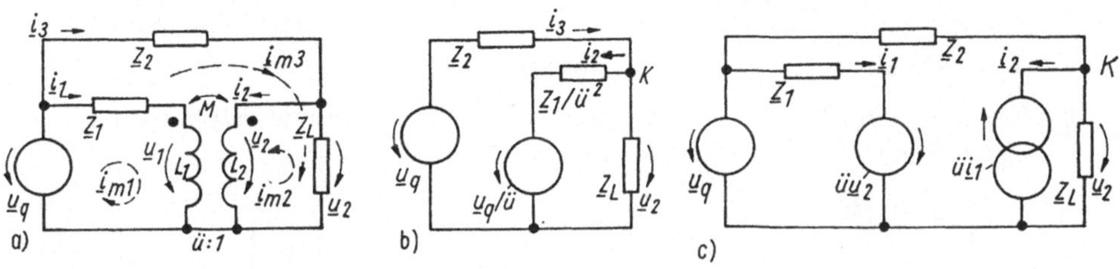

Bild 8.5/4

Hinweis: Verwenden Sie für den Übertrager symmetrische Stromrichtungen.

Lösung:

a) Wir wenden das Maschenstromverfahren an und erhalten als Maschengleichungen mit den drei Maschenströmen $\underline{i}_{\mathrm{m}1} \cdots \underline{i}_{\mathrm{m}3}$

$$
\begin{aligned}
\mathrm{M}_1 &: \underline{Z}_1 \underline{i}_{\mathrm{m}1} + \underline{u}_1 = \underline{u}_\mathrm{q} \\
\mathrm{M}_2 &: \underline{Z}_\mathrm{L}\underline{i}_{\mathrm{m}2} - \underline{Z}_\mathrm{L}\underline{i}_{\mathrm{m}3} + \underline{u}_2 = 0 \\
\mathrm{M}_3 &: (\underline{Z}_2 + \underline{Z}_\mathrm{L})\underline{i}_{\mathrm{m}3} - \underline{Z}_\mathrm{L}\underline{i}_{\mathrm{m}2} = \underline{u}_\mathrm{q}.
\end{aligned}
\tag{1}
$$

Dazu kommen die Transformatorgleichungen (symmetrische Stromrichtungen)

$$
\begin{pmatrix} \underline{u}_1 \\ \underline{u}_2 \end{pmatrix} = \begin{pmatrix} \mathrm{j}\omega L_1 & \mathrm{j}\omega M \\ \mathrm{j}\omega M & \mathrm{j}\omega L_2 \end{pmatrix} \cdot \begin{pmatrix} \underline{i}_{\mathrm{m}1} \\ \underline{i}_{\mathrm{m}2} \end{pmatrix}.
\tag{2}
$$

Einsetzen von (2) in (1) liefert insgesamt das Maschengleichungssystem

$$
\begin{pmatrix} \underline{Z}_1 + \mathrm{j}\omega L_1 & \mathrm{j}\omega M & 0 \\ \mathrm{j}\omega M & \mathrm{j}\omega L_2 + \underline{Z}_\mathrm{L} & -\underline{Z}_\mathrm{L} \\ 0 & -\underline{Z}_\mathrm{L} & \underline{Z}_2 + \underline{Z}_\mathrm{L} \end{pmatrix} \cdot \begin{pmatrix} \underline{i}_{\mathrm{m}1} \\ \underline{i}_{\mathrm{m}2} \\ \underline{i}_{\mathrm{m}3} \end{pmatrix} = \begin{pmatrix} \underline{u}_\mathrm{q} \\ 0 \\ \underline{u}_\mathrm{q} \end{pmatrix}.
\tag{3}
$$

Die Spannung $\underline{u}_2$ an $\underline{Z}_\mathrm{L}$ lautet mit den Lösungen $\underline{i}_{\mathrm{m}2}$, $\underline{i}_{\mathrm{m}3}$

$$
\underline{u}_2 = \underline{Z}_\mathrm{L}(\underline{i}_{\mathrm{m}3} - \underline{i}_{\mathrm{m}2}).
$$

Auswerten von Gl.(3) mit der Cramerschen Regel liefert über $\underline{i}_{\mathrm{m2}}$, $\underline{i}_{\mathrm{m3}}$

$$\underline{u}_2 = \frac{\underline{u}_{\mathrm{q}}\underline{Z}_{\mathrm{L}}\left((\underline{Z}_1 + \mathrm{j}\omega L_1)\mathrm{j}\omega L_2 - (\mathrm{j}\omega M)^2 + \underline{Z}_2\mathrm{j}\omega M\right)}{(\underline{Z}_1 + \mathrm{j}\omega L_1)\left(\mathrm{j}\omega L_2(\underline{Z}_2 + \underline{Z}_{\mathrm{L}}) + \underline{Z}_{\mathrm{L}}\underline{Z}_2\right) - (\mathrm{j}\omega M)^2(\underline{Z}_2 + \underline{Z}_{\mathrm{L}})} \cdot \quad (4)$$

Aus Gl.(4) gehen die Sonderfälle durch Grenzübergang hervor:

- $\underline{Z}_{\mathrm{L}} \to \infty$ (Multiplikation von Zähler und Nenner mit $\frac{1}{\underline{Z}_{\mathrm{L}}}$, dann $\underline{Z}_{\mathrm{L}} \to \infty$)

$$\underline{u}_2 = \frac{(\underline{Z}_1 + \mathrm{j}\omega L_1)\mathrm{j}\omega L_2 - (\mathrm{j}\omega M)^2 + \underline{Z}_2\mathrm{j}\omega M}{(\underline{Z}_1 + \mathrm{j}\omega L_1)(\mathrm{j}\omega L_2 + \underline{Z}_2) - (\mathrm{j}\omega M)^2}\underline{u}_{\mathrm{q}}. \quad (5\mathrm{a})$$

- $\underline{Z}_2 \to \infty$, $\underline{Z}_{\mathrm{L}}$ endlich

$$\underline{u}_2 = \frac{\underline{Z}_{\mathrm{L}}\mathrm{j}\omega M}{(\underline{Z}_1 + \mathrm{j}\omega L_1)(\mathrm{j}\omega L_2 + \underline{Z}_{\mathrm{L}}) - (\mathrm{j}\omega M)^2}\underline{u}_{\mathrm{q}} \quad (5\mathrm{b})$$

- $\underline{Z}_{\mathrm{L}} \to \infty$, $\underline{Z}_2 \to \infty$

$$\underline{u}_2 = \frac{\underline{u}_{\mathrm{q}}\mathrm{j}\omega M}{(\underline{Z}_1 + \mathrm{j}\omega L_1)}. \quad (5\mathrm{c})$$

Aus der Lösung Gl.(5c) folgt für $\underline{Z}_1 = 0$ z.B. das Spannungsübersetzungsverhältnis $\frac{\underline{u}_2}{\underline{u}_{\mathrm{q}}} = \frac{M}{L_1} = \frac{w_2}{w_1}$ des Übertragers.

b) Für die angegebenen Zahlenwerte lautet das Gleichungssystem (3) (Z/Ω, $u_{\mathrm{q}}/\mathrm{V}$, i/A)

$$\begin{pmatrix} 25 + \mathrm{j}400 & \mathrm{j}150 & 0 \\ \mathrm{j}150 & 10 + \mathrm{j}100 & -10 \\ 0 & -10 & 10 + 25 \end{pmatrix} \cdot \begin{pmatrix} \underline{i}_{\mathrm{m1}} \\ \underline{i}_{\mathrm{m2}} \\ \underline{i}_{\mathrm{m3}} \end{pmatrix} = \begin{pmatrix} 1 \\ 0 \\ 1 \end{pmatrix}. \quad (6)$$

Die Lösungen betragen:

$$\underline{i}_{\mathrm{m1}} = (0,5548 - \mathrm{j}3,127) \cdot 10^{-3}\,\mathrm{A},$$
$$\underline{i}_{\mathrm{m2}} = (-0,9584 + \mathrm{j}1,765) \cdot 10^{-3}\,\mathrm{A},$$
$$\underline{i}_{\mathrm{m3}} = (2,8297 \cdot 10^{-2} + \mathrm{j}5,044 \cdot 10^{-4})\,\mathrm{A}$$

und die Spannung

$$\underline{u}_2 = \underline{Z}_{\mathrm{L}}(\underline{i}_{\mathrm{m3}} - \underline{i}_{\mathrm{m2}}) = (0,29255 - \mathrm{j}12,64 \cdot 10^{-3})\,\mathrm{V}$$
$$= 0,293\angle -2,46°\,\mathrm{V}.$$

Dieses Ergebnis folgt auch direkt aus Gl.(4). Übersetzungsverhältnis $\ddot{u}$ und Koppelfaktor betragen

$$\ddot{u} = \sqrt{\frac{L_1}{L_2}} = \sqrt{\frac{400}{100}} = 2,$$
$$k = \frac{M}{\sqrt{L_1 L_2}} = \frac{150}{\sqrt{100 \cdot 400}} = 0,75.$$

c) Bei streuungsfreiem Übertrager können wir von der Lösung Gl.(4) ausgehen und einführen: $L_1 = \ddot{u}^2 L_2$, $M = \sqrt{L_1 L_2} = \ddot{u}L_2$ (streuungsfreier Übertrager) und im nächsten Schritt $L_2 \to \infty$ wählen (idealer Übertrager). Als Zwischenergebnis folgt aus Gl.(4) zusammengefaßt:

$$\underline{u}_2 = \frac{\underline{Z}_{\mathrm{L}}(\underline{Z}_1 + \ddot{u}\underline{Z}_2)}{\underline{Z}_1(\underline{Z}_2 + \underline{Z}_{\mathrm{L}}) + \ddot{u}^2\underline{Z}_{\mathrm{L}}\underline{Z}_2 + \frac{\underline{Z}_{\mathrm{L}}\underline{Z}_1\underline{Z}_2}{\mathrm{j}\omega L_2}}\underline{u}_{\mathrm{q}}. \quad (7)$$

Die numerische Berechnung führt auf

$$\underline{u}_2 = \frac{10(25 + 2 \cdot 25)}{25(10 + 25) + 4 \cdot 10 \cdot 25}\underline{u}_q = 0,4\underline{u}_q.$$

Für feste Kopplung ($k = 1$, $\rightarrow$ jωM = j$\omega\sqrt{L_1 L_2}$ = j200Ω) folgt aus Gl.(7) die Lösung $\underline{u}_2 = 0,400\angle 1,91°\underline{u}_q$ mit dem idealen Wert praktisch übereinstimmend. Der wesentliche Unterschied zwischen Gl.(4) und (7) entsteht durch die Kopplung.

d) Mit idealem Übertrager ergibt sich aus dem Netzwerk

$$\begin{aligned}
(\underline{u}_q - \underline{u}_2)\underline{Y}_2 &= \underline{i}_{m2} + \underline{u}_2\underline{Y}_L \\
\underline{i}_{m1} &= (\underline{u}_q - \underline{u}_1)\underline{Y}_1 = -\frac{\underline{i}_{m2}}{\ddot{u}}
\end{aligned} \tag{8}$$

sowie $\underline{u}_1 = \ddot{u}\underline{u}_2$, oder in Matrixform

$$\begin{pmatrix} 1 & \underline{Y}_2 + \underline{Y}_L \\ -\frac{1}{\ddot{u}} & \ddot{u}\underline{Y}_1 \end{pmatrix} \cdot \begin{pmatrix} \underline{i}_{m1} \\ \underline{u}_2 \end{pmatrix} = \begin{pmatrix} \underline{Y}_2 \\ \underline{Y}_1 \end{pmatrix}\underline{u}_q \tag{9}$$

mit der Lösung

$$\underline{u}_2 = \frac{\underline{Y}_1 + \underline{Y}_2/\ddot{u}}{\ddot{u}\underline{Y}_1 + (\underline{Y}_2 + \underline{Y}_L)/\ddot{u}}\underline{u}_q = \frac{\underline{Z}_1 + \ddot{u}\underline{Z}_2}{Z_1(1 + \underline{Y}_L\underline{Z}_2) + \ddot{u}^2\underline{Z}_2}\underline{u}_q. \tag{10}$$

Das ist Gl.(7) für $L_2 \rightarrow \infty$.

Die Berechnung kann auch mit der Zweipoltheorie erfolgen (Bild 8.5/4b). Auf der Sekundärseite des Übertragers werden die Leerlaufspannung $\underline{u}_1 = \frac{u_q}{\ddot{u}}$ und der Innenwiderstand $\underline{Z}_i = \frac{Z_1}{\ddot{u}^2}$ gemessen. Dann folgt am Knoten K:

$$\underline{i}_3 = \underline{u}_2\underline{Y}_L + \underline{i}_2 \qquad \underline{i}_2 = \left(\underline{u}_2 - \frac{u_q}{\ddot{u}}\right)\frac{\ddot{u}^2}{\underline{Z}_1},$$

$$\underline{i}_3 = (\underline{u}_q - \underline{u}_2)\underline{Y}_2.$$

Das führt zusammengefaßt und nach $\underline{u}_2$ aufgelöst auf Gl.(10).

e) Bei Anwendung der Vierpoltheorie gibt es wegen der Tatsache, daß die $\underline{Z}$- und $\underline{Y}$-Matrizen des idealen Übertragers nicht definiert sind, zwei Wege: Wir lösen die Aufgabe mit streuungsfreiem Übertrager ($k = 1$) und lassen dann L_1, L_2 über alle Grenzen wachsen, oder wir verwenden von Anfang an das Modell des Übertragers mit gesteuerten Strom-/Spannungsquellen. Im letzten Fall gelten mit der Ersatzschaltung (Bild 8.5/4c) folgende u-,i-Beziehungen:

$$\begin{aligned}
\underline{i}_1\underline{Z}_1 + \ddot{u}\underline{u}_2 &= \underline{u}_q \\
\underline{Y}_2(\underline{u}_q - \underline{u}_2) + \ddot{u}\underline{i}_1 &= \underline{u}_2\underline{Y}_L
\end{aligned}$$

oder zusammengefaßt:

$$\begin{pmatrix} \underline{Z}_1 & \ddot{u} \\ \ddot{u} & -(\underline{Y}_2 + \underline{Y}_L) \end{pmatrix} \cdot \begin{pmatrix} \underline{i}_1 \\ \underline{u}_2 \end{pmatrix} = \begin{pmatrix} \underline{u}_q \\ -\underline{Y}_2\underline{u}_q \end{pmatrix}. \tag{11}$$

Die Lösung z.B. für $\underline{u}_2$ lautet über die Cramersche Regel

$$\underline{u}_2 = \frac{\ddot{u} + \underline{Z}_1\underline{Y}_2}{\ddot{u}^2 + \underline{Z}_1(\underline{Y}_2 + \underline{Y}_L)}\underline{u}_q.$$

Das ist Gl.(10), allerdings rascher erhalten als z.B. nach Aufgabe a). Zur Lösung über die Vierpoltheorie beschreiben wir Übertrager und Impedanz $\underline{Z}_1$ durch einen Teilvierpol 1 mit der $\underline{Z}$-Matrix (symmetrische Stromrichtungen)

$$\underline{Z} = \begin{pmatrix} \underline{Z}_1 + j\omega L_1 & j\omega M \\ j\omega M & j\omega L_2 \end{pmatrix}. \tag{12}$$

Ihm liegt ein zweiter (mit $\underline{Z}_2$, $\underline{Z}_\mathrm{L}$) parallel (Addition der Leitwertmatrizen beider Vierpole). Letzterer hat die Leitwertmatrix:

$$\underline{Y}_2 = \begin{pmatrix} \underline{Y}_2 & -\underline{Y}_2 \\ -\underline{Y}_2 & \underline{Y}_2 + \underline{Y}_\mathrm{L} \end{pmatrix} \tag{13}$$

der erstere die Leitwertmatrix

$$\underline{Y}_1 = \frac{1}{(\underline{Z}_1 + j\omega L_1)j\omega L_2 + (\omega M)^2} \begin{pmatrix} j\omega L_2 & -j\omega M \\ -j\omega M & \underline{Z}_1 + j\omega L_1 \end{pmatrix} \tag{14}$$

mit $\underline{Y}_\mathrm{g} = \underline{Y}_1 + \underline{Y}_2$.

Die Ausgangsspannung $\underline{u}_2$ ergibt sich dann aus $\underline{i}_2|_\mathrm{g} = 0 = \underline{Y}_{21\mathrm{g}}\underline{u}_\mathrm{q} + \underline{Y}_{22\mathrm{g}}\underline{u}_2$ zu

$$\frac{\underline{u}_2}{\underline{u}_\mathrm{q}} = -\frac{\underline{Y}_{21|\mathrm{g}}}{\underline{Y}_{22|\mathrm{g}}}. \tag{15}$$

Da die Leitwertkoeffizienten von $\underline{Y}_2$ unabhängig von den Übertragereigenschaften sind, wird sich der Übergang zum idealen Übertrager nur auf die Elemente von $\underline{Y}_1$ auswirken. Wir erhalten zunächst für feste Kopplung $M = \sqrt{L_1 L_2}$ und $L_1 = \ddot{u}^2 L_2 = \ddot{u}^2 L$ für die Elemente $\underline{Y}_{21|1}$, $\underline{Y}_{22|1}$:

$$\underline{Y}_{21|1} = \frac{-j\omega\sqrt{L_1 L_2}}{\underline{Z}_1 j\omega L_2} = -\frac{\ddot{u}}{\underline{Z}_1};$$

$$\underline{Y}_{22|1} = \frac{(\underline{Z}_1 + j\omega L_1)}{\underline{Z}_1 j\omega L_2} = \frac{1}{j\omega L_2} + \frac{\ddot{u}^2}{\underline{Z}_1}$$

und damit schließlich

$$\frac{\underline{u}_2}{\underline{u}_\mathrm{q}} = -\frac{-\underline{Y}_2 - \frac{\ddot{u}}{\underline{Z}_1}}{\frac{1}{j\omega L} + \frac{\ddot{u}^2}{\underline{Z}_1} + \underline{Y}_2 + \underline{Y}_\mathrm{L}}$$

entsprechend Gl.(10).

Aufgabe 8.5/5 Maschenstrom- und Knotenspannungsanalyse mit idealem Übertrager

a) Stellen Sie für das Netzwerk Bild 8.5/5a mit idealem Übertrager (M, $L \to \infty$) die Maschenstromgleichungen auf und berechnen Sie die Ströme $\underline{i}_{\mathrm{m1}}$, $\underline{i}_{\mathrm{m2}}$. (Zahlen: $\underline{u}_\mathrm{q} = 10\angle 0°\,\mathrm{V}$, $\underline{Z}_1 = 10\angle 45°\,\Omega$, $\underline{Z}_2 = 20\angle 45°\,\Omega$, $\ddot{u} = 2$).

b) Wiederholen Sie Aufgabe a) mit dem Quellenmodell Bild 8.5/5b.

c) Führen Sie eine Knotenspannungsanalyse mit der Ersatzschaltung Bild 8.5/5c) durch.

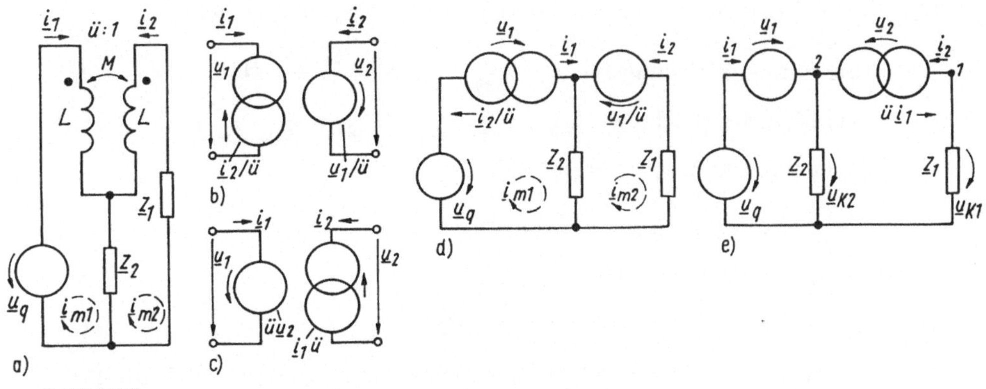

Bild 8.5/5

Hinweis: Oft sind Übertrager so in Netzwerke eingefügt, daß das Verfahren der Widerstandstransformation zur Netzwerkanalyse unzweckmäßig ist. Dann sind Maschenstrom- und Knotenspannungsanalyse vorteilhafter.

Lösung:

a) Wir führen in die Maschengleichungen (nach Wahl von Maschenströmen, Bild 8.5/5a) die beiden Transformatorspannungen $\underline{u}_1$, $\underline{u}_2$ als Unbekannte ein. So werden zwei zusätzliche Gleichungen (Strom- und Spannungsübersetzung!) erforderlich. Mit den Maschenströmen $\underline{i}_{m1}$, $\underline{i}_{m2}$ lauten beide Maschen:

$$M_1 \; : \; \underline{u}_1 + \underline{Z}_2(\underline{i}_{m1} - \underline{i}_{m2}) = \underline{u}_q \tag{1a}$$

$$M_2 \; : \; \underline{i}_{m2}\underline{Z}_1 + \underline{Z}_2(\underline{i}_{m2} - \underline{i}_{m1}) - \underline{u}_2 = 0. \tag{1b}$$

Zusätzlich gelten die Transformatorgleichungen $\underline{u}_1 = \ddot{u}\underline{u}_2$ und aus $\underline{i}_2 = -\ddot{u}\underline{i}_1 \rightarrow \underline{i}_{m2} = \ddot{u}\underline{i}_{m1}$ des idealen Übertragers. Das sind vier Gleichungen für die Unbekannten $\underline{i}_{m1}$, $\underline{i}_{m2}$, $\underline{u}_1$, $\underline{u}_2$. Zur Vereinfachung eliminieren wir $\underline{u}_1$, $\underline{u}_2$ über die Spannungsübersetzungen und erhalten aus Gl.(1a), (1b):

$$\frac{\underline{u}_q}{\ddot{u}} = \left(\frac{\underline{Z}_2}{\ddot{u}} - \underline{Z}_2 \right) \underline{i}_{m1} + \left(\underline{Z}_1 + \underline{Z}_2 \left(1 - \frac{1}{\ddot{u}} \right) \right) \underline{i}_{m2} \tag{2a}$$

$$0 = \underline{i}_{m1} - \frac{\underline{i}_{m2}}{\ddot{u}}, \tag{2b}$$

Das Gleichungssystem (2) hat die Lösungen

$$\underline{i}_{m1} = \frac{\underline{u}_q}{\ddot{u}^2 \underline{Z}_1 + \underline{Z}_2(\ddot{u} - 1)^2}, \tag{3a}$$

$$\underline{i}_{m2} = \ddot{u}\underline{i}_{m1} \tag{3b}$$

oder zahlenmäßig (I/A, U/V) in Matrixform

$$\begin{pmatrix} -10\angle 45° & 10\angle 45° + 10\angle 45° \\ 1 & -\frac{1}{2} \end{pmatrix} \cdot \begin{pmatrix} \underline{i}_{m1} \\ \underline{i}_{m2} \end{pmatrix} = \begin{pmatrix} 5\angle 0° \\ 0 \end{pmatrix}$$

mit den Lösungen

$$\underline{i}_{m1} = 0,1666\angle -45° \text{ A},$$

$$\underline{i}_{m2} = \ddot{u}\underline{i}_{m1} = 0,34\angle -45° \text{ A}.$$

b) Mit der Ersatzschaltung 8.5/5b folgt Bild 8.5/5d und es gelten:

die Knotengleichung K_1: $\underline{i}_{m1} = \underline{i}_1 = -\dfrac{\underline{i}_2}{\ddot{u}} = +\dfrac{\underline{i}_{m2}}{\ddot{u}}$ (4a)

die Maschengleichung M_1: $\underline{Z}_2(\underline{i}_{m1} - \underline{i}_{m2}) - \underline{u}_q + \underline{u}_1 = 0.$ (4b)

Aus der zweiten Masche ergibt sich

$$-\frac{\underline{u}_1}{\ddot{u}} + \underline{Z}_2(\underline{i}_{m1} - \underline{i}_{m2}) - \underline{Z}_1\underline{i}_{m2} = 0 \qquad (4c)$$

und mit M_1 zusammengefaßt schließlich

$$\underline{Z}_2(1 - \ddot{u})\underline{i}_{m1} + (\underline{Z}_2(\ddot{u} - 1) + \underline{Z}_1\ddot{u})\underline{i}_{m2} = \underline{u}_q. \qquad (4d)$$

Das ist Gl.(2a). Mit der Strombilanz wird daraus die Lösung Gl.(3a).

c) Mit der Transformatorschaltung Bild 8.5/5c ergibt sich Schaltung 8.5/5e mit den beiden Knotenspannung $\underline{u}_{k1}$, $\underline{u}_{k2}$ (Index hier zur Verdeutlichung ergänzt). Wir stellen auf:

die Knotengleichung in K_2: $\underline{u}_{k2}\underline{Y}_2 - \underline{i}_1 + \ddot{u}\underline{i}_1 = 0$ (5a)

die Knotengleichung in K_1: $\underline{u}_{k1}\underline{Y}_1 - \ddot{u}\underline{i}_1 = 0.$ (5b)

Den noch unbekannten Strom $\underline{i}_1$ eliminieren wir, zusätzlich wird als weitere Maschengleichung beachtet:

$$\underline{u}_1 = \ddot{u}\underline{u}_2 = \underline{u}_q - \underline{u}_{k2} = \ddot{u}(\underline{u}_{k1} - \underline{u}_{k2}). \qquad (5c)$$

Nach Eliminieren von $\underline{i}_1$ verbleibt

$$\begin{pmatrix} \ddot{u} & 1 - \ddot{u} \\ \frac{\ddot{u}-1}{\ddot{u}}\underline{Y}_1 & \underline{Y}_2 \end{pmatrix} \cdot \begin{pmatrix} \underline{u}_{k1} \\ \underline{u}_{k2} \end{pmatrix} = \begin{pmatrix} \underline{u}_q \\ 0 \end{pmatrix} \qquad (6)$$

mit den Lösungen

$$\underline{u}_{k1} = \frac{\underline{Y}_2}{\underline{Y}_2\ddot{u} + \frac{(1-\ddot{u})^2}{\ddot{u}}\underline{Y}_1}\underline{u}_q \qquad (7a)$$

$$\underline{u}_{k2} = \frac{\underline{Y}_1\frac{1-\ddot{u}}{\ddot{u}}}{\underline{Y}_2\ddot{u} + \frac{(1-\ddot{u})^2}{\ddot{u}}\underline{Y}_1}\underline{u}_q. \qquad (7b)$$

Zur Kontrolle berechnen wir den Strom durch $\underline{Z}_1$, der gleich dem Maschenstrom $\underline{i}_{m2}$ sein muß:

$$\underline{i}_{m2} = \frac{\underline{u}_{k1}}{\underline{Z}_1} = \frac{\ddot{u}\underline{u}_q}{\ddot{u}^2\underline{Z}_1 + \underline{Z}_2(\ddot{u} - 1)^2} \qquad \text{(s. Gl.(3b)).}$$

Diskussion: Vor allem die Ersatzschaltung mit gesteuerten Quellen erlaubt einen einfachen und übersichtlichen Einbezug des idealen Übertragers in die Netzwerkanalyse. In beiden Fällen werden zunächst Hilfsgrößen eingeführt und später eliminiert. Ein weiterer Weg zur Berücksichtigung von Übertragern ist die Vierpolbetrachtung.

Aufgabe 8.5/6 Transformatoranwendung

a) Geben Sie für die Schaltung Bild 8.5/6a an, wie $\frac{\underline{u}_2}{\underline{u}_q}$ durch Maschenstromanalyse bestimmt werden kann.

b) Lösen Sie $\frac{\underline{u}_2}{\underline{u}_q}$ für den Sonderfall $R_1 = R_2 = R$, $L_1 = L_2 = L$ (streuungsfreier Übertrager). Überprüfen Sie das Ergebnis für folgende Sonderfälle: $C \to 0$, $C \to \infty$, $(M \neq 0)$, $M = 0$, C beliebig.

c) Was ändert sich an der Lösung Aufgabe 8.5/6a, wenn der Punkt an der Sekundärspule zum anderen Ende verschoben wird?

d) Berechnen Sie $\frac{\underline{u}_2}{\underline{u}_q}$ nach Aufgabe a) über die Vierpoltheorie für den Sonderfall $R_1 = R_2 = R$, $L_1 = L_2 = L$ und vergleichen Sie die Lösung mit Aufgabe b).

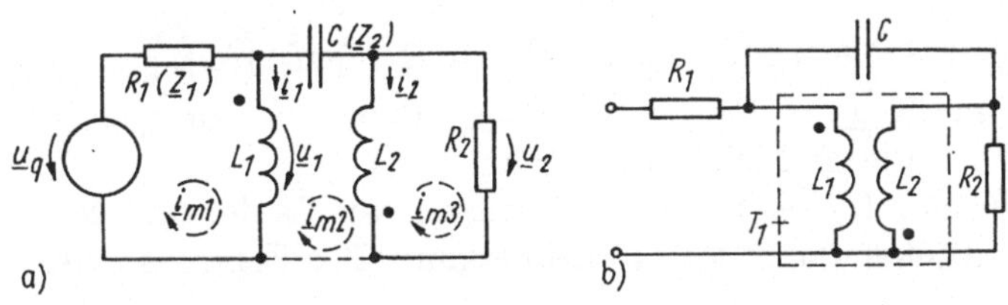

Bild 8.5/6

Lösung:

a) Wir führen zunächst Ströme und Spannungen ein und wählen die u-i-Richtungen an den gekoppelten Spulen symmetrisch (Bild 8.5/6a). Dann lauten die Transformatorgleichungen (wegen des unteren Punktes, gegensinnige Wicklung) an der zweiten Spule):

$$\underline{u}_1 = j\omega L_1 \underline{i}_1 - j\omega M \underline{i}_2, \quad \underline{u}_2 = -j\omega M \underline{i}_1 + j\omega L_2 \underline{i}_2. \tag{1}$$

Für die Maschenstromanalyse ($\underline{i}_{m1} \ldots \underline{i}_{m3}$ mit Richtung im Uhrzeigersinn) ergeben sich die Gleichungen

$$M_1 \; : \; \underline{i}_{m1}(R_1 + j\omega L_1) - (j\omega L_1 + j\omega M)\underline{i}_{m2} + j\omega M \underline{i}_{m3} = \underline{u}_q$$

$$M_2 \; : \; -\underline{i}_{m1}(j\omega L_1 + j\omega M) + \left(j\omega L_1 + 2j\omega M + j\omega L_2 - \frac{j}{\omega C}\right)\underline{i}_{m2}$$

$$-(j\omega L_2 + j\omega M)\underline{i}_{m3} = 0 \tag{2}$$

$$M_3 \; : \; j\omega M \underline{i}_{m1} - (j\omega L_2 + j\omega M)\underline{i}_{m2} + (R_2 + j\omega L_2)\underline{i}_{m3} = 0.$$

Dabei wurden in der Transformatorgleichung (1) die Maschenstrombeziehungen $\underline{i}_1 = \underline{i}_{m1} - \underline{i}_{m2}$, $\underline{i}_2 = \underline{i}_{m2} - \underline{i}_{m3}$ beachtet.

Der Maschengleichung M_2 liegt $\frac{\underline{i}_{m2}}{j\omega C} + \underline{u}_2 - \underline{u}_1 = 0$ mit Gl.(1) und den Maschenstrombeziehungen zugrunde. Die Maschengleichung M_3 wird über $-\underline{u}_2 + \underline{i}_{m3} R_2 = 0$ gebildet.

Mit Gl.(2) ist das Maschengleichungssystem prinzipiell aufgestellt. Die Lösung erfolgt entweder über die Cramersche Regel oder numerisch. Die gesuchte Spannung $\underline{u}_2 = R_2 \underline{i}_{m3}$ ergibt sich direkt aus dem Maschenstrom $\underline{i}_{m3}$.

b) Die allgemeine Gleichung (2) lautet in Matrixform:

$$
\begin{pmatrix}
R_1 + j\omega L_1 & -j\omega(L_1 + M) & j\omega M \\
-j\omega(L_1 + M) & j\omega(L_1 + L_2 + 2M) - \frac{j}{\omega C} & -j\omega(L_2 + M) \\
j\omega M & -j\omega(L_2 + M) & R + j\omega L_2
\end{pmatrix}
\cdot
\begin{pmatrix}
\underline{i}_{m1} \\
\underline{i}_{m2} \\
\underline{i}_{m3}
\end{pmatrix}
$$

$$
=
\begin{pmatrix}
\underline{u}_q \\
0 \\
0
\end{pmatrix}.
\tag{3}
$$

Die Auswertung ergibt (mit $L_1 = L_2 = L = M$, Streufreiheit, $L^2 - M^2 = 0$, $R_1 = R_2 = R$)

$$
\underline{i}_{m3} = \frac{\underline{u}_q (j\omega)^2 \left(L^2 - M^2 + \frac{M}{\omega C} \right)}{N}
\tag{4}
$$

$N = j\omega \left(2\hat{L} - \frac{1}{\omega C} \right) \left((R + j\omega L)^2 - (j\omega M)^2 \right) + 2(R + j\omega \hat{L}) \left(j\omega \hat{L} \right)^2$, $\hat{L} = L + M$. Die Spannung $\underline{u}_2 = R_2 \underline{i}_{m3}$ ist direkt proportional zu $\underline{i}_{m3}$. Die gewünschten Sonderfälle sind leicht herleitbar.

Fehlt der Kondensator ($C \to 0$), so multiplizieren wir Zähler und Nenner mit C und vollziehen dann den Grenzübergang. Das Ergebnis lautet (Gl.(4))

$$
\underline{i}_{m3} = \frac{-j\omega M}{(R + j\omega L)^2 + (\omega M)^2} \underline{u}_q.
\tag{5}
$$

Die Lösung stimmt mit der Standardform des Transformatorverhaltens überein. Umgekehrt bedeutet $C \to \infty$ kapazitiven Kurzschluß zwischen Primär- und Sekundärkreis mit der Lösung

$$
\underline{i}_{m3} = \frac{j\omega(L - M)\underline{u}_q}{(R + j\omega(L + M))(2j\omega(L + M)) + 2 \left((R + j\omega L)^2 + (\omega M)^2 \right)}.
\tag{6}
$$

Für feste Kopplung ($L = M$) verschwindet der Strom $\underline{i}_{m3}$ und damit die Ausgangsspannung.

Für $M \to 0$ (Wegfall der magnetischen Kopplung beider Kreise erhalten wir mit

$$
\underline{i}_{m3} = \frac{\underline{u}_q}{(R + j\omega L) \left(2 + \frac{(R + j\omega L)^2}{j\omega L} \left(2 - \frac{1}{\omega^2 LC} \right) \right)}
\tag{7}
$$

das Verhalten eines gekoppelten Resonanzkreises.

c) Wird der Spulenpunkt an das andere Wicklungsende verschoben ($\to$ Übergang zur gleichsinnigen Wicklung), so ändert sich in Gl.(1) das Vorzeichen der Gegeninduktivität und in allen Gleichungen ist M durch $-M$ zu ersetzen. Dann verschwindet der Strom $\underline{i}_{m3}$ in Gl.(6) nicht.

d) Zur Anwendung der Vierpoltheorie zerlegen wir die Schaltung in zwei Teilvierpole: den Transformator (Leitwertmatrix $\underline{Y}_1$) und die Restschaltung (Kondensator, Lastwiderstand R_2 Leitwertmatrix $\underline{Y}_2$), die beide parallelgeschaltet sind (Bild 8.5/6b). An der Gesamtschaltung liegt eine Spannungsquelle $\underline{u}_q$ mit Innenwiderstand R_1. Die Leitwertmatrix des Transformators lautet

$$\underline{Y}_1 = \frac{1}{\omega^2(M^2 - L_1 L_2)} \begin{pmatrix} j\omega L_2 & j\omega M \\ j\omega M & j\omega L_1 \end{pmatrix},\tag{8a}$$

dabei wurde der gegensinnige Wicklungssinn beachtet (es ist hierbei $M > 0$ angesetzt).

Der Vierpol 2 hat die Leitwertmatrix

$$\underline{Y}_2 = \begin{pmatrix} j\omega C & -j\omega C \\ -j\omega C & j\omega C + \frac{1}{R_2} \end{pmatrix}.\tag{8b}$$

Die Gesamtleitwertmatrix $\underline{Y}_{\mathrm{g}} = \underline{Y}_1 + \underline{Y}_2$ ergibt sich durch Addition der Teilmatrizen. Die reale Spannungsquelle wird durch die u-i-Beziehung am Eingang der Gesamtschaltung berücksichtigt. Es gelten die Beziehungen ($G_1 = \frac{1}{R_1}$): $\underline{i}_1 = \underline{Y}_{11\mathrm{g}}\underline{u}_1 + \underline{Y}_{12\mathrm{g}}\underline{u}_2$, $0 = \underline{i}_2 = \underline{Y}_{21\mathrm{g}}\underline{u}_1 + \underline{Y}_{22\mathrm{g}}\underline{u}_2$ sowie $\underline{i}_1 = (\underline{u}_{\mathrm{q}} - \underline{u}_1)G_1$. Durch Eliminieren von $\underline{u}_1$ erhalten wir das Spannungsverhältnis (mit $\underline{Y}_{12\mathrm{g}} = \underline{Y}_{21\mathrm{g}}$)

$$\frac{\underline{u}_2}{\underline{u}_{\mathrm{q}}} = \frac{-G_1}{-\underline{Y}_{12\mathrm{g}} + \frac{\underline{Y}_{22\mathrm{g}}}{\underline{Y}_{21\mathrm{g}}}(\underline{Y}_{11\mathrm{g}} + G_1)} \rightarrow -\frac{\underline{Y}_{21\mathrm{g}}}{\underline{Y}_{22\mathrm{g}}}\Bigg|_{G_1 \to \infty}.\tag{9}$$

Für die ideale Spannungsquelle ($R_1 \to 0$, $G_1 \to \infty$) folgt die rechts stehende Lösung.

Aus Übersichtsgründen spezialisieren wir die Aufgabe b) und erhalten der Reihe nach:

Fehlt der Kondensator ($C \to 0$), so wird aus Gl.(9) mit $L_1 = L_2 = L$, $R_1 = R_2 = R$ über

$$\underline{Y}_{11\mathrm{g}} = \frac{j\omega L}{N}, \quad \underline{Y}_{22\mathrm{g}} = \underline{Y}_{11\mathrm{g}} + G, \quad \underline{Y}_{12\mathrm{g}} = \frac{j\omega M}{N}$$

$$\frac{\underline{u}_2}{\underline{u}_{\mathrm{q}}} = \frac{-Gj\omega M}{N\left(\left(\frac{j\omega L}{N} + G\right)^2 - \left(\frac{j\omega M}{N}\right)^2\right)}$$

$$= \frac{-j\omega M G}{1 + 2j\omega LG + G^2\omega^2(M^2 - L^2)}.\tag{10}$$

Das ist genau die Lösung Gl.(5) nach Umformung.

Für $C \to \infty$ ergibt sich aus

$$\frac{\underline{u}_2}{\underline{u}_{\mathrm{q}}} = \frac{-G_1\left(\frac{j\omega M}{N} - j\omega C\right)}{\left(\frac{j\omega L}{N} + j\omega C + G\right)\left(\frac{j\omega L}{N} + j\omega C + G\right) - \left(\frac{j\omega M}{N} - j\omega C\right)^2}$$

durch Grenzübergang $C \to \infty \to \underline{u}_2 = 0$ und schließlich für den streufreien Übertrager ($L = M$, $N \to 0$), $C \neq 0$

$$\frac{\underline{u}_2}{\underline{u}_{\mathrm{q}}} = \frac{-G_1 j\omega M}{1 + 2(G + j\omega C)j\omega L - 2\omega^2 MC}$$

$$= \frac{-j\omega M G_1}{1 + 2j\omega LG - 2\omega^2 C(L + M)} = \frac{-G}{2G + 4j\omega C + \frac{1}{j\omega L}}.\tag{11}$$

Aufgabe 8.5/7 Transformator im Netzwerk

a) Für die Schaltung Bild 8.5/7a gebe man eine Ersatzschaltung an und berechne die Spannung $\underline{u}_C$ mit der Maschenstromanalyse allgemein und für die Zahlenwerte: $R = 10\,\Omega$, $-\frac{\mathrm{j}}{\omega C} = -\mathrm{j}20\,\Omega$, $\mathrm{j}\omega L = \mathrm{j}10\,\Omega$, $\mathrm{j}\omega M = \mathrm{j}8\,\Omega$, $\underline{u}_{q1} = 50\angle 0°\,\mathrm{V}$, $\underline{u}_{q2} = 50\angle 90°\,\mathrm{V}$.

b) Welches Ergebnis gilt bei streuungsfreiem Übertrager ($L_1 = L_2 = L$), was folgt daraus für $L \to \infty$?

c) Wählen Sie in Aufgabe a) einen idealen Übertrager mit $\ddot{u} = 1$ und berechnen Sie die Spannung $\underline{u}_C$.

d) Welche Impedanz $\underline{Z}_1$ hat die Schaltung bei idealem Transformator mit dem Übersetzungsverhältnis $\ddot{u}$? ($\underline{u}_{q2} = 0$).

e) Zeigen Sie auf einfache Weise, daß eine Impedanz $\underline{Z}$ anstelle der Kapazität C mit $\underline{Z}(1 - \ddot{u})^2$ auf der Primärseite erscheint.

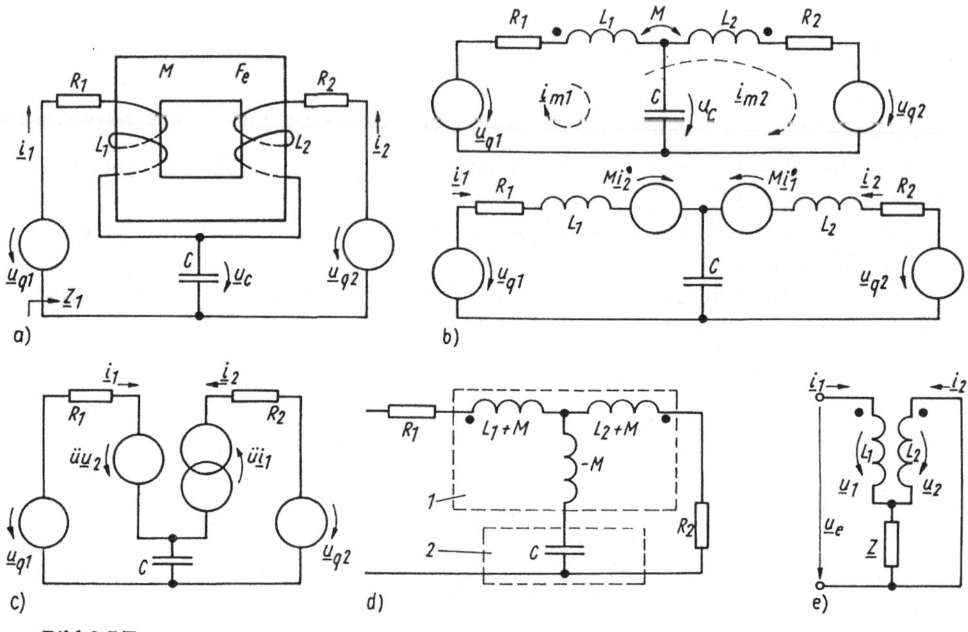

Bild 8.5/7

Lösung:

a) Es liegt ein symmetrischer Transformator mit gleichsinniger Wicklung vor (Ersatzschaltung Bild 8.5/7b). Aus den Richtungen der eingeprägten Ströme i_1, i_2 (Bild 8.5/7a) ergibt sich unter Anwendung der Rechtehandregel Flußaddition durch beide Ströme. Deshalb setzen wir Punkte an die Spulenanfänge. Die Gegeninduktivitäten werden durch gesteuerte Quellen berücksichtigt. Die Maschenströme werden zweckmäßig in den Eingangs- und Ausgangskreisen eingeführt. Damit nur ein Maschenstrom gelöst werden muß, wählen wir die Maschenströme $\underline{i}_{m1}$, $\underline{i}_{m2}$ nach Bild 8.5/7b und erhalten

$$\left(R_1 + j\omega L_1 + \tfrac{1}{j\omega C}\right) \underline{i}_{m1} + (R_1 + j\omega L_1 - j\omega M)\underline{i}_{m2} = \underline{u}_{q1}$$
$$(R_1 + j\omega L_1 - j\omega M)\underline{i}_{m1} + (R_1 + R_2 + j\omega(L_1 + L_2) - 2j\omega M)\underline{i}_{m2} \qquad (1)$$
$$= \underline{u}_{q1} - \underline{u}_{q2}$$

oder mit den gegebenen Werten (R/Ω, $i/$A, $u/$V, $R_1 = R_2$, $L_1 = L_2 = L$)

$$\begin{pmatrix} 10 - j10 & 10 + j2 \\ 10 + j2 & 20 + j4 \end{pmatrix} \cdot \begin{pmatrix} \underline{i}_{m1} \\ \underline{i}_{m2} \end{pmatrix} = \begin{pmatrix} 50\angle 0^\circ \\ 50 - j50 \end{pmatrix}$$

mit den Lösungen $\underline{i}_{m1} = 2,926\angle 110,55^\circ$ A, $\underline{i}_{m2} = 4,9029\angle -60,19^\circ$ A.
Die Kondensatorspannung $\underline{u}_C = \tfrac{\underline{i}_{m1}}{j\omega C}$ folgt aus dem Maschenstrom $\underline{i}_{m1}$

$$\underline{u}_C = -j20\,\Omega \cdot 2,926\angle 110,55^\circ \text{ A} = 58,52\angle 20,55^\circ \text{ V}.$$

b) Bei streuungsfreiem Übertrager gilt $L = M$, damit vereinfacht sich Gl.(1) zu

$$\begin{pmatrix} R + j\omega L + \tfrac{1}{j\omega C} & R \\ R & 2R \end{pmatrix} \cdot \begin{pmatrix} \underline{i}_{m1} \\ \underline{i}_{m2} \end{pmatrix} = \begin{pmatrix} \underline{u}_{q1} \\ \underline{u}_{q1} - \underline{u}_{q2} \end{pmatrix} \qquad (2a)$$

mit der Lösung

$$\underline{i}_{m1} = \frac{\underline{u}_{q1}\left(j\omega L + \tfrac{1}{j\omega C}\right) - \underline{u}_{q2}\left(R + j\omega L + \tfrac{1}{j\omega C}\right)}{R^2 + 2R\left(j\omega L + \tfrac{1}{j\omega C}\right)} \qquad (2b)$$

oder zahlenmäßig ausgewertet: $\underline{i}_{m1} = 3,162\angle 108,43^\circ$ A.
Für den Grenzübergang $L \to \infty$ dividieren wir Gl.(2) durch ωL und erhalten mit anschließendem Übergang $L \to \infty$:

$$\underline{i}_{m1} = \frac{\underline{u}_{q1} - \underline{u}_{q2}}{2R} = 3,536\angle -45^\circ \text{ A} \qquad (3)$$

$$\underline{u}_C = \frac{\underline{u}_{q1} - \underline{u}_{q2}}{2j\omega C R} = 70\angle -135^\circ \text{ V}. \qquad (4)$$

c) Bei idealem Übertrager verwenden wir das Quellenmodell Bild 8.5/7c mit den Maschengleichungen für die Ströme $\underline{i}_1$, $\underline{i}_2$

$$\underline{u}_{q1} = R\underline{i}_1 + \ddot{u}\underline{u}_2 + \frac{1}{j\omega C}(\underline{i}_1 + \underline{i}_2) \qquad (5a)$$

$$\underline{u}_{q2} = R\underline{i}_2 + \underline{u}_2 + \frac{1}{j\omega C}(\underline{i}_1 + \underline{i}_2). \qquad (5b)$$

Durch Eliminieren von $\underline{i}_2$ wird daraus

$$\underline{u}_{q1} = \underline{i}_1\left(R + \frac{1}{j\omega C}(1 - \ddot{u})\right) + \ddot{u}\underline{u}_2,$$

$$\underline{u}_{q2} = \underline{i}_1\left(-\ddot{u}R + \frac{1}{j\omega C}(1 - \ddot{u})\right) + \underline{u}_2$$

bzw. in Matrixform

$$\begin{pmatrix} R + \tfrac{(1-\ddot{u})}{j\omega C} & \ddot{u} \\ -\ddot{u}R + \tfrac{(1-\ddot{u})}{j\omega C} & 1 \end{pmatrix} \cdot \begin{pmatrix} \underline{i}_1 \\ \underline{u}_2 \end{pmatrix} = \begin{pmatrix} \underline{u}_{q1} \\ \underline{u}_{q2} \end{pmatrix}. \qquad (6)$$

Die Lösungen $\underline{i}_1$, $\underline{u}_C$ lauten:

$$\underline{i}_1 = \frac{\underline{u}_{q1} - \ddot{u}\underline{u}_{q2}}{R(1 + \ddot{u}^2) + \frac{1}{j\omega C}(1 - \ddot{u})^2} \tag{7}$$

$$\underline{u}_C = \frac{\underline{i}_1 + \underline{i}_2}{j\omega C} = \frac{\underline{u}_{q1} - \ddot{u}\underline{u}_{q2}}{j\omega C R(1 + \ddot{u}) + 1 - \ddot{u}}. \tag{8}$$

Daraus folgt für $\ddot{u} = 1$ (wie in Aufgabe b angenommen) die Lösung Gl.(4). Interessant ist, daß sich Gl.(6) direkt ergibt, wenn in der Ersatzschaltung 8.5/7c nur Spannung $\underline{u}_2$ und Strom $\underline{i}_1$ als Unbekannte belassen werden, was durch die Beziehungen $\underline{u}_1 = \ddot{u}\underline{u}_2$, $\underline{i}_2 = -\ddot{u}\underline{i}_1$ des idealen Übertragers gewährleistet wird.

d) Die Berechnung des Eingangswiderstandes $\underline{Z}_1$ erfolgt entweder mit dem Quellenmodell Bild 8.5/7c oder über Widerstandsbetrachtungen. Mit dem Eingangsstrom Gl.(7) beträgt

$$\underline{Z}_1 = \frac{\underline{u}_{q1}}{\underline{i}_1} = R(1 + \ddot{u}^2) + \frac{1}{j\omega C}(1 - \ddot{u})^2. \tag{9}$$

Zum gleichen Ergebnis gelangt die Vierpolbetrachtung (Bild 8.5/7d): wir zerlegen die Reihenschaltung von Transformator und Kondensator in zwei Teilvierpole mit den $\underline{Z}$-Matrizen:

$$\underline{Z}_1 = \begin{pmatrix} j\omega L_1 & j\omega M \\ j\omega M & j\omega L_2 \end{pmatrix}, \quad \underline{Z}_2 = \frac{1}{j\omega C} \begin{pmatrix} 1 & 1 \\ 1 & 1 \end{pmatrix} \tag{10}$$

und erhalten durch Addition die Gesamtmatrix $\underline{Z}_g = \underline{Z}_1 + \underline{Z}_2$. Der Gesamtvierpol ist mit dem Widerstand R ausgangsseitig belastet. Das ergibt einen Eingangswiderstand (einschließlich des Reihenwiderstandes R_1)

$$\underline{Z}_1 = R_1 + \underline{Z}_e \quad \text{mit} \tag{11a}$$

$$\underline{Z}_e = \underline{Z}_{11g} - \frac{\underline{Z}_{12g}\underline{Z}_{21g}}{\underline{Z}_{22g} + R} = j\omega L_1 + \frac{1}{j\omega C} - \frac{\left(j\omega M + \frac{1}{j\omega C}\right)^2}{R + j\omega L_2 + \frac{1}{j\omega C}} \tag{11b}$$

oder ausgewertet

$$\underline{Z}_e = \frac{j\omega L_1\left(R + \frac{1}{j\omega C}\right) + \frac{1}{j\omega C}\left(R + j\omega L_2 + \frac{1}{j\omega C}\right) - 2\frac{M}{C} - \left(\frac{1}{j\omega C}\right)^2}{R + j\omega L_2 + \frac{1}{j\omega C}}. \tag{11c}$$

Zur weiteren Vereinfachung setzen wir $L_1 = \ddot{u}^2 L$, $L_2 = L$, $M = \ddot{u}L$ und erhalten für $L \to \infty$ (nach Division durch L)

$$\underline{Z}_e = \ddot{u}^2 R + \frac{1}{j\omega C}(\ddot{u}^2 + 1 - 2\ddot{u})$$

oder mit dem Widerstand $R_1 = R$ eingangsseitig in Reihe zusammengefaßt (s. Gl.(9))

$$Z = R(1 + \ddot{u}^2) + \frac{1}{j\omega C}(1 - \ddot{u})^2. \tag{12}$$

Der entscheidende Schritt in Gl.(11a) ist die Auswertung von $\underline{Z}_e$, denn man kommt aufgrund des ersten Terms eventuell zu der Vermutung $\underline{Z}_e \to \infty$ für $L \to \infty$. Tatsächlich muß aber beim idealen Übertrager ein Widerstand R von der Sekundärseite mit $\ddot{u}^2 R$ auf die Primärseite übersetzt werden, auch für $L \to \infty$.

e) Wir betrachten einen Widerstand $\underline{Z}$ statt $\frac{1}{\omega C}$ im Mittelzweig. Eine Widerstandstransformation erfolgt nur bei geschlossenem Sekundärstromkreis (sonst einfache Reihenschaltung auf der Primärseite, Bild 8.5/7e). Die gesamte Eingangsspannung beträgt $\underline{u}_l = \underline{u}_1 - \underline{u}_2 = \underline{u}_2(\ddot{u} - 1)$. Dabei fließt durch $\underline{Z}$ der Strom $\underline{i}_1 + \underline{i}_2 = \underline{i}_1(1 - \ddot{u})$, und es gilt als Verknüpfung über $\underline{Z}$: $\underline{Z} = -\frac{\underline{u}_2}{\underline{i}_1 + \underline{i}_2}$. Damit folgt

$$\underline{Z}_e = \frac{\underline{u}_e}{\underline{i}_1} = \frac{\ddot{u} - 1}{\underline{i}_1}\underline{u}_2 = \frac{\ddot{u} - 1}{\underline{i}_1}(\underline{i}_1 + \underline{i}_2)(-\underline{Z}) = \underline{Z}(1 - \ddot{u})^2. \tag{13}$$

Diskussion: Die Aufgabe führt - je nach Voraussetzung - auf unterschiedlich schwierige Lösungsverfahren. So bleibt die Maschenstromanalyse Aufgabe a) einfach im Ansatz, aber aufwendig in der allgemeinen Lösung Gl.(1). Hier ist numerische Lösung empfehlenswert. Der streuungsfreie Übertrager vereinfacht das Problem deutlich, die Lösung im Aufgabe b) variiert gegenüber Aufgabe a) nur geringfügig (immerhin beträgt der Kopplungsfaktor $k = \frac{M}{L}$ nur 0,8!). Sehr elegant wird die Lösung beim idealen Übertrager mit dem Quellenmodell (Aufgabe c), die Vierpolrechnung ist dagegen aufwendig, weil zunächst verschiedene Terme mitgeführt werden, die erst für $L \to \infty$ und damit nur in der Lösung herausfallen.

Aufgabe 8.5/8 Transformatorschaltung

An einen Transformator (Schaltung Bild 8.5/8a) liegt eine Spannung u_q zwischen A, C ($u_q = 100\,\text{V}$). Gegeben: $j\omega L_1 = j50\,\Omega$, $j\omega L_2 = j200\,\Omega$, $k = 0,9$, $R_1 = 10$, $R_2 = 200$, $j\omega M = j90\,\Omega$.

a) Welche Spannung und Leistung entsteht am Widerstand R_2?

b) Welche Leistung bringt die Spannungsquelle auf, wie groß ist der Leistungsfaktor?

c) Der Widerstand R_2 werde durch eine Impedanz $\underline{Z}$ ersetzt und diese so eingestellt, daß die umgesetzte Wirkleistung maximal wird. Wie ist $\underline{Z}$ zu wählen?

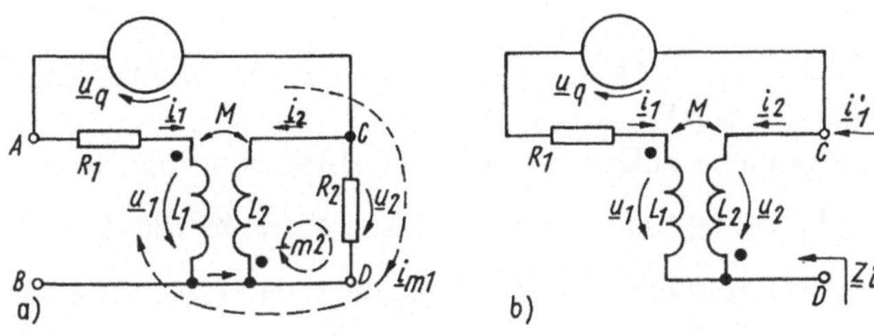

Bild 8.5/8

Hinweis: Formulieren Sie zunächst die Transformatorgleichungen für den angegebenen Windungssinn (Punktlage!) und wenden Sie dann ein geeignetes Analyseverfahren an.

Lösung:

a) Für den angegebenen Windungssinn (gegenläufig) lauten die Transformatorgleichungen mit den angesetzten i-,u-Richtungen:

$$\underline{u}_1 = j\omega L\underline{i}_1 - j\omega M\underline{i}_2, \quad \underline{u}_2 = -j\omega M\underline{i}_1 + j\omega L_2\underline{i}_2. \tag{1}$$

Zur Analyse verwenden wir das Maschenstromverfahren mit den Maschenströmen $\underline{i}_{m1} = -\underline{i}_1$, $\underline{i}_{m2} = -\underline{i}_2$ sowie $\underline{u}_q = \underline{u}_2 - \underline{u}_1$ (Bild 8.5/8a). Die Maschenumläufe lauten:

$$M_1 \;:\; (\underline{i}_{m1} + \underline{i}_{m2})R_2 - \underline{u}_1 + R_1\underline{i}_{m1} = \underline{u}_q$$
$$M_2 \;:\; \underline{u}_2 = R_2(\underline{i}_{m1} + \underline{i}_{m2}) = +j\omega M\underline{i}_{m1} - j\omega L_2\underline{i}_{m2}. \tag{2}$$

Mit den Transformatorgleichungen für $\underline{u}_1$ folgt die Maschengleichung M_1:

$$M_1 \;:\; (\underline{i}_{m1} + \underline{i}_{m2})R_2 + j\omega L_1\underline{i}_{m1} - j\omega M\underline{i}_{m2} + R_1\underline{i}_{m1} = \underline{u}_q.$$

Zusammengefaßt lautet das Gleichungssystem:

$$\begin{pmatrix} R_1 + R_2 + j\omega L_1 & -j\omega M + R_2 \\ R_2 - j\omega M & R_2 + j\omega L_2 \end{pmatrix} \cdot \begin{pmatrix} \underline{i}_{m1} \\ \underline{i}_{m2} \end{pmatrix} = \begin{pmatrix} \underline{u}_q \\ 0 \end{pmatrix}. \tag{3}$$

Die Matrix ist erwartungsgemäß symmetrisch (Transformator: umkehrbarer Vierpol). Wir berechnen aus Gl.(3) die Ströme $\underline{i}_{m1}$, $\underline{i}_{m2}$

$$\underline{i}_{m1} = \cfrac{1}{R_1 + R_2 + j\omega L_1 - \cfrac{(R_2 - j\omega M)^2}{R_2 + j\omega L_2}}\underline{u}_q \tag{4}$$

$$\underline{i}_{m2} = -\frac{(R_2 - j\omega M)}{(R_2 + j\omega L_2)}\underline{i}_{m1}$$

und damit die Spannung $\underline{u}_2$ an R_2:

$$\underline{u}_2 = R_2(\underline{i}_{m1} + \underline{i}_{m2})$$
$$= \frac{\underline{u}_q\,(j\omega L_2 + j\omega M)\,R_2}{(R_1 + R_2 + j\omega L_2)(R_2 + j\omega L_2) - (R_2 - j\omega M)^2} \tag{5}$$

sowie die Wirkleistung

$$P_2 = R_2|\underline{i}_{m1} + \underline{i}_{m2}|^2. \tag{6}$$

Zahlenmäßig erhalten wir mit Gl.(3) (R/Ω, i/A, u/V)

$$\begin{pmatrix} 210 + j50 & 200 - j90 \\ 200 - j90 & 200 + j200 \end{pmatrix} \cdot \begin{pmatrix} \underline{i}_{m1} \\ \underline{i}_{m2} \end{pmatrix} = \begin{pmatrix} 100 \\ 0 \end{pmatrix}$$

die Lösungen $\underline{i}_{m1} = 0,321\angle -44,93° \,\text{A}$, $\underline{i}_{m2} = 0,24922\angle 65,83° \,\text{A}$ und die Wirkleistung $P_2 = 21,688\,\text{W}$ nach Gl.(6).

b) Die von der Spannungsquelle aufzubringende (Wirk)leistung beträgt

$$P_{wq} = \text{Re}\left\{\underline{u}_q\underline{i}_{m1}^*\right\}_1 = \text{Re}\{100\,\text{V} \cdot 0,321\angle 44,93° \,\text{A}\} = 22,726\,\text{W}.$$

Wir werten sie am besten numerisch aus und erhalten als Leistungsfaktor $\cos\varphi = \frac{P_2}{P_{wq}} = \frac{21,688}{22,726} = 0,954$.

c) Zur Berechnung der maximalen Leistung an der Impedanz $\underline{Z}$ muß der Innenwiderstand der Anordnung bekannt sein. Wir legen dazu eine Probespannung $\underline{u}_{pr}$ an die Klemmen C, D und berechnen den Strom $\underline{i}'$ (Bild 8.5/8b). Zweckmäßig werden die Transformatorgleichungen in originärer

Form (1) benutzt mit $\underline{u}_2 = \underline{u}_{\mathrm{pr}}$ und $\underline{i}' = \underline{i}_2 + \underline{i}_1$. Es folgen:

$$\underline{u}_{\mathrm{pr}} = \underline{i}_1 R_1 + \mathrm{j}\omega L_1 \underline{i}_1 - \mathrm{j}\omega M \underline{i}_2,$$
$$\underline{u}_{\mathrm{pr}} = -\mathrm{j}\omega M \underline{i}_1 + \mathrm{j}\omega L_2 \underline{i}_2.$$

Auflösen nach $\underline{i}_1$, $\underline{i}_2$ liefert:

$$\underline{i}_1 = \frac{L_2 + M}{L_2(R_1 + \mathrm{j}\omega L_1) - \mathrm{j}\omega M^2}\underline{u}_{\mathrm{pr}},$$

$$\underline{i}_2 = \frac{\frac{R_1}{\mathrm{j}\omega} + L_1 - M}{L_2(R_1 + \mathrm{j}\omega L_1) - \mathrm{j}\omega M}\underline{u}_{\mathrm{pr}}$$

und damit

$$\underline{Z}_{\mathrm{i}} = \frac{\underline{u}_{\mathrm{pr}}}{\underline{i}_1 + \underline{i}_2} = \frac{L_2(R_1 + \mathrm{j}\omega L_1) - \mathrm{j}\omega M^2}{L_2 + M + (R_1/\mathrm{j}\omega) + L_1 - M}.$$

Zahlenmäßig ergibt sich:

$$\frac{\underline{Z}_{\mathrm{i}}}{\Omega} = \frac{4(10 + \mathrm{j}50) - \mathrm{j}90 \cdot 90/50}{10/(\mathrm{j}50) + 1 + 4} = 7,684 + \mathrm{j}7,907.$$

Für Wirkleistungsanpassung muß als Impedanz $\underline{Z} = \underline{Z}_{\mathrm{i}}^*$ gewählt werden.

Aufgabe 8.5/9 Spartransformator

a) Man stelle eine Ersatzschaltung des Spartransformators (Bild 8.5/9a) mit anliegender Spannung an der Gesamtspule und einem Lastwiderstand R (Transformatorelemente L_1, M, L_2) auf und formuliere die Netzwerkgleichungen.

b) Wie lauten die Spannungs- und Stromverhältnisse $\frac{\underline{u}_2}{\underline{u}_{\mathrm{q}}}$, $\frac{\underline{i}_{\mathrm{a}}}{\underline{i}_1}$ bei idealem Transformator, wie groß ist der Eingangswiderstand $\underline{Z}_1$ bei Abschluß mit R?

c) Wie groß ist der Eingangswiderstand $\underline{Z}_1$ mit dem (realen) Transformator nach Aufgabe a)?

d) Wie groß ist die Leerlaufspannungsübersetzung des Transformators nach Aufgabe a)? Führen Sie in die Lösung die Windungszahlen ein.

e) Am Übertrager liege eingangsseitig eine reale Spannungsquelle ($\underline{u}_{\mathrm{q}}$, R_{i}). Welche Impedanz $\underline{Z}_2$ wird von der Sekundärseite her bei idealem Übertrager gemessen?

f) Wie ändert sich die Lösung Aufgabe b), wenn der Wicklungspunkt der zweiten Spule (in Bild 8.5/9a an das untere Ende verlagert wird?

g) Entwickeln Sie eine Dreipolersatzschaltung (T-Schaltung) für den Übertrager nach Aufgabe a).

Lösung:

a) Bild 8.5/9b "übersetzt" den Spartransformator in die üblichen Transformatorgleichungen (symmetrische Stromrichtungen, Flußaddition, Punktzuordnung). Dann folgen für den Strom $\underline{i}_2 = \underline{i}_1 + \underline{i}_{\mathrm{a}}$ die Maschengleichungen

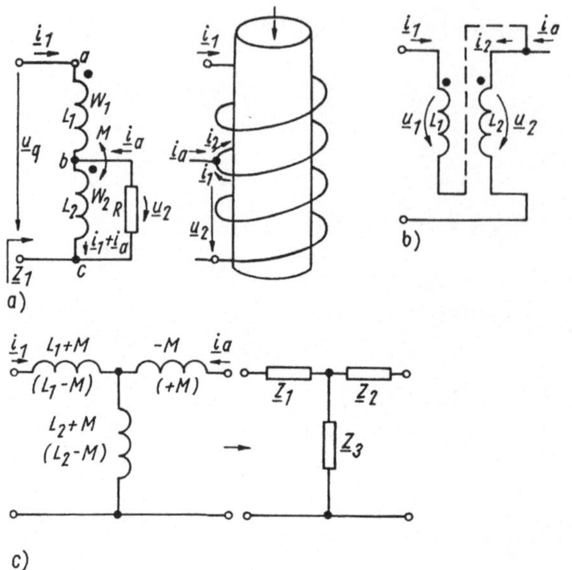

Bild 8.5/9

$$\underline{u}_q = j\omega L_1\underline{i}_1 + j\omega M(\underline{i}_1 + \underline{i}_a) + \underline{u}_2,$$
$$\underline{u}_2 = j\omega L_2(\underline{i}_1 + \underline{i}_a) + j\omega M\underline{i}_1. \tag{1}$$

Damit lauten die gesuchten Transformatorgleichungen

$$\underline{u}_q = j\omega(L_1 + L_2 + 2M)\underline{i}_1 + j\omega(L_2 + M)\underline{i}_a,$$
$$\underline{u}_2 = j\omega(L_2 + M)\underline{i}_1 + j\omega L_2\underline{i}_a \tag{2}$$

und die Lastgleichung $\underline{u}_2 = -R_L\underline{i}_a$.

b) Zum idealen Transformator ($k = 1$, M, $L \to \infty$) gehören
- das Spannungsverhältnis ($\ddot{u} = \frac{w_1}{w_2}$)

$$\frac{\underline{u}_2}{\underline{u}_q} = \frac{\underline{u}_2}{\underline{u}_1 + \underline{u}_2} = \frac{w_2}{w_1 + w_2} = \frac{1}{1 + \ddot{u}} \tag{3a}$$

- das Stromverhältnis (aus der Bedingung verschwindender Erregung $\Theta_{ges} = 0 = \Theta_1 - \Theta_2$ für den magnetischen Kreis)

$$w_1\underline{i}_1 + w_2(\underline{i}_1 + \underline{i}_a) = 0 \to \frac{\underline{i}_a}{\underline{i}_1} = -\frac{w_1 + w_2}{w_2} = -(1 + \ddot{u}) \tag{3b}$$

- die Eingangsimpedanz bei Belastung durch $\underline{u}_a = -\underline{i}_a R_L$

$$\underline{Z}_1 = \frac{\underline{u}_q}{\underline{i}_1} = \left(\frac{w_1 + w_2}{w_2}\right)\underline{u}_a\left(\frac{w_1 + w_2}{w_2}\right)\left(-\frac{1}{\underline{i}_a}\right)$$
$$= R_L\left(1 + \frac{w_1}{w_2}\right)^2 = (1 + \ddot{u})^2 R_L. \tag{4}$$

c) Der Eingangswiderstand $\underline{Z}_1$ des realen Transformators nach Aufgabe a) folgt durch Eliminieren des Stromes $\underline{i}_a = f(R_L)$ in den Transformatorgleichungen (2). Die zweite Gleichung liefert:

$$\frac{\underline{i}_a}{\underline{i}_1} = -\frac{j\omega(M + L_2)}{j\omega L_2 + R_L} \tag{5}$$

und damit

$$\underline{Z}_1 = \frac{\underline{u}_q}{\underline{i}_1} = j\omega(L_1 + L_2 + 2M) - \frac{(j\omega L_2 + j\omega M)^2}{j\omega L_2 + R_L}$$

$$= j\omega(L_1 + L_2 + 2M) + \frac{\omega^2(L_2 + M)^2}{R_L + j\omega L_2}. \tag{6}$$

d) Die Leerlaufspannungsübersetzung $\frac{\underline{u}_2}{\underline{u}_q}$ ergibt sich aus den Transformatorgleichungen (2) für $\underline{i}_a = 0$ zu

$$\frac{\underline{u}_2}{\underline{u}_q} = \frac{L_2 + M}{L_1 + L_2 + 2M}. \tag{7}$$

Mit $L_1 = cw_1^2$, $L_2 = cw_2^2$ (Spulenkonstante c, s. I/Gl.(3.34a)) und $M = k\sqrt{L_1 L_2} = kcw_1 w_2$) wird dann

$$\frac{\underline{u}_2}{\underline{u}_q} = \frac{w_2^2 + kw_1 w_2}{w_1^2 + w_2^2 + 2kw_1 w_2} = \frac{1 + k\ddot{u}}{\ddot{u}^2 + 1 + 2k\ddot{u}} \tag{8}$$

mit Gl.(3a) für $k = 1$ (keine Streuung).

e) Der ideale Übertrager besitzt
   - die Leerlaufspannung Gl.(3a) $\underline{u}_l = \underline{u}_2|_{\underline{i}_a=0} = \underline{u}_l \frac{w_2}{w_1 + w_2}$
   - den Kurzschlußstrom Gl.(3b) $\underline{i}_k = -\underline{i}_a = -(\underline{i}_2 - \underline{i}_1)$.

Bei $\underline{u}_2 = 0$ fließt eingangsseitig der Strom $\underline{i}_1 = \frac{\underline{u}_q}{R_i}$, ferner gilt $\underline{i}_2 = -\frac{w_1}{w_2}\underline{i}_1$.
Damit lautet der Innenwiderstand

$$\underline{Z}_i = \frac{\underline{u}}{-\underline{i}_k} = \frac{w_2 \underline{u}_q}{w_1 + w_2} \frac{1}{(\underline{i}_2 - \underline{i}_1)} = R_i \left(\frac{w_2}{w_1 + w_2}\right)^2 = \frac{R_i}{(1 + \ddot{u})^2}. \tag{9}$$

Es tritt eine Widerstandstransformation nach der Primärseite (Gl.(4)) auf, nur mit reziprokem Übersetzungsverhältnis $(1 + \ddot{u})^2$.

f) In Aufgabe a) fließt der Strom $\underline{i}_2$ auf den Wicklungspunkt zu, bei sonst unveränderten Spannungen herrscht Flußaddition und die induzierten Spannungsabfälle $M\frac{di}{dt}$ sind sowohl im Primär- wie Sekundärkreis positiv. Verschiebung des Punktes an das untere Spulenende bedeutet (bei sonst gleichen Richtungen von $\underline{i}_1$, $\underline{i}_2$, $\underline{u}_1$, $\underline{u}_2$) Vorzeichenumkehr der induzierten Beiträge $M\frac{di}{dt}$ → Ersatz von M durch $-M$ in den bisherigen Beziehungen. Damit erhalten wir über $w_2 \to -w_2$

$$\frac{\underline{u}_2}{\underline{u}_a} = \frac{-w_2}{w_1 - w_2} = -\frac{1}{\ddot{u} - 1}.$$

Die Stromberechnung aus $w_1 \underline{i}_1 - w_2(\underline{i}_1 - \underline{i}_a) = 0$ (Gl.(3b)) führt auf

$$\frac{\underline{i}_a}{\underline{i}_1} = \frac{w_1 - w_2}{w_2} = \ddot{u} - 1$$

und eine Widerstandsübersetzung

$$\underline{Z}_1 = \frac{\underline{u}_q}{\underline{i}_1} = -\left(\frac{w_1 - w_2}{w_2}\right)\underline{u}_a \left(\frac{w_1 - w_2}{w_2}\right)\frac{1}{\underline{i}_a} = \underline{Z}_L \left(\frac{w_1}{w_2} - 1\right)^2. \tag{10}$$

g) Grundlage der Ersatzschaltung ist die T-Schaltung (Bild 8.5/9c) mit einer Vierpolbeschreibung in Widerstandsform. Die Koeffizienten gewinnen wir durch Vergleich mit der Transformatorgleichung (2):

$$\underline{Z}_{11} = j\omega(L_1 + L_2 + 2M), \quad \underline{Z}_{22} = j\omega L_2, \quad \underline{Z}_{12} = j\omega(L_2 + M) = \underline{Z}_{21}. \quad (11)$$

Wir entwickeln eine T-Schaltung und erhalten Bild 8.5/9c (mit negativer, d.h. nicht realisierbarer Gegeninduktivität ausgangsseitig). Wird Wicklung 2 umgepolt, so gelten die in Klammern stehenden Ersatzschaltelemente.

Diskussion: Als Vorteil des Spartransformators muß die Wicklung w_2 nur für den Differenzstrom $\underline{i}_1 - \underline{i}_a \ll \underline{i}_a$, $\underline{i}_1$ ausgelegt werden ($\rightarrow$ geringere Verluste). Deshalb wird er häufig verwendet (Resonanzkreisanpassung, Spannungsumsetzung, Transformator mit Abgriff für verschiedene Primär-/Sekundärspannungen u.a.). Zweckmäßig kann es sein, die Teilwicklung w_2 als Teil der Gesamtwicklung $w = w_1 + w_2$ zu betrachten.

8.6 Übertragungsfunktion

Aufgabe 8.6/1 Skalierung

a) Für die RC-Schaltung Bild 8.6/1a mit den Modellelementen R, C bestimme man das Spannungsverhältnis $\frac{\underline{u}_2}{\underline{u}_1} = \underline{A}$. Wie lautet die Grenzfrequenz?

b) Ändern Sie durch Frequenzskalierung die Kapazität so, daß die 3dB-Frequenz $f_g = 1\,\text{kHz}$ beträgt. Es soll eine Kapazität $C = 10\,\text{nF}$ gewählt werden. Welcher Widerstandswert ist erforderlich?

c) Nach Wahl von R gemäß Aufgabe b) soll der Widerstand so variiert werden, daß die 3dB-Frequenz zwischen 0,5...5 kHz liegt. Welcher Widerstandsbereich gehört dazu?

d) Das Tiefpaßfilter Bild 8.6/1b habe die Grenzfrequenz $\omega_g = 1\,\text{rad/s}$. Die Schaltung soll eine Grenzfrequenz $f_g = 1\,\text{kHz}$ bei einem Bezugswiderstand $R = 500\,\Omega$ haben. Wie sind die Schaltelemente zu wählen?

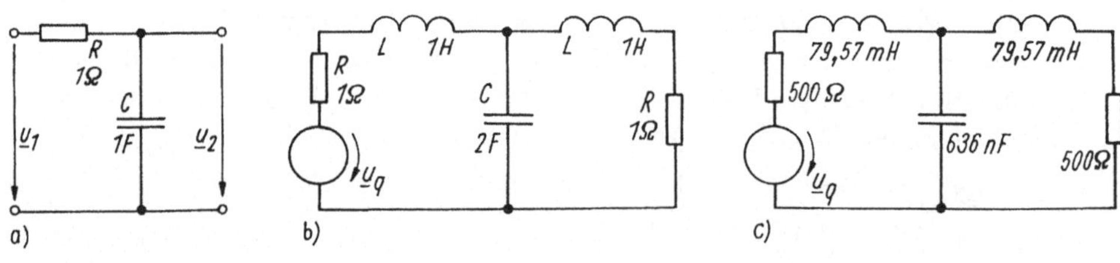

Bild 8.6/1

Hinweis: Skalierungsregeln s. III/Abschn. 7.3.3.

Lösung:

a) Die Übertragungsfunktion lautet mit der Spannungsteilerregel

$$\frac{\underline{u}_2}{\underline{u}_1} = \frac{1}{1 + j\omega RC} = \frac{1}{1 + j\omega\tau}$$

mit $\tau = RC = 1\,\Omega \cdot 1\,\text{F} = 1\,\text{s}$.

b) Damit die tatsächliche Filtergrenzfrequenz $f_\mathrm{g} = 1\,\mathrm{kHz}$ beträgt, muß das Filter frequenzskaliert werden. Wir wählen:

$$k_\mathrm{f} = \frac{\omega_\mathrm{w}}{\omega_\mathrm{b}} = \frac{2\pi f_\mathrm{g}}{\omega_\mathrm{b}} = \frac{2\pi \cdot 10^3/\mathrm{s}}{1\,\mathrm{rad/s}} = 6283,18.$$

Dabei ist ω_w die wirkliche (gewünschte) Kreisfrequenz ω_g und ω_b die (gegebene) Bezugsfrequenz $\omega_\mathrm{b} = 1\mathrm{rad/s}$. Übertragen der Frequenzskalierung auf die Kapazität ergibt $C_\mathrm{w} = \frac{C_\mathrm{b}}{k_\mathrm{f}}$ mit der Betragskapazität $C_\mathrm{b} = 1\,\mathrm{F}$:

$$C_\mathrm{w} = \frac{C_\mathrm{b}}{k_\mathrm{f}} = \frac{1\,\mathrm{F}}{6283,18} = 159,16\,\mu\mathrm{F}.$$

Damit besitzt Schaltung 8.6/1a noch den gleichen Widerstand $R = R_\mathrm{b}$, aber die Grenzfrequenz $f_\mathrm{g} = 1\,\mathrm{kHz}$. Bei Frequenzskalierung bleibt der Scheinwiderstand $\frac{1}{\omega_\mathrm{b}C_\mathrm{b}} = \frac{1}{\omega_\mathrm{w}C_\mathrm{w}} = 1\,\Omega$ erhalten. Soll die Kapazität C_w ($= 159{,}26\,\mu\mathrm{F}$) durch einen kleineren Wert $C'_\mathrm{w} = 10\,\mathrm{nF}$ ersetzt werden, so muß bei gleicher Zeitkonstante $\tau_\mathrm{w} = R_\mathrm{w}C_\mathrm{w} = R'_\mathrm{w}C'_\mathrm{w}$ der Widerstand auf $R'_\mathrm{w} = \frac{R_\mathrm{w}C_\mathrm{w}}{C'_\mathrm{w}} = 1\,\Omega \cdot \frac{159{,}16\,\mu\mathrm{F}}{10\,\mathrm{nF}} = 15{,}916\cdot 10^3\,\Omega$ vergrößert werden. Dazu gehört der Betragsskalierungsfaktor $k_\mathrm{r} = \frac{R'_\mathrm{w}}{R_\mathrm{w}} = \frac{15{,}916\,\mathrm{k\Omega}}{1\,\Omega} = 15{,}91 \cdot 10^3$.

c) Soll die Grenzfrequenz im Bereich 0,5...5 kHz variieren, so folgt aus $\omega_\mathrm{g} = \frac{1}{RC}$; daß eine Senkung auf 0,5 kHz Widerstandsverdopplung ($R'_\mathrm{w} = 31{,}83\,\mathrm{k\Omega}$), eine Erhöhung auf 5 kHz hingegen Widerstandsverkleinerung auf $3{,}18\,\mathrm{k\Omega}$ verlangt.

d) Da sich der Widerstand ändern soll, liegt Betragsskalierung vor. Wir wählen den Skalierungsfaktor: $k_\mathrm{r} = \frac{R_\mathrm{w}}{R_\mathrm{b}} = \frac{500\,\Omega}{1\,\Omega} = 500$ mit dem Bezugswiderstand $R_\mathrm{b} = 1\,\Omega$. Damit folgen als Zwischenwerte (bei gleicher Grenzfrequenz):

$$L_\mathrm{w} = k_\mathrm{r}L_\mathrm{b} = 500 \cdot 1\,\mathrm{H}, \quad C_\mathrm{w} = \frac{C_\mathrm{b}}{k_\mathrm{r}} = \frac{2\,\mathrm{F}}{500}.$$

Zur Anpassung an die gewünschte Grenzfrequenz $f_\mathrm{g} = 1\,\mathrm{kHz}$ dient die Frequenzskalierung

$$k_\mathrm{f} = \frac{f_\mathrm{w}}{f_\mathrm{b}} = \frac{2\pi \cdot 10^3\,\mathrm{s}^{-1}}{1\,\mathrm{rads}^{-1}} = 6280.$$

Die Widerstände ändern sich nicht ($R_\mathrm{w} = k_\mathrm{r}R_\mathrm{b}$), auch nicht die Scheinwiderstände ωL, $\frac{1}{\omega C}$, deshalb müssen die Elemente L, C (zufolge ω) erneut skaliert werden:

$$L'_\mathrm{w} = \frac{L_\mathrm{w}}{k_\mathrm{f}} = \frac{k_\mathrm{r}}{k_\mathrm{f}}L_\mathrm{w} = \frac{500 \cdot 1\,\mathrm{H}}{2\pi} \cdot 10^3 = 79{,}57\,\mathrm{mH},$$

$$C'_\mathrm{w} = \frac{C_\mathrm{w}}{k_\mathrm{f}} = \frac{C_\mathrm{b}}{k_\mathrm{r}k_\mathrm{f}} = \frac{2\,\mathrm{F}}{500 \cdot 6280} = 636\,\mathrm{nF}.$$

Damit folgt die Schaltung 8.6/1c. Wir berechnen zur Kontrolle die induktiven und kapazitiven Scheinwiderstände bei der Grenzfrequenz $f_\mathrm{g} = 1\,\mathrm{Hz}$

$$\omega_\mathrm{g}L'_\mathrm{w} = 2 \cdot 10^3\,\mathrm{s}^{-1} \cdot 79{,}57\,\mathrm{mH} = 500\,\Omega,$$

$$\frac{1}{\omega_\mathrm{g}C'_\mathrm{w}} = \frac{1}{2\pi \cdot 10^3\,\mathrm{s}^{-1} \cdot 636 \cdot 10^{-9}\,\mathrm{F}} = 250\,\Omega,$$

d.h. es ist jetzt bei $\omega = \omega_\mathrm{g}$: $R = 500\,\Omega = \omega L = \frac{2}{\omega C}$. In der Modellschaltung gilt bei der Grenzfrequenz $\omega_{\mathrm{gb}} = 1\,\mathrm{rads}^{-1}$: $R = 1\,\Omega = \omega_{\mathrm{gb}}L_{\mathrm{b}} = \frac{2}{\omega_{\mathrm{gb}}C_{\mathrm{b}}}$. Wegen der Impedanzbetragskalierung $\underline{Z}_{\mathrm{w}} = k_{\mathrm{r}}\underline{Z}_{\mathrm{b}}$ ist das Ergebnis verständlich.

Diskussion: Um eine Übertragungsfunktion aus der normierten Form in tatsächliche Werte der Netzwerkelemente zu überführen, sollten der Reihe nach erfolgen

- eine Frequenzskalierung, wobei alle Kapazitäten durch den Faktor k_{f} dividiert werden (bzw. alle Widerstände durch k_{f})
- Auswahl der Impedanzskalierungskonstante k_{r} (nach praktischen Gesichtspunkten)
- Multiplikation der Widerstandswerte mit k_{r} und Division aller Kapazitäten durch k_{f}.

Aufgabe 8.6/2 Skalierung, Normierung

Gegeben ist ein Modellparallelschwingkreis mit normierten Elementen (Bild 8.6/2a).

a) Wie groß sind die Elemente, wenn als Dimension die Grundeinheiten gelten sollen? Berechnen Sie Kreisgüte, Resonanzfrequenz und die Eingangsimpedanz $\underline{Z}$ des Kreises.

b) Wie lauten die Eigenfrequenzen des Kreises? (Frequenz der freien Schwingung, allgemein und für Aufgabe a). Welche Werte ergeben sich für $R = 2,5\,\Omega$ bzw. $R = 2\,\Omega$?

c) Ändern Sie die Schaltelemente nach Bild 8.6/2a so, daß der Widerstandswert $R = 20\,\mathrm{k}\Omega$ beträgt, die Resonanzfrequenz aber erhalten bleibt. Entwickeln Sie eine zugeschnittene Gleichung für die Elemente L, C, wenn R in kΩ angegeben werden soll.

d) Es soll die Resonanzfrequenz ω_0 auf einen Faktor $k_{\mathrm{f}} = 10^4$ vergrößert werden (also auf $f_0 = 5 \cdot 10^4\,\mathrm{Hz}/2\pi = 7,958\,\mathrm{kHz}$ ansteigen) bei unverändertem Widerstandswert R und damit auch unveränderten Blindwiderständen. Wie groß sind L und C?

e) Ändern Sie sowohl das Impedanzniveau um den Faktor $k_{\mathrm{r}} = 10^3$ (vgl. Aufgabe c) als auch die Resonanzfrequenz um den Faktor $k_{\mathrm{f}} = 10^4$ (Aufgabe d). Wie lauten die Schaltelemente, die Kreisgüte und die charakteristische Gleichung?

f) Skizzieren Sie die Lage der Polstellen in der komplexen Ebene.

g) Drücken Sie die Impedanzfunktion $\underline{Z}(p)$ durch die unter b) ermittelte Eigenfrequenzen aus.

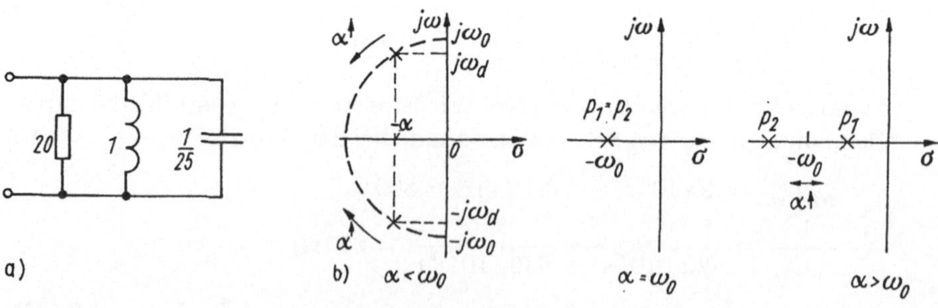

Bild 8.6/2

Hinweis: Skalierungsregeln s. III/Abschn. 7.3.3.

Lösung:

a) Die gegebenen Schaltelemente können als normierte Größen bezogen auf die jeweilige Grundeinheit aufgefaßt werden. Damit folgen

$$\omega_0 = \frac{1}{\sqrt{LC}} = \frac{1}{\sqrt{1\,\mathrm{H}\cdot\frac{1}{25}\,\mathrm{F}}} = 5\,\mathrm{rads}^{-1} \qquad \text{Resonanzfrequenz} \qquad (1a)$$

$$\varrho = Q = \frac{1}{G}\sqrt{\frac{C}{L}} = 20\sqrt{\frac{1}{25\cdot1}} = 4. \qquad \text{Kreisgüte} \qquad (1b)$$

Die Scheinwiderstände der Blindschaltelemente lauten bei Resonanz:

$$\omega_0 L = 5\,\Omega; \qquad \frac{1}{\omega_0 C} = \frac{25\,\mathrm{F}}{5\,\mathrm{rads}^{-1}} = 5\,\Omega.$$

Die Impedanz $\underline{Z}(\omega)$ beträgt (normiert auf $\frac{1}{G}$):

$$\underline{Z}G = \frac{1}{1+\mathrm{j}\frac{\omega_0 C}{G}\left(\frac{\omega}{\omega_0}-\frac{\omega_0}{\omega}\right)} = \frac{1}{1+\mathrm{j}\varrho\left(\frac{\omega}{\omega_0}-\frac{\omega_0}{\omega}\right)}. \qquad (2)$$

b) Der Kreis schwingt nach Anregung bei Abschalten der Störung mit der Eigenfrequenz an. Wir erhalten sie als Lösung der charakteristischen Gleichung, hier also den Polen der Impedanzfunktion aus Gl.(2) oder direkt aus der Schaltung:

$$\underline{Z} = \frac{\mathrm{j}\omega L}{1+\mathrm{j}\omega LG + (\mathrm{j}\omega)^2 LC} = \frac{\mathrm{j}\omega/C}{(\mathrm{j}\omega)^2 + \mathrm{j}\omega\frac{G}{C} + \omega_0^2}. \qquad (3)$$

Der Nenner hat mit $p = \mathrm{j}\omega$ die beiden Wurzeln (Pole)

$$p_{1/2} = -\frac{1}{2RC} \pm \sqrt{\left(\frac{1}{2RC}\right)^2 - \omega_0^2} \qquad (4)$$

als charakteristische Eigenfrequenzen. Für $R \to \infty$ gehen sie in die Resonanzfrequenz ω_0 über. Je nach der Größe von R sind $p_{1/2}$ reell oder konjugiert komplex. Wir definieren einen kritischen Widerstand R_{kr}, für den die Wurzel in Gl.(4) verschwindet: $R_{\mathrm{kr}} = \frac{1}{2}\sqrt{\frac{L}{C}}$. Das Verhältnis

$$\xi = \frac{R_{\mathrm{kr}}}{R} = \frac{1}{2R}\sqrt{\frac{L}{C}} = \frac{1}{2\varrho} = \frac{1}{2Q} = \frac{1}{2\cdot4} = 0,125 \qquad (5)$$

ist die Dämpfung. Damit lautet der Nenner von Gl.(3) gleichwertig

$$p^2 + 2\xi\omega_0 p + \omega_0^2 = 0 \quad \text{bzw.} \quad p' = \frac{p}{\omega_0}: \quad p'^2 + 2\xi p' + 1 = 0 \qquad (6)$$

und statt Gl.(4) ergibt sich

$$p_{1/2} = -\xi\omega_0 \pm \omega_0\sqrt{\xi^2 - 1} = -\alpha \pm \mathrm{j}\omega_{\mathrm{d}} \qquad (7)$$

mit $\alpha = \frac{1}{2RC}$; $\omega_{\mathrm{d}} = \sqrt{\omega_0^2 - \alpha^2}$.

Typisch sind drei Fälle (Bild 8.6/2b):

- $\varrho > 1$, $(R < R_{kr})$ reelle, verschiedene Pole (überkritische Dämpfung)
- $\xi = 1$, $R = R_{kr}$ reelle, gleiche Pole (kritische Dämpfung)
- $\xi < 1$, $R > R_{kr}$ konjugiert komplexe Pole (unterkritische Dämpfung).

Für das Zahlenbeispiel $R = 20\,\Omega$ (Bild a) folgen aus Gl.(6)

$$p^2 + 1,25\,\mathrm{s}^{-1}p + 25\mathrm{s}^{-2} = 0 \quad \text{mit } p_{1/2} = (-0,63 \pm \mathrm{j}4,96)\,\mathrm{s}^{-1}$$

und

$$R_{kr} = \frac{1}{2}\sqrt{\frac{L}{C}} = \frac{1}{2}\sqrt{25} = 2,5\,\Omega, \quad \xi = \frac{R_{kr}}{R} = \frac{2,5}{20} = 0,125 < 1. \qquad (8)$$

Wird der Widerstand R auf $R = 2,5\,\Omega$ verkleinert, so ergibt sich bei gleicher Resonanzfrequenz ω_0 aus Gl.(6) die charakteristische Gleichung

$$p^2 + 10\,\mathrm{s}^{-1}p + 25\,\mathrm{s}^{-2} = 0 \quad \text{mit } p_{1/2} = (-5,\,-5)\,\mathrm{s}^{-1}, \qquad (9)$$

also $\xi = 1$ und $R_{kr} = R$. Schließlich folgt für $R = 2\,\Omega$ aus Gl.(6)

$$p^2 + 12,5\,\mathrm{s}^{-1}p + 25\,\mathrm{s}^{-2} = 0$$

mit den Lösungen

$$p_{1/2} = -\frac{12,5}{2} \pm \sqrt{\left(\frac{12,5}{2}\right)^2 - 25} = (-2,5,\,-10)\,\mathrm{s}^{-1}. \qquad (10)$$

c) Die Vergrößerung des Widerstandes auf $R_{w} = 10^3 \cdot 20 = k_{r}R_{b}$ (bisherige Größen werden als Bezugsgrößen aufgefaßt) hat eine Vergrößerung des induktiven Widerstandes auf $\omega L_{w} = \omega k_{r}L_{b}$ zur Folge, also eine Induktivität $L_{w} = k_{r}L_{b} = 10^3 \cdot 1\,\mathrm{H} = 1\,\mathrm{kH}(!!)$. Analog steigt der kapazitive Widerstand auf $Z_{cw} = \frac{1}{\omega C_{w}} = k_{r}Z_{cb} = \frac{k_{r}}{\omega C_{b}}$, also sinkt die Kapazität auf $C_{w} = \frac{C_{b}}{k_{r}} = \frac{1}{25} \cdot 10^{-3}\,\mathrm{F} = \frac{1}{25}\,\mathrm{mF}$. Die Resonanzfrequenz $\omega_0^2 = \frac{1}{L_{w}C_{w}} = \frac{1}{C_{b}L_{b}}$ bleibt voraussetzungsgemäß unverändert, ebenso die Kreisgüte:

$$\varrho = R_{w}\sqrt{\frac{C_{w}}{L_{w}}} = k_{r}R_{b}\sqrt{\frac{C_{b}}{k_{r}^2 L_{b}}} = R_{b}\sqrt{\frac{C_{b}}{L_{b}}}, \qquad (11)$$

und damit auch die charakteristische Gleichung sowie die Lage der Pole. Insgesamt hat sich das gesamte "Impedanzniveau" des Kreises um das k_{r}-fache erhöht: $\underline{Z}_{w}(\omega) = k_{r}\underline{Z}_{b}$ (s. Gl.(2)). Die normierte Darstellung Gl.(2)) bleibt davon unberührt, ein Darstellungsvorteil.

Die Skalierung mit dem Faktor 10^3 kann gleichwertig interpretiert werden als Übergang zur Angabe von R in $k\Omega$ sowie L in kH (!) und C in mF (sog. konsistente Einheiten).

d) Wir erhalten aus dem Ansatz $\omega_{b}L_{b} = \omega L_{w} = k_{f}\omega_{b}L'_{w}$ gleicher Impedanz durch Vergleich: $L_{b} = k_{f}L'_{w}$ bzw.

$$L'_{w} = \frac{L_{b}}{k_{f}} = \frac{1\,\mathrm{H}}{10^4} = 0,1\,\mathrm{mH}. \qquad (12a)$$

Dabei ist L'_{w} der gesuchte Wert, L_{b} der bisherige Bezugswert (1 H). Analog folgt aus dem kapazitiven Scheinwiderstand

$$\frac{1}{\omega_b C_b} = \frac{1}{\omega_w C_w} = \frac{1}{k_f \omega_b C_w'} \rightarrow$$

$$C_w' = \frac{C_b}{k_f} \text{ bzw. } C_w' = \frac{1\,\mathrm{F}}{25 \cdot 10^4} = \frac{100}{25}\,\mu\mathrm{F}. \tag{12b}$$

Die Resonanzfrequenz

$$\omega_w^2 = \frac{1}{L_w' C_w'} = \frac{k_f^2}{L_b C_b} = \frac{10^8 \cdot 25}{1\,\mathrm{H} \cdot \mathrm{F}} = (5 \cdot 10^4)^2 \mathrm{rad}^2 \mathrm{s}^{-2} \tag{13}$$

steigt im geforderten Maß, die Güte bleibt erhalten:

$$\varrho = R_w' \sqrt{\frac{C_w'}{L_w'}} = R_w \sqrt{\frac{C_b k_f}{k_f L_b}} = \varrho_b.$$

Durch die veränderte Resonanzfrequenz ändert sich die charakteristische Gleichung (2) bzw. (6):

$$p^2 + 1,25 \cdot 10^4 p\,\mathrm{s}^{-1} + (5 \cdot 10^4)^2\,\mathrm{s}^{-2} = 0.$$

e) Werden sowohl k_f als auch k_r verändert, so ergeben sich der neue Widerstand $R_w = k_r R_b = 20\,\mathrm{k}\Omega$ nach Aufgabe c) und die Schaltelemente (mit Aufgabe d):

$$L_w = \frac{k_r}{k_f} \cdot L_b = \frac{10^3}{10^4} \cdot 1\,\mathrm{H} = 0,1\,\mathrm{H};$$

$$C_w = \frac{C_b}{k_f k_r} = \frac{1\,\mathrm{F}}{25 \cdot 10^3 \cdot 10} = 4\,\mathrm{nF}.$$

Dabei erfolgt zunächst die Widerstandsskalierung, anschließend die Frequenzskalierung. Die Güte bleibt erhalten (Nachweis). In der charakteristischen Gleichung (3) bzw. (6) ändern sich gemäß

$$p^2 + p\frac{k_f}{C_b R_b} + \frac{1}{L_b C_b} k_f^2 = 0$$

nur die Beifaktoren durch k_f (Frequenzskalierung). Das kann durch Einführung einer normierten komplexen Frequenz (s. Gl.(13)) $p' = p\frac{\sqrt{L_b C_b}}{k_f}$ (bzw. $p' = \frac{p}{\omega_w}$) berücksichtigt werden.

f) Im Bild 8.6/2b wurden die Pole für die jeweiligen Bemessungsfälle Gl.(7)ff. im PN-Plan eingetragen.

g) Mit den Eigenfrequenzen Gl.(4) folgt die Impedanzfunktion $\underline{Z}(p)$ Gl.(3) für $p = \mathrm{j}\omega$

$$\underline{Z}(p) = \frac{p/C}{(p - p_1)(p - p_2)}.$$

So existiert eine gleichwertige Impedanzdarstellung, die die Pole p_1, p_2 direkt enthält.

Diskussion: Die Vorteile der Skalierung treten deutlich zutage:

- Übergang zu handlichen Zahlenwerten in der charakteristischen Gleichung, vor allem dann, wenn $p' = \frac{p}{\omega_0}$ normiert wird
- leichter Übergang zu anderen Dimensionsgrößenordnungen
- übersichtliche Darstellung allgemeiner Beziehungen.

Als Nachteil muß man allerdings in Kauf nehmen, daß z.T. völlig unrealistische Größen von Schaltelementen auftreten (z.B. Kapazitäten in F, Induktivität von kH!), die technisch nie herstellbar sind. Gerade dies ist der Vorteil der Skalierung: es lassen sich typische Verhaltensweisen diskutieren, die leicht an technische Fälle anpaßbar sind.

Aufgabe 8.6/3 PN-Plan, Übertragungsfunktion

a) Die Stromübersetzungen zweier Netzwerke haben die PN-Pläne nach Bild 8.6/3a, b) (normierte Darstellungen). Geben Sie die zugehörigen Übertragungsfunktionen an.

b) Es sei Bild b) die Pol-Nullstellenverteilung der Eingangs-/Ausgangsfunktion einer Impedanz $\underline{Z}(p)$. Welche Gleichung gehört dazu im Zeitbereich?

c) Welche allgemeine Form der Ausgangsgrößen gehört zu Aufgabe b?

d) Durch die Impedanz Aufgabe b) fließe der Strom $i(t) = 2\,\mathrm{A}\cos(5t + 15°)$. Welche Spannung gehört dazu?

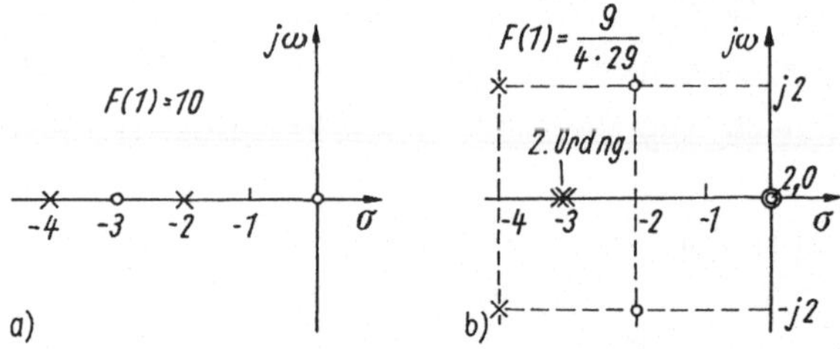

Bild 8.6/3

Hinweis: Zur Übertragungsfunktion siehe II/Abschn. 6.2.3, 10.2.2 und III/Abschn. 11.3.

Lösung:

a) Aus Bild 8.6/3a folgen zwei (einfache) Nullstellen bei $p = 0$ und -3 und (einfache) Pole bei $p = -2$ nach -4. Dazu gehört die Übertragungsfunktion

$$F(p) = F_0 \frac{p(p+3)}{(p+2)(p+4)} = \frac{150}{4} \frac{p(p+3)}{p^2 + 6p + 8} \tag{1}$$

(links). Mit dem Vorgabewert $F(1) = 10 = \frac{F_0 \cdot 4}{3 \cdot 5}$ folgt $F_0 = \frac{150}{4}$ und damit die Form rechts in Gl.(1).

Analog resultieren aus Bild b) die Pole bei $p_{p1} = -3$ (2. Ordnung) und $p_{p2/3} = -4 \pm \mathrm{j}2$ sowie die Nullstelle bei $p_{z1} = 0$ (2. Ordnung) sowie die Nullstellen $p_{z2/3} = -2 \pm \mathrm{j}2$. Dazu gehört die Übertragungsfunktion

$$\begin{aligned}
F(p) &= \frac{F_0(p - p_{z1})^2(p - p_{z2})(p - p_{z3})}{(p - p_{p1})^2(p - p_{p2})(p - p_{p3})} \\[2mm]
&= \frac{F_0 p^2(p + 2 - \mathrm{j}3)(p + 2 + \mathrm{j}3)}{(p + 3)^2(p + 4 - 2\mathrm{j})(p + 4 + 2\mathrm{j})} \\[2mm]
&= \frac{F_o p^2(p^2 + 4p + 13)}{(p + 3)^2(p^2 + 8p + 20)}.
\end{aligned} \tag{2}$$

Die Konstante F_0 resultiert aus der Vorgabe $F(1)$ zu $F_0 = 2$. Wenn $\underline{F}(p) = \underline{Z}(p)$ eine Impedanzfunktion sein soll, muß F_0 die Dimension des Widerstandes haben, und wir setzen $F_0 = 2\,\Omega$

$$F(p) \;=\; \underline{Z}(p) = \frac{\underline{U}}{\underline{I}} = \frac{2\Omega p^2(p^2 + 4p + 13)}{(p+3)^2(p^2 + 8p + 20)}$$

$$= \frac{2(p^4 + 4p^3 + 13p^2)\,\Omega}{p^4 + 14p^3 + 77p^2 + 192p + 180}. \tag{3}$$

Wird ein Strom $\underline{I}$ eingeprägt, so stellt sich $\underline{U}$ als Wirkungsgröße am Widerstand $\underline{Z}$ dar.

Zur Gewinnung der entsprechenden Netzwerk-Differentialgleichung stellen wir Gl.(3) zunächst um

$$(p^4 + 14p^3 + 77p^2 + 192p + 180)\underline{U} = (2p^4 + 8p^3 + 26p^2)\underline{I}\,\Omega, \tag{4}$$

und ersetzen nach Übergang aus dem Frequenz- in den Zeitbereich ($\underline{u} = \underline{U}\exp pt$, $\underline{u} \to u(t)$, $p = \mathrm{j}\omega \to \frac{\mathrm{d}}{\mathrm{d}t}$, $\underline{i}$ analog) die Terme p^4 usw. durch die entsprechenden Differentiale:

$$\frac{\mathrm{d}^4}{\mathrm{d}t^4}u + 14\frac{\mathrm{d}^3}{\mathrm{d}t^3}u + 77\frac{\mathrm{d}^2 u}{\mathrm{d}t^2} + 192\frac{\mathrm{d}u}{\mathrm{d}t} + 180u$$

$$= \left(2\frac{\mathrm{d}^4}{\mathrm{d}t^4}i + 8\frac{\mathrm{d}^3}{\mathrm{d}t^3}i + 26\frac{\mathrm{d}^2}{\mathrm{d}t^2}i\right)\Omega. \tag{5}$$

Die (komplexen) natürlichen Frequenzen (Eigenwerte) dieser Gleichung sind die Pole $p_{\mathrm{p}1}$ (doppelt) $\ldots$ $p_{\mathrm{p}3}$. Gl.(5) ist die zur Übertragungsfunktion (2) gehörende Netzwerk-Differentialgleichung.

b) Die allgemeine Lösung der homogenen DGL (rechte Seite Null) Gl.(5) lautet:

$$u(t) = (A_1 + Bt)\exp(-3t) + A_2\exp(-4+\mathrm{j}2)t + A_3\exp(-4-\mathrm{j}2)t. \tag{6}$$

Dabei gehört der erste Term zum Pol $p_{\mathrm{p}} = -3$ zweiter Ordnung (Ansatz A, Bt), und der zweite und dritte zum konjugiert-komplexen Polpaar $p_{2/3} = -4 \pm 2\mathrm{j}$. Bezüglich der Dimensionen sind die p_i entweder auf die Grundgröße s^{-1} normiert (also dimensionslos), dann ist auch t normiert (s) oder wir fassen sie als dimensionsbehaftete Größen (s^{-1}, s) auf, wobei die Dimensionen der Kürze wegen nicht geschrieben werden (die erste Form ist vorzuziehen). Die Konstanten A, B in Gl.(6) müssen im allgemeinen Erregungsfall aus den Anfangswerten bestimmt werden.

c) Fließt der (stationäre) Strom $i(t) = I\cos(\omega t + \varphi_\mathrm{i}) = \mathrm{Re}(\underline{I}\exp pt)$ $(p = \mathrm{j}\omega)$ mit $\underline{I} = 2\,\mathrm{A}\angle 15°$ und $p = \mathrm{j}\omega = \mathrm{j}5$ (normierte Ausgabe, s. o.), so stellt sich die stationäre Lösung (für $t \to \infty$, Term mit $\exp(-3t)$ in Gl.(6) abgeklungen), $u(t) = \mathrm{Re}(\underline{U}\exp(pt))$ ein mit $\underline{U} = \underline{Z}(p)\underline{I}$ und $p = \mathrm{j}5$. Die Impedanzfunktion $\underline{Z}$ ist durch Gl.(3) gegeben. Wir berechnen $\underline{Z}(p)$ für $p = \mathrm{j}5$:

$$\underline{Z}(\mathrm{j}5) = \frac{2(\mathrm{j}5)^2(2+\mathrm{j}2)(2+\mathrm{j}8)\,\Omega}{(3+\mathrm{j}5)^2(4+\mathrm{j}3)(4+\mathrm{j}7)} = 0{,}851\,\Omega\angle 85{,}76°.$$

Damit ergibt sich die Spannung $\underline{U}$ am Widerstand $\underline{Z}$

$$\underline{U} = \underline{Z}(\mathrm{j}5)\underline{I} = 0,851\,\Omega\angle 85,76° \cdot 2\,\mathrm{A}\angle 15° = 1,7\,\mathrm{V}\angle 100,76°$$

bzw. in den Zeitbereich rücktransformiert

$$u(t) = 1,7\,\mathrm{V}\cos(5t + 100,76°).$$

Hinweis: Eine gewisse Kontrolle für die Zahlenrechnung für $\underline{Z}$ folgt aus den negativen Realteilen der Eigenwerte: in solchen Fällen hat $\underline{Z}$ (bei stabilen Netzwerken) stets einen positiven Realteil.

Aufgabe 8.6/4 Bode-Darstellung, Skalierung

a) Bereiten Sie durch zweckmäßige Umformung die folgenden Übertragungsfunktionen für die Darstellung im Bode-Diagramm vor, ggf. mit Skalierung:

$$F(p) = \frac{125(p + 1500)}{p + 7500} \tag{1}$$

$$F(p) = \frac{100(p + 10)}{(p + 1)(p + 100)} \tag{2}$$

b) Skizzieren Sie das Betragsverhalten durch Geradennäherungen, geben Sie die Eckfrequenzen sowie das Verhalten bei $p \to 0$ und $p \to \infty$ an. Schließen Sie daraus auf das jeweilige Filterverhalten. Wie hängt es von der Lage der Pol- und Nullstellen ab?

Hinweis: In der vorgegebenen Form verstehen wir die komplexe Frequenz p entweder dimensionsbehaftet mit der Einheit s^{-1} (dann muß zu den Zahlenwerten ein entsprechender Hinweis vorliegen) oder dimensionslos (bezogen auf s^{-1}, d.h. multipliziert mit der Zeitkonstante 1 s). Wir wollen uns an diese letztere Form halten. Zum Bode-Diagramm s. II/Abschn. 6.3.3.4 und III/Abschn. 7.4.3.2.

Lösung:

a) Zur Diskussion bringen wir die Übertragungsfunktionen durch Ausheben jeweils in die Standardform, also Gl.(1)

$$F(p) = \frac{125 \cdot 1500}{7500} \frac{(p/1500 + 1)}{(p/7500 + 1)}. \tag{3}$$

Im nächsten Schritt erfolgt zweckmäßig eine Frequenzskalierung mit $p' = \frac{p}{1500}$. Dann lautet die Übertragungsfunktion:

$$F(p') = \frac{25(p' + 1)}{p'/5 + 1}) = \frac{125(p' + 1)}{p' + 5}. \tag{4}$$

Sie hat eine Nullstelle bei $p'_z = -1$ und einen Pol bei $p'_p = -5$. Für $p' \to 0$ wird $F(0) = 25$, für $p' \to \infty$, $F(\infty) = 125$. Die Betragsdarstellung des Frequenzganges (Bode-Form, Bild 8.6/4a) enthält die Kurven (1) (Zähler), (2) (Nenner) mit Steigungen 20 dB/Dek. ab der Grenzfrequenz, die Überlagerung (1) + (2) und die Addition des Festwertes $20\lg 125 = 42$ dB (Kurve 3).

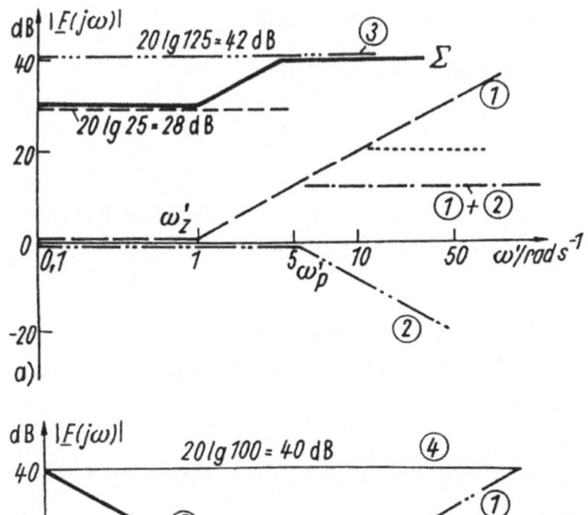

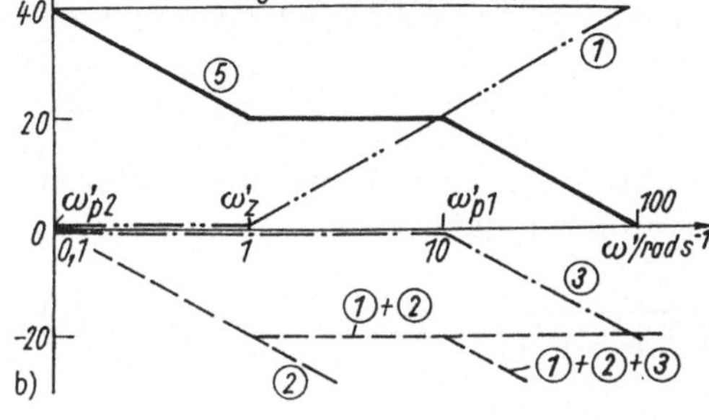

Bild 8.6/4

Zu Gl.(2) gewinnen wir durch Ausheben und Skalierung $p' = p/10$:

$$F(p) = \frac{200(p' + 1)}{(10p' + 1)(p' + 1)}. \tag{5}$$

Das sind eine Nullstelle bei $p'_z = -1$ und Pole bei $p'_{p1} = -10$ und $p'_{p2} = -0,1$.

b) Im Bild 8.6/4a wurden die jeweiligen Betragsdiagramme dargestellt. Im Falle Gl.(4) bewegt sich die Kurve zwischen den Aymptotenwerten 20 lg 25 und 20 lg 125 ($p' = 0, \infty$) im Bereich der Eckfrequenzen $\omega'_z = 1$, $\omega'_p = 5$: es liegt Phasen-lead-Verhalten vor (Hochpaßverhalten).

In Gl.(5) gibt es zwei reelle Pole und eine Nullstelle, getrennte Darstellung der Komponenten von Gl.(5) führt auf (Bild 8.6/4b)

- den Nennerterm (Kurve (1)) mit der Grenzfrequenz $\omega'_z = 1$, Steigung +20 dB/Dek.
- die beiden Nennerterme (Kurven (2), (3)) mit der Grenzfrequenz ω'_{p2}, ω'_{p1}, Steigung -20 dB/Dek. Die Gesamtkurve besteht aus allen drei Komponenten.
- Addition der Konstanten 100 ($\rightarrow 20 \lg 100 = 40\,$dB, Kurve (4)) ergibt dann den Gesamtverlauf (5).

Am Schluß müssen die Geradennäherungen zu den genauen Verläufen "verbessert" werden. So verläuft die genaue Kurve bei den Knickfrequenzen um 3 dB verschoben. Die Anordnung hat globales Tiefpaßverhalten.

Aufgabe 8.6/5 Übertragungsfunktion, Frequenzgang

a) Stellen Sie den Betragsverlauf der Übertragungsfunktion

$$F(p) = \frac{5 \cdot 10^3(p+1)}{(p+10)(p+100)}$$

durch Geradennäherungen dar (p habe die Dimension der Grundeinheit).

b) Berechnen Sie $20\lg|F|$ für $\omega = 40\,\text{rad/s}$ und $\omega = 1000\,\text{rad/s}$ und vergleichen Sie die Ergebnisse mit a).

c) Skizzieren Sie den Phasenverlauf durch Approximationsgeraden.

d) Berechnen Sie die Phasenwinkel für die Frequenzen $\omega = 40,\ 400$ und $1000\,\text{rad/s}$ und tragen Sie die Werte ein.

Hinweis: Bestimmen Sie zunächst Pole und Nullstellen von F und unterteilen Sie F in einzelne Bestandteile.

Lösung:

a) Im ersten Schritt bringen wir $F(p)$ durch Ausheben konstanter Faktoren im Zähler und Nenner in die Standardform mit $p = \mathrm{j}\omega$

$$\underline{F}(\mathrm{j}\omega) = \frac{5 \cdot 10^3(1 + \mathrm{j}\omega)}{10 \cdot 100(1 + \mathrm{j}\omega/10)(1 + \mathrm{j}\omega/100)}. \tag{1}$$

Dabei hat ω die Dimension von p.

Im nächsten Schritt bestimmen wir den Betragsverlauf in logarithmischer Darstellung

$$a|_{dB} = 20\lg|\underline{F}(\mathrm{j}\omega)|$$

$$= \underbrace{20\lg 5}_{1} + \underbrace{20\lg|1+\mathrm{j}\omega|}_{2} - \underbrace{20\lg\left|1+\frac{\mathrm{j}\omega}{10}\right|}_{3} - \underbrace{20\lg\left|1+\frac{\mathrm{j}\omega}{100}\right|}_{4}. \tag{2}$$

Im Bild 8.6/5a würden die einzelnen Beiträge dargestellt. Die Geraden steigen (Nullstellen) bzw. fallen (Pole) jeweils mit 20 dB/Dek. resp. 6 dB/Okt., da es sich um Einfachnullstellen bzw. Pole handelt. Die Über-

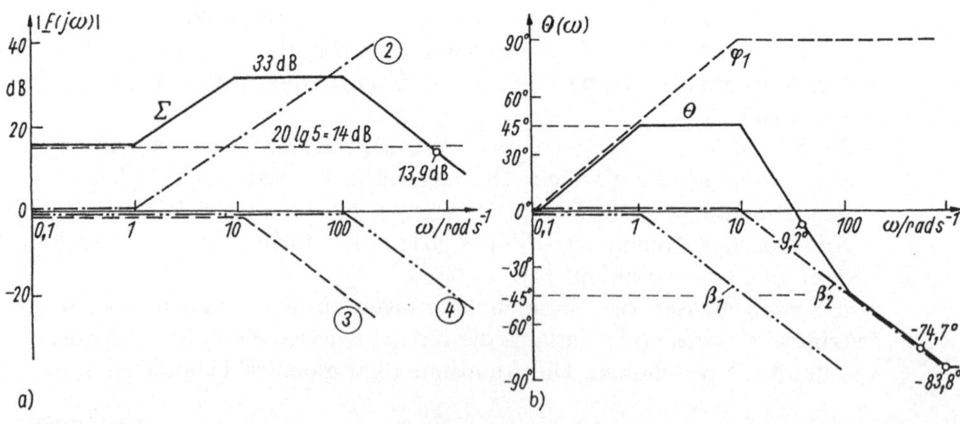

Bild 8.6/5

lagerung aller Kurven gibt die Summenkurve, zu der noch die Konstante $20\lg 5 = 14\,\mathrm{dB}$ Term $20\lg 5 = 14\,\mathrm{dB}$ zu addieren ist. Der so gewonnene Asymptotenverlauf kann verbessert werden: an den Knickfrequenzen jeweils 3 dB addieren bzw. subtrahieren (Nullstelle, Addition) und die tatsächlichen Kurvenverläufe durch diese Punkte führen.

b) Für die Vorgabefrequenzen $\omega = 40\,\mathrm{rad/s}$ bzw. 1000 rad/s ergeben sich mit Gl.(1)

$$\underline{F}(\mathrm{j}40) = \frac{5(1+\mathrm{j}40)}{(1+\mathrm{j}4)(1+\mathrm{j}0,4)} = 45,052\angle - 91,9°, \quad |\underline{F}| = 33,0\,\mathrm{dB}.$$

Dazu gehört die Dämpfung $20\lg|F(\mathrm{j}40)| = 20\lg 45,052 = 33,074\,\mathrm{dB}$. Gleichermaßen folgt für die die Frequenz $\omega' = 10^3\,\mathrm{rad/s}$

$$\underline{F}(\mathrm{j}10^3) = \frac{5(1+\mathrm{j}1000)}{(1+\mathrm{j}100)(1+\mathrm{j}10)} = 4,975\angle - 83,77°$$

mit der Dämpfung $20\lg|4,975| = 13,936\,\mathrm{dB}$. Beide Punkte sind im Bild a) eingetragen. Sie stimmen gut mit den Geradennäherungen überein.

c) Wir gehen von Gl.(1) aus und schreiben in Polarform:

$$\underline{F}(\mathrm{j}\omega) = \frac{5|1+\mathrm{j}\omega|}{|1+\mathrm{j}\omega/10||1+\mathrm{j}\omega/100|}\angle\varphi_1 - \beta_1 - \beta_2. \tag{3}$$

Zum Phasenwinkel $\Theta(\omega) = \varphi_1 - \beta_1 - \beta_2$ tragen sowohl der Zähler mit

$$\varphi_1 = \arctan\omega \tag{4a}$$

als auch der Nenner mit

$$\beta_1 = \arctan\frac{\omega}{10}, \quad \beta_2 = \arctan\frac{\omega}{100} \tag{4b}$$

bei (ω dimensionslos, bezogen auf die Grundeinheit). Aus Gl.(4a) ersehen wir: die mit ω ansteigende Phase rührt von Nullstellen her, die abfallende von den Polen. Außerdem gilt für $\omega = 1 \to \varphi_1 = 45°$, für $\omega = \frac{1}{10}$ (bzw. 10) Winkel $\varphi_1 \approx 0$ bzw. $\approx 90°$. Deshalb kann eine Verbindungsgerade zwischen $\frac{1}{10}\omega$ und 10ω eingetragen werden mit $\varphi_1 = 45°$ bei $\omega = 1$. Die gleiche Konstruktion erfolgt für die Phasenanteile β_1, β_2 der Pole (bei $\omega = 10$ und $\omega = 100$ durchgeführt), jedoch mit abfallender Phase: Kurve 2 fallende Gerade zwischen 0,1 (10) ($\to 0°$) und 1(10) ($\to -90°$) mit $-45°$ bei $\omega_{\mathrm{p}_1} = 10$. Kurve 3 ergibt sich analog, nur wegen $\omega_{\mathrm{p}_2} = 100$ um eine Dekade nach rechts verschoben.

So erhalten wir die Beiträge in Bild 8.6/5b. Die Gesamtphase schwankt zwischen $+45°$ und $-90°$, dabei fällt die starke Phasenänderung im Bereich $\omega = 10 \ldots 100$ auf.

d) Für die angegebenen Frequenzen berechnen wir die Phasenwinkel aus Gl.(4) oder werten die Übertragungsfunktion Gl.(1) direkt aus und geben das Ergebnis in Polarform an:

$$\begin{aligned}
\underline{F}(\mathrm{j}40) &= 45,052\angle - 9,19°, \\
\underline{F}(\mathrm{j}400) &= 12,12\angle - 74,67°, \\
\underline{F}(\mathrm{j}1000) &= 4,975\angle - 83,77°.
\end{aligned}$$

Der Phasenverlauf stimmt gut mit den Approximationswerten aus den Geradennäherungen überein.

Diskussion: Wir erkennen aus der Reihenfolge der Nullstellen bei $\omega = 1$, der Pole bei $\omega = 10$ bzw. 100, daß $|\underline{F}|$ zunächst mit 20 dB/Dek. ansteigt, vom ersten Pol an konstant bleibt (Anstieg durch den Poleinfluß aufgehoben) und vom zweiten Pol an mit 20 dB/Dek. abfällt.

Aufgabe 8.6/6 Bode-Diagramm, komplexes Polpaar

a) Gegeben ist die Übertragungsfunktion

$$F(p) = \frac{400(p + 100)}{p^2 + 100p + (500)^2}$$

eines Netzwerkes. Ermitteln Sie den Amplitudengang (Bode-Diagramm) durch Konstruktion von Näherungsgeraden.

b) Stellen Sie den Phasengang durch Konstruktion von Näherungsgeraden dar.

Hinweis: Es handelt sich bei p und ω um eine dimensionslose Darstellung. Zum Bode-Diagramm s. II/Abschn. 6.3.3.4 und III/Abschn. 7.4.3.2.

Lösung:

a) Wir schreiben die Übertragungsfunktion in Standardform

$$F(p) = \frac{400 \cdot 100}{(500)^2} \frac{\left(1 + \frac{p}{100}\right)}{1 + \frac{0,2p}{500} + \left(\frac{p}{500}\right)^2}. \tag{1}$$

Sie enthält einen konstanten Faktor $\frac{4}{25}$, eine Nullstelle bei $p = -100$ erster Ordnung und im Nenner einen Faktor mit Polen 2. Ordnung. Die Auswertung ergibt mit $\omega = \frac{\omega}{500} \to p'$

$$p'^2 + 0,2p' + 1 = 0 \equiv p'^2 + 2Dp' + 1$$

$$p'_{1/2} = -0,1 \pm \sqrt{(0,1)^2 - 1} = 0,1 \pm j0,9949.$$

Es liegt somit ein konjugiert-komplexes Polpaar bei der Polfrequenz 500 mit der Dämpfung $D = 0,1$ vor. Deshalb hat die Übertragungsfunktion (1) die Knickfrequenzen $\omega = 100$ (Nullstelle) und $\omega = 500$ (Pole).

Der Entwurf des Amplitudendiagramms beginnt mit Berechnung des Nullfaktors $20 \lg \frac{4}{25} = -15,91\,\text{dB}$ (der zweckmäßig am Ende des Entwurfes berücksichtigt wird). Das ist Kurve 1 (Bild 8.6/6a).

Der Nullstellenfaktor hat die Knickfrequenz $\omega = 100\,\text{rads}^{-1}$, von da an steigt die Gerade mit 20 dB/Dek. (Kurve 2). Der Pol zweiter Ordnung besitzt die Knickfrequenz $\omega = 500$ und einen Dämpfungsfaktor von $2D = 0,2$. Die Asymptote fällt mit - 40 dB/Dek.. Das ergibt Kurve 3 mit der Knickfrequenz $\omega = 500\,\text{rads}^{-1}$. Wir addieren alle Komponenten und erhalten Kurve 4 im Bild a). Korrekturen werden durchgeführt am Punkt $\omega = 100\,\text{rads}^{-1}$ durch Addition von + 3 dB und am Punkt $\omega = 500\,\text{rads}^{-1}$ von $-20 \lg(2D) = -20 \lg 0,2 = 14\,\text{dB}$ für $\xi = 0,1$ (Kurve). Die übrigen Kurvenbeiträge sind bei dieser Frequenz vernachlässigbar.

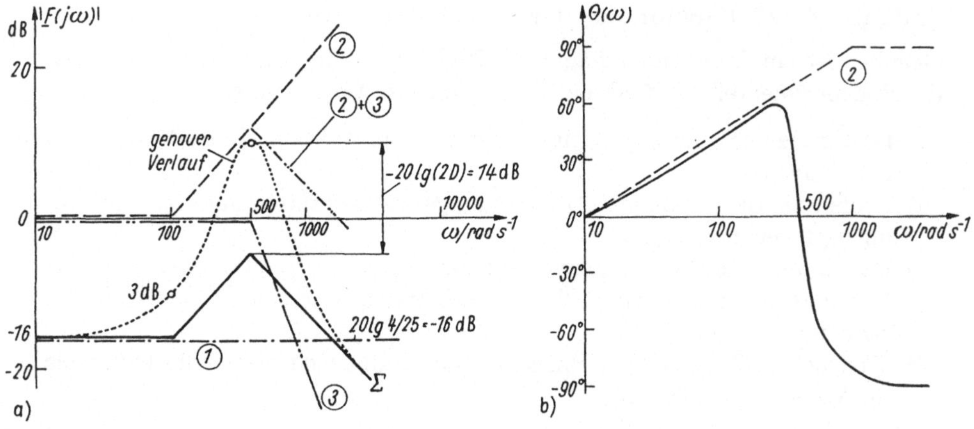

Bild 8.6/6

Statt den konstanten Anteil herrührend vom Vorfaktor (Kurve 1) zu addieren, können wir auch eine entsprechende Maßstabsverschiebung durchführen. Damit ergibt sich folgende Übersicht:

Frequenz	Faktor	Bemessung	Knick-frequenz	Steigungs-anteil	Netto-anteil
10	K	Konstante		0 dB/Dek.	
100	$(p + 100)$	Nullstelle (reell)	100	+ 20	+ 20
		1. Ordnung bei - 100			
500	$p^2 + 100p + (500)^2$	Polpaar, konjugiert-komplex	500	- 40 dB	- 20
1000					- 20.

b) Zum Phasenverlauf tragen außer dem Vorfaktor mit Phase 0° bei: der Faktor $(j\omega + 100)$ bedingt die Phase 0° für $\omega \ll 100\,\mathrm{rads^{-1}}$, +45° bei $\omega = 100\,\mathrm{rads^{-1}}$ und 90° bei $\omega \gg 100\,\mathrm{rads^{-1}}$. Wir nähern den Verlauf durch eine Gerade zwischen 0,1 (100) ($\rightarrow \varphi = 0$) und 10(100) ($\rightarrow \varphi = 90°$) an. Das ergibt Kurve 2 in Bild 8.6/6b. In allen Fällen wird die Geradenkonstruktion gewählt. So entsteht der Gesamtverlauf wie dargestellt.

Die Phase des komplexen Polpaares schwankt frequenzabhängig zwischen 0 und −180° mit −90° bei der Polfrequenz. Der Nachrechnung der Gesamtkurve liegt

$$\Theta(\omega) = \arctan \frac{\omega}{100} - \arctan \frac{0,2\omega/500}{1 - (\omega/500)^2}$$

zugrunde (Bild 8.6/6b).

ω	Anteil der Nullstellen	Anteil des komplexes Poles	Gesamtphase
20	$+11,3°$	$-0,46°$	$+10,9°$
100	$+45°$	$-2,9°$	$+42,6°$
250	$+68,2°$	$-7,6°$	$+60,6°$
500	$+78,7°$	$-90°$	$-11,3°$
1000	$+84,3°$	$-172,4°$	$-88,1°$
2000	$+87,14°$	$-176,94°$	$-89,8°$.

Aufgabe 8.6/7 Gewinnung der Übertragungsfunktion

Gegeben ist ein Amplitudendiagramm Bild 8.6/7a eines linearen Netzwerkes durch experimentelle Aufnahme (dimensionslose Darstellung).

a) Bestimmen Sie die zugehörige Übertragungsfunktion (Pole, Nullstellen, Konstante).

b) Prüfen Sie die gewonnene Übertragungsfunktion durch ausgewählte Frequenzen rechnerisch nach.

c) Bestimmen Sie den Phasenverlauf aus der unter a) gewonnenen Übertragungsfunktion rechnerisch und gleichzeitig durch asymptotische Geradennäherungen.

d) Welcher Einfluß auf den Phasenverlauf ergibt sich, wenn die Nullstelle ihr Vorzeichen wechselt?

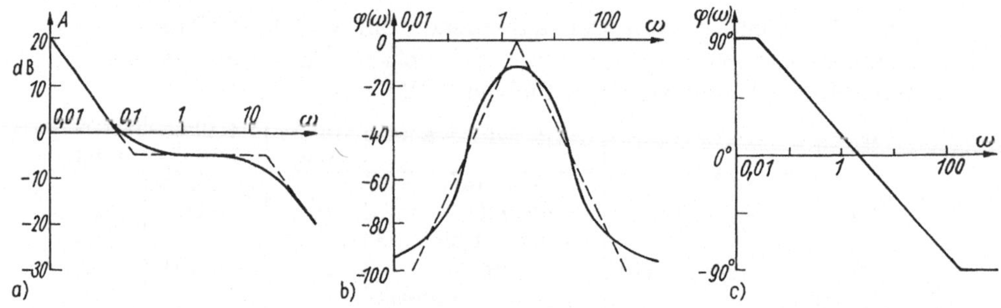

Bild 8.6/7

Hinweis: Verwenden Sie für Aufgabe a) asymptotische Kurvennäherungen durch Geradenstücke. Alle Größen sollen auf die Grundeinheiten bezogen sein.

Lösung:

a) Zur Gewinnung der Übertragungsfunktion aus einem Meßverlauf $A(\omega)$ nutzen wir die Ergebnisse der asymptotischer Näherungen durch Geradenstücke (Bild 8.6/7a). Erkenntlich sind zwei - 20 dB/Dek.-Abfälle bei tiefen und hohen Frequenzen und ein horizontaler Verlauf im Mittelteil. Der Verlauf bei tiefen Frequenzen besagt, daß es einen Term $\sim p$ im Nenner geben muß, der Hochfrequenzabfall, daß ein Pol/Null-Überschuß um einen Grad existieren muß. Der Übergang vom tiefen Frequenzbereich auf den horizontalen Verlauf deutet auf eine Nullstelle bei der Knickfrequenz $\omega_z = 0,2$ hin, der Übergang auf den Hochfrequenz-Abfall bei $\omega_p \approx 20$ auf einen Pol. Wir setzen deshalb an:

$$F = \frac{F_0'(\mathrm{j}\omega\tau_1 + 1)}{(\mathrm{j}\omega\tau_3 + 1)(\mathrm{j}\omega\tau_2 + 1)} \equiv \frac{F_o(p - p_{z1})}{(p - p_{p1})(p - p_{p2})}$$

$$= \frac{F_0(\mathrm{j}\omega + 1/\tau_1)}{(\mathrm{j}\omega + 1/\tau_3)(\mathrm{j}\omega + 1/\tau_2)}. \tag{1}$$

Aus dem Verlauf $\frac{1}{\omega}$ bei tiefen Frequenzen (ohne Knickstelle nach $\omega \to 0$) folgt $\frac{1}{\tau_3} = 0$, also $p_{p1} = 0$.

Die Knickfrequenz bei $\omega = 0,2$ gehört zur Nullstelle $p_{z1} = -0,2$ bzw.
$\frac{1}{\tau_1} = 0,2 \to \tau_1 = 5$.
Bei der Frequenz $\omega = 0,2$ liegt die tatsächliche Kurve um 3 dB über
der Approximationskurve. Gleichermaßen folgt aus der hochfrequenten
Knickfrequenz ($\omega = 20$) $\to p_{p2} = -20$ und damit $\frac{1}{\tau_2} = 20 \to \tau_2 = 0,05$.
Die Konstante F_0 bestimmen wir aus dem Kurvenverhalten (Diagramm-
wert A/dB) bei tiefen Frequenzen. Die Näherung für $\omega \ll 1$ ergibt

$$F = \frac{F_0}{\omega} \frac{\tau_2}{\tau_1} \tag{2}$$

oder umgestellt $F_0 = F\omega\frac{\tau_1}{\tau_2}$ bzw.

$$A_0|_{\mathrm{dB}} = A|_{\mathrm{dB}} + 20\lg\omega + 20\lg\frac{\tau_1}{\tau_2} = 20 + 20\lg 10^{-2} + 20\lg\frac{5}{0,05} = 20$$

oder wieder delogarithmiert

$$F_0 = 10^{A_0/20} = 10^1. \tag{3}$$

Damit lautet die gesuchte Übertragungsfunktion in dimensionsloser Form

$$F = \frac{10(p + 0,2)}{p(p + 20)}. \tag{4}$$

b) Wir berechnen die Kurve für ausgewählte ω-Werte:

$$\omega = 10^{-2} \to F(10^{-2}) = \frac{10(\mathrm{j}0,01 + 0,2)}{\mathrm{j}0,01(\mathrm{j}0,01 + 20)} \approx 10\exp(-\mathrm{j}\pi/2)$$
$$= 10,0012\angle - 87,166°$$

$$\omega = 10^2 \to F(10^2) = \frac{10(\mathrm{j}100 + 0,2)}{\mathrm{j}100(\mathrm{j}100 + 20)} \approx 0,1\exp(-\mathrm{j}\pi/2)$$
$$= 0,098\angle - 78,8°$$

Der Phasenverlauf ergibt sich aus (ω dimensionslos)

$$\varphi(\omega) = \arctan 5\omega - \arctan\frac{\omega}{20} - \frac{\pi}{2}. \tag{5}$$

Im Bild 8.6/7b wurde die Beziehung ausgewertet.
Der approximierte Verlauf leitet sich aus der Geradenkonstruktion ab:
- Nullstelle: Gerade zwischen 0,1 (0,2) ($\to \varphi = 0$) und 10 (0,2) ($\varphi = +90°$)
- Polstelle: Gerade zwischen 0,1 (20) ($\to \varphi = 90°$) und 10 (20) ($\varphi = 0$) abfallend.

Vom Gesamtverlauf muß noch der Festwert 90° (letzter Term in Gl.(5)) abgezogen werden.

c) Vorzeichenwechsel der Nullstelle hat keinen Einfluß auf den Betragsverlauf, wohl aber den Phasenverlauf (Bild 8.6/7c). In diesem Fall würden
   sich Asymptoten von +90° und −90° im Frequenzbereich $0 < \omega < \infty$ ergeben, dagegen verläuft die Phase der gegebenen Übertragungsfunktion
   zwischen −90° und 0° ($0 \leq \omega < \infty$). Letzteres ist das Verhalten eines
   sog. Minimalphasensystems, im ersten Fall liegt ein Nichtminimalsystem
   vor.

Diskussion: Das hier beschriebene Verfahren zur Gewinnung der Übertragungsfunktion eignet sich nur für Netzwerke mit wenigen Polen und Nullstellen, die zudem ausreichend auseinander liegen müssen. Falls diese Voraussetzungen nicht zutreffen, müssen andere Verfahren (zur sog. Systemparametergewinnung) angesetzt werden.

Aufgabe 8.6/8 Bode-Diagramm

Gegeben ist der Betragsverlauf der Spannungsübersetzung eines Netzwerkes (Bild 8.6/8).

a) Bestimmen Sie Nullstellen und Pole der Übertragungsfunktion sowie ihre Reihenfolge.

b) Wie lautet die zum Bild 8.6/8 gehörige Übertragungsfunktion? Fertigen Sie eine Zusammenstellung der charakteristischen Größen an.

c) Sind die Lösungen a), b) eindeutig, m.a.W. wird die Übertragungsfunktion durch die Geradenkonstruktion eindeutig beschrieben?

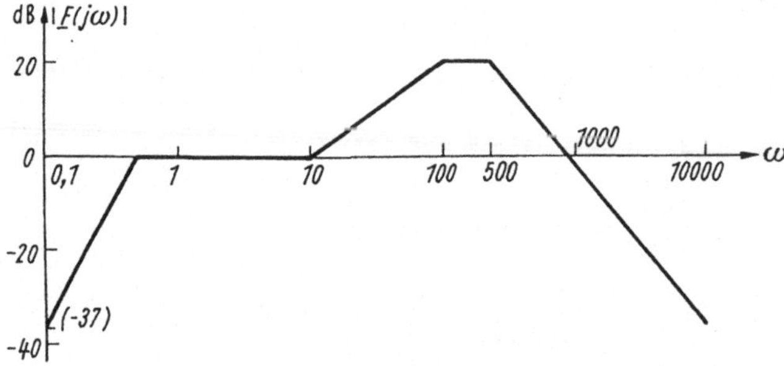

Bild 8.6/8

Hinweis: Die Frequenzachse sei normiert (auf die Grundeinheit) dargestellt. Zum Bode-Diagramm s. II/Abschn. 6.3.3.4 und III/Abschn. 7.4.3.2.

Lösung:

a) Im gegebenen Verlauf tritt eine Nullstelle zweiter Ordnung bei $\omega = 0$ auf, weil unterhalb $\omega = 1$ ein Anstieg ($\to$ Nullstelle) und zwar mit 40 dB/Dek. erfolgt. Eine Sättigung bei sehr tiefen Frequenzen ist nicht erkennbar. Ein erneuter Anstieg ab $\omega = 10$ mit 20 dB/Dek. deutet auf eine Nullstelle erster Ordnung. Damit ist der Zähler von der Form $\omega^2(\omega + 10)$.
Polfrequenzen sind dadurch gekennzeichnet, daß von da ab der Verlauf $|F|$ abfällt. Das ist erstmalig von $\omega = 0,7$ an der Fall, also liegt der erste Pol p'_1 bei $-0,7$. Er muß zweiter Ordnung sein, weil der bisherige Anstieg von 40 dB/Dek. herrührend von ω^2 (Nullstelle) in eine Gerade übergeht. Ein zweiter Pol liegt bei $\omega = 100$. Von da an geht der Anstieg von 20 dB/Dek. herrührend von der zweiten Nullstelle auf Null. Der Pol lautet: $p'_2 = -100$ und ist deswegen erster Ordnung. Von $\omega = 500$ an fällt der Verlauf mit 40 dB/Dek. ab, also gibt es einen Pol $p'_2 = -500$ von zweiter Ordnung.

b) Die Übertragungsfunktion lautet damit

$$F = \frac{K p'^2(1 + p'/10)}{(1 + p'/0,7)^2(1 + p'/100)(1 + p'/500)^2}. \tag{1}$$

Die noch unbekannte Konstante K berechnen wir aus der Asymptoten für $p' \to 0$: es wird $F(0) \approx Kp'^2$ und damit $20\lg|K\omega^2| = -37\,\mathrm{dB}$. Den rechten Wert entnehmen wir dem Diagramm und erhalten $K = 1,41$. Damit ergibt sich folgende Zusammenstellung:

Faktor	Bemerkung	Knickfrequenz	Änderung der Steigung (dB/Dek.)	Nettosteigung
p'^2	Nullstelle(reell) 2. Ordnung bei $p' = 0$		+40	0
$(1 + p'/0,7)^2$	Pol (reell) 2. Ordnung bei $p' = -0,7$	0,7	-40	+20
$(1 + p'/10)$	Nullstelle (reell) 1. Ordnung bei $p' = -10$	10	+20	0
$(1 + p'/100)$	Pol (reell) 1. Ordnung $p' = -100$	100	-20	-40
$(1 + p'/500)^2$	Pol (reell) 2. Ordnung $p' = -500$	500	-40	

c) Die Übertragungsfunktion ist nicht die einzig mögliche, denn die Grenzfrequenzen bei 0,7 und 500 könnten auch durch komplexe Pole entstehen. Für ein sog. Minimalphasensystem gilt aber die angegebene Funktion (trifft durchweg auf eine Anordnung mit konzentrierten Netzwerkelementen zu).

Aufgabe 8.6/9 Bode-Diagramm, Impedanzfunktion

a) Eine Schaltung mit dem Eingangswiderstand $\underline{Z}(\mathrm{j}\omega)$ habe das Bode-Diagramm nach Bild 8.6/9a. Bestimmen Sie $\underline{Z}(\mathrm{j}\omega)$ aufgefaßt als Übertragungsfunktion.

b) Welchem Grenzwert nähert sich $\underline{Z}$ für $\omega \to \infty$, welcher Widerstand gehört dazu?

c) Wie könnte die Schaltung aufgebaut sein, damit sich der Impedanzverlauf nach Bild 8.6/9a einstellt? Bestimmen Sie die Elemente der Ersatzschaltung unter der Annahme, daß im Bild a) jeweils dimensionslose, auf die Grundeinheit bezogene Größen aufgetragen werden?

d) Kann aus dem Betragsverlauf $Z(\omega)$ auf den Phasenverlauf geschlossen werden? Wie verläuft ggf. $\varphi(\omega)$? Welche Phase stellt sich für $\omega = 4, 10, 16$ ein? Wie groß ist der maximale Phasenwinkel des komplexen Widerstandes $\underline{Z}$?

Hinweis: Die Kreisfrequenz sei auf die Grundeinheit bezogen.

Lösung:

a) Wir entnehmen dem Diagramm die (einfache) Polstelle $p_{\mathrm{p}} = -4$ und (einfache) Nullstelle $p_{\mathrm{z}} = -16$. Vom einfachen Pol aus fällt die Amplitude mit 20 dB/Dek. ab, von einer Nullstelle an steigt sie ebenso an. Da die Kurve von $p = -16$ an flach verläuft, muß der Abfall durch eine Nullstelle kompensiert werden. Daher lautet die Übertragungsfunktion

$$\underline{Z} = \frac{K(1 + p/16)}{(1 + p/4)} \tag{1}$$

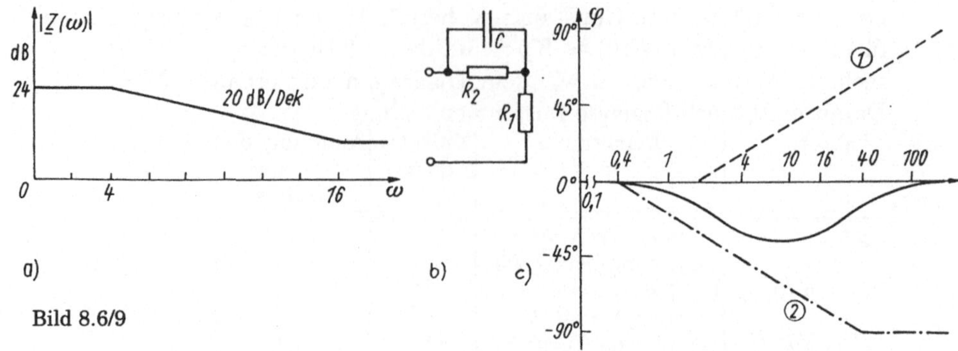

Bild 8.6/9

mit $p = \mathrm{j}\omega$. Die Konstante K bestimmen wir aus dem Grenzwert für $p \to 0$: dort ist $24\,\mathrm{dB} = 20\lg K \to K = 15,849$. Damit wird

$$\underline{Z} = 15,849\frac{(1 + p/16)}{(1 + p/4)}. \tag{2}$$

Da laut Vorgabe alle Größen auf die Grundeinheiten (hier Ω, s^{-1}) bezogen sind, muß der Vorfaktor in Gl.(2) dimensionsbehaftet $15,849\,\Omega$ lauten.

b) Der asymptotische Grenzwert ergibt sich z.B. durch Einsetzen von Werten $p \gg 1$, hier also (dimensionslos)

$$Z(\infty) = 15,849\frac{p/16}{p/4} = 3,962$$

oder im logarithmischen Maß: $Z|_{\mathrm{dB}} = 20\lg(3,962) = 11,95\,\mathrm{dB}$.

Überlegungsmäßig muß Z vom Wert $24\,\mathrm{dB}$ bei $\omega = 4$ mit 6 dB/Okt. (also bis $\omega = 8$) bzw. mit 12 dB/2 Okt. bis $\omega = 16$ abfallen. Das ergibt $Z(\infty) = (24 - 12)\,\mathrm{dB} = 12\,\mathrm{dB}$.

c) Die Übertragungsfunktion stellt bei mittleren Frequenzen einen Tiefpaß dar, der nach hohen Frequenzen in Hochpaßverhalten übergeht. Wir setzen eine RC-Schaltung nach Bild 8.6/9b an mit dem komplexen Widerstand

$$\begin{aligned}
\underline{Z} &= R_1 + R_2\|\frac{1}{\mathrm{j}\omega C} = \frac{R_1(1 + \mathrm{j}\omega C R_2) + R_2}{1 + \mathrm{j}\omega C R_2} \\
&= (R_1 + R_2)\frac{1 + \mathrm{j}\omega C\frac{R_1 R_2}{R_1 + R_2}}{1 + \mathrm{j}\omega C R_2}.
\end{aligned} \tag{3}$$

Das ist der gewünschte Frequenzgang mit $Z(0) = R_1 + R_2$ und $Z(\infty) = R_1$.

Die Grundeinheiten der Darstellung Bild 8.6/9a sind Ω und rads^{-1} (der Logarithmus von physikalischen Größen kann nicht gebildet werden!). Dann gehen aus den Grenzwerten $R_1 + R_2 = 15,849\,\Omega$, $R_1 = 3,962\,\Omega \to R_2 = 11,887\,\Omega$ sowie $\omega|_{16}C R_2 = 1$ aus der zweiten Eckfrequenz $\omega = 16$ hervor:

$$C = \frac{1}{R_2\omega|_{16}} = \frac{1}{16\,\mathrm{rads}^{-1} \cdot 11,887\,\Omega} = 5,2578 \cdot 10^{-3}\,\mathrm{F}.$$

d) Da sich aus dem Betragsverlauf zweifelsfrei die Übertragungsfunktion aus Gl.(1) gewinnen läßt kann daraus auch der Phasenverlauf ermittelt werden:

$$\varphi(\omega) = \arctan \frac{\omega}{16} - \arctan \frac{\omega}{4}. \tag{4}$$

Der erste Faktor stammt von der einfachen Nullstelle. Da φ bei $\omega = 16$ einen Wert von $45°$ besitzt, führen wir die übliche Tangentennäherung (Gerade zwischen $0,1 \cdot 16$, ($\varphi = 0°$) und $10 \cdot 16$, ($\varphi = 90°$)) durch und erhalten Kurve (1) im Bild 8.6/9c.

Der zweite Anteil mit der Grenzfrequenz $\omega = 4$ (dort $\varphi = -45°$) wird analog durch eine Gerade zwischen den Punkten $0,1 \cdot 4$ ($\varphi = 0°$) und $10 \cdot 4$ ($\varphi = -90°$) konstruiert (Kurve 2). Der Gesamtverlauf folgt durch Überlagerung. Er kann mit Gl.(4) leicht berechnet werden:

$$\omega = 4 \;:\; \varphi(4) = \arctan \frac{1}{4} - \arctan 1 = -30,964°$$

$$\omega = 10 \;:\; \varphi(10) = \arctan \frac{10}{16} - \arctan \frac{10}{4} = -36,19°,$$

$$\omega = 16 \;:\; \varphi(16) = \arctan 1 - \arctan 4 = -30,964°$$

$$\omega = 100 \;:\; \varphi(100) = -6,8°$$

$$\omega = 1000 \;:\; \varphi(1000) \approx 0.$$

Der maximale Phasenwinkel kann durch Extremwertberechnung aus Gl.(4) gewonnen werden. Sie wird einfacher, wenn zunächst aus Gl.(1) durch Reellmachen des Nenners ein komplexer Zähler gebildet und daraus das Extrem bestimmt wird. Das Ergebnis lautet:

$$\tan \varphi = \frac{-\frac{3}{16}\omega}{1 + \frac{\omega^2}{64}}. \tag{5}$$

Ein Maximum $\left(\frac{d \tan \varphi}{d\omega} = 0 \right)$ ergibt sich für $\omega = \pm 8$ mit dem Zahlenwert $\varphi(8) = -36,87°$. Damit wird der Grenzwert $\varphi = -45°$ der Phase nicht erreicht.

Diskussion: Es folgt fast zwingend, daß nach Gewinnung der Impedanzfunktion (1) aus dem Amplitudengang des Bode-Diagrammes auch der Phasengang bestimmt sein muß. Dies trifft - wie hier vorliegend - auf sog. Minimalphasensysteme zu.

Aufgabe 8.6/10 Übertragungsfunktion

a) Berechnen Sie für das Netzwerk Bild 8.6/10a mit Modellelementen die Stromübersetzung $\frac{i_R}{i_q}$.

b) Es soll der PN-Plan Bild 8.6/10b gelten. Welche Übertragungsfunktion gehört dazu? Die Konstante der Übertragungsfunktion sei frei wählbar. Wie kann sie festgelegt werden?

c) Welche Werte müssen die Netzwerkelemente Bild a) für den PN-Plan Bild b) besitzen?

d) Stellen Sie den Betrag $|\underline{F}(j\omega)|$ dar (lin. Amplitudenmaßstab).

e) Prüfen Sie, ob es sich bei der Schaltung um ein stabiles System handelt.

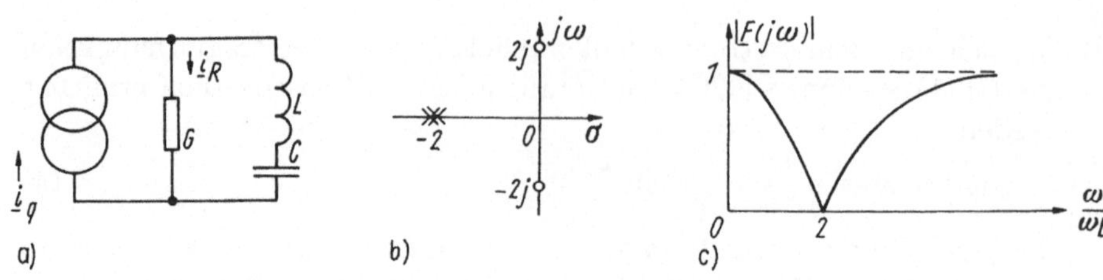

Bild 8.6/10

f) Skalieren Sie die Schaltung mit den Modellelementen nach Aufgabe c) so, daß Widerstand $R = 1\,\mathrm{k\Omega}$ und die Resonanzfrequenz $f_0 = 1\,\mathrm{kHz}$ betragen.

Lösung:

a) Wir erhalten als Übertragungsfunktion (Stromteilerregel):

$$\underline{F}(\mathrm{j}\omega) = \frac{\underline{i}_\mathrm{R}}{\underline{i}_\mathrm{q}} = \frac{G}{G + \frac{1}{\mathrm{j}\omega L + 1/\mathrm{j}\omega C}} = \frac{1 + (\mathrm{j}\omega)^2 LC}{(\mathrm{j}\omega)^2 LC + \mathrm{j}\omega CR + 1} \tag{1}$$

mit den Grenzwerten $F(0) = 1$ (Strom fließt ausschließlich durch R, $\frac{1}{\omega C} \to \infty$) und $F(\infty) = 1$ (Strom fließt nur durch R, $\omega L \to \infty$).

b) Aus dem PN-Plan folgen die Nullstellen $p_{\mathrm{z}1/2} \pm 2\mathrm{j}$ auf der imaginären Achse und ein Doppelpol bei $p_{\mathrm{p}1/2} = -2$ auf der reellen Achse (Angaben bezogen auf die Grundeinheit). Daher hat die Übertragungsfunktion die Form

$$F(p) = K \frac{(p - 2\mathrm{j})(p + 2\mathrm{j})}{(p + 2)^2} = K \frac{p^2 + 4}{(p + 2)^2}. \tag{2}$$

Sie geht für $p \to 0$ ($\omega \to 0$) in den Faktor K über. Durch Vergleich mit Gl.(1) folgt $K = 1$.

c) Die Netzwerkelemente resultieren aus dem Vergleich der Übertragungsfunktion des PN-Planes (Gl.(2)) mit der Übertragungsfunktion des Netzwerkes Gl.(1). Wir bringen Gl.(2) durch Ausheben auf die Standardform

$$F(p) = K \frac{4(1 + (p/2)^2)}{4(1 + p/2)^2} \quad \text{mit } p = \frac{\mathrm{j}\omega}{\omega_\mathrm{b}}. \tag{3}$$

Dabei wurde die Bezugskreisfrequenz ω_b eingeführt. Der Koeffizientenvergleich liefert

$$\left(\frac{\mathrm{j}\omega}{2\omega_\mathrm{b}}\right)^2 = (\mathrm{j}\omega)^2 LC, \quad \text{d.h. } \omega_\mathrm{b} = \frac{1}{2\sqrt{LC}} \tag{4}$$

und $p = \frac{\mathrm{j}\omega}{\omega_\mathrm{b}} = \mathrm{j}\omega CR$, d.h. $R = \frac{1}{\omega_\mathrm{b} C} = 2\sqrt{\frac{L}{C}}$.

Zum weiteren Vorgehen müssen Widerstandsbezug ($\to R_\mathrm{b}$) und Frequenzbezug ($\to \omega_\mathrm{b}$) festgelegt werden. Dazu können auch L und C dienen (gewählt $L_\mathrm{b} = 1\,\mathrm{H}$, $C_\mathrm{b} = \frac{1}{4}\,\mathrm{F}$), mit beiden liegt nach Gl.(4) die Bezugskreisfrequenz $\omega_\mathrm{b} = 1\,\mathrm{rads}^{-1}$ fest und mit $R_\mathrm{b} = \frac{1}{\omega_\mathrm{b} C_\mathrm{p}} = 4\,\Omega$ das "Impedanzniveau".

d) Zur rechnerischen Nachprüfung der Übertragungsfunktion Gl.(1) bzw. (3) ist von

$$\underline{F}(j\omega) = \frac{1 + \left(\frac{j\omega}{2\omega_b}\right)^2}{\left(1 + \frac{j\omega}{2\omega_b}\right)^2} \tag{5}$$

auszugehen. Die Auswertung liefert mit $\omega' = \frac{\omega}{\omega_b}$

$$|\underline{F}(\omega')| = \frac{|4 - \omega'^2|}{4 + \omega'^2}. \tag{6}$$

Der Verlauf wurde in Bild 8.6/10c) skizziert: für $\omega' \to 0$ gilt $F(0) = 1$, für $\omega' = 2$ gilt $F(2) = 0$. Im PN-Plan tritt eine Nullstelle auf (ebenso bei $-2j$), die aber durch Betragsbildung ($\to$ Beschränkung auf positive ω'-Werte) nicht sichtbar wird. Physikalisch liegt an dieser Stelle Reihenresonanz des Kreises L, C ($\omega_0 = \frac{1}{\sqrt{LC}} = 2\,\mathrm{s}^{-1}$) vor. Dabei schließt der LC-Reihenkreis den Widerstand R kurz und der Strom i_R verschwindet.

e) Da nur passive Netzwerkelemente verwendet werden, handelt es sich aus physikalischen Gründen um ein stabiles System. Im PN-Plan liegen deshalb alle Pole in der linken p-Ebene und der Zählergrad $m = 2$ der Potenzen in p ist nicht größer als Nennergrad $n = 2$.

f) Gemäß Aufgabenstellung ist eine Impedanz- und Frequenzskalierung durchzuführen. Wir haben deshalb zu wählen

- den Impedanzskalierungsfaktor zwischen gewünschtem Widerstand R_w und Bezugswert R_b

$$k_r = \frac{R_w}{R_b} \quad \text{mit } R_b = 4\,\Omega \to R_w = 1\,\mathrm{k\Omega} \to k_r = 250.$$

Alle Impedanzwerte sind mit diesem Faktor zu vergrößern.

- den Frequenzskalierungsfaktor $k_f = \frac{\omega_w}{\omega_b} = 2\pi\frac{f_w}{\omega_h}$ der gewünschten Frequenz. Er beträgt

$$k_f = \frac{2\pi \cdot 10^3\,\mathrm{Hz}}{1\,\mathrm{rad/s}} = 2\pi \cdot 10^3.$$

Damit ergeben sich die Schaltelemente endgültig: $R_w = R = 1\,\mathrm{k\Omega}$, $L_w = L_b\frac{k_r}{k_f} = 1\,\mathrm{H}\frac{250}{2\pi\cdot10^3} = 39,79\,\mathrm{mH}$, $C_w = \frac{C_b}{k_r k_f} = \frac{1}{4}\frac{\mathrm{F}}{250\cdot2\pi\cdot10^3} = 0,159\,\mu\mathrm{F}$

Aufgabe 8.6/11 Übertragungsfunktion zusammengeschalteter Anordnungen

Gegeben sind zwei Schaltungen mit den Spannungsübertragungsfunktionen

$$\underline{F}_1 = \frac{K_1 p}{(p - p_{p1})}; \quad \underline{F}_2 = \frac{K_2}{(p - p_{p2})}.$$

a) Berechnen Sie die Konstanten K_1, K_2 sowie die Polfrequenzen, wenn diese Funktionen zu den Schaltungen Bild 8.6/11a gehören.

b) Geben Sie Ortskurven an, wenn beide Systeme parallelgeschaltet werden. Gehen sie zunächst von einer Addition der Übertragungsfunktionen $\underline{F}_1$, $\underline{F}_2$ aus.

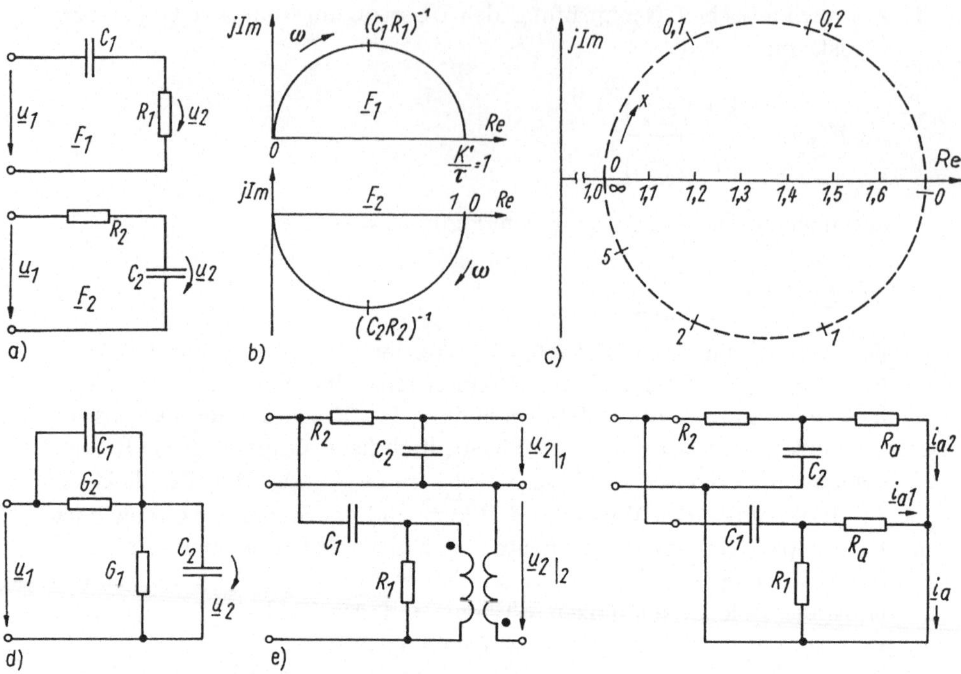

Bild 8.6/11

c) Diskutieren Sie, wie die Parallelschaltung der Wirkungsfunktion für die Schaltungen zu interpretieren ist.

d) Diskutieren Sie das Bode-Diagramm (Amplitudenverlauf) der Parallelschaltung.

e) Welche Ortskurve und Frequenzkennlinie entstehen bei Hintereinanderschaltung beider Glieder durch die Übertragungsfunktionen und die konkreten Schaltungen? Diskutieren Sie das Ergebnis.

Lösung:

a) Für die Schaltungen liefert die Spannungsteilerregel

$$\underline{F}_1 = \frac{\underline{u}_2}{\underline{u}_1}\bigg|_1 = \frac{\mathrm{j}\omega C_1 R_1}{1 + \mathrm{j}\omega C_1 R_1} = \frac{\mathrm{j}\omega}{\frac{1}{C_1 R_1} + \mathrm{j}\omega} = \frac{K_1 p}{(p - p_{p1})}, \tag{1}$$

mit $K_1 = 1$, $p = \mathrm{j}\omega$ und $p_{p1} = -\frac{1}{R_1 C_1}$: einfacher Pol in der linken Halbebene.

Analog liefert die zweite Schaltung:

$$\underline{F}_2 = \frac{\underline{u}_2}{\underline{u}_1}\bigg|_2 = \frac{1}{1 + \mathrm{j}\omega C_2 R_2} = \frac{1}{R_2 C_2} \frac{1}{\left(\frac{1}{R_2 C_2} + \mathrm{j}\omega\right)} = \frac{K_2}{(p - p_{p2})} \tag{2}$$

mit $K_2 = \frac{1}{R_2 C_2}$, $p_{p2} = -\frac{1}{R_2 C_2}$.

b) Die Ortskurve von $\underline{F}_1$ Gl. (1) ist ein Halbkreis im ersten Quadranten mit der Zeitkonstanten $\tau_1 = C_1 R_1$ und den Polarkomponenten

$$|\underline{F}_1| = \frac{\tau_1\omega}{\sqrt{1 + (\omega\tau_1)^2}}, \qquad \arg\underline{F}_1(\mathrm{j}\omega) = \frac{\pi}{2} - \arctan\omega\tau_1 > 0 \tag{3}$$

(Bild 8.6/11b). Analog gehört zu $\underline{F}_2$ Gl.(2) ein Halbkreis im vierten Quadranten mit der Polarform

$$|\underline{F}_2| = \frac{1}{\sqrt{1 + (\omega\tau_2)^2}}, \qquad \arg\underline{F}_2(\mathrm{j}\omega) = -\arctan\omega\tau_2 < 0. \tag{4}$$

Die Gesamtortskurve wird durch Addition gewonnen. Im Sonderfall gleicher Zeitkonstanten $\tau_1 = \tau_2$ (gleiche Pole, also für $-p_\nu = \frac{K_2}{K_1}$) entsteht ein frequenzunabhängiger Wert, sonst ist die Gesamtkurve durch Überlagerung für jeden Frequenzpunkt zu bestimmen. Wir setzen beispielsweise an: $C_1 = C_2 = C$ und $\tau_1 = R_1C_1 = 5\tau_2$ ($\tau_2 = R_2C_2 = \tau$). Dann folgt mit Gl.(1), (2)

$$\underline{F}_{\mathrm{ges}} = \underline{F}_1 + \underline{F}_2 = \frac{\mathrm{j}\omega\tau \cdot 5}{1 + 5\mathrm{j}\omega\tau} + \frac{1}{1 + \mathrm{j}\omega\tau}. \tag{5}$$

Bild 8.6/11c) enthält den ausgewerteten Verlauf.

c) Liegt an beiden Spannungsteilern die gleiche Erregerursache (Spannung $\underline{u}_1$), so bedeutet dies nach der Systemauffassung Parallelschaltung der Wirkungen (!): Addition der Spannungen $\underline{u}_2|_1$ und $\underline{u}_2|_2$. Das ist *nicht* identisch mit der (ausgangsseitigen) Parallelschaltung beider Spannungsteiler (etwa nach Bild 8.6/11d). Für diese Kombination lautet die Spannungsteilerregel:

$$\frac{\underline{u}_2}{\underline{u}_1} = \frac{1}{1 + \frac{\underline{Y}_1}{\underline{Y}_2}} = \frac{1}{1 + \frac{G_2 + \mathrm{j}\omega C_1}{G_1 + \mathrm{j}\omega C_2}}. \tag{6}$$

Sie ist nicht in die Form Gl.(5) überführbar. Für den dort angegebenen Sonderfall $\tau_1 = 5\tau_2$ wird aus Gl.(6) vielmehr (Nachweis)

$$\frac{\underline{u}_2}{\underline{u}_1} = \frac{5(1 + \mathrm{j}\omega\tau)}{6 + 10\mathrm{j}\omega\tau} \quad (\tau - R_2C_2) \tag{7}$$

mit völlig verschiedener Ortskurve. Während die Addition der Übertragungsfunktionen Gl.(5) für $\omega \to 0$ bei 1 beginnt und für $\omega \to \infty$ wieder 1 zustrebt, schwankt die Spannungsteilung am Netzwerk nach Gl.(7) zwischen $\frac{R_1}{R_1+R_2}$ ($\omega \to 0$) und $\frac{C_1}{C_1+C_2}$ ($\omega \to \infty$).
Ursache dieser Diskrepanz ist, daß durch die Parallelschaltung der Ausgangsklemmen $\underline{u}_{2/1} = \underline{u}_{2/2}$ erzwungen wird und sich die Spannungen nicht addieren, m.a.W. eine Rückwirkung auf das Übertragungsverhalten erfolgt. Die Addition beider Ausgangsspannungen (im Leerlauf!) würde eine Schaltungsanordnung Bild 8.6/11e) erfordern (z.B. durch Zwischenschalten eines idealen Transformators).
Eine Addition beider Ausgangsspannungen $\underline{u}_{2/1}$, $\underline{u}_{2/2}$ ist näherungsweise dadurch möglich, daß an beide RC-Glieder hochohmige Längswiderstände R_a ($R_\mathrm{a} \gg R_1$, R_2, $\frac{1}{\omega C}$) angeschlossen und deren Ströme im Kurzschluß als Ausgangsgrößen betrachtet werden (Bild 8.6/11f):

$$\underline{F}' = \frac{\underline{i}_\mathrm{a}}{\underline{u}_1} = \frac{\underline{i}_{\mathrm{a}1} + \underline{i}_{\mathrm{a}2}}{\underline{u}_1} \approx \frac{1}{R_\mathrm{a}}\left(\frac{\underline{u}_2}{\underline{u}_1}\bigg|_1 + \frac{\underline{u}_2}{\underline{u}_1}\bigg|_2\right) = \frac{1}{R_\mathrm{a}}(\underline{F}_1 + \underline{F}_2).$$

Das bedeutet schaltungstechnisch für jedes Teilglied einen Vierpoltransferleitwert $Y_{21|1} = \frac{i_a}{u_1}$ zu definieren und beide Systeme parallel zu schalten: Addition dieser Transferleitwerte ($\rightarrow$ Vierpolparallelschaltung).

d) Soll der Amplitudenverlauf $20\lg|\underline{F}| = 20\lg|\underline{F}_1(\omega) + \underline{F}_2(\omega)|$ bestimmt werden, so ist zunächst die Addition der Teilfunktionen durchzuführen und der Gesamtbetrag zu bestimmen (Zwischenrechnung). Deshalb versagt die direkte Anwendung der Geradenapproximation für die Einzelfunktionen. Für den allgemeinen Fall Gl.(1), (2) folgt ($K_1 = K_2 = 1$)

$$\underline{F} = \frac{j\omega\tau_1(1 + j\omega\tau_2) + 1 + j\omega\tau_1}{(1 + j\omega\tau_1)(1 + j\omega\tau_2)} = \frac{1 + j\omega(2\tau_1) + (j\omega)^2\tau_1\tau_2}{(1 + j\omega\tau_1)(1 + j\omega\tau_2)}. \tag{8}$$

Die Übertragungsfunktion hat zwei einfache Pole (reell) und ein i.a. konjugiert-komplexes Nullstellenpaar

$$p_{z1/2} = -\frac{1}{\tau_2} \pm \frac{1}{\tau_2}\sqrt{1 - \frac{\tau_2}{\tau_1}}. \tag{9}$$

Damit erhalten wir für $\tau_1 = 5\tau_2$ einen einfachen Pol bei $\omega\tau = \frac{1}{5}$, einen weiteren bei $\omega\tau = 1$ und eine Nullstelle bei $\omega\tau = \frac{1}{\sqrt{5}} \approx 0,44$. Bis zur ersten Polstelle verläuft die Amplitudenkurve konstant auf 0 dB (Konstante $K = 1$!), sinkt dann um - 20 dB/Dek. bis zur ersten Nullstelle, geht von dort aus wegen des Anstiegs von + 40 dB/Dek. (Nullstelle) in einen Nettoanstieg + 20 dB/Dek. bis zum zweiten Pol über und fällt von dort wieder mit - 20 dB/Dek., m.a.W. bleibt von da an konstant.

e) Werden beide Übertragungsfunktionen hintereinander oder "in Kaskade" geschaltet, so ergibt sich die Gesamtfunktion als Produkt: $\underline{F} = \underline{F}_1\underline{F}_2$ mit Gl.(1),(2)

$$\underline{F}_{\text{ges}} = \frac{j\omega\tau_1}{(1 + j\omega\tau_1)(1 + j\omega\tau_2)}. \tag{10}$$

Die Ortskurve läßt sich mühelos auswerten (s. Aufg. 8.6/7, 8.6/3).
Im Bode-Diagramm (Amplitudenverlauf) kommt der Vorteil der Multiplikation voll zum Tragen, weil die Einzelanteile durch Logarithmieren (additiv) zum Gesamtergebnis beitragen.
Das Übertragungsverhalten der entsprechenden Schaltung wird sinngemäß als Multiplikation der Übertragungsfunktionen (Kettenschaltung) angesetzt

$$\frac{\underline{u}_2}{\underline{u}_q} = \frac{\underline{u}_2}{\underline{u}_1}\bigg|_{\text{ges}} = \frac{\underline{u}_2}{\underline{u}_1}\bigg|_{2,i_a=0} \cdot \frac{\underline{u}_1}{\underline{u}_q}\bigg|_{1,i_a=0} = \frac{1}{1 + j\omega C_2 R_2}\frac{j\omega C_1 R_1}{1 + j\omega C_1 R_1}. \tag{11}$$

Das entspricht formal der Lösung Gl.(10). Das Ergebnis Gl.(11) ist jedoch falsch, weil die Leerlaufbedingung von Kette 1 verletzt wird. Vielmehr wird am Ausgang des ersten Vierpols ein Stromfluß in das Folgeglied erzwungen, m.a.W. wirkt dieses auf das Verhalten des ersten zurück. Deshalb ist die Anwendung von Gl.(10) nicht zulässig, denn sie setzt Rückwirkungsfreiheit voraus. Die richtige Lösung lautet vielmehr

$$\frac{\underline{u}_2}{\underline{u}_1} = \frac{1}{1+j\omega C_2 R_2} \cdot \frac{1}{1+\frac{1}{j\omega C_1}\left(\frac{1}{R_1}+\frac{1}{R_2+1/j\omega C_2}\right)}$$

$$= \frac{1}{1+j\omega C_2 R_2} \cdot \frac{j\omega C_1 R_1}{j\omega C_1 R_1 + 1 + \frac{R_2 j\omega C_2}{1+j\omega C_2 R_2}} \tag{12}$$

mit unterstrichenem Korrekturterm.

Aufgabe 8.6/12 Doppeldifferenzierglied, PN-Kompensation

a) Stellen Sie die Spannungsübertragungsfunktion der Schaltung in Bild 8.6/12a auf. Wo liegen die Polfrequenzen?

b) Prüfen Sie, wie die Parallelschaltung eines Widerstandes R_1 auf die unter a) bestimmten Pole wirkt.

c) Geben Sie die zur Schaltung gehörende Netzwerk-Differentialgleichung an (aus Netzwerk und Rückgewinnung aus der Übertragungsfunktion, Anfangswerte angeben).

d) Stellen Sie die Netzwerk-Differentialgleichung für den Fall $R_1 = R$ auf.

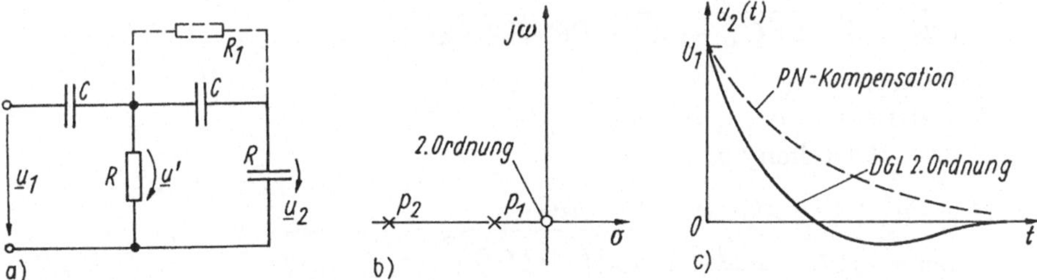

Bild 8.6/12

Lösung:

a) Wir erhalten mit der Spannungsteilerregel bei Einführung einer Hilfsspannung $\underline{u}'$ mit $\tau = RC$

$$\frac{\underline{u}_2}{\underline{u}'} = \frac{R}{R+1/j\omega C} = \frac{j\omega\tau}{1+j\omega\tau},$$

$$\frac{\underline{u}'}{\underline{u}_1} = \frac{R\|(R+1/j\omega C)}{1/j\omega C + R\|(R+1/j\omega C)} = \frac{j\omega\tau(1+j\omega\tau)}{(j\omega\tau)^2 + 3j\omega\tau + 1}$$

oder zusammengefaßt:

$$\frac{\underline{u}_2}{\underline{u}_1} = \frac{\underline{u}_2}{\underline{u}'}\frac{\underline{u}'}{\underline{u}_1} = \frac{(j\omega\tau)^2}{(j\omega\tau)^2 + 3j\omega\tau + 1}. \tag{1}$$

Für $p = j\omega\tau$ ergeben sich (Bild 8.6/12b)
- eine doppelte Nullstelle bei $p_{z1,2} = -1$
- zwei Polstellen aus

$$p^2 + 3p + 1 = 0$$

zu $p_{p1/2} = -\frac{3}{2} \pm \sqrt{\left(\frac{3}{2}\right)^2 - 1} = \frac{-3\pm\sqrt{5}}{2}$ auf der negativen reellen Achse.

Damit gilt zusammengefaßt:

$$\frac{\underline{u}_2}{\underline{u}_1} = \frac{p^2}{(p - p_{\mathrm{p}1})(p - p_{\mathrm{p}2})} \tag{2}$$

als Übertragungsfunktion. Da für niedrige Frequenzen der Term p^2 dominiert, wirkt das Netzwerk als Doppeldifferenzierglied.

b) Wird der Widerstand R_1 parallelgeschaltet, so ändert sich die Übertragungsfunktion.

$$\frac{\underline{u}_2}{\underline{u}'} = \frac{R}{R + \frac{1}{G_1 + j\omega C}}$$

und

$$\frac{\underline{u}'}{\underline{u}_1} = \frac{R \| \left(R + \frac{1}{j\omega C + G_1} \right)}{\frac{1}{j\omega C} + R \| \left(R + \frac{1}{j\omega C + G_1} \right)} \cdot$$

Die Auswertung des Produktes ergibt mit $\tau = RC$, $\tau_1 = R_1 C$

$$\frac{\underline{u}_2}{\underline{u}_1} = \frac{j\omega\tau(RG_1 + j\omega\tau)}{1 + 2RG_1 + j\omega(3 + RG_1)^2 + (j\omega\tau)^2} \cdot \tag{3}$$

Jetzt treten auf
- Nullstellen bei $p_{\mathrm{z}1} = 0$ und $p_{\mathrm{z}2} = -G_1 R$
- zwei Polstellen aus

$$p^2 + (3 + RG_1)p + 1 + 2RG_1 = 0$$

bei $p_{\mathrm{p}1/2} = -\frac{(3+RG_1)}{2} \pm \sqrt{\left(\frac{(3+RG_1)}{2} \right)^2 - 1 - 2RG_1}.$

Durch den Leitwert G_1 sind mehrere Schaltungsbemessungen denkbar:
- der Versuch, einen Doppelpol zu erzeugen (Verschwinden der Wurzel), ergibt keine reelle Lösung für RG_1
- dagegen liefert der Versuch, eine Pollösung gleich der Nullstelle zu machen, d.h. zu fordern

$$p_{\mathrm{z}2} = -RG_1 = p_{\mathrm{p}1/2} = -\frac{(3 + RG_1)}{2} \pm \sqrt{(..)^2 - 1 - 2RG_1}, \tag{4}$$

eine reelle Lösung $RG_1 = 1$. Wir erhalten für diese spezielle Bemessung
$p_{\mathrm{p}1/2} = -1, -3,$
und damit als Übertragungsfunktion

$$\frac{\underline{u}_2}{\underline{u}_1} = \frac{j\omega\tau(1 + j\omega\tau)}{3 + 4j\omega\tau + (j\omega\tau)^2} = \frac{j\omega(1 + j\omega\tau)}{(1 + j\omega\tau)(3 + j\omega\tau)} = \frac{j\omega\tau}{3 + j\omega\tau} \cdot \tag{5}$$

Durch diese Bemessung wird eine Nullstelle durch Polstelle kompensiert (sog. PN-Kompensation).

c) Die Netzwerk-Differentialgleichung folgt entweder aus Gl.(1) mit $j\omega \to \frac{\mathrm{d}}{\mathrm{d}t}$
zu

$$\tau^2 \frac{\mathrm{d}^2 u_2}{\mathrm{d}t^2} + 3\tau \frac{\mathrm{d}u_2}{\mathrm{d}t} + u_2 = \frac{\mathrm{d}^2 u_1}{\mathrm{d}t^2} \tag{6}$$

oder über die Knotenspannungsanalyse mit (Bild 8.6/12a)

$$0 = C\frac{\mathrm{d}(u_1 - u')}{\mathrm{d}t} + C\frac{\mathrm{d}(u_2 - u')}{\mathrm{d}t} - Gu'$$

$$Gu_2 = C\frac{\mathrm{d}(u' - u_2)}{\mathrm{d}t} \quad .$$

durch Eliminieren von u'. Ist $u_1(t)$ eine Sprungspannung U_1 zum Zeitpunkt $t = 0$, so lautet die Lösung von Gl.(6) bei ladungslosen Kondensatoren

$$u_2(t) = \frac{U_1}{\tau_2 - \tau_1}\left(\tau_2 \exp -\frac{t}{\tau_1} - \tau_1 \exp -\frac{t}{\tau_2}\right), \tag{7}$$

$$\tau_{1/2} = \frac{3 \pm \sqrt{5}}{2}RC.$$

d) Mit zugeschaltetem Kompensationswiderstand $R_1 = R$ lauten die Knotengleichungen:

$$0 = C\frac{\mathrm{d}}{\mathrm{d}t}(u_1 - u') + G(u_2 - u') + C\frac{\mathrm{d}}{\mathrm{d}t}(u_2 - u') - u'G$$

$$Gu_2 = C\frac{\mathrm{d}}{\mathrm{d}t}(u' - u_2) + G(u' - u_2).$$

Eliminieren von u' führt auf

$$3Gu_2 + C\frac{\mathrm{d}u_2}{\mathrm{d}t} = C\frac{\mathrm{d}u_1}{\mathrm{d}t}, \tag{8}$$

also nur eine DGL erster Ordnung mit der Lösung (bei Sprungerregung)

$$u_2(t) = U_1 \exp\frac{-3t}{RC}. \tag{9}$$

Bild 8.6/12c zeigt die Verläufe. Auf einen steilen Impulsabfall ($\rightarrow \tau_1$) folgt ein flaches (negatives) Überschwingen. Bei Pol-Nullstellenkompensation (Gl.(9)) stellt sich ein einfacher Exponentialverlauf ein, wie er zur DGL erster Ordnung gehört. Durch Variation von R_1 kann damit der Ausgleichsvorgang beeinflußt werden.

Aufgabe 8.6/13 Verstärker, Übertragungsfunktion

Gegeben ist eine Verstärkerersatzschaltung (Bild 8.6/13a), die eingangsseitig kapazitiv an eine Spannungsquelle angeschlossen und ausgangsseitig kapazitiv belastet ist (Werte: $R_i = 5\,\text{k}\Omega$, $r_e = 5\,\text{k}\Omega$, $G_m = 5\,\text{mS}$, $R_L = 5\,\text{k}\Omega$, $C_1 = 10\,\mu\text{F}$, $C_2 = 10\,\text{nF}$).

a) Berechnen Sie die Spannungsverstärkung $\frac{\underline{u}_2}{\underline{u}_q}$ allgemein und für die Zahlenwerte. Wo liegen obere und untere Grenzfrequenzen?

b) Skizzieren Sie das Bode-Diagramm (Amplitude, Phase).

Hinweis: Modellieren Sie den Verstärkervierpol durch den Eingangswiderstand r_e und eine spannungsgesteuerte Stromquelle ausgangsseitig. Diese einfache Form trifft z.B. auf einen Transistor in erster Näherung bei Kleinsignalaussteuerung zu.

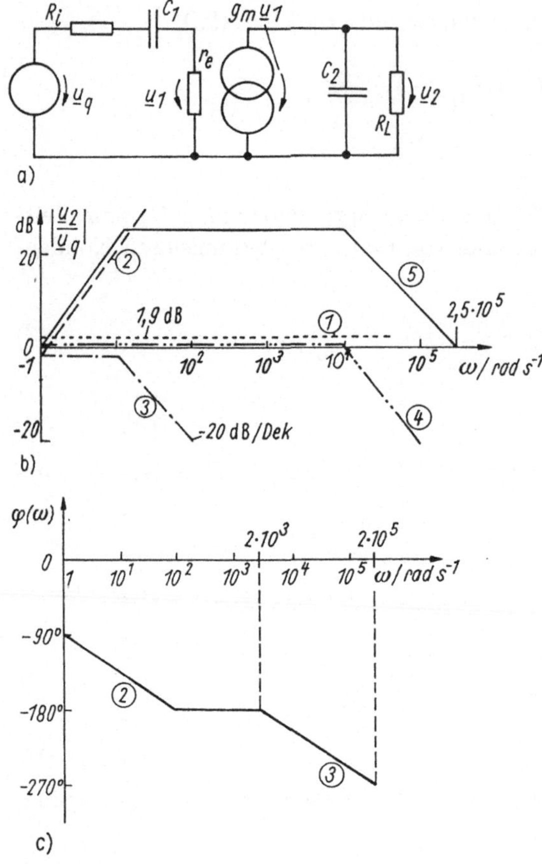

Bild 8.6/13

Lösung:

a) Wir erhalten die Spannungsverstärkung aus dem Ausgangskreis

$$\underline{u}_2 = -\frac{g_m \underline{u}_1}{G_L + \mathrm{j}\omega C_2},$$

$$\frac{\underline{u}_1}{\underline{u}_q} = \frac{r_e}{r_e + R_i + \frac{1}{\mathrm{j}\omega C_1}} = \frac{\mathrm{j}\omega C_1 r_e}{1 + \mathrm{j}\omega C_1(r_e + R_i)}.$$

Die Steuerspannung $\underline{u}_1$ der gesteuerten Stromquelle folgt über die Spannungsteilerregel rechts. Damit lautet die gesuchte Übertragungsfunktion

$$\frac{\underline{u}_2}{\underline{u}_q} = \underline{F}(\mathrm{j}\omega) = \frac{-g_m}{G_L + \mathrm{j}\omega C_2} \cdot \frac{\mathrm{j}\omega C_1 r_e}{1 + \mathrm{j}\omega C_1(r_e + R_i)}. \tag{1}$$

Sie hat zwei Pole und eine Nullstelle im Nullpunkt:

$$\underline{F}(\mathrm{j}\omega) = -\frac{g_m r_e C_1}{G_L} \frac{\mathrm{j}\omega}{(1 + \mathrm{j}\omega\tau_2)(1 + \mathrm{j}\omega\tau_1)} \tag{2}$$

mit $\tau_2 = C_2 R_L$, $\tau_1 = C_1(r_e + R_i)$. Zahlenmäßig folgen $\tau_2 = 10\,\mathrm{nF}\cdot 5\,\mathrm{k\Omega} = 50\cdot 10^{-6}\,\mathrm{s}$, $\tau_1 = 10\,\mu\mathrm{F}(5+5)\,\mathrm{k\Omega} = 0{,}1\,\mathrm{s}$, $g_m r_e C_1 R_L = 5\cdot 10^{-3}\,\mathrm{s}\cdot 5\,\mathrm{k\Omega}\cdot$

$10\,\mu\text{F} \cdot 5\,\text{k}\Omega = 1,25$ und damit

$$\underline{F}(p) = \frac{-1,25p}{(1 + p/10)(1 + p/20000)}. \tag{3}$$

Wir erhalten (neben der Nullstelle bei $p = 0$) die Konstante $20\lg| - 1,25| = 1,938\,\text{dB}$ und Pole bei $\omega = 10\,\text{rads}^{-1}$ und $20 \cdot 10^3\,\text{rads}^{-1}$.

b) Zum Bode-Diagramm von Gl.(3) tragen vier Anteile bei (Bild 8.6/13b):
- die Grundverstärkung als konstanter Faktor (1,93 dB, Kurve 1)
- der Zählerterm ($\sim p$), der mit 20 dB/Dek. ansteigt (Kurve 2)
- der erste Pol mit der Eckfrequenz $\omega_1 = 10\,\text{rads}^{-1}$ (Kurve 3, bis ω_1 Verlauf 0 dB, dann Abfall mit - 20 dB/Dek.)
- der zweite Pol mit der Eckfrequenz $\omega_2 = 20000\,\text{rads}^{-1}$ (Kurve 4, s.o.).

Die Addition ergibt den Gesamtverlauf (Kurve 5) mit einem flachen Teil zwischen $\omega = 10\,\text{rads}^{-1}$ und $\omega = 20000\,\text{rads}^{-1}$, dem sog. mittleren Verstärkerbereich. Zur Berechnung der Verstärkung bei $\omega = 10\,\text{rads}^{-1}$ kann der Betrag des zweiten Nennerfaktors etwa 1 gesetzt werden, dann gilt

$$F|_{\text{dB}} = 20\lg\left|\frac{-1,25\omega}{\omega/10 \cdot 1}\right| \rightarrow 20\lg\left|\frac{-1,25 \cdot 10}{1}\right| = 21,94\,\text{dB}$$

rechts von $\omega = 10,\text{rads}^{-1}$ also 21,94 dB konstant bis $\omega = 20000\,\text{rads}^{-1}$. Schließlich interessiert noch, wo $|\underline{F}|$ bei hohen Frequenzen asymptotisch die Abszisse erreicht ($F_{\text{dB}} = 0$). Wegen $\omega \gg 20 \cdot 10^3\,\text{rads}^{-1}$ nähern wir die Produktfaktoren im Nenner durch $\frac{\omega}{10}\,\text{rads}^{-1}$ und $\frac{\omega}{20\cdot10^3}\,\text{rads}^{-1}$ und erhalten

$$F|_{\text{dB}} = 20\lg\left|\frac{-1,25\omega}{\frac{\omega}{10}\frac{\omega}{20\cdot10^3}}\right| = 20\lg\left|\frac{250000}{\omega}\right|.$$

Der Nullwert (0 dB) wird somit bei $\frac{250000}{\omega} = 1$, also $\omega = 250 \cdot 10^3\,\text{rads}^{-1}$ erreicht. Das ist die sog. Transitfrequenz oder die Verstärkungsbandbreite.

Der Phasengang folgt aus Gl.(3) und $p = j\omega$ entsprechend. Die Zählerphase ist konstant ($-90°$), die Polterme tragen wieder mit den Verläufen 2, 3 bei (Bild 8.6/13c). Dabei wurde z.B. für den ersten Pol (Kurve 2 bei $\omega = 10\,\text{rads}^{-1}$) die Phase $-45°$ und im Verlauf zwischen 0,1 und 10 mal der Eckfrequenz ein Wechsel von 0 nach $-90°$ beachtet. (Geradennäherung mit $-45°/\text{Dek.}$ bei Einfachpol.) Entsprechend verläuft Kurve 3. Die Gesamtkurve folgt durch Überlagerung aller Einzelkurven. Der Phasenverlauf schwankt zwischen $-90° \ldots -270°$ über den Frequenzbereich mit etwa $-180°$ in Bereichsmitte (bedingt durch das negative Vorzeichen in Gl.(1)).

Aufgabe 8.6/14 Umkehrverstärker, Frequenzgang

a) Bestimmen Sie für eine nichtinvertierende Verstärkeranordnung mit realem OP Bild 8.6/14a ($A_{\text{u}} = 10^5$, $\omega_{\text{g}} = 10\,\text{rads}^{-1}$, $R_1 = 1\,\text{k}\Omega$, $R_2 = 100\,\text{k}\Omega$) den Frequenzgang des OPs und der Gesamtschaltung.

b) Bei welcher Frequenz ist der Betrag der Gesamtverstärkung gleich 1?

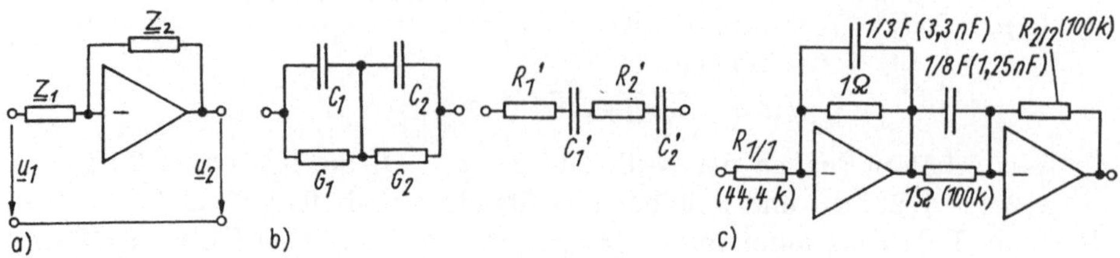

Bild 8.6/14

c) Der Verstärker habe zwischen seinen Eingängen N, P je eine Kapazität $C_e = 10\,\text{pF}$ nach Masse. Welchen Einfluß hat C_e auf Frequenzgang und Grenzfrequenz?

d) Es werde zusätzlich zu Aufgabe c) eine Kapazität C_2 parallel zu R_2 geschaltet. Wie groß ist C_2 zu wählen, damit die Eingangskapazität kompensiert wird?

e) Welcher Frequenzgang (Bode-Diagramm) ergibt sich für $C_e = 0$, $R_1 \neq 0$, $C_2 \neq 0$, $G_2 = 0$? (Zahlenwerte: $R_1 = 1\,\text{k}\Omega$, $C_2 = 1\,\text{nF}$, $\tau = \frac{1}{10}\,\text{s}$, $A_u = 10^5$).

Lösung:

a) Wir stellen zunächst die Ersatzschaltung auf (Bild 8.6/14b). Der Verstärker wird ausgangsseitig durch eine spannungsgesteuerte Spannungsquelle mit der Verstärkung $\underline{A}_u = \frac{A_u}{1+j\omega\tau}$ modelliert ($\tau = \frac{1}{\omega_g} = \frac{1}{10}\,\text{s}$), an dem der Rückkopplungsspannungsteiler liegt. Aus $\underline{u}_a = \underline{A}_u\underline{u}_d$, $\underline{u}_1 = k\underline{u}_a = \frac{R_1}{R_1+R_2}\underline{u}_a$ und $\underline{u}_q = \underline{u}_d + \underline{u}_1$ folgt durch Eliminieren von $\underline{u}_d$, $\underline{u}_1$ schließlich

$$\frac{\underline{u}_a}{\underline{u}_q} = \frac{\underline{A}_u}{1 + k\underline{A}_u} = \frac{A_u}{1 + A_u k}\frac{1}{1 + \frac{j\omega\tau}{1+A_u k}} = A'_u\frac{1}{1 + j\omega\tau'}. \tag{1}$$

Die Gesamtanordnung kann als neuer Verstärker mit der Gesamtverstärkung A'_u und einer (kleineren) Zeitkonstante τ', also vergrößerten Grenzfrequenz $\omega'_g = \frac{1}{\tau'}$ verstanden werden. Bild 8.6/14c zeigt den Frequenzgang. Durch die "Gegenkopplung" der Ausgangsspannung über das Netzwerk k sinkt die Verstärkung, gleichzeitig steigt die Bandbreite.

b) Das Produkt der 3dB-Bandbreite $u_a(\omega'_g) = \frac{1}{\sqrt{2}}u_a(0)$ ergibt aus Gl.(1) die Grenzfrequenz

$$\omega'_g = \frac{1 + A_u k}{\tau} = \omega_g(1 + A_u k). \tag{2}$$

Weil die Verstärkung $A'_u(0)$ bei $\omega \to 0$ vorliegt, gilt

$$A'_u(0)\omega'_g = \frac{A_u}{1 + A_u k}(1 + A_u k)\omega_g = A_u\omega_g = VB. \tag{3}$$

Das Produkt von Verstärkung und Grenzfrequenz - das sog. Verstärkungs-Bandbreiteprodukt (VB) - bleibt unabhängig von der Schaltungsbemessung ($\to k$!) erhalten!

Zahlenmäßig betragen: $k = \frac{1}{101} \approx 10^{-2}$, $A_{\mathrm{u}} = 10^5$, $\omega_{\mathrm{g}} = 10\,\mathrm{rad/s}$ und damit $VB = A_{\mathrm{u}}\omega_{\mathrm{g}} = 10^6\,\mathrm{rad/s}$. (Typische Operationsverstärker haben VB-Werte zwischen $10^6 \ldots 10^8\,\mathrm{rad/s}$). Für Frequenzen $\omega \ll \omega_{\mathrm{g}}'$ kann Gl.(1) genähert werden: $\frac{\underline{u}_{\mathrm{a}}}{\underline{u}_{\mathrm{q}}} = \frac{A_{\mathrm{u}}'}{\mathrm{j}\omega\tau'}$. Daraus folgt für $\left|\frac{\underline{u}_{\mathrm{a}}}{\underline{u}_{\mathrm{q}}}\right|_{\omega_1} = 1$:

$$\omega_1 = \frac{A_{\mathrm{u}}'}{\tau'} = A_{\mathrm{u}}'\omega_{\mathrm{g}}' = VB \tag{4}$$

und das Verstärkungs-Bandbreiteprodukt ergibt sich aus Bild c) als Schnittpunkt mit der 0 dB-Linie.

c) Während die Eingangskapazität des P-Einganges als Parallelleitwert zur idealen Spannungsquelle auftritt und damit wirkungslos bleibt, kann der Leitwert $\mathrm{j}\omega C_{\mathrm{e}}$ des N-Einganges im Leitwert $\underline{Y}_1 = \frac{1}{R_1} + \mathrm{j}\omega C_{\mathrm{e}}$ und so im Teilerverhältnis erfaßt werden:

$$\underline{k} = \frac{1}{1 + R_2/\underline{Z}_1} = \frac{1}{1 + R_2(\frac{1}{R_1} + \mathrm{j}\omega C_{\mathrm{e}})}; \quad \frac{1}{k_0} = 1 + \frac{R_2}{R_1}. \tag{5}$$

Damit folgt aus Gl.(1)

$$\frac{\underline{u}_{\mathrm{a}}}{\underline{u}_{\mathrm{q}}} = \frac{A_{\mathrm{u}}}{1 + \mathrm{j}\omega\tau + \frac{A_{\mathrm{u}}}{1 + R_2/R_1 + \mathrm{j}\omega C_{\mathrm{e}}R_2}}$$

$$= \frac{A_{\mathrm{u}}}{(k_0 A_{\mathrm{u}} + 1)} \frac{(1 + \mathrm{j}\omega C_{\mathrm{e}}R_2 k_0)}{1 + \mathrm{j}\omega \underbrace{\left(\frac{\tau}{k_0} + C_{\mathrm{e}}R_2\right)\frac{k_0}{1 + A_{\mathrm{u}}k_0}}_{b} + (\mathrm{j}\omega)^2 \underbrace{\frac{\tau C_{\mathrm{e}}R_2 k_0}{1 + A_{\mathrm{u}}k_0}}_{a}} \cdot \tag{6}$$

Die Übertragungsfunktion hat eine Nullstelle und zwei Pole bei

$$p_{1|2} = -\frac{b}{2a} \pm \sqrt{-\frac{1}{a} + \left(\frac{b}{2a}\right)^2}. \tag{7}$$

Für die Zahlenwerte folgen ($\tau = \frac{1}{10}\,\mathrm{s}$) $a = 10^{-12}\,\mathrm{s}^2$, $b = 10^{-4}\,\mathrm{s}$, also wegen $\left(\frac{b}{2a}\right)^2 \gg \frac{1}{a}$ die beiden Näherungen

$$p_1 \approx -\frac{b}{a} \approx -\left(\frac{1}{\tau} + \frac{1}{k_0 C_{\mathrm{e}}R_2}\right), \quad p_2 \approx -\frac{1}{b} \approx -\frac{A_{\mathrm{u}}}{(\tau/k_0 + C_{\mathrm{e}}R_2)}. \tag{8}$$

Für $C_{\mathrm{e}} \to 0$ verschwindet Pol 1 ins negativ Unendliche und p_2 geht in den Wert gemäß Gl.(2) über (die Näherung $A_{\mathrm{u}}k_0 \gg 1$ gilt durchweg). Durch die beiden reellen Pole wirkt die Schaltung als Tiefpaß zweiter Ordnung mit den Polfrequenzen $p_1 \approx -10^8\,\mathrm{s}^{-1}$, $p_2 = -10^4\,\mathrm{s}^{-1}$ und der Nullstelle $p_{\mathrm{z}1} = -\frac{1}{C_{\mathrm{e}}R_2 k_0} = -100 \cdot 10^6\,\mathrm{s}^{-1}$. Interessanterweise hebt sich wegen $p_1 \approx p_{\mathrm{z}1}$ eine Polstelle gegen die Nullstelle aus der Übertragungsfunktion heraus, und das Gesamtverhalten hängt nur von der Grenzfrequenz des OPs ab. Offenkundig ist, daß diese Näherung mit wachsender Eingangskapazität immer fraglicher wird!

d) Eine Kapazität C_2 parallel zu R_2 ergibt (zusammen mit C_{e}) ein Teilerverhältnis

$$\underline{k} = \frac{\underline{Z}_1}{\underline{Z}_1 + \underline{Z}_2} = \frac{1}{1 + \frac{\underline{Y}_1}{\underline{Y}_2}} = \frac{1}{1 + \frac{G_1 + j\omega C_e}{G_2 + j\omega C_2}}. \tag{9}$$

Für gleiche Zeitkonstanten $\tau_1 = R_1 C_e = \tau_2 = R_2 C_2$ hebt sich der Frequenzgang in $\underline{k}$ heraus und damit bleibt k in der Verstärkungsbeziehung reell, m.a.W. gilt Gl.(2) unvermindert.

Im Zahlenbeispiel genügt dazu eine Kapazität $C_2 = \frac{R_1 C_e}{R_2} = 10^{-5} \cdot 10\,\mathrm{pF} = 10^{-4}\,\mathrm{pF}(!)$, wie sie ohnehin als parasitäre Kapazität dem technischen Widerstand R_2 anhaftet. Um den Einfluß von C_e auf das Übertragungsverhalten zu zeigen, muß ein deutlich größerer Wert als 10 pF gewählt werden.

e) Für den Sonderfall $G_2 = 0$, $C_e = 0$ folgt

$$\underline{k} = \frac{1}{1 + \frac{G_1}{j\omega C_2}} = \frac{j\omega C_2}{G_1 + j\omega C_2}.$$

Damit wird nach Gl.(1)

$$\frac{\underline{u}_a}{\underline{u}_q} = \frac{A_u}{1 + j\omega\tau + \frac{A_u}{1 + G_1/j\omega C_2}} = \frac{(1 + j\omega C_2/G_1)}{\frac{1}{A_u} + j\omega \left(\frac{C_2}{G_1} + \frac{C_2 + G_1\tau}{G_1 A_u}\right) + (j\omega)^2 \frac{\tau C_2 R_1}{A_u}}. \tag{10}$$

Das ist ein Frequenzgang mit einer Nullstelle und zwei (reellen) Polen, die - je nach Wahl von C_2 - mehr oder weniger auseinanderliegen. Zahlenmäßig ergeben sich: Nullstelle $\omega_0 = \frac{G_1}{C_2} = \frac{1}{10^3 \cdot 10^{-5}\,\mathrm{F}} = 10^6\,\mathrm{rad/s}$, Pole $p_1 = -2 \cdot 10^6\,\mathrm{s}^{-1}$, $p_2 = -5\,\mathrm{s}^{-1}$.

Dabei wurden wegen $a = 0,1 \cdot 10^6\,\mathrm{s}^2$, $b = \frac{1}{5}\,\mathrm{s}$ die Näherungen nach Gl.(8) verwendet.

Insgesamt gilt folgendes Bode-Diagramm (Bild 8.6/14d)

- im Bereich $0 \leq \omega \leq |p_2|$ herrscht konstante Verstärkung, von $|p_2| = 5\,\mathrm{s}^{-1}$ an Abfall mit 20 dB/Dek. (Integratorwirkung bis zur Nullstelle bei bei $\omega_0 = 10^6\,\mathrm{rad/s}$)
- von da an wegen des (mit + 20 dB/Dek.) steigenden Verlaufs insgesamt konstante Verstärkung bis zur
- Polstelle $|p_1| = 2 \cdot 10^6\,\mathrm{s}^{-1}$, von wo an wieder Abfall mit 20 dB/Dek. erfolgt.

Für große Verstärkung gilt näherungsweise

$$\frac{\underline{u}_a}{\underline{u}_q} = \frac{G_1(1 + j\omega C_2/G_1)}{j\omega C_2}. \tag{11}$$

Das ist bei tiefen Frequenzen eine Integratorfunktion (die Knickfrequenz $|p_2| = 5\,\mathrm{s}^{-1}$ existiert jetzt nicht) bis zur Knickfrequenz $\omega_0 = \frac{G_1}{C_2}$ der Nullstelle, von wo an der Frequenzgang frequenzunabhängig wird.

Aufgabe 8.6/15 Bode-Diagramm, Pole, Nullstellen, Stabilität

a) Für die Verstärkerschaltung Bild 8.6/15a (idealer Operationsverstärker, endliche Verstärkung $A_u > 0$) entwerfe man eine Ersatzschaltung und bestimme die Übertragungsfunktion der Spannungsverstärkung $\frac{\underline{u}_2}{\underline{u}_q}$. Bringen Sie die Übertragungsfunktion auf die Form $F = \frac{k}{p^2 + 2Dp\omega_0 + \omega_0^2}$.

b) Skizzieren Sie die Lage der Pole und Nullstellen in der komplexen Ebene z.B. für $A_u = 2$ und $A_u = 4$. Wie arbeitet die Schaltung für $\omega \to \infty$?

c) Skizzieren Sie $\left|\frac{\underline{u}_2}{\underline{u}_q}\right|$ im Bode-Diagramm.

d) Bestimmen Sie die Frequenz, für die Instabilität bei $A_u = 3$ vorliegt.

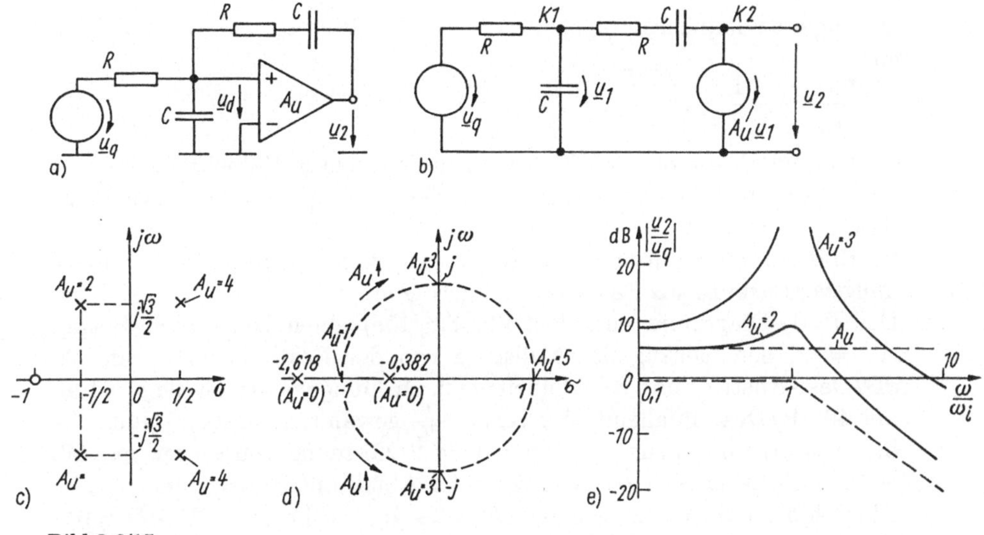

Bild 8.6/15

Lösung:

a) Wir ersetzen den OP wegen der endlichen Verstärkung $A_u > 0$ ausgangsseitig durch eine spannungsgesteuerte Spannungsquelle (Bild 8.6/15b), die von der Eingangsspannung $\underline{u}_1$ gesteuert wird. Bei Anwendung der Knotenspannungsanalyse muß die Knotengleichung für K_2 nicht aufgestellt werden, wohl aber für K_1:

$$K_1: \quad \frac{\underline{u}_q - \underline{u}_1}{R} = j\omega C \underline{u}_1 - \frac{\underline{u}_2 - \underline{u}_1}{R + 1/(j\omega C)}.$$

$\underline{u}_2$ und $\underline{u}_1$ sind über die Verstärkergleichung $\underline{u}_2 = A_u \underline{u}_1$ verknüpft. Damit folgt zusammengefaßt

$$\frac{\underline{u}_2}{\underline{u}_q} = \frac{1 + 1/(j\omega CR)}{\frac{3 + j\omega CR + 1/(j\omega CR)}{A_u} - 1} = \frac{A_u(p\omega_0 + \omega_0^2)}{p^2 + (3 - A_u)p\omega_0 + \omega_0^2} = \underline{F}(p). \quad (1)$$

Gl.(1) kann (mit $p = j\omega$) auf die unter Aufgabe a) verlangte Form gebracht werden mit

$$\omega_0^2 = \frac{1}{(RC)^2}, \quad D = \frac{3 - A_u}{2}.$$

b) Die Übertragungsfunktion hat eine Nullstelle ($p_{z1} = -\omega_0$) und zwei Pole:

$$\frac{p_{1/2}}{\omega_0} = -\frac{(3 - A_\mathrm{u})}{2} \pm \sqrt{\frac{(3 - A_\mathrm{u})^2}{4} - 1}. \tag{2}$$

Abhängig von der Größe der Spannungsverstärkung A_u ergeben sich im Bereich $0 < A_\mathrm{u} < 3$ stets Pole mit negativem Realteil, also in der linken Halbebene liegend, z.B. für $A_\mathrm{u} = 2$

$$\frac{p_{1/2}}{\omega_0} = -\frac{1}{2} \pm \sqrt{\frac{1}{4} - 1} = -\frac{1}{2} \pm \mathrm{j}\frac{\sqrt{3}}{2}$$

(konjugiert komplexes Polpaar, Bild 8.6/15c). Für $A_\mathrm{u} = 4$ hingegen folgt mit

$$\frac{p_{1/2}}{\omega_0} = -\frac{1}{2} \pm \sqrt{\frac{1}{4} - 1} = \frac{1}{2} \pm \mathrm{j}\frac{\sqrt{3}}{2}$$

ein konjugiert-komplexes Wurzelpaar in der rechten Halbebene. Die Anordnung ist instabil (sie schwingt, weil Selbsterregung = Oszillation eintritt).

Im Bild 8.6/15d) wurde die Ortskurve der Polfrequenzen mit der Spannungsverstärkung als Parameter aufgetragen.

c) Das Bode-Diagramm enthält (Bild 8.6/15e) einen konstanten Betrag $A_\mathrm{u} = 2$, den Beitrag der Nullstelle von der Eckfrequenz ω_1 an (20 dB/Dek.-Anstieg) und den Polbeitrag 2. Ordnung von der Stelle $p = 1$ an mit 40 dB/Dek. abfallend. Wird $\omega_0 = \frac{1}{RC}$ gewählt, so liegt die Nullstelle bei $\omega = \omega_0$ und ebenso der Polbeitrag 2. Ordnung von ω_0 an, m.a.W. ergibt sich für $\omega > \omega_0$ ein resultierender Abfall mit 20 dB/Dek.
Die Poldämpfung ergibt sich aus $2D = 3 - A_\mathrm{u}$, also bei $A_\mathrm{u} = 2 \rightarrow D = 0,5$ (Dämpfung). Für $A_\mathrm{u} = 4$ würde sich mit $\xi = -0,5$ eine Anfachung (= negative Dämpfung) ergeben. Im Bild 8.6/15e wurde der Verlauf für Werte $A_\mathrm{u} = 2$ und 3 dargestellt.

d) Instabilität (Oszillation) tritt ein, wenn $\mathrm{Re}(p_{\mathrm{p}1/2}) = 0$, $A_\mathrm{u} = 3$. Dann gilt mit Gl.(1) $\omega^2(RC)^2 = 1$, d.h. $\omega = \frac{1}{RC} = \omega|_{\mathrm{Schwingung}}$.

Diskussion: Durch die Rückkopplung vom Verstärkerausgang auf den Eingang ($\rightarrow$ Reihenschaltung R, C) kann es - abhängig von Vorzeichen und Größe der Spannungsverstärkung A_u - zur Instabilität kommen, hier bereits ab $A_\mathrm{u} \geq 3$. Hätte der Verstärker dagegen eine Phasenumkehr seiner Spannungsverstärkung ($A_\mathrm{u} < 2$), so hätten die Pole Gl.(2) stets negativen Realteil und die Schaltung wäre stabil.

Aufgabe 8.6/16 RC-Filter 2. Ordnung

Gegeben ist die Schaltung (Bild 8.6/16a) mit idealem Operationsverstärker (Spannungsverstärkung $A_\mathrm{u} \gg 2$).

a) Berechnen Sie die Spannungsübertragungsfunktion $\frac{u_2}{u_1}$ allgemein und für die spezielle Bemessung. Welche Verstärkung $A_\mathrm{u}' = \frac{u_2}{u_1}$ hat der Operationsverstärker einschließlich des Spannungsteilers R_A, R_B?

b) Welche Pole und Nullstellen hat die Anordnung?

c) Skizzieren Sie das Bode-Diagramm für $A_\mathrm{u}' = 2$. Wie groß sind Dämpfung und Amplitudenüberhöhung?

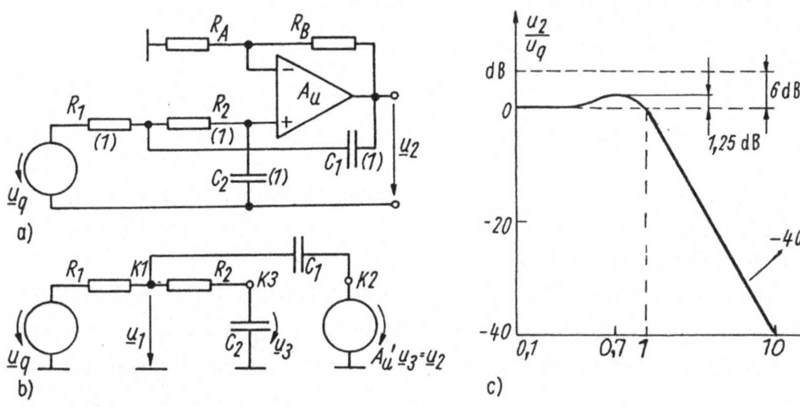

Bild 8.6/16

Lösung:

a) Der OP ist über den Spannungsteiler R_A, R_B auf den N-Eingang (sog. Serienspannungsgegenkopplung) rückgekoppelt. Er arbeitet insgesamt nichtinvertierend mit der Verstärkung $A'_u = \dfrac{A_u}{1+\frac{A_u R_A}{R_A+R_B}} \approx 1 + \dfrac{R_B}{R_A}$. Damit gilt die Ersatzschaltung Bild 8.6/16b. Die Knotengleichung im Knoten 1 lautet:

$$(\underline{u}_q - \underline{u}_1)G_1 + (\underline{u}_3 - \underline{u}_1)G_2 = \mathrm{j}\omega C_1(\underline{u}_1 - \underline{u}_2).$$

Am Knoten 3 gilt:

$$G_2(\underline{u}_3 - \underline{u}_1) + \mathrm{j}\omega C_2\underline{u}_3 = 0.$$

Dazu kommt noch die Verstärkergleichung $\underline{u}_2 = A'_u\underline{u}_3$. (Sie umfaßt somit die Verstärkung eines idealen OPs, der über den Spannungsteiler R_A, R_B rückgekoppelt ist.) Zusammenfassen, d.h. Eliminieren von $\underline{u}_1$, $\underline{u}_3$ liefert schließlich:

$$\frac{\underline{u}_2}{\underline{u}_q} = \underline{F}(p) = \frac{A'_u(R_1 R_2 C_1 C_2)^{-1}}{p + \left(\frac{1-A'_u}{R_2 C_2} + \frac{1}{R_1 C_1} + \frac{1}{R_2 C_1}\right)p + \frac{1}{R_1 R_2 C_1 C_2}}$$

$$= \frac{A'_u\omega_n^2}{p^2 + 2D\omega_n p + \omega_n^2}. \tag{1}$$

Das ist eine Übertragungsfunktion mit einem Polpaar (und zwei Nullstellen bei $p \to \infty$). Schaltungsgemäß vereinfachen wir $R_1 = R_2 = R$ und $C_1 = C_2 = C$ und erhalten aus Gl.(1)

$$\frac{\underline{u}_2}{\underline{u}_q} = \frac{A'_u/(RC)^2}{p^2 + (3 - A'_u)\frac{p}{RC} + \frac{1}{(RC)^2}}. \tag{2}$$

b) Die Anordnung hat die beiden Pole (normiert)

$$RCp_{1|2} = -\frac{(3 - A'_u)}{2} \pm \sqrt{\frac{(3 - A'_u)^2}{4} - 1}$$

$$= -\frac{(3 - A'_u)}{2} \pm \frac{1}{2}\sqrt{5 - 6A'_u + A'^2_u}. \tag{3}$$

Sie sind im Bereich $0 \leq A'_u \leq 1$ reell, für $A'_u > 1$ tritt hingegen ein konjugiert-komplexes Polpaar auf. Für $A'_u > 3$ liegt der Realteil in der rechten Halbebene: Instabilität.

Durch Gl.(1) resp. (2) bedingt eine geforderte Dämpfung D zugleich die Verstärkung A'_u des Operationsverstärkers: $D = \frac{3 - A'_u}{2} \rightarrow A'_u = 3 - 2D$ und damit für den Verstärker wegen $A'_u = 1 + \frac{R_B}{R_A}$ auch das $\frac{R_B}{R_A}$-Verhältnis. Die natürliche Frequenz der Schaltung beträgt mit Gl.(2) $\omega_0 = \frac{1}{RC}$.

c) Für $A'_u = 2$ lauten die beiden Polfrequenzen $RCp_{1/2} = -\frac{1}{2} \pm j\frac{\sqrt{3}}{2}$. Das Bode-Diagramm enthält dann (Bild 8.6/16c):

- den Kurvenanteil 1 des konstanten Faktors A'_u
  $$|A'_u|_{dB} = 20 \lg |2| = 6 \, dB$$

- den Kurvenanteil herrührend vom Nennerterm. Bis zur Knickfrequenz $\omega_0 = \frac{1}{RC}$ (d.h. $pRC = 1$), horizontaler Verlauf, von da an Abfall mit -40 dB/Dek.

- Die Dämpfung beträgt $D = \frac{3 - A'_u}{2} = 0,5$.

- Die Amplitudenresonanz liegt bei $\frac{\omega_r}{\omega_0} = \sqrt{1 - 2D^2} = \sqrt{1 - 1/2} = 0,707$, ihre Höhe beträgt
  $$M_p = -20 \lg(2D\sqrt{1 - D^2}) = -20 \lg(\sqrt{1 - 1/4}) = 1,25 \, dB.$$

Diskussion: Die Schaltung stellt einen Tiefpaß 2. Ordnung dar, ausschließlich aus Kondensatoren, Widerständen und einen Operationsverstärker aufgebaut ($\rightarrow$ Verzicht auf Induktivität, da für integrierte Schaltungen nicht einsetzbar).

Aufgabe 8.6/17 Bandpaßfilter. Nullorkonzept

a) Für die Schaltung Bild 8.6/17a mit idealem Operationsverstärker bestimme man die Spannungsverstärkung $\frac{u_3}{u_q}$. Der OP soll als Nullor behandelt werden.

b) Berechnen Sie die Pole der Spannungsübersetzung und stellen Sie den Frequenzgang im Bode-Diagramm dar.

c) Skizzieren Sie einen Ablauf, wie die Schaltelemente der Reihe nach bestimmt werden müssen, damit eine bestimmte Knickfrequenz und Dämpfung erhalten wird.

d) Entwickeln Sie mit den Lösungen b), c) ein Bandpaßfilter mit der Verstärkung $A_u = 200$, der Resonanzfrequenz $f_0 = 500 \, Hz$ und Bandbreite 50 Hz.

Lösung:

a) Wir bestimmen das Spannungsverhältnis mit der Knotenspannungsanalyse. Dazu wandeln wir zunächst die Eingangsspannung in eine Strom-

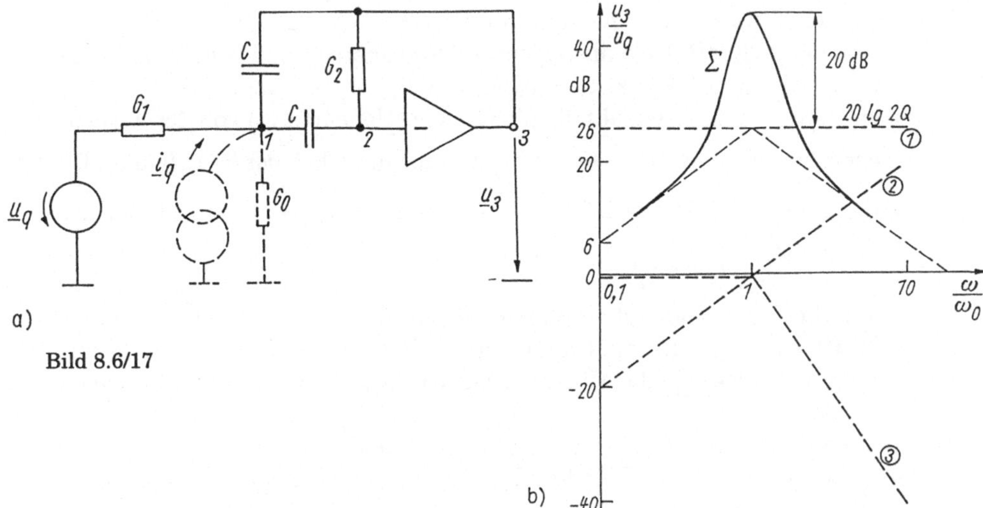

a)

Bild 8.6/17

quelle und fassen G_1 als Innenleitwert auf. Die Admittanzmatrix folgt ohne Berücksichtigung des OPs direkt aus der Schaltung durch Ablesen

$$\underline{Y} = \begin{pmatrix} G_1 + 2j\omega C & -j\omega C & -j\omega C \\ -j\omega C & G_2 + j\omega C & -G_2 \\ -j\omega C & -G_2 & G_2 + j\omega C \end{pmatrix} \qquad (1)$$

(vgl. Aufstellregeln der Knotenleitwertmatrix).

Der ideale OP wird über das Nullorkonzept eingeführt, also durch einen

- Nullator (virtueller Kurzschluß) zwischen den Knoten 2 und 0. Dazu wird Spalte 2 zu Spalte 0 addiert (entfällt, da 0 Referenzknoten) und Spalte 2 gestrichen

- Norator (ideale Spannungsquelle mit beliebigem Strom am Ausgang). Addieren der Spalte 3 zu Spalte 0 (entfällt, da 0 Bezugsknoten) und streichen von Zeile 3.

Damit verbleibt als Knotenspannungssystem in Matrixform

$$\begin{pmatrix} G_1 + 2j\omega C & -j\omega C \\ -j\omega C & -G_2 \end{pmatrix} \cdot \begin{pmatrix} \underline{u}_1 \\ \underline{u}_3 \end{pmatrix} = \begin{pmatrix} -G_1\underline{u}_q \\ 0 \end{pmatrix}. \qquad (2)$$

Die Spannungsübersetzung folgt über die Cramersche Regel zu

$$\frac{\underline{u}_3}{\underline{u}_q} = \frac{-j\omega C G_1}{G_1 G_2 + 2j\omega C G_2 + (j\omega C)^2}. \qquad (3)$$

Die Übertragungsfunktion hat eine Nullstelle bei $\omega = 0$ und ein Polpaar.

b) Wir setzen $j\omega = p$ und betrachten das Nennerpolynom. Durch Nullsetzen des Nenners folgen aus Gl.(3) die Pole

$$p_{1/2} = -\frac{G_2}{C} \pm \sqrt{\frac{G_2^2 - G_1 G_2}{C^2}}. \qquad (4)$$

Für $G_2 > G_1$ liegen zwei Pole auf der negativen reellen Achse, für $G_1 = G_2$ entsteht eine doppelte Polstelle und für $G_2 < G_1$ ein konjugiert-komplexes Polpaar. Damit treten im Bode-Diagramm auf (Bild 8.6/17b):

- ein konstanter Faktor herrührend von $20\lg 2Q = 26\,\mathrm{dB}$ (Kurve 1)
- eine mit $+\,20\,\mathrm{dB/Dek.}$ ansteigende Gerade herrührend vom Zählerterm ($\sim \omega$) durch den Punkt $\omega = \omega_0$ (Kurve 2)
- eine mit $-\,40\,\mathrm{dB/Dek.}$ abfallende Gerade (Nennerterm) von der natürlichen Frequenz $\omega_0 = \sqrt{\frac{G_1 G_2}{C^2}}$ an (also normiert bei $\omega_0 p = 1$, Kurve 3)
- die Dämpfung D aus $2D\omega_0 = 2\frac{G_2}{C} \rightarrow D = \sqrt{\frac{G_2}{G_1}}$. Sie führt bei der Frequenz

$$\omega_{\mathrm{r}} = \omega_0 \sqrt{1 - 2D^2}$$

auf die Amplitudenüberhöhung $M_{\mathrm{p}}|_{\mathrm{dB}} = -20\lg\left(2D\sqrt{1-2D^2}\right) = 20\,\mathrm{dB}$ ($D = 5\cdot 10^{-2}$). Die Addition der Kurven (1)...(3) ergibt die Summenkurve $\sum$, die Hinzunahme von M_{p} liefert den ausgezogenen Verlauf.

c) Wir wählen bei gegebener Knickfrequenz ω_0 und Dämpfung D aus $R_2 C = \frac{1}{D\omega_0}$ bei Vorgabe von C (oder R_2) das zweite Element, und aus $R_1 = \frac{1}{\omega_0^2 R_2 C^2}$ den Widerstand R_1.

d) Aus den Vorgaben resultiert eine "Schwingkreisgüte" $Q = \frac{\omega_0}{B} = \frac{f_0}{B_{\mathrm{f}}} = \frac{500}{50} = 10$. Das führt mit Gl. (3) durch Vergleich auf

$$\frac{\underline{u}_3}{\underline{u}_{\mathrm{q}}} = \frac{-\mathrm{j}\omega C R_2}{1 + 2\mathrm{j}\omega R_1 C - (\omega C)^2 R_1 R_2} = \frac{-2\mathrm{j}\Omega Q}{1 + \mathrm{j}\Omega/Q - \Omega^2}$$

mit $\Omega = \omega C \sqrt{R_1 R_2}$ auf $\frac{\underline{u}_3}{\underline{u}_{\mathrm{q}}} = -2Q^2|_{\Omega=1} = -200$ bei Resonanz $\omega = \omega_0$ (wie gefordert). Für die Elemente setzen wir $C = 10\,\mathrm{nF}$ an, daraus wird für $Q = 10$: $R_1 = (2\omega_0 Q C)^{-1} = 1{,}59\,\mathrm{k\Omega}$. Aus der Bandbreite $B = \frac{\omega_0}{Q}$ folgt schließlich $R_2 = \frac{2}{BC} = 636{,}6\,\mathrm{k\Omega}$.

Der Verlauf ist in Bild 8.6/17b dargestellt. Er stimmt mit den Ergebnissen des Bode-Diagramms recht gut überein. Die Dämpfung D beträgt $D = \sqrt{\frac{R_1}{R_2}} \approx 5\cdot 10^{-2}$.

Diskussion: Die Schaltung entspricht im Frequenzgang Gl.(3) dem Übertragungsverhalten eines Resonanzkreises ($\rightarrow$ Resonanzfrequenz, Bandbreite, Güte). Der Verzicht auf die Induktivität erfordert eine entsprechende Kapazität in Verbindung mit einem Verstärker (Operationsverstärker).

8.7 Zustandsgleichungen

Aufgabe 8.7/1 Zustandsgleichungen aus Differentialgleichung

a) Man entwickle für folgende Systemgleichungen das jeweilige Zustandsmodell (Zustandsgleichung, Blockschaltbild):

1. $y''' + 3y'' + 5y' + 6y = 4x$
2. $y'' + 14y' + 25y = 25x$.

b) Man bestimme für Aufgabe a2) die Übertragungsfunktion, die zugehörigen Zustandsgrößen (im Bildbereich) und transformiere diese jeweils in den Zeitbereich. Welche Zustandsform entsteht?

c) Man bringe die Zustandsgleichung a2) auf die Jordansche Normalform, in der die Systemmatrix $\underline{A}^*$ nur Diagonalglieder besitzt.

Hinweis: Man löse die Differentialgleichung nach der höchsten Ableitung auf und führe eine erste Integration mittels eines Integrators durch. Analog wird für die nächsttiefere Ableitung als Zwischengröße verfahren. Dem entspricht die Überführung einer Differentialgleichung hoher Ordnung durch Einführung von Zwischengrößen in einen Satz gekoppelter DGL erster Ordnung. Er läßt sich nach dem Vektor-Matrix-Schema (III/Gl.(8.5/7)) schreiben. Da hier nur je eine Eingangs- und Ausgangsgröße vorliegt, stellen x und y Skalare dar und die Matrizen $\boldsymbol{B}$, $\boldsymbol{C}$ und $\boldsymbol{D}$ vereinfachen sich zum Spaltenvektor $\boldsymbol{b}$, Zeilenvektor $\boldsymbol{c}^{\mathrm{T}}$ und zum Skalar d.

Die Übertragungsfunktion $G(p)$ wird entweder direkt aus der DGL durch Laplace-Transformation gewonnen oder der Übertragungsmatrix (III/Gl.8.5/19), hier für den Sonderfall einer Eingangs- und Ausgangsgröße. Dazu muß die Inverse von $(p\boldsymbol{E} - \boldsymbol{A})$ berechnet werden.

Die Bestimmung der Jordanschen Normalform erfolgt durch Transformation nach III/Gl.(8.5/27). Dazu sind die Eigenwerte als Nullstellen der charakteristischen Gleichung (III/Gl.(8.5/24a)) zu bestimmen.

Lösung:

a) Das Blockschaltbild bildet die Systemgleichung aus Addierern, Multiplizierern und Integratoren nach. Die Integratorausgänge sind immer Zustandsvariable. Wir stellen dazu die DGL nach der höchsten Ableitung um

$$y''' = 4x - 3y'' - 5y' - 6y \tag{1}$$

und führen die einzelnen Beiträge rechts einem Addierer mit dem Ausgang y''' zu (Bild 8.7/1a). x ist mit dem Koeffizienten 4 zu multiplizieren. Die Ableitung $y'' = z_3$ - Zustandsvariable z_3 - ergibt sich durch Integration von y''', ebenso y'- Zustandsvariable z_2 - durch Integration von y'' usw. y'' wird zusätzlich mit -3 multipliziert (Gl.(1)) und dem Eingangsaddierer zugeführt. So entsteht stückweise das Blockschaltbild. Mit den Zustandsvariablen verbleibt das Gleichungssystem

$$z_1' = z_2, \quad z_2' = z_3, \quad z_3' = -6z_1 - 5z_2 - 3z_3 + 4x \tag{2}$$

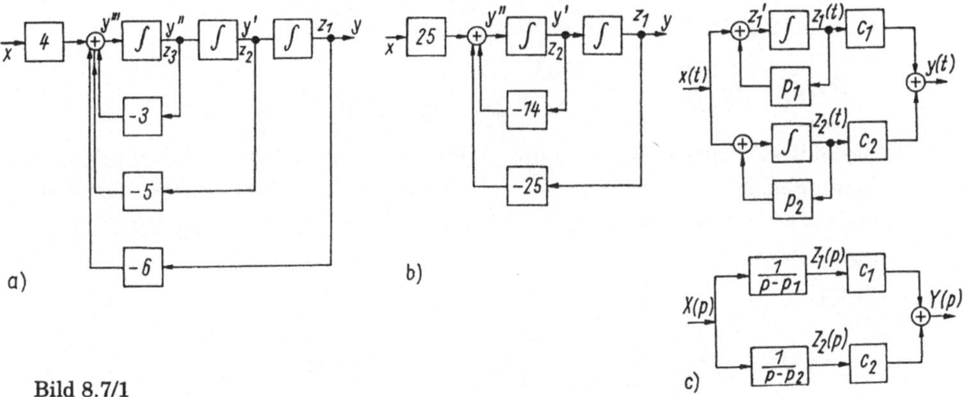

Bild 8.7/1

oder in Matrixform

$$\begin{pmatrix} z_1' \\ z_2' \\ z_3' \end{pmatrix} = \begin{pmatrix} 0 & 1 & 0 \\ 0 & 0 & 1 \\ -6 & -5 & -3 \end{pmatrix} \cdot \begin{pmatrix} z_1 \\ z_2 \\ z_3 \end{pmatrix} + \begin{pmatrix} 0 \\ 0 \\ 4 \end{pmatrix} x. \tag{3}$$

Die Ausgabegleichung enthält nur $y = z_1$, damit also in Matrixform (Rest mit Nullen aufgefüllt)

$$y = \begin{pmatrix} 1 & 0 & 0 \end{pmatrix} \cdot \begin{pmatrix} z_1 \\ z_2 \\ z_3 \end{pmatrix}. \tag{4}$$

Damit stellt Gl.(3), (4) die Zustandsform der DGL (1) dar.

Mit der zweiten DGL wird in gleicher Weise verfahren: Auflösen nach der höchsten Ableitung ergibt

$$y'' = 25x - 14y' - 25y. \tag{5}$$

Das führt auf einen Eingangsaddierer (Bild 8.7/1b), der die einzelnen Beiträge rechts zusammenfügt. Zwischen y'' und y' liegt ein Integrator usw. Die Zustandsvariablen sind $z_2 = y' = z_1'$ und $z_1 = y$. Die Terme rechts in Gl.(5) werden jeweils von den Integratorausgängen abgezweigt. Damit entsteht das Gleichungssystem

$$z_1' = z_2, \quad z_2' = -25z_1 - 14z_2 + 25x \tag{6}$$

oder zusammengefaßt in Matrixform

$$\begin{pmatrix} z_1' \\ z_2' \end{pmatrix} = \begin{pmatrix} 0 & 1 \\ -25 & -14 \end{pmatrix} \cdot \begin{pmatrix} z_1 \\ z_2 \end{pmatrix} + \begin{pmatrix} 0 \\ 25 \end{pmatrix} x \tag{7}$$

mit der Ausgabegleichung

$$y = \begin{pmatrix} 1 & 0 \end{pmatrix} \cdot \begin{pmatrix} z_1 \\ z_2 \end{pmatrix}. \tag{8}$$

b) Durch Laplace-Transformation der Ausgangs-DGL ergibt sich bei verschwindenden Anfangswerten die Bildgleichung

$$Y(p)\,(p^2 + 14p + 25) = 25X(p) \tag{9}$$

und daraus die Übertragungsfunktion

$$G(p) = \frac{Y(p)}{X(p)} = \frac{25}{p^2 + 14p + 25} = \frac{25}{(p + 2,101)(p + 11,899)}. \tag{10}$$

Sie läßt sich durch Bestimmung der Pole aus $p^2 + 14p + 25 = 0$ mit den Lösungen $p_1 = -2,101$, $p_2 = -11,899$ leicht in Polynomform schreiben oder als Partialbruch $Y(p) = \frac{AX(p)}{p+11,899} + \frac{BX(p)}{p+2,101}$. Die Lösung ergibt (z.B. durch Koeffizientenvergleich jeweiliger Potenzglieder in p) $A = -B = \frac{25}{11,899-2,101} = 2,552$ und damit

$$Y(p) = \frac{2,552X(p)}{p + 2,101} - \frac{2,552X(p)}{p + 11,899} = 2,552\,Z_1(p) - 2,552\,Z_2(p). \tag{11}$$

Dabei wurden die neuen Zustandsgrößen $Z_1(p)$, $Z_2(p)$

$$Z_1(p) = \frac{X(p)}{p + 2,101} \tag{12a}$$

$$Z_2(p) = \frac{X(p)}{p + 11,899} \tag{12b}$$

vereinbart. Zu dieser Beziehung (12a) im Frequenzbereich gehört wegen

$$pZ_1(p) + 2,101 Z_1(p) = X(p)$$

im Zeitbereich die Differentialgleichung

$$z_1' = -2,101 z_1(t) + x(t) \tag{13a}$$

und analog für $Z_2(p)$:

$$z_2' = -11,899 z_2 + x(t). \tag{13b}$$

In Matrixschreibweise gehört dazu das Zustandsmodell

$$\begin{pmatrix} z_1' \\ z_2' \end{pmatrix} = \begin{pmatrix} -2,101 & 0 \\ 0 & -11,899 \end{pmatrix} \cdot \begin{pmatrix} z_1 \\ z_2 \end{pmatrix} + \begin{pmatrix} 1 \\ 1 \end{pmatrix} x \tag{14a}$$

mit der Ausgabegleichung (11)

$$y = (2,552 \quad -2,552) \begin{pmatrix} z_1 \\ z_2 \end{pmatrix}. \tag{14b}$$

Die Lösung Gl.(14) ist zu Gl.(7) gleichwertig, sie unterscheidet sich in der Systemmatrix, die jetzt nur Diagonalelemente hat.
Die entkoppelte Form der Zustands-DGL (mit verschiedenen Polen) heißt auch Diagonalform. Hat das System verschiedene Pole, so kann es stets in diese Form überführt werden.

c) Die Transformation der Systemmatrix A auf die Diagonalform ergibt eine Matrix, in der als Diagonalelemente (bei einfachen reellen Polen) nur die jeweiligen Eigenwerte auftreten (s. Gl.(14a)). So gehört zur Übertragungsfunktion

$$G(p) = \frac{c_1}{p - p_1} + \frac{c_2}{p - p_2} \tag{15}$$

die Diagonalmatrix

$$\underline{A}^* = \begin{pmatrix} p_1 & 0 \\ 0 & p_2 \end{pmatrix} \tag{16}$$

mit dem Blockschaltbild 8.7/1c im Zeit- bzw. Frequenzbereich. Daraus geht die vollständige Entkopplung hervor. Nach Gl.(11) betragen $c_1 = 2,552$, $c_2 = -2,552$.

Aufgabe 8.7/2 Aufstellung der Zustandsgleichungen

Gegeben ist das Netzwerk Bild 8.7/2a.

a) Stellen Sie die DGL für u (allgemein) und speziell für die Modellelemente $R_1 = R_2 = 2\,\Omega$, $L = 5,23\,\text{H}$, $C = 0,191\,\text{F}$ auf.

b) Wählen Sie die Spannung u und ihre Ableitung als Zustandsgrößen $z_1 = u$ und $z_2 = \frac{du}{dt}$, und stellen Sie die Zustandsgleichungen in Standardform für die Zahlenwerte in Aufgabe a) auf.

c) Führen Sie als neue Zustandsgrößen ein:

$$z_1' = 2u + \frac{du}{dt}, \quad z_2' = -u - \frac{du}{dt}.$$

d) Wählen Sie als Zustandsvariable Kondensatorspannung u_C und Spulenstrom i_L, und bilden Sie die Zustandsgleichungen.

e) Geben Sie die Zustandsgleichung für Bild 8.7/2b an mit den Zustandsvariablen i_L, u_C, Eingabe i_{q1}, u_{q2}, Ausgabe i_{R1}, u_{R2}.

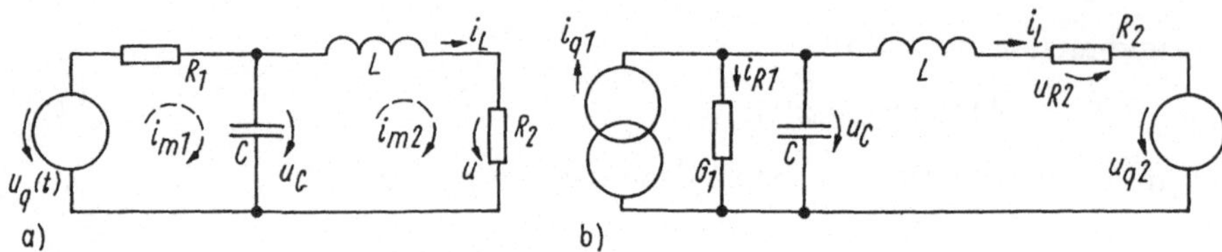

Bild 8.7/2

Hinweis: Zum Aufstellen der Netzwerkgleichung für die Spannung u Aufgabe a) verwende man ein übliches Analyseverfahren (z.B. Maschenstromanalyse). Die Wahl der Zustandsgrößen ist nicht eindeutig. So können neben physikalischen Zustandsgrößen (Kondensatorspannung, Spulenstrom) auch andere Netzwerkgrößen als Zustandsvariable gewählt werden. Die hier erarbeiteten Zustandsgleichungen werden in späteren Aufgaben vertieft.

Lösung:

a) Die Aufgabe werde mit der Maschenstromanalyse ($\rightarrow i_{m1}$, i_{m2}) gelöst. Nach Wahl zweier unabhängiger Maschen (Bild 8.7/2a) lauten die Maschensätze

$$R_1 i_{m1} + \frac{1}{C} \int i_{m1}\, dt - \frac{1}{C} \int i_{m2}\, dt = u_q(t)$$

$$\frac{1}{C} \int (i_{m2} - i_{m1})\, dt + R_2 i_{m2} + L\frac{di_{m2}}{dt} = 0, \quad u = R_2 i_{m2}.$$

Nach Eliminierung von i_{m1} entsteht

$$\frac{d^2 u}{dt^2} + \frac{L + R_1 R_2 C}{LCR_1}\frac{du}{dt} + \frac{R_1 + R_2}{LCR_1} u = \frac{R_2}{LCR_1} u_q(t) \tag{1}$$

als gesuchte Netzwerk-Differentialgleichung.
Für die angegebenen Zahlenwerte lautet sie (u/V, t/s) in dimensionsloser Form

$$\frac{d^2 u}{dt^2} + 3\frac{du}{dt} + 2u = u_q(t). \tag{2}$$

b) Mit den vorgegebenen Zustandsgrößen $z_1 = u$, $z_2 = \frac{du}{dt}$ folgen aus Gl.(2) durch Einsetzen

$$\frac{\mathrm{d}z_1}{\mathrm{d}t} = z_2 \quad \text{(Beziehung durch die Zustandsgröße)},$$

$$\frac{\mathrm{d}z_2}{\mathrm{d}t} = -2z_1 - 3z_2 + u_\mathrm{q}(t) \tag{3}$$

oder zusammengefaßt in Standardform (III/Abschn. 8.5.1 und 8.8.2.1) mit $x = u_\mathrm{q}(t)$

$$\frac{\mathrm{d}z}{\mathrm{d}t} = Az + bu_\mathrm{q}, \quad y = c^\mathrm{T}z + du_\mathrm{q}$$

und

$$A = \begin{pmatrix} 0 & 1 \\ -2 & -3 \end{pmatrix}, \quad b = \begin{pmatrix} 0 \\ 1 \end{pmatrix}, \quad c^\mathrm{T} = \begin{pmatrix} 1 & ,0 \end{pmatrix}, \quad d = 0. \tag{4}$$

c) Um die Zustandsgleichungen für die gegebenen (neuen) Zustandsgrößen z_1^*, z_2^* zu erhalten, wird umgeformt

$$u = z_1^* + z_2^*, \quad \frac{\mathrm{d}u}{\mathrm{d}t} = -z_1^* - 2z_2^* = \frac{\mathrm{d}z_1^*}{\mathrm{d}t} + \frac{\mathrm{d}z_2^*}{\mathrm{d}t}. \tag{5}$$

Mit der zweiten Ableitung

$$\frac{\mathrm{d}^2u}{\mathrm{d}t^2} = \frac{\mathrm{d}}{\mathrm{d}t}\frac{\mathrm{d}u}{\mathrm{d}t} = -\frac{\mathrm{d}z_1^*}{\mathrm{d}t} - 2\frac{\mathrm{d}z_2^*}{\mathrm{d}t} \tag{6}$$

folgt durch Einsetzen von Gl.(5),(6) in die Ausgangsdifferentialgleichung (2) und Trennung nach den Ableitungen $\frac{\mathrm{d}z_1^*}{\mathrm{d}t}$, $\frac{\mathrm{d}z_2^*}{\mathrm{d}t}$,

$$\frac{\mathrm{d}z_1^*}{\mathrm{d}t} = -z_1^* + u_\mathrm{q} \quad , \frac{\mathrm{d}z_2^*}{\mathrm{d}t} = -2z_2^* - u_\mathrm{q} \tag{7a}$$

$$u = z_1^* + z_2^*. \tag{7b}$$

Das sind die gesuchten neuen Zustandsgleichungen. Beide sind "entkoppelt". Deshalb handelt es sich um eine sog. Normalform. Die Vektorschreibweise lautet:

$$\frac{\mathrm{d}z^*}{\mathrm{d}t} = \begin{pmatrix} -1 & 0 \\ 0 & -2 \end{pmatrix} z^* + \begin{pmatrix} 1 \\ -1 \end{pmatrix} u(t) \tag{8}$$

mit $u_\mathrm{q}(t) = x(t)$ und der Ausgabegleichung

$$u = \begin{pmatrix} 1 & 1 \end{pmatrix} z^*.$$

Die Systemmatrix A hat durch die Entkopplung Diagonalform. Während die Zustandsvariablen in der Ausgangsform (4) noch direkte Beziehung zu den Netzwerkgrößen hatten, ist dies jetzt nicht mehr direkt der Fall.

d) Sollen die (physikalischen) Zustandsvariablen der Energiespeicher (u_C, i_L) verwendet werden, so sind zunächst die Beziehungen zwischen u_C, i_L und den Maschenströmen i_m1, i_m2 (Gl.(1)) anzugeben:

$$\left. \begin{array}{l} z_1'' = u_\mathrm{C} = \frac{1}{C} \int (i_\mathrm{m1} - i_\mathrm{m2})\,\mathrm{d}t \\ z_2'' = i_\mathrm{L} = i_\mathrm{m2} \end{array} \right\} \rightarrow i_\mathrm{m1} = i_\mathrm{m2} + C\frac{\mathrm{d}z_1''}{\mathrm{d}t} = z_2'' + C\frac{\mathrm{d}z_1''}{\mathrm{d}t}, \tag{9}$$

(dabei sind die Doppelstriche als Hinweis auf neue Zustandsvariable nicht als doppelte zeitliche Ableitung zu verstehen). Rückeinsetzen in die Maschenstromgleichungen ergibt

$$R_1 z_2'' + R_1 C \frac{\mathrm{d}z_1''}{\mathrm{d}t} + z_1'' = u_{\mathrm{q}}, \quad -z_1'' + R_2 z_2'' + L \frac{\mathrm{d}z_2''}{\mathrm{d}t} = 0$$

und geordnet

$$\frac{\mathrm{d}z_1''}{\mathrm{d}t} = -\frac{z_1''}{R_1 C} - \frac{z_2''}{C} + \frac{u_{\mathrm{q}}}{R_1 C}, \quad \frac{\mathrm{d}z_2''}{\mathrm{d}t} = \frac{z_1''}{L} - \frac{R_2}{L} z_2''. \tag{10}$$

Mit der Ausgabegleichung $u = R_2 i_{\mathrm{L}} = R_2 z_2'$ lautet schließlich die Standardform

$$\frac{\mathrm{d}\boldsymbol{z}''}{\mathrm{d}t} = \begin{pmatrix} -\frac{1}{R_1 C} & -\frac{1}{C} \\ \frac{1}{L} & -\frac{R_2}{L} \end{pmatrix} \boldsymbol{z}'' + \begin{pmatrix} \frac{1}{R_1 C} \\ 0 \end{pmatrix} u_{\mathrm{q}}, \quad u = \begin{pmatrix} 0 & R_2 \end{pmatrix} \boldsymbol{z}''. \tag{11}$$

Jetzt fehlt die Diagonalform der Systemmatrix!

e) Zum Aufstellen der Zustandsgleichungen werden zweckmäßig die Knoten- und Maschensätze benutzt:

$$\frac{\mathrm{d}u_{\mathrm{C}}}{\mathrm{d}t} = \frac{-G_1}{C} u_{\mathrm{C}} - \frac{i_{\mathrm{L}}}{C} + \frac{i_{\mathrm{q}1}}{C},$$

$$L \frac{\mathrm{d}i_{\mathrm{L}}}{\mathrm{d}t} = u_{\mathrm{C}} - R_2 i_{\mathrm{L}} - u_{\mathrm{q}2},$$

$$i_{\mathrm{R}1} = u_{\mathrm{C}} G_1, \quad u = R_2 i_{\mathrm{L}}.$$

Der Zustandsvektor $\boldsymbol{z}$ enthält dann Spannung u_{C} und Strom i_{L} als Variable mit unterschiedlichen Dimensionen. Deshalb treten auch unterschiedliche Dimensionen bei den Matrixkoeffizienten auf. Zusammengefaßt ergibt sich damit die Standardform Gl.(4) mit den Matrizen

$$\boldsymbol{A} = \begin{pmatrix} -\frac{1}{R_1 C} & -\frac{1}{C} \\ \frac{1}{L} & -\frac{R_2}{L} \end{pmatrix}, \boldsymbol{B} = \begin{pmatrix} \frac{1}{C} & 0 \\ 0 & \frac{1}{L} \end{pmatrix}, \boldsymbol{C} = \begin{pmatrix} \frac{1}{R_1} & 0 \\ 0 & R_2 \end{pmatrix}, \boldsymbol{D} = (0).$$

$$\tag{12}$$

Unterschiede zu Gl.(11) bestehen nur in der Steuermatrix $\boldsymbol{B}$ (zwei Quellen!) und der Beobachtungsmatrix $\boldsymbol{C}$: es sind jetzt zwei Ausgangsgrößen vorhanden, durch die sich beide Zustandsgrößen ($\rightarrow u_{\mathrm{C}}, i_{\mathrm{L}}$) "beobachten" lassen. Es handelt sich hier um ein sog. Mehrgrößensystem.

Aufgabe 8.7/3 Transitionsmatrix

Gegeben ist die homogene Zustandsdifferentialgleichung (vgl. Aufg. 8.7/2, Gl.(4))

$$\frac{\mathrm{d}}{\mathrm{d}t} \begin{pmatrix} z_1(t) \\ z_2(t) \end{pmatrix} = \begin{pmatrix} 0 & 1 \\ -2 & -3 \end{pmatrix} \cdot \begin{pmatrix} z_1(t) \\ z_2(t) \end{pmatrix}$$

mit den Anfangswerten $\boldsymbol{z}(0) = \begin{pmatrix} z_1(0) \\ z_2(0) \end{pmatrix}$ z.B. herrührend von einem Netzwerk für den Zustandsvektor $\boldsymbol{z}(t)$ (normierte physikalische Größe).

a) Man bestimme das Nulleingangsverhalten durch Berechnung der Transitionsmatrix über Reihenentwicklung (Beschränkung auf die ersten drei Glieder).

b) Man löse das gegebene DGL-System klassisch.

c) Man berechne die Transitionsmatrix mit dem Cayley-Hamilton-Verfahren.
d) Wie wird die Transitionsmatrix mittels der Eigenwertmethode bestimmt?
e) Stimmen die Ergebnisse a), d) überein?

Hinweis: Die Bestimmung der Transitionsmatrix $\boldsymbol{\Phi}(t) = \exp \boldsymbol{A}t$ kann für Systeme niederer Ordnung (etwa bis vier) erfolgen durch Reihenentwicklung (III/Gl.(8.5/14)), nach der Sylvester-Beziehung, dem Cayley-Hamilton-Theorem, numerischen Verfahren oder vorteilhaft durch Laplace-Transformation III/Gl.(8.5/18)ff.) bzw. die Eigenvektormatrix III/Gl.(8.5/27c). Im letzten Fall gehe man in der Reihenfolge Eigenwerte - Eigenvektoren - Eigenvektormatrix vor.

Lösung:

a) Die Lösung der homogenen Zustandsdifferentialgleichung $\boldsymbol{z}'(t) = \boldsymbol{A}\boldsymbol{z}(t)$ des linearen Systems mit dem AW $\underline{z}(0)$ ($\to$ Nulleingangsproblem) lautet nach III/Gl.(8.5/9)

$$\boldsymbol{z}(t) = \exp(\boldsymbol{A}t)\boldsymbol{z}(0). \tag{1}$$

Zur Lösung ist die Transitionsmatrix $\exp \boldsymbol{A}t$ in eine Reihe zu entwickeln

$$\exp(\boldsymbol{A}t) = \boldsymbol{E} + \boldsymbol{A}t + \frac{\boldsymbol{A}^2 t^2}{2!} + \frac{\boldsymbol{A}^3 t^3}{3!} + \dots . \tag{2}$$

Mit der gegebenen Systemmatrix $\boldsymbol{A}$ lauten die Einzelterme:

$$\boldsymbol{A} = \begin{pmatrix} 0 & 1 \\ -2 & -3 \end{pmatrix}, \quad \boldsymbol{A}^2 = \begin{pmatrix} 0 & 1 \\ -2 & -3 \end{pmatrix}\begin{pmatrix} 0 & 1 \\ -2 & -3 \end{pmatrix} = \begin{pmatrix} -2 & -3 \\ 6 & 7 \end{pmatrix},$$

$$\boldsymbol{A}^3 = \begin{pmatrix} 6 & 7 \\ -14 & -15 \end{pmatrix}, \quad \boldsymbol{A}^4 = \begin{pmatrix} -14 & -15 \\ 30 & 31 \end{pmatrix} \tag{3}$$

und damit zusammengefaßt nach Gl.(2)

$$\exp \boldsymbol{A}t = \begin{pmatrix} 1 - \frac{2}{2}t^2 + \frac{6}{3!}t^3 - \frac{14}{4!}t^4 & t - \frac{3}{2!}t^2 + \frac{7}{3!}t^3 - \frac{15}{4!}t^4 \\ -2t + \frac{6}{2}t^2 - \frac{14}{3!}t^3 + \frac{30}{4!}t^4 & 1 - 3t + \frac{7}{2}t^2 - \frac{15}{3!}t^3 + \frac{31}{4!}t^4 \end{pmatrix} . \tag{4}$$

Eine geschlossene Form ist aus der Lösung praktisch nicht erkennbar, sie läßt sich aber durch direkte klassische Lösung des DGL-Systems (oder die folgenden Verfahren) gewinnen.

b) Die Vektor-DGLn ergeben ausgeschrieben

$$z_1'(t) = z_2(t), \quad z_2'(t) = -2z_1(t) - 3z_2(t)$$

und durch Kombination die Differentialgleichung

$$z_1'' + 3z_1' + 2z_1 = 0 \tag{5a}$$

mit der allgemeinen Lösung $z_1(t)$

$$z_1(t) = C_1 \exp -t + C_2 \exp -2t \tag{5b}$$

und den Eigenwerten aus $\det(\lambda \boldsymbol{E} - \boldsymbol{A}) = 0$: $\lambda(\lambda + 3) + 2 = 0 \to \lambda_1 = -1$, $\lambda_2 = -2$. Analog lautet die Lösung $z_2(t)$ wegen $z_1' = z_2$:

$$z_2(t) = -C_1 \exp -t - 2C_2 \exp -2t. \tag{6}$$

Werden beide Lösungen in Gl.(1) gesetzt, so gibt es für die Integrationskonstanten C_1, C_2 die beiden Bestimmungsgleichungen

$$z_1(0) = C_1 + C_2,$$
$$z_2(0) = -C_1 - 2C_2$$

mit den Lösungen $C_1 = 2z_1(0) + z_2(0)$ und $C_2 = -z_1(0) - z_2(0)$. Dann führen Gl.(5),(6) zur Gesamtlösung

$$\begin{pmatrix} z_1 \\ z_2 \end{pmatrix} = \begin{pmatrix} 2\exp -t - \exp -2t & \exp -t - \exp -2t \\ -2\exp -t + 2\exp -2t & -\exp -t + 2\exp -2t \end{pmatrix} \begin{pmatrix} z_1(0) \\ z_2(0) \end{pmatrix}. \tag{7}$$

Die Reihenentwicklung der jeweiligen Exponentialfunktionen und ihre Zusammenfassung würde die Reihendarstellung der einzelnen Koeffizienten in Gl.(4) ergeben (s. Aufgabe e).

c) Das Cayley-Hamilton-Verfahren beruht darauf, daß jede $(n \times n)$ Matrix $\boldsymbol{A}$ ihre eigene charakteristische Matrix erfüllt

$$\Delta \boldsymbol{A} = \boldsymbol{A}^n + a_{n-1}\boldsymbol{A}^{n-1} + \ldots + a_1\boldsymbol{A} + a_0\boldsymbol{E} = \boldsymbol{O}$$

($\boldsymbol{O}$ Nullmatrix!). So folgt aus der Eigenwertgleichung $\det(\lambda \boldsymbol{E} - \boldsymbol{A}) = 0 \rightarrow \Delta(\lambda) = \lambda^2 + 3\lambda + 2 = 0$ und über das CH-Theorem $\Delta(\boldsymbol{A}) = \boldsymbol{A}^2 + 3\boldsymbol{A} + 2\boldsymbol{E} = 0$. Wir benutzen dies zur Entwicklung von

$$\exp \boldsymbol{A}t = c_0\boldsymbol{E} + c_1\boldsymbol{A}. \tag{8}$$

Daraus resultieren für einfache reelle Eigenwerte $\boldsymbol{A} = \begin{pmatrix} \lambda_1 & 0 \\ 0 & \lambda_2 \end{pmatrix}$ die Bestimmungsgleichungen

$$\exp \lambda_1 t = c_0 + \lambda_1 c_1$$
$$\exp \lambda_2 t = c_0 + \lambda_2 c_1$$

bzw.

$$c_0 = \frac{\lambda_2 \exp \lambda_1 t - \lambda_1 \exp \lambda_2 t}{\lambda_2 - \lambda_1},$$
$$c_1 = \frac{\exp \lambda_2 t - \exp \lambda_1 t}{\lambda_2 - \lambda_1}$$

und mit $\lambda_1 = -1, \lambda_2 = -2$ schließlich

$$c_0 = 2\exp \lambda_1 t - \exp \lambda_2 t$$
$$c_1 = \exp \lambda_1 t - \exp \lambda_2 t. \tag{9}$$

Aus Gl.(8) folgt dann

$$\exp \boldsymbol{A}t = (2\exp \lambda_1 t - \exp \lambda_2 t)\boldsymbol{E} + (\exp \lambda_1 t - \exp \lambda_2 t)\boldsymbol{A}$$
$$= \begin{pmatrix} 2\exp \lambda_1 t - \exp \lambda_2 t & \exp \lambda_1 t - \exp \lambda_2 t \\ -2\exp \lambda_1 t + 2\exp \lambda_2 t & -\exp \lambda_1 t + 2\exp \lambda_2 t \end{pmatrix} \tag{10}$$

übereinstimmend mit Gl.(7). Damit ist eine geschlossene Lösung möglich.

d) Die Eigenwertmethode basiert auf Überführung der Transitionsmatrix in eine Diagonalmatrix $\boldsymbol{\Lambda}$, deren Diagonalglieder die Eigenwerte der Systemmatrix bilden ($\rightarrow$ Diagonalmatrix $\exp \Lambda t$):

$$\exp At = M \exp(\Lambda t) M^{-1}. \tag{11}$$

M ist eine Transformationsmatrix. Mit den Eigenwerten $\lambda_1 = -1$, $\lambda_2 = -2$ wird

$$\exp \Lambda t = \begin{pmatrix} \exp \lambda_1 t & 0 \\ 0 & \exp \lambda_2 t \end{pmatrix}. \tag{12}$$

Im nächsten Schritt bestimmen wir die Transformationsmatrix M (in diesem Zusammenhang oft auch als Modalmatrix bezeichnet). Dazu werden die zu λ_1, λ_2 gehörenden linear unabhängigen Eigenvektoren k_i berechnet (III/Gl.(8.5/27)). Sie bilden die Spalten der 2×2 Matrix M. Aus der Eigenwertgleichung

$$Ak_i = \lambda_i k_i \quad i = 1,2 \tag{13}$$

folgt durch Umformen

$$(A - \lambda_i E) \cdot k_i = 0 \quad i = 1,2 \tag{14}$$

Multipliziert man aus, so entsteht ein (homogenes!) Bestimmungssystem für die beiden Komponenten des Eigenvektors k_i, z.B. für k_1:

$$\begin{pmatrix} 0+1 & 1 \\ -2 & -3+1 \end{pmatrix} \cdot \begin{pmatrix} k_{11} \\ k_{12} \end{pmatrix} = \begin{pmatrix} 0 \\ 0 \end{pmatrix} \rightarrow k_{11} + k_{12} = 0. \tag{15a}$$

Da k_{11} beliebig wählbar ist, setzen wir $k_{11} = 1$ und erhalten $k_{12} = -1 :\rightarrow$ $k_1 = \begin{pmatrix} 1 \\ -1 \end{pmatrix}$. Analog ergibt sich für den Vektor k_2 mit $\lambda_2 = -2$ aus

$$\begin{pmatrix} 0+2 & 1 \\ -2 & -3+2 \end{pmatrix} \cdot \begin{pmatrix} k_{21} \\ k_{22} \end{pmatrix} = \begin{pmatrix} 0 \\ 0 \end{pmatrix} \tag{15b}$$

die Gleichung $2k_{21} + k_{22} = -2k_{21} - k_{22} - 0$. Wir wählen (beliebig) $k_{22} - 1$ und erhalten $k_{21} = -\frac{1}{2}$, damit $k_2 = \begin{pmatrix} -\frac{1}{2} \\ 1 \end{pmatrix}$ und so insgesamt die Transformationsmatrix $M = (k_1 \ k_2)$

$$M = \begin{pmatrix} 1 & -\frac{1}{2} \\ -1 & 1 \end{pmatrix}. \tag{16}$$

Sie ist nicht singulär, deshalb existiert ihre Inverse

$$M^{-1} = 2 \begin{pmatrix} 1 & \frac{1}{2} \\ 1 & 1 \end{pmatrix}. \tag{17}$$

Damit lautet die gesuchte Transitionsmatrix nach Gl.(11)

$$\begin{aligned} \exp At &= M \exp(\Lambda t) M^{-1} \\ &= \begin{pmatrix} 1 & -\frac{1}{2} \\ -1 & 1 \end{pmatrix} \begin{pmatrix} \exp \lambda_1 t & 0 \\ 0 & \exp \lambda_2 t \end{pmatrix} \begin{pmatrix} 2 & 1 \\ 2 & 2 \end{pmatrix} \\ &= \begin{pmatrix} 2\exp \lambda_1 t - \exp \lambda_2 t & \exp \lambda_1 t - \exp \lambda_2 t \\ -2\exp \lambda_1 t + 2\exp \lambda_2 t & -\exp \lambda_1 t + 2\exp \lambda_2 t \end{pmatrix}. \end{aligned} \tag{18}$$

Sie ist identisch mit Gl.(10).

e) Die Übereinstimmung von Gl.(18) mit (4) ist leicht zu zeigen. Wir nutzen dazu die Reihenentwicklung $\exp a = 1 + a + \frac{a^2}{2!} + \frac{a^3}{3!}$ und erhalten z.B. in Gl.(4) für die Koeffizienten

$$
\begin{aligned}
a_{11}(t) &= 2\exp -t - \exp -2t \\
&\approx 2\left(1 - t + \frac{t^2}{2} - \frac{t^3}{3!}\right) - \left(1 - 2t + \frac{(2t)^2}{2} - \frac{(2t)^3}{3!}\right) \\
&= 1 - t^2 + 6\frac{t^3}{3!}
\end{aligned}
\tag{19}
$$

usw. Entsprechend lassen sich die restlichen Koeffizienten bestätigen.

Diskussion: Der Lösungsaufwand der Methoden ist unterschiedlich hoch. Während das direkte Verfahren noch eine gewisse Problemnähe besitzt, steuert das Eigenwertverfahren auf eine rationelle Systemdarstellung besonders in Verbindung mit transformierten Zustandsvariablen zu. Gleiches gilt für die Analyse über den Bildbereich, wie sie der folgenden Aufgabe unterliegt.

Aufgabe 8.7/4 Übergangsfunktion, Übergangsmatrix

Gegeben sei ein System mit der Differentialgleichung (s. Aufgabe 8.7/2, Gl.(2))

$$
\frac{\mathrm{d}^2 y}{\mathrm{d}t^2} + 3\frac{\mathrm{d}y}{\mathrm{d}t} + 2y = x(t).
$$

a) Berechnen Sie die Übertragungsfunktion $G(p) = \frac{Y(p)}{X(p)}$.

b) Zur gegebenen DGL gehöre die Zustandsdarstellung (s. Aufg. 8.7/2, Gl.(4))

$$
\frac{\mathrm{d}\boldsymbol{z}}{\mathrm{d}t} = \boldsymbol{A}\boldsymbol{z} + \boldsymbol{b}x, \quad y = \boldsymbol{c}^{\mathrm{T}}\boldsymbol{z}
$$

mit

$$
\boldsymbol{A} = \begin{pmatrix} 0 & 1 \\ -2 & -3 \end{pmatrix}, \quad \boldsymbol{b} = \begin{pmatrix} 0 \\ 1 \end{pmatrix}, \quad \boldsymbol{c}^{\mathrm{T}} = \begin{pmatrix} 1 & 0 \end{pmatrix}.
$$

c) Wie würde die Übergangsmatrix $\boldsymbol{G}$ lauten, wenn die Steuermatrix $\boldsymbol{B}$ die Form $\boldsymbol{B} = \begin{pmatrix} 0 & 1 \\ 1 & 1 \end{pmatrix}$ hätte? Welche Systemänderung gehört dazu?

d) Welcher Zusammenhang besteht zwischen Ausgangs-, Eingangs- und Zustandsgrößen im Frequenzbereich (Anfangswert der Zustandsgröße $\boldsymbol{z}(0)$) speziell für die gegebene DGL?

Hinweis: So, wie eine lineare Differentialgleichung durch Laplace-Transformation unter Benutzung der Übergangsfunktion über den Frequenzbereich einfacher gelöst werden kann, gilt dies auch für die Vektor-Differentialgleichung unter Nutzung der Übergangsmatrix $\boldsymbol{G}(p)$ (s. III/Abschn. 8.5.5).

Lösung:

a) Zur Bestimmung der Übertragungsfunktion wird das (anfangswertfreie!) System vom Zeit- in den Frequenzbereich durch Laplace-Transformation überführt ($\frac{d}{dt} \to p$, $y(t) \to Y(p)$, $x(t) \to X(p)$). Die gegebene Differentialgleichung lautet transformiert:

$$(p^2 + 3p + 2)Y(p) = X(p).$$

Das Ergebnis ist direkt die Übertragungsfunktion

$$G(p) = \frac{Y(p)}{X(p)} = \frac{1}{p^2 + 3p + 2}. \tag{1}$$

b) Die Übertragungsmatrix lautet in allgemeiner Form (III/Gl.(8.5/19))

$$\boldsymbol{G}(p) = \boldsymbol{C}(p\boldsymbol{E} - \boldsymbol{A})^{-1}\boldsymbol{B} + \boldsymbol{D}. \tag{2}$$

Bei r Komponenten des Ausgangssignals und m Komponenten des Eingangssignals hat $\boldsymbol{G}(p)$ die Dimension $(r \times m)$. Im Beispiel liegen nur je eine Eingangs- und Ausgangsgröße an, dann gilt die Übertragungsfunktion nach III/Gl.(8.5/21). Mit den gegebenen Größen sind damit zu berechnen:

$$p\boldsymbol{E} - \boldsymbol{A} = \begin{pmatrix} p & 0 \\ 0 & p \end{pmatrix} - \begin{pmatrix} 0 & 1 \\ -2 & -3 \end{pmatrix} = \begin{pmatrix} p & -1 \\ 2 & p+3 \end{pmatrix}, \tag{3}$$

$$(p\boldsymbol{E} - \boldsymbol{A})^{-1} = \frac{\operatorname{adj}(p\boldsymbol{E} - \boldsymbol{A})}{\det(p\boldsymbol{E} - \boldsymbol{A})} = \frac{1}{p^2 + 3p + 2}\begin{pmatrix} p+3 & 1 \\ -2 & p \end{pmatrix}.$$

Weiter gilt (mit $N = p^2 + 3p + 2$)

$$G(p) = \boldsymbol{c}^{\mathrm{T}}(p\boldsymbol{E} - \boldsymbol{A})^{-1}\boldsymbol{b} = \frac{1}{N}\begin{pmatrix} 1 & 0 \end{pmatrix}\begin{pmatrix} p+3 & 1 \\ -2 & p \end{pmatrix}\boldsymbol{b}$$

$$= \frac{1}{N}\begin{pmatrix} p+3 & 1 \end{pmatrix}\begin{pmatrix} 0 \\ 1 \end{pmatrix}, \tag{4}$$

d.h.

$$G(p) = \frac{0+1}{p^2 + 3p + 2}. \tag{5}$$

Da nur eine Erregung und eine Ausgangsgröße wirken, entartet die Übertragungsmatrix $\boldsymbol{G}$ Gl.(2) zur Übertragungsfunktion $G(p)$ der Dimension (1×1) nach Gl.(4).

c) Liegen zwei Steuergrößen vor, die sich in der Steuermatrix $\boldsymbol{B}$ ausdrücken, so tritt anstelle von Gl.(4)

$$\boldsymbol{G}(p) = \frac{1}{N}\begin{pmatrix} 1 & 0 \end{pmatrix}\begin{pmatrix} p+3 & 1 \\ -2 & p \end{pmatrix}\begin{pmatrix} 0 & 1 \\ 1 & 1 \end{pmatrix} = \frac{1}{N}\begin{pmatrix} 1 & p+4 \end{pmatrix}$$

mit $\boldsymbol{Y} = \boldsymbol{G}(p)\boldsymbol{X}$. Es gibt eine Ausgangs- und zwei Eingangsgrößen $\boldsymbol{X} = \begin{pmatrix} X_1 \\ X_2 \end{pmatrix}$. Deshalb hat $\boldsymbol{G}(p)$ eine Zeile und zwei Spalten (Dimension 1×2) und es gelten (Bild R 8.5/6):

$$\frac{Y}{X_1} = G_{11}(p) = \frac{1}{N} \quad \text{(mit } X_2 = 0)$$

$$\frac{Y}{X_2} = G_{12}(p) = \frac{p+4}{N} \quad \text{(mit } X_1 = 0),$$

zusammengefaßt also

$$Y(p) = \frac{1}{N}(X_1(p) + (p+4)X_2(p)).$$

d) Die Lösung der Zustandsgleichung kann auch durch Laplace-Transformation erfolgen (wenn ihre allgemeine Anwendbarkeitsbedingungen zutreffen). So folgt transformiert (III/Abschn. 8.5.5)

$$pZ(p) - z(0) = AZ(p) + bX(p) \tag{6}$$

und damit

$$Z(p) = (pE - A)^{-1}bX(p) + (pE - A)^{-1}z(0). \tag{7}$$

Dazu kommt die Ausgangsgleichung

$$\begin{aligned} Y(p) &= c^{\mathrm{T}}Z(p) + dX(p) \\ &= \left(c^{\mathrm{T}}(pE - A)^{-1}b + d\right)X(p) + c^{\mathrm{T}}(pE - A)^{-1}z(0). \end{aligned} \tag{8}$$

Die Übertragungsfunktion $G(p)$ ist stets für verschwindenden Anfangswert $z(0)$ definiert:

$$G(p) = \frac{Y(p)}{X(p)} = c^{\mathrm{T}}(pE - A)^{-1}b + d. \tag{9}$$

Damit wird ersichtlich

- direkt hängen Ausgangs- und Eingangsgröße (Y, X) über $G(p)$ zusammen, m.a.W. sind die Zustandsgrößen weitgehend frei wählbar, *ohne* das Eingangs-/Ausgangsverhalten zu beeinflussen
- die Systemdynamik wird hauptsächlich von den Polen des Terms $c^{\mathrm{T}}(pE - A)^{-1}$ bestimmt ($\rightarrow$ Wirkung der Anfangswerte auf den Ausgang, in Verbindung mit der Anregung $X(p)$ auch Wirkung auf Zustands- und Ausgangsgröße, s. z.B. Ergebnis Gl.(4) ff).

Aufgabe 8.7/5 Systemmatrix, Eigenwerte, Fundamentalmatrix

Gegeben sei die Systemmatrix $A = \begin{pmatrix} -1 & -1 \\ 2 & -4 \end{pmatrix}$.

a) Berechnen Sie A^{-1} und die Eigenwerte λ_1, λ_2 von A.
b) Beweisen Sie die Identität $A^{-1} = a_0 E + a_1 A$ mit $\lambda_1^{-1} = a_0 + a_1\lambda_1$, $\lambda_2^{-1} = a_0 + a_1\lambda_2$ (Berechnung von a_0, a_1).
c) Zeigen Sie, daß für eine beliebige Funktion $f(A)$ der Matrix A diese aus $F(A) = a_0 E + a_1 A$ resultiert, wenn a_0, a_1 aus der Lösung $f(\lambda) = a_0 + a_1\lambda$ hervorgehen (mit a_0, a_1 resultierend aus λ_1, λ_2 im vorliegenden Fall von A).
d) Berechnen Sie mit Aufgabe c) die Größen $\exp A$, $\exp At$.

Hinweis: Bemerkung zur Berechnung von $\Phi(t)$ siehe Aufg. 8.7/3.

Lösung:

a) Mit Bezug auf die üblichen Matrixoperationen gehört zur Matrix

$$A = \begin{pmatrix} a & b \\ c & d \end{pmatrix}, \quad A^{-1} = \frac{1}{\det A}\begin{pmatrix} d & -b \\ -c & a \end{pmatrix} \tag{1}$$

die Inverse A^{-1} rechts, für das Zahlenbeispiel wird daraus

$$A^{-1} = \frac{1}{1\cdot 4 + 1\cdot 2}\begin{pmatrix} -4 & 1 \\ -2 & -1 \end{pmatrix} = -\frac{1}{6}\begin{pmatrix} 4 & -1 \\ 2 & 1 \end{pmatrix}.$$

Die Bestimmung von A^{-1} kann durch Gaußsche Eliminierung mit der Einheitsmatrix erfolgen.

Die Eigenwerte λ_i einer quadratischen Matrix ergeben sich durch Lösung von $\det(A - \lambda E) = 0$, also aus

$$\det\begin{pmatrix} -1-\lambda & -1 \\ 2 & -4-\lambda \end{pmatrix} = 0. \tag{2}$$

Das führt mit $(-1-\lambda)(-4-\lambda) - (-1)2 = \lambda^2 + 5\lambda + 6 = 0$ auf die Lösungen $\lambda_1 = -2$, $\lambda_2 = -3$.

b) Aus $A = \begin{pmatrix} \lambda_1 & 0 \\ 0 & \lambda_2 \end{pmatrix}$ folgt $A^{-1} = \begin{pmatrix} 1/\lambda_1 & 0 \\ 0 & 1/\lambda_2 \end{pmatrix}$ und damit die beiden Gleichungen

$$\lambda_1^{-1} = a_0 + a_1\lambda_1 \quad \text{und} \quad \lambda_2^{-1} = a_0 + a_1\lambda_2. \tag{3}$$

Sie lauten mit den berechneten Eigenwerten λ_1, λ_2 in Matrixform

$$\begin{pmatrix} -\frac{1}{2} \\ -\frac{1}{3} \end{pmatrix} = \begin{pmatrix} 1 & -2 \\ 1 & -3 \end{pmatrix}\cdot\begin{pmatrix} a_0 \\ a_1 \end{pmatrix}. \tag{4}$$

Dazu gehören die Lösungen a_0, a_1

$$a_0 = \frac{\begin{vmatrix} -\frac{1}{2} & -2 \\ -\frac{1}{3} & -3 \end{vmatrix}}{\begin{vmatrix} 1 & -2 \\ 1 & -3 \end{vmatrix}} = -\frac{5}{6}, \quad a_1 = \frac{\begin{vmatrix} 1 & -\frac{1}{2} \\ 1 & -\frac{1}{3} \end{vmatrix}}{-1} = -\frac{1}{6}. \tag{5}$$

Der Nachweis von $A^{-1} = a_0 E + a_1 A$ führt mit Gl.(5) auf

$$A^{-1} = -\frac{5}{6}\begin{pmatrix} 1 & 0 \\ 0 & 1 \end{pmatrix} - \frac{1}{6}\begin{pmatrix} -1 & -1 \\ 2 & -4 \end{pmatrix}$$

$$= \begin{pmatrix} -\frac{5}{6}+\frac{1}{6} & \frac{1}{6} \\ -\frac{1}{3} & -\frac{5}{6}+\frac{4}{6} \end{pmatrix} = \begin{pmatrix} -\frac{2}{3} & \frac{1}{6} \\ -\frac{1}{3} & -\frac{1}{6} \end{pmatrix} \tag{6}$$

(s. Aufg. a).

c) Da die Lösung $\exp A$ gesucht ist, werden a_0, a_1 ausgehend von

$$\exp\lambda_1 t = a_0 + a_1\lambda_1, \quad \exp\lambda_2 t = a_0 + a_1\lambda_2 \tag{7}$$

mit den eingesetzten $\lambda_1 = -2$, $\lambda_3 = -3$ bestimmt. In Matrixform geschrieben lauten die Gleichungen $(t = 1)$

$$\begin{pmatrix} \exp-2 \\ \exp-3 \end{pmatrix} = \begin{pmatrix} 1 & -2 \\ 1 & -3 \end{pmatrix}\cdot\begin{pmatrix} a_0 \\ a_1 \end{pmatrix}.$$

mit den Lösungen

$$a_0 = \frac{1}{-1}\det\begin{pmatrix} \exp-2 & -2 \\ \exp(-3) & -3 \end{pmatrix} = 3\exp(-2) - 2\exp(-3)$$

$$a_1 \;=\; \frac{1}{-1}\,\det\begin{pmatrix} 1 & \exp(-2) \\ 1 & \exp(-3) \end{pmatrix} = \exp(-2) - \exp(-3).$$

Im nächsten Schritt wird mit den so bestimmten a_0, a_1 die Größe $\exp A$ berechnet

$$
\begin{aligned}
\exp A \;=&\; a_0 E + a_1 A \\
=&\; \begin{pmatrix} 3\exp(-2) - 2\exp(-3) & 0 \\ 0 & 3\exp(-2) - 2\exp(-3) \end{pmatrix} \\
&+ (\exp(-2) - \exp(-3))\begin{pmatrix} -1 & -1 \\ 2 & -4 \end{pmatrix} \\
=&\; \begin{pmatrix} 2\exp(-2) - \exp(-3) & -\exp(-2) + \exp(-3) \\ 2\exp(-2) - 2\exp(-3) & -\exp(-2) + 2\exp(-3) \end{pmatrix}.
\end{aligned}
\tag{8}
$$

Der Term $\exp At$ ergibt sich analog durch Ergänzen von t.

Diskussion: Die hier durchgeführte Berechnung der Transitionsmatrix $\boldsymbol{\Phi}(t) = \exp At$ basierend auf $A^{-1} = a_0 E + a_1 A$ (resp. Gl.(3)) ist als Cayley-Hamilton-Theorem bekannt. Es läßt sich auch auf kompliziertere Eigenwerte ausdehnen und führt i.a. rasch zu einer Lösung.

Aufgabe 8.7/6 Jordansche Normalform

Gegeben ist ein Zustandsgleichungssystem mit

$$A = \begin{pmatrix} 0 & 1 \\ 8 & -2 \end{pmatrix}, \quad b = \begin{pmatrix} 1 \\ 1 \end{pmatrix}, \quad c^{\mathrm{T}} = (\,4\ \ 1\,), \quad d = 0$$

und dem Anfangswertvektor $z(0) = (\,1\ \ {-4}\,)^{\mathrm{T}}$.

a) Man untersuche das Nulleingangsverhalten und bestimme die Transitionsmatrix sowie das Ausgabeverhalten im Zeitbereich.

b) Man transformiere das System auf die Jordan-Normalform und erkläre das Verhalten der Ausgabegleichung nach Aufgabe a). Wie lautet die Netzwerk-Differentialgleichung für z_2? Man prüfe die Gleichung auf Stabilität.

Hinweis: Zur Transformation auf die Jordan-Normalform sind die Eigenwerte λ_i als Nullstellen der charakteristischen Gleichung III/Gl.(8.5/24a) zu bestimmen. Durch die Beziehung $A k_i = \lambda_i k_i$ (III/Gl.(8.5/24b)) ist zu jedem Eigenwert λ_i der Eigenvektor k_i bis auf eine Konstante festgelegt. Bei Berechnung von $\Lambda = T^{-1} A T$ III/Gl.(8.5/27c) muß die rechte Seite nicht gebildet werden, doch stellt dies eine Probe für richtig bestimmte Eigenvektoren dar.

Lösung:

a) Das Nulleingangsverhalten wird durch die Transitionsmatrix $\exp At$ bestimmt, zur Berechnung sind zunächst die Eigenwerte λ_i über $\det(\lambda_i E - A) = 0$ erforderlich

$$\det\begin{pmatrix} \lambda & -1 \\ -8 & \lambda + 2 \end{pmatrix} = 0 = \lambda(\lambda + 2) - 8 \tag{1}$$

mit den Lösungen $\lambda_1 = -4$, $\lambda_2 = 2$. Die Transitionsmatrix wird nach dem Cayley-Hamilton-Theorem bestimmt (s. Aufg. 8.7/5). Danach ergibt sich für $f(\lambda_i) = a_0 + a_1\lambda_i$ bei einfachen Eigenwerten der Komponentenansatz

$$\begin{aligned}
\exp\lambda_1 t &= a_0 + a_1\lambda_1 \\
\exp\lambda_2 t &= a_0 + a_1\lambda_2
\end{aligned} \tag{2a}$$

oder in Matrixform mit eingesetzten Eigenwerten

$$\begin{pmatrix} \exp-4t \\ \exp 2t \end{pmatrix} = \begin{pmatrix} 1 & -4 \\ 1 & 2 \end{pmatrix} \cdot \begin{pmatrix} a_0 \\ a_1 \end{pmatrix} \tag{2b}$$

als Bestimmungsgleichung für a_0, a_1:

$$a_0 = \frac{\begin{pmatrix} \exp-4t & -4 \\ \exp 2t & 2 \end{pmatrix}}{6} = \frac{2}{6}\exp-4t + \frac{4}{6}\exp 2t,$$

$$a_1 = \frac{\begin{pmatrix} 1 & \exp-4t \\ 1 & \exp 2t \end{pmatrix}}{6} = \frac{\exp 2t}{6} - \frac{\exp-4t}{6}. \tag{3}$$

Mit a_0, a_1 folgt die Transitionsmatrix über das Cayley-Hamilton-Theorem für die Systemmatrix $\boldsymbol{A}$

$$\begin{aligned}
\exp\boldsymbol{A}t &= a_0\boldsymbol{E} + a_1\boldsymbol{A} \\
&= \begin{pmatrix} \frac{2}{6}\exp-4t + \frac{4}{6}\exp 2t & 0 \\ 0 & \frac{2}{6}\exp-4t + \frac{4}{6}\exp 2t \end{pmatrix} + \\
&\quad \frac{1}{6}(\exp 2t - \exp-4t)\begin{pmatrix} 0 & 1 \\ 8 & -2 \end{pmatrix}
\end{aligned} \tag{4}$$

oder zusammengefaßt

$$\exp\boldsymbol{A}t = \frac{1}{6}\begin{pmatrix} 2\exp-4t + 4\exp 2t & -\exp-4t + \exp 2t \\ 8(\exp 2t - \exp-4t) & 4\exp-4t + 2\exp 2t \end{pmatrix}. \tag{5}$$

Die Lösung der homogenen Zustandsgleichung (Nulleingangsverhalten) lautet mit gegebenem Anfangsvektor $\boldsymbol{z}(0)$

$$\boldsymbol{z}(t) = \exp\boldsymbol{A}t \cdot \boldsymbol{z}(0) = \begin{pmatrix} \exp-4t & -4\exp-4t \end{pmatrix}^{\mathrm{T}} \tag{6}$$

und die Ausgabegröße wird $y(t) = \boldsymbol{c}^{\mathrm{T}}\boldsymbol{z} = \begin{pmatrix} 4 & 1 \end{pmatrix}\boldsymbol{z}(t) = 4\exp(-4t) - 4\exp(-4t) = 0$ für alle t. M.a.W. hat das System kein Ausgangssignal und in den Zustandsgrößen fehlt der Einfluß des zweiten Eigenwertes $\lambda_2 = 2$ (der wegen des positiven Vorzeichens auf mögliche Systeminstabilität verweist). Vor allem das verschwindende Ausgangssignal bedarf einer genaueren Erklärung (s.u.).

b) Zur Transformation auf die Jordanform muß die Diagonalmatrix $\boldsymbol{\Lambda} = \boldsymbol{T}^{-1}\boldsymbol{A}\boldsymbol{T}$ berechnet werden, $\boldsymbol{T} \equiv \boldsymbol{M}$ ist hier die Modal- oder Eigenvektormatrix. Die Diagonalform erlaubt genaueren Einblick in das Systemverhalten. Im ersten Schritt werden die beiden Eigenvektoren $\boldsymbol{k}_1$, $\boldsymbol{k}_2$ der Modalmatrix $\boldsymbol{T}$ aus $(\boldsymbol{A} - \lambda_i\boldsymbol{E}) \cdot \boldsymbol{k}_i = 0$ $(i = 1, 2)$ bestimmt. Multipliziert man aus, so entsteht ein homogenes Bestimmungssystem für beide Komponenten des Eigenvektors $\boldsymbol{k}_1$, z.B. für $\boldsymbol{k}_1$, zu $\lambda_1 = -4$ gehörend:

$$\begin{pmatrix} 0+4 & 1 \\ 8 & -2+4 \end{pmatrix} \cdot \begin{pmatrix} k_{11} \\ k_{12} \end{pmatrix} = \begin{pmatrix} 0 \\ 0 \end{pmatrix} \tag{7}$$

somit $4k_{11} + k_{12} = 0$ und $8k_{11} + 2k_{12} = 0$. Das Gleichungssystem ist nicht vollständig bestimmt. Daher wird willkürlich $k_{11} = 1$ gewählt $\rightarrow$ $k_{12} = -4$. Analog ergibt sich $\underline{k}_2$ mit λ_2 aus

$$\begin{pmatrix} 0-2 & 1 \\ 8 & -2-2 \end{pmatrix} \cdot \begin{pmatrix} k_{21} \\ k_{22} \end{pmatrix} = \begin{pmatrix} 0 \\ 0 \end{pmatrix} \tag{8}$$

mit den Einzelgleichungen: $-2k_{21} + k_{22} = 0$, $8k_{21} - 4k_{22} = 0$ und damit $k_{21} = 1$ (willkürlich), $\rightarrow k_{22} = 2$. Mit $\boldsymbol{k}_1 = \begin{pmatrix} 1 & -4 \end{pmatrix}^{\mathrm{T}}$, $\boldsymbol{k}_2 = \begin{pmatrix} 1 & 2 \end{pmatrix}^{\mathrm{T}}$ lautet die Modalmatrix $\boldsymbol{T} = \begin{pmatrix} \boldsymbol{k}_1 & \boldsymbol{k}_2 \end{pmatrix}$ und ihre Inverse $\boldsymbol{T}^{-1}$:

$$\boldsymbol{T} = \begin{pmatrix} 1 & 1 \\ -4 & 2 \end{pmatrix} \quad \boldsymbol{T}^{-1} = \frac{1}{6}\begin{pmatrix} 2 & -1 \\ 4 & 1 \end{pmatrix}. \tag{9}$$

Die Diagonalmatrix $\boldsymbol{\Lambda}$ beträgt insgesamt

$$\boldsymbol{\Lambda} = \boldsymbol{T}^{-1}\boldsymbol{A}\boldsymbol{T} = \frac{1}{6}\begin{pmatrix} 2 & -1 \\ 4 & 1 \end{pmatrix}\begin{pmatrix} 0 & 1 \\ 8 & -2 \end{pmatrix}\begin{pmatrix} 1 & 1 \\ -4 & 2 \end{pmatrix} = \begin{pmatrix} -4 & 0 \\ 0 & 2 \end{pmatrix}$$

und die Jordan-Normalform $\hat{\boldsymbol{z}}' = \boldsymbol{\Lambda}\hat{\boldsymbol{z}} + \boldsymbol{T}^{-1}\boldsymbol{b}x(t)$ (III/Gl.(8.5/27b)) lautet mit der Diagonalmatrix $\boldsymbol{\Lambda} = \boldsymbol{T}^{-1}\boldsymbol{A}\boldsymbol{T}$

$$\frac{\mathrm{d}}{\mathrm{d}t}\begin{pmatrix} \hat{z}_1 \\ \hat{z}_2 \end{pmatrix} = \begin{pmatrix} -4 & 0 \\ 0 & 2 \end{pmatrix}\begin{pmatrix} \hat{z}_1 \\ \hat{z}_2 \end{pmatrix} + \frac{1}{6}\begin{pmatrix} 1 \\ 5 \end{pmatrix}x(t). \tag{10}$$

Die Anfangsbedingung des transformierten Zustandsvektors $\hat{\boldsymbol{z}}$ ist gegeben durch $\hat{\boldsymbol{z}}(0) = \boldsymbol{T}^{-1}\boldsymbol{z}(0) = \begin{pmatrix} 1 & 0 \end{pmatrix}^{\mathrm{T}}$, die Ausgabegleichung wird schließlich

$$y = \boldsymbol{c}^{\mathrm{T}} \cdot \hat{\boldsymbol{z}}(t) = \begin{pmatrix} 4 & 1 \end{pmatrix}\boldsymbol{T}\hat{\boldsymbol{z}}(t) = \begin{pmatrix} 0 & 6 \end{pmatrix}\hat{\boldsymbol{z}}(t). \tag{11}$$

Zum ursprünglichen Zustandsvektor $\boldsymbol{z}$ besteht die folgende Beziehung:

$$\boldsymbol{z}(t) = \boldsymbol{T}\hat{\boldsymbol{z}}(t) = \hat{z}_1(0)\exp\lambda_1 t\,\boldsymbol{k}_1 + \hat{z}_2(0)\exp\lambda_2 t\,\boldsymbol{k}_2$$
$$= \hat{z}_1(0)\exp-4t\begin{pmatrix} 1 \\ -4 \end{pmatrix} + \hat{z}_2(0)\exp 2t\begin{pmatrix} 1 \\ 2 \end{pmatrix}. \tag{12}$$

Wegen $\hat{\boldsymbol{z}}(0) = \boldsymbol{T}^{-1}\boldsymbol{z}(0) = \begin{pmatrix} 1 & 0 \end{pmatrix}^{\mathrm{T}}$ verschwindet $\hat{z}_2(0) = 0$, d.h. die zweite Mode wird überhaupt nicht angeregt. Andererseits trägt zum Ausgangssignal $y = \begin{pmatrix} 0 & 6 \end{pmatrix}\hat{\boldsymbol{z}}$ nur diese zweite Mode bei, Mode 1 nicht. Deshalb verschwindet die Ausgabegröße y zu allen Zeiten.

Diskussion: Die Bestimmung der Diagonalmatrix nach Gl.(9)ff. setzt einfache reelle Eigenwerte voraus, in anderen Fällen sind die Verfahren abzuwandeln.

Aufgabe 8.7/7 Zustandsgleichungen, Übertragungsfunktion

a) Zum gegebenen Blockschaltbild (8.7/7a) bestimme man die Übertragungsfunktion $G(p)$.
b) Wie können die Zustandsgleichungen direkt aus dem Blockschaltbild entwickelt werden?
c) Man berechne die Übertragungsfunktion $G(p)$ aus den Zustandsgleichungen nach b).

d) Welche Zeitfunktion $z(t)$ gehört zur Schaltung, wenn Anfangswert $z(0)$ und Erregung $x(t)$ gegeben sind, welche speziell für den Einheitssprung $x = 1$?

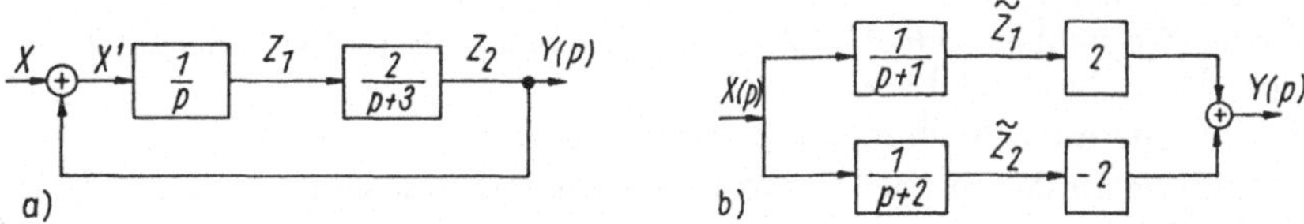

Bild 8.7/7

Hinweis: Die Übertragungsfunktion läßt sich aus dem Blockschaltbild durch Ablesen der Zwischengrößen direkt gewinnen. Zweckmäßig werden die Ausgangsgrößen der Blöcke als Zustandsvariable eingeführt. Die Rücktransformation in den Zeitbereich ergibt die Zustandsgleichung. Umgekehrt folgt daraus die Übertragungsfunktion $G(p)$ (zur Kontrolle) über III/Gl.(8.5/21). Die Lösung der Zustandsgleichung ergibt III/Gl.(8.5/9). Dabei muß die Transitionsmatrix bestimmt werden.

Lösung:

a) Die Übertragungsfunktion $G(p)$ erhält man entweder direkt aus dem Blockschaltbild durch Ablesen, aus der System-Differentialgleichung, oder der Zustandsgleichung. Wir beschreiben den ersten Weg. Am Eingang des ersten Blockes liegt die Bildgröße $X' = X - Y$ als Differenz, am Ausgang hingegen $Y = X'\frac{1}{p} \cdot \frac{2}{p+3}$ (Kaskadenschaltung der Blöcke, Multiplikation der Übertragungsfunktionen). Durch Eliminieren von X' folgt

$$Y\left(1 + \frac{2}{p(p+3)}\right) = \frac{X \cdot 2}{p(p+3)}$$

oder schließlich die Übertragungsfunktion

$$G(p) = \frac{Y(p)}{X(p)} = \frac{2}{p(p+3)+2}. \tag{1}$$

b) Im Blockschaltbild (8.7/7a) werden die Ausgangsgrößen der Blöcke jeweils als Zustandsvariable angesetzt. Im Bildbereich ergeben sich dann die Beziehungen

$$Z_1 = \frac{X - Z_2}{p}, \quad Z_2 = \frac{2}{p+3}Z_1.$$

Die Rücktransformation jeder Gleichung in den Zeitbereich liefert mit $z' = \mathrm{LT}^{-1}\{pZ\}$ für die gegebenen Formen die Differentialgleichungen

$$z_1' = x - z_2, \quad z_2' = 2z_1 - 3z_2. \tag{2}$$

Zusammengefaßt bilden sie die Vektordifferentialgleichung

$$z' = Az + bx, \quad y = c^{\mathrm{T}}z$$

mit

$$A = \begin{pmatrix} 0 & -1 \\ 2 & -3 \end{pmatrix}, \quad b = \begin{pmatrix} 1 \\ 0 \end{pmatrix}, \quad c^{\mathrm{T}} = \begin{pmatrix} 0 & 1 \end{pmatrix}, \quad d = 0. \tag{3}$$

Die vollständige Charakterisierung des Systemverhaltens erfordert noch den Anfangswert $z(0)$ (definitionsgemäß zu Null gesetzt für die Bestimmung der Übertragungsfunktion) sowie die Erregung (im Fall der Übertragungsfunktion ein Dirac-Impuls, $\mathrm{LT}(\delta(t)) \to 1$).
Hinweis: Gegenüber Aufgabe 8.7/2 unterscheiden sich die Nebendiagonalvorzeichen der $\boldsymbol{A}$-Matrix Gl.(3).

c) Sind die Zustandsgleichungen bekannt, so folgt daraus umgekehrt die Übertragungsfunktion (bei einem Eineingangs-Einausgangssystem) über III/Gl.(8.5/21)

$$
\begin{aligned}
G(p) &= \boldsymbol{c}^{\mathrm{T}} \left(p\boldsymbol{E} - \boldsymbol{A}\right)^{-1} \boldsymbol{b} \\
&= \begin{pmatrix} 0 & 1 \end{pmatrix} \begin{pmatrix} p & 1 \\ -2 & p+3 \end{pmatrix}^{-1} \begin{pmatrix} 1 \\ 0 \end{pmatrix} \\
&= \frac{1}{p(p+3)+2} \begin{pmatrix} 0 & 1 \end{pmatrix} \begin{pmatrix} p+3 & -1 \\ 2 & p \end{pmatrix} \begin{pmatrix} 1 \\ 0 \end{pmatrix} \\
&= \frac{2}{p^2 + 3p + 2}.
\end{aligned}
\tag{4}
$$

Die eingesetzten Matrizen nach Gl.(3) liefern erwartungsgemäß das Ergebnis Gl.(1), sie es im Bild 8.7/7a zum Ausdruck kommt.

d) Die Zeitfunktion $z(t)$ als Lösung der Zustandsgleichung (3) erfordert die Kenntnis der Transitionsmatrix $\boldsymbol{\Phi}(t,0) = \exp \boldsymbol{A}t$. Kennt man $\boldsymbol{A}$, so folgt $\exp \boldsymbol{A}t$ entweder durch Rücktransformation von $(p\boldsymbol{E} - \boldsymbol{A})^{-1}$ über

$$
\exp \boldsymbol{A}t = \mathrm{LT}^{-1}\left((p\boldsymbol{E} - \boldsymbol{A})^{-1}\right)
\tag{5}
$$

oder die Berechnung über das Cayley-Hamilton-Theorem.
Im ersten Fall wird zunächst (s. Gl.(4)) berechnet

$$
\begin{aligned}
(p\boldsymbol{E} - \boldsymbol{A})^{-1} &= \begin{pmatrix} p & 1 \\ -2 & p+3 \end{pmatrix}^{-1} = \frac{1}{p(p+3)+2} \begin{pmatrix} p+3 & -1 \\ 2 & p \end{pmatrix} \\
&= \frac{1}{(p+1)(p+2)} \begin{pmatrix} p+3 & -1 \\ 2 & p \end{pmatrix}.
\end{aligned}
\tag{6}
$$

Dabei ist die Polbestimmung ($p_1 = -1$, $p_2 = -2$) des gemeinsamen Vorfaktors erforderlich. Beide Pole sind reell und voneinander verschieden. Die Rücktransformation aus dem Bild- in den Zeitbereich nach Gl.(5) muß für jedes Matrixelement getrennt erfolgen, z.B. (mittels Transformationstafel)

$$
\frac{p+3}{(p+1)(p+2)} \quad \bullet\!\!-\!\!\circ \quad 2\exp(-t) - \exp(-2t),
$$

$$
\frac{2}{(p+1)(p+2)} \quad \bullet\!\!-\!\!\circ \quad 2(\exp(-t) - \exp(-2t))
$$

$$
\frac{p}{(p+1)(p+2)} \quad \bullet\!\!-\!\!\circ \quad -\exp(-t) + 2\exp(-2t).
$$

So entsteht zusammengefaßt

$$
\exp \boldsymbol{A}t = \begin{pmatrix} 2\exp(-t) - \exp(-2t) & -(\exp(-t) - \exp(-2t)) \\ 2(\exp(-t) - \exp(-2t)) & -\exp(-t) + 2\exp(-2t) \end{pmatrix}
\tag{7}
$$

als gesuchte Transitionsmatrix. Auch hier unterscheiden sich die Neben-
diagonalglieder im Vorzeichen gegenüber Aufgabe 8.7/3.
Bei Benutzung des Cayley-Hamilton-Theorems

$$\exp \boldsymbol{A}t = a_0 \boldsymbol{E} + a_1 \boldsymbol{A} \tag{8}$$

(s. Aufg. 8.7/2) ist von

$$\exp \lambda_1 t = a_0 + a_1 \lambda_1, \quad \exp \lambda_2 t = a_0 + a_1 \lambda_1 \tag{9}$$

auszugehen. Im ersten Schritt werden die Koeffizienten a_0, a_1 für die
beiden Eigenwerte $\lambda_1 = -1$, $\lambda_2 = -2$ bestimmt

$$\left. \begin{array}{l} \exp(-t) = a_0 - a_1 \\ \exp(-2t) = a_0 - 2a_1 \end{array} \right\} \rightarrow$$

$$a_0 = \frac{\lambda_2 \exp \lambda_1 t - \lambda_1 \exp \lambda_2 t}{\lambda_2 - \lambda_1} = 2\exp(-t) - \exp(-2t) \tag{10}$$

$$a_1 = \frac{\exp \lambda_1 t - \exp \lambda_2 t}{\lambda_1 - \lambda_2} = \exp(-t) - \exp(-2t).$$

Damit kann die Transitionsmatrix nach Gl.(8) angegeben werden:

$$\begin{aligned} \exp \boldsymbol{A}t &= (2\exp(-t) - \exp(-2t)) \begin{pmatrix} 1 & 0 \\ 0 & 1 \end{pmatrix} \\ &\quad + (\exp(-t) - \exp(-2t)) \begin{pmatrix} 0 & -1 \\ 2 & -3 \end{pmatrix} \\ &= \begin{pmatrix} 2\exp(-t) - \exp(-2t) & -\exp(-t) + \exp(-2t) \\ 2(\exp(-t) - \exp(-2t)) & -\exp(-t) + 2\exp(-2t) \end{pmatrix}. \end{aligned} \tag{11}$$

Ausgerechnet und zusammengefaßt folgt das rechts stehende Ergebnis
übereinstimmend mit Gl.(7).
Mit Kenntnis der Transitionsmatrix ist die Gesamtlösung bestimmt

$$\boldsymbol{z}(t) = \exp \boldsymbol{A}t\boldsymbol{z}(0) + \int_0^t \exp \boldsymbol{A}(t - \tau)\boldsymbol{b}x(\tau)\,\mathrm{d}\tau; \tag{12}$$

dazu gehört die Ausgabegleichung

$$\boldsymbol{y}(t) = \boldsymbol{c}^\mathrm{T}\boldsymbol{z}(t). \tag{13}$$

Im vorliegenden Fall trägt wegen $\boldsymbol{c}^\mathrm{T} = (\,0\;\;1\,)$ zum Ausgangssignal nur
z_2 bei (nach dem Blockschaltbild zu erwarten); das Steuersignal x wirkt
nur auf z_1 ($\boldsymbol{b} = \begin{pmatrix} 1 \\ 0 \end{pmatrix}$!). Im Falle des Einheitssprunges $x = 1$ wird aus
Gl.(12) die Lösung

$$\begin{aligned} z_1(t) &= (2\exp(-t) - \exp(-2t))z_1(0) + (-\exp(-t) + \exp(-2t))z_2(0) \\ &\quad + \int_0^t \exp \boldsymbol{A}(t - \tau)\boldsymbol{b}\underline{x}(\tau)\,\mathrm{d}\tau \\ z_2(t) &= 2(\exp(-t) - \exp(-2t))z_1(0) + (\exp(-t) + 2\exp(-2t))z_2(0). \end{aligned} \tag{14}$$

Damit ist erklärt, daß das Ausgangssignal y zu allen Zeiten unabhängig
von der Erregung bleibt.

Im Bild 8.7/7b wurde das gleiche System mit Entkopplung der Zustandsgrößen angegeben, wie es durch Transformation auf die Diagonalform in der folgenden Aufgabe berechnet wird.

Aufgabe 8.7/8 Zustandsgleichungen, Eigenvektoren

Von einem System sind die Systemkenngrößen

$$A = \begin{pmatrix} 0 & -1 \\ 2 & -3 \end{pmatrix}, \quad b = \begin{pmatrix} 1 \\ 0 \end{pmatrix}, \quad c^{\mathrm{T}} = \begin{pmatrix} 0 & 1 \end{pmatrix}, \quad d = 0$$

sowie die Übertragungsfunktion $G(p) = \frac{Y(p)}{X(p)} = \frac{2}{p(p+3)+2}$ (s. Aufg. 8.7/7a) bekannt.

a) Wie lautet die Zeitfunktion der Zustands- und Ausgabegrößen ermittelt aus $Y(p)$ durch Rücktransformation ($\rightarrow$ Partialbruchentwicklung). Führen Sie dazu neue Zustandsvariable im Bildbereich ein, die den Partialbruchtermen entsprechen.
b) Welche Transitionsmatrix gehört zu a) (entwickelt über den Bildbereich).
c) Berechnen Sie die Eigenvektoren der Eigenvektormatrix. Führen Sie damit die Diagonalisierung der Systemmatrix durch. Berechnen Sie die Transitionsmatrix $\Phi(t)$ zum Vergleich.
d) Wie lauten die Zustands- und Ausgabegleichung in transformierter Form?
e) Vergleichen Sie die Ergebnisse Aufgabe d) mit der allgemeinen Transformation der Zustandsgleichungen auf die Diagonalform.

Lösung:

a) Die Zeitfunktion $y(t) = \mathrm{LT}^{-1} Y(p)$ gewinnen wir durch Rücktransformation der Übertragungsfunktion. Ihre Pole folgen aus $p(p+3)+2 = 0 \rightarrow p_1 = -1, p_2 = -2$. Deshalb ist einfache Partialbruchentwicklung möglich

$$G(p) = \frac{C_1}{p - p_1} + \frac{C_2}{p - p_2} \rightarrow C_1 = 2, C_2 = -2.$$

Damit folgt

$$Y(p) = \frac{2X}{p+1} - \frac{2X}{p+2} = 2(\tilde{Z}_1 - \tilde{Z}_2). \tag{1}$$

Werden als neue Bildvariable

$$\tilde{Z}_1 = \frac{X(p)}{p+1}, \quad \tilde{Z}_2 = \frac{X(p)}{p+2} \tag{2}$$

definiert (anders als nach Gl.(3) Aufg. 8.7/7), so liefert deren Rücktransformation in den Zeitbereich zunächst die beiden Zustandsgleichungen der transformierten Variablen (s. Aufg. 8.7/7, Gl.(1))

$$\frac{d\tilde{z}_1}{dt} = -\tilde{z}_1 + x, \quad \frac{d\tilde{z}_2}{dt} = -2\tilde{z}_2 + x$$

oder zusammengefaßt als Matrixvektor-DGL

$$\frac{d\tilde{z}}{dt} = \begin{pmatrix} -1 & 0 \\ 0 & -2 \end{pmatrix} \tilde{z} + \begin{pmatrix} 1 \\ 1 \end{pmatrix} x = \tilde{A}\tilde{z} + \tilde{b}x \tag{3a}$$

und mit Gl.(2) die Ausgabegleichung

$$y = \begin{pmatrix} 2 & -2 \end{pmatrix} \tilde{z} = \tilde{c}^{\mathrm{T}} \tilde{z}. \tag{3b}$$

In der Transformation Gl.(3) hat die Systemmatrix $\tilde{A}$ Diagonalform, ebenso ändert sich die Beobachtungsmatrix $\tilde{c}^{\mathrm{T}}$. Durch die Darstellung Gl.(3a) sind die Zustandsgleichungen entkoppelt, m.a.W. zerfällt das System in zwei unabhängige Einzelsysteme erster Ordnung mit den Polen als Diagonalelementen in der Systemmatrix. Im Bild 8.7/7b wurde das zu Gl.(19 gehörende Blockschaltbild angegeben. Die Entkopplung der Zustandsvariablen ist deutlich.

b) Die Herleitung der Transitionsmatrix $\tilde{\Phi}(t)$ (korrespondierend über $\tilde{\Phi}(p)$ mit $\tilde{A}$) folgt mit der Zuordnung (III/Gl.(8.5/18))

$$\tilde{\Phi}(p) = (p\boldsymbol{E} - \tilde{A})^{-1} \tag{4}$$

bzw. im Zeitbereich $\tilde{\Phi}(t) = \mathrm{LT}^{-1}(\tilde{\Phi})(p)$. Einsetzen von $\tilde{A}$ (Gl.(3)) ergibt

$$\tilde{\Phi}(p) = \begin{pmatrix} p+1 & 0 \\ 0 & p+2 \end{pmatrix}^{-1} = \frac{1}{(p+1)(p+2)} \begin{pmatrix} p+1 & 0 \\ 0 & p+2 \end{pmatrix}^{-1} \tag{5}$$

und nach elementweiser Rücktransformation (mit Tafelnutzung)

$$\tilde{\Phi}(t) = \begin{pmatrix} \exp{-t} & 0 \\ 0 & \exp{-2t} \end{pmatrix}. \tag{6}$$

Auch diese Matrix hat - im Gegensatz zur nichttransformierten Form $\Phi(t)$ (Aufg. 8.7/7, Gl.(5) resp. (7)) nur Diagonalglieder!

c) Die transformierte Transitionsmatrix $\tilde{\Phi}(t)$ kann aus der Standardform $\Phi(t)$ auch durch Transformation mit der Modal- oder Eigenvektormatrix $\boldsymbol{M} = (\boldsymbol{k}_1, \boldsymbol{k}_2)$ gewonnen werden, die Bedingung dazu ist (III/Gl.(8.5/25)):

$$(\boldsymbol{A} - \lambda_i \boldsymbol{E})\boldsymbol{k}_i = 0 \qquad (i = 1, 2). \tag{7}$$

Die $\boldsymbol{k}_i$ sind die Eigenvektoren. Für den Eigenwert $\lambda_1 = -1$ folgt

$$\begin{pmatrix} 0+1 & -1 \\ 2 & -3+1 \end{pmatrix} \cdot \begin{pmatrix} k_{11} \\ k_{12} \end{pmatrix} = \begin{pmatrix} 0 \\ 0 \end{pmatrix} \tag{8}$$

und daraus die beiden Gleichungen

$$\begin{aligned} 0 &= k_{11} - k_{12}, \\ 0 &= 2(k_{11} - k_{12}), \end{aligned} \tag{9}$$

d.h. $k_{11} = k_{12}$. Wir legen $k_{11} = 1$ willkürlich fest und erhalten $\boldsymbol{k}_1 = \begin{pmatrix} 1 \\ 1 \end{pmatrix}$. Analog wird mit $\lambda_2 = -2$ verfahren:

$$\begin{pmatrix} 0+2 & -1 \\ 2 & -3+2 \end{pmatrix} \cdot \begin{pmatrix} k_{21} \\ k_{22} \end{pmatrix} = \begin{pmatrix} 0 \\ 0 \end{pmatrix} \tag{10}$$

$2k_{21} - k_{22} = 0$ sowie $2k_{21} - k_{22} = 0$ und nach Festlegung $k_{21} = 1 \rightarrow$ $k_{22} = 2$. Damit lautet der Eigenvektor $\boldsymbol{k}_2 = \begin{pmatrix} 1 \\ 2 \end{pmatrix}$.

Die Diagonalisierung der Systemmatrix $\boldsymbol{A}$ erfordert die Modalmatrix

$$\boldsymbol{M} = (\ \boldsymbol{k}_1\ \ \boldsymbol{k}_2\ ) = \begin{pmatrix} 1 & 1 \\ 1 & 2 \end{pmatrix} \tag{11}$$

sowie ihre Inversion

$$\boldsymbol{M}^{-1} = \frac{\mathrm{adj}\boldsymbol{M}}{\det \boldsymbol{M}} = \frac{1}{2-1} \begin{pmatrix} 2 & -1 \\ -1 & 1 \end{pmatrix} = \begin{pmatrix} 2 & -1 \\ -1 & 1 \end{pmatrix}. \tag{12}$$

Durch Ähnlichkeitstransformation mit der Modalmatrix folgt (zur Kontrolle, Gl.(3a))

$$\begin{aligned}
\boldsymbol{M}^{-1}\boldsymbol{A}\boldsymbol{M} &= \begin{pmatrix} 2 & -1 \\ -1 & 1 \end{pmatrix} \begin{pmatrix} 0 & -1 \\ 2 & -3 \end{pmatrix} \begin{pmatrix} 1 & 1 \\ 1 & 2 \end{pmatrix} \\
&= \begin{pmatrix} 2 & -1 \\ -1 & 1 \end{pmatrix} \begin{pmatrix} -1 & -2 \\ -1 & -4 \end{pmatrix} = \begin{pmatrix} -1 & 0 \\ 0 & -2 \end{pmatrix} = \tilde{\boldsymbol{A}}. \tag{13}
\end{aligned}$$

Die Übergangsmatrix $\boldsymbol{\Phi}(t)$ ergibt sich aus der transformierten Form $\tilde{\boldsymbol{\Phi}}(t)$ (Gl.(6)) über die Transformation

$$\begin{aligned}
\boldsymbol{\Phi}(t) &= \boldsymbol{M}\tilde{\boldsymbol{\Phi}}(t)\boldsymbol{M}^{-1} = \boldsymbol{M}\exp\boldsymbol{\lambda} t\boldsymbol{M}^{-1} \\
&= \begin{pmatrix} 1 & 1 \\ 1 & 2 \end{pmatrix} \begin{pmatrix} \exp(-t) & 0 \\ 0 & \exp(-2t) \end{pmatrix} \begin{pmatrix} 2 & -1 \\ -1 & 1 \end{pmatrix} \tag{14} \\
&= \begin{pmatrix} 1 & 1 \\ 1 & 2 \end{pmatrix} \begin{pmatrix} 2\exp(-t) & -\exp(-t) \\ -\exp(-2t) & \exp(-2t) \end{pmatrix} \\
&= \begin{pmatrix} 2\exp(-t) - \exp(-2t) & -\exp(-t) + \exp(-2t) \\ 2\exp(-t) - 2\exp(-2t) & -\exp(-t) + 2\exp(-2t) \end{pmatrix} \tag{15}
\end{aligned}$$

übereinstimmend mit Gl.(7) Aufg. 8.7/7 (erhalten dort durch direkte Berechnung der nicht transformierten Zustandsgleichung im Zeitbereich).

d) Die transformierten Zustandsgleichungen lauten (III/Gl.(8.5/27)ff.)

$$\tilde{\boldsymbol{z}}(t) = \tilde{\boldsymbol{\Phi}}\tilde{\boldsymbol{z}}(0) + \int_0^t \tilde{\boldsymbol{\Phi}}(t-\tau)\tilde{\boldsymbol{b}}x(\tau)\,\mathrm{d}\tau,$$

also mit Gl.(6),(3a)

$$\begin{aligned}
\tilde{z}_1(t) &= \exp(-t)z_1(0) + \int_0^t \exp-(t-\tau)\cdot 1 \cdot x\,\mathrm{d}\tau \\
\tilde{z}_2(t) &= \exp(-2t)z_2(0) + \int_0^t \exp-2(t-\tau)x\,\mathrm{d}\tau \tag{16}
\end{aligned}$$

sowie $y = 2(\tilde{z}_1(t) - \tilde{z}_2(t))$.

Erwartungsgemäß sind beide Zustände entkoppelt.

e) Die Anwendung der allgemeinen Transformationsbeziehungen (III/Gl. (8.5/27)) mit den Zuordnungen

$$\tilde{\boldsymbol{z}} = \boldsymbol{M}^{-1}\boldsymbol{z}, \quad \tilde{\boldsymbol{A}} = \boldsymbol{M}^{-1}\boldsymbol{A}\boldsymbol{M}, \quad \tilde{\boldsymbol{b}} = \boldsymbol{M}^{-1}\boldsymbol{b}, \quad \tilde{\boldsymbol{c}}^{\mathrm{T}} = \boldsymbol{c}^{\mathrm{T}}\boldsymbol{M}$$

auf vorliegendes Problem liefert mit $\boldsymbol{M}$ nach Gl.(11) der Reihe nacl

$$\tilde{\boldsymbol{z}} = \begin{pmatrix} 2 & -1 \\ -1 & 1 \end{pmatrix} \boldsymbol{z}, \ \text{d.h.} \ \tilde{z}_1 = 2z_1 - z_2, \ \tilde{z}_2 = -z_1 + z_2$$

$$\tilde{b} = \begin{pmatrix} 2 & -1 \\ -1 & 1 \end{pmatrix} \begin{pmatrix} 1 \\ 0 \end{pmatrix} = \begin{pmatrix} 2 \\ -1 \end{pmatrix},$$

$$\tilde{c}^{\mathrm{T}} = \begin{pmatrix} 0 & 1 \end{pmatrix} \begin{pmatrix} 1 & 1 \\ 1 & 2 \end{pmatrix} = \begin{pmatrix} 1 & 2 \end{pmatrix}. \tag{17}$$

Damit wird z.B. das Ausgangssignal (für $d = 0$)

$$y = \tilde{c}^{\mathrm{T}}\tilde{z} = \begin{pmatrix} 1 & 2 \end{pmatrix} \begin{pmatrix} 2 & -1 \\ -1 & 1 \end{pmatrix} z = \begin{pmatrix} 0 & 1 \end{pmatrix} z = z_2(t).$$

Das Ausgangssignal ändert sich erwartungsgemäß nicht (s. Aufg. 8.7/7, Gl.(13)).

Diskussion: Die Transformation auf die Diagonalform erlaubt eine systematischere und einfachere Systemanalyse, dafür muß allerdings hingenommen werden, daß die Zustandsvariablen u.U. nicht mehr so transparent interpretierbar sind.

Aufgabe 8.7/9 Zustandsgleichungen

a) Man stelle für die Schaltung die Zustandsgleichung (Bild 8.7/9) mit den Kondensatorspannungen als Zustandsvariablen auf.

b) Man berechne die charakteristische Gleichung und ihre Eigenwerte für die Modellelemente $R_2 = R_1 = 1\,\Omega$, $C_1 = C_2 = 1\,\mathrm{F}$. Wie lautet die Lösung der Zustandsgleichung in allgemeiner Form (Vorgabe: Anfangswerte $u_1(0)$, $u_2(0)$, Erregung). Zur Bestimmung von $\exp At$ soll das Cayley-Hamilton-Theorem verwendet werden.

c) Welchen Zeitverlauf hat die Ausgangsspannung u_a, wenn beide Kondensatoren zur Zeit $t = 0$ die Anfangsspannungen $u_1(0)$, $u_2(0)$ (der Einfachheit wegen in gleicher Richtung wie u_1, u_2) haben sollen und kein externes Signal u_q anliegt ($u_\mathrm{q} = 0$)?

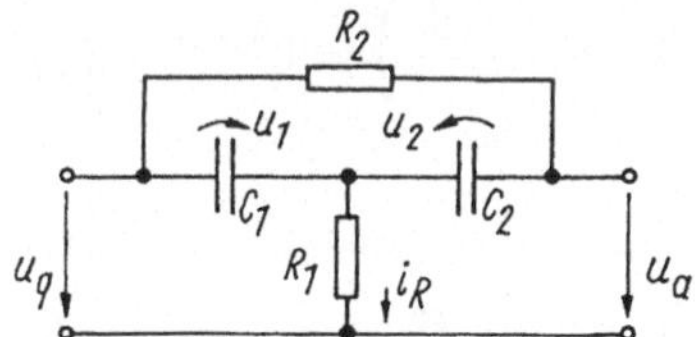

Bild 8.7/9

Hinweis: Die vektorielle Zustandsgleichung ergibt sich entweder durch (freie) Festlegung von Zustandsvariablen, Aufstellen der Netzwerkgleichungen und Ordnung nach der Zustandsform oder durch Aufstellung einer Differentialgleichung höherer Ordnung für eine (gewählte) Zustandsgröße, Einfügen von Zwischengrößen und Überführung der DGL in ein System erster Ordnung. Die Lösung der Zustandsgleichung erfolgt entweder über III/Gl.(8.5/9) oder bei Dirac-Erregung über die Gewichtsmatrix bzw. Gewichtsfunktion $g(t)$ (III/Gl.(8.5/12)) und gg. Faltung. Hier werden die Kondensatorspannungen als Zustandsgröße gewählt, es könnten aber ebenso die Knotenspannungen sein.

Lösung:

a) Mit den Kondensatorspannungen u_1, u_2 als Zustandsvariablen ergibt sich aus den Knotengleichungen und den Richtungszuordnungen Bild 8.7/9

$$C_1 u_1' = i_R - C_2 u_2', \quad C_2 u_2' = \frac{1}{R_2}(u_1 - u_2). \tag{1}$$

Eliminieren von $i_R = \frac{u_q - u_1}{R_1}$ ergibt zusammengefaßt die Netzwerkgleichungen

$$\begin{aligned} C_1 u_1' &= -(G_1 + G_2)u_1 + G_1 u_q + G_2 u_2 \\ C_2 u_2' &= G_2(u_1 - u_2) \end{aligned} \tag{2}$$

mit der Ausgabegleichung

$$u_a = u_q - u_1 + u_2. \tag{3}$$

Dargestellt in Matrixform ($u_1 = z_1$, $u_2 = z_2$) verbleibt

$$\begin{aligned} \begin{pmatrix} z_1' \\ z_2' \end{pmatrix} &= \begin{pmatrix} -\left(\frac{1}{R_1 C_1} + \frac{1}{R_2 C_1}\right) & +\frac{1}{R_2 C_1} \\ +\frac{1}{R_2 C_2} & -\frac{1}{R_2 C_2} \end{pmatrix} \begin{pmatrix} z_1 \\ z_2 \end{pmatrix} + \begin{pmatrix} \frac{1}{R_1 C_1} \\ 0 \end{pmatrix} u_q \\ &= \boldsymbol{A z}(t) + \boldsymbol{b} u_q \end{aligned} \tag{4}$$

und

$$u_a = \begin{pmatrix} -1 & 1 \end{pmatrix} \begin{pmatrix} z_1 \\ z_2 \end{pmatrix} + u_q = \boldsymbol{c}^{\mathrm{T}} \boldsymbol{z}(t) + d u_q. \tag{5}$$

Erwähnt sei, daß auch andere Variable als Zustandsgrößen, z.B. die Knotenspannungen, gewählt werden können, im vorliegenden Fall wurden (natürliche) physikalische Größen benutzt. Mit Gl.(4),(5) sind die Matrizen $\boldsymbol{A} \ldots \boldsymbol{D} = d$ nach der allgemeinen Zuordnung gegeben.

b) Zur Entwicklung der (speziellen) charakteristischen Gleichung aus $\det(\lambda \boldsymbol{E} - \boldsymbol{A}) = 0$ werden die Elementwerte (normiert auf die Grundeinheiten) eingesetzt. Es folgt

$$\begin{pmatrix} -2 - \lambda & 1 \\ 1 & -1 - \lambda \end{pmatrix} = \left(\lambda + \frac{3 + \sqrt{5}}{2}\right)\left(\lambda + \frac{3 - \sqrt{5}}{2}\right) = 0 \tag{6}$$

mit den beiden Eigenwerten

$$\lambda_1 = \frac{-3 - \sqrt{5}}{2} = -2,618, \quad \lambda_2 = \frac{-3 + \sqrt{5}}{2} = -0,382 \tag{7}$$

(reell, verschieden).

Zur Auswertung der allgemeinen Lösung der Zustandsgleichung (4) muß die Transitionsmatrix berechnet werden, zweckmäßig mit dem Cayley-Hamilton-Verfahren (s. Aufg. 8.7/2). Für die beiden einfachen reellen Eigenwerte wird mit unbekannten Koeffizienten c_0, c_1 angesetzt:

$$\exp \lambda_1 t = c_0 + c_1 \lambda_1, \quad \exp \lambda_2 t = c_0 + c_1 \lambda_2. \tag{8}$$

Nach Auflösen lauten die Koeffizienten c_0, c_1

$$c_0 = \frac{\lambda_2 \exp \lambda_1 t - \lambda_1 \exp \lambda_2 t}{\lambda_2 - \lambda_1} = 1,171 \exp \lambda_2 t - 0,171 \exp \lambda_1 t,$$

$$c_1 = \frac{\exp \lambda_1 t - \exp \lambda_2 t}{\lambda_1 - \lambda_2} = 0,447(\exp \lambda_2 t - \exp \lambda_1 t).$$

Der Transitionsmatrix $\exp At$ ergibt sich dann zu

$$\exp At = c_0 E + c_1 A = \begin{pmatrix} a_{11}(t) & a_{12}(t) \\ a_{21}(t) & a_{22}(t) \end{pmatrix} \tag{9}$$

mit A aus Gl.(4). Die Einzelglieder lauten:

$$a_{11}(t) = c_0 1 + c_1(-2) = \frac{\exp(\lambda_1)(\lambda_2 + 2) - \exp(\lambda_2 t)(\lambda_1 + 2)}{\lambda_2 - \lambda_1}$$

$$a_{12}(t) = c_0 0 + c_1 = \frac{-\exp(\lambda_1 t) + \exp(\lambda_2 t)}{\lambda_2 - \lambda_1} = a_{21}(t), \tag{10}$$

$$a_{22} = c_0 - c_1 = \frac{\exp(-\lambda_1 t)(\lambda_2 + 1) - \exp(-\lambda_2 t)(\lambda_1 + 1)}{\lambda_2 - \lambda_1}.$$

Der Reihe nach durchgeführt ergibt sich so

$$\exp At =$$
$$\begin{pmatrix} 0,277 \exp \lambda_2 t + 0,723 \exp \lambda_1 t & 0,447(\exp \lambda_2 t - \exp \lambda_1 t) \\ 0,447(\exp \lambda_2 t - \exp \lambda_1 t) & 0,724 \exp \lambda_2 t + 0,276 \exp \lambda_1 t \end{pmatrix}. \tag{11}$$

Damit kann die Lösung der Zustandsgrößen über Gl.(4) bei gegebenen Anfangswerten und der Erregerfunktion $u_q(t)$ gliedweise erfolgen:

$$z(t) = \exp At z(0) + \int_0^t \exp A(t - \tau) b u_q(\tau)\, d\tau.$$

Wir verzichten darauf, da die Lösung in Aufgabe 11.5/12 rationeller durch Laplace-Transformation erfolgen wird.

c) Der Netzwerkausgang reagiert auf eine Impulserregung mit der Gewichtsmatrix

$$g(t) = C \exp At B + D\delta(t) \tag{12}$$

bei einer Ausgangsspannung u_a (wie hier) mit der Gewichtsfunktion $g(t)$. Einsetzen der Matrizen C, B (Gl.(4)) liefert mit den gegebenen Modellelementen

$$g(t) = (\,-1\;\;1\,) \exp At \begin{pmatrix} 1 \\ 0 \end{pmatrix} + \underbrace{1\delta(t)}_{0}$$

$$= (\,-1\;\;1\,) \begin{pmatrix} 0,277 \exp \lambda_2 t + 0,723 \exp \lambda_1 t \\ 0,447(\exp \lambda_2 t - \exp \lambda_1 t) \end{pmatrix}$$

$$= 0,17 \exp(-\lambda_2 t) - 1,17 \exp(-\lambda_1 t). \tag{13}$$

Dabei wurde der Dirac-Stoß weggelassen; er tritt im Schaltmoment durch den Erreger-Dirac-Stoß auf, weil dann beide Kondensatoren noch als Kurzschluß wirken.

d) Sind beide Kondensatoren auf $u_1(0)$, $u_2(0)$ geladen, so läuft der Nulleingangszustand ab und die zugehörige Lösung lautet (bei Erregersignal $u_q(t) = 0$) für beide Zustandsgrößen $z_1 = u_1(t)$, $z_2 = u_2(t)$:

$$\begin{pmatrix} z_1 \\ z_2 \end{pmatrix} = \exp At \cdot z(0) \tag{14}$$

oder ausgeschrieben mit Gl.(9)

$$z_1(t) = a_{11}(t)z_1(0) + a_{12}(t)z_2(0)$$
$$z_2(t) = a_{21}(t)z_1(0) + a_{22}(t)z_2(0).$$
$$(15)$$

Die zugehörige Ausgangsspannung lautet (Gl.(5))

$$u_a(t) = -u_1 + u_2 = -z_1 + z_2 = (a_{21} - a_{11})z_1(0) + (a_{22} - a_{12})z_2(0).$$

Ist z.B. Kondensator C_1 nicht geladen ($z_1(0) = 0$), so läuft der Ausgleichsvorgang

$$u_a = z_2(0)\frac{\exp(\lambda_1 t)(\lambda_2 + 1 + 1) - \exp(\lambda_2 t)(\lambda_1 + 1 + 1)}{\lambda_2 - \lambda_1}$$
$$= z_2(0)\frac{(2 + \lambda_2)\exp \lambda_1 t - (\lambda_1 + 2)\exp \lambda_2 t}{\lambda_2 - \lambda_1}$$
$$(16)$$

ab. Das ist die Überlagerung zweier Abklingvorgänge, wobei der langsamere mit der größeren Zeitkonstante ($\to \lambda_2$) den Vorgang dominant bestimmt:

$$u_a \approx u_2(0)\frac{(-2 + 2,62)\exp \lambda_2 t}{\sqrt{5}} \approx 0,276 u_2(0)\exp \lambda_2 t.$$
$$(17)$$

Die Ausgangsspannung klingt exponentiell ab, wie es von einem RC-Netzwerk mit Anfangsladung zu erwarten ist.

Diskussion: Die Zustandsanalyse ist schon bei kleinen Netzwerken aufwendig, ihr Vorteil liegt aber gerade in der Systematik der Lösung, die ganz formal auch auf größere Netzwerke übertragbar ist und dann deutliche Analysevorteile bringt.

Die Lösung würde - mit dem allgemeinen Netzwerkelement durchgeführt - erheblich unübersichtlicher. So gesehen ist eine frühzeitige Einfügung der Modellelemente nützlich. Der Aufwand sinkt allerdings - auch bei allgemeinen Netzwerken -, wenn direkt die Netzwerkgleichung nur für u_a angesetzt und nach den Standardverfahren gelöst wird. Die Rückrechnung auf u_1, u_2 ist daraus jederzeit mit den Netzwerkbeziehungen möglich.

Aufgabe 8.7/10 Zustandsgrößendarstellung

a) Man stelle für den Reihenkreis Bild 8.7/10 die Zustandsgleichungen der natürlichen Zustandsgrößen sowie die Ausgabegleichung für u_C, u_R und u_L auf. Die Schaltelemente sind linear und zeitunabhängig. Man stelle Dimensionsbetrachtungen an.

b) Wie lauten die Eigenwerte der Systemmatrix?

c) Man berechne $\Phi(t) = \exp At$ durch Überführung in einer Diagonalform ($\to$ Jordan-Normalform).

d) Wie lauten die transformierte Zustandsvariablen der Jordan-Normalform?

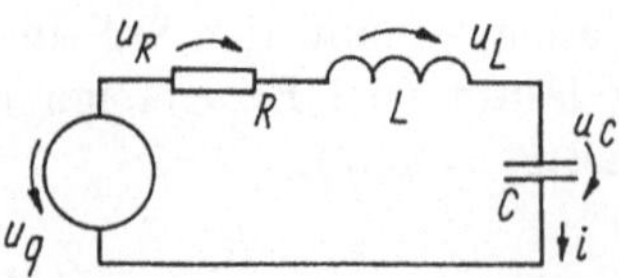

Bild 8.7/10

Lösung:

a) Natürliche Zustandsgrößen der Schaltung sind Kondensatorspannung u_C und Spulenstrom i. Maschensatz und Kondensatorstrombeziehung liefern

$$i'(t) = -\frac{R}{L}i(t) - \frac{u_C(t)}{L} + \frac{u_q(t)}{L}, \quad u'_C(t) = \frac{i(t)}{C}$$

und so

$$\frac{\mathrm{d}z}{\mathrm{d}t} = \boldsymbol{A}z + \boldsymbol{b}x \tag{1a}$$

mit

$$\boldsymbol{z} = \begin{pmatrix} i(t) \\ u_C(t) \end{pmatrix} = \begin{pmatrix} z_1 \\ z_2 \end{pmatrix}$$

und

$$\boldsymbol{A} = \begin{pmatrix} -\frac{R}{L} & -\frac{1}{L} \\ \frac{1}{C} & 0 \end{pmatrix}, \quad \boldsymbol{B} = \boldsymbol{b} = \begin{pmatrix} \frac{1}{L} \\ 0 \end{pmatrix}. \tag{1b}$$

Die Ausgabegleichung umfaßt die drei Teilspannungen u_R, u_L, u_C. Sie lautet

$$\boldsymbol{y} = \boldsymbol{C}z + \boldsymbol{D}x \equiv \begin{pmatrix} u_L \\ u_R \\ u_C \end{pmatrix} = \begin{pmatrix} -R & -1 \\ R & 0 \\ 0 & 1 \end{pmatrix} \begin{pmatrix} i \\ u_C \end{pmatrix} + \begin{pmatrix} 1 \\ 0 \\ 0 \end{pmatrix} u_q \tag{2}$$

mit $\boldsymbol{D} \equiv d$. Damit ist das Gleichungssystem grundsätzlich formuliert. Zur Lösung sind die Angabe der Erregung (u_q) und die Anfangswerte $i(0)$, $u_C(0)$ ($\to \boldsymbol{z}(0)$) erforderlich.

Die Zustandsvariablen sind - wie alle Netzwerkgrößen - dimensionsbehaftet. Deshalb treten in den Matrixelementen i.a. unterschiedliche Dimensionen auf, beispielsweise hat die Systemmatrix die Dimension

$$\dim[\boldsymbol{A}] = \begin{pmatrix} \mathrm{s}^{-1} & \frac{\mathrm{A}}{\mathrm{Vs}} \\ \frac{\mathrm{V}}{\mathrm{As}} & 1 \end{pmatrix}.$$

Bei der konsequenten Durchrechnung mit physikalischen Größen ergeben sich automatisch richtige Dimensionen, für die numerische Lösung sollten alle Größen jeweils auf ihre Grundeinheiten normiert werden, um Dimensionsfehler auszuschließen.

b) Die Eigenwerte λ_i der Systemmatrix $\boldsymbol{A}$ ergeben sich aus $\det(\lambda\boldsymbol{E} - \boldsymbol{A}) = 0$ oder

$$\det \begin{pmatrix} \lambda + \frac{R}{L} & \frac{1}{L} \\ -\frac{1}{C} & \lambda \end{pmatrix} = 0$$

zu

$$\lambda_{1/2} = -\alpha \pm \sqrt{\alpha^2 - \omega_0^2} \quad \left(\alpha = \frac{R}{2L}, \ \omega_0^2 = \frac{1}{LC} \right) \tag{3}$$

und $\lambda_1\lambda_2 = \omega_0^2$. Sie kennzeichnen das Abklingen der freien Schwingung. Beide Eigenwerte sind entweder reell (und negativ, starke Dämpfung)

oder konjugiert komplex (abklingende harmonische Schwingung). Wir
nehmen den ersten Fall an.

c) Die Transitionsmatrix $\boldsymbol{\Phi}(t) = \exp \boldsymbol{A}t$ bestimmt das Lösungsverhal-
ten entscheidend und insbesondere das der freien Schwingung, das sog.
Nulleingangsverhalten

$$\boldsymbol{z}(t) = \boldsymbol{\Phi}(t)\boldsymbol{z}(0).$$

$\boldsymbol{\Phi}(t)$ kann mit verschiedenen Verfahren bestimmt werden (s. Aufg. 8.7/3),
besonders einfach wird die Lösung, wenn $\boldsymbol{\Phi}(t)$ vorher in eine Diagonalmatrix $\exp \boldsymbol{\Lambda}t$ durch Transformation mit der Modalmatrix $\boldsymbol{M}$ überführt
wird

$$\boldsymbol{\Phi}(t) = \boldsymbol{M} \exp (\boldsymbol{\Lambda}t)\boldsymbol{M}^{-1}. \tag{4}$$

Dann gilt

$$\hat{\boldsymbol{z}}(t) = \exp \boldsymbol{\Lambda}t\hat{\boldsymbol{z}}(0).$$

Zur Entwicklung von $\exp \boldsymbol{A}t$ in eine Diagonalform $\exp \lambda_i t$ wird von der
Zuordnung Gl.(4) ausgegangen mit der Modalmatrix $\boldsymbol{M}$ bestehend aus
den Eigenvektoren $\boldsymbol{k}_i$: $\boldsymbol{M} = (\ \boldsymbol{k}_1 \ \ \boldsymbol{k}_2\ )$ (III/Gl.(8.5/27)). Sie werden bestimmt aus $(\boldsymbol{A} - \boldsymbol{E}\lambda_i)\boldsymbol{k}_i = 0$ oder in Komponentenschreibweise

$$\begin{pmatrix} -\frac{R}{L} & -\frac{1}{L} \\ \frac{1}{C} & 0 \end{pmatrix} \begin{pmatrix} k_{i1} \\ k_{i2} \end{pmatrix} = \lambda_i \begin{pmatrix} k_{i1} \\ k_{i2} \end{pmatrix}, \quad i = 1, 2. \tag{5}$$

Man erkennt, daß aus der zweiten Zeile allgemein

$$\frac{k_{i1}}{\lambda_i C} = k_{i2} \quad i = 1, 2 \tag{6}$$

also lineare Abhängigkeit folgt. Deshalb ist eine Komponente des Eigenvektors frei wählbar. Die Eigenvektoren $\boldsymbol{k}_i$ lauten dann

$$\boldsymbol{k}_1 = \begin{pmatrix} \gamma_1 \\ \frac{\gamma_1}{\lambda_1 C} \end{pmatrix}, \quad \boldsymbol{k}_2 = \begin{pmatrix} \gamma_2 \\ \frac{\gamma_2}{\lambda_2 C} \end{pmatrix}. \tag{7}$$

γ_1, γ_2 sind zwei beliebige Skalierungskonstanten. Zweckmäßig werden
gewählt $\gamma_1 = \lambda_1 C$ und $\gamma_2 = \lambda_2 C$ und somit

$$\boldsymbol{M} = (\ \boldsymbol{k}_1 \ \ \boldsymbol{k}_2\ ) = \begin{pmatrix} \lambda_1 C & \lambda_2 C \\ 1 & 1 \end{pmatrix} \tag{8a}$$

$$\boldsymbol{M}^{-1} = \frac{1}{C(\lambda_1 - \lambda_2)} \begin{pmatrix} 1 & -\lambda_2 C \\ -1 & \lambda_1 C \end{pmatrix}. \tag{8b}$$

Daraus folgt ausgewertet die Transitionsmatrix

$$\begin{aligned} \boldsymbol{\Phi}(t) &= \boldsymbol{M} \exp \boldsymbol{\Lambda}t \boldsymbol{M}^{-1} \\ &= \frac{\begin{pmatrix} \lambda_1 C & \lambda_2 C \\ 1 & 1 \end{pmatrix}}{C(\lambda_1 - \lambda_2)} \begin{pmatrix} \exp \lambda_1 t & 0 \\ 0 & \exp \lambda_2 t \end{pmatrix} \begin{pmatrix} 1 & -\lambda_2 C \\ -1 & \lambda_1 C \end{pmatrix}. \end{aligned} \tag{9}$$

Die Berechnung führt mit $a_1 = \exp \lambda_1 t$, $a_2 = \exp \lambda_2 t$ sowie $\lambda_1 \lambda_2 = \omega_0^2$
auf

$$\boldsymbol{\Phi}(t) = \frac{1}{(\lambda_1 - \lambda_2)} \begin{pmatrix} \lambda_1 a_1 - \lambda_2 a_2 & \omega_0^2 C(a_2 - a_1) \\ \frac{a_1 - a_2}{C} & a_2 \lambda_1 - a_1 \lambda_2 \end{pmatrix}. \tag{10}$$

Damit ist die Transitionsmatrix als Funktion der Eigenwerte und Kreisparameter bestimmt. Die Gesamtlösung $\boldsymbol{z}(t)$ der Zustandsgleichung (1a) lautet

$$\boldsymbol{z}(t) = \boldsymbol{\Phi}(t)\boldsymbol{z}(0) + \int_0^t \boldsymbol{\Phi}(t - \tau)\boldsymbol{B}u_{\mathrm{q}}(t)\,\mathrm{d}\tau$$

mit dem homogenen ersten Anteil (freie Lösung, Nulleingangsverhalten) und dem erzwungenen letzten Anteil (Nullzustandsverhalten), der von der Erregung abhängt.

Im freien Anteil wird zunächst $\boldsymbol{\Phi}(t)$ Gl.(10) nach den Zeitfunktionen $a_1(t)$ und $a_2(t)$ geordnet

$$\boldsymbol{\Phi}(t) = \frac{1}{(\lambda_1 - \lambda_2)} \left(a_1 \begin{pmatrix} \lambda_1 & -\omega_0^2 C \\ 1/C & -\lambda_2 \end{pmatrix} + a_2 \begin{pmatrix} -\lambda_2 & \omega_0^2 C \\ -1/C & \lambda_1 \end{pmatrix} \right). \tag{11}$$

Einsetzen der Anfangswerte $\boldsymbol{z}(0) = (z_1(0)\,z_2(0))^{\mathrm{T}}$ ergibt

$$\begin{aligned} &\boldsymbol{z}(t) \\ &= \frac{1}{\lambda_1 - \lambda_2} \begin{pmatrix} \left(z_1(0)\lambda_1 - \frac{z_2(0)}{L} \right) a_1(t) + \left(-\lambda_2 z_1(0) + \frac{z_2(0)}{L} \right) a_2(t) \\ \left(\frac{z_1(0)}{C} - z_2(0)\lambda_2 \right) a_1(t) + \left(\frac{-z_1(0)}{C} + z_2(0)\lambda_1 \right) a_2(t) \end{pmatrix}. \end{aligned} \tag{12}$$

Mit $\boldsymbol{z}(t) = \begin{pmatrix} i(t) \\ u_{\mathrm{C}}(t) \end{pmatrix}$ und $a_1 = \exp \lambda_1 t$, $a_2 = \exp \lambda_2 t$ beschreibt Gl.(12) das Nulleingangsverhalten vollständig.

Ein zweiter Weg zur Berechnung von $\boldsymbol{z}(t)$ besteht in der direkten Anwendung der Eigenvektoren $\boldsymbol{k}_i$ Gl.(7). Unter Annahme zweier verschiedener Werte folgt wie bei der Lösung homogener Differentialgleichungen

$$\boldsymbol{z}(t) = m_1 \boldsymbol{k}_1 \exp \lambda_1 t + m_2 \boldsymbol{k}_2 \exp \lambda_2 t. \tag{13}$$

Die Konstanten m_1, m_2 hängen von den Anfangswerten für $t = 0$ ab

$$\boldsymbol{z}(0) = m_1 \boldsymbol{k}_1 + m_2 \boldsymbol{k}_2 \tag{14}$$

oder ausgeschrieben

$$\begin{aligned} z_1(0) &= m_1 \lambda_1 C + m_2 \lambda_2 C \\ z_2(0) &= m_1 + m_2. \end{aligned} \tag{15}$$

Daraus folgen die beiden Konstanten zu

$$m_1 = \frac{z_1(0) - \lambda_2 C z_2(0)}{C(\lambda_1 - \lambda_2)}, \quad m_2 = \frac{z_1(0) - \lambda_1 C z_2(0)}{C(\lambda_2 - \lambda_1)}. \tag{16}$$

Rückeingesetzt in Gl.(13) wird daraus

$$\begin{aligned} &\boldsymbol{z}(t) \\ &= \frac{1}{(\lambda_1 - \lambda_2)} \begin{pmatrix} (z_1(0) - \lambda_2 C z_2(0)) \lambda_1 a_1 + (\lambda_1 C z_2(0) - z_1(0)) \lambda_2 a_2 \\ \left(\frac{z_1(0)}{C} - \lambda_2 z_2(0) \right) a_1 + \left(\lambda_1 z_2(0) - \frac{z_1(0)}{C} \right) a_2 \end{pmatrix} \end{aligned} \tag{17}$$

übereinstimmend mit Gl.(12).

Falls beide Eigenwerte konjugiert komplex sind ($\lambda_2 = \lambda_1^*$), werden die Eigenvektoren $\boldsymbol{k}_1$, $\boldsymbol{k}_2$ zweckmäßig komplex angesetzt. Dann treten in $\boldsymbol{\Phi}(t)$ harmonische Funktionen auf.

d) Liegt das Ausgangsgleichungssystem in der Form Gl.(1a) vor, so lautet die transponierte Form

$$\tilde{\boldsymbol{z}}' = \tilde{\boldsymbol{A}}\tilde{\boldsymbol{z}} + \tilde{\boldsymbol{b}}x = \boldsymbol{\Lambda}\tilde{\boldsymbol{z}} + \tilde{\boldsymbol{b}}x, \quad y = \tilde{\boldsymbol{c}}^{\mathrm{T}}\tilde{\boldsymbol{z}} + \tilde{d}x \tag{18}$$

mit $\tilde{\boldsymbol{A}} = \boldsymbol{T}^{-1}\boldsymbol{A}\boldsymbol{T}$ und $\tilde{\boldsymbol{b}} = \boldsymbol{T}^{-1}\boldsymbol{b}$ für die Jordan-Normal- oder Diagonalform. Die Transformationsmatrix $\boldsymbol{T}$ ist die Modalmatrix $\boldsymbol{M}$. Für das Nulleingangsverhalten ergibt dann die Ähnlichkeitstransformation

$$\tilde{\boldsymbol{z}} = \boldsymbol{T}^{-1}\boldsymbol{z} = \boldsymbol{M}^{-1}\boldsymbol{z} \tag{19}$$

mit $\boldsymbol{z}(t) = \exp\boldsymbol{A}t\boldsymbol{z}(0)$. Sie ist i.a. nicht mehr direkt durch Netzwerkgrößen zu interpretieren.

Diskussion: Die Transformation auf die Diagonalform liefert (entkoppelte) Eigenwertlösungen. Sie kennzeichnen die innere Systemstruktur und direkt davon abhängige Eigenschaften (z.B. Stabilität, Beobachtbarkeit und Steuerbarkeit) besonders gut. Zusätzlich erlaubt sie einen einfacheren Systementwurf.

Aufgabe 8.7/11 Schaltvorgang

In der Schaltung Bild 8.7/11a werden beide Schalter S zur Zeit $t = 0$ gleichzeitig geöffnet.

a) Man stelle die Anfangsbedingung der Spulenströme $i_1(0)$, $i_2(0)$ auf. Modellelemente: $R_1 = 3\,\Omega$, $R_2 = 12\,\Omega$, $R_3 = 6\,\Omega$, $L_1 = 3\,\mathrm{H}$, $L_2 = 2\,\mathrm{H}$, $U_{\mathrm{Q}} = 12\,\mathrm{V}$.

b) Man gebe die Zustandsgleichungen für $i_1(t)$, $i_2(t)$ an und löse die Matrix-Differentialgleichung mit dem Standardansatz.

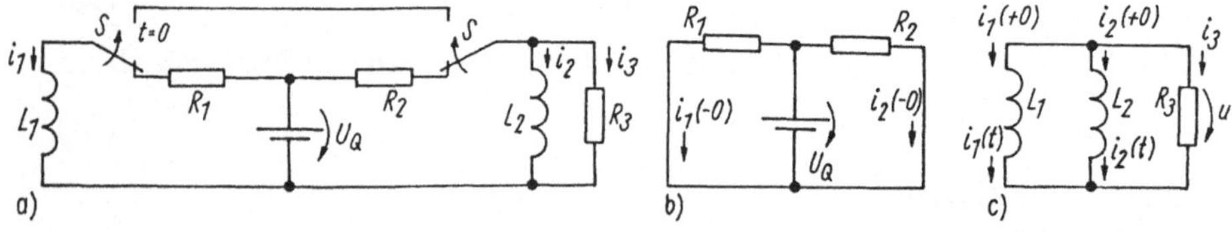

Bild 8.7/11

Lösung:

a) Im Schalterzustand $t \leq 0$ können die Induktivitäten durch Kurzschluß ersetzt werden. Dann liegt Schaltung Bild 8.7/11b vor mit den Anfangswerten

$$i_1(-0) = i_1 = i_1(+0) = \frac{U_{\mathrm{Q}}}{R_1} = 4\,\mathrm{A}, \; i_2(-0) = i_2(+0) = \frac{U_{\mathrm{Q}}}{R_2} = 1\,\mathrm{A}. \tag{1}$$

Dabei wurden die Stetigkeitsbedingungen beachtet.

b) Für $t \geq 0$ liegt die Schaltung Bild 8.7/11c) zugrunde mit unterschiedlichen Anfangsströmen durch die Induktivitäten. Das Aufstellen der Zustandsgleichungen beginnt mit den u-, i-Beziehungen der Spule

$$u_1 = L_1 \frac{di_1}{dt}, \quad u_2 = L_2 \frac{di_2}{dt}. \tag{2a}$$

Über die Knotengleichung

$$i_1 + i_2 + \frac{u_1}{R_3} = 0 \tag{2b}$$

folgen mit den Zeitkonstanten $\tau_1 = \frac{L_1}{R_3}$, $\tau_2 = \frac{L_2}{R_3}$:

$$\frac{di_1}{dt} = -\frac{1}{\tau_1}(i_1 + i_2) \quad \text{und} \quad \frac{di_2}{dt} = -\frac{1}{\tau_2}(i_1 + i_2) \tag{3}$$

oder

$$z' = Az + bx, \quad z = \begin{pmatrix} i_1 \\ i_2 \end{pmatrix}$$

mit der Systemmatrix A und der Erregungsmatrix $B \equiv \underline{b} = 0$

$$A = \begin{pmatrix} -\frac{1}{\tau_1} & -\frac{1}{\tau_1} \\ -\frac{1}{\tau_2} & -\frac{1}{\tau_2} \end{pmatrix}. \tag{4}$$

Der Anfangswert von z lautet $z(0) = \begin{pmatrix} G_1 \\ G_2 \end{pmatrix} U_Q$.

Zur Lösung von $z(t)$ muß $\exp At$ ermittelt werden. Die Berechnung von $\exp At$ erfordert die Eigenwerte aus $\det(A - \lambda E) = 0$:

$$\det(A - \lambda E) = \begin{pmatrix} -\lambda - \frac{1}{\tau_1} & -\frac{1}{\tau_1} \\ -\frac{1}{\tau_2} & -\lambda - \frac{1}{\tau_2} \end{pmatrix}$$

$$= \left(\lambda + \frac{1}{\tau_1}\right)\left(\lambda + \frac{1}{\tau_2}\right) - \frac{1}{\tau_1\tau_2} = 0 \tag{5}$$

mit den Lösungen

$$\lambda_1 = 0, \quad \lambda_2 = -\left(\frac{1}{\tau_1} + \frac{1}{\tau_2}\right). \tag{6}$$

Die Berechnung von $\exp At$ möge über das Caley-Hamilton-Theorem erfolgen (s. Aufg. 8.7/3). Den Ausgang bildet der Ansatz

$$\exp At = a_0 E + a_1 A. \tag{7}$$

Die Koeffizienten a_0, a_1 werden mittels der Eigenwerte λ_1, λ_2 bestimmt

$$a_0 + a_1\lambda_1 = \exp \lambda_1 t, \quad a_0 + a_1\lambda_2 = \exp \lambda_2 t. \tag{8}$$

Daraus folgt aufgelöst

$$a_0 = \frac{\lambda_2 \exp \lambda_1 t - \lambda_1 \exp \lambda_2 t}{\lambda_2 - \lambda_1} = 1,$$

$$a_1 = \frac{\exp \lambda_1 t - \exp \lambda_2 t}{\lambda_1 - \lambda_2} = \frac{1 - \exp \lambda_2 t}{-\lambda_2}. \tag{9}$$

Einsetzen von a_0, a_1 in Gl.(7) liefert

$$\exp \boldsymbol{A}t = 1 \begin{pmatrix} 1 & 0 \\ 0 & 1 \end{pmatrix} + \left(\frac{1 - \exp -t \left(\frac{1}{\tau_1} + \frac{1}{\tau_2} \right)}{\left(\frac{1}{\tau_1} + \frac{1}{\tau_2} \right)} \right) \begin{pmatrix} -\frac{1}{\tau_1} & -\frac{1}{\tau_1} \\ -\frac{1}{\tau_2} & -\frac{1}{\tau_2} \end{pmatrix}. \tag{10}$$

Damit wird schließlich die Gesamtlösung (Nulleingangslösung)

$$\boldsymbol{z}(t) = \exp \boldsymbol{A}t \, \boldsymbol{z}(0) = \exp \boldsymbol{A}t \begin{pmatrix} 4 \\ 1 \end{pmatrix}. \tag{11}$$

Die gegebenen Zahlenwerte führen mit $\tau_1 = \frac{L_1}{R_3} = \frac{3\,\mathrm{H}}{6\,\Omega} = \frac{1}{2}\,\mathrm{s}$, $\tau_2 = \frac{L_2}{R_3} = \frac{2\,\mathrm{H}}{6\,\Omega} = \frac{1}{3}\,\mathrm{s}$ auf

$$\exp \boldsymbol{A}t = \begin{pmatrix} 1 & 0 \\ 0 & 1 \end{pmatrix} + \begin{pmatrix} -\frac{2}{5} + \frac{2}{5}\exp(-5t) & -\frac{2}{5} + \frac{2}{5}\exp(-5t) \\ -\frac{3}{5} + \frac{3}{5}\exp(-5t) & -\frac{3}{5} + \frac{3}{5}\exp(-5t) \end{pmatrix}. \tag{12}$$

Die Gesamtlösung Gl.(11) lautet mit Gl.(12) zusammengefaßt

$$\boldsymbol{z}(t) = \begin{pmatrix} i_1(t) \\ i_2(t) \end{pmatrix} = \begin{pmatrix} 2 + 2\exp(-5t) \\ -2 + 3\exp(-5t) \end{pmatrix} \quad t \geq 0. \tag{13}$$

Dabei sind die Zeit t in Sekunden und der Strom i in A anzusetzen.

Diskussion: Die Diskussion der Nulleingangslösung Gl.(13), besonders der physikalische Aspekt (immerhin handelt es sich um die Parallelschaltung zweier idealer Induktivitäten mit verschiedenen Anfangsströmen), erfolgt später in Aufgabe 11.5/8, wo das gleiche Problem durch Laplace-Transformation (erheblich einfacher) gelöst wird.

Aufgabe 8.7/12 Nullzustandsverhalten

In der Schaltung Bild 8.7/12a wird der Schalter S zur Zeit $t = 0$ geöffnet (Kondensatoren ladungslos für $t = 0$).

a) Man stelle die Zustandsgleichungen der Kondensatorspannungen u_1, u_2 auf (Sonderfall $C_1 = C_2 = C$).
b) Wie lautet die allgemeine Lösung der Kondensatorspannungen?
c) Wie lauten diese Spannungen, wenn zum Zeitpunkt $t = 0$ ein Gleichstrom $i_q(t) = I_Q s(t)$ ist, angeschaltet wird?

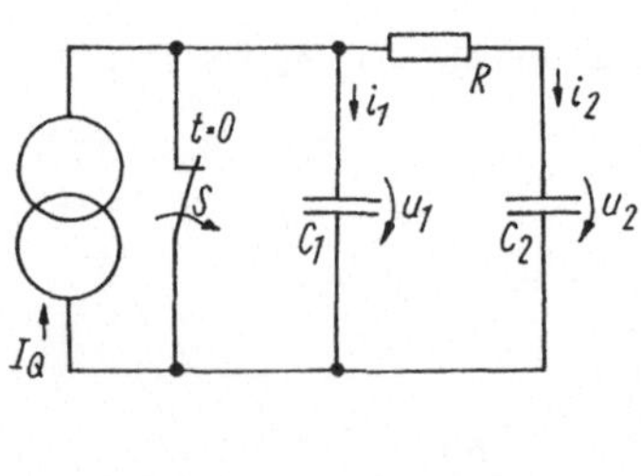

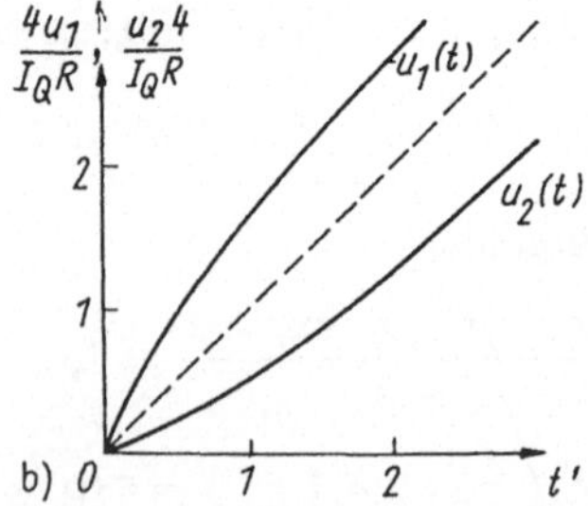

Bild 8.7/12

Lösung:

a) Ausgang sind die Netzwerkelementbeziehungen $i_1 = C_1 \frac{du_1}{dt}$, $i_2 = C_2 \frac{du_2}{dt}$ sowie die Knoten- und Maschengleichungen

$$i_1 + i_2 = i_q \tag{1a}$$

$$u_1 - u_2 = Ri_2. \tag{1b}$$

Beide ergeben zusammengefaßt die Matrixdifferentialgleichung

$$\begin{pmatrix} C_1 & C_2 \\ 0 & RC_2 \end{pmatrix} \begin{pmatrix} u_1' \\ u_2' \end{pmatrix} = \begin{pmatrix} 0 & 0 \\ 1 & -1 \end{pmatrix} \begin{pmatrix} u_1 \\ u_2 \end{pmatrix} + \begin{pmatrix} 1 \\ 0 \end{pmatrix} i_q. \tag{2}$$

Aus Gl.(2) ergibt sich aufgelöst nach dem Ableitungsvektor durch Multiplizieren mit $\begin{pmatrix} C_1 & C_2 \\ 0 & RC_2 \end{pmatrix}^{-1}$ von links oder gleichwerte Umformung der skalaren Differentialgleichungen, schließlich das Zustandsdifferentialgleichungssystem

$$\begin{pmatrix} u_1' \\ u_2' \end{pmatrix} = \begin{pmatrix} -\frac{1}{RC_1} & \frac{1}{RC_1} \\ \frac{1}{RC_2} & -\frac{1}{RC_2} \end{pmatrix} \begin{pmatrix} u_1 \\ u_2 \end{pmatrix} = \begin{pmatrix} \frac{1}{C_1} \\ 0 \end{pmatrix} i_q \tag{3}$$

resp. in der Standardform mit $z' = Az + bx$ und den Matrizen sowie Vektoren

$$z = \begin{pmatrix} u_1 \\ u_2 \end{pmatrix}, \quad A = \frac{1}{RC_1} \begin{pmatrix} -1 & 1 \\ \frac{C_1}{C_2} & -\frac{C_1}{C_2} \end{pmatrix}, \quad b = \begin{pmatrix} \frac{1}{C_1} \\ 0 \end{pmatrix}, \quad x = i_q.$$

b) Bei verschwindendem Anfangswert $z(0) = 0$ ist die Lösung von Gl.(3) das Nullzustandsverhalten:

$$z(t) = \int_0^t \exp A(t - \tau)bx(\tau)\,d\tau. \tag{4}$$

Die Berechnung der Transitionsmatrix $\exp At$ erfordert die Kenntnis der Matrixeigenwerte λ_1, λ_2. Sie folgen aus

$$\det(A - \lambda E) = \det \begin{pmatrix} -\frac{1}{RC_1} - \lambda & \frac{1}{RC_1} \\ \frac{1}{RC_2} & -\frac{1}{RC_2} - \lambda \end{pmatrix} = 0 \tag{5}$$

zu $\lambda_1 = 0$, $\lambda_2 = -\frac{1}{R}\left(\frac{1}{C_1} + \frac{1}{C_2}\right)$. Die Transitionsmatrix $\exp At$ selbst wird zweckmäßig mit dem Cayley-Hamilton-Theorem ermittelt (s. Aufg. 8.7/3). Aus

$$\exp At = a_0 E + a_1 A \tag{6}$$

ergeben sich die beiden Koeffizienten a_0, a_1 durch Verwendung der Eigenwerte aus

$$a_0 + a_1\lambda_1 = \exp \lambda_1 t, \quad a_0 + a_1\lambda_2 = \exp \lambda_2 t$$

und speziell für $\lambda_1 = 0$, $\lambda_2 = -\frac{2}{RC}$ im Fall gleicher Kondensatoren $(C_1 = C_2 = C)$

$$a_0 = 1, \quad a_1 = \frac{RC}{2}\left(1 - \exp -\frac{2t}{RC}\right). \tag{7}$$

Mit der Substitution $t \to (t - \tau)$ sowie Gl.(6) und dem Vektor b Gl.(3) folgt für den Integranden in Gl.(4)

$$\exp \boldsymbol{A}(t - \tau)\boldsymbol{b} =$$

$$\left(\begin{pmatrix} 1 & 0 \\ 0 & 1 \end{pmatrix} + \begin{pmatrix} -1 & 1 \\ 1 & -1 \end{pmatrix} \frac{RC}{2RC} \left(1 - \exp \frac{-2(t - \tau)}{RC} \right) \right) \begin{pmatrix} \frac{1}{C} \\ 0 \end{pmatrix}$$

$$= \frac{1}{2C} \begin{pmatrix} 1 + \exp -\frac{2(t-\tau)}{RC} \\ 1 - \exp -\frac{2(t-\tau)}{RC} \end{pmatrix} \tag{8}$$

und mit Gl.(4) als Lösung

$$\begin{pmatrix} u_1(t) \\ u_2(t) \end{pmatrix} = \frac{1}{2C} \int_0^t \begin{pmatrix} 1 + \exp -\frac{2(t-\tau)}{RC} \\ 1 - \exp -\frac{2(t-\tau)}{RC} \end{pmatrix} i_\mathrm{q}(\tau)\, \mathrm{d}\tau. \tag{9}$$

Bei bekanntem Zeitverlauf des Quellenstromes kann das Integral berechnet werden.

c) Bei Einschalten eines Gleichstromes $i_\mathrm{q} = I_\mathrm{Q}$ zur Zeit $t = 0$ an die ladungslosen Kondensatoren entstehen nach Gl.(9): die Kondensatorspannungen

$$u_1(t) = \frac{I_\mathrm{Q}}{2C} \int_0^t \left(1 + \exp -\frac{2(t - \tau)}{RC} \right) \mathrm{d}\tau$$

$$= \frac{I_\mathrm{Q}}{2C} \left(t + \frac{RC}{2} \left(1 - \exp -\frac{2t}{RC} \right) \right)$$

$$u_2(t) = \frac{I_\mathrm{Q}}{2C} \left(t - \frac{RC}{2} \left(1 - \exp -\frac{2t}{RC} \right) \right), \quad t' = \frac{2t}{RC} \tag{10}$$

Die Spannung u_2 ist stets kleiner als u_1, die Differenz $u_1 - u_2$ stellt den Spannungsabfall über R dar. Er wächst von Null aus $\sim \left(1 - \exp -\frac{2t}{RC} \right)$ an, wie es dem normalen Verlauf einer Kondensatorumladung entspricht. Bild 8.7/12b zeigt die Verläufe der Spannungen $u_1(t)$, $u_2(t)$.

Aufgabe 8.7/13 Zustandsgleichungen mit Kondensatormasche

a) Man stelle die Zustandsgleichungen für die Kondensatorspannungen $u_\mathrm{C1} = u_1$, $u_\mathrm{C2} = u_2$ der Schaltung Bild 8.7/13 auf. Welche Eigenwerte hat die Systemmatrix?

b) Prüfen Sie den Grenzfall $R_3 \to 0$. Wie lautet die Zustandsgleichung, welche Eigenwerte hat sie?

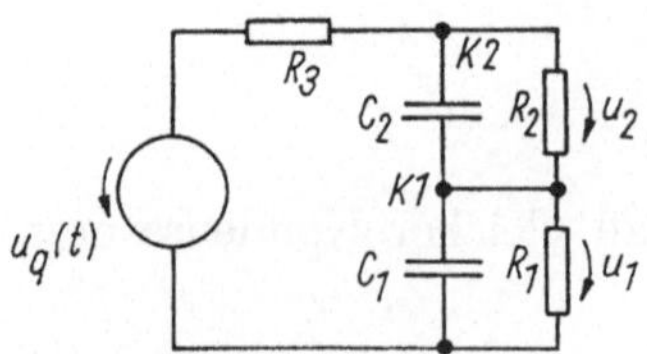

Bild 8.7/13

Lösung:

a) Aus den Knotengleichungen ergeben sich

$$K_2: \quad G_3(u_q - u_1 - u_2) = C_2\frac{du_2}{dt} + G_2 u_2$$

$$K_1: \quad C_1\frac{du_1}{dt} + G_1 u_1 = C_2\frac{du_2}{dt} + G_2 u_2.$$

Zusammengefaßt wird daraus die Zustandsgleichung der Knotenspannungen

$$\frac{d}{dt}\begin{pmatrix} u_1 \\ u_2 \end{pmatrix} = \begin{pmatrix} -\frac{G_1+G_3}{C_1} & -\frac{G_3}{C_1} \\ -\frac{G_3}{C_2} & \frac{-(G_2+G_3)}{C_2} \end{pmatrix}\begin{pmatrix} u_1 \\ u_2 \end{pmatrix} + \begin{pmatrix} \frac{G_3}{C_1} \\ \frac{G_3}{C_2} \end{pmatrix} u_q \rightarrow$$

$$\boldsymbol{z}' = \boldsymbol{A}\boldsymbol{z} + \boldsymbol{b}x. \tag{1}$$

Die Eigenwerte werden aus $\det(\lambda\boldsymbol{E} - \boldsymbol{A}) = 0$ bestimmt. Das führt mit der Systemmatrix $\boldsymbol{A}$ aus Gl.(1) auf die Eigenwertgleichung:

$$\lambda^2 + \lambda\left(\frac{G_1 + G_3}{C_1} + \frac{G_2 + G_3}{C_2}\right) + \frac{1}{C_1 C_2}(G_1 G_2 + G_1 G_3 + G_2 G_3) = 0. \tag{2}$$

Die Eigenwerte

$$\lambda_{1/2} = -\frac{1}{2}\left(\frac{G_1 + G_3}{C_1} + \frac{G_2 + G_3}{C_2}\right)$$
$$\pm\sqrt{(\div)^2 - \frac{1}{C_1 C_2}(G_1 G_2 + G_1 G_3 + G_2 G_3)} \tag{3}$$

sind negativ reell, d.h. das Problem hat eine eindeutige Lösung ($\rightarrow$ Exponentialverläufe bei Sprunganregung). Sie wird nach der Standardlösung der Zustandsgleichung (1) gewonnen, wir wollen hier darauf verzichten.

b) Im Grenzfall $R_3 \rightarrow 0$ geht die Knotengleichung in K_2 über in den Maschensatz

$$u_q - u_1 - u_2 = 0. \tag{4}$$

Dadurch verschwindet eine DGL und das Problem ist nur noch von erster Ordnung, weil die Zustandsvariablen u_1, u_2 über Gl.(4) voneinander abhängig werden. Am Knoten K_1 gilt mit dem Knotensatz

$$C_1\frac{du_1}{dt} + G_1 u_1 = C_2\frac{d(u_q - u_1)}{dt} + G_2(u_q - u_1)$$

oder geordnet

$$(C_1 + C_2)\frac{du_1}{dt} = -(G_1 + G_2)u_1 + G_2 u_q + C_2\frac{du_q}{dt}. \tag{5}$$

Bei (bisheriger) Wahl der Zustandsvariablen in einer Schleife bestehend nur aus Quelle und Zustandsvariablen enthält die Zustandsgleichung auch die Ableitung der Erregung, m.a.W. entspricht diese Form nicht mehr der Standardbeschreibung. Zu Gl.(5) gehört nur noch ein Eigenwert

$$\lambda = -\frac{G_1 + G_2}{C_1 + C_2}. \tag{6}$$

Die weitere Lösung und Diskussion dieses Falles erfolgt in Aufgabe 11.5/9 mittels Laplace-Transformation.

c) Die verallgemeinerte Form der Zustandsgleichung (5) lautet

$$z = Az + Bx + Fx'. \tag{7}$$

Durch den Ansatz $\xi(t) = T^{-1}A(z(t) - Fx(t))$ folgt die modifizierte Standardform

$$\frac{\mathrm{d}\xi}{\mathrm{d}t} = T^{-1}AT\xi(t) + T^{-1}A(AF + B)x(t). \tag{8}$$

Die Matrix T (Dimension $n \times n$, n: Zahl der Zustandsvariablen) muß nichtsingulär sein, ansonsten darf sie beliebige Werte annehmen. Wir wählen $T = A$ und erhalten aus Gl.(8)

$$\frac{\mathrm{d}}{\mathrm{d}t}\xi(t) = EA\xi(t) + E(AF + B)x(t). \tag{9}$$

Das ist aber die Standardform für die Zustandsvariable $\xi(t)$. Im Beispiel Gl.(5) mit nur einer Zustandsvariablen lautet die Ausgangsgleichung

$$\frac{\mathrm{d}z}{\mathrm{d}t} = Az + Bx(t) + F\frac{\mathrm{d}x}{\mathrm{d}t}. \tag{10}$$

(Koeffizienten $A = -\frac{G_1+G_2}{C_1+C_2}$, $B = \frac{G_2}{C_1+C_2}$, $F = \frac{C_2}{C_1+C_2}$) mit der transformierten Form

$$\frac{\mathrm{d}\xi(t)}{\mathrm{d}t} = -\frac{G_1 + G_2}{C_1 + C_2}\varsigma(t) + \frac{1}{C_1 + C_2}\left(G_2 - \frac{G_1 + G_2}{C_1 + C_2}C_2\right)u_\mathrm{q} \tag{11}$$

für die Variable

$$\xi(t) = z(t) - fx(t) = u_1(t) - \frac{C_2}{C_1 + C_2}u_\mathrm{q}. \tag{12}$$

Die neu eingeführte Zustandsvariable $\xi(t)$ steht in keinem vordergründig physikalischen Zusammenhang mit u_1.

9. Mehrphasensysteme

9.1 Drehstromsysteme

Aufgabe 9.1/1 Stern-Dreieckschaltung

a) Welche Ströme fließen im Netzwerk Bild 9.1/1a bei symmetrischer Belastung ($\underline{Z}_1 = \underline{Z}_2 = \underline{Z}_3 = \underline{Z}$), wenn drei Spannungen (sinusförmig) mit gleicher Amplitude anliegen (Drehspannungsgenerator)?

b) Welche Ströme fließen bei unsymmetrischer Sternbelastung?

c) Welche Ströme und Leiterströme fließen bei unsymmetrischer Dreieckbelastung (Bild 9.1/1b)?

Hinweis: Bei symmetrischer Belastung fließen in allen Zuleitungen gleiche Ströme, daher muß nur ein Strom berechnet werden. Die restlichen ergeben sich auch Symmetrieüberlegungen. Bei unsymmetrischer Last fließen verschiedene Ströme, die einzeln zu berechnen sind.

Lösung:

a) Die Außenleiterspannungen $\underline{U}_{12} = \underline{U}_1$, $\underline{U}_{23} = \underline{U}_2 = \underline{a}^2 \underline{U}_{12}$, $\underline{U}_{31} = \underline{U}_3 = \underline{a}\underline{U}_{12}$ (mit $\underline{U}_1 + \underline{U}_2 + \underline{U}_3 = 0 = \underline{U}_1 + \underline{a}^2\underline{U}_1 + \underline{a}\underline{U}_1$) erzeugen die Außenleiterströme $\underline{I}_1$, $\underline{I}_2 = \underline{a}^2\underline{I}_1$, $\underline{I}_3 = \underline{a}\underline{I}_1$. Aus der Schaltung folgen z.B. für die Stränge 1, 2: $\underline{U}_{12} = \underline{I}_1\underline{Z} - \underline{I}_2\underline{Z} = \underline{I}_1\underline{Z}(1 - \underline{a}^2)$ oder

$$\underline{I}_1 = \frac{\underline{U}_{12}}{(1 - \underline{a}^2)\underline{Z}} \quad \text{mit } 1 - \underline{a}^2 = \sqrt{3}\exp j\frac{\pi}{6}. \tag{1}$$

Der Spannungsabfall über $\underline{Z}$ beträgt:

$$\underline{U}_{1N} = \underline{I}_1\underline{Z} = \frac{\underline{U}_{12}}{1 - \underline{a}^2} = \frac{\underline{U}_{12}}{\sqrt{3}}\exp\left(-\frac{j\pi}{6}\right). \tag{2}$$

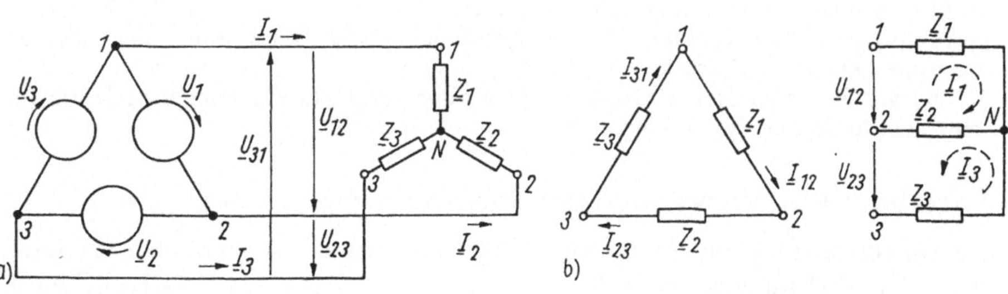

Bild 9.1/1

b) Bei unsymmetrischer Belastung fließen unterschiedliche Ströme in den Zuleitungen (Bild 9.1/1b). Deshalb gelten:

$$\underline{U}_{12} = \underline{I}_1(\underline{Z}_1 + \underline{Z}_2) + \underline{I}_3\underline{Z}_2 \quad \text{und} \quad -\underline{U}_{23} = \underline{I}_1\underline{Z}_2 + \underline{I}_3(\underline{Z}_2 + \underline{Z}_3) \quad (3)$$

mit $\underline{I}_1 + \underline{I}_2 + \underline{I}_3 = 0$. Aufgelöst folgen als Leitungsströme

$$\underline{I}_1 = \frac{\underline{U}_{12}(\underline{Z}_2 + \underline{Z}_3) + \underline{U}_{23}\underline{Z}_2}{N} = \underline{U}_{12}\frac{\underline{Z}_1 + \underline{Z}_3 + \underline{a}^2\underline{Z}_2}{N}$$

$$\underline{I}_2 = \frac{\underline{U}_{23}\underline{Z}_1 - \underline{U}_{12}\underline{Z}_3}{N} = \underline{U}_{12}\frac{\underline{a}^2\underline{Z}_1 - \underline{Z}_3}{N} \qquad (4)$$

$$\underline{I}_3 = -\frac{\underline{U}_{12}\underline{Z}_2 + \underline{U}_{23}(\underline{Z}_1 + \underline{Z}_2)}{N} = -\underline{U}_{12}\frac{\underline{Z}_2(1 + \underline{a}^2) + \underline{a}^2\underline{Z}_1}{N}$$

$N = \underline{Z}_1\underline{Z}_2 + \underline{Z}_2\underline{Z}_3 + \underline{Z}_1\underline{Z}_3$. Im Falle $\underline{Z}_1 = \underline{Z}_2 = \underline{Z}_3 = \underline{Z}$ ergibt sich mit Gl.(1) wegen $1 + \underline{a} + \underline{a}^2 = 0$ zu:

$$\underline{I}_1 = \frac{\underline{U}_{12}(1 - \underline{a})}{3\underline{Z}} = \frac{\underline{U}_{12}}{(1 - \underline{a}^2)\underline{Z}}. \qquad (5a)$$

Dabei gilt $\frac{(1-\underline{a})}{3} = \frac{1}{(1-\underline{a}^2)}$, d.h. $(1-\underline{a})(1-\underline{a}^2) = 1-\underline{a}-\underline{a}^2+\underline{a}^3 = 2+\underline{a}^3 = 3$, da $\underline{a}^3 = 1$.

Für gleiche Impedanzen folgen weiter:

$$\underline{I}_2 = \frac{\underline{U}_{12}(\underline{a}^2 - 1)}{3\underline{Z}} = \underline{a}^2\underline{I}_1 \quad \text{und} \quad \underline{I}_3 = -\frac{\underline{U}_{12}(1 + 2\underline{a}^2)}{3\underline{Z}} = \underline{a}\underline{I}_1. \qquad (5b)$$

(Die Drehungen durch $\underline{a}$ gegenüber Gl.(5a) sind leicht nachzuweisen.)

c) Es ist zweckmäßig, statt der Dreieckwiderstände die entsprechenden Leitwerte einzuführen. Dann betragen die Strangströme:

$$\underline{I}_{12} = \underline{Y}_1\underline{U}_{12}, \ \underline{I}_{23} = \underline{Y}_2\underline{U}_{23} = \underline{a}^2\underline{Y}_2\underline{U}_{12}, \ \underline{I}_{31} = \underline{Y}_3\underline{U}_{31} = \underline{a}\underline{Y}_3\underline{U}_{12}. \ (6)$$

Die Außenleiterströme an den Knotenpunkten ergeben sich jeweils über den Knotensatz zu

$$\begin{aligned}
\underline{I}_1 &= \underline{I}_{12} - \underline{I}_{31} = (\underline{Y}_1 - \underline{a}\underline{Y}_3)\underline{U}_{12}, \\
\underline{I}_2 &= \underline{I}_{23} - \underline{I}_{12} = (\underline{a}^2\underline{Y}_2 - \underline{Y}_1)\underline{U}_{12} \\
\underline{I}_3 &= \underline{I}_{31} - \underline{I}_{23} = (\underline{a}\underline{Y}_3 - \underline{a}^2\underline{Y}_2)\underline{U}_{12}.
\end{aligned} \qquad (7)$$

Stets gilt $\underline{I}_1 + \underline{I}_2 + \underline{I}_3 = 0$, unabhängig von der Belastung.

Diskussion: Im Symmetriefall ($\underline{Z}_1 \ldots \underline{Z}_3 = \underline{Z}$) folgt aus Gl.(4) die symmetrische Lösung Gl.(1) (s. Gl.(5a)), außerdem ergeben sich die restlichen Außenleiterströme Gl.(5b) entsprechend der Symmetrieforderung. Bei Dreieckbelastung (auch unsymmetrische) entstehen Strangströme entsprechend Gl.(6). Die Summe der Außenleiterströme verschwindet stets.

Die vorliegenden Betrachtungen gelten allerdings nur für verschwindende Innenwiderstände der Spannungsquellen.

Aufgabe 9.1/2 Unsymmetrisch belastetes Dreiphasensystem

Ein Einzelverbraucher R belaste ein Dreiphasennetz unsymmetrisch, dabei fließe der Verbraucherstrom $I_R = 20\,\text{A}$ ($U_R = 380\,\text{V}$, $f = 50\,\text{Hz}$). Durch Zuschalten von Kondensator und Spule (verlustfrei) nach Bild 9.1/2a soll eine symmetrische Gesamtbelastung mit einem Wirkleistungsfaktor $\cos\varphi = 1$ hergestellt werden.

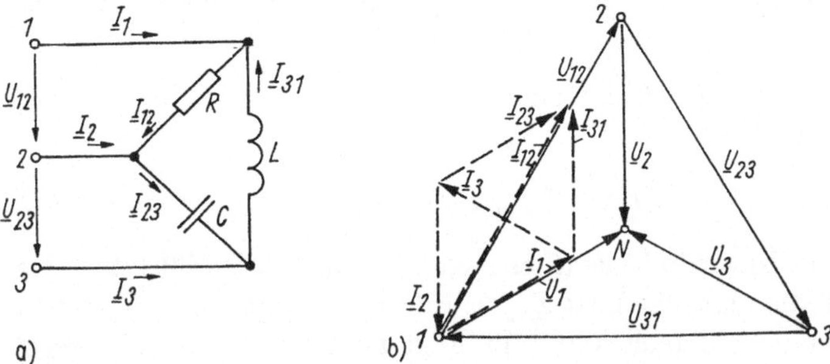

Bild 9.1/2

a) Geben Sie das Zeigerbild aller Ströme und Spannungen an und damit die Grundlagen der Bestimmung von C und L.

b) Berechnen Sie die erforderlichen Blindschaltelemente.

Hinweis: Das Problem ist eng mit Aufgabe 9.1/1 verwandt: die Aufteilung der Spannung dort wird jetzt zur Herleitung einer gleichen Strombelastung im Dreiphasensystem verwendet. Durch Vorgabe von $\underline{U}_{12}$ (über $\underline{I}_{12}$) sind auch die Sternspannungen bestimmt.

Lösung:

a) Wir gehen vom Zeigerdiagramm der gegebenen Dreieckspannungen aus (Bild 9.1/2b) und konstruieren die Sternspannungen $\underline{U}_1 \ldots \underline{U}_3$. Der Laststrom $\underline{I}_{12}$ ist in Phase zu $\underline{U}_{12}$. Gemäß Forderung $\cos\varphi = 1$ muß der Leiterstrom $\underline{I}_1$ in Phase mit $\underline{U}_1$ sein. Durch die Schaltungsanordnung von C und L eilt $\underline{I}_{31}$ der Spannung $\underline{U}_{31}$ um $\pi/2$ nach, $\underline{I}_{23}$ der Spannung $\underline{U}_{23}$ um $\pi/2$ voraus. Generell gelten als Beziehungen zwischen Außenleiter- und Strangströmen:

$$\underline{I}_1 = \underline{I}_{12} - \underline{I}_{31}, \quad \underline{I}_2 = \underline{I}_{23} - \underline{I}_{12}, \quad \underline{I}_3 = \underline{I}_{31} - \underline{I}_{23}. \tag{1}$$

Damit läßt sich das Zeigerdiagramm der Ströme entwickeln (Bild 9.1/2b). Aus geometrischen Gründen lauten die Beträge ($\rightarrow$ Forderung nach symmetrischer Gesamtbelastung)

$$I_1 = I_2 = I_3 = I_{23} = I_{31} = \frac{I_{12}}{\sqrt{3}}. \tag{2}$$

Damit liegen die Längen der Zeiger X_C und X_L fest:

$$|-X_C| = X_L = \frac{U_{31}}{I_{31}} \tag{3}$$

und können bei maßstäblicher Darstellung entnommen werden.

b) Die Analyse geht mit dem Zeigerdiagramm einher. Für die (komplexen) Strangströme gelten

$$\underline{I}_{12} = \frac{\underline{U}_{12}}{\underline{Z}_{12}}, \quad \underline{I}_{23} = \frac{\underline{U}_{23}}{\underline{Z}_{23}}, \quad \underline{I}_{31} = \frac{\underline{U}_{31}}{\underline{Z}_{31}}. \tag{4}$$

Sie können nach Betrag und Phase unterschiedlich sein.

Die komplexen Außenleiterströme $\underline{I}_1 \ldots \underline{I}_3$ folgen aus Gl.(1). Die drei Außenleiterspannungen $\underline{U}_{12}$, $\underline{U}_{23}$, $\underline{U}_{31}$ und Außenleiterströme $\underline{I}_1 \ldots \underline{I}_3$ bilden mit

$$\underline{I}_1 + \underline{I}_2 + \underline{I}_3 = 0 \rightarrow \underline{I} + \underline{a}^2\underline{I} + \underline{a}\underline{I} = 0 \tag{5a}$$

und

$$\underline{U}_{31} + \underline{U}_{23} + \underline{U}_{31} = 0 \rightarrow \underline{U} + \underline{a}^2\underline{U} + \underline{a}\underline{U} = 0 \tag{5b}$$

stets geschlossene Zeigerdreiecke (hier rechtsumlaufend, Bild 9.1/2b). Da I_{12} (reell) durch die ohmsche Last $\underline{Z}_{12} = R$ festliegt und ebenso $\underline{I}_1$ durch die Forderung $\cos\varphi = 1$ reell sein muß, folgt nach Gl.(1) auch $\underline{I}_{31}$ reell. Wir erhalten deshalb mit Gl.(4) und $\underline{I}_{12} = \frac{U}{R}$

$$\underline{Z}_{31} = \frac{\underline{U}_{31}}{\underline{I}_{31}} = \frac{\underline{a}U}{(\underline{I}_{12} - \underline{I}_1)} \tag{6a}$$

analog

$$\underline{Z}_{23} = \frac{\underline{U}_{23}}{\underline{I}_{23}} - \frac{\underline{a}^2U}{(\underline{I}_{12} + \underline{I}_2)} \tag{6b}$$

mit $\underline{I}_1 = \underline{I}$, $\underline{I}_2 = \underline{a}^2\underline{I}$ für das Rechtssystem. Aus der geforderten Belastungssymmetrie folgt die Bedingung $\underline{Z}_{23} = \underline{Z}_{31}$, durch die Vorgaben der Blindschaltelemente zusätzlich $\underline{Z}_{31} = -\underline{Z}_{23}$ und damit aus Gl.(6a, b) aufgelöst nach dem Außenleiterstrom $\underline{I} = \underline{I}_1$:

$$\underline{I} = -\underline{I}_{12}\frac{1 + \underline{a}}{\underline{a}^2 - \underline{a}}. \tag{7}$$

Rückeingesetzt in Gl.(6a) ergibt sich die Impedanz

$$\underline{Z}_{31} = \frac{\underline{a}U}{\underline{I}_{12}\left(1 + \frac{1+\underline{a}}{\underline{a}^2-\underline{a}}\right)} = R\frac{\underline{a}(\underline{a}^2 - \underline{a})}{-\underline{a}}$$

$$= -R\sqrt{3}\exp-\mathrm{j}\frac{\pi}{2} = \mathrm{j}R\sqrt{3} = \mathrm{j}\omega L \tag{8}$$

und analog $\underline{Z}_{23} = -\mathrm{j}R\sqrt{3} = -\frac{\mathrm{j}}{\omega C}$. Für die Werte $U = U_{12} = U_{\mathrm{R}} = 380\,\mathrm{V}$, $I_{\mathrm{R}} = 20\,\mathrm{A}$ folgt mit $R = 19\,\Omega$ für die Frequenz $f = 50\,\mathrm{Hz}$:

$$L = \frac{\sqrt{3}\cdot 19\,\Omega}{2\pi\cdot 50\,\mathrm{s}^{-1}} = 0,1047\,\mathrm{H}, \quad C = \frac{1}{\sqrt{3}R\omega} = 96,7\,\mu\mathrm{F}.$$

Diskussion: Aus den Ergebnissen folgen zwei wichtige Beobachtungen:

1. Die Phasenströme $\underline{I}_{12}$, $\underline{I}_{23}$, $\underline{I}_{31}$ bilden keinen Satz symmetrischer Zeiger. Sie unterscheiden sich in Amplitude und Phase ($\neq 120°$) durch die unterschiedlichen Lastelemente. Ihre Summe verschwindet nicht.

2. Die Außenleiterströme $\underline{I}_1$, $\underline{I}_2$, $\underline{I}_3$ bilden ebenso keinen symmetrischen Zeigersatz, aber ihre Summe verschwindet stets ($\underline{I}_1 + \underline{I}_2 + \underline{I}_3 = 0$, s. Aufg. 9.1/1c Gl.(7)). Das folgt algebraisch aus den Teilergebnissen, allgemein aber dem Knotensatz, wenn die gesamte Belastung als in eine Hülle liegend betrachtet wird.

Aufgabe 9.1/3 Erzeugung eines symmetrischen Drehstromsystems

Eine symmetrische resistive Dreieckschaltung (Bild 9.1/3a) wird aus einer harmonischen Spannungsquelle $\underline{U}_q$ und einem Spannungsteiler $\underline{Z}_1$, $\underline{Z}_2$ versorgt. Dadurch soll aus einer Spannungsquelle eine symmetrische Drehstromquelle realisiert werden.

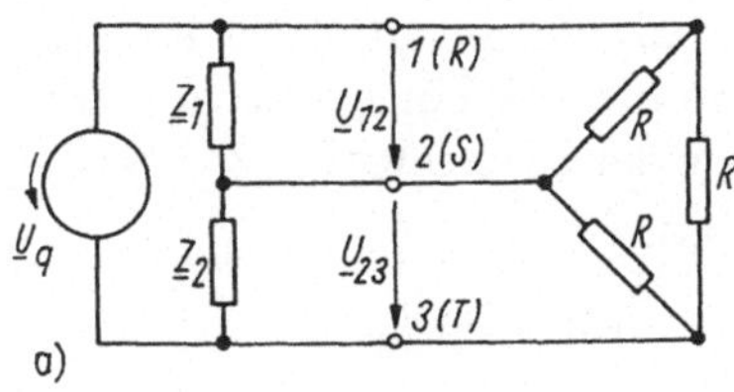

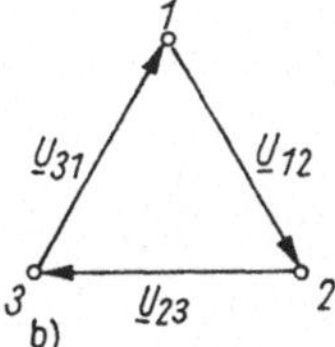

Bild 9.1/3

a) Skizzieren Sie das Zeigerbild der Spannungen $\underline{U}_{12}$, $\underline{U}_{23}$, $\underline{U}_{31}$ und leiten Sie daraus die Bedingungen für $\underline{Z}_1$, $\underline{Z}_2$ ab, damit die drei Spannungen ein symmetrisches Dreiphasensystem (Rechtsumlauf) bilden.

b) Wie sind $\underline{Z}_1$, $\underline{Z}_2$ (Blindwiderstände) zu bemessen, damit die Spannungen $\underline{U}_{12}$, $\underline{U}_{23}$, $\underline{U}_{31}$ ein symmetrisches Dreiphasensystem (Rechtsumlauf) bilden?

c) Wie sind $\underline{Z}_1$, $\underline{Z}_2$ für ein Linkssystem zu wählen?

d) Wie ist die Schaltung zu bemessen ($U_q, \underline{Z}_1, \underline{Z}_2$), wenn die Spannungen $U_{12} = U_{23} = U_{31} = 230\,\text{V}$ bei $R = 100\,\Omega$ ($f = 50\,\text{Hz}$) entstehen sollen?

Hinweis: Formulieren Sie zunächst die Teilspannungen über $\underline{Z}_1$, $\underline{Z}_2$ und stellen Sie die Forderungen für ein symmetrisches Dreiphasensystem auf.

Lösung:

a) Aus dem Zeigerbild 9.1/3b mit der Bedingung $\underline{U}_{12}+\underline{U}_{23}+\underline{U}_{31} = \underline{U}_{12}(1+\underline{a}^2 + \underline{a}) = 0$ folgt für das symmetrische Rechtssystem ($\underline{a}^3 = 1$)

$$\frac{\underline{U}_{12}}{\underline{U}_{23}} = \underline{a} = \exp\text{j}\frac{2}{3}\pi, \quad \frac{\underline{U}_{31}}{\underline{U}_{12}} = \underline{a} \tag{1}$$

sowie $\underline{U}_{31} = -\underline{U}_q$ durch Klemmenvorgabe. Dies sind die Bedingungen der Spannungsteilerbemessung.

b) Die Teilspannungen $\underline{U}_{12}$, $\underline{U}_{23}$ sind durch das Spannungsteilerverhältnis bestimmt. Es hängt vom Spannungsteiler ($\underline{Z}_1$, $\underline{Z}_2$) und der Dreiecklast ab:

$$\frac{\underline{U}_{12}}{\underline{U}_{23}} = \frac{\underline{Z}_1\|R}{\underline{Z}_2\|R} = \frac{\underline{Y}_2 + 1/R}{\underline{Y}_1 + 1/R} = \underline{a} = \frac{-1 + \text{j}\sqrt{3}}{2}. \tag{2}$$

Mit der Admittanz $\underline{Y}_i = \text{j}B_i$ als Vorgabe folgt die Bedingung ($G = \frac{1}{R}$)

$$\text{j}B_2 + G = \left(\frac{-1 + \text{j}\sqrt{3}}{2}\right)(\text{j}B_1 + G)$$

oder getrennt nach Real- und Imaginärteil (nach Ausmultiplizieren)

$$B_1 = -\sqrt{3}G \tag{3a}$$

$$B_2 = +\sqrt{\frac{3}{2}}G + \sqrt{\frac{3}{2}}G = \sqrt{3}G. \tag{3b}$$

Damit ist $\underline{Z}_1$ als Induktivität und $\underline{Z}_2$ als Kapazität für das Rechtssystem auszubilden.

c) Damit ein Linkssystem entsteht, also die Phasenfolge vertauscht ist, vertauschen wir entweder zwei beliebige Klemmen der Folge 1...3 am Eingang der Lastschaltung oder besser die Lage der Elemente $\underline{Z}_1$, $\underline{Z}_2$ (Nachweis, es muß jetzt in Gl.(1) $\frac{\underline{U}_{12}}{\underline{U}_{23}} = \underline{a}^*$ gelten).

d) Nach Gl.(3a, b) betragen die Induktivität und Kapazität

$$L = \frac{R}{\sqrt{3}\omega} = \frac{100\,\Omega}{\sqrt{3} \cdot 2\pi \cdot 50\,\mathrm{s}^{-1}} = 0,18\,\mathrm{H},$$

$$C = \frac{\sqrt{3}}{\omega R} = \frac{\sqrt{3}}{2\pi \cdot 50\,\mathrm{s}^{-1} \cdot 100\,\Omega} = 55,1\,\mu\mathrm{F}$$

mit $LC = \frac{1}{\omega^2}$, d.h. die Reihenschaltung von L und C arbeitet als Serienresonanzkreis (und belastet daher die Spannungsquelle sehr stark mit dem Ersatzwiderstand $\frac{1}{3}R$). Die Quellenspannung U_q beträgt 230 V, da alle Dreieckspannungen gleiche Beträge haben sollen.

Aufgabe 9.1/4 Stern-Sternschaltung mit Mittelpunktzweig

Für ein 3-Phasen-Stern-Stern-System mit Nulleiter (Bild 9.1/4a) berechne man bei gegebenen Strangspannungen $\underline{U}_1 \ldots \underline{U}_3$, Verbraucherwiderständen $\underline{Z}_1 \ldots \underline{Z}_3$ und Nulleiterwiderstand $\underline{Z}_N$

a) den Nulleiterstrom $\underline{I}_N$, die Nulleiterspannung $\underline{U}_N$ und die Strangströme.

b) Welche Sternpunktspannung $\underline{U}_N$ entsteht bei fehlender Nullpunktverbindung?

c) Diskutieren Sie die Nulleiterspannung $\underline{U}_N$ bei symmetrischer Generatorspannung und symmetrischem Verbraucherstern. Kann $\underline{U}_N$ verschwinden, wenn die Verbraucher nicht übereinstimmen?

d) Berechnen Sie für $\underline{U}_1 = 230\,\mathrm{V}\angle 0°$, $\underline{U}_2 = \underline{U}_1\underline{a}$, $\underline{U}_3 = \underline{U}_2\underline{a}$ und $\underline{Z}_1 = R_1 = 100\,\Omega$, $\underline{Z}_2 = \frac{1}{\mathrm{j}\omega C} = -\mathrm{j}100\,\Omega$, $\underline{Z}_3 = \mathrm{j}\omega L = \mathrm{j}80\,\Omega$, $\underline{Z}_N = 80\,\Omega$ den Nulleiterstrom, die Nulleiterspannung und die Außenleiterströme. Für welche Impedanz $\underline{Z}_1$ verschwindet $\underline{U}_N$? Geben Sie das Zeigerbild aller Größen an.

e) Berechnen Sie die Außenleiterströme sowie den Nulleiterstrom für folgende unsymmetrische Belastungen: $\underline{Z}_1 = R + \mathrm{j}\omega L$, $\underline{Z}_2 = \mathrm{j}\omega L$, $\underline{Z}_3 = R$, $\omega L = R$ und $\underline{Z}_N = 0$. Welches Zeigerbild gehört dazu?

f) Welche Nulleiterspannung $\underline{U}_N$ stellt sich in Aufgabe e) für $\underline{Z}_N \to \infty$ ein?

Hinweis: Ausgang der Berechnung sind die drei Außenleiterströme und die Gesamtstrombilanz, woraus sich in Verbindung mit den jeweiligen Sternwiderständen eine Beziehung für die Nulleiterspannung $\underline{U}_N$ finden läßt. Ein zweiter Weg würde darin bestehen, die Schaltung zwischen den Klemmen N, N' als aktiven Zweipol

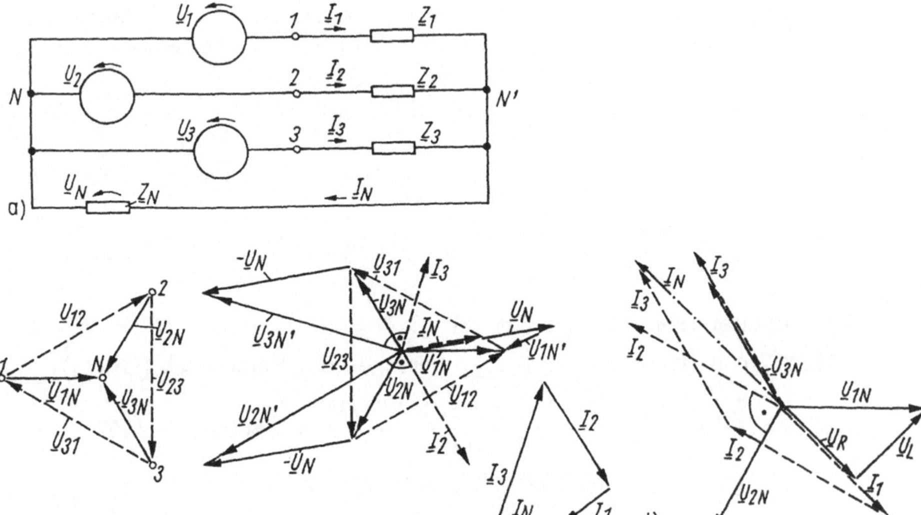

Bild 9.1/4

mit Leerlaufspannung und Innenwiderstand aufzufassen. Dabei stehen mit den drei Strömen $\underline{I}_1 \ldots \underline{I}_3$ (s.o.), der eingeführten Leerlaufspannung $\underline{U}_{\mathrm{NN'}} = \underline{U}_l$ und der Bedingung $\underline{I}_1 + \underline{I}_2 = \underline{I}_3 = 0$ ausreichend viele Bedingungen zur Bestimmung $\underline{U}_l$ zur Verfügung. Der Strom $\underline{I}_\mathrm{N}$ wird dann mittels Zweipoltheorie bestimmt.

Zum Entwurf des Zeigerbildes (Aufg. e) wird von den symmetrischen Sternspannungen ausgegangen. Die Zeiger der einzelnen Strangströme werden durch die jeweilige Strangimpedanz bestimmt. Die Summe der Stromzeiger $\underline{I}_1 \ldots \underline{I}_3$ ergibt den Mittelpunktstrom $\underline{I}_\mathrm{N}$.

Lösung:

a) Wir erhalten zunächst für die Außenleiterströme direkt aus der Schaltung (Bild 9.1/4a):

$$\underline{I}_1 = \frac{\underline{U}_1 - \underline{U}_\mathrm{N}}{\underline{Z}_1}, \; \underline{I}_2 = \frac{\underline{U}_2 - \underline{U}_\mathrm{N}}{\underline{Z}_2}, \; \underline{I}_3 = \frac{\underline{U}_3 - \underline{U}_\mathrm{N}}{\underline{Z}_3}, \; \underline{I}_\mathrm{N} = \frac{\underline{U}_\mathrm{N}}{\underline{Z}_\mathrm{N}}. \tag{1}$$

Mit der Strombilanz $\underline{I}_1 + \underline{I}_2 + \underline{I}_3 = \underline{I}_\mathrm{N}$ folgt durch Einsetzen von Gl.(1) die Nulleiterspannung

$$\underline{U}_\mathrm{N} = \frac{\underline{Z}_\mathrm{N}\underline{Z}_\mathrm{p}}{\underline{Z}_\mathrm{N} + \underline{Z}_\mathrm{p}} \left(\frac{\underline{U}_1}{\underline{Z}_1} + \frac{\underline{U}_2}{\underline{Z}_2} + \frac{\underline{U}_3}{\underline{Z}_3} \right) \quad \text{mit} \quad \frac{1}{\underline{Z}_\mathrm{p}} = \frac{1}{\underline{Z}_1} + \frac{1}{\underline{Z}_2} + \frac{1}{\underline{Z}_3}. \tag{2}$$

b) Fehlender Nulleiter ($\underline{Z}_\mathrm{N} \to \infty$) liefert aus Gl.(2) als Nulleiterspannung

$$\underline{U}_\mathrm{N} = \underline{Z}_\mathrm{p} \left(\frac{\underline{U}_1}{\underline{Z}_1} + \frac{\underline{U}_2}{\underline{Z}_2} + \frac{\underline{U}_3}{\underline{Z}_3} \right). \tag{3}$$

c) Bei symmetrischem Generator gilt mit $\underline{U}_1 = \underline{U}$, $\underline{U}_2 = \underline{a}^2\underline{U}$, $\underline{U}_3 = \underline{a}\underline{U}$ nach Gl. (2) umgeschrieben für die Leitwerte $\underline{Y}_i = \frac{1}{\underline{Z}_i}$:

$$\underline{U}_\mathrm{N} = \frac{\underline{Y}_1 + \underline{a}^2\underline{Y}_2 + \underline{a}\underline{Y}_3}{\underline{Y}_1 + \underline{Y}_2 + \underline{Y}_3 + \underline{Y}_\mathrm{N}}\underline{U} \tag{4}$$

Für symmetrische Last $\underline{Y}_1 = \underline{Y}_2 = \underline{Y}_3$ ist der Zähler und damit $\underline{U}_N$ wegen $1+\underline{a}^2+\underline{a} = 0$ gleich Null. Generell kann $\underline{U}_N$ in Gl.(4) verschwinden, wenn der Zähler verschwindet (s. Aufgabe d).

d) Die Nulleiterspannung $\underline{U}_N$ folgt aus Gl.(2) mit

$$\frac{1}{\underline{Z}_p} = \frac{1}{100}\left(1 + j - \frac{100}{80}j\right) S = \frac{1}{100}(1 - j0,25)\,S \text{ und } \underline{Z}_N = 80\,\Omega \text{ zu}$$

$$\underline{U}_N = \frac{80\cdot 230\,V}{1 + \frac{80}{100}(1 - j0,25)}(1 + j\underline{a}^2 - 1,25j\underline{a})\frac{1}{100} = 299,8\,V\angle 8,76°.$$

Der Nulleiterstrom $\underline{I}_N$ beträgt mit $\underline{Z}_N = R_N = 80\,\Omega$: $\underline{I}_N = \frac{\underline{U}_N}{\underline{Z}_N} = 3,74\angle 8,76°\,A$. Die Ströme $\underline{I}_1 \ldots \underline{I}_3$ betragen der Reihe nach (Gl.(1))

$$\underline{I}_1 = \frac{\underline{U}_1 - \underline{U}_N}{\underline{Z}_1} = \frac{(230 - 299,8\angle 8,76°)\,V}{100\,\Omega} = 0,805\,A\angle -145°\,A$$

$$\underline{I}_2 = \frac{\underline{U}_2 - \underline{U}_N}{\underline{Z}_2} = \frac{(230\underline{a}^2 - 299,8\angle 8,76°)\,V}{j100\,\Omega} = 4,787\,A\angle -59,23°$$

$$\underline{I}_3 = \frac{\underline{U}_3 - \underline{U}_N}{\underline{Z}_3} = \frac{(230\underline{a} - 299,8\angle 8,76°)\,V}{j80\,\Omega} = 5,48\,A\angle 69,5°.$$

Bild 9.1/4b zeigt das Zeigerbild der Sternspannungen in der Darstellung mit Richtungspfeilen, Bild 9.1/4c in der (üblichen) Darstellung mit mathematischen Zeigern (jeweils vom Ursprung ausgehend). Eingetragen sind die Nulleiterspannung $\underline{U}_N$ und das Zeigerbild aller Ströme. Nulleiterspannung $\underline{U}_N$ verschwindet nach Gl.(4) bei gegebenen Leitwerten $\underline{Y}_2$, $\underline{Y}_3$ für:

$$\underline{Y}_1 = -\underline{a}^2\underline{Y}_2 - \underline{a}\underline{Y}_3 = -\underline{a}^2 j\omega C - \underline{a}\frac{1}{j\omega L}$$

$$= \omega C(\exp j(240° - 90°)) + \frac{1}{\omega L}\exp j(120° + 90°)$$

$$= \left(\frac{1}{100}\exp j150° + \frac{1}{80}\exp j210°\right) S = (-5,83 + j2,41)\,mS.$$

Wegen des auftretenden negativen Realteils des Leitwertes ist diese Bedingung i. a. nicht realisierbar (von Sonderfällen in der Elektronik abgesehen). Die wechselseitige Vertauschung von $\underline{Z}_2$ und $\underline{Z}_3$ würde für $\underline{Z}_1$ eine realisierbare Lösung (Leitwert mit induktivem Blindanteil) ergeben, da sich dann das Vorzeichen von $\underline{Y}_1$ umkehrt.

e) Bei verschwindendem Nulleiterwiderstand $\underline{Z}_N$ liegen an den Widerständen direkt die Strangspannungen. Dann betragen die Außenleiterströme der Reihe nach mit $\underline{U}_1 = \underline{U}$:

$$\underline{I}_1 = \frac{\underline{U}_1}{R + j\omega L} = \frac{\underline{U}}{R(1 + j)} = \frac{\underline{U}}{\sqrt{2}R}\exp -j45°,$$

$$\underline{I}_2 = \frac{\underline{U}_2}{j\omega L} = -\frac{j\underline{a}^2\underline{U}}{R} = \frac{\underline{U}}{R}\exp j(240° - 90°)$$

$$\underline{I}_3 = \frac{\underline{U}_3}{R} = \frac{\underline{a}\underline{U}}{R} = \frac{\underline{U}}{R}\exp j120°$$

und der Nulleiterstrom

$$\underline{I}_N = \underline{I}_1 + \underline{I}_2 + \underline{I}_3 = \frac{U}{R}\left(\frac{1}{1+\mathrm{j}} - \mathrm{j}\underline{a}^2 + \underline{a}\right) = \frac{U}{R}\frac{\sqrt{3}}{2}(\mathrm{j}-1)$$

mit $-\underline{a}^2 = \frac{1}{2} + \frac{\mathrm{j}}{2}\sqrt{3}$.

Das Zeigerbild (9.1/4d) entwickeln wir vom symmetrischen Stern der Spannungen aus (s. Bild 9.1/4c). Der Strom $\underline{I}_3$ ist in Phase zu $\underline{U}_3$, $\underline{I}_2$ eilt der Spannung $\underline{U}_2$ um 90° nach (mit gleicher Länge wie $\underline{I}_3$). Der Strom $\underline{I}_1$ liegt in Phase zu $\underline{U}_R$, dem Spannungsabfall von $\underline{U}_1$ über dem Realteil von $\underline{Z}_1$ mit der 0,7fachen Länge von $\underline{I}_2$ (da $U_L = U_R = \frac{U}{\sqrt{2}}$). Die Summe aller Außenleiterströme ergibt $\underline{I}_N$.

f) Wir gehen von Gl.(4) mit $\underline{U}_N = 0$ aus und setzen die gegebenen Belastungen ein: $\underline{Y}_1 = \frac{1}{R+\mathrm{j}\omega L}$, $\underline{Y}_2 = \frac{1}{\mathrm{j}\omega L}$, $\underline{Y}_3 = \frac{1}{R}$, $R = \omega L$:

$$\underline{U}_N = \frac{U\left(\mathrm{j} + \underline{a}^2(1+\mathrm{j}) + \mathrm{j}\underline{a}(1+\mathrm{j})\right)}{3\mathrm{j}} = \underline{U}\frac{(\underline{a}^2 - \underline{a})}{3\mathrm{j}} = -\frac{U}{\sqrt{3}}.$$

Die Außenleiterströme betragen

$$\underline{I}_1 = \frac{U_1}{R(1+\mathrm{j})} = \frac{U}{R}\frac{(1+1/\sqrt{3})}{(1+\mathrm{j})};$$

$$\underline{I}_2 = \frac{U_2}{\mathrm{j}R} = \frac{U}{R}\frac{(\underline{a}^2 + 1/\sqrt{3})}{\mathrm{j}};$$

$$\underline{I}_3 = \frac{U_3}{R} = \frac{U}{R}(\underline{a} + 1/\sqrt{3}).$$

Es ist leicht zu zeigen, daß $\underline{I}_1 + \underline{I}_2 + \underline{I}_3 = 0$ gilt und zusätzlich $|\underline{I}_2| = |\underline{I}_3|$, da $|\underline{Z}_2| = |\underline{Z}_3|$. Dazu müssen $\underline{a}^2$ und $\underline{a}$ als komplexe Ausdrücke eingesetzt werden. (Man führe dies zur Übung durch.)

9.2 Anwendungen

Aufgabe 9.2/1 Phasenfolgeschaltung

a) Die Schaltung Bild 9.2/1 mit zwei Lampen L_1, L_2 erlaubt die Feststellung der Phasenfolge dadurch, daß bei Linksfolge Lampe 2 heller brennt als Lampe 1. Prüfen Sie dies nach.

b) Wie muß der Kondensator C in Beziehung zum Lampenwiderstand R (gleiche Lampen) gewählt werden, wenn sich die Leistungen beider Lampen um 50 % unterscheiden sollen?. Die Frequenz der Wechselspannung betrage 50 Hz, die Lampenleistung 15 W bei $U = 230\,\mathrm{V}$.

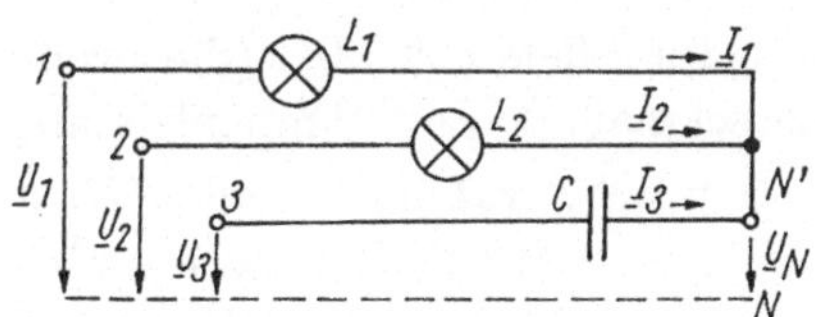

Bild 9.2/1

Hinweis: Die Helligkeitsunterschiede werden durch unterschiedliche Lampenströme verursacht. Deshalb sind die Außenleiterströme in Relation zur Phasenfolge der anliegenden Sternspannungen $\underline{U}_1 \ldots \underline{U}_3$ zu bestimmen. Aus Kenntnis der Ströme läßt sich direkt auf die Lampenleistungen schließen.

Lösung:

a) Wenn Lampe L_2 heller als Lampe L_1 leuchtet, muß in der Phasenfolge die Spannung $\underline{U}_2$ gegenüber $\underline{U}_1$ voreilen, also $\underline{U}_2 = \underline{a}\underline{U}_1 = \exp j\frac{2}{3}\pi\underline{U}_1$ gelten ($\rightarrow$ Linkssystem). Dann fließen durch L_1, L_2 verschiedene Ströme. Wir ordnen jeder Lampe den Widerstand R zu und erhalten für die Außenleiterströme (Bild 9.2/1):

$$\underline{I}_1 = \frac{\underline{U}_1 - \underline{U}_{\mathrm{N}}}{R}, \quad \underline{I}_2 = \frac{\underline{U}_2 - \underline{U}_{\mathrm{N}}}{R}. \tag{1}$$

Die Spannung $\underline{U}_{\mathrm{N}}$ des Nulleiterpunktes N' gegen N ergibt sich zu (s. Aufg. 9.1/4) $\underline{U}_{\mathrm{N}} = \underline{Z}_p \left(\frac{\underline{U}_1}{\underline{Z}_1} + \frac{\underline{U}_2}{\underline{Z}_2} + \frac{\underline{U}_3}{\underline{Z}_3} \right)$ mit $\frac{1}{\underline{Z}_{\mathrm{p}}} = \frac{1}{R} + \frac{1}{R} + j\omega C$. Mit $\underline{U}_3 = \underline{a}^2\underline{U}_1$ (Linksfolge) gilt dann

$$\underline{U}_{\mathrm{N}} = \left(\frac{2}{R} + j\omega C \right)^{-1} \left(\frac{1}{R} + \frac{\underline{a}}{R} + \underline{a}^2 j\omega C \right) \underline{U}_1 \tag{2}$$

oder in Gl.(1) eingesetzt und zusammengefaßt

$$\underline{I}_1 = \frac{\underline{U}_1}{R(2 + j\omega CR)} (1 - \underline{a} + j\omega CR(1 - \underline{a}^2)) \tag{3a}$$

$$\underline{I}_2 = \frac{\underline{U}_1}{R(2 + j\omega CR)} (\underline{a} - 1 + j\omega CR(\underline{a} - \underline{a}^2)). \tag{3b}$$

Zur Bewertung beider Ströme bilden wir das Verhältnis der Beträge (für die in den Lampen umgesetzte Leistung ist der Betrag des Stromes maßgebend) und erhalten mit $x = \omega CR$ sowie $1 - \underline{a}^2 = -j\sqrt{3}\underline{a}$, $\underline{a} - \underline{a}^2 = j\sqrt{3}$ usw.:

$$\frac{I_1}{I_2} = \frac{\sqrt{1 - \sqrt{3}x + x^2}}{\sqrt{1 + \sqrt{3}x + x^2}} < 1. \tag{4}$$

Damit brennt Lampe 2 heller als Lampe 1, wenn die Phasenfolge - wie angenommen als Linkssystem - stimmt. Für $x = 1$ erhalten wir $\frac{I_1}{I_2} = 0,268$, für $x = 0,1$ dagegen $0,83$ und für $x = 5$: $\frac{I_1}{I_2} = 0,7$ (Minimum für $x = 1$).

b) Beim geforderten Leistungsunterschied $\frac{P_1}{P_2} = \frac{I_1^2 R}{I_2^2 R} = \frac{1}{2}$ muß gelten:

$$\frac{1}{2} = \frac{1 - \sqrt{3}x + x^2}{1 + \sqrt{3}x + x^2} \rightarrow x = 0,2 \ (4,99).$$

Die Lösung einer quadratischen Gleichung für x liefert $x = 0,2$ (die zweite Lösung $x = 4,99$ ist technisch nicht zweckmäßig). Zur Lampenleistung $P = 15\,\mathrm{W}$ gehört der Widerstand $R = \frac{U^2}{P} = 3,526\,\mathrm{k\Omega}$ und so mit $\omega CR = 0,2$ die Kapazität $C = \frac{0,2}{\omega R} = \frac{0,2\,\mathrm{s}}{314 \cdot 3,526 \cdot 10^3\,\Omega} = 0,18\,\mu\mathrm{F}$. Der zweite Wert x würde bei gleicher Lampenleistung eine erheblich größere Kapazität erfordern.

Aufgabe 9.2/2 Phasenfolgeschaltung

Die Phasenfolge eines Dreileitersystems kann auch durch die Höhe der Spannung U in der Schaltung Bild 9.2/2 zwischen einem Phasenpunkt und einem RC-Teilerabgriff zwischen den beiden anderen Leiterpunkten bestimmt werden.

a) Stellen Sie das Zeigerbild der (symmetrischen) Dreieckspannungen für ein Rechts-und Linkssystem dar und formulieren Sie die Spannungen jeweils mit dem Drehoperator $\underline{a} = \exp j\frac{2}{3}\pi$.

b) Konstruieren Sie das Zeigerbild aller Spannungen, wenn ein Netzwerk nach Bild 9.2/2a mit einem hochohmigen Spannungsmesser angeschaltet wird. Was geschieht bei Vertauschen der Lage von R und C?

c) Wie können die Ergebnisse zur Bestimmung der Phasenfolge benutzt werden?

d) Bestimmen Sie die Leerlaufspannung $\underline{U}_{3N}$ ($R_u \to \infty$) für die Schaltung Bild 9.2/2a beim Rechts- und Linkssystem. Praktisch wird $\underline{U}_{3N}$ durch eine Glimmlampe (mit Vorwiderstand) angezeigt. Zahlenwerte: $R = 2\,\mathrm{k\Omega}$, $\frac{1}{\omega C} = 4\,\mathrm{k\Omega}$, $\underline{U}_{12} = 400\,\mathrm{V} \approx (230\,\mathrm{V}\sqrt{3})$. Prüfen Sie, wie sich die Spannung U_{3N} bei Änderung von ωRC verhält.

e) Wie wirkt sich ein Innenwiderstand R_a des Spannungsmessers auf die Anzeige aus?

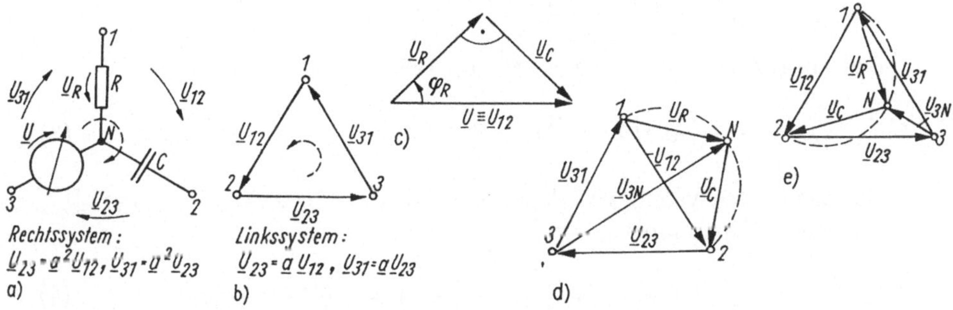

Bild 9.2/2

Hinweis: Für gegebene Dreieckspannungen und eine vorgegebene Phasenfolge berechne man die Spannung U (Betrag) und diskutiere den Einfluß der Phasenfolge.

Lösung:

a) Wir erhalten entweder ein Mit-(Rechts-) oder Gegen-(Links-)system (Bild 9.2/2a, b). Für das Rechtssystem gilt mit $\underline{a} = \frac{1}{2}(-1+j\sqrt{3})$ und Bezug auf $\underline{U}_{12}$: $\underline{U}_{12}+\underline{U}_{23}+\underline{U}_{31} = 0$, $\underline{U}_{12}(1+\underline{a}^2+\underline{a}) = 0$ mit $\underline{U}_{23} = \underline{a}^2\underline{U}_{12} = \underline{a}^*\underline{U}_{12}$, $\underline{U}_{31} = \underline{a}^2\underline{U}_{23} = \underline{a}^*\underline{U}_{23} = \underline{a}\underline{U}_{12}$ für das Linkssystem $\underline{U}_{12}+\underline{U}_{23}+\underline{U}_{31} = 0$, $\underline{U}_{12}(1+\underline{a}+\underline{a}^2) = 0$ wegen $1+\underline{a}+\underline{a}^2 = 0$ und $\underline{U}_{23} = \underline{a}\underline{U}_{12}$, $\underline{U}_{31} = \underline{a}\underline{U}_{23} = \underline{a}^2\underline{U}_{12}$.

b) Grundlage des Gesamtzeigerbildes ist das Zeigerbild der RC-Reihenschaltung (Bild 9.2/2c). Die Zeiger $\underline{U}_R$, $\underline{U}_C$ liegen auf einem Thales-Kreis, außerdem eilt die Spannung $\underline{U}_R$ gegen $\underline{U}$ um den Winkel $\varphi = \arctan\frac{1}{\omega CR} > 0$ vor (Nachweis über Spannungsteilerregel).

Für das Rechtssystem wurden die Zeiger der Dreieckspannungen in Bild 9.2/2a eingetragen. Mit der Spannung $\underline{U}_{12}$ über R und C (Bild 9.2/2d) liegt der Thales-Kreis außerhalb des Dreiecks, so daß $\underline{U}_{3N}$ relativ groß ist ($\underline{U}_{3N} > \underline{U}_{12}$).

Beim Linkssystem hingegen (Bild 9.2/2e, Richtungsumkehr der Dreieckspannungen) reicht der Thales-Kreis in das Spannungsdreieck hinein, so daß $\underline{U}_{3N}$ relativ klein wird. Damit hängt die Länge des Zeigers $\underline{U}_{3N}$ vom Drehsinn der Spannungen und damit der Phasenfolge ab. Werden R und C in Schaltung 9.2/2a vertauscht, so ergibt sich beim Rechtssystem die kleinere, beim Linkssystem die größere Spannung $\underline{U}_{3N}$.

c) Ein Weg zur Bestimmung der Phasenfolge ist die Messung der Spannung $\underline{U}_{3N}$ (Effektivwert). Für $U_{3N} > U_{12}$ liegt ein Rechtssystem vor, sonst ein Linkssystem.

Wir erhalten für das Linkssystem mit $\underline{U}_{31} = \underline{a}^2 \underline{U}_{12} = \underline{a}^* \underline{U}_{12}$ und der Teilspannung (Spannungsteilerregel)

$$\underline{U}_R = \underline{U}_{12} \frac{jx}{1 + jx} \qquad x = \omega CR \tag{1}$$

die angezeigte Spannung (Bild 9.2/2a)

$$\underline{U}_{3N} = \underline{U}_{31} + \underline{U}_R = \underline{U}_{12}\left(\underline{a}^2 + \frac{jx}{1 + jx}\right)$$

$$= \frac{\underline{U}_{12}}{1 + jx}\left(\underline{a}^* + jx(1 + \underline{a}^*)\right) \tag{2}$$

und ausgewertet ($\underline{a}^* = -\frac{1}{2} - j\frac{\sqrt{3}}{2}$) als Betrag (durchführen!).

$$\underline{U}_{3N} = \frac{\underline{U}_{12}}{\sqrt{1 + x^2}}\sqrt{1 - \sqrt{3}x + x^2}. \tag{3}$$

Für das Rechtssystem wird dagegen mit $\underline{U}_{31} = \underline{a}^* \underline{U}_{23} = (\underline{a}^*)^2 \underline{U}_{12} = \underline{a}\,U_{12}$ und die Teilspannung $\underline{U}_R$ wie oben

$$\underline{U}_{3N} = \underline{U}_{31} + \underline{U}_R = \underline{U}_{12}\left(\underline{a} + \frac{jx}{1 + jx}\right) = \frac{\underline{U}_{12}}{1 + jx}\left(\underline{a} + jx(1 + \underline{a})\right) \tag{4}$$

und ausgewertet ($\underline{a} = -\frac{1}{2} + j\frac{\sqrt{3}}{2}$) als Betrag (Durchführung)

$$U_{3N} = \frac{U_{12}}{\sqrt{1 + x^2}}\sqrt{1 + \sqrt{3}x + x^2}. \tag{5}$$

Das Linkssystem hat die kleinere, das Rechtssystem die größere Spannung. Wir prüfen den Einfluß von $\omega RC = x$. Durch Differenzieren von Gl.(2) bzw. (4) nach x zeigt sich ein Maximum/Minimum für $x = 1$ mit $\frac{U_{3N}}{U_{12}} = 0,366$ (Gl.(3)) bzw. $\frac{U_{3N}}{U_{12}} = 1,366$ (Gl.(5)). Für $x = 2$ lauten die entsprechenden Zahlen $\frac{U_{3N}}{U_{12}} = 0,554$ bzw. $\frac{U_{3N}}{U_{12}} = 1,301$. Für eine Dreieckspannung von $U_{12} = 400\,\text{V}$ (Sternspannung 230 V) beträgt $U_{3N} = 146\,\text{V}$ im Fall des Linkssystems bei $x = 1$. Für die gegebenen Elemente $R = 2\,\text{k}\Omega$, $\frac{1}{\omega C} = 4\,\text{k}\Omega$ ($\rightarrow x = 0,5$) wird dann die Spannung $U_{3N} = 0,554$, $U_{12} = 221,7\,\text{V}$ gemessen. Die Anordnung ist somit schlecht bemessen, günstiger wäre die Wahl $x = 1$.

d) Der Einfluß eines Spannungsmesserwiderstandes R_a wird am besten mittels der Zweipoltheorie untersucht: der passive Zweipol ist der Spannungsmesser, der aktive Zweipol die übrige Schaltung beschrieben durch Leerlaufspannung z.B. $\underline{U}_l = \underline{U}_{3N}$ (Gl.(2)) und Innenwiderstand $\underline{Z}_i = R\|\frac{1}{j\omega C} = \frac{R}{1+jx}$ (Spannungsquellen $\underline{U}_{31}$, $\underline{U}_{12}$, $\underline{U}_{23}$ kurzgeschlossen). Dann zeigt der Spannungsmesser die Spannung $\underline{U}'$ an:

$$\underline{U}' = \frac{R_a}{\underline{Z}_i + R_a}\underline{U}_{3N}$$

mit dem Betrag (Gl.(3))

$$U' = \frac{U_{12}}{\sqrt{(1 + R/R_a)^2 + x^2}}\sqrt{1 - \sqrt{3}x + x^2}. \tag{6}$$

Die Spannung wird geringer, beispielsweise sinkt sie für $R_a = R$ auf $U' = U_{12} \cdot 0,23$ für $x = 1$. Eine hochohmige Messung ($\to R_a \gg |\underline{Z}_i|$) ist deshalb zweckmäßig.

Aufgabe 9.2/3 Magnetisch verkoppelte Lastimpedanzen

Gegeben sind in Stern geschaltete Generator- und Verbraucheranordnungen (Bild 9.2/3a). Im Laststern liegen induktive (gleiche) Verbraucher, die je durch die Gegeninduktivität M verkoppelt sind. Außerdem gibt es einen Mittelpunktleiterwiderstand R_N.

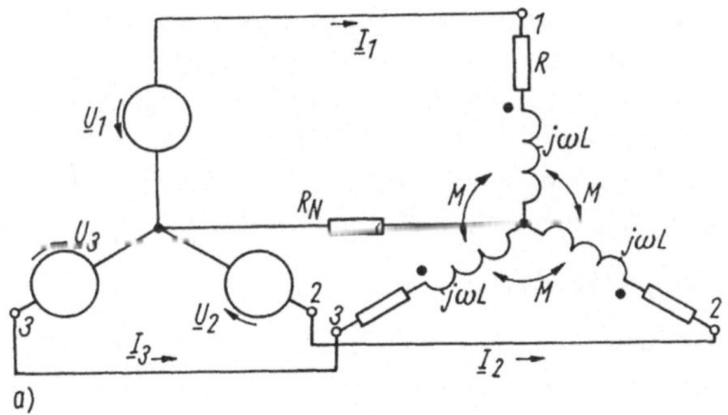

a)

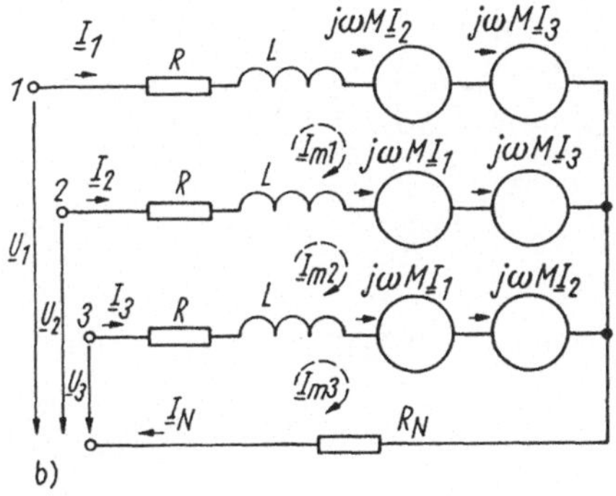

b)

Bild 9.2/3

a) Welche Außenleiterströme fließen?

b) Berechnen Sie den Nulleiterstrom bei unsymmetrischen Generatorspannungen.

Hinweis: Entwickeln Sie zunächst eine Ersatzschaltung des Verbrauchers. Beachten Sie die gegebenen Symmetriebedingungen des Laststernes und die dadurch mögliche Lösungsvereinfachung. Die Verkopplung wird am besten durch stromgesteuerte Spannungsquellen erfaßt (III/Abschn. 8.1.2). Die Aufgabe läßt sich auch mit symmetrischen Komponenten lösen (s. Aufgabe 9.2/4).

Lösung:

a) Da jede Spule mit jeder anderen magnetisch verkoppelt ist und der Außenleiterstrom jeweils auf den (Spulen-)Punkt zufließt, verwenden wir als Ersatzschaltung der Koppelspulen das Modell mit stromgesteuerten Spannungsquellen (Bild 9.2/3b). Die Last ist symmetrisch, deshalb verschwindet $\underline{I}_N$ und es gelten für die Ströme $\underline{I}_2 = \underline{a}^2\underline{I}_1$, $\underline{I}_3 = \underline{a}\underline{I}_1$. Wegen $\underline{I}_N = 0$ liegt am Strang 1 die Spannng $\underline{U}_1$ am Zweig 1 und wir erhalten als Maschengleichung $\underline{I}_1(R+j\omega L)+j\omega M\underline{I}_2+j\omega M\underline{I}_3 = \underline{U}_1$ oder aufgelöst nach $\underline{I}_1$ mit $1 = -\underline{a}^2 - \underline{a}$

$$\underline{I}_1 = \frac{\underline{U}_1}{R + j\omega L + j\omega M(\underline{a}^2 + \underline{a})} = \frac{\underline{U}_1}{R + j\omega(L - M)}. \tag{1}$$

Analog folgen $\underline{I}_2$, $\underline{I}_3$. Das Ergebnis Gl.(1) kann interpretiert werden als Reihenschaltung von R und der Streuinduktivität $\sigma L = L - M$ der gekoppelten Spule. Faßt man die drei gekoppelten Spulen als Drehstromtransformator auf, so kompensiert sich das von den symmetrischen Strömen erzeugte symmetrische Flußsystem im Eisenkreis, und es bleiben nur die Streuflüsse durch die Luft übrig, die die Induktivität σL bilden.

b) Zur Berechnung des Nulleiterstromes bei unsymmetrischen Generatorspannungen $\underline{U}_1 \ldots \underline{U}_3$ verwenden wir die Maschenstromanalyse mit den in Bild 9.2/3b eingeführten Maschenströmen $\underline{I}_{m1} \ldots \underline{I}_{m3}$. Dabei ist $\underline{I}_N = \underline{I}_{m3}$ zugleich Maschenstrom. Wir erhalten z.B. für Masche 2:

$$\underline{U}_2 - \underline{U}_3 = j\omega(L - M)\underline{I}_{m2} + j\omega M\underline{I}_{m3} - j\omega(L - M)\underline{I}_{m1}$$

und sinngemäß auch für Masche 1 (wobei die von $\underline{I}_{m2}$ herrührenden induzierten Spannungen kompensieren) und Masche 3. Die so entstehenden Maschenstromgleichungen lauten in Matrixform mit $L - M = L_\sigma$

$$\begin{pmatrix} 2(R + j\omega L_\sigma) & -(R + j\omega L_\sigma) & 0 \\ -(R + j\omega L_\sigma) & 2(R + j\omega L_\sigma) & -(R + j\omega L_\sigma) \\ 0 & -(R + j\omega L_\sigma) & (R_N + R + j\omega L) \end{pmatrix} \cdot \begin{pmatrix} \underline{I}_{m1} \\ \underline{I}_{m2} \\ \underline{I}_{m3} \end{pmatrix}$$

$$= \begin{pmatrix} \underline{U}_1 - \underline{U}_2 \\ \underline{U}_2 - \underline{U}_3 \\ \underline{U}_3 \end{pmatrix}. \tag{2}$$

Der Nulleiterstrom folgt (durch Auflösen von Gl.(2)) zu

$$\underline{I}_N = \underline{I}_{m3} = \frac{\underline{U}_1 + \underline{U}_2 + \underline{U}_3}{3R_N + R + j\omega(L + 2M)}. \tag{3}$$

Er verschwindet bei symmetrischem Generator ($\underline{U}_2 = \underline{a}^2\underline{U}_1$, $\underline{U}_3 = \underline{a}\underline{U}_1$).

Aufgabe 9.2/4 Anwendung symmetrischer Komponenten

Für die Schaltung Bild 9.2/4a (s. auch Aufg. 9.2/3) mit symmetrischen Spannungen $\underline{U}_1 \ldots \underline{U}_3$ berechne man die Außenleiterströme und den Nulleiterstrom mit symmetrischen Komponenten und vergleichen Sie die Ergebnisse jeweils mit Aufgabe 9.2/3.

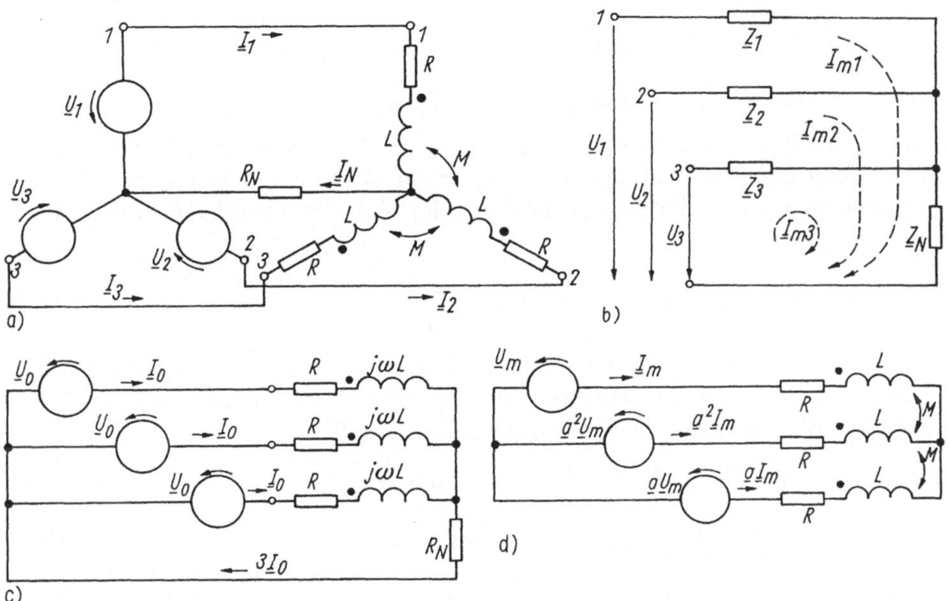

Bild 9.2/4

Hinweis: Die Grundlage bildet die Zerlegung des gegebenen Spannungssystems in drei symmetrische Spannungssysteme $\underline{U}_0$, $\underline{U}_{\mathrm{m}}$, $\underline{U}_{\mathrm{g}}$, die die Ströme $\underline{I}_0$, $\underline{I}_{\mathrm{m}}$, $\underline{I}_{\mathrm{g}}$ bedingen (II/Abschn. 8.4). Die Last ist symmetrisch. Die Null-, Mit- und Gegenimpedanz gewinnen wir direkt aus der Schaltung. Zur Stromanalyse eignet sich am besten das Maschenstromverfahren.

Lösung:

Bild 9.2/4b zeigt die allgemeine Lastschaltung. Es schließen $\underline{Z}_1 \ldots \underline{Z}_3$ Koppelelemente ein. Wir führen die Maschenströme $\underline{I}_{\mathrm{m}1} \ldots \underline{I}_{\mathrm{m}3}$ ein und erhalten als Gleichungssystem nach den Regeln der Maschenstromanalyse (mit Maschenkopplung über die Gegeninduktivität M):

$$
\begin{pmatrix}
\underline{Z} + R_{\mathrm{N}} & j\omega M + R_{\mathrm{N}} & j\omega M + R_{\mathrm{N}} \\
j\omega M + R_{\mathrm{N}} & \underline{Z} + R_{\mathrm{N}} & j\omega M + R_{\mathrm{N}} \\
j\omega M + R_{\mathrm{N}} & j\omega M + R_{\mathrm{N}} & \underline{Z} + R_{\mathrm{N}}
\end{pmatrix}
\cdot
\begin{pmatrix}
\underline{I}_{\mathrm{m}1} \\
\underline{I}_{\mathrm{m}2} \\
\underline{I}_{\mathrm{m}3}
\end{pmatrix}
=
\begin{pmatrix}
\underline{U}_1 \\
\underline{U}_2 \\
\underline{U}_3
\end{pmatrix}
\tag{1}
$$

und $\underline{Z}_1 = \underline{Z}_2 = \underline{Z}_3 = \underline{Z} = R + j\omega L$. Die Koppelimpedanzen sind leicht zu bestimmen, außerdem ist die Matrix symmetrisch.

Wir berechnen jetzt die Matrix $\mathbf{Z}_{\mathrm{S}}$ der symmetrischen Belastung (II / Gl.(8.42)), wählen also das Verfahren der symmetrischen Komponenten:

$$
\mathbf{Z}_{\mathrm{S}} =
\begin{pmatrix}
\underline{Z}_{00} & \underline{Z}_{01} & \underline{Z}_{02} \\
\underline{Z}_{10} & \underline{Z}_{11} & \underline{Z}_{12} \\
\underline{Z}_{20} & \underline{Z}_{21} & \underline{Z}_{22}
\end{pmatrix}
\cdot
\tag{2}
$$

In diesen Elementen sind die Nullselbstimpedanz $\underline{Z}_{00}$ und die Mitimpedanzen $\underline{Z}_{11}$, $\underline{Z}_{22}$ von Null verschieden. Die Koppelimpedanzen

$$\underline{Z}_{01} = \underline{Z}_{12} = \underline{Z}_{20} = (1 + \underline{a}^2 + \underline{a})\frac{Z}{3} = 0 \tag{3}$$

verschwinden bei symmetrischer Belastung, ebenso $\underline{Z}_{10} = \underline{Z}_{21} = \underline{Z}_{02}$. Es verbleiben in Gl.(2) nur die Elemente der Hauptdiagonalen, und wir erhalten (II/Gl.(8.42a)) als Ströme die symmetrischen Komponenten:

$$\underline{U}_0 = \underline{Z}_{00}\underline{I}_0, \quad \underline{U}_{\mathrm{m}} = \underline{Z}_{11}\underline{I}_{\mathrm{m}}, \quad \underline{U}_{\mathrm{g}} = \underline{Z}_{22}\underline{I}_{\mathrm{g}}. \tag{4}$$

Dabei gilt $\underline{Z}_{11} = \underline{Z}_{22}$. Die Impedanzen $\underline{Z}_{00} \dots \underline{Z}_{22}$ bestimmen wir direkt aus der Schaltung: Die Nullimpedanz $\underline{Z}_{00}$ ergibt sich durch Anlegen der (drei) Spannungen $\underline{U}_0$ an die Zweige (Bild 9.2/4c), dabei fließt in jedem Zweig der Strom $\underline{I}_0$:

$$\frac{\underline{U}_0}{\underline{I}_0} = \underline{Z}_{00} = R + \mathrm{j}\omega(L + 2M) + 3R_{\mathrm{N}}. \tag{5}$$

Der rechte Term folgt direkt aus der Maschengleichung der eingekoppelten Nachbarströme. Für die Mitimpedanz $\underline{Z}_{11}$ ist der Nullpunktleiter stromfrei, deshalb gilt die Ersatzschaltung Bild 9.2/4d mit $(1 = -a^2 - \underline{a})$

$$\underline{U}_{\mathrm{m}} = \underline{I}_{\mathrm{m}}(R + \mathrm{j}\omega L) + \underline{a}^2\underline{I}_{\mathrm{m}}\mathrm{j}\omega M, \quad \mathrm{m.a.W.}$$

$$\underline{Z}_{11} = \frac{\underline{U}_{\mathrm{m}}}{\underline{I}_{\mathrm{m}}} = R + \mathrm{j}\omega(L - M) = \underline{Z}_{22}. \tag{6}$$

Damit lauten die gesuchten symmetrischen Komponenten nach Gl.(4)

$$\underline{I}_0 = \frac{\underline{U}_0}{R + \mathrm{j}\omega(L + 2M) + 3R_{\mathrm{N}}},$$

$$\underline{I}_{\mathrm{g}} = \frac{\underline{U}_{\mathrm{g}}}{R + \mathrm{j}\omega(L - M)},$$

$$\underline{I}_{\mathrm{m}} = \frac{\underline{U}_{\mathrm{m}}}{R + \mathrm{j}\omega(L - M)}$$

Im letzten Schritt ersetzen wir $\underline{U}_0$, $\underline{U}_{\mathrm{m}}$, $\underline{U}_{\mathrm{g}}$ durch $\underline{U}_1 \dots \underline{U}_3$ (II/Gl.(8.40))

$$\underline{U}_0 = \underline{U}_1 + \underline{U}_2 + \underline{U}_3,$$

$$\underline{U}_{\mathrm{m}} = \frac{1}{3}(\underline{U}_1 + \underline{a}\underline{U}_2 + \underline{a}^2\underline{U}_3), \tag{7}$$

$$\underline{U}_{\mathrm{g}} = \frac{1}{3}(\underline{U}_1 + \underline{a}^2\underline{U}_2 + \underline{a}\underline{U}_3)$$

und erhalten die gesuchte Lösung nach Gl.(4). Bei symmetrischer Last wird $\underline{I}_{\mathrm{N}} = 3\underline{I}_0$, m.a.W. genügt dann die Rechnung mit dem Nullsystem. Das ist ein deutlicher Vorteil der Analyse mit dem symmetrischen System, denn für das unsymmetrische System muß das volle Gleichungssystem bearbeitet werden. Die gesuchten Außenleiterströme $\underline{I}_1 \dots \underline{I}_3$ folgen aus (II/Gl.(8.37a)) $\boldsymbol{I} = \boldsymbol{T} \cdot \boldsymbol{I}_{\mathrm{S}}$ zu

$$\underline{I}_1 = \underline{I}_0 + \underline{I}_{\mathrm{m}} + \underline{I}_{\mathrm{g}},$$

$$\underline{I}_2 = \underline{I}_0 + \underline{a}^2 \underline{I}_m + \underline{a}\underline{I}_g,$$

$$\underline{I}_3 = \underline{I}_0 + \underline{a}\underline{I}_m + \underline{a}^2 \underline{I}_g.$$

Aufgabe 9.2/5 Leistungsumsatz, Blindleistungskompensation

Gegeben ist ein symmetrischer Drehstromverbraucher in Dreieckschaltung, der eine komplexe Leistung von 10 kVA bei einem (nacheilenden) Leistungsfaktor von 0,8 und einer Außenleiterspannung $U = 380\,$V aufnimmt.

a) Welche Außenleiterimpedanz hat die Belastung, welche Leitungs-Nullpunktimpedanzen müßte eine gleichwertige Sternschaltung besitzen?

b) Welche Außenleiterströme fließen?

c) Welchen Phasenwinkel hat der Strangstrom $\underline{I}_{12}$, wenn die Außenleiterspannung $\underline{U}_{12} = 380\angle 0°\,$V zugrundegelegt wird und die Phasenfolge positiv sein soll?

d) Wie groß wäre der Strangstrom $\underline{I}_{1N}$ einer gleichwertigen Sternschaltung des Verbrauchers?

e) Dem Verbraucher soll ein Kondensatornetzwerk so parallelgeschaltet werden, daß sich der Leistungsfaktor auf 0,9 verbessert. Welche Blindleistung ist erforderlich?

f) Welcher Außenleiterstrom fließt dabei?

Hinweis: Wegen Symmetrie genügt die Berechnung der Außenleiterimpedanz eines Stromes aus der komplexen Leistung. Daraus folgen Außenleiter- und Strangströme.

Zur Leistungsfaktorverbesserung (zugeschalteter Kondensatorstrom) wird die komplexe Leistung mit Kompensation bestimmt und durch Vergleich mit der ursprünglichen Leistung die von den Kondensatoren aufzubringende Blindleistung.

Lösung:

a) Die Impedanz zwischen den Außenleitern einer Dreieckschaltung folgt aus (Bild 9.2/5a)

$$\underline{Z}_\Delta = \frac{\underline{U}_\Delta}{\underline{I}_{12}} = \frac{\underline{U}_\Delta 3\underline{U}_\Delta^*}{\underline{S}^*} = \frac{3U_\Delta^2}{\underline{S}^*} = \frac{3U_\Delta^2}{S(\cos\varphi - \mathrm{j}\sin\varphi)}$$

$$= \frac{3\cdot 380^2\,\mathrm{V}^2}{10\,\mathrm{kVA}}(0,8+\mathrm{j}0,6) = (34,65+\mathrm{j}25,99)\,\Omega. \tag{1}$$

$\underline{I}_{12}$ ist der Strom durch die Dreieckimpedanz zwischen den Leitern 1, 2. Aus Symmetriegründen tritt diese Impedanz in allen Dreieckzweigen auf. Eine gleichwertige Sternschaltung müßte die Impedanz $\underline{Z}_{1N} = \frac{\underline{Z}_\Delta}{3} = (11,55+\mathrm{j}8,66)\,\Omega)$ zwischen Leiter 1 und Sternpunkt N besitzen.

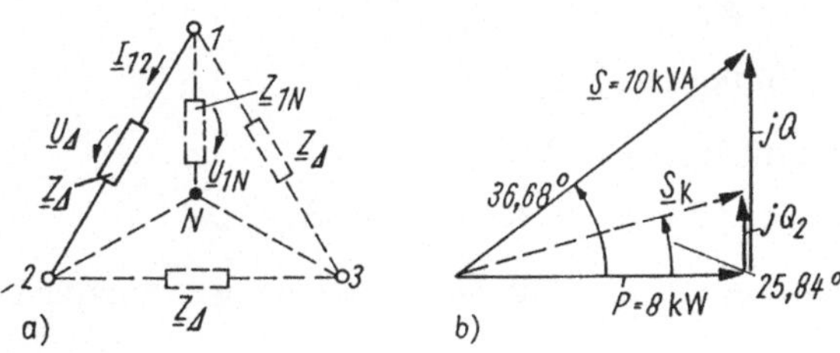

Bild 9.2/5

b) Der Außenleiterstrom kann entweder über die Impedanz oder die komplexe Leistung berechnet werden. Im letzten Fall gilt

$$\underline{S} = 3\underline{I}_{St}^{*}\underline{U}_{Y} = 3\underline{I}_{St}^{*}\underline{U}_{\Delta}\frac{1}{\sqrt{3}} \tag{2}$$

oder umgestellt

$$\underline{I}_{St} = \frac{\underline{S}^{*}}{\sqrt{3}\underline{U}_{\Delta}^{*}} \tag{3}$$

mit dem Betrag $I_{St} = \frac{10\,\text{kVA}}{\sqrt{3}\cdot380\,\text{V}} = 15,19\,\text{A}$. Über die Impedanz $\underline{Z}_{1N}$ folgt

$$\begin{aligned}
\underline{I}_{1} &= \underline{I}_{St} = \frac{\underline{U}_{1N}}{\underline{Z}_{1N}} = \frac{\underline{U}_{\Delta}}{\sqrt{3}\underline{Z}_{1N}} \\
&= \frac{380\angle0°\,\text{V}}{\sqrt{3}(11,55+\text{j}8,66)\,\Omega} = 15,19\angle-36,86°\,\text{A}.
\end{aligned}$$

In den restlichen Leitern fließen die Ströme $\underline{I}_{2} = \underline{a}^{2}\underline{I}_{1}$, $\underline{I}_{3} = \underline{a}\underline{I}_{1}$ von gleichem Betrag, aber veränderter Phase.

c) Kennt man den Außenleiterstrom z.B. des Leiters 1 $\underline{I}_{St} = \underline{I}_{1}$, so folgt der Strangstrom $\underline{I}_{12}$ z.B. zwischen Leiter 1 und 2 zu

$$\underline{I}_{12} = \frac{\underline{I}_{1}}{1-\underline{a}} = \frac{\underline{I}_{1}}{1+\frac{1}{2}-\text{j}\frac{\sqrt{3}}{2}} = \frac{\underline{I}_{1}\angle+30°}{\sqrt{3}}, \tag{4}$$

also mit Gl.(2)

$$\begin{aligned}
\underline{I}_{12} &= \frac{1}{\sqrt{3}}\frac{\underline{S}^{*}}{\sqrt{3}\underline{U}_{\Delta}^{*}}\angle+30° = \frac{1}{\sqrt{3}}15,19\,\text{A}(\cos\varphi-\text{j}\sin\varphi)\angle+30° \\
&= 8,77\angle-6,87°\,\text{A}.
\end{aligned}$$

Dabei wurde $\cos\varphi = 0,8 \rightarrow \varphi = 36,87°$ berücksichtigt.

d) Wird der Verbraucher als gleichwertiger Stern nach Aufgabe a) ausgelegt, so ist der Außenleiterstrom nach Aufgabe b) gleich dem Strom durch den Strang einer Sternschaltung (s. Gl.(3)).

e) Aus der gegebenen Belastung nach Aufgabe a) folgen die Wirk- und Blindleistung mit der komplexen Leistung $\underline{S}$ zu (Bild 9.2/5b)

$$\begin{aligned}
P &= \text{Re}(\underline{S}) = 10\,\text{kVA}\cos\varphi = 8\,\text{kW}, \\
Q &= \text{Im}(\underline{S}) = 10\,\text{kVA}\cdot0,6 = 6\,\text{kvar}.
\end{aligned}$$

Soll die Wirkleistung erhöht werden, z.B. über den Leistungsfaktor mit dem Phasenwinkel φ_2, so muß gelten:

$$P_2 = S\cos\varphi_2, \quad Q_2 = \sin\varphi_2. \tag{5}$$

Dadurch ändert sich die Blindleistung Q_2:

$$\begin{aligned}
Q_2 &= P_2\tan\varphi_2 = P_2\tan(\arccos0,9) \\
Q_2 &= S\sin(\arccos0,9) = 10\,\text{kvar}\cdot0,436 = 4,36\,\text{kvar}, \tag{6}
\end{aligned}$$

m.a.W. sinkt die Blindleistung auf Q_2. Die Differenz zur ursprünglichen Blindleistung Q

$$Q_k = -Q_2 + Q = -(4,36-6,0)\,\text{kvar} = 1,64\,\text{kvar} \tag{7}$$

muß durch die Kondensatoren "erzeugt" werden. Wir schalten dazu dem Dreieckverbraucher (Bild 9.2/5a) drei gleiche Kondensatoren parallel. Pro Kondensator ist die Blindleistung

$$Q_\mathrm{p} = \omega C U_\triangle^2 \equiv \frac{Q_\mathrm{k}}{3}$$

zu liefern ($\rightarrow$ Bemessungsgleichung für C).

f) Die komplexe Leistung $\underline{S}_\mathrm{k}$ mit Kompensation beträgt

$$\underline{S}_\mathrm{k} = P + \mathrm{j}Q_2 = 8\,\mathrm{kW} + \mathrm{j}4,36\,\mathrm{kvar} = 9,11\angle 28,6°\,\mathrm{kVA}.$$

Sie verursacht den Außenleiterstrom $\underline{I}_1$. Er beträgt entsprechend Gl.(3)

$$\underline{I}_\mathrm{St} = \frac{\underline{S}_\mathrm{k}^*}{\sqrt{3}\underline{U}_\triangle{}^*} = \frac{9,11\angle - 28,6°\,\mathrm{kVA}}{\sqrt{3}\cdot 380\,\mathrm{V}} = 13,84\angle - 28,6°\,\mathrm{A}.$$

Das sind nur 92 % des Wertes nach Aufgabe b. Durch Kompensation der induktiven Verbraucherblindleistung mittels der Kondensatoren wird die Zuleitung weniger belastet.

10. Fourierreihe, Fourier-Transformation

10.1 Fourierreihe

Aufgabe 10.1/1 Fourierreihe und Spektrum

Für die Zeitfunktion Bild 10.1/1a berechne man die Koeffizienten $\underline{c}_k$ der Fourierreihe (Exponentialform) und stelle das Amplituden- und Phasenspektrum dar.

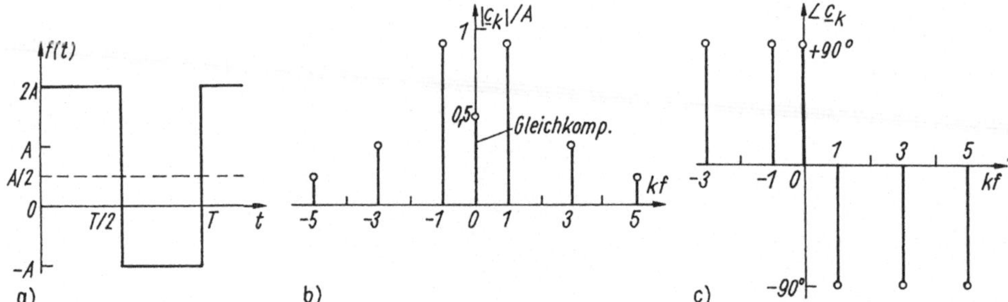

Bild 10.1/1

Lösung:
Die Aufgabe kann gelöst werden durch Berechnung über die Definition

$$f(t) \;=\; \sum_{k=-\infty}^{\infty} \underline{c}_k \exp \mathrm{j}\omega mt = a_0 + \sum_{k=1}^{\infty} a_k \cos k\omega t + \sum_{k=1}^{\infty} b_k \sin k\omega t$$

$$\underline{c}_k \;=\; \frac{1}{T} \int_0^T f(t) \exp(-\mathrm{j}k\omega t)\,\mathrm{d}t \tag{1}$$

(s. III/Gl.(10.1/1)ff. und II/Gl.(9.6)) oder gleichwertig durch Zerlegung der Funktion $f(t)$ in eine antimetrische Rechteckfunktion (Amplitude $\frac{3}{2}A$) und eine Gleichkomponente (Amplitude $\frac{A}{2}$). Für letztere gilt $c_0 = a_0 = \frac{A}{2}$.

Die antimetrische Rechteckfunktion hat nur Sinus-Glieder (II/Tafel 9.1), also gilt $a_k = 0$ für $k > 0$ in der Fourierreihe. Der Koeffizient b_k der Sinus-Terme lautet $b_k = \frac{6A}{k\pi}$ (k ungerade) und damit

$$\underline{c}_k = \frac{1}{2}(a_k - \mathrm{j}b_k) = \begin{cases} -\mathrm{j}\frac{3A}{k\pi} & (k \text{ ungerade}) \\ 0 & (k \text{ gerade}). \end{cases} \tag{2}$$

Die Bilder 10.1/1b, c zeigen die Amplituden- und Phasenspektren.

Die direkte Berechnung nach Gl.(1) ergibt mit $\omega T = 2\pi$

$$
\begin{aligned}
\underline{c}_k &= \frac{2A}{T} \int_0^{T/2} \exp(-\mathrm{j}k\omega t)\,\mathrm{d}t - \frac{A}{T} \int_{T/2}^{T} \exp(-\mathrm{j}k\omega t)\,\mathrm{d}t \\[2mm]
&= -\frac{A}{\mathrm{j}k2\pi}\,(2(\exp(-\mathrm{j}k\pi) - 1) - (\exp(-\mathrm{j}k2\pi) - \exp(-\mathrm{j}k\pi))) \\[2mm]
&= \frac{(-6)A}{-\mathrm{j}2\pi k}
\end{aligned}
\tag{3}
$$

(s. Gl.(2), k ungerade), sonst Null ($k > 0$). Das Gleichglied ($k = 0$) wird aus Gl.(1) separat berechnet ($c_0 = \frac{A}{2}$).

Aufgabe 10.1/2 Fourierreihe, Symmetriebeziehungen

Gegeben sei eine periodische Zeitfunktion $f(t) = A(s(t) - s(t - T/4))$ im Zeitbereich $0 < t < \frac{T}{4}$ ($s(t)$: Sprungfunktion).

a) Entwickeln Sie den Verlauf im gesamten Zeitbereich $0 \leq t \leq T$ so, daß die zu $f(t)$ gehörende Fourierreihe (s. Aufg. 10.1/1) im Gesamtbereich $a_k = 0$ für alle k erfüllt.

b) Wiederholen Sie Aufgabe a), jedoch für die Bedingung $b_k = 0$ für alle k.

c) Wie verläuft $f(t)$ nach Aufgabe a), wenn Symmetrie für die Viertelperiode gefordert wird?

Hinweis: Repetieren Sie die Koeffizientenbedingungen für die unterschiedlichen Symmetriefälle (II/Abschn. 9.1.1).

Lösung:

a) Die Forderung $a_k = 0$ für alle k ist gleichbedeutend mit Schiefsymmetrie, d.h. $f(t)$ muß eine ungerade Funktion sein $f(t) = -f(-t)$. Deshalb ist im Verlauf $f(t)$ der Teil $-A\left(s\left(t - \frac{3}{4}T\right) - s(t - T)\right)$ zu ergänzen (Bild 10.1/2a).

b) Die Forderung $b_k = 0$ für alle k bedeutet fehlende Sinusglieder $\rightarrow$ gerade Funktion, also ist $-A\left(s\left(t - \frac{3}{4}T\right) - s(t - T)\right)$ zu ergänzen (Bild 10.1/2b).

c) Die Forderung ist gleichwertig mit Halbwellensymmetrie, also muß noch $-A\left(s\left(t - \frac{T}{2}\right) - s(t - \frac{3}{4}T)\right)$ ergänzt werden (Bild 10.1/2c).

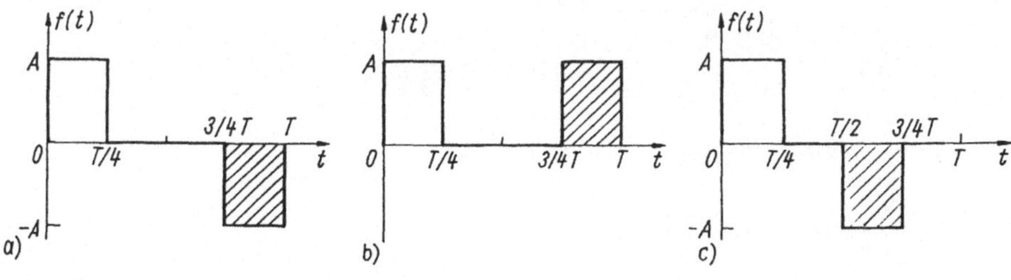

Bild 10.1/2

Zur Kontrolle berechnen wir a_k für Kurve Bild 10.1/2a:

$$a_k = \frac{2A}{T} \left(\int_0^{T/4} \cos k\omega t \, dt + \int_{3T/4}^{T} \cos k\omega t \, dt \right)$$

$$= \frac{A}{k2\pi} \left(\sin \frac{\pi}{2}k + \sin \frac{3}{2}\pi k \right) = 0$$

für alle k.

Aufgabe 10.1/3 Fourierreihe, Effektivwert, Klirrfaktor

a) Berechnen Sie den Effektivwert einer Rechteckspannung (Bild 10.1/3a) über die Fourierreihe und anschließend nach der Definition (II/Gl.(9.17), (5.58)).

b) Welchen Gesamtklirrfaktor hat die Rechteckspannung?

c) Wiederholen Sie die Aufgaben a), b) für eine Sägezahnfunktion nach Bild 10.1/3b.

Hinweis: Wir beachten, daß zunächst $u(t)$ bereichsweise formuliert werden muß und anschließend die Integration (abschnittsweise) über eine Periodendauer von $t \dots t + T$ zu vollziehen ist.

Lösung:

a) Die gegebene Rechteckkurve hat die Funktionsgleichung

$$u(t) = \begin{cases} \hat{U} & \text{für } 0 < t < \frac{T}{2} \\ -\hat{U} & \text{für } \frac{T}{2} < t < T \end{cases} \tag{1}$$

mit den Symmetriebedingungen $u(-t) = -u(t)$ (ungerade Funktion) und $u(t + T/2) = -u(t)$ (Deckungsgleichheit bei Verschiebung um $T/2$ und Spiegelung an der t-Achse). Daher verschwinden das Gleichglied a_0 (s. Aufg. 10.1/1), alle cos-Glieder ($a_k = 0$) und die geraden sin-Glieder. Für die ungeraden Glieder gilt

$$b_{2k+1} = \frac{4\hat{U}}{\pi} \frac{1}{2k+1} \quad (k = 0, 1, 2), \tag{2}$$

also $b_1 = \frac{4\hat{U}}{\pi}$, $b_3 = \frac{4\hat{U}}{\pi}\frac{1}{3}$, $b_5 = \frac{4\hat{U}}{\pi}\frac{1}{5}$ usw.

Das Effektivwertquadrat lautet allgemein (II/Gl.(9.17), Theorem von Parseval):

$$U_{\text{eff}}^2 = a_0^2 + \sum_{k=1}^{\infty} \frac{a_k^2 + b_k^2}{2} = \sum_{k=0}^{\infty} \frac{b_{2k+1}^2}{2},$$

$$U_{\text{eff}} = \frac{4\hat{U}}{\pi\sqrt{2}} \sqrt{\sum_{k=0}^{\infty} \frac{1}{(2k+1)^2}} = \frac{4\hat{U}}{\pi\sqrt{2}} \sqrt{\frac{\pi^2}{8}} = \hat{U}. \tag{3}$$

Dabei wurde die unendliche Reihe

$$\sum_{k=0}^{\infty} \frac{1}{(2k+1)^2} = \frac{\pi^2}{8} \tag{4}$$

beachtet.

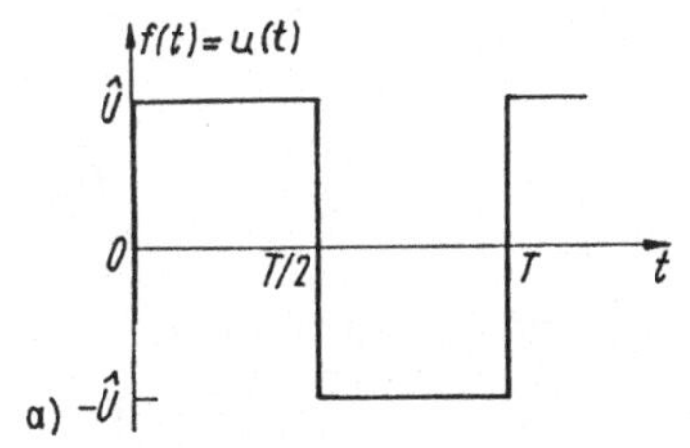
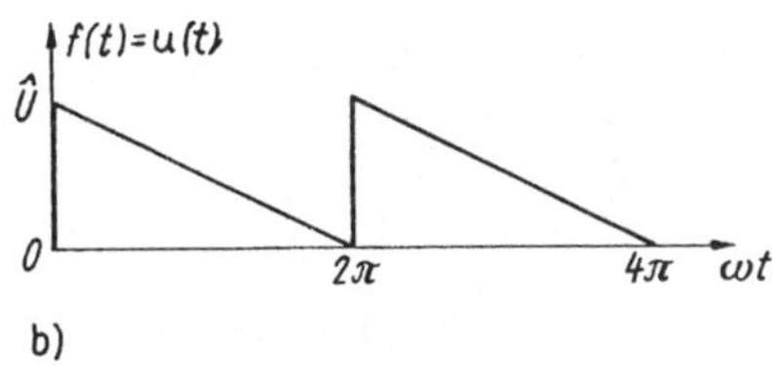

Bild 10.1/3

Effektivwert und Amplitude der symmetrischen Rechteckschwingung stimmen überein!

Aus der Effektivwertdefinition (II/Gl.(5.58)) folgt

$$U_{\text{eff}}^2 = \frac{1}{T} \int_t^{t+T} u^2(t)\, dt = \frac{1}{T} \int_0^{T/2} \hat{U}^2\, dt + \frac{1}{T} \int_{T/2}^T \hat{U}^2\, dt = \hat{U}^2. \qquad (5)$$

Diese Berechnung ist erheblich einfacher, weil $u(t)$ stückweise konstant bleibt und damit abschnittsweise leicht integriert werden kann.

b) Der Klirrfaktor ist definitionsgemäß der Quotient des Effektivwertes der Oberwellen bezogen auf den Effektivwert der Gesamtwechselspannung, also (s. II/Tafel 9.3) mit $U = U_{\text{eff}}$

$$k = \frac{\sqrt{U_2^2 + U_3^2 + \dots}}{\sqrt{U_1^2 + U_2^2 + U_3^2 + \dots}}.$$

Für die Rechteckschwingung Gl.(2)

$$u(t) = \frac{4\hat{U}}{\pi\sqrt{2}} \sum_{k=0}^{\infty} \frac{\sin(2k+1)\omega t}{(2k+1)} \qquad (6)$$

folgt dann (bei Herausheben des gemeinsamen Vorfaktors)

$$k = \frac{\sqrt{\frac{1}{9} + \frac{1}{25} + \dots}}{\sqrt{1 + \frac{1}{9} + \frac{1}{25}}} = \frac{\sqrt{\frac{\pi^2}{8} - 1}}{\sqrt{\frac{\pi^2}{8}}} = 0,435. \qquad (7)$$

Dabei wurde Gl.(4) beachtet.

c) Zur Sägezahnfunktion Bild 10.1/3b gehört die Funktionsgleichung

$$u(t) = \hat{U}\left(1 - \frac{t}{T}\right) \qquad (0 < t < T). \qquad (8)$$

Es tritt ein Gleichanteil auf ($a_0 = \frac{\hat{U}}{2}$), wie aus der Flächengleichheit der Mittelwertdefinition ersichtlich ist (schiefsymmetrische Kurve). So verschwinden aus dem Zeitverlauf alle cos-Glieder ($a_k = 0$) und wir erhalten für den Koeffizienten b_k

$$b_k = \frac{2}{T} \int_0^T \hat{U}\left(1 - \frac{t}{T}\right) \sin k\omega t\, dt = \frac{\hat{U}}{\pi} \frac{1}{k} \qquad (k > 0),$$

wobei $\int x \sin ax\, dx = \frac{\sin ax}{a^2} - \frac{x \cos ax}{a}$ beachtet wurde. Dann lautet der

Zeitverlauf der Spannung insgesamt

$$u(t) = \frac{\hat{U}}{2} + \frac{\hat{U}}{\pi} \sum_{k=1}^{\infty} \frac{\sin k\omega t}{k}. \tag{9}$$

Der Effektivwert wird zunächst mit Gl.(9) über das Parseval-Theorem gebildet (mit $U_0 = \frac{\hat{U}}{2}$, Gleichkomponente): $U_{\text{eff}} = \sqrt{U_0^2 + U_{\text{eff}}^2(\omega)}$ mit

$$U_{\text{eff}}^2(\omega) = \sum_{k=1}^{\infty} \frac{a_k^2 + b_k^2}{2} = \frac{1}{2}\left(\frac{\hat{U}}{\pi}\right)^2 \sum_{k=1}^{\infty} \frac{1}{k^2} = \frac{1}{2}\left(\frac{\hat{U}}{\pi}\right)^2 \frac{\pi^2}{6} = \frac{\hat{U}^2}{12}, \tag{10}$$

dabei wurde $\sum_{k=1}^{\infty} \frac{1}{k^2} = \frac{\pi^2}{6}$ beachtet. Damit folgt

$$U_{\text{eff}}^2 = \hat{U}^2\left(\frac{1}{2^2} + \frac{1}{12}\right) = \frac{\hat{U}^2}{3}. \tag{11}$$

Bei direkter Berechnung des Effektivwertes über die Definition folgt

$$U_{\text{eff}}^2 = \frac{1}{T}\int_0^T u^2(t)\,\mathrm{d}t = \frac{\hat{U}^2}{T}\int_0^T \left(1 - \frac{t}{T}\right)^2 \mathrm{d}t$$

$$= \frac{\hat{U}^2}{4}\left(1 + \frac{1}{3}\right) = \frac{\hat{U}^2}{3}. \tag{12}$$

Der Klirrfaktor beträgt:

$$k = \frac{\sqrt{U_2^2 + U_3^2 + \ldots}}{\sqrt{U_1^2 + U_2^2 + \ldots}} = \frac{\sqrt{\left(\frac{\hat{U}}{\pi\sqrt{2}}\right)^2 \left(\frac{1}{4} + \frac{1}{9} + \frac{1}{16} + \ldots\right)}}{\sqrt{\left(\frac{\hat{U}}{\pi\sqrt{2}}\right)^2 \left(1 + \frac{1}{4} + \frac{1}{9} + \ldots\right)}}$$

$$= \frac{\sqrt{\frac{\pi^2}{6} - 1}}{\sqrt{\frac{\pi^2}{6}}} = 0{,}626. \tag{13}$$

Er ist erwartungsgemäß sehr groß.

Diskussion: Während die Effektivwertberechnung über die Definitionsgleichung rasch zum Ziel führt (und anschaulich interpretierbar ist), wird die Berechnung mit Fourierreihe und Parseval-Theorem (II/9.17) bedeutend aufwendiger. Zudem können leicht Fehler entstehen, wenn nur wenige Oberwellen berücksichtigt werden. So ergibt sich mit Gl.(10) für die Rechteckkurve als Quotienten mit Gl.(3) abhängig von der Gliederzahl n

n	∞	1	2	3
$\frac{U_{\text{eff}}^2}{\hat{U}^2}$	1	$0{,}901$	$0{,}933$	$0{,}95,$

also ein merklicher Fehler.

Aufgabe 10.1/4 Tiefpaßfilterung, Klirrfaktor

An einem RC-Tiefpaß liege Dreieckspannung $u(t)$ (vgl. Aufgabe 10.1/3, Bild 10.1/4b).

a) Am Kondensator soll eine möglichst sinusförmige Spannung abfallen. Wie müssen R und C bemessen werden?

b) Berechnen Sie den Klirrfaktor k_3 der so erzeugten Sinusspannung (bezogen auf den Effektivwert der Gesamtspannung). Gegeben sind $\omega = 500\,\mathrm{rads}^{-1}$, $R = 10\,\mathrm{k\Omega}$. Welche Kapazität C ist zu wählen, damit ein Klirrfaktor von 5 % entsteht?

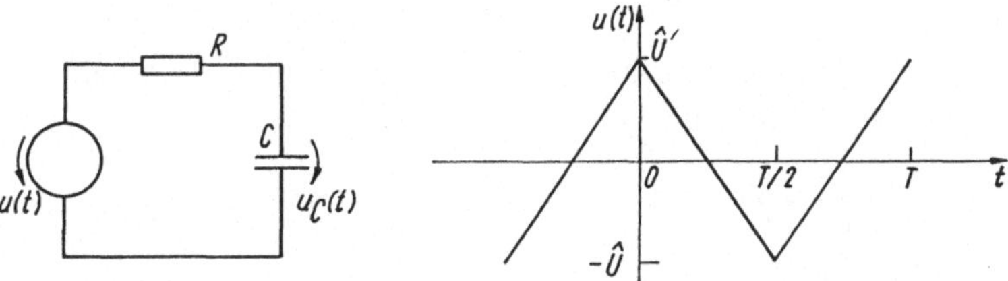

Bild 10.1/4

Hinweis: Wir stellen zunächst $u(t)$ als Fourierreihe im Zeitbereich dar, transformieren in den Frequenzbereich und untersuchen jede Komponente der Kondensatorspannung getrennt.

Lösung:

a) Im ersten Schritt erfolgt die Fourier-Darstellung der Spannung $u(t)$. Die zugehörigen Koeffizienten berechnen wir entweder (s. Aufg. 10.1/3) oder entnehmen das Ergebnis besser einer Tafel (II/Tafel 9.1):

$$u(t) = \frac{8\hat{U}}{\pi^2}\left(\cos\omega t + \frac{1}{3^2}\cos 3\omega t + \frac{1}{5^2}\cos 5\omega t + \dots\right)$$

$$= u_{11}(\omega t) + u_{13}(3\omega t) + u_{15}(5\omega t) + \dots \tag{1}$$

Diese Summe stellt eine Reihenschaltung einzelner Spannungsquellen mit den Frequenzen ω, 3ω, 5ω am RC-Glied dar. Ihre Relativphase zueinander ist Null. Da ein lineares Netzwerk vorliegt, erzeugt jede Teilquelle am Ausgang ($\rightarrow$ Kondensator) eine entsprechende Teilspannung

$$u_2(t) = u_{21}(\omega t) + u_{23}(3\omega t) + u_{25}(5\omega t) + \dots \tag{2}$$

nach Maßgabe der jeweiligen Spannungsübersetzung durch das Netzwerk (frequenzabhängig). Im Frequenzbereich (Transformation für jede Frequenz getrennt durchführen!) lautet die Spannungsübersetzung:

$$\left.\frac{U_C}{U_1}\right|_{n\omega} = \underline{G}(jn\omega) = \frac{1/jn\omega C}{R + 1/jn\omega C} = \frac{1}{1 + j\omega nRC} = \frac{\exp -j\varphi_n}{\sqrt{1 + (n\omega\tau)^2}} \tag{3}$$

für die Frequenz $n\omega$ mit $\tau = RC$, $\omega\tau = x$, $\varphi_n = \arctan n\omega\tau$. Im nächsten Schritt werden die einzelnen Erregerspannungen in den Frequenzbereich transformiert:

$$\underline{u}_{11} = \frac{8\hat{U}}{\pi^2}\exp j\omega t, \quad \underline{u}_{13} = \frac{8\hat{U}}{\pi^2 9}\exp j3\omega t, \quad \underline{u}_{15} = \frac{8\hat{U}}{\pi^2 25}\exp j5\omega t \dots \tag{4}$$

Sie führen am Ausgang des RC-Gliedes (Übertragungsfaktor $\underline{G}(jn\omega)$) auf die Spannungen

$$\underline{u}_{21} = \underline{u}_{11}\underline{G}(j\omega) = \frac{\exp -j\varphi_1}{\sqrt{1+x^2}}\frac{8\hat{U}}{\pi^2}\exp j\omega t, \qquad \varphi_1 = \arctan x$$

$$\underline{u}_{23} = \underline{u}_{13}\underline{G}(3\mathrm{j}\omega) = \frac{\exp -\mathrm{j}\varphi_3}{\sqrt{1+(3x)^2}}\frac{8\hat{U}}{\pi^2}\frac{\exp \mathrm{j}3\omega t}{9}, \quad \varphi_3 = \arctan 3x \quad (5)$$

$$\underline{u}_{25} = \underline{u}_{15}\underline{G}(5\mathrm{j}\omega) = \frac{\exp -\mathrm{j}\varphi_5}{\sqrt{1+(5x)^2}}\frac{8\hat{U}}{\pi^2}\frac{\exp \mathrm{j}5\omega t}{25}, \quad \varphi_5 = \arctan 5x.$$

Die Rücktransformation in den Zeitbereich erfolgt für jede Komponente getrennt. Sie ergibt Gl.(2) mit

$$u_{21}(t) = \frac{8\hat{U}}{\pi^2\sqrt{1+x^2}}\cos(\omega t - \varphi_1) = \hat{U}_{21}\cos(\omega t - \varphi_1)$$

$$u_{23}(t) = \frac{8\hat{U}}{9\pi^2\sqrt{1+(3x)^2}}\cos(3\omega t - \varphi_3) = \hat{U}_{23}\cos(3\omega t - \varphi_3) \quad (6)$$

$$u_{25}(t) = \frac{8\hat{U}}{25\pi^2\sqrt{1+(5x)^2}}\cos(5\omega t - \varphi_5) = \hat{U}_{25}\cos(5\omega t - \varphi_5).$$

Mit Gl.(2) ist so die Kondensatorspannung im Zeitbereich bekannt.

b) Der Klirrfaktor k_3 ist über die Effektivwerte der harmonischen Amplituden definiert:

$$k_3 = \frac{U_{23}}{\sqrt{U_{21}^2 + U_{23}^2 + U_{25}^2}}. \quad (7)$$

Da sich die Effektivwerte aller Einzelkomponenten nur um einen Faktor $\frac{1}{\sqrt{2}}$ von den Spitzenwerten unterscheiden, bleibt dies wegen des nicht vorhandenen Gleichgliedes ohne Bedeutung und wir erhalten für k_3 unter Beachtung der Amplituden nach Gl.(6)

$$k_3 = \frac{1}{9\sqrt{1+(3x)^2}}\frac{1}{\sqrt{\frac{1}{(1+x^2)} + \frac{1}{(9)^2(1+(3x)^2)} + \frac{1}{(25)^2(1+(5x)^2)} + \cdots}}. \quad (8)$$

Für verschiedene $x = \omega\tau = \omega RC$

x	0,5	1	2	3
$k_3/\%$	6,77	4,96	4,07	3,87

sinkt der Klirrfaktor mit wachsendem ωRC ab. So kann bereits durch einfachen Siebaufwand aus der Dreieckspannung ein relativ unverzerrtes Sinussignal gewonnen werden (ein Klirrfaktor von 5 % ist am Kurvenverlauf optisch noch nicht erkennbar).

Aus den berechneten Werten wird deutlich, daß $\omega RC \approx 1$ die Forderung eines Klirrfaktors von 5 % erfüllt. Daraus folgt

$$C = \frac{1}{\omega RC} = \frac{1}{5\cdot 10^3\,\mathrm{s}^{-1}\cdot 10\cdot 10^3\,\Omega} = \frac{1}{50}\,\mu\mathrm{F} = 20\,\mathrm{nF}.$$

Würde der RC-Spannungsteiler durch einen ohmschen Teiler ersetzt, so hätte die der Spannung u_C entsprechende Schaltung den gleichen Klirrfaktor der Quellspannung, nämlich nach Gl.(5), (6) (Vorfaktor durch den Übertragungsfaktor entfällt)

$$k_3 = \frac{U_{23}}{\sqrt{U_{21}^2 + U_{23}^2 + \cdots}} = \frac{1/9}{\sqrt{1+(1/9)^2}} \approx 11\%.$$

Das RC-Siebglied reduziert den Klirrfaktor der Kondensatorspannung durch die Tiefpaßwirkung deutlich.

Diskussion: Fourierzerlegung bedeutet die Auftrennung einer Erregung in "einzelne Generatoren der jeweiligen Frequenz", von denen jeder die entsprechende Ausgangsgröße am (linearen) Netzwerk erzeugt (Berechnung durch Hin-, Rücktransformation über den Frequenzbereich). Die Überlagerung zur Gesamtlösung ist erst im Zeitbereich möglich!

Aufgabe 10.1/5 RC-Tiefpaß

An einem RC-Tiefpaß liegt eine periodische Rechteckspannung $u_1(t)$ (Taktsignal, Bild 10.1/5a).

a) Wie verläuft die Kondensatorspannung $u_C(t)$ qualitativ, welchen Einfluß hat die Zeitkonstante $\tau = RC$ (bei fester Taktperiode T)?

b) Welche Spannung $u_C(t)$ stellt sich im stationären Zustand ein, wie kann $u_C(t)$ gewonnen werden? Diskutieren Sie den Einfluß von $\frac{\tau}{T}$ auf die Lösung.

c) Wählen Sie bei gegebenem Widerstand R die Kapazität C so, daß die Grundwelle der Ausgangsspannung p mal kleiner als die Ausgangsgleichspannung ist. Welcher Bedingung muß C genügen?

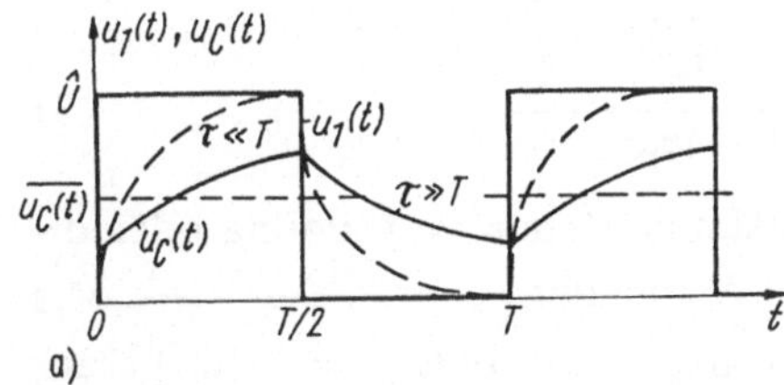
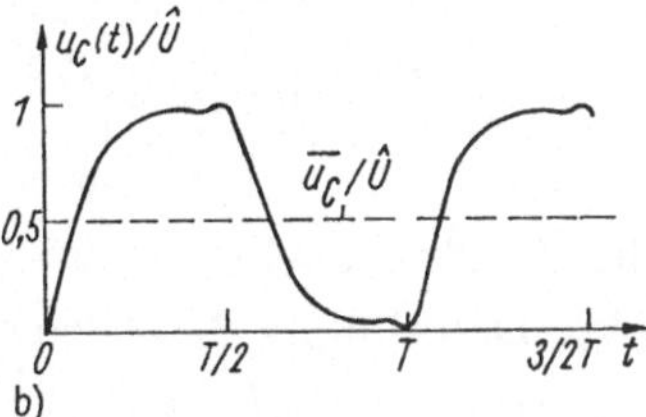

Bild 10.1/5

Lösung:

a) Der Zeitverlauf $u_C(t)$ kann als periodischer Auflade-/Entladevorgang des Kondensators verstanden werden. Dabei wechselt jeder Vorgang nach T/2 (Bild 10.1/5a). Deshalb wird $u_C(t)$ durch Exponentialfunktionen vom Typ $(1 - \exp -\frac{t}{T})$ bzw. $\exp -\frac{t}{T}$ gebildet. Für Zeitkonstanten $\tau \gg T$ erfolgt der Übergang sehr träge und der Verlauf kann etwa als Dreieckspannung genähert werden. Sie pendelt um eine Gleichspannung $\overline{u_C(t)}$. Für $\tau \ll T$ hat $u_C(t)$ nahezu Rechteckverlauf. Die genauere Analyse dieser Beschreibung im Zeitbereich durch periodische Umladung enthält Aufgabe 11.3/3.

b) Die Spannung $u_C(t)$ kann ebenso durch Fourieranalyse der Eingangsspannung und Berechnung der Einzelanteile bestimmt werden. Ausgang ist die Fourierentwicklung der Eingangsspannung $u_1(t)$ (s. II/Tafel 9.1, Rechteckimpulsfolge)

$$u_1(t) = \frac{\hat{U}}{2} + \frac{2\hat{U}}{\pi} \sum_{k=1,3,5}^{\infty} \frac{\sin(k\omega t)}{k} = U_0 + u_{11}(\omega t) + u_{13}(3\omega t) + \dots \quad (1)$$

$(k = 1, 3, 5)$. Sie hat ein Gleichglied (a_0), cos-Glieder fehlen, und es treten nur ungerade sin-Glieder auf.

Die Fourierkoeffizienten der Ausgangsspannung lassen sich leicht bestimmen (s. Aufg. 10.1/4).

Das Gleichglied ergibt sich aus der Anschauung. Für Gleichspannung wirkt der Kondensator als Leitungsunterbrechung. Dann ist die Gleichspannung $\overline{u_C(t)}$ gleich dem arithmetischen Mittelwert $\overline{u_1(t)}$ der Rechteckkurve ($\rightarrow \frac{\hat{U}}{2}$).

Im nächsten Schritt transformieren wir $u_1(t)$ gliedweise in den Frequenzbereich und erhalten

$$\underline{u}_1 = \underline{u}_{11} + \underline{u}_{13} + \ldots \tag{2}$$

mit allgemein

$$\underline{u}_{1k} = \frac{2\hat{U}}{\sqrt{2}\pi k} \exp \mathrm{j}(0) \exp \mathrm{j}\omega t = \frac{\sqrt{2}\hat{U}}{\pi k} \exp \mathrm{j}\omega t = \hat{\underline{U}}_{1k} \exp \mathrm{j}k\omega t.$$

Die Transformation in den Frequenzbereich entfällt, falls die komplexe Form der Fourierreihe gewählt wird (s. Aufg. 10.1/1) mit

$$\begin{aligned}
\underline{c}_k &= \frac{\hat{U}}{T} \int_{-0}^{T/2} \exp -\mathrm{j}k\omega t \, \mathrm{d}t \\
&= \frac{\hat{U}}{T} \left. \frac{\exp -\mathrm{j}k\omega t}{-\mathrm{j}k\omega} \right|_0^{T/2} = \frac{\hat{U}}{T} \frac{(\exp -\frac{\mathrm{j}k\omega T}{2} - 1)}{-\mathrm{j}k\omega}.
\end{aligned} \tag{3}$$

Der Ausdruck wird für $k \rightarrow 0$ unbestimmt (Grenzwertbildung oder direkte Berechnung des Gleichgliedes). Weiter gilt $\underline{c}_k = \frac{\mathrm{j}(\exp -\mathrm{j}k\pi - 1)}{k2\pi}$. Mit $\exp -\mathrm{j}k\pi = +1$ (k gerade) bzw. -1 (k ungerade) folgt $\underline{c}_k = 0$ für gerade k und

$$\underline{c}_k = \frac{-\mathrm{j}\hat{U}}{\pi k} = \frac{\hat{U}}{\pi k} \exp -\frac{\mathrm{j}\pi}{2} \tag{4}$$

für ungerade k.

Die Ausgangsspannung $u_C(t)$ ergibt sich im Frequenzbereich durch Multiplikation jeder Komponente $\underline{u}_{1k}$ mit dem Übertragungsfaktor des RC-Gliedes ($\tau = RC$) $\frac{\underline{u}_{Ck}}{\underline{u}_{1k}} = \frac{1}{1+\mathrm{j}k\omega RC}$ des Spannungsteilers:

$$\underline{u}_{Ck} = U_{Ck} \exp \mathrm{j}\varphi_k \exp \mathrm{j}\omega kt = \frac{U_{1k} \exp -\mathrm{j}\varphi_k}{\sqrt{1 + (k\omega\tau)^2}}$$

mit $\varphi_k = \arctan \omega k\tau$. Damit folgt schließlich

$$u_C(t) = \frac{\hat{U}}{2} + \frac{2\hat{U}}{\pi} \sum_{k=1,3..}^{\infty} \frac{\sin(k\omega t - \arctan k\omega\tau)}{k\sqrt{1 + (k\omega\tau)^2}}. \tag{5}$$

Die Berechnung des Zeitverlaufes $u_C(t)$ erfordert sehr viele Terme ($k \approx 15$ für eine zufriedenstellende Kurve, Bild 10.1/5b, normiert auf 1). Deshalb ist es vorteilhafter, das Problem nicht über die Spektralzerlegung, sondern direkt im Zeitbereich zu lösen.

Mit Gl.(5) läßt sich der Einfluß von $\omega\tau = 2\pi\frac{\tau}{T}$ auf die Lösung diskutieren:

- für $\tau \ll T$ hat $\frac{\tau}{T}$ im Übertragungsfaktor für kleinere k wenig Einfluß. Dann gilt $u_C(t) \approx u_1(t)$ und die Ausgangskurve besitzt weitgehend Impulsverlauf (für hohe k macht sich zwar $k\omega\tau$ bemerkbar, doch sind dann die Amplituden klein)
- für $\tau \gg T$ gilt (auch bei sehr kleine k)

$$u_C(t) \approx \frac{\hat{U}}{2} + \frac{2\hat{U}}{\pi} \sum_{k=1,3} \frac{\sin(k\omega t \pm \pi/2)}{k^2(\tau/T)}.$$

Das ist im letzten Teil eine Sägezahnkurve (halbe Periodendauer, dann Pause) mit der Amplitude $\frac{2\hat{U}}{\pi}\frac{T}{\tau}$, die für große k stark abnimmt.

c) Die Lösung der Aufgabe erfordert als Amplitude der Ausgangsgrundwelle

$$\hat{U}_C = \frac{2\hat{U}}{\pi}\frac{1}{1}\frac{1}{\sqrt{1+(\omega\tau)^2}} = \frac{\hat{U}}{2p}. \tag{6}$$

Sie soll ein Bruchteil der Gleichspannung $\frac{\hat{U}}{2}$ sein. Das führt auf die Bestimmungsgleichung für $\omega\tau$:

$$\omega\tau = \sqrt{\left(\frac{4p}{\pi}\right)^2 - 1} \tag{7}$$

also für $R = 1\,\text{k}\Omega$, $p = 100$:

$$\tau = \frac{T}{2\pi}\sqrt{\left(\frac{4 \cdot 100}{\pi}\right)^2 - 1} = 20,26T$$

und mit $T = 1\,\text{ms}$ auf $C = \frac{\tau}{R} = \frac{20,26\,\text{ms}}{1\,\text{k}\Omega} = 20,26\,\mu\text{F}$.

Diskussion: Die Berechnung der Zeitverläufe am Ausgang einer linearen Schaltung durch Fourierzerlegung des Eingangssignals ist zwar in Verbindung mit dem Überlagerungssatz möglich, doch erfordert sie viele Glieder, wenn "glatte" Zeitverläufe entstehen sollen. In solchen Fällen ist die direkte Analyse im Zeitbereich vorteilhafter.

10.2 Fourier-Transformation

Aufgabe 10.2/1 Rechteckimpuls, Impulsfolge
Fourier-Transformation

a) Man bestimme die Fourier-Transformierte $\underline{X}(\omega)$ des Einzelimpulses $x(t)$ (Bild 10.2/1a1), z.B. einer Spannung.
b) Skizzieren Sie Amplituden- und Phasenspektrum.
c) Wie lautet die Fourier-Transformierte des zeitverschobenen Einzelimpulses (Bild 10.2/1a2)? Wie kann sie zweckmäßig gewonnen werden?
d) Geben Sie die komplexe Fourierreihe zum periodischen Impulsverlauf Bild 10.2/1a3 an.
e) Diskutieren Sie den Einfluß von T (bei fester Impulsbreite τ) und von τ (bei fester Taktfrequenz T) auf das Spektrum.
f) Skizzieren Sie das Betragsspektrum eines Taktimpulses im PC (Taktfrequenz $f_T = 60\,\text{MHz}$, Impulsbreite $\tau = 10\,\text{ns}$, Spannung $U = 5\,\text{V}$).

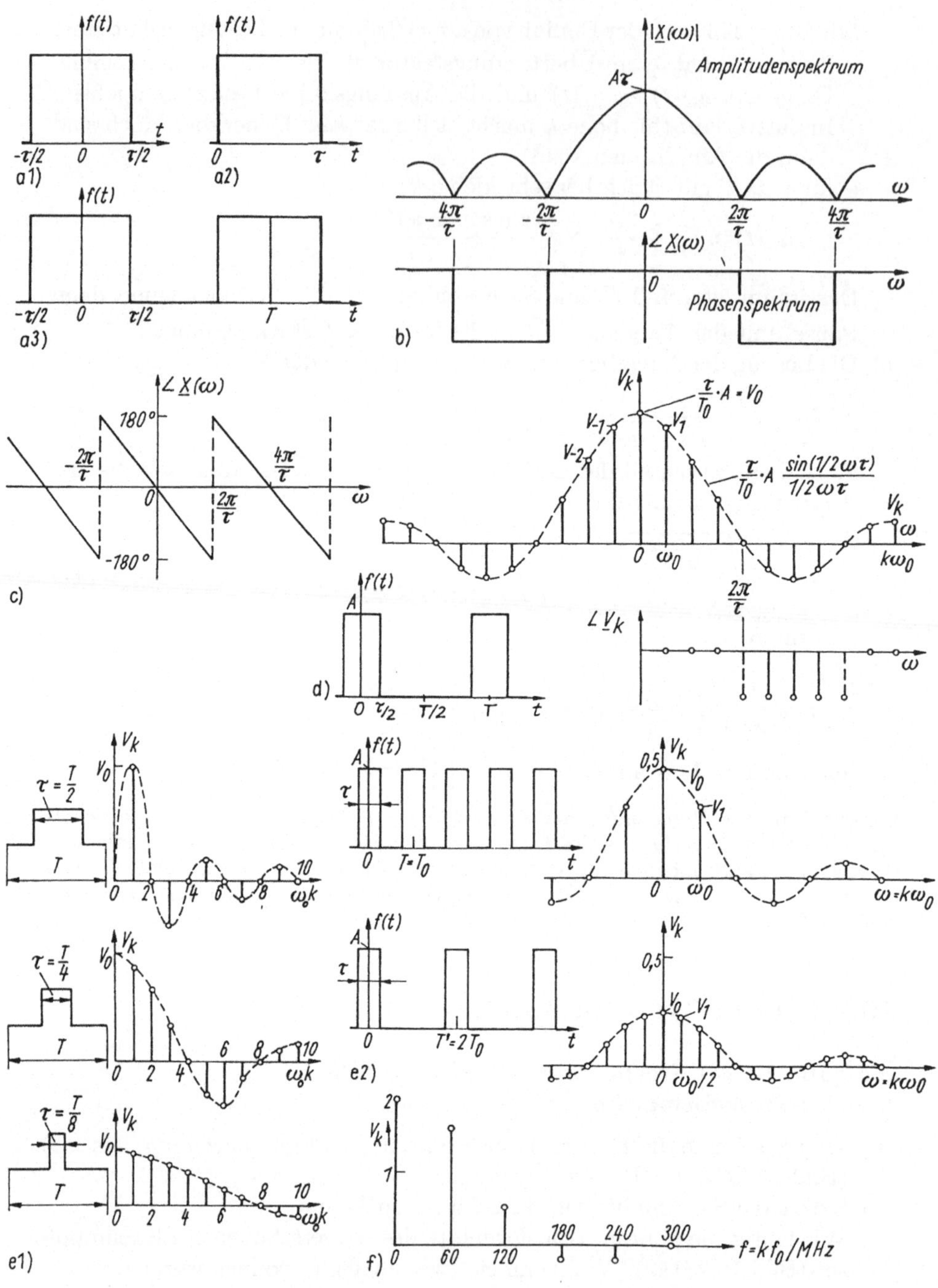

Bild 10.2/1

Hinweis: Berechnen Sie die Fourier-Transformierte des Einzelimpulses aus der Definition (II/Gl.(9.24)).

Lösung:

a) Die gegebene Zeitfunktion $f(t)$ (Bild 10.2/1a1) verschwindet überall außer im Bereich $-\frac{\tau}{2} < t < \frac{\tau}{2}$. Deshalb gilt mit der Definition des Fourierintegrals

$$
\begin{aligned}
\underline{X}(\omega) &= \int_{-\tau/2}^{\tau/2} A \exp -\mathrm{j}\omega t\, \mathrm{d}t \\
&= -\frac{A}{\mathrm{j}\omega} \exp -\mathrm{j}\omega t \Big|_{-\tau/2}^{\tau/2} = \frac{2A}{\omega}\left(\frac{\exp \mathrm{j}\omega\tau/2 - \exp -\mathrm{j}\omega\tau/2}{2\mathrm{j}}\right) \\
&= A\tau\frac{\sin\frac{\omega\tau}{2}}{\frac{\omega\tau}{2}} = A\tau\mathrm{si}(\pi f\tau)
\end{aligned}
\tag{1}
$$

mit der Spaltfunktion $\frac{\sin x}{x}$.

b) Der Verlauf $\underline{X}(\omega)$ (Bild 10.2/1b) liegt durch die Spaltfunktion $\frac{\sin x}{x}$ fest (mit dem Grenzwert 1 für $x \to 0$). Er hat Nullstellen bei $x = n\pi$ (n ganz). Die Phase springt zwischen $0°$ und $-180°$ nach Durchlauf jeder Nullstelle, ist aber sonst konstant.
Die Fouriertransformierte $\underline{F}(\omega) \equiv \underline{X}(\omega)$ von $f(t)$ ist eine Dichtefunktion mit der Dimension A·Zeit, z.B. für eine Spannung $A \equiv U \to$ Dichtefunktion Vs =V/Hz!

c) Da die Kurve $f(t)$ um $t' = \frac{\tau}{2}$ nach rechts verschoben ist, kann der Verschiebungssatz angewendet werden. Mit dem Fourierintegral (1) folgt bei Integrationsgrenzen zwischen 0 und τ:

$$
\begin{aligned}
\underline{X}(\omega) &= \int_0^\tau A \exp -\mathrm{j}\omega t\, \mathrm{d}t = -\frac{A}{\mathrm{j}\omega}(\exp -\mathrm{j}\omega\tau - 1) \\
&= -\frac{A}{\mathrm{j}\omega \exp \mathrm{j}\omega\tau/2}\left(\exp\left(-\mathrm{j}\omega\frac{\tau}{2}\right) - \exp\left(\mathrm{j}\omega\frac{\tau}{2}\right)\right) \\
&= \exp\left(-\mathrm{j}\omega\frac{\tau}{2}\right) \cdot A\tau\frac{\sin\omega\tau/2}{\omega\tau/2}
\end{aligned}
\tag{2}
$$

mit

$$
|\underline{X}| = A\tau\left|\frac{\sin\omega\tau/2}{\omega\tau/2}\right|, \quad \angle\underline{X} = -\frac{\omega\tau}{2}
\tag{3}
$$

(Bild 10.2/1c). Da das Betragsspektrum erhalten bleibt, sinkt die Phase frequenzproportional. Sie springt jeweils bei der Nullstelle der Funktion $\frac{\sin x}{x}$. Das gleiche Ergebnis liefert der Verschiebungssatz: aus $x(t \pm t_0) \circ\!\!-\!\!\bullet X(f) \exp \pm 2\mathrm{j}ft_0$ wird mit der Lösung Gl.(1) für $t_0 = \frac{\tau}{2}$:

$$
x(t - \tau/2) \circ\!\!-\!\!\bullet A\tau\mathrm{si}\left(\pi f\tau\right)\exp -\mathrm{j}\pi f\tau
\tag{4}
$$

übereinstimmend mit Gl.(2).

d) Für die periodische Impulsfolge (Bild 10.2/1a3) wählen wir die komplexe Form der Fourierreihe

$$
u(t) = \sum_{-\infty}^{\infty} \underline{V}_k \exp \mathrm{j}k\omega_0 t, \quad \underline{V}_k = \frac{1}{T}\int_{-T/2}^{T/2} f(t) \exp -\mathrm{j}k\omega t\, \mathrm{d}t
$$

und erhalten (direkte Berechnung oder Tafel) für die Koeffizienten

$$\underline{V}_k = \frac{A\tau}{T} \frac{\sin(k\omega_0\tau/2)}{k\omega_0\tau/2}$$

mit $\omega_0 T = 2\pi$.

Dabei ist ω_0 die Folgefrequenz der Impulse. Da im Funktionsverlauf sin-Glieder verschwinden, gilt $\underline{V}_{-k} = \underline{V}_k$. Bild 10.2/1d zeigt das zweiseitige Amplituden- und Phasenspektrum (mit negativer Frequenz). Negative Frequenzen werden bei Darstellung der Sinusgröße durch zwei, entgegengesetzt rotierende Zeiger erforderlich. Das Betragsspektrum ergibt sich dann aus $|\underline{V}_k|$, im Phasenspektrum wechselt die Phase $\angle\underline{V}_k$ immer zwischen 0 und $-\pi$ entsprechend der verschiedenen Vorzeichen von $\underline{V}_k$. Das "einseitige" (nur auf positive Frequenzen beschränkte) Spektrum ergibt sich durch Umklappen um die Linie $k = 0$. Dadurch verdoppeln sich alle Amplituden (so werden sie z.B. mit einem selektiven Voltmeter gemessen).

e) Bild 10.2/1e1, 2 zeigt die Einflußgrößen auf das Spektrum:

- Bei fester Taktzeit T (d. auch ω_0) wird das Spektrum si x mit sinkender Impulsbreite τ immer breiter (kürzere Impulse haben ein großes Frequenzspektrum!), der Abstand zweier Spektrallinien ist gleich $\frac{1}{T}$ und bleibt konstant. Gleichzeitig sinkt die "Nullamplitude" $V_0 = \frac{A\tau}{T}$. Der erste Nulldurchgang tritt bei $\frac{k\omega\tau}{2} = \pi$ auf; er verschiebt sich mit sinkender Impulsbreite τ zu größerem k. Die Impulsbreite bestimmt die Lage der Nullstellen.

- Bei konstanter Impulsbreite τ wächst die Zahl ausgewählter Spektrallinien mit wachsender Periodendauer: Verdopplung von T halbiert die Grundfrequenz $\omega_0 = \frac{1}{T}$ und damit den Abstand der zwei Spektrallinien (daher doppelt so viele Spektrallinien bis zum ersten Nulldurchgang). Für $T \to \infty$ ergibt sich das kontinuierliche Spektrum, das dem Fourierintegral entspricht. Die Amplitude V_0 für $k = 0$ sinkt gemäß $V_o \sim \frac{1}{T}$.

f) Auszuwerten ist die Funktion $V_k = \frac{A\tau}{T} \frac{\sin x}{x}$ mit $x = k\pi f_0\tau = \frac{k\pi\tau}{T}$ sowie $\tau = 10\,\text{ns}$, $T = \frac{1}{f_0} = \frac{1}{60\,\text{MHz}} = 25\,\text{ns}$. Damit ergibt sich die Darstellung Bild 10.2/1f. Es treten Oberwellen auf, die bis in den UKW- und Fernsehbereich reichen (weshalb sich ein nicht fachgerecht entstörter PC z.B. im UKW-Empfänger störend bemerkbar machen kann).

Aufgabe 10.2/2 Exponentialsignal, Fourier-Transformation

Gegeben ist das periodische Exponentialsignal $f(t) = U\exp -at$, $a > 0$, $0 < t < T$ (Bild 10.2/2a).

a) Wie lautet die Fourierreihe von $f(t)$?
b) Wie lautet die Fouriertransformierte (FT) von $f(t)$?
c) Geben Sie für $U = 5\,\text{V}$, $T = 1\,\text{ms}$ und $\tau = 0,5\pi\,ms = 0,159\,\text{ms}$ die ersten vier Fourierkoeffizienten der Entwicklung nach b) in der Amplituden-Phasenform an.

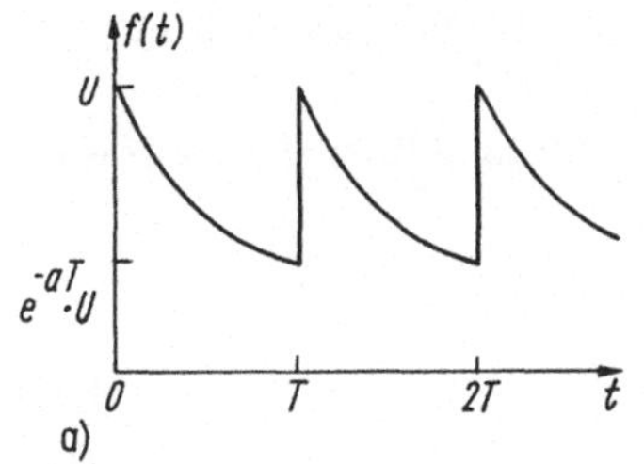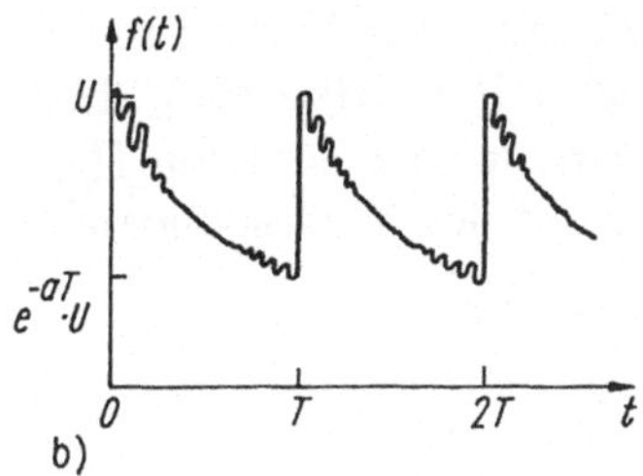

Bild 10.2/2

Lösung:

a) Wir gehen zweckmäßig von der komplexen Form der Fourierreihe

$$f(t) = \sum_{-\infty}^{\infty} \underline{c}_k \exp jk\omega_0 t, \quad \underline{c}_k = \frac{1}{T} \int_{-T/2}^{T/2} f(t) \exp -jk\omega_0 t \tag{1}$$

($k = 0, \pm 1 \ldots$) aus. Vorteilhaft werden zunächst die Integrationsgrenzen verschoben:

$$\begin{aligned}
\underline{c}_k &= \frac{U}{T} \int_0^T f(t) \exp -jk\omega_0 t \, \mathrm{d}t = \frac{U}{T} \int_0^T \exp -at \exp -jk\omega_0 t \, \mathrm{d}t \\
&= \frac{U}{T} \frac{1}{a + jk\omega_0} \exp -t(a + jk\omega_0)\big|_0^T \\
&= \frac{U}{aT + jk2\pi}(1 - \exp -aT) \quad (\omega_0 T = 2\pi).
\end{aligned} \tag{2}$$

Damit lautet die Fourierreihe

$$\begin{aligned}
f(t) &= \sum_{-\infty}^{\infty} \underline{c}_k \exp jk\omega_0 t \\
&= \sum_{-\infty}^{\infty} \frac{U}{aT + jk2\pi}(1 - \exp -aT) \exp jk\omega_0 t, \quad k > 0.
\end{aligned} \tag{3}$$

Wir überführen die Fourierreihe im nächsten Schritt in die reelle Form

$$f(t) = \frac{a_0}{2} + \sum_{k=1}^{\infty} (a_k \cos(k\omega_0 t) + b_k \sin(k\omega_0 t)) \tag{4}$$

und fassen jeweils Reihenglieder mit gleichem Index zusammen (mit $\Omega_0 = \omega_0 t$)

$$\begin{aligned}
&\underline{c}_{-k} \exp -jk\omega_0 t + \underline{c}_k \exp jk\omega_0 t \\
&= A(1 - \exp -aT) \left(\frac{\cos k\Omega_0 - j\sin k\Omega_0}{aT - j2k\pi} + \frac{\cos k\Omega_0 + j\sin k\Omega_0}{aT + j2k\pi} \right) \\
&= a_k \cos k\Omega_0 + b_k \sin k\Omega_0.
\end{aligned}$$

Nach einigem Umformen folgen (konjugiert komplex erweitern)

$$a_k = 2aT \frac{(1 - \exp -aT)\, U}{(aT)^2 + k^2 4\pi^2}, \quad b_k = \frac{4\pi k(1 - \exp -aT)U}{(aT)^2 + k^2 4\pi^2} \quad k = 0, 1.. \tag{5}$$

Bild 10.2/2a zeigt den Verlauf für $aT = 2$ und die Fourierreihe mit 11 Gliedern nach Gl.(4) (Bild 10.2/2b).

b) Die Fouriertransformierte von $f(t)$ wird zweckmäßig über die komplexe Fourierreihe mit der Korrespondenz

$$\exp j\omega_0 t \circ\!\!-\!\!\bullet 2\pi\delta(\omega - \omega_0)$$

gebildet. Mit Gl.(2) lautet die Fouriertransformierte der komplexen Fourierreihe:

$$\mathrm{FT}(f(t)) = \sum_{-\infty}^{\infty} \underline{c}_k 2\pi\delta(\omega - k\omega_0) = \sum_{-\infty}^{\infty} \frac{(1 - \exp - aT)U}{aT + jk2\pi} 2\pi\delta(\omega - k\omega_0).\quad(6)$$

b) Zur Amplituden-Phasenform $f(t) = A_0 + \sum_{k=1}^{\infty} A_k \cos(k\omega T + \varphi_k)$ gehören die Größen

$$A_0 = \frac{U}{aT}(1 - \exp - aT),$$

$$A_k = \frac{U}{aT}\frac{(1 - \exp - aT)}{\sqrt{1 + (k\omega/a)^2}} \quad k = 1, 2 \tag{7}$$

$$\varphi_k = -\arctan\frac{\omega k}{a}.$$

Für die angegebenen Werte lautet die Lösung:

$$\begin{aligned} u(t)/\mathrm{V} = {}& 0,795 + 1,123\cos(\omega t - 45°) + 0,7\cos(2\omega t - 63°) + \\ & 0,5\cos(3\omega t - 71,6°) + 0,385\cos(4\omega t - 76°) + \dots \end{aligned} \tag{8}$$

mit $\omega = 2\pi \cdot 10^3\,\mathrm{rads}^{-1}$.

Aufgabe 10.2/3 Fourier-Transformation, Netzwerke erster Ordnung

a) Zeigen Sie, daß sich die Übertragungsfunktionen der gegebenen Netzwerke Bild 10.2/3a allgemein in der Form

$$\underline{G}(\omega) = \frac{a_0 + a_1 j\omega}{b_0 + j\omega} \quad (a_i, b_0 \text{ reell } b_0 > 0) \tag{1}$$

darstellen lassen.

Welche Beziehung besteht zur Netzwerk-Differentialgleichung?

b) Wie lautet die Impulsantwort $g(t)$ zur Übertragungsfunktion Gl.(1)?

c) Wie lautet die Sprungantwort $h(t)$ zu Gl.(1)?

d) Wenden Sie die Ergebnisse auf die Schaltung Bild 10.2/3a3 für $R_1 \to \infty$ an. Wie lauten die Koeffizienten?

e) Stellen Sie die Ergebnisse von Aufgabe d) normiert dar.

f) Wie verlaufen $g(t)$ und $h(t)$ für die Schaltung Bild 10.2/3a4) in normaler und normierter Darstellung? Erklären Sie das Zustandekommen der einzelnen Komponenten in $g(t)$ und $h(t)$.

Lösung:

a) Wir bestimmen die Übertragungsfunktion jeweils mit der komplexen Rechnung, also direkt im Frequenzbereich und erhalten nach Transfor-

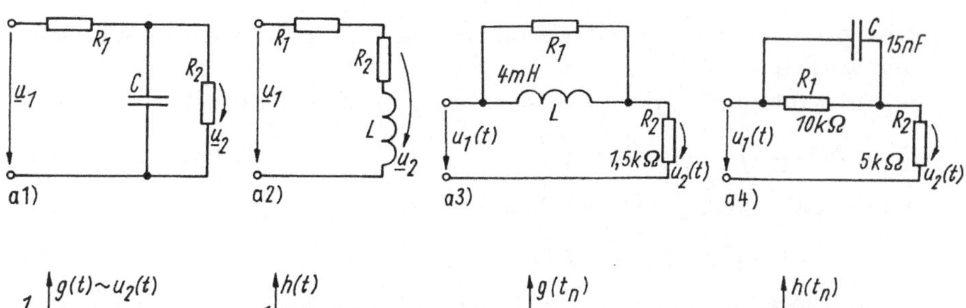

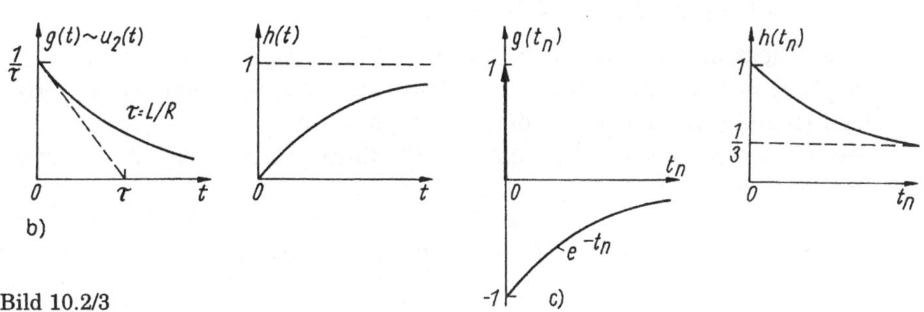

Bild 10.2/3

mation der Netzwerke in den Frequenzbereich

a1): $\quad \underline{G}(\omega) = \dfrac{\underline{u}_2}{\underline{u}_1} = \dfrac{1}{1 + R_2 G_2 + j\omega C R_1}$

a2): $\quad \underline{G}(\omega) = \dfrac{\underline{u}_2}{\underline{u}_1} = \dfrac{R_2 + j\omega L}{R_1 + R_2 + j\omega L}$

a3): $\quad \underline{G}(\omega) = \dfrac{\underline{u}_2}{\underline{u}_1} = \dfrac{1 + j\omega L/R_1}{1 + j\omega L(1/R_1 + 1/R_2)}$

a4): $\quad \underline{G}(\omega) = \dfrac{\underline{u}_2}{\underline{u}_1} = \dfrac{G_1 + j\omega C_1}{G_1 + G_2 + j\omega(C_1 + C_2)}.$

Es liegt die angegebene allgemeine Übertragungsfunktion eines linearen Netzwerkes erster Ordnung (RC-, RL-Schaltungen mit einem Energiespeicher) vor. Dazu gehört die Netzwerk-Differentialgleichung

$$a_1 u_2' + a_0 u_2 = u_1' + b_0 u_1.$$

In $\underline{G}(\omega)$ überschreitet der Zählergrad von $(j\omega)$ nicht den Nennergrad und wegen $b_0 > 0$ liegen alle Polstellen der linken p-Ebene (sog. stabiles Netzwerk).

b) Zur Berechnung der Impulsantwort $g(t)$ (also Anregung mit einem δ-Impuls) formen wir Gl.(1) in eine gebrochene rationale Funktion von ω um:

$$\underline{G}(\omega) = a_1 + (a_0 - a_1 b_0)\frac{1}{b_0 + j\omega}. \tag{2}$$

Die gliedweise Rücktransformation (II/Tafel 9.6) von $a_1 \bullet\!\!-\!\!\circ a_1 \delta(t)$ und $\frac{1}{b_0 + j\omega} \bullet\!\!-\!\!\circ s(t) \exp -b_0 t$ liefert

$$g(t) = a_1 \delta(t) + s(t)(a_0 - a_1 b_0) \exp -b_0 t. \tag{3}$$

Sie besteht aus einem Diracstoß ($\to a_1$) und einer abklingenden Exponentialfunktion, die zum Zeitpunkt $t = 0$ angeschaltet wird.

c) Die Sprungantwort $h(t)$ (Reaktion auf den Einschaltimpuls) kann gewonnen werden

- durch Integration der Impulsantwort $g(t)$ (II/Gl.(10.16)):

$$h(t) = \int_{-\infty}^{t} g(\tau)\,\mathrm{d}t = \left(\frac{a_0}{b_0} - \frac{(a_0 - b_0 a_1)}{b_0} \exp -b_0 t \right) s(t) \qquad (4)$$

- oder gleichwertig über den Frequenzgang:

$$\underline{Y}(\omega) = \underline{G}(\omega)\underline{X}(\omega) = \underline{G}(\omega)\left(\pi\delta(\omega) + \frac{1}{\mathrm{j}\omega} \right) \qquad (5)$$

sowie Rücktransformation der einzelnen Terme (II/Tafel 9.6). (Dabei ist $f(\omega)\delta(\omega) = f(0)\delta(\omega)$ zu beachten.) $\underline{X}(\omega)$ stellt die Fouriertransformierte der Erregung dar, rechts für den Einheitssprung.

Bei der Berechnung von $h(t)$ nach Gl.(4) führt $g(t)$ nach Gl.(2) auf zwei Teilintegrale:

$$h(t) = \int_{0}^{\infty} a_1\delta(\tau)\,\mathrm{d}\tau + \int_{0}^{\infty} (a_0 - a_1 b_0)\exp -b_0\tau\,\mathrm{d}\tau.$$

Im ersten ist als untere Grenze $\tau \to -0$ zu wählen, um den Beitrag des δ-Impulses bei 0 mit einzuschließen. Im zweiten Fall gilt $s(\tau) = 1$ für alle τ und kann daher entfallen. Das Ergebnis lautet

$$h(t) = \left\{ \begin{array}{ll} 0 & \text{für } t < 0 \\ \text{Gl.(4) (ohne } s(t)) & \text{für } t > 0 \end{array} \right. ,$$

was in Gl.(3) durch Beifügen des Faktors $s(t)$ auf den gesamten Zeitbereich erweitert wurde.

Die Berechnung von Gl.(3) mittels FT (d.h. über den Frequenzgang) liefert

$$\underline{Y}(\omega) = \frac{a_0}{b_0}\pi\delta(\omega) + \frac{a_0 + a_1\mathrm{j}\omega}{\mathrm{j}\omega(b_0 + \mathrm{j}\omega)} = \underline{Y}_1(\omega) + \underline{Y}_2(\omega).$$

Der erste Term führt auf (II/Tafel 9.6)

$$y_1(t) = \mathrm{FT}^{-1}(\underline{Y}_1(\omega)) = \mathrm{FT}^{-1}\left(\frac{a_0}{b_0}\pi\delta(\omega) \right) = \frac{a_0}{2b_0}, \qquad (6)$$

der zweite auf

$$\begin{aligned} y_2(t) &= \mathrm{FT}^{-1}(\underline{Y}_2(\omega)) = \mathrm{FT}^{-1}\left(\frac{a_0}{b_0\mathrm{j}\omega} - \frac{a_0 - a_1 b_0}{b_0}\frac{1}{b_0 + \mathrm{j}\omega} \right) \\ &= \frac{a_0}{2b_0}\operatorname{sgn} t - \frac{a_0 - a_1 b}{b_0}\exp -b_0 t s(t) \end{aligned}$$

(dabei wurde $\frac{1}{\mathrm{j}\omega} \bullet\!\!-\!\!\circ \frac{1}{2}\operatorname{sgn} t$, $\frac{1}{b_0 + \mathrm{j}\omega} \bullet\!\!-\!\!\circ \exp(-b_0 t)s(t)$ verwendet). Zusammengefaßt lautet die Sprungantwort (s. Gl.(4))

$$h(t) = y_1(t) + y_2(t) = \underbrace{\frac{a_0}{2b_0}(1 + \operatorname{sgn} t)}_{\frac{a_0}{b_0}s(t)} - \frac{(a_0 - a_1 b_0)}{b_0}\exp(-b_0 t)s(t). \qquad (7)$$

d) Für die Schaltung Bild 10.2/3a3 ($R_1 \to \infty$) lautet die Übertragungsfunktion $\underline{G}(\omega) = \frac{R}{R + \mathrm{j}\omega L} \to a_0 = \frac{R}{L}$, $a_1 = 0$, $b_0 = \frac{R}{L} = \frac{1}{\tau}$ und damit

(Gl.(3))

$$\frac{u_2(t)}{U_1} = g(t) = \frac{s(t)}{\tau}\exp\frac{-t}{\tau}, \quad h(t) = s(t)(1 - \exp-t/\tau). \tag{8}$$

Bild 10.2/3b zeigt die Verläufe. Zur Zeit $t = \tau = \frac{4\,\text{mH}}{1,5\,\text{k}\Omega} = 2,67\,\mu\text{s}$ ist $g(t)$ auf $1/e$ abgefallen.

e) Für die normierte Darstellung (III/Abschn. 7.3.3) wählen wir als Bezugsgrößen den Widerstand $R_\text{b} = 1,5\,\text{k}\Omega$ (sog. Impedanzniveau) und $\omega_\text{b}L = R_\text{b} \to \omega_\text{b} = \frac{R_\text{b}}{L} = \frac{1}{\tau} = 0,375\cdot10^6\,\text{s}^{-1}$. Das ergibt den normierten Widerstand $R_\text{n} = 1$ und mit $\omega L = R$ die normierte Induktivität $L_\text{n} = \frac{\omega_\text{b}L_\text{w}}{R_\text{b}} = 0,375\cdot10^6\text{rads}^{-1}\cdot\frac{4\,\text{mH}}{1,5\,\text{k}\Omega} = 1$. Die normierte Zeit $t_\text{n} = t_\text{w}\omega_\text{b}$ folgt aus der wirklichen Zeit t_w durch Multiplikation mit ω_b. Deshalb ist der $1/e$-Abfall in normierter Form zur Zeit 1 gegeben.

f) Für die Schaltung 10.2/3a4 erhalten wir aus Aufgabe a) durch Vergleich mit Gl.(1)

$$a_0 = \frac{1}{R_1 C}, \ a_1 = 1, \ b_0 = \frac{1}{C(1/R_1 + 1/R_2)} = \frac{1}{\tau}. \tag{9}$$

Damit lauten Impuls- und Übergangsfunktion:

$$g(t) = \delta(t) - \frac{1}{CR_2}\exp-\frac{t}{\tau}s(t)$$

$$h(t) = \left(\frac{1}{1 + R_1 G_2} + \frac{R_1 G_2}{1 + R_1 G_2}\exp-\frac{t}{\tau}\right)s(t). \tag{10}$$

Zur normierten Darstellung wählen wir den Widerstand $R_2 = 5\,\text{k}\Omega$ als Bezug ($R_\text{b} = 5\,\text{k}\Omega$) sowie die Bezugsfrequenz $\omega_\text{b} = \frac{1}{R_\text{b}C} = \frac{1}{5\,\text{k}\Omega\cdot15\,\text{nF}} = 13333\,\text{rads}^{-1}$. Dann lauten die normierten Größen $R_\text{n2} = 1$, $R_\text{n1} = 2$, $C_\text{n} = 1$ sowie die reziproken Zeitkonstanten $\frac{1}{\tau_\text{n}} = \frac{1}{C_\text{n}}\left(\frac{1}{R_\text{1n}} + \frac{1}{R_\text{2n}}\right) = \frac{1}{1}\left(\frac{1}{2} + 1\right) = \frac{2}{3}$. Die normierten Lösungen ergeben sich durch Einsetzen der normierten Werte

$$g_\text{n}(t_\text{n}) = \delta(t_\text{n}) - \exp-t_\text{n}s(t_\text{n}), \ h(t_\text{n}) = \left(\frac{1}{3} + \frac{2}{3}\exp-\frac{3}{2}t_\text{n}\right)s(t_\text{n}) \tag{11}$$

mit dem Verlauf nach Bild 10.2/3c. Er besteht aus einem δ-Impuls der Höhe 1 und einer von -1 aus abklingenden Exponentialfunktion. Ihre Zeitkonstante beträgt $\tau_\text{n} = \frac{3}{2}$.

Da der Umgang mit dimensionslosen Größen oft ungewohnt ist, sollte sich die Normierung besser nur auf die Zahlenwerte (k_r, k_f) beziehen. Dann bleiben die Grundeinheiten erhalten (also hier $R_\text{n1} = 2\,\Omega$, $R_\text{n2} = 1\,\Omega$, $C_\text{n} = 1\,\text{F}$).

Die Einzelanteile der Gewichtsfunktion Gl.(10) entstehen

- durch einen δ-Stromimpuls ($\approx \frac{U_1}{R_2} \approx \delta(t)$), der im Schaltmoment $t = 0$ dem Kondensator die Ladung $Q = CU_1 = \int_{-0}^{0} i(t)\,\text{d}t = \int_{-\infty}^{\infty}\frac{A\delta(t)}{R_2}\,\text{d}t = \frac{A}{R_2}$ (endlich) zuführt, ihn also momentan auflädt und den Spannungssprung U_C erzeugt (Spannungssprung $\leftrightarrow$ Modell $\delta(t)$!)

- durch eine exponentiell abklingende Entladung von der Kondensatorspannung $-U_\text{C}$ aus.

Die Sprungfunktion erklärt sich, weil der Kondensator im Einschaltmoment als Kurzschluß wirkt und deshalb $u_2(0) = U_1$ gilt. Im stationären Fall $t \to \infty$ stellt sich u_2 entsprechend der Spannungsteilerregel ein.

Aufgabe 10.2/4 Fourier-Transformation, RC-Anordnung

Die Schaltung Bild 10.2/4a hat für einen Spannungssprung U zur Zeit $t = 0$ die Ausgangsspannung

$$u_C(t) = U(1 - \exp -at) \quad a > 0, a = \frac{1}{RC} \tag{1}$$

sonst 0 für $t < 0$.

a) Berechnen Sie die Übertragungsfunktion mit der Fourier-Transformation.
b) Läßt sich aus der Übertragungsfunktion die Netzwerkgleichung rückgewinnen?
c) Welche Spannung $u_C(t)$ entsteht, wenn zur Zeit $t = 0$ ein δ-Impuls am Eingang wirkt: $u_1(0) = A\delta(t)$. Erläutern Sie die erhaltene Lösung.
d) Gegeben sind die Werte $R = 10\,\mathrm{k\Omega}$, $C = 0,1\,\mu\mathrm{F}$, $U = 1\,\mathrm{V}$. Auf welche Spannung springt die Kondensatorspannung zum Schaltzeitpunkt in Aufgabe c) bzw. in Aufgabe a)?

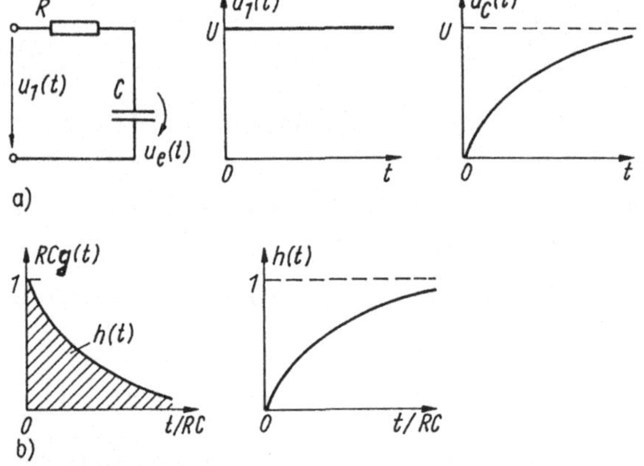

Bild 10.2/4

Lösung:

a) Die Übertragungsfunktion ist die Fouriertransformierte $\underline{G}(\omega)$ der Impulsantwort $g(t)$ und diese nach Gl.(1) die Ableitung der Ausgangsspannung $u_C(t)$, wie sie bei Sprungerregung (Einschaltvorgang des Netzwerkes mit der Spannung U, Bild 10.2/4a) gegeben ist:

$$g(t) = \frac{\mathrm{d}u_C}{\mathrm{d}t} = U\frac{\mathrm{d}}{\mathrm{d}t}(1 - \exp -at) = \begin{cases} 0 & \text{für } t < 0 \\ a\exp -at & \text{für } t > 0 \end{cases} . \tag{2}$$

Die normierte Form

$$\frac{\mathrm{d}u_C}{U\mathrm{d}t} = \frac{1}{RC}\exp -\frac{t}{RC} \to RC \cdot g(t) = \exp -\frac{t}{RC} \tag{3}$$

wurde im Bild 10.2/4b dargestellt. In Gl.(2) wurde $g(t)$ für beide Zeit-abschnitte getrennt angegeben. Grundsätzlich ist auch eine geschlossene Form unter Hinzunahme der Sprungfunktion $s(t)$ möglich. Wird nämlich für die Sprungantwort

$$h(t) = (1 - \exp -at)s(t) \tag{4}$$

geschrieben (wobei $s(t)$ nur zur geschlossenen Darstellung dient), so gilt nach der Produktregel beim Differenzieren (II/Gl.(10.16a))

$$g(t) = \frac{\mathrm{d}h}{\mathrm{d}t} = (1 - \exp -at)\delta(t) + a\exp(-at)s(t). \tag{5}$$

Der erste Term entfällt durch die Ausblendeigenschaft der δ-Funktion ($f(t)\delta(t) \equiv f(0)\delta(t)$ mit $f(t) = 1 - \exp -at$, $f(0) = 0$). Dann verbleibt $g(t)$ in der rechten Form mit $s(t)$ gültig im gesamten Zeitbereich.

Die Sprungantwort $h(t)$ ist wegen $h(t) = \int_{-\infty}^{t} g(\tau)\,\mathrm{d}\tau$ gleich der Fläche unter der Kurve $g(\tau)$ im Zeitbereich von $-\infty$ bis t (Bild 10.2/4b).

Die Übertragungsfunktion $\underline{G}(\omega)$ ist die Fouriertransformierte von $g(t)$ (Gl.(2))

$$\begin{aligned}
\underline{G}(\omega) &= \mathrm{FT}(g(t)) = \int_{-\infty}^{\infty} g(t)\exp -\mathrm{j}\omega t\,\mathrm{d}t \\
&= \int_{0}^{\infty} a\exp -at\exp -\mathrm{j}\omega t\,\mathrm{d}t = \frac{-a}{a + \mathrm{j}\omega}\exp -t(a + \mathrm{j}\omega)\Big|_{0}^{\infty} \\
&= \frac{a}{a + \mathrm{j}\omega} = \frac{1}{1 + \mathrm{j}\omega RC}.
\end{aligned} \tag{6}$$

Grundsätzlich kann die Übertragungsfunktion auch mit der Wechsel-stromrechnung erhalten werden. Wir ersetzen dazu u_1, u_2 durch ent-sprechende Wechselspannungen, transformieren die Schaltung in den Fre-quenzbereich und berechnen $\underline{G}(\omega) = \frac{\underline{U}_2}{\underline{U}_1}$ (an Bild 10.2/4a1 sofort nach-vollziehbar).

b) Die Netzwerkgleichung folgt aus $\underline{G}(\omega)$ nach Multiplikation der Spannun-gen $\underline{U}$ mit $\exp(\mathrm{j}\omega t)(\underline{U} \to \underline{u})$:

$$\underline{U}_2(\omega)\,(a + \mathrm{j}\omega) = a\underline{U}_1(\omega).$$

Der in Klammern stehende Term wird als Operator aufgefaßt angewendet auf $\underline{u}$. Außerdem gilt beim Übergang in den Zeitbereich: $j\omega \to \frac{\mathrm{d}}{\mathrm{d}t}$, $u(t) = \mathrm{Re}(\underline{u}(t))$:

$$\frac{\mathrm{d}u_2}{\mathrm{d}t} + au_2 = au_1(t). \tag{7}$$

Das ist die gesuchte Netzwerk-Differentialgleichung.

c) Liegt ein δ-Impuls an ($u(t) = A\delta(t)$), so lautet die Fouriertransformierte der Ausgangsspannung:

$$\underline{U}_2(\omega) = \underline{G}(\omega)\underline{U}_1(\omega) \equiv \underline{G}(\omega) \cdot 1\,\mathrm{A} \tag{8}$$

wegen der Korrespondenz $\mathrm{FT}(A\delta(t)) = A \cdot 1$. Der Quotient $\frac{\underline{U}_2(\omega)}{\underline{U}_1(\omega)}$ ist (definitionsgemäß!) die Übertragungsfunktion Gl.(6). Das Ergebnis kann ebenso über das Faltungsintegral gewonnen werden (II/Gl.(10.15))

$$u_2(t) \;=\; \int_{-\infty}^{\infty} g(t-\tau)u_1(\tau)\,\mathrm{d}\tau = aA \int_{-0}^{0} \exp{-a(t-\tau)}\delta(\tau)\,\mathrm{d}\tau$$

$$= \; aA\exp{-at} \int_{-0}^{0} \exp{a\tau}\delta(\tau)\,\mathrm{d}\tau = aA\exp{-at} \qquad (9)$$

mit $f(\tau)\delta(\tau) = f(0)\delta(\tau)$.

Physikalisch wird dem Kondensator im Moment des Spannungs-Dirac-Impulses ein Stromimpuls $\frac{u_1(t)}{R}\delta(t)$ und so die Ladung

$$Q = CU = \int_{-0}^{+0} i(t)\,\mathrm{d}t = \int_{-0}^{+0} \frac{u_1(t)}{R}\,\mathrm{d}t = \int_{-0}^{+0} \frac{A}{R}\delta(t)\,\mathrm{d}t = \frac{A}{R} \qquad (10)$$

zugeführt. Dadurch springt die Kondensatorspannung von null (Bild 10.2/4b) auf

$$U(0) = \frac{A}{RC} = aA \qquad (11)$$

(A hat als Spannungs-Zeitfläche die Dimension Vs, a ist eine reziproke Zeitkonstante). Nach sprungartigem Aufladen von C (in unendlich kurzer Zeit mit gegebener Ladung) setzt anschließend die Entladung exponentiell abklingend ein.

Physikalisch ist ein Spannungssprung aus Gründen der Stetigkeit der Energie nie möglich. Deshalb stellt der δ-Impuls nur ein mathematisches Modell (physikalisch nicht nachbildbar) dar. Der technisch mögliche Rechteckimpuls kurzer Dauer führt dazu, daß $u_2(t)$ nach einem (kurzem) Einschaltimpuls stets von Null aus ansteigt (C vorher ladungslos, Rechteckimpuls s. Aufg. 11.3/2). Bei Sprungerregung beginnt der Spannungsanstieg u_C von Null aus (Kondensator wirkt im ersten Moment wie kurzgeschlossen).

d) Zahlenmäßig lautet die Anfangsspannung nach Gl.(1)

$$U(0) = \frac{A}{RC} = \frac{1\,\mathrm{Vs}}{10\,\mathrm{k\Omega} \cdot 0,1\,\mu\mathrm{F}} = 10^3\,\mathrm{V}(!),$$

nach einer Zeit $t = 0,7\,\tau = 9,7\,\mathrm{ms}$ ist $u_2(t)$ auf $\frac{U(0)}{e} \approx 367\,\mathrm{V}$ abgefallen.

Aufgabe 10.2/5 Fourier-Transformation, Exponentialsignal

An der Schaltung Bild 10.2/5a liegt ein Exponentialsignal
$u_q(t) = \exp(-at)s(t)U,\ (a > 0)$.

a) Geben Sie das Spektrum der Fouriertransformierten von $u_q(t)$ und die Ortskurve an.

b) Wie lautet die Fouriertransformierte der Spannung $u_R(t)$?

c) Berechnen Sie u_R bei Anlegen einer Spannung $u_q(t) = Us(t)$. Wie kann das bisherige Ergebnis gewertet werden?

d) Angenommen, die Zeitfunktion der Spannung u_R habe die Gewichtsfunktion $g(t) = At\exp{-at}$. Berechnen und skizzieren Sie die Sprungantwort

u_R für einen Spannungssprung $Us(t)$. Diskutieren Sie die Lösung im Vergleich zu den vorhergehenden.

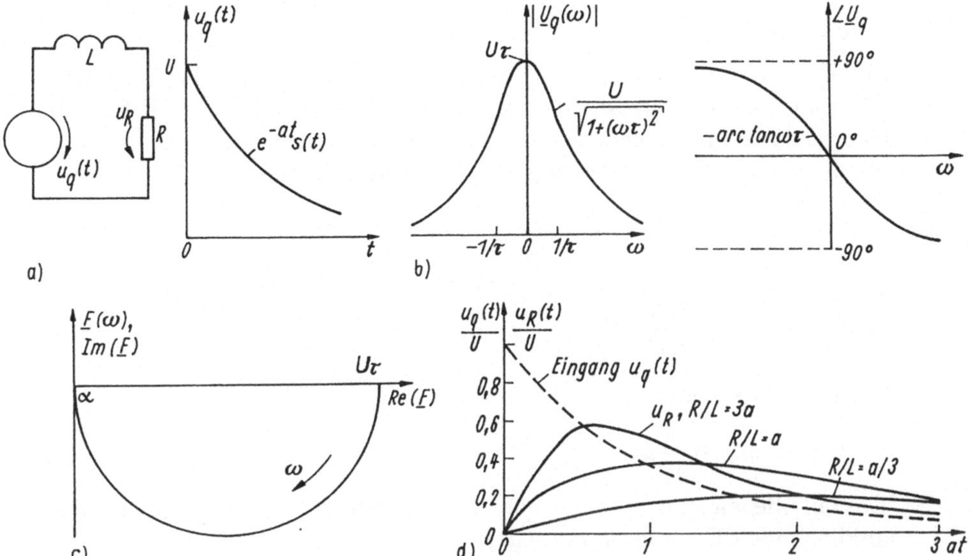

Bild 10.2/5

Lösung:

a) Die Fouriertransformierte $\underline{U}_q = \int_{-\infty}^{\infty} u_q(t)\exp -j\omega t\,dt$ der Erregerspannung lautet mit $a = \frac{1}{\tau}$:

$$\underline{U}_q = U\int_{-\infty}^{\infty} s(t)\exp -\frac{t}{\tau}\exp(-j\omega t)\,dt = U\int_{-\infty}^{\infty}\exp -\left(\frac{t}{\tau}+j\omega t\right)dt$$

$$= \frac{-U}{1/\tau+j\omega}\exp -\left(\frac{t}{\tau}+j\omega t\right)\Bigg|_0^{\infty} = \frac{U}{1/\tau+j\omega} \tag{1}$$

(wegen $t\to\infty$ liefert die obere Grenze keinen Beitrag). Im Bild 10.2/5b, c wurden Spektrum und Ortskurve mit $U\equiv A$ dargestellt.

b) Die Übertragungsfunktion des Netzwerkes lautet

$$\underline{G}(\omega) = \frac{\underline{U}_R}{\underline{U}_q} = \frac{R}{R+j\omega L} = \frac{R/L}{R/L+j\omega}. \tag{2}$$

und die Ausgangsspannung im Frequenzbereich mit Gl.(1)

$$\underline{U}_R(\omega) = \underline{G}(\omega)\underline{U}_q(\omega) = \frac{R/L\cdot U}{(a+j\omega)(R/L+j\omega)}$$

$$= \left(\frac{R(R-aL)}{a+j\omega} - \frac{R/(R-aL)}{R/L+j\omega}\right)U. \tag{3}$$

Beide Terme lassen sich einzeln rücktransformieren und ergeben

$$u_R(t) = \frac{R}{R-aL}\left(\exp(-at) - \exp\left(-\frac{R}{L}t\right)\right)s(t)U. \tag{4}$$

Im Bild 10.2/5d wurde der Verlauf für $\frac{R}{L} = 3a$, a und $\frac{a}{3}$ dargestellt. Für gleiche Zeitkonstanten $\frac{R}{L} = a$ des Netzwerkes ($\frac{R}{L}$) und Exponentialsignals (a) folgt durch Grenzwertübergang nach l'Hospital

$$u_{\mathrm{R}} = at \exp(-at) s(t) U. \tag{5}$$

Für $\frac{R}{L} \to \infty$ (Bandbreite des Netzwerkes unendlich) wird die Ausgangsspannung der Eingangsspannung proportional. Das ist typisch für alle Übertragungsfunktionen, deren Bandbreite sehr groß gegen die Erregerbandbreite ist. Der Verlauf $u_{\mathrm{R}}(t)$ hat ein Maximum für

$$\frac{\mathrm{d}u_{\mathrm{R}}(t)}{\mathrm{d}t} = 0 \to -a \exp(-at) + \frac{R}{L} \exp -\frac{R}{L}t = 0$$

oder

$$t = \frac{\ln \frac{R}{aL}}{\frac{R}{L} - a} = \frac{1}{a}\frac{\ln \frac{R}{aL}}{\frac{R}{aL} - 1} \tag{6}$$

mit dem Grenzwert

$$t = \frac{1}{a} \quad \text{für } R = aL. \tag{7}$$

Deshalb liegen alle Maxima von u_{R} auf dem Verlauf der exponentiell abklingenden Eingangskurve $u_{\mathrm{q}}(t)$.

c) Liegt als Quelle ein Spannungssprung $u_{\mathrm{q}}(t) = Us(t)$ an, so kann die Lösung z.B. aus dem Exponentialsignal für $a \to 0$ direkt hergeleitet werden. Aus Gl.(4) folgt für $a \to 0$

$$u_{\mathrm{R}}|_{a \to 0} = \left(1 - \exp -\frac{R}{L}t\right) s(t)U. \tag{8}$$

Gegenüber diesem sehr einfachen Weg wird die Lösung durch Fourier-Transformation aufwendiger: Die Spannung $u_{\mathrm{q}}(t) = Us(t)$ hat die Fouriertransformierte

$$\underline{U}_{\mathrm{q}} = \mathrm{FT}(u_{\mathrm{q}})(t) \circ\!\!-\!\!\bullet\, U\left(\pi\delta(\omega) + \frac{1}{\mathrm{j}\omega}\right).$$

Die Ausgangsspannung $\underline{U}_{\mathrm{R}}$ lautet mit Gl.(2)

$$\begin{aligned}
\underline{U}_{\mathrm{R}} &= U\left(\pi\delta(\omega) + \frac{1}{\mathrm{j}\omega}\right)\frac{R/L}{R/L + \mathrm{j}\omega} \equiv U\pi\delta(\omega) + \frac{AU}{\mathrm{j}\omega} + \frac{BU}{R/L + \mathrm{j}\omega} \\
&= U\pi\delta(\omega) + \frac{U}{\mathrm{j}\omega} - \frac{U}{R/L + \mathrm{j}\omega}
\end{aligned}$$

mit $A = -B$, $A = 1$ nach Partialbruchzerlegung.
Die Rücktransformation ergibt (mit Tabelle)

$$\begin{aligned}
u_{\mathrm{R}}(t) &= U\left(\frac{1}{2} + \frac{1}{2}\mathrm{sgn}(t)\right) - \exp -\left(\frac{R}{L}t\right)s(t)U \\
&= U\left(1 - \exp -\frac{R}{L}t\right)s(t). \tag{9}
\end{aligned}$$

Das ist die Lösung bei Anlegen eines Gleichspannungssprunges an der Reihenschaltung von Widerstand und Spule.

d) Aus dem Zeitverlauf $u_R(t)$ folgt für $t < 0$ die Sprungantwort $h(t) = 0$, für $t > 0$ mit der Gewichtsfunktion $g(t)$:

$$h(t) = \int_{-\infty}^{t} g(\tau)\,\mathrm{d}\tau \equiv \int_{-\infty}^{t} u_R(\tau)\,\mathrm{d}\tau$$

$$= A' \int_{0}^{t} \tau \exp{-a\tau}\,\mathrm{d}\tau = \frac{A'}{a2}\left(1 - (1 + at)\exp{-at}\right).$$

Die Konstante $A' = Ua$ übernehmen wir aus der Lösung Gl.(5) und erhalten

$$u_{RS}(t) = \frac{U}{a}(1 - (1 + at)\exp{-at})s(t) \tag{10}$$

als Sprungantwort $u_{RS}(t)$.

Diskussion: In Aufgabe a, b lag ein exponentiell abklingender Sprung an. Die zugehörige Lösung Gl.(4) führt im Sonderfall $a = \frac{R}{L}$ auf u_R Gl.(5). Sie kann (!) interpretiert werden als Impulsantwort, also Reaktion auf einen δ-Impuls der Eingangsspannung an einem Netzwerk mit gerade dieser Übertragungsfunktion:

$$\underline{G}(\omega) = \int_{-\infty}^{\infty} g(t) \exp{-\mathrm{j}\omega t}\,\mathrm{d}t = \int_{-\infty}^{\infty} A't \exp{-at} \exp{-\mathrm{j}\omega t}\,\mathrm{d}t$$

$$= \frac{2A'(-1)}{a + \mathrm{j}\omega} \exp{-t(a + \mathrm{j}\omega)}\Big|_{0}^{\infty} + \frac{2A'}{a + \mathrm{j}\omega} \int_{0}^{\infty} \exp{-t(a + \mathrm{j}\omega)}\,\mathrm{d}t$$

(partielle Integration, $u = t$, $\mathrm{d}\nu = \exp{-t(a + \mathrm{j}\omega)}\,\mathrm{d}t$) oder zusammengefaßt

$$\underline{G}(\omega) = \frac{2A'}{(a + \mathrm{j}\omega)^2}. \tag{11}$$

Das ist aber der Übertragungsfaktor zweier(!) in Kette geschalteter gleicher RL-Spannungsteiler mit einem zwischengeschalteten Trennverstärker 1:1.

Aufgabe 10.2/6 Fourier-Transformation, Gewichtsfunktion

Ein Netzwerk habe die Gewichtsfunktion $g(t) = \delta(t) - a\exp(-at)s(t)$, z.B. durch Messung bestimmt (a gegeben).

a) Welche Übertragungsfunktion gehört dazu?
b) Ein unbekanntes Eingangssignal erzeuge am Ausgang dieses Netzwerkes das Signal $u_2 = U \exp(-at)s(t)$. Welches Eingangssignal lag an?

Lösung:

a) Die Übertragungsfunktion $\underline{G}(\omega)$ ergibt sich durch Fourier-Transformation der Gewichtsfunktion $g(t)$: $\underline{G}(\omega) = \mathrm{FT}(g(t))$. Mit den Korrespondenzen $\delta \circ\!\!\!-\!\!\bullet\, 1$, $\exp(-at)s(t) \circ\!\!\!-\!\!\bullet\, \frac{1}{a+\mathrm{j}\omega}$ wird

$$\underline{G}(\omega) = 1 - \frac{a}{\mathrm{j}\omega + a} = \frac{\mathrm{j}\omega}{a + \mathrm{j}\omega}. \tag{1}$$

Dazu könnte z.B. ein RC-Hochpaß gehören mit dem Spannungsabfall $u_2(t)$ über R als Ausgangsspannung.

b) Die Spannung $u_2(t)$ ist im Zeitbereich gegeben (und damit ihre Fouriertransformierte). Dann folgt in umgekehrter Reihenfolge für die Eingangsspannung

$$u_1(t) = \mathrm{FT}^{-1}(\underline{U}_1(\omega)) = \mathrm{FT}^{-1}\left(\frac{\underline{U}_2(\omega)}{\underline{G}(\omega)}\right). \tag{2}$$

Die Fouriertransformierte des Ausgangssignals lautet gemäß Vorgabe
(II/Tafel 9.6)

$$\underline{U}_2(\omega) = \mathrm{FT}(u_2) = \mathrm{FT}(U \exp(-at)s(t)) = \frac{U}{\mathrm{j}\omega + a}. \tag{3}$$

Damit wird schließlich

$$u_1(t) = \mathrm{FT}^{-1}\left(\frac{U}{a + \mathrm{j}\omega}\frac{a + \mathrm{j}\omega}{\mathrm{j}\omega}\right) = Us(t). \tag{4}$$

Am Netzwerk lag ein Spannungssprung der Höhe U zum Zeitpunkt $t = 0$.

11. Laplace-Transformation

11.1 Erregerfunktionen

Aufgabe 11.1/1 Faltung

Die Kondensatorspannung einer RC-Reihenschaltung habe die Impulsantwort $g(t) = \frac{s(t)}{\tau} \exp{-\frac{t}{\tau}}$.

a) Berechnen Sie den Zeitverlauf der Ausgangsgröße für ein Erregersignal (Bild 11.1/1a)

$$u_\mathrm{q}(t) = U_0 \frac{t}{T} s(t) = \begin{cases} 0 & \text{für } t < 0 \\ \frac{U_0 t}{T} & \text{für } t > 0 \end{cases} .$$

b) Berechnen Sie die Kondensatorspannung bei Erregung mit einem Eingangssprung und bestätigen Sie die vorgegebene Gewichtsfunktion.

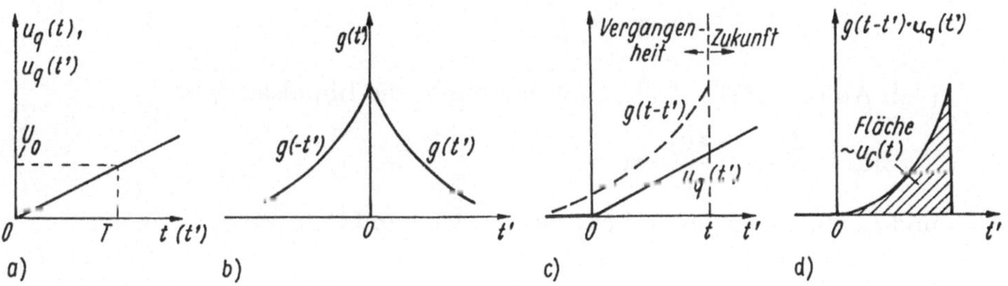

Bild 11.1/1

Lösung:

a) Der ungeladene Kondensator wirkt für $t = -0$ als Kurzschluß. Durch Impulserregung $x(t) = A\delta(t)$ fließt der Strom $i(t) = \frac{A\delta(t)}{R}$ ($-0 \leq t \leq +0$) durch den Vorwiderstand R. Dabei entsteht die Anfangsladung

$$q(+0) = A \int_{-0}^{+0} \frac{\delta(t)}{R}\, \mathrm{d}t = \frac{A}{R}, \tag{1}$$

die die Kondensatorspannung $u_\mathrm{C}(+0) = \frac{A}{RC}$ erzwingt (Sprung!). Für $t > 0$ verschwindet $x(t)$: der Eingang wirkt als Kurzschluß und der Kondensator entlädt sich. Damit klingt die Kondensatorspannung $u_\mathrm{C}(t) \sim g(t)$ exponentiell über der Zeit ab.

Steigt die Erregerspannung $u_q(t)$ von $t = 0$ aus zeitlinear an, so kann die Kondensatorspannung über die DGL direkt berechnet werden (s. Aufgabe 11.3/1). Der Verlauf ergibt sich aber auch bei Kenntnis des Impulsverhaltens $g(t)$ über das Faltungsintegral

$$u_C(t) = \int_0^t u_q(t')g(t - t')\,\mathrm{d}t'.$$

Im ersten Schritt klappen wir die Impulsantwort $g(t')$ nach negativen Zeiten um (Bild 11.1/1b). Für positive Zeiten erfolgt eine Rechtsverschiebung der Kurve $g(t - t')$ an die Stelle t (Bild 11.1/1c).

Dem Faltungsintegral nach ist u_C gleich der Fläche unter dem Produkt $u_q(t')g(t - t')$ (Bild 11.1/1d), für $t < 0$ verschwindet sie. Für $t > 0$ ist das Produkt Null im Bereich $t' < 0$ und $t' > t$: Dann wird

$$
\begin{aligned}
u_C(t) &= \int_0^t u_q(t')g(t - t')\,\mathrm{d}t' = \int_0^t \frac{U_0 t'}{T\tau}\exp\frac{-(t - t')}{\tau}\,\mathrm{d}t' \\
&= \frac{U_0}{T\tau}\left(\exp -\frac{t}{\tau}\right)\tau^2\exp\frac{t'}{\tau}\left(\frac{t'}{\tau} - 1\right)\Big|_0^t \\
&= U_0\left(\frac{t - \tau}{T} + \frac{\tau}{T}\exp\frac{t}{\tau}\right) \quad (t \ge 0).
\end{aligned}
\tag{2}
$$

$u_C(t)$ ist damit der Fläche unter der Kurve $u_q(t')g(t - t')$ proportional.

b) Die Kondensatorspannung $u_C(t)$ reagiert auf den Eingangssprung $U_Q s(t)$ mit

$$u_C(t) = U_Q\left(1 - \exp -\frac{t}{\tau}\right)$$

(vgl. Aufg. 11.3/2). Differentiation ergibt die Impulsantwort.

$$g(t) \sim \frac{\mathrm{d}u_C}{\mathrm{d}t} = \frac{U_Q}{\tau}\exp -\frac{t}{\tau}$$

und damit - bezogen auf U_Q die Gewichtsfunktion (s.o.).

11.2 Anfangswerte

Aufgabe 11.2/1 Anfangswerte

a) Für das Netzwerk Bild 11.2/1a mit den Anfangswerten $i_L(-0) = 0$, $u_C(-0) = -10\,\mathrm{V}$ berechne man die Netzwerkgrößen $i_C(+0)$, $u_L(+0)$ und $i_R(+0)$ nach Umlegen des Schalters S.

b) Wie lauten die Ableitungen $u_C'(+0)$, $i_L'(+0)$?

Hinweis: Stellen Sie die Netzwerkgleichungen der gesuchten Größen auf und untersuchen Sie diese zum Zeitpunkt $t = +0$ unter Zugrundelegung der Stetigkeitsbedingungen.

Lösung:

a) Im ersten Schritt ersetzen wir die unabhängige Stromquelle durch ihren Wert im Zeitpunkt $+0$ und führen am Kondensator die Spannung $u_C(+0)$

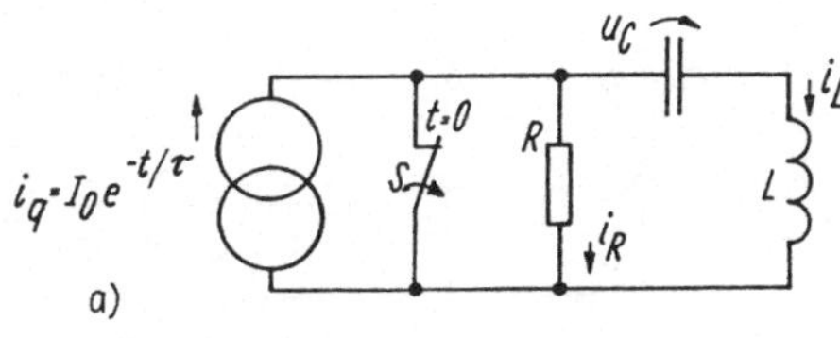 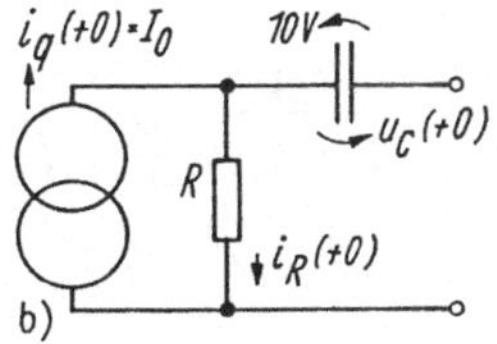

Bild 11.2/1

und durch die Induktivität den Strom $i_L(+0) = 0$ ein ($\to$ Leerlauf, Auftrennen von L). So entsteht die Ersatzschaltung Bild 11.2/1b mit

$$i_R(+0) = I_0, \quad i_C(+0) = 0, \quad u_L(+0) - I_0 R - u_C(+0) = 0. \tag{1}$$

Die Ersatzschaltung gilt nur für den "festen Betrachtungszeitpunkt" $+0$, nicht für Zeiten $t > 0$!

b) Zur Berechnung der Ableitungen $i'_L(+0)$ und $u'_C(+0)$ müssen die KHG für $t > 0$ geschrieben, die Ableitungen gebildet und daraus die Werte für $t = +0$ gewonnen werden.

Aus der Schaltung Bild 11.2/1a folgt für $t > 0$ in der rechten Masche:

$$i_C = C\frac{du_C}{dt} = i_L, \quad C\left.\frac{du_C}{dt}\right|_{+0} = i_L(+0) = 0. \tag{2}$$

Gleichermaßen gilt mit dem Maschensatz für $t > 0$

$$u_C + L\frac{di_L}{dt} - Ri_R = 0$$

und für $t = +0$:

$$u_C(+0) + Li'_L(+0) - Ri_R(+0) = 0$$

bzw.

$$Li'_L(+0) = \frac{1}{L}(Ri_R(+0) - u_C(+0)) = \frac{1}{L}(I_0 R - u_C(+0)).$$

Diskussion: Zur Bestimmung der Anfangswerte von Netzwerkvariablen in einer Schaltung werden mittels der KHG die gesuchten Variablen als Funktion gegebener Größen dargestellt und die Werte zum Zeitpunkt $t = +0$ unter Beachtung der Stetigkeitsbedingungen der natürlichen Zustandsgrößen (Kondensatorspannung, Spulenstrom) betrachtet.

Aufgabe 11.2/2 Berechnung der Anfangswerte

Gegeben ist das Netzwerk Bild 11.2/2a mit den Anfangswerten $u_C(-0)$ und $i_L(-0)$.

a) Berechnen Sie $\frac{du_1(+0)}{dt}$ und $u_2(+0)$ als Funktion der Anfangswerte im Zeitbereich.

b) Führen Sie die Aufgabe mittels Laplace-Transformation durch. Verwenden Sie im Bildbereich die entsprechenden Ersatzschaltungen der Energiespeicherelemente mit Anfangswerten.

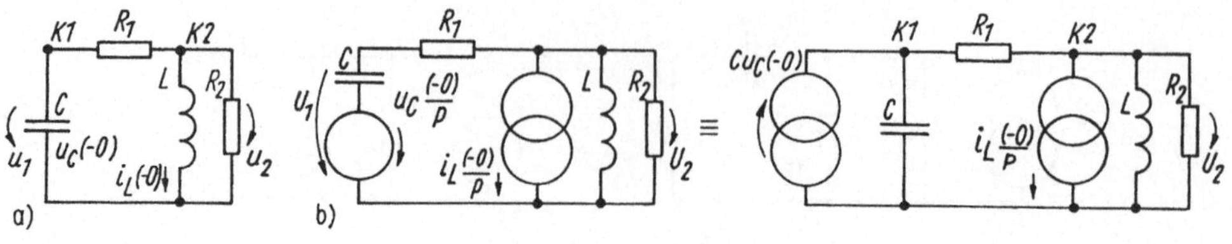

Bild 11.2/2

Hinweis: Ausgang sind die Kirchhoffschen Gleichungen sowohl zur Zeit $t = -0$ wie auch $t = +0$.

Lösung:

a) Für den Zeitpunkt t lauten die Knotengleichungen in K_1, K_2 mit $u_C = u_1$:

$$C\frac{du_1}{dt} + G_1(u_1(t) - u_2(t)) = 0, \quad i_L(t) + (G_1 + G_2)u_2(t) - G_1 u_1(t) = 0. \quad (1)$$

Für den Zeitpunkt $t = -0$ gilt (mit gegebenen Zustandsgrößen $u_1(-0)$, $i_L(-0)$):

$$C u_1'(-0) + G_1(u_1(-0) - u_2(-0)) = 0,$$
$$i_L(-0) + (G_1 + G_2)u_2(-0) - G_1 u_1(-0) = 0. \quad (2)$$

Unbekannt sind $u_1'(-0)$ und $u_2(-0) = 0$. So folgen aus Gl.(2):

$$u_2(0) = \frac{G_1 u_1(-0) - i_L(-0)}{G_1 + G_2} \quad (3a)$$

und durch Rückeinsetzen in die erste Gleichung

$$u_1'(0) = -\frac{G_1}{C}u_1(0) + \frac{G_1}{C}\frac{G_1 u_1(0) - i_L(-0)}{G_1 + G_2}. \quad (3b)$$

Da die Anfangswerte $u_1(-0)$ und $i_L(-0)$ als Zustandsgrößen stetig sind ($u_1(-0) = u_1(+0)$ usw.), gilt dies auch für $u_2(+0)$ und $u_1'(+0)$.

b) Wir transformieren die Schaltung mittels Laplace-Transformation in den Bildbereich. Dadurch treten die Anfangswerte als geschaltete Quellen auf und die Spannungen U_1, U_2 sind Funktion dieser Quellen (Bild 11.2/2b). Mit der Wandlung der Spannungsquelle $\frac{u_C(-0)}{p}$ in eine Stromquelle lauten die Knotengleichungen K_1, K_2:

$$K_1: \quad pCU_1 + G_1(U_1 - U_2) = Cu_C(-0)$$

$$K_2: \quad G_1(U_2 - U_1) + G_2 U_2 + \frac{U_2}{pL} = -\frac{i_L(-0)}{p}$$

und geordnet in Matrixschreibweise

$$\begin{pmatrix} G_1 + pC & -G_1 \\ -G_1 & G_1 + G_2 + \frac{1}{pL} \end{pmatrix} \begin{pmatrix} U_1 \\ U_2 \end{pmatrix} = \begin{pmatrix} Cu_C(-0) \\ \frac{-i_L(-0)}{p} \end{pmatrix}. \quad (4)$$

Die Lösungen lauten

$$U_1 = \frac{Cu_C(-0)\left(G_1 + G_2 + \frac{1}{pL}\right) - \frac{G_1 i_L(-0)}{p}}{(G_1 + pC)\left(G_1 + G_2 + \frac{1}{pL}\right) - G_1^2}, \quad (5a)$$

$$U_2 = \frac{-(G_1 + pC)\frac{i_L(-0)}{p} + G_1 C u_C(-0)}{(G_1 + pC)\left(G_1 + G_2 + \frac{1}{pL}\right) - G_1^2}. \tag{5b}$$

Den Anfangswert $u_2(0)$ ermitteln wir mit dem Anfangswertsatz $u_2(0) = \lim\limits_{\mathrm{Re}(p)\to\infty} pU_2$, also aus Gl.(5)

$$u_2(0) = \frac{G_1 u_C(-0) - i_L(-0)}{G_1 + G_2}$$

(s. Gl.(3a))und damit die Ableitung $\frac{du_1}{dt}(+0)$ über Gl.(1) (s. Lösung Gl.(3b)). Das gleiche Ergebnis läßt sich mit dem Anfangswertsatz angewendet auf pU_1 (Gl.(5)) bestätigen.

11.3 Schaltvorgänge in Systemen erster Ordnung

Aufgabe 11.3/1 Einschalten einer Gleichspannung am Kondensator, Übergangsfunktion $h(t)$

In der Schaltung Bild 11.3/1a wird der Schalter S zum Zeitpunkt $t = 0$ von A nach E geschaltet. Gesucht ist der Zeitverlauf der Kondensatorspannung (Zahlenwerte: $U_{0A} = 10\,\mathrm{V}$, $R_1 = 2\,\mathrm{k\Omega}$, $R_2 = 4\,\mathrm{k\Omega}$, $R_3 = 4\,\mathrm{k\Omega}$, $C = 1\,\mu\mathrm{F}$, $U_{0E} = 20\,\mathrm{V}$).

a) Wandeln Sie die Schaltung links vom Kondensator in einen Zweipol um. Unter welchen Bedingungen ist das möglich?

b) Überlegen Sie die Anfangs- und Endwerte der Kondensatorspannung $u_C(t \to \infty)$. Bestimmen Sie die Konstanten in der allgemeinen Lösung.

c) Welcher Strom fließt durch den Kondensator?

d) Stellen Sie die Differentialgleichung der Kondensatorspannung auf. Geben Sie Lösungsmethoden an.

e) Interpretieren Sie die Lösung (Aufgabe d) als
- Zusammensetzung einer erzwungenen und freien Komponente (sog. transiente Komponente und stationäre Lösung)
- Nulleingangs- und Nullzustandsverhalten.

f) Diskutieren Sie Lösungsverläufe von $u_C(t)$ bei unterschiedlichen Vorzeichen und Größen von $u_C(+0)$ und der Einschaltspannung.

g) Wie kann die Übergangsfunktion $h(t)$ bestimmt werden?

h) Welcher Zeitverlauf $u_C(t)$ ergibt sich bei Einschalten einer Spannung $a t u_e s(t)$, wenn der Kondensator vom energielosen Zustand aus geschaltet wird (a Konstante).

Hinweis: Die Aufstellung der DGL für u_C erfolgt aus der Schaltung *nach* Umlegen (Einschalten) des Schalters. Bestimmen Sie dann die Lösung der homogenen DGL ($\to$ flüchtige Lösung), anschließend die der inhomogenen DGL und addieren Sie beide. Bestimmen Sie schließlich die Integrationskonstante. Ein weiterer Weg ist die Anwendung der allgemeinen Lösung $u_C(t) = A + B\exp{-t/\tau}$ mit Bestimmung der Konstanten A, B, τ.

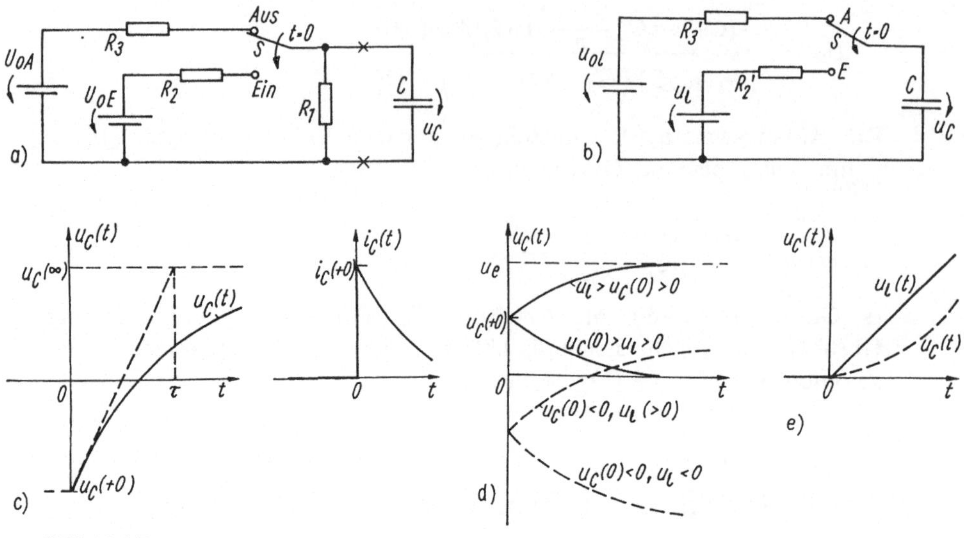

Bild 11.3/1

Lösung:

a) Da der Zweipol links von C (Bild 11.3/1a) keinen Energiespeicher enthält, kann er in beiden Schaltzuständen durch einen aktiven Zweipol, z.B. in Spannungsquellenersatzschaltung ersetzt werden. Es gilt:
Schalterstellung A: Leerlaufspannung $u_{0l} = U_{0A}\frac{R_1}{R_1+R_3}$, Innenwiderstand $R_3' = R_3\|R_1$
Schalterstellung E: Leerlaufspannung $u_l = U_{0E}\frac{R_1}{R_1+R_2}$, Innenwiderstand $R_2' = R_1\|R_2$. Zahlenmäßig: $R_3' = (2\|4)\,\mathrm{k\Omega} = \frac{8}{6}\,\mathrm{k\Omega}$, $R_2' = (4\|4)\,\mathrm{k\Omega} = 2\,\mathrm{k\Omega}$, $u_{0l} = 10\,\mathrm{V}\frac{2}{6} = 3,33\,\mathrm{V}$, $u_l = 20\frac{2}{6}\,\mathrm{V} = 6,66\,\mathrm{V}$. Bild 11.3/1b zeigt die Ersatzschaltung. Der Kondensator wird dabei zur Zeit $t = 0$ vom Anfangswert $u_C(0) = u_{0l}$ aus eingeschaltet.

b) Mit der Schalterstellung "Aus" lädt sich der Kondensator vom Anfangswert $u_C(+0) = u_{0l}$ aus auf den stationären Endwert $(t \to \infty)$ $u_C(\infty) = u_l$ um. Die Zeitkonstante τ ist gleich dem Produkt von C und dem Ersatzwiderstand R_2' dieses Schaltkreises: $\tau = R_2'C$. Damit gelten:

$$t = +0: \quad u_C(+0) - u_{0l} = A + B\exp 0,$$

$$t \to \infty: \quad u_C(\infty) = u_l = A + B\exp -\infty$$

und somit allgemein

$$u_C(t) = (u_C(+0) - u_L)\exp -\frac{t}{\tau} + u_l. \tag{1}$$

Bild 11.3/1c gibt den grundsätzlichen Verlauf (für $u_C(+0) < 0$) wieder. Die Zeitkonstante τ folgt z.B. aus der Tangentenkonstruktion im Umschaltzeitpunkt.

c) Der Kondensatorstrom i_C

$$i_C(t) = C\frac{du_C(t)}{dt} = \frac{-C}{R'_2 C}(u_C(+0) - u_1)\exp-\frac{t}{\tau}, \tag{2}$$

$$i_C(+0) = \frac{u_1 - u_C(+0)}{R'_2}$$

setzt zum Umschaltpunkt $t = +0$ ein mit dem Wert $i_C(+0)$. Im ersten Moment wird er durch die "Nettosumme" der gesamten im Kreis wirkenden Spannungen durch den Widerstand R'_2 bestimmt.

d) Die DGL für u_C wird für den Zeitpunkt $t = +0$, also nach Umlegen des Schalter aufgestellt. Über Maschensatz $iR'_2 + u_C = u_1(t)$ und Kondensatorstrom $i = C\frac{du_C}{dt}$ wird nach Eliminieren des Stromes

$$\tau\frac{du_C}{dt} + u_C = u_1(t), \quad \tau = R'_2 C. \tag{3}$$

Rechts wurde die Quellenspannung $u_1(t)$ allgemeiner als Zeitfunktion formuliert, denn die Anordnung "Gleichspannungsquelle u_1 und Schalter" kann gleichwertig durch die Sprungfunktion

$$u_1(t) = \left\{ \begin{array}{ll} 0 & t < 0 \\ u_l s(t) & t \geq 0 \end{array} \right. \tag{4}$$

ersetzt werden. Bekannt ist ferner der Anfangswert der Kondensatorspannung $u_C(+0) = u_C(-0) = u_{01}$ (Erhalt der Ladung).

Die Lösung der DGL (3) erfolgt z.B. durch Variation der Konstanten oder Laplace-Transformation, sie ist durch Gl.(1) gegeben. Durch Umstellen von Gl.(3) ($u_1 = \text{const.}$) folgt

$$\frac{du_C}{dt} = -\frac{(u_C - u_1)}{\tau}$$

und

$$\int_{u_C(t_0)}^{u_C(t)} \frac{du_C}{u_C - u_1} = -\frac{1}{\tau}\int_{t_0}^{t} dt'$$

und durch Variablentrennung (bei zeitunabhängiger Spannung u_1) sowie anschließende Integration die rechte Form mit der Lösung

$$\ln(u_C(t) - u_1) - \ln(u_C(t_0) - u_1) = -\frac{t - t_0}{\tau}. \tag{5}$$

Beiderseitiges Exponieren und Auflösen nach $u_C(t)$ ergibt die Lösung Gl.(1).

e) Die Spannung $u_C = u_{Cerz} + u_{Cfr}$ setzt sich aus erzwungenem Anteil u_{Cerz} (bedingt durch die Quelle) und freiem Teil u_{Cfr} (bedingt durch den Anfangswert) zusammen:

$$\underbrace{\tau\frac{du_{Cfr}}{dt} + u_{Cfr}}_{1} + \underbrace{\tau\frac{du_{Cer}}{dt} + u_{Cer}}_{2} = u_1(t). \tag{6}$$

Der Ansatz wird in die DGL (3) eingeführt (Linearität der DGL als
Voraussetzung für diesen Ansatz gegeben). Teil 2 ist die inhomogene
DGL. Dabei wird u_{Cer} so gewählt, daß dieser Gleichungsteil erfüllt ist.
Genau so erfüllt u_{Cfr} die (verschwindende) homogene DGL links (Teil 1).
Die Gesamtlösung

$$u_C(t) = \underbrace{u_l}_{\text{erzw.}} + \underbrace{(u_l(0) - u_l)\exp -t/\tau}_{\text{transient (frei)}}$$

$$\equiv \underbrace{u_l(0)\exp -t/\tau}_{\text{Nulleingang}} + \underbrace{u_l(1 - \exp -t/\tau)}_{\text{Nullzustand}} \tag{7}$$

kann interpretiert werden entweder

- als erzwungene Lösung (stationäre Lösung) durch die Gleichspannungsquelle und transienten Anteil (freie Lösung), der für $t \to \infty$
  verschwindet und mit vom Anfangswert abhängt, oder gleichwertig
- als Nulleingangslösung (*nur* vom Anfangswert bestimmt) und Null*zustand*lösung (nur von der Erregung abhängig), weil der Kondensator
  als anfangswertfrei (Nullzustand!) betrachtet wird.

f) Bild 11.3/1d enthält typische Verläufe von $u_C(t)$ für unterschiedliche
Anfangs- und Endwerte. Charakteristisch ist in jedem Fall der exponen-
tielle Übergang von $u_C(0)$ nach u_l.

g) Die Übergangsfunktion $h(t)$ oder Sprungantwort ist die Reaktion der
Systemausgangsgröße (hier Kondensatorspannung) auf einen Sprung am
Netzwerkeingang (hier sprungförmig eingeschaltete Gleichspannung nach
Gl.(4)) bei verschwindender Anfangsenergie. Wir nehmen deshalb von der
Gesamtlösung Gl.(7) den Nullzustandsteil und erhalten (Index s: Sprung)

$$y_s(t) = u_{Cs}(t) = u_l\left(1 - \exp -\frac{t}{\tau}\right) = h(t)x_s(t)$$

mit $x_s(t) = u_l s(t)$. Durch Vergleich folgt

$$y(t) = h(t) = \begin{cases} 0 & t < 0 \\ (1 - \exp -t/\tau) & t \geq 0 \end{cases} \tag{8}$$

bzw. $h(t) = (1 - \exp -t/\tau)s(t)$ als Sprungantwort. Damit Gl.(8) im gesamten Zeitbereich gilt, wählen wir formal die Schreibweise mit $s(t)$ (für
$t < 0$ ist $s(t) = 0$, für $t \geq 0 \to s(t) = 1$).
Die Sprungfunktion $s(t)$ wird in der Aufgabe im doppelten Sinn verwendet: Zum einen als Eingangssignal (Einschaltvorgang der Eingangsspannung), das $h(t)$ zur Folge hat. Zum zweiten wird $s(t)$ in Gl.(8) zur
geschlossenen Darstellung einer Funktion verwendet und darf dann nicht
mit dem Eingangssignal verwechselt werden. (Diese Schreibweise bietet
Vorteile, wenn z.B. das Differential von $h(t)$ bestimmt werden soll.)

h) Bei der Anstiegserregung ist die Erregerfunktion $u_l(t)$ der DGL (3) zeitabhängig. Wir können die Lösung der DGL erhalten entweder durch direkte Berechnung im Zeitbereich, über die Laplace-Transformation oder
das Faltungsintegral (vgl. Aufg. 11.1/1). Wir wählen den ersten Weg und
benutzen als Lösungsansatz der DGL für den erzwungenen Teil

$$u_{Cerz}(t) = (A + tB)u_l s(t) \quad t > 0. \tag{9}$$

Einsetzen in die DGL (3) liefert $\tau B u_l + (A + tB)u_l = atu_l$ und durch Koeffizientenvergleich $A = -\tau B = -a\tau \rightarrow B = a$. Dabei wurde $\frac{ds(t)}{dt} = 0$ für $t > 0$ beachtet. So entsteht die Gesamtlösung

$$u_C(t) = u_{Cerz} + u_{Cfl} = a(t - \tau)u_l s(t) + K \exp -\frac{t}{\tau} u_l s(t). \tag{10}$$

Die Konstante K liegt durch den Anfangswert $u_C(0) = 0$ fest: $0 = a(0 - \tau)u_l + K \exp 0 u_l \rightarrow K = a\tau$. Damit lautet die Lösung

$$u_C(t) = \left(t - \tau + \tau \exp -\frac{t}{\tau} \right) a u_l s(t) \tag{11}$$

mit dem Verlauf Bild 11.3/1e (s. auch Aufg. 11.1/1).

Diskussion: Wir haben das Umladen eines Kondensators im Grundstromkreis deshalb so ausführlich behandelt, weil einerseits ein physikalisches Grundverständnis vermittelt werden soll, andererseits die Vorgänge auch typisch sind für sog. Netzwerke erster Ordnung.

Aufgabe 11.3/2 Impulsfunktion

In der Schaltung Bild 11.3/2a wurde zur Zeit $t = 0$ die Gleichspannung U_0 über R_1 an den (ungeladenen) Kondensator gelegt. Vom Zeitpunkt t_0 an werde er über R_2 entladen.

a) Berechnen Sie den Zeitverlauf $u_C(t)$ über die Differentialgleichung.
b) Wandeln Sie die geschaltete Spannungsquelle in eine gleichwertige Stromquelle um (es sei $R_1 = R_2 = R$ angenommen), bilden Sie den Impulsverlauf durch Sprungfunktionen nach und ziehen Sie die Sprungantwort $h(t)$ zur Lösung heran.
c) Welche Ladung ist im Kondensator zur Zeit t_0 gespeichert, welche für $t_0 \rightarrow \infty$? Welche Amplitude I_0' müßte die Stromquelle haben, wenn in der Aufladezeit t_0 die gleiche Ladung auf C gelangen soll wie für $t_0 \rightarrow \infty$?
d) Am Kondensator liege über den Vorwiderstand R_1 das Impulssignal $u_q(t) = A\delta(t)$ an (mit $A = U_0\tau$, Dimension Vs). Berechnen Sie $u_C(t)$, die Impulsantwort $g(t)$ und die Sprungantwort $h(t)$.
e) Bestimmen Sie die Impulsfunktion $g(t)$ aus dem Einschaltvorgang (Sprungverhalten).
f) Prüfen Sie, ob in Aufgabe e) ein Spannungsimpuls der Höhe $U_0 = 1000\,\mathrm{V}$ der Dauer $t_0 = 1\,\mathrm{ms}$ eine hinreichende Annäherung an einen δ-Impuls ist (Kreisdaten: $R = 100\,\Omega$, $C = 10\,\mu\mathrm{F}$).

Lösung:

a) Wird der ungeladene Kondensator zur Zeit $t = 0$ (Schalterstellung A) an die Gleichspannung U_0 gelegt, so gilt für den Zeitverlauf der Spannung in Phase 1: ($0 \leq t \leq t_0$: $u_q(t) = U_0$, sonst $u_q(t) = 0$. Für Phase 1 ($0 < t < t_0$) lautet die Maschengleichung

$$\tau \frac{du_C}{dt} + u_C = U_0 \quad \text{mit } u_C(+0) = 0 \tag{1}$$

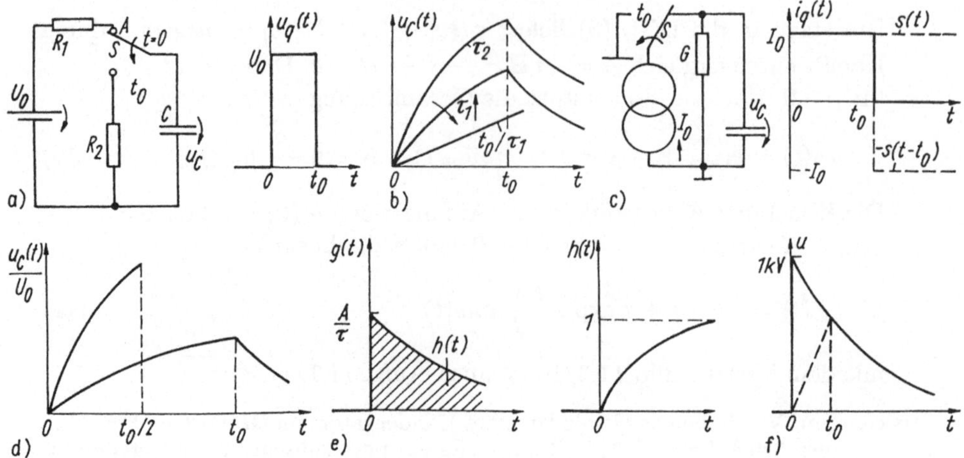

Bild 11.3/2

mit der Lösung (s. Aufgabe 11.3/1)

$$u_C(t) = U_0 \left(1 - \exp{-\frac{t}{\tau}}\right), \quad \tau = R_1 C = \tau_1. \tag{2}$$

Für die Abschaltphase 2 ($t > t_0$) gilt die Netzwerkgleichung

$$R_2 C \frac{du_C}{dt} + u_C = 0 \quad t \geq t_0.$$

Die Anfangsbedingung $u_C(t_0)$ liegt durch die Kondensatorspannung u_C nach Gl.(2) am Ende t_0 des Aufladeintervalls fest:

$$u_C(t_0) = U_0 \left(1 - \exp{-\frac{t_0}{\tau}}\right).$$

Damit lautet der Entladevorgang im Intervall $t > t_0$

$$u_C(t) = u_C(t_0) \exp{-\frac{(t - t_0)}{\tau_2}} = U_0 \left(1 - \exp{-\frac{t_0}{\tau_1}}\right) \exp{-\frac{(t - t_0)}{\tau_2}} \tag{3}$$

mit $\tau_2 = R_2 C$. Bild 11.3/2b zeigt den Verlauf mit Einfluß des Zeitverhältnisses $\frac{t_0}{\tau_1}$: je kleiner $\frac{t_0}{\tau_1}$, desto besser gilt $\exp{-x}|_{x \ll 1} \approx 1 - x$ und damit

$$u_C(t) \approx U_0 \left(\frac{t_0}{\tau_1}\right) \exp{-\frac{(t - t_0)}{\tau_2}}. \tag{4}$$

Der Wert $u_C(t_0)$ sinkt, dafür wird der Zeitverlauf während des Aufladens linearer.

b) Der aktive Zweipol (U_0, R, $R_1 = R_2 = R$) wird gleichwertig in eine Stromquellenersatzschaltung (Bild 11.3/2c) umgeformt. Der Schalter verbindet die Quelle entweder mit dem Kondensator oder setzt sie "außer Betrieb" (dazu erfordert die Stromkontinuität einen Kurzschluß der Quelle, bzw. im einfachen Umgang "Auftrennen"). Die Netzwerk-Differentialgleichung (1) lautet (Knotensatz):

$$C \frac{du_C}{dt} + u_C G = i_q(t). \tag{5}$$

Die impulsförmige Stromquelle $i_q(t)$ wird (nach Bild 11.3/2a) durch die Sprungfunktion $s(t)$ in geschlossener Form ausgedrückt (Bild 11.3/2c): $i_q(t) = I_0 s(t) - I_0 s(t - t_0)$. Die Differenz beider Schaltfunktionen gibt $i_q(t)$. Ein Einschaltsprung $i_{qs}(t) = I_0 s(t)$ hat als Reaktion die Spannung $u_{Cs}(t)$ zur Folge mit $h(t) = 1 - \exp -\frac{t}{\tau}$. Durch Überlagerung und Zeitverschiebung folgt dann als Kondensatorspannung bei Impulserregung

$$u_C(t) = RI_0 \left(h(t) - h(t - t_0) \right)$$

$$= RI_0 s(t) \left(1 - \exp -\frac{t}{\tau} \right) - RI_0 s(t - t_0) \left(1 - \exp -\frac{(t - t_0)}{\tau} \right). \quad (6)$$

c) Die Kondensatorladung $q(t) = Cu_C(t)$ beträgt mit $u_C(t_0)$ zum Zeitpunkt t_0 für $t_0 \ll \tau$:

$$q(t_0) = CU_0 \left(1 - \exp -\frac{t_0}{\tau} \right) \approx CU_0 \left(1 - \left(1 - \frac{t_0}{\tau} \right) \right) = CU_0 \frac{t_0}{\tau}. \quad (7)$$

Damit die volle Ladung $q(\infty) = CU_0 = \int_0^{t_0} i(t)\,dt = \int_0^{t_0} I_0'\,dt = I_0' t_0$ im Zeitbereich t_0 auf den Kondensator gelangt, muß der Strom $I_0' = \frac{CU_0}{t_0} = \frac{\text{const.}}{t_0}$ (bzw. die Spannung $U_0' = I_0' R$) betragen, d.h. mit sinkender Aufladezeit t_0 die Amplitude wachsen (Bild 11.3/2d).
Der Ladungsverlauf $q(t)$ nach Abschalten des Impulses $(t > t_0)$ lautet dann (s. Gl.(3))

$$q(t) = Cu_C(t) = CU_0 \left(\exp \frac{t_0}{\tau} - 1 \right) \exp -\frac{t}{\tau} \quad t > t_0. \quad (8)$$

Damit der Kondensator bei sinkender Einschaltdauer t_0 die gleiche Ladung CU_0 erhält, muß die Quelle die Spannungsamplitude $U_0' = \frac{RCU_0}{t_0} = \frac{\text{const.}}{t_0}$ haben:

$$u_C(t) = \frac{RCU_0}{t_0} \left(\exp -\frac{t_0}{\tau} - 1 \right) \exp -\frac{t}{\tau} > 0$$

mit

$$\lim_{t_0 \to 0} u_C(t) = \frac{RCU_0}{t_0} \frac{t_0}{\tau} \exp -\frac{t}{\tau} = U_0 \exp -\frac{t}{\tau}. \quad (9)$$

Gl.(9) stellt die Kondensatorspannung für einen Einschaltimpuls der Breite $t_0 \to 0$, Amplitude $U_0' \to \infty$ und begrenzter Impulsfläche $U_0 \tau = A$ dar, wie er durch die Erregerfunktion $u_q(t) = A\delta(t)$ an der Stelle $t \to 0$ ausgedrückt wird. Der zugehörige Verlauf der Kondensatorspannung heißt Impulsantwort $g(t)$: $u_{C\uparrow}(t) = g(t)u_{q\uparrow}$ mit $g(t) = \frac{1}{\tau} \exp -\frac{t}{\tau}$.

d) Ausgang ist die DGL (1) mit $U_0 \to u_q(t)$. Die Erregerfunktion $u_{q\uparrow}(t) = A\delta(t)$ soll nach Definition der Impulsfunktion $g(t)$ die Lösung $u_{C\uparrow}(t) = g(t)u_{q\uparrow}$ bedingen, wobei für $t > 0$ $\delta(t) = 0$ gilt:

$$\tau \frac{dg}{dt} + g(t) = 0 \quad t > 0. \quad (10)$$

Wir setzen als Lösung $g(t) = c \exp pt$ an und erhalten durch Einsetzen und Vergleich:

$$p = -\frac{1}{\tau} \;\to\; g(t) = c \exp -\frac{t}{\tau} \quad (t > 0)$$

mit $g(t) = 0$ für $t < 0$. Die Konstante c wird durch Einsetzen in die DGL (1) und Integration zwischen $t = -0$ und $t = +0$ bestimmt:

$$\int_{-0}^{+0} \tau \frac{dg}{dt}\, dt + \int_{-0}^{+0} g(t)\, dt = \int_{-0}^{+0} 1\delta(t)\, dt$$
$$\tau\,(g(+0) - g(-0)) + 0 = 1.$$

Das mittlere Integral verschwindet, weil $g(t)$ bei $t = 0$ zwar nicht stetig ist, aber keinen Impuls enthält. Mit $g(-0) = 0$ folgt dann $g(+0) = \frac{1}{\tau}$. Damit stellt $g(t) = \frac{1}{\tau} \exp -\frac{t}{\tau}$ das Impulsverhalten der Schaltung dar (Bild 11.3/2e)

$$u_C = g(t) u_{q\uparrow} = \frac{1}{\tau} \exp -\frac{t}{\tau} \cdot u_{q\uparrow} \quad (t \geq 0). \tag{11}$$

Die Sprungantwort $h(t)$ (Verlauf der Kondensatorspannung bei Einschalten der Gleichspannung U_0) folgt durch Integration über

$$h(t) = \int_{-\infty}^{t} g(t')\, dt' = \int_{0}^{t} g(t')\, dt' - \int_{0}^{t} \frac{1}{\tau} \exp -\frac{t'}{\tau}\, dt'$$

$$= \left. -\exp -\frac{t'}{\tau} \right|_{0}^{t} = \left(1 - \exp -\frac{t}{\tau}\right). \tag{12}$$

Für $t' < 0$ verschwindet $g(t')$ und damit gilt auch $h(t) = 0$ (Signal nicht anliegend, Netzwerk ist zudem kausal). Für $t' > 0$ stellt $h(t)$ die Fläche unter der Kurve im Bereich $0 \leq t' \leq t$ dar. Zusammengefaßt gilt dann

$$h(t) = \begin{cases} 0 & \text{für } t < 0 \\ (1 - \exp -\frac{t}{\tau}) & \text{für } t > 0 \end{cases} = \left(1 - \exp -\frac{t}{\tau}\right) s(t). \tag{13}$$

Dabei hat $s(t)$ hier nur die Aufgabe $h(t)$ im ganzen Zeitbereich geschlossen darzustellen.

e) Einschalten der Gleichspannung U_0 führt auf die Kondensatorspannung Gl.(2)

$$u_C(t) = U_0 \left(1 - \exp -\frac{t}{\tau}\right) = h(t) U_0 \quad \tau = RC,\, t > 0$$

oder verallgemeinert für den ganzen Zeitbereich

$$h(t) = \left(1 - \exp -\frac{t}{\tau}\right) s(t).$$

Aus der Definition der Impulsfunktion $g(t) = \frac{dh}{dt}$ ergibt sich nach der Produktregel

$$g(t) = \left(1 - \exp -\frac{t}{\tau}\right) \frac{ds}{dt} + \frac{s(t)}{\tau} \exp -\frac{t}{\tau}$$

$$= \left(1 - \exp -\frac{t}{\tau}\right) \delta(t) + \frac{\exp -t/\tau}{\tau} s(t). \tag{14}$$

Mit $f(t)\delta(t) \equiv f(0)\delta(t)$ verschwindet der erste Term und es verbleibt

$$g(t) = \frac{1}{\tau}\exp(-\frac{t}{\tau})s(t) = \begin{cases} 0 & t < 0 \\ \frac{1}{\tau}\exp-\frac{t}{\tau} & t > 0 \end{cases},$$

wie erwartet.

f) Die Impulsfläche beträgt $A = U_0 t_0 = 1\,\text{kV}\cdot 1\,\text{ms} = 1\,\text{Vs}$, die Zeitkonstante $\tau = RC = 100\,\Omega \cdot 10\,\mu\text{F} = 1\,\text{ms}$, also gerade $\tau = t_0$. Dann ist "Rechtecknäherung" noch zu grob. Wir verkürzen deshalb die Impulsdauer auf $0{,}01$ ms ($\rightarrow$ Spannung $U_0 = 100\,\text{kV}$) und erhalten $\frac{t_0}{\tau} = \frac{0{,}01}{1} = 1\%$. Dann beträgt die Kondensatorspannung zur Zeit t_0

$$u_\text{C}(t_0) = U_0\left(1 - \exp-\frac{t_0}{\tau}\right) \approx U_0\frac{t_0}{\tau} = \frac{1\,\text{Vs}}{1\,\text{ms}} = 1\,\text{kV}$$

(genauer: $U_0 \cdot 0{,}00995 \cdot 100\,\text{kV} = 995\,\text{V}$, also rd. 5% Fehler). Obwohl der exakte Verlauf $u_\text{C}(t)$ im Zeitbereich $0 < t < t_0$ zwischen "technischem Impuls" und Impulsfunktion liegt, stimmt der Verlauf für $t > t_0$ überein (Bild 11.3/2f).

Aufgabe 11.3/3 Periodisches Umschalten in einer RC-Schaltung

In der Schaltung Bild 11.3/3a schwanke die Quellenspannung durch einen periodisch gesteuerten Schalter S zwischen zwei Werten, so daß der Kondensator periodisch umgeladen wird. Dort stellt sich schließlich ein periodischer Spannungsverlauf zwischen den Werten u_{C_2} und u_{C_1} ein.

a) Wie verläuft die Kondensatorspannung $u_\text{C}(t)$ im eingeschwungenen Zustand? Der Kondensator sei anfangs ladungslos.

b) Prüfen Sie für den Fall $R_1 = R_2 = R$, $t_0 = \frac{T}{2}$, wie sich die Kondensatorspannung allmählich zum stationären Verlauf aufbaut. Es gelte $T = 1\,\text{ms}$, $\tau = RC = 1\,\text{ms}$.

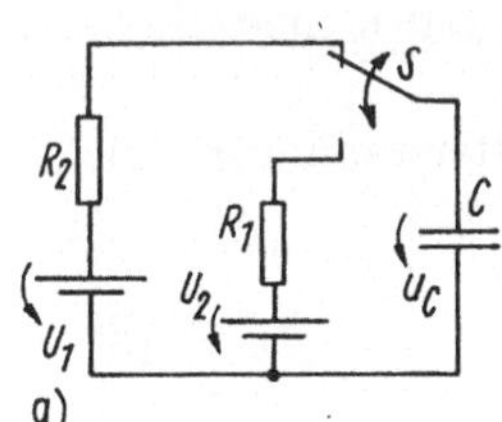

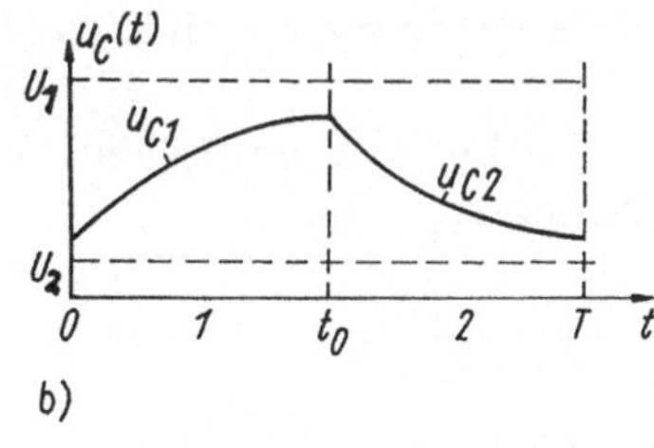

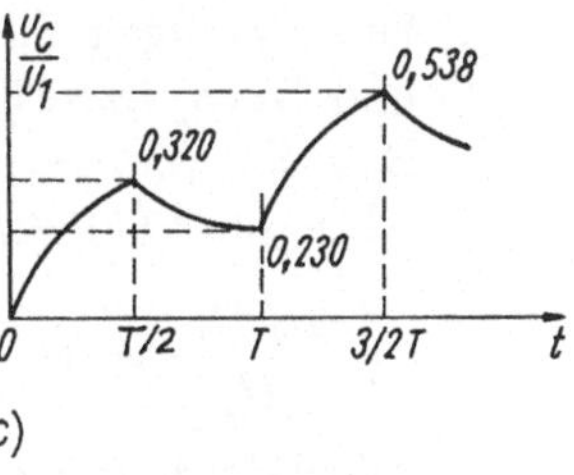

Bild 11.3/3

Hinweis: Die Lösung der DGL bei periodischer Erregung kann erfolgen

- durch einen Fourieransatz, die Lösung ist eine unendliche Reihe von Exponential- und Winkelfunktionen. Der Verlauf von $u_\text{C}(t)$ erfordert für hinreichende Genauigkeit viele Glieder
- unter Verwendung der Sprungfunktion $s(t)$ (mit wesentlich kleinerem Aufwand)
- durch Periodisierung der Lösung einer Periode mit der Laplace-Transformation
- direkt im Zeitbereich durch abschnittweise Lösung für den eingeschwungenen Zustand (vgl. Aufg. 11.5/10).

Lösung:

a) Nach dem Einschwingen pendelt die Kondensatorspannung zwischen den beiden Werten $u_{C_2}(t)$ und $u_{C_1}(t)$ hin und her, die Verläufe ergeben sich als Lösungen der jeweils gültigen DGL im betreffenden Zeitbereich (Bild 11.3/3b):

$$0 \le t \le t_0 : \quad \tau \frac{du_C}{dt} + u_C = U_1 \rightarrow u_{C_1} = U_1 + K_1 \exp -\frac{t}{\tau}$$

$$\tag{1}$$

$$t_0 \le t \le T : \quad \tau \frac{du_C}{dt} + u_C = U_2 \rightarrow u_{C_2} = U_2 + K_2 \exp -\frac{t - t_0}{\tau}.$$

Dabei wechselt die Quellenspannung unstetig bei t_0, T, $t + t_0$ usw. Für die Kondensatorspannungen gelten die Stetigkeitsbedingungen $u_{C_1}(t_0) = u_{C_2}(t_0)$ sowie die Periodizitätsbedingung $u_{C_1}(0) = u_{C_2}(T)$. Daraus folgen mit Gl.(1) die Forderungen

$$U_1 + K_1 \exp -\frac{t_0}{\tau} = U_2 + K_2, \tag{2a}$$

$$U_1 + K_1 \exp 0 = U_2 + K_2 \exp -\frac{T - t_0}{\tau}, \tag{2b}$$

d.h. zwei Gleichungen für die Konstanten K_1, K_2 mit den Lösungen

$$K_1 = (U_2 - U_1)\frac{1 - \exp -\frac{(T-t_0)}{\tau}}{1 - \exp -\frac{T}{\tau}}, \quad K_2 = -(U_2 - U_1)\frac{1 - \exp -\frac{t_0}{\tau}}{1 - \exp -\frac{T}{\tau}}.\tag{3}$$

Für symmetrische Umschaltspannungen ($U_1 = -U_2 = U$) und $t_0 = \frac{T}{2}$ wird daraus

$$K_1 = -2U_1 \frac{1 - \exp -\frac{T}{2\tau}}{1 - \exp -\frac{T}{\tau}} = -K_2. \tag{4}$$

Die jeweiligen Spannungsamplituden $u_{C_1}(t_0)$, $u_{C_2}(t)$ folgen aus Gl.(1) und Gl.(3) bzw. (4).

Beispielsweise erhalten wir bei symmetrischen Schaltspannungen mit Gl.(4) und (1) zum Zeitpunkt $t_0 = \frac{T}{2}$:

$$\frac{u_{C_1}(t_0)}{U_1} = 1 - 2\frac{1 - \exp -x/2}{1 - \exp -x} \exp -\frac{t_0}{\tau} \quad \text{mit } x = \frac{T}{\tau}. \tag{5}$$

b) Wird der ladungslose Kondensator zum Zeitpunkt $t = 0$ an die Spannung U_1 gelegt, so lautet die Spannung u_C zum ersten Umschaltzeitpunkt:

$$u_C\left(\frac{T}{2}\right) = U_1\left(1 - \exp -\frac{T}{2\tau}\right) U_1(1 - \exp -0,5) = 0,3934 U_1.$$

Mit diesem Anfangswert ergibt sich die Spannung zum Zeitpunkt $t = \frac{3}{2}T$:

$$u_C\left(\frac{3}{2}T\right) = \left(u_C\left(\frac{T}{2}\right) - U_1\right)\exp -\frac{T}{2\tau} + U_1 \rightarrow$$

$$\frac{u_C\left(\frac{3}{2}T\right)}{U_1} = 1 + (0,2386 - 1)\exp(-0,5) = 0,538.$$

Die Berechnung des eingeschwungenen Zustandes nach Gl.(1) liefert mit
Gl.(3)

$$\frac{u_C(T/2)}{U_1} = 1 + K_1 \exp-\frac{T}{2\tau} = 1 - \exp-\frac{T}{2\tau}\frac{1 - \exp-\frac{T}{2\tau}}{1 - \exp-\frac{T}{\tau}}$$

$$= 1 - \exp(-0,5)\frac{1 - \exp(-0,5)}{1 - \exp-1} = 0,622.$$

Es sind etwa 3 bis 4 Einschaltzyklen erforderlich, um den stationären
Wert zu erreichen.

Aufgabe 11.3/4 Periodisches Umschalten einer Verstärkerschaltung

Ein Verstärker (Spannungsverstärkung A_u, $u = A_u u_1$, sonst keine weiteren
Elemente) sei über die Kapazität C rückgekoppelt (Bild 11.3/4a). Die Anord-
nung wird eingangsseitig mit einem symmetrischen Rechtecksignal betrieben
(Kondensator ohne Anfangsladung, $A_u < 0$).

a) Skizzieren Sie den erwarteten Zeitverlauf der Ausgangsspannung $u(t)$.
   Stellen Sie die Netzwerk-Differentialgleichung auf.
b) Wie lautet die abschnittsweise Lösung von $u(t)$?
c) Welche Lösung ergibt sich für sehr große Verstärkung, im Grenzfall $A_u \to$
   ∞?
d) Prüfen Sie, ob sich die Netzwerk-Differentialgleichung bei idealem Verstärker ($A_u \to -\infty$) direkt aufstellen läßt. Wie lautet die Lösung?

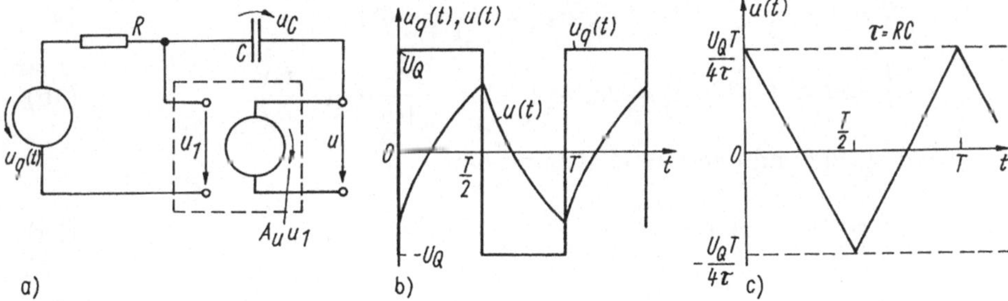

Bild 11.3/4

Hinweis: Die Schaltung wird als sog. Integratorschaltung häufig eingesetzt.

Lösung:

a) Die Maschengleichung liefert mit $iR + u_C + u = u_q(t)$ und dem Kondensatorstrom $i = C\frac{du_C}{dt}$:

$$RC\frac{d}{dt}(u_1 - u) + u_1 = u_q(t).$$

Mit der Verstärkerbeziehung $u = A_u u_1$ lautet sie

$$RC\left(\frac{1}{A_u} - 1\right)\frac{du}{dt} + \frac{u}{A_u} = u_q(t). \tag{1}$$

Rechts steht abschnittsweise: $0 < t < \frac{T}{2} \to U_Q$; $\frac{T}{2} < t < T \to -U_Q$ (sinngemäß gilt dies auch für jeweils periodisch folgende Zeitbereiche). Für die Gleichungen treffen wir die Lösungsansätze:
Bereich $0 < t < \frac{T}{2}$:

$$u_{/1}(t) = A_u U_Q + K_1 \exp -\frac{t}{\tau}.$$

und für $\frac{T}{2} < t < T$:

$$u_{/2}(t) = -A_u U_Q + K_2 \exp -\frac{t}{\tau}$$

mit der Zeitkonstante $\tau = RC(1 - A_u)$. Sie hängt von der Verstärkung A_u ab.

Da aus der Verstärkermasche $u_C = u_1 - u = u\left(\frac{1}{A_u} - 1\right)$ und damit $u_C \sim u$ folgt, gelten zur Konstantenbestimmung die Stetigkeitsbedingungen $u_{/1}(T/2) = u_{/2}(T/2)$ sowie die Periodizitätsbedingung: $u_{/1}(0) = u_{/1}(T)$. So entstehen mit den Lösungsansätzen die Bedingungen

$$\begin{aligned}
A_u U_Q + K_1 \exp -\tfrac{T}{2} &= -A_u U_Q + K_2 \exp -\tfrac{T}{2\tau} \\
A_u U_Q + K_1 &= -A_u U_Q + K_2 \exp -\tfrac{T}{2\tau}.
\end{aligned} \tag{2}$$

Wir setzen $b = \exp \frac{T}{2\tau}$ erhalten nach kurzer Rechnung

$$K_1 = -\frac{2A_u U_Q b}{1 + b}, \quad K_2 = \frac{2A_u U_Q b^2}{1 + b} \tag{3}$$

und die Ausgangsspannung

$$0 < t < \frac{T}{2}: \quad u(t) = A_u U_Q \left(1 - \frac{2b}{1 + b} \exp -\frac{t}{\tau}\right) \tag{4a}$$

$$\frac{T}{2} < t < T: \quad u(t) = A_u U_Q \left(-1 + \frac{2b^2}{1 + b} \exp -\frac{t}{\tau}\right). \tag{4b}$$

und speziell an den Umschaltpunkten:

$$u(0) = A_u U_Q \left(\frac{1 - b}{1 + b}\right) > 0, \tag{5a}$$

$$u(T/2) = A_u U_Q \left(-1 + \frac{2b}{1 + b}\right) = -u_2(0). \tag{5b}$$

Das ist die erwartete Symmetrie, der Verlauf wurde im Bild 11.3/4b skizziert. Mit wachsender Verstärkung A_u (s.u.) linearisieren die Kurvenverläufe.

b) Für stabiles Verhalten (abklingende Lösung nach Störung) muß die Zeitkonstante $\tau = RC(1-A_u)$ positiv sein, die Spannungsverstärkung A_u also negativ ($A_u < 0$). Das besorgt ein sog. Umkehrverstärker (z.B. mit einem Operationsverstärker ausgeführt). Ferner wächst die Zeitkonstante mit zunehmender Spannungsverstärkung A_u. Damit werden die Argumente der Exponentialfunktion in Gl.(4) immer kleiner und für $t \ll \tau$, $T \ll \tau$ gilt näherungsweise

$$\exp -x \approx 1 - x, \quad b = 1 - \frac{T}{2\tau}.$$

In diesem Fall lautet Gl.(5):

$$u(t) \approx A_{\mathrm{u}} U_{\mathrm{Q}} \frac{t - T/4}{\tau} \quad \left(0 < t < \frac{T}{2} \right) \quad \text{bzw.} \tag{6a}$$

$$u(t) \approx A_{\mathrm{u}} U_{\mathrm{Q}} \left(\frac{3}{4} \frac{T}{\tau} - \frac{t}{\tau} \right) \quad \left(\frac{T}{2} < t < T \right). \tag{6b}$$

Mit $|A_{\mathrm{u}}| \gg 1$, A_{u} negativ und Ersatz der Zeitkonstante $\tau = RC(1 - A_{\mathrm{u}})$ wird dann

$$u(t) \approx -\frac{U_{\mathrm{Q}}}{RC} \left(t - \frac{T}{4} \right) \quad \left(0 < t < \frac{T}{2} \right), \tag{7a}$$

$$u(t) \approx -\frac{U_{\mathrm{Q}}}{RC} \left(\frac{3}{4} T - t \right) \quad \left(\frac{T}{2} < t < T \right). \tag{7b}$$

Das sind steigende/fallende Geradenabschnitte (Bild 11.3/4c), wie sie durch die Integratorfunktion der Schaltung aus dem Impulssignal zu erwarten sind.

c) Bei unendlich hoher Spannungsverstärkung $A_{\mathrm{u}} \to -\infty$ geht die Netzwerk-Differentialgleichung Gl.(1) in $-RC\frac{du}{dt} = u_{\mathrm{q}}(t)$ über mit der allgemeinen Lösung

$$u = -\frac{1}{RC} \int u_{\mathrm{q}}(t') \, dt' + \text{const.} \tag{8}$$

Die Ausgangsspannung ist proportional dem Integral der Spannung $u_{\mathrm{q}}(t)$ (Integratorwirkung der Schaltung). Damit muß gelten mit $u_{\mathrm{q}}(t) = \text{const.}$ (abschnittsweise) gelten

- im Bereich $0 < t < \frac{T}{2}$:

$$u(t) = -\frac{1}{RC} \int_0^{t/2} U_{\mathrm{Q}} \, dt' = -\frac{U_{\mathrm{Q}}}{RC} t + K_1 \tag{9}$$

- im Bereich $\frac{T}{2} < t < T$:

$$u(t) = -\frac{1}{RC} \int_{T/2}^{t} -U_{\mathrm{Q}} \, dt' = -\frac{U_{\mathrm{Q}}}{RC} \left(t - \frac{T}{2} \right) + K_2.$$

Die Stetigkeitsbedingungen sowie die Periodizitätsforderung liefern $K_1 = K_2 = \frac{T U_{\mathrm{Q}}}{4RC}$. Der rechts stehende Wert ist aus dem Grenzverhalten der Kurve $u(t)$ für $A_{\mathrm{u}} \to -\infty$ gegeben (er kann auch durch Konstantenbestimmung in Gl.(9) aus dem Anfangsverlauf gewonnen werden).

11.4 Schaltvorgänge in Systemen zweiter Ordnung

Aufgabe 11.4/1 Integrier-Differenzierglied

In der Schaltung Bild 11.4/1a werde der Schalter S zur Zeit $t = 0$ geschlossen.

a) Stellen Sie die Netzwerk-Differentialgleichung für u_2 auf. Welche Lösung besitzt sie, falls die Kondensatoren keine Anfangsladungen haben?
b) Stellen Sie den Verlauf $u_2(t)$ allgemein und speziell für den Sonderfall $R = R_1 = R_2$, $C = C_1 = C_2$ dar.
c) Wie lauten die Ergebnisse jeweils für $R_2 \to \infty$, $C_1 \to \infty$, $C_2 \to \infty$?

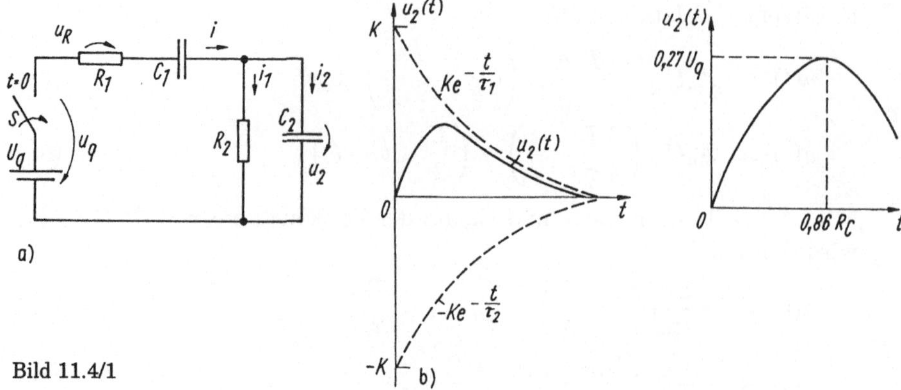

Bild 11.4/1

Hinweis: Lösen Sie die Netzwerk-Differentialgleichung durch Ermittlung der homogenen und partikulären Lösungen.

Lösung:

a) Aus den Maschen- und Knotensätzen folgen

$$u_\mathrm{q} = u_R + u_C + u_2 = R_1 i + \frac{1}{C_1} \int i \, \mathrm{d}t + u_2; \tag{1a}$$

$$i = i_1 + i_2 = u_2 G_2 + C_2 \frac{\mathrm{d}u_2}{\mathrm{d}t}. \tag{1b}$$

Durch Eliminieren von i und Ordnen wird daraus

$$\frac{G_2}{G_1} \int u_2 \, \mathrm{d}t + \left(\frac{C_2}{C_1} + R_1 G_2 + 1 \right) u_2 + C_2 R_1 \frac{\mathrm{d}u_2}{\mathrm{d}t} = u_\mathrm{q}. \tag{2}$$

Wir suchen zunächst die Lösung $u_{2\mathrm{h}}$ der homogenen DGL mit dem Ansatz $u_{2\mathrm{h}} = U_0 \exp \lambda t$ und erhalten als Eigenwertgleichung

$$\frac{G_2}{\lambda C_1} + \left(\frac{C_2}{C_1} + R_1 G_2 + 1 \right) + \lambda C_2 R_1 = 0. \tag{3}$$

Sie hat die beiden Lösungen

$$\lambda_{1/2} = -\frac{1}{2\tau} \pm \sqrt{\left(\frac{1}{2\tau} \right)^2 - \frac{G_1 G_2}{C_1 C_2}} = -\frac{1}{\tau_{1/2}} \tag{4}$$

$$\tau_{1/2} = \frac{2\tau}{1 \mp \sqrt{1 - \left(\frac{4\tau^2}{C_1 C_2} G_1 G_2 \right)}}.$$

Zudem gilt: $\frac{1}{\tau} = \frac{G_1}{C_1} + \frac{G_2 + G_1}{C_2}$ entsprechend der Tatsache, daß das Netzwerk zwei Energiespeicher besitzt. Die Lösung der homogenen DGL lautet dann $u_{2\mathrm{h}} = K_1 \exp -\frac{t}{\tau_1} + K_2 \exp -\frac{t}{\tau_2}$.

Die Gesamtlösung ergibt durch Hinzunahme des eingeschwungenen Zustandes $u_{2\mathrm{e}}$

$$u_2 = u_{2\mathrm{h}} + u_{2\mathrm{e}} = K_1 \exp -\frac{t}{\tau_1} + K_2 \exp -\frac{t}{\tau_2} + u_{2\mathrm{e}}. \tag{5}$$

Da im stationären Zustand $t \to \infty$ die Quellenspannung u_q voll über C_1 abfällt, muß $u_2(\infty) \to 0$ gelten. Damit verschwindet u_{2e} in Gl.(5).
Die Konstanten K_1, K_2 liegen durch die Anfangsbedingungen fest:
a) $t = 0 \to u_2 = 0$ (Kondensator C_2 ladungslos): $K_1 = -K_2 = K$.
b) Mit $u_2 = 0$ für $t = 0$ folgt auch $i_1 = 0$ und damit $i(0) = i_2(0)$, also $i(0) = G_1 U_q = C_2 \left.\frac{du_2}{dt}\right|_0$ oder

$$\left.\frac{du_2}{dt}\right|_0 = \frac{G_1}{C_2} U_q = -\frac{K_1}{\tau_1} - \frac{K_2}{\tau_2} = K\left(\frac{1}{\tau_2} - \frac{1}{\tau_1}\right)$$

bzw. mit Gl.(4)

$$K = \frac{U_q G_1}{C_2(\lambda_1 - \lambda_2)} = \frac{U_q G_1 \tau_1 \tau_2}{C_2(\tau_1 - \tau_2)}. \tag{6}$$

Insgesamt lautet die Gesamtlösung Gl.(5)

$$u_2 = \frac{U_q G_1 \tau_1 \tau_2}{C_2(\tau_1 - \tau_2)}\left(\exp -\frac{t}{\tau_1} - \exp -\frac{t}{\tau_2}\right). \tag{7}$$

Der Strom i ergibt sich über Gl.(1)

b) Bild 11.4/1b zeigt die Spannung u_2 Gl.(7) aus der Überlagerung zweier e-Funktionen mit verschiedenen Zeitkonstanten ($\tau_1 > \tau_2$, da $\lambda_1 < \lambda_2$): eine klingt rasch, die andere langsam ab. Deshalb stellt sich ein Maximum ein. Da die Schaltung zwei gleichartige Energiespeicher und keine gesteuerte Quellen enthält, folgen reelle negative Eigenwerte λ und damit monoton abfallende Exponentialfunktionen als Teillösungen (keine Schwingung!). Für gleiche Netzwerkelemente $C_1 = C_2 = C$, $R_1 = R_2 = R$ lauten die Zeitkonstanten Gl.(4) mit $\frac{1}{\tau} = \frac{3G}{C}$:

$$\tau_{1/2} = \frac{6\tau}{3 \mp \sqrt{5}} = \frac{2RC}{3 \mp \sqrt{5}} = \begin{cases} 2,1618RC \\ 0,3819RC \end{cases}. \tag{8}$$

Sie führen auf die Spannung (Gl.(7))

$$u_2 = \frac{U_q}{\sqrt{5}}\left(\exp -\frac{t}{\tau_1} - \exp -\frac{t}{\tau_2}\right) \tag{9}$$

mit einem Maximum

$$\frac{du_2}{dt} = 0 \to -\frac{\exp -t'/\tau_1}{\tau_1} + \frac{\exp -t'/\tau_2}{\tau_2} = 0$$

zum Zeitpunkt t':

$$t' = \frac{\tau_1 \tau_2}{\tau_2 - \tau_1} \ln \frac{\tau_2}{\tau_1} = \frac{-RC}{\sqrt{5}} \ln\left(\frac{3 - \sqrt{5}}{3 + \sqrt{5}}\right) = 0,861RC. \tag{10}$$

Der zugehörige Maximalwert lautet:

$$u_2(t') = u_{2|\,max} = \frac{U_q}{\sqrt{5}}\left(\exp -\frac{0,861}{2,618} - \exp -\frac{0,861}{0,382}\right) = 0,274U_q. \tag{11}$$

Die Spannung erreicht rd. $\frac{U_q}{4}$ etwa nach der Zeit $t' \approx RC$.

c) Für die angegebenen Sonderfälle folgen der Reihe nach:
   1. $C_1 \to \infty$, d.h. Kurzschluß eines Kondensators. Damit lauten die Zeit-

konstanten nach Gl.(4):

$$\tau_1 \to \infty, \quad \tau_2 = \tau, \quad \frac{1}{\tau} = \frac{G_1 + G_2}{C_2}. \tag{12}$$

Die DGL (2) schrumpft auf eine solche erster Ordnung (ein Energiespeicher) zusammen und die Zeitkonstante τ_2 kann interpretiert werden zu $\tau = C_2(R_1 \| R_2)$. Das wird auch deutlich, wenn die Spannungsquelle (U_q, R_1) in eine gleichwertige Stromquelle (I_q, G_1) umgewandelt wird.

2. Für $C_2 \to \infty$ ist R_2 kurzgeschlossen, damit wird $\tau_1 \to \infty$, $\tau_2 = \tau$, $\tau = \frac{C_1}{G_1}$ (s.o.).

3. Mit $G_2 \to 0$ schließlich werden $\tau_1 \to \infty$, $\tau_2 = \tau$, $\frac{1}{\tau} = G_1 \left(\frac{1}{C_1} + \frac{1}{C_2} \right)$. Die Kondensatoren C_1, C_2 liegen in Reihe, was sich in den entsprechenden Zeitkonstanten ausdrückt.

Diskussion: Die Schaltung arbeitet als sog. Integrier-Differenzierglied: der Strom i durch C_1 ist etwa dem Differential von u_q proportional, die Spannung u_2 etwa dem Integral i . Das Netzwerk wirkt als Filter: es unterdrückt hohe und tiefe Frequenzen ($\to$ Bandpaß, allerdings geringer Güte).

Aufgabe 11.4/2 Einschaltverhalten eines Stromkreises mit gekoppelten Spulen

Für die Schaltung Bild 11.4/2a mit linearem Übertrager (Elemente L_1, L_2, M)

a) stelle man die Netzwerkgleichung des Stromes i_2 auf.

b) Zeigen Sie, daß die Netzwerkgleichung (Aufgabe a) bei fester Kopplung in eine DGL erster Ordnung übergeht. Wie groß ist ihre Zeitkonstante?

c) Berechnen Sie i_2 (Aufgabe a) mit Einführung der Streuung $\sigma = 1 - \left(\frac{M^2}{L_1 L_2} \right)$ für den Fall, daß zur Zeit $t = 0$ eine Gleichspannung U_Q eingeschaltet wird. Die Spulen sollen zum Schaltzeitpunkt energiefrei sein.

d) Diskutieren Sie die Lösung i_1, i_2 und Anfangswerte der Ströme für den streufreien Übertrager ($\sigma = 0$).

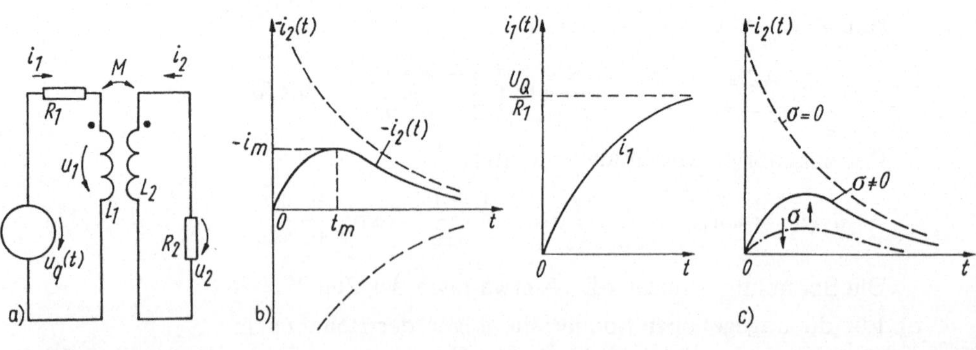

Bild 11.4/2

Lösung:

a) Mit den Transformatorgleichungen

$$u_1 = L_1 \frac{\mathrm{d}i_1}{\mathrm{d}t} + M \frac{\mathrm{d}i_2}{\mathrm{d}t}, \quad u_2 = M \frac{\mathrm{d}i_1}{\mathrm{d}t} + L_2 \frac{\mathrm{d}i_2}{\mathrm{d}t} \tag{1}$$

sowie den Kreisbeziehungen $u_1 = u_\mathrm{q} - R_1 i_1$, $u_2 = -R_2 i_2$ ergibt sich durch Lösung von Gl.(1) nach $\frac{\mathrm{d}i_1}{\mathrm{d}t}$, Ersatz von i_2 durch u_2 und Integration beider Seiten:

$$i_1 = -\frac{R_2}{M} \int_0^t i_2(\tau)\,\mathrm{d}\tau - \frac{L_2}{M} i_2.$$

Rückeinsetzen in Gl.(1) und Ersatz von u_1 liefert schließlich (mit erneuter Differentiation) die gesuchte Netzwerk-Differentialgleichung

$$\left(\frac{L_1 L_2}{M} - M \right) \frac{\mathrm{d}^2 i_2}{\mathrm{d}t^2} + \frac{R_2 L_1 + R_1 L_2}{M} \frac{\mathrm{d}i_2}{\mathrm{d}t} + \frac{R_1 R_2}{M} i_2 = -\frac{\mathrm{d}u_\mathrm{q}}{\mathrm{d}t}. \tag{2}$$

b) Bei perfekter Kopplung gilt $k = 1$, d.h. $M = \sqrt{L_1 L_2}$. Dann verbleibt aus Gl.(2):

$$\frac{\mathrm{d}i_2}{\mathrm{d}t} + \frac{R_1 R_2}{R_1 L_2 + R_2 L_1} i_2 = -\frac{M}{R_1 L_2 + R_2 L_1} \frac{\mathrm{d}u_\mathrm{q}}{\mathrm{d}t} \tag{3}$$

eine DGL erster Ordnung mit der Zeitkonstanten

$$\tau = \frac{R_2 L_1 + R_1 L_2}{R_1 R_2} = \frac{L_1}{R_1} + \frac{L_2}{R_2}.$$

Wird beispielsweise der Übertrager durch eine T-Ersatzschaltung ersetzt, entfallen jetzt die Längsinduktivitäten. Es verbleibt nur noch eine Querinduktivität M, d.h. ein Netzwerk mit einem Energiespeicher.

c) Mit der Streuung σ lautet Gl.(2) umgeschrieben

$$\sigma \frac{\mathrm{d}^2 i_2}{\mathrm{d}t^2} + (\alpha_1 + \alpha_2) \frac{\mathrm{d}i_2}{\mathrm{d}t} + \alpha_1 \alpha_2 i_2 = -\frac{M}{L_1 L_2} \frac{\mathrm{d}u_\mathrm{q}}{\mathrm{d}t} \tag{4}$$

mit $\alpha_1 = \frac{R_1}{L_1}$, $\alpha_2 = \frac{R_2}{L_2}$. Gl.(4) hat die beiden (negativen) Eigenwerte

$$\lambda_{1/2} = \frac{\alpha_1 + \alpha_2}{2\sigma} \left(1 \mp \sqrt{1 - \frac{4\alpha_1 \alpha_2 \sigma}{(\alpha_1 + \alpha_2)^2}} \right). \tag{5}$$

Der Faktor von σ unter der Wurzel hat den Höchstwert 1 für $\alpha_1 = \alpha_2$. Da der Streufaktor σ stets kleiner als 1 ist, bleibt die Wurzel reell. Deshalb können die Ströme keinen Sinusverlauf haben, da Kondensatoren in der Schaltung fehlen. Vielmehr sind überlagerte Exponentialfunktionen zu erwarten. Die Lösung von Gl.(4) für einen Einschaltsprung der Spannung u_q ergibt (bei Annahme verschwindender Anfangswerte der Ströme) den Stromverlauf $i_2(t)$ (Lösung mit Standardverfahren für die DGL 2. Ordnung):

$$i_2 = -\frac{U_\mathrm{Q}}{M} \frac{1 - \sigma}{\sigma} \frac{\exp(-\lambda_1 t) - \exp(-\lambda_2 t)}{\lambda_2 - \lambda_1}. \tag{6}$$

Bild 11.4/2b zeigt den prinzipiellen Stromverlauf bestehend aus zwei überlagerten Exponentialfunktionen. Während i_2 einen Maximalwert durchläuft und stationär auf Null abklingt, hat $i_1(t)$

$$i_1 = \frac{U_Q}{R_1} + \frac{U_Q}{\sigma L_1} \frac{\left(1 - \frac{\alpha_1}{\lambda_1}\right)\exp(-\lambda_1 t) - \left(1 - \frac{\alpha_2}{\lambda_2}\right)\exp(-\lambda_2 t)}{\lambda_2 - \lambda_1} \tag{7}$$

kein Maximum, sondern strebt für $t \to 0$ dem stationären Wert $U_Q G_1$ zu. Die Streuung σ hat starken Einfluß auf den Verlauf des Schaltverhaltens. Bei großer Streuung ($\sigma \to 1$) nähert sich i_1 dem Verlauf des nichtgekoppelten Kreises

$$i_1(t) \to \frac{U_Q}{R}(1 - \exp -\alpha_1 t) \tag{8}$$

während i_2 immer mehr verflacht und schließlich verschwindet: $i_2 = 0$ für $\sigma \to 1$. Gute Impulsübertragung erfordert umgekehrt $\sigma \ll 1$ ($M \lesssim \sqrt{L_1 L_2}$). Dann folgt durch Entwicklung der Wurzel Gl.(5)

$$\lambda_1 \approx \frac{\alpha_1 \alpha_2}{\alpha_1 + \alpha_2}, \quad \lambda_2 \approx \frac{\alpha_1 + \alpha_2}{\sigma} \gg \lambda_1 \tag{9}$$

und wir erhalten für den Strom (Bild 11.4/2b)

$$i_2 = -\frac{U_Q}{M(\alpha_1 + \alpha_2)}(\exp(-\lambda_1 t) - \exp(-\lambda_2 t). \tag{10}$$

Er hat einen Höchstwert

$$i_{2m} = -\frac{U_Q}{M(\alpha_1 + \alpha_2)}\left(\frac{\lambda_2}{\lambda_1}\right)^{-\lambda_1/\lambda_2}, \quad t_m = \frac{1}{\lambda_2}\ln\frac{\lambda_2}{\lambda_1} \tag{11}$$

zum Zeitpunkt t_m (Nachweis).

d) Beim streuungsfreien Übertrager ($\sigma = 0$) wächst λ_2 über alle Grenzen, deshalb verschwindet in Gl.(6),(7) die zweite Exponentialfunktion, und es folgen nach kurzer Zwischenrechnung

$$i_1 = U_Q G_1 \left(1 - \frac{\alpha_2}{\alpha_1 + \alpha_2}\exp -\lambda_1 t\right), \tag{12a}$$

$$i_2 = -\frac{U_Q}{(\alpha_1 + \alpha_2)}\frac{1}{\sqrt{L_1 L_2}}\exp -\lambda_1 t \tag{12b}$$

als Lösungen je einer DGL erster Ordnung: das Netzwerk hat keine zwei unabhängigen Energiespeicher mehr (Bild 11.4/2c). Die Anfangswerte ergeben sich aus Gl.(12) zu

$$i_1(0) = U_Q G_1 \left(1 - \frac{\alpha_2}{\alpha_1 + \alpha_2}\right), \tag{13a}$$

$$i_2(0) = -\frac{U_Q}{(\alpha_1 + \alpha_2)}\frac{1}{\sqrt{L_1 L_2}} = -i_1(0)\sqrt{\frac{L_1}{L_2}}. \tag{13b}$$

Beide Anfangswerte sind von Null verschieden im Gegensatz zu Aufgabe c und voneinander abhängig. Bei Streufreiheit sind die beiden (endlichen) Induktivitäten L_1, L_2 nur noch scheinbar unabhängig.

Aufgabe 11.4/3 Verstärkerersatzschaltung, dynamisches Verhalten

Gegeben ist eine (vereinfachte) Verstärkerersatzschaltung (Bild 11.4/3), an der eine (beliebige) Erregung u_q liegt. Die Kondensatoren sind ladungslos.

a) Man bestimme die Netzwerk-Differentialgleichung für u_1 bzw. u und ihre charakteristische Gleichung.

b) Wie groß sind Dämpfung und die natürliche Frequenz, welche Fälle sind möglich?

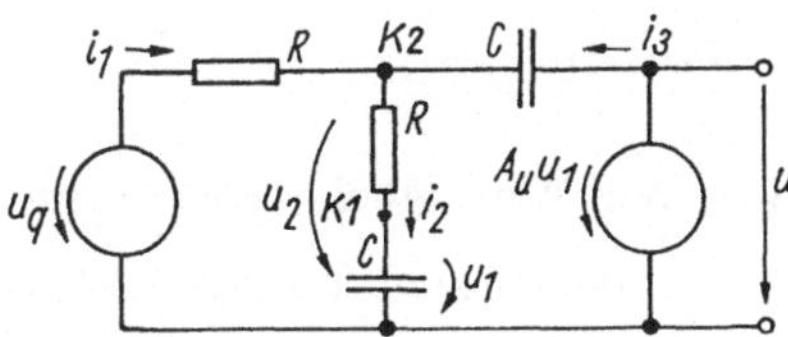

Bild 11.4/3

Lösung:

a) Die Netzwerk-Differentialgleichung wird zweckmäßig mit der Knotenspannungsanalyse aufgestellt. Es ergeben sich für Knoten K_1 und K_2:

$$-Gu_1 + Gu_2 - C\frac{\mathrm{d}u_1}{\mathrm{d}t} = 0, \quad Gu_\mathrm{q} - 2Gu_2 + Gu_1 + A_\mathrm{u}C\frac{\mathrm{d}u_1}{\mathrm{d}t} - C\frac{\mathrm{d}u_2}{\mathrm{d}t} = 0. \quad (1)$$

Die (für die Lösung uninteressante) Knotenspannung u_2 wird eliminiert mit $u_2 = u_1 + RC\frac{\mathrm{d}u_1}{\mathrm{d}t}$.
Damit folgt über Knoten K_2 die Netzwerkgleichung für u_1:

$$\frac{\mathrm{d}^2 u_1}{\mathrm{d}t^2} + \frac{3 - A_\mathrm{u}}{RC}\frac{\mathrm{d}u_1}{\mathrm{d}t} + \frac{u_1}{(RC)^2} = \frac{u_\mathrm{q}}{(RC)^2} \qquad (2)$$

und aus der Schaltung $u = A_\mathrm{u}u_1$.

b) Durch Vergleich mit der Standardform der DGL 2. Ordnung ergeben sich die natürliche Frequenz, Dämpfung D und Dämpfungskonstante α zu

$$\omega_0 = \frac{1}{RC}, \quad D = \frac{3 - A_\mathrm{u}}{2}, \quad \alpha = \frac{3 - A_\mathrm{u}}{2RC}. \qquad (3)$$

Die Dämpfung D hängt von der Spannungsverstärkung A_u ab. Drei Fälle sind möglich:

- für $A_\mathrm{u} < 1$ wird $D > 1$ und die Schaltung ist überdämpft
- für $A_\mathrm{u} = 1$ gilt $D = 1$: kritische Dämpfung
- für $3 > A_\mathrm{u} > 1$ gilt $0 < D < 1$ und die Schaltung ist unterdämpft.

Im Gegensatz zu einer passiven RLC-Schaltung kann die Dämpfung für die Verstärkung $A_\mathrm{u} = 3$ verschwinden. Dann hat die natürliche Lösung (homogene Gleichung) die Form

$$u = K_1 \cos \omega_0 t + K_2 \sin \omega_0 t \quad (t \geq 0),$$

wie sie für jeden verlustfreien Schwingkreis typisch ist. Es entsteht eine ungedämpfte Sinusschwingung. Die in den Widerständen verbrauchte Energie wird über die gesteuerte Quelle von der Gleichspannungsversorgung des zugehörigen Verstärkers geliefert. Im praktischen Fall ist meist $A_\mathrm{u} \gtrsim 3$ und damit herrscht negative Dämpfung. Dazu gehört eine Lösung für $t \geq 0$

$$u = K \exp(-\alpha\omega_0 t)\cos\beta t + K_2 \exp(-\alpha\omega_0 t)\sin\beta t, \tag{4}$$

die wegen $\alpha < 0$ unbegrenzt anwächst (sog. unstabiles Verhalten der Schaltung).

11.5 Laplace-Transformation, Anwendungen

Aufgabe 11.5/1 Laplace-Transformation von Netzwerkerregungen

Gegeben sind die Zeitfunktionen $f(t)$ einer Stromquelle $i(t)$ nach Bild 11.5/1a.

a) Wie lautet die zugehörige Laplace-Transformierte $I(p)$ des Stromes $i(t)$ unter Verwendung des Laplace-Integrals?

b) Setzen Sie $f(t)$ aus Elementarfunktionen (Sprung-, Anstiegsfunktion) zusammen und vollziehen Sie die Laplace-Transformation schrittweise.

c) Gewinnen Sie die Laplace-Transformierte unter Zugrundelegung des Differentials $\frac{\mathrm{d}f}{\mathrm{d}t}$

d) Die Funktion $f(t)$ werde periodisch fortgesetzt (Bild 11.5/1a2). Welche Laplace-Transformierte gehört zum periodischen Verlauf?

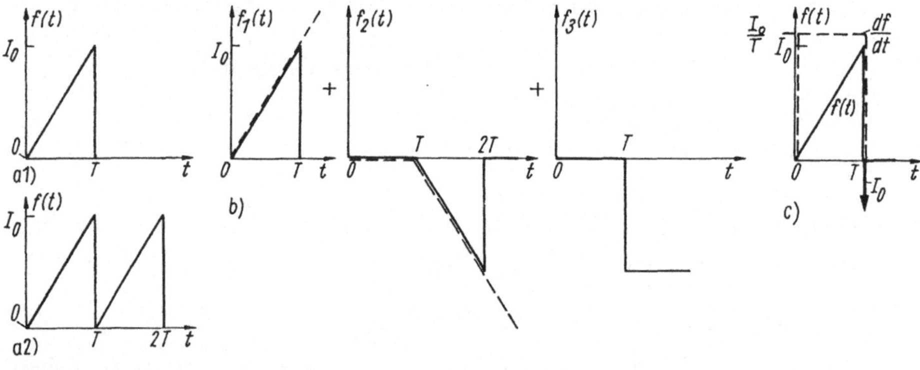

Bild 11.5/1

Hinweis: Die Aufgabe ist allein mit der Hintransformations-Vorschrift der Laplace-Transformation durchführbar.

Lösung:

a) Wir gehen vom Laplace-Integral (II/Gl.(10.25))

$$F(p) = \mathrm{LT}(f(t)) = \int_{-0}^{\infty} f(t)\exp -pt \, \mathrm{d}t$$

aus und wenden es auf die Zeitfunktion an. Dazu muß $f(t)$ aus der Vorgabe formuliert werden (Gerade durch Nullpunkt und Punkt I_0, T):

$$
\begin{aligned}
I(p) &= \int_0^T I_0 \frac{t}{T} \exp(-pt)\,\mathrm{d}t = \frac{I_0}{T} \int_0^T t\exp(-pt)\,\mathrm{d}t \\
&= \frac{I_0}{T} \frac{\exp(-pt)}{(-p)^2}(-pt-1)\Big|_0^T \\
&= \frac{I_0}{Tp^2}\left((1-\exp pT) - pT\exp -pT\right).
\end{aligned}
\tag{1}
$$

Das auftretende Integral wird partiell integriert.

b) Die Zeitfunktion $f(t)$ läßt sich in drei Zeitfunktionen $f_1(t)\ldots f_3(t)$ zerlegen (Bild 11.5/1b): Anstiegsgerade f_1, Abfallgerade f_2 vom Zeitpunkt T an ($f_1 + f_2$ geben dann einen Konstantwert) und Unterdrückung dieses Konstantwertes durch eine negative Sprungfunktion f_3 zur Zeit T. Die additive Zusammensetzung gilt auch für die zugehörigen Laplace-Transformierten $I_1(p)\ldots I_3(p)$. So folgen der Reihe nach:

- Für die Anstiegsfunktion $f_1(t)$:

$$
I_1(p) = \frac{I_0}{T}\int_0^\infty t\exp -pt\,\mathrm{d}t = \frac{I_0}{T}\frac{\exp -pt}{(-p)^2}(-pt-1)\Big|_0^\infty = \frac{I_0}{Tp^2}.
\tag{2}
$$

Da an der oberen Grenze ein unbestimmter Ausdruck $(0\cdot\infty)$ auftritt, muß die Regel von l'Hospital angewendet werden.

- Die Funktion $f_2(t)$ stellt eine um T verschobene Anstiegsfunktion mit negativer Steigung dar. Abgesehen von der Vorzeichenumkehr folgt für $f_2(t)$ über den Verschiebungssatz $\mathrm{LT}(f(t-T)) = \mathrm{LT}(f(t))\exp -pT$:

$$
I_2(p) = -I_1(p)\exp -pT = -\frac{I_0}{p^2 T}\exp -pT.
\tag{3}
$$

- Die Funktion $f_3(t)$ ist eine um T verschobene negative Sprungfunktion. Die Laplace-Transformierte der Sprungfunktion im Nullpunkt lautet $\mathrm{LT}(s(t)) = \frac{1}{p}$, die der zeitverschobenen Laplace-Transformierten somit

$$
I_3(p) = -\frac{I_0}{p}\exp -pT.
\tag{4}
$$

Zusammengefaßt lautet die Laplace-Transformierte des Einzelsägezahnes (s. Gl.(1))

$$
I(p) = I_1(p) + I_2(p) + I_3(p) = I_0\left(\frac{1-\exp -pT}{Tp^2} - \frac{\exp -pT}{p}\right).
\tag{5}
$$

c) Das Differential $\frac{\mathrm{d}f(t)}{\mathrm{d}t}$ der Ausgangsfunktion $f(t) = \frac{I_0}{T}\left(ts(t) - ts(t-T)\right)$ lautet:

$$
\frac{\mathrm{d}f}{\mathrm{d}t} = \frac{I_0}{T}s(t) - \frac{I_0}{T}s(t-T) - I_0\delta(t-T).
\tag{6}
$$

Es besteht aus einem Rechteckimpuls der Länge T (erste beide Glieder) und einem Dirac-Stoß (entsprechend dem Anteil $f_3(t)$ im Bild 11.5/1b. Da für die Transformation $\frac{\mathrm{d}f}{\mathrm{d}t} \circ\!\!-\!\!\bullet\, pF(p) - f(-0)$ gilt, wird der Reihe nach

$$pF(p) - f(-0) = \frac{I_0}{pT} - \frac{I_0}{pT}\exp(-pt) - I_0\exp(-pT)$$

$$= \frac{I_0}{pT}(1 - pT\exp(-pT) - \exp(-pT)). \tag{7}$$

Dabei wurde $f(-0) = 0$ beachtet, weil die Funktion links vom Ursprung verschwindet. Bild 11.5/1c zeigt den Zeitverlauf von $\frac{df}{dt}$ entsprechend Gl.(6).

d) Wird der Einzeldreieckimpuls periodisch fortgesetzt (Bild 11.5/1a2), d.h. jeweils um T verschoben, so kann das Ergebnis (unter Nutzung des Verschiebungssatzes) als unendliche Summe von verschobenen Einzelimpulsen interpretiert werden

$$I_{\text{ges}} = \sum_{k=0}^{\infty} I(p)\exp-kpT$$

$$= I(p)\sum_{k=0}^{\infty}\exp-kpT = I(p)\sum_{k=0}^{\infty}(\exp-pT)^k. \tag{8}$$

Die Summe rechts stellt eine geometrische Reihe dar. Für sie gilt

$$I_{\text{ges}} = \frac{I(p)}{1 - \exp-pT} = \frac{I_0}{p^2T}\frac{1 - (1 + pT)\exp(-pT)}{1 - \exp(-pT)} = F(p). \tag{9}$$

Das Ergebnis läßt sich wie dargestellt verallgemeinern, wie es für die periodische Wiederholung der Zeitfunktion $f(t) \circ\!\!-\!\!\bullet F(p)$ charakteristisch ist.

Aufgabe 11.5/2 Kondensatoraufladung und -entladung

Ein auf die Spannung $u(-0)$ geladener Kondensator werde gemäß Bild 11.5/2a an eine Sprungspannung $u_q(t)$ gelegt.

a) Berechnen Sie die Kondensatorspannung durch Laplace-Transformation der Netzwerk-Differentialgleichung.
b) Wiederholen Sie Aufgabe a) unter Verwendung der Kondensatorersatzschaltung im Bildbereich.
c) Wählen Sie das Kondensatorersatzschaltbild mit Ladungsquelle und geben Sie die Spannung $U_C(p)$ über den Kondensator an.
d) Wie lautet der Zeitverlauf der Spannung $u_2(t)$ (Bild 11.5/2a).
e) Wie lauten Sprung- und Impulsantwort zu Aufgabe a) (Kondensator energiefrei angesetzt).

Hinweis: Vergleichen Sie das Problem mit Aufgabe 11.3/1, wo es im Zeitbereich gelöst wurde.

Lösung:

a) Der Maschensatz liefert im Zeitbereich (mit $R = R_1 + R_2$)

$$u_q(t) = u_R + u_C = iR + \frac{1}{C}\int i\,dt = RC\frac{du_C}{dt} + u_C, \quad (\tau = RC) \tag{1}$$

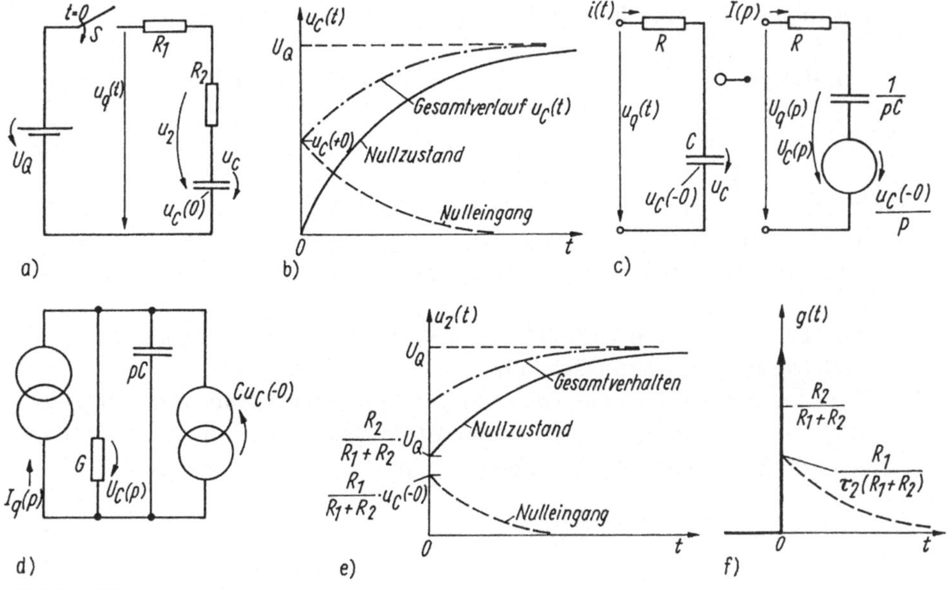

Bild 11.5/2

als Netzwerk-Differentialgleichung. Nun folgt die Laplace-Transformation beider Seiten $\mathrm{LT}\left(\tau\frac{du_C}{dt} + u_C\right) = \mathrm{LT}\left(u_q(t)\right)$. Mit der Differentiationseigenschaft wird daraus

$$\tau(pU_C(p) - u_C(+0)) + U_C(p) = U_q(p). \tag{2}$$

Die Kondensatorspannung

$$U_C(p) = \frac{U_q(p) + \tau u_C(+0)}{1 + \tau p} \tag{3}$$

enthält im ersten Term die Erregung, im zweiten den Anfangswert. Bei Sprungerregung gilt $U_q(p) = \frac{U_Q}{p}$. Zur Rücktransformation zerlegen wir den ersten Term in Partialsummen

$$\frac{U_Q}{\tau}\frac{1}{p}\frac{1}{p + 1/\tau} = \frac{A}{p} + \frac{B}{p + 1/\tau}.$$

Die Residuen A, B ergeben sich zu $(a = \frac{1}{\tau})$

$$A = \left.\frac{U_Q/\tau}{p + 1/\tau}\right|_{p=0} = U_Q, \quad B = \left.\frac{U_Q/\tau}{p}\right|_{p=-1/\tau} = -U_Q.$$

Insgesamt stellt

$$U_C(p) = \frac{U_Q}{p} - \frac{U_Q}{p + a} + \frac{u_C(+0)}{p + a} \tag{4}$$

die allgemeine Lösung im Bildbereich dar. Jeder Term ist sofort rücktransformierbar (durchführen), das Ergebnis lautet im Zeitbereich

$$u_C(t) = U_Q\left(1 - \exp-\frac{t}{\tau}\right) + u_C(+0)\exp-\frac{t}{\tau} \quad t > 0 \tag{5}$$

oder in geschlossener Form mit der Schaltfunktion $s(t)$

$$u_C(t) = \left(U_Q \left(1 - \exp -\frac{t}{\tau} \right) + u_C(+0) \exp -\frac{t}{\tau} \right) s(t)$$

$$= U_Q + \exp -\frac{t}{\tau} (u_C(-0) - U_Q) \tag{6}$$

für alle t. Im Ergebnis Gl.(6) treten im ersten und zweiten Term die Nullzustands- und die Nulleingangslösung auf, es kann gleichwertig auch als stationärer und flüchtiger Term (untere Schreibweise) verstanden werden.

Bild 11.5/2b zeigt die Verläufe. Für $u_C(+0) = U_Q$ verschwindet der Ausgleichsvorgang erwartungsgemäß.

b) Wird das Netzwerk elementweise in den Bildbereich transformiert (Bild 11.5/2c), so ist der geladene Kondensator durch seine Impedanz $Z(p) = \frac{1}{pC}$ und eine geschaltete Anfangsspannung $\frac{u_C(-0)}{p}$ zu ersetzen:

$$U_2(p) = \frac{I(p)}{pC} + \frac{u_C(-0)}{p}. \tag{7}$$

Dann folgen mit der Maschengleichung der Strom $I(p)$ und die Spannung $U_C(p)$ $(a = \frac{1}{RC})$

$$I(p) = \frac{U_q(p) - u_C(-0)/p}{R + 1/pC}, \quad U_C(p) = \frac{a}{p+a} U_q(p) + \frac{u_C(-0)}{p+a}. \tag{8}$$

Die Spannung stimmt mit Gl.(3) überein, denn die Kondensatorspannung ist stetig $(u_C(-0) = u_C(+0))$.

c) Wird der geladene Kondensator durch das Ersatzschaltbild mit Ladungsquelle erfaßt (Bild 11.5/2d), so empfiehlt sich die Darstellung des aktiven Zweipols in Stromquellenersatzschaltung mit geschalteter Kurzschlußstromquelle, hier also $I_q(p)$. Dann gilt nach dem Knotensatz $U_C(p)(G + pC) = I_q(p) + Cu_C(-0)$ mit $I_q(p) = \frac{U_q(p)}{R}$. Das entspricht aber Gl.(8).

d) Die Spannung $U_2(p) = R_2 I(p) + U_C(p)$ über Kondensator und Vorwiderstand R_2 erfordert die Kenntnis des Stromes (bei ungeladenem Kondensator empfiehlt sich die Berechnung mit der Spannungsteilerregel, sonst ist $u_C(-0)$ zu beachten). Es gilt (Bild 11.5/2a):

$$U_2(p) = U_q(p) - I(p)R_1$$

$$= \frac{1}{p+a} \left(U_q(p) \left(a + p\frac{R_2}{R_1 + R_2} \right) + \frac{R_1}{R_1 + R_2} u_C(-0) \right). \tag{9}$$

Mit den Zeitkonstanten $\tau_2 = (R_1 + R_2)C$, $\tau_1 = CR_2$ läßt sich Gl.(9) zur besseren Übersicht aufspalten in

$$U_2(p) = \underbrace{\frac{R_2}{R_1 + R_2}\frac{p + \tau_1^{-1}}{p + \tau_2^{-1}}}_{\text{erzwungene Anregung}} U_q(p) + \underbrace{\frac{R_1}{R_1 + R_2} u_C(-0)}_{\text{Speicherverhalten}} \tag{10}$$

$$= \underbrace{\frac{U_\mathrm{q}}{p}}_{\substack{\text{partikuläre} \\ \text{Anregung}}} - \frac{R_1}{R_1+R_2}\frac{U_\mathrm{q}}{p+\tau_2^{-1}} + \underbrace{\left(\frac{R_1}{R_1+R_2}\right)\frac{u_\mathrm{C}(-0)}{p+\tau_2^{-1}}}_{\text{komplementäre Reaktion}}.$$

Die Rücktransformation in den Zeitbereich bei Sprungerregung $U_\mathrm{q}(p) = \frac{U_\mathrm{Q}}{p}$ erfolgt gliedweise (s. Gl.(4)):

$$u_2(t) = \underbrace{U_\mathrm{Q}\,s(t) - \frac{R_1}{R_1+R_2}U_\mathrm{Q}\exp\left(-\frac{t}{\tau_2}\right)s(t)}_{\text{Nullzustand}} \tag{11}$$

$$+ \underbrace{\frac{R_1}{R_1+R_2}u_\mathrm{C}(-0)\exp-\left(\frac{t}{\tau_2}\right)s(t)}_{\text{Nulleingang}} \tag{12}$$

$$= \underbrace{U_\mathrm{Q}\,s(t)}_{\substack{\text{eingeschwungener} \\ \text{Zustand}}} + \underbrace{(u_\mathrm{C}(-0)-U_\mathrm{Q})\frac{R_1}{R_1+R_2}\exp\left(-\frac{t}{\tau_2}\right)s(t)}_{\text{Übergangsverhalten}}.$$

Bild 11.5/2e zeigt das Zeitverhalten Gl.(11) unterteilt nach Nulleingangs- und Nullzustandsverhalten. Deutlich wird die gleichwertige Trennung in eingeschwungenem Zustand und Übergangsverhalten. Für $t \to \infty$ wird $u(\infty) = U_\mathrm{Q}$, weil sich der Kondensator auf U_Q auflädt.

Das Übergangsverhalten hängt nur von den Schaltungsparametern und der Kondensatoranfangsspannung ab, das stationäre Verhalten nur von der Erregung. Direkt nach Anlegen der Einschaltspannung fließt der Strom $\frac{U_\mathrm{Q}}{R_1+R_2}$. Er erzeugt am Widerstand R_2 einen Spannungsabfall $\frac{R_2}{R_1+R_2}U_\mathrm{Q}$. Durch die stetige Kondensatorspannung (Null bei $u_\mathrm{C}(-0) = 0$) ist dies zugleich die Ausgangsspannung.

Ganz offensichtlich gewinnt man die Lösung (9) im Frequenzbereich einfacher durch Transformation der Schaltung unter Beachtung der Anfangswerte als unabhängige Quellen in den Energiespeichern.

e) Sprung- und Impulsantwort setzen ein anfangswertfreies Netzwerk voraus. Dann folgt aus Gl.(11) ($\to$ Nullzustandsanteil) die Sprungantwort

$$h(t) = \frac{u_2(t)}{U_\mathrm{Q}} = \left(1 - \frac{R_1}{R_1+R_2}\exp-\frac{t}{\tau_2}\right)s(t) \tag{13}$$

und daraus die Impulsantwort nach Definition:

$$g(t) = \frac{\mathrm{d}h(t)}{\mathrm{d}t}$$

$$= \left(1 - \frac{R_1}{R_1+R_2}\exp-\frac{t}{\tau_2}\right)\frac{\mathrm{d}s}{\mathrm{d}t}$$

$$+ \frac{R_1}{(R_1+R_2)\,\tau_2}\exp\left(-\frac{t}{\tau_2}\right)s(t). \tag{14}$$

Mit dem Dirac-Stoß $\frac{ds}{dt} = \delta(t)$ und der Ausblendeigenschaft $f(t)\delta(t) = f(0)\delta(t)$ folgt zusammengefaßt

$$g(t) = \frac{R_2}{R_1 + R_2}\delta(t) + \frac{R_1}{\tau_2\,(R_1 + R_2)}\exp -\frac{t}{\tau_2}s(t). \tag{15}$$

Im Bild 11.5/2f wurde die Impulsantwort $g(t)$ aufgetragen.

Diskussion: In der Sprungantwort (Bild 11.5/2e) fällt der Spannungssprung im Schaltzeitpunkt auf. Er erklärt sich daraus, daß der ungeladene Kondensator den Anfangswert $u_C(0) = 0$ hat und sofort ein Spannungssprung $u_2(0) = \frac{U_Q R_2}{R_1 + R_2}$ über R_2 erfolgt. Weiter fällt auf, daß in der Netzwerk-Differentialgleichung der Schaltung $C(R_1 + R_2)\frac{du_2}{dt} + u_2 = R_2 C\frac{du_q}{dt} + u_q$ rechts die Ableitung der Erregerfunktion auftritt. Ursache ist der Abgriff der Spannung u_2 über der Reihenschaltung von Energiespeicher und Vorwiderstand.

Aufgabe 11.5/3 Kondensatorumladung

Ein auf die Spannung $u(0)$ geladener Kondensator C_1 (Bild 11.5/3a) werde zur Zeit $t = 0$ über den Widerstand R auf einen ladungslosen Kondensator C_2 geschaltet.

a) Transformieren Sie das Problem in den Bildbereich, geben Sie eine Ersatzschaltung an, und berechnen Sie den Bildstrom $I(p)$ sowie den Zeitverlauf $i(t)$. Es sei $R_1 = R$ und $R_2 \to \infty$.

b) Welche Ladung fließt auf den Kondensator C_2?

c) Praktische Anwendung findet die Entladung des Kondensators C_1 (Bild 11.5/3a) über den Schalter S auf eine $R_2 C_2$-Anordnung, wobei $u_2(t)$ einen hohen Spannungsanstieg besitzt (sog. Stoßspannungserzeugung). Der Schalter S wird als Funkenstrecke ausgelegt, die bei Erreichen einer hohen Spannung an C_1 durchbricht. Sie werde hier durch den Schalter gebildet, der zur Zeit $t = 0$ einschaltet. Berechnen Sie den Zeitverlauf $u_2(t)$, den Sprunganstieg $\frac{du_2}{dt}$ sowie eine Näherung für $R_1 \ll R_2$, $C_1 \gg C_2$.

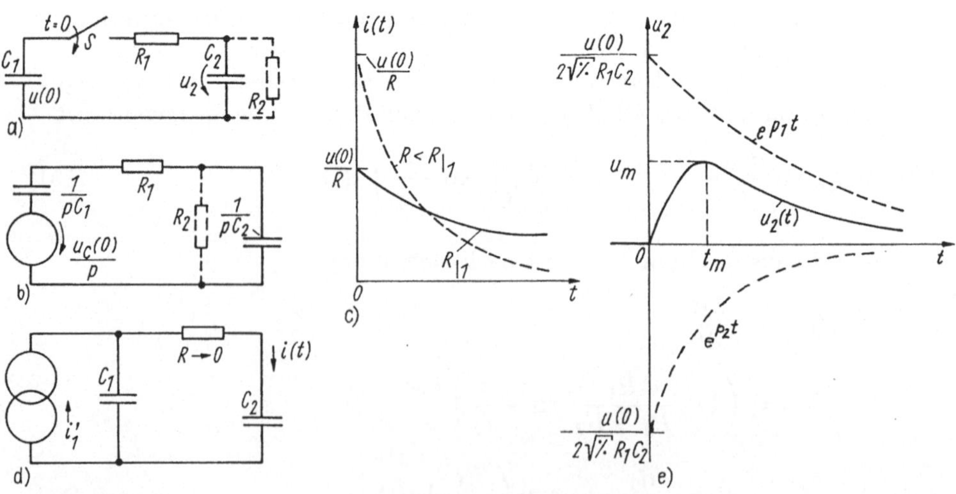

Bild 11.5/3

Lösung:

a) Wir transformieren die einzelnen Netzwerkelemente in den Bildbereich. Dann gilt nach Schließen des Schalters die Ersatzschaltung Bild 11.5/3b mit dem Spannungsquellenmodell des geladenen Kondensators C_1. Kondensator C_2 ist ladungslos. Der Strom $I(p)$ lautet

$$I(p) = \frac{u(0)/p}{R + 1/(pC_1) + 1/(pC_2)} = \frac{u(0)/R}{p + 1/(RC)} \tag{1}$$

mit $C = \frac{C_1 C_2}{C_1 + C_2}$ und $u(0) = u_{C_1}(-0)$ Die Rücktransformation von Gl.(1) liefert (mit Tafel)

$$i(t) = \frac{u(0)}{R} \exp -\frac{t}{RC}. \tag{2}$$

Der Verlauf (Bild 10.5/6c) nähert sich für $R \to 0$ immer mehr der Impulsfunktion $\delta(t)$.

b) Die vom Strom $i(t)$ transportierte Ladung $q(t)$ (Fläche unter der Kurve $i(t)$) beträgt

$$q = \int_{-0}^{\infty} i(t)\,\mathrm{d}t = \int_{-0}^{\infty} \frac{u(0)}{R} \exp -\frac{t}{RC}\,\mathrm{d}t = u(0)C. \tag{3}$$

Sie ist unabhängig von R! Damit diese Ladung im Grenzfall $R \to 0$ in unendlich kurzer Zeit transportiert werden kann, muß ein Strom unendlicher Höhe fließen, m.a.W. die Umladung als Dirac-Stoß mit dem Gewicht der Ladung $u(0)C$ erfolgen: $i(t) \to u(0)C\delta(t)$. Wird in Gl.(1) R von Anfang an zu Null gesetzt, so folgt aus der Bildlösung

$$I(p) = \frac{u(0)}{1/C_1 + 1/C_2} = Cu(0) \tag{4}$$

bei Rücktransformation direkt $i(t) = Cu(0)\delta(t)$ als erwartetes Ergebnis. Dem spricht auch die Ersatzschaltung Bild 11.5/3d. Wird für den Kondensator statt des Spannungsquellen- das gleichwertige Stromquellenmodell verwendet (Bild 11.5/3d), so bewirkt die Gesamtersatzschaltung im Grenzfall $R \to 0$ die Stromteilung (Stromteilerregel!) (mit $i' = C_1 u(0)\delta(t)$)

$$\frac{i(t)}{i'} = \frac{C_2}{C_1 + C_2} \to$$

$$i(t) = \frac{C_2}{C_1 + C_2} i' = \frac{C_2}{C_1 + C_2} C_1 u(0)\delta(t) = Cu(0)\delta(t), \tag{5}$$

was aus Gl.(4) folgt.

c) Zur Berechnung der Spannung $U_2(p)$ legen wir Bild 10.5/6a - ergänzt um den Widerstand R_2 - zugrunde. Die Spannungsteilerregel liefert im eingeschalteten Zustand

$$U_2(p) = \frac{Z_2}{Z_1 + Z_2} \frac{u(0)}{p} = \frac{1}{1 + Y_2 Z_1} \frac{u(0)}{p}$$

$$= \frac{1}{1 + (G_2 + pC_2)\left(R_1 + \frac{1}{pC_1}\right)} \frac{u(0)}{p}. \tag{6}$$

Nach elementaren Umformungen wird daraus

$$\frac{U_2(p)}{u(0)} = \frac{1}{R_1 C_2} \frac{1}{p^2 + 2ap + b^2} = \frac{1}{R_1 C_2} \frac{1}{(p - p_1)(p - p_2)} \qquad (7)$$

mit $2a = \frac{1}{R_1 C_2}\left(1 + R_1 G_2 + \frac{C_2}{C_1}\right)$, $b^2 = \frac{G_1 G_2}{C_1 C_2}$ und den beiden Polen

$$p_{1/2} = -a \pm \sqrt{a^2 - b^2}. \qquad (8)$$

Sie sind stets negativ reell (was physikalisch aus der Gleichartigkeit der beiden Energiespeicher im Netzwerk ohne gesteuerte Quelle resultiert). Die Rücktransformation von $U_2(p)$ in den Zeitbereich ist problemlos möglich, sie liefert (mit Tafel)

$$\frac{u_2(t)}{u(0)} = \frac{1}{R_1 C_2} \frac{\exp p_1 t - \exp p_2 t}{p_1 - p_2} = \frac{\exp p_1 t - \exp p_2 t}{2 R_1 C_2 \sqrt{a^2 - b^2}}. \qquad (9)$$

Bild 11.5/3e zeigt die Zusammensetzung der Spannung $u_2(t)$ aus zwei Exponentialverläufen mit verschiedenen Zeitkonstanten. Für $R_2 \gg R_1$, $C_2 \gg C_1$ gelten die Näherungen

$$p_1 \approx -\frac{b^2}{2a} \approx -\frac{1}{C_1 R_2}, \quad p_2 \approx -2a \approx -\frac{1}{R_1 C_2}, \quad |p_2| \gg |p_1| \qquad (10)$$

(z.B. $R_2 = 10 R_1$, $C_2 = \frac{C_1}{10}$). Dann lautet die Lösung Gl.(9) vereinfacht

$$\frac{u_2(t)}{u(0)} \approx \exp\left(-\frac{t}{R_2 C_1}\right) - \exp\left(-\frac{t}{R_1 C_2}\right). \qquad (11)$$

Der Spannungsanstieg (insbesondere im Nullpunkt $t = 0$) beträgt

$$\frac{du_2}{dt} = \frac{u(0)}{R_1 C_2} \frac{p_1 \exp p_1 t - p_2 \exp p_2 t}{p_1 - p_2} \to \frac{u(0)}{R_1 C_2}, \qquad (12)$$

er hängt nur vom Vorwiderstand R_1 und dem Aufladekondensator ab. Das Spannungsmaximum tritt zur Zeit t_m auf (aus Gl.(9))

$$t_\mathrm{m} = \frac{\ln p_1/p_2}{p_2 - p_1} = R_1 C_2 \ln \frac{R_2 C_1}{R_1 C_2} \approx \frac{\ln 2a/b}{a}. \qquad (13)$$

Die Spannung erreicht die Maximalspannung u_m

$$\frac{u_\mathrm{m}}{u(0)} = \left(\frac{R_1 C_2}{R_2 C_1}\right)^{(R_1 C_2)/(R_2 C_1)} - \left(\frac{R_1 C_2}{R_2 C_1}\right). \qquad (14)$$

Der Faktor $x = \frac{R_1 C_2}{R_2 C_1}$ ist laut Vorgabe $x \ll 1$, d.h. ein großer Kondensator wird über einen kleinen Vorwiderstand auf einen kleinen Kondensator entladen. Dann ergibt sich z.B. für $x = 0,1 \to \frac{u_\mathrm{m}}{u(0)} = 0,694$, für $x = 0,01 \to \frac{u_\mathrm{m}}{u(0)} = 0,944$ mit dem Grenzwert $\frac{u_\mathrm{m}}{u(0)} \to 1$ für $x \to 0$.

Aufgabe 11.5/4 Geschalteter Kondensator, Anfangswerte

In der Schaltung Bild 11.5/4a sei der Schalter S lange geschlossen, zur Zeit $t = 0$ werde er geöffnet. Dabei war C_1 auf die Spannung U_Q geladen.

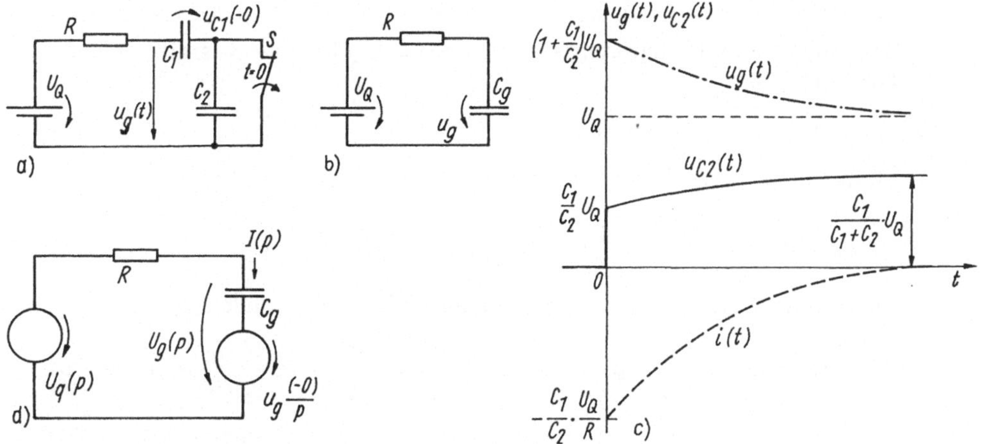

Bild 11.5/4

a) Berechnen Sie den Anfangswert der Kondensatorspannung $u_{C_2}(+0)$.

b) Wie lautet der Stromverlauf $i(t)$ (berechnet durch LT der DGL)?

c) Berechnen Sie $i(t)$ über das transformierte Netzwerk.

Hinweis: Durch den Schalter wird hier der resultierende Energiespeicher geändert. Zur Bestimmung der Anfangsgröße vor und nach dem Schalten ist deshalb von der Ladungserhaltung der Kondensatorschaltung auszugehen.

Lösung:

a) Vor dem Umschalten ist Kondensator C_1 auf die Spannung U_Q geladen: $u_{C_1}(-0) = U_Q$. Seine Ladung $C_1 u_1(-0)$ bleibt beim Umschalten erhalten, m.a.W. muß für die neue Anordnung (Bild 11.5/4b) nach dem Umschalten gelten:

$$C_1(-0)u_{C_1}(-0) = C_g(+0)u_g(+0) \tag{1}$$

mit der Gesamtkapazität $C_g = \frac{C_1 C_2}{C_1 + C_2}$ und der Gesamtspannung $u_g(+0) = u_{C_1}(+0) + u_{C_2}(+0)$ (Ladungserhaltung, Reihenschaltung von Kondensatoren). Daraus folgt als Anfangswert $u_g(+0)$ der Schaltung

$$u_g(+0) \;=\; \frac{C_1 + C_2}{C_2}u_C(-0) = \left(1 + \frac{C_1}{C_2}\right)U_Q, \tag{2a}$$

$$u_{C_2}(+0) \;=\; \frac{C_1}{C_2}u_{C_1}(-0) = \left(\frac{C_1}{C_1 + C_2}\right)u_g(+0). \tag{2b}$$

Durch Umschalten des Energiespeichers sinkt die Gesamtkapazität und die Gesamtspannung steigt sprungartig an. Aus der Ladungserhaltung $C_g u_g(+0) \;=\; u_{C_1}(+0)C_1 \;=\; u_{C_2}(+0)C_2$ der Gesamtanordnung folgt schließlich der Anfangswert $u_{C_2}(+0)$: auch diese Spannung springt im Schaltmoment.

b) Die Differentialgleichung für $u_g \equiv u_{\text{Cges}}$ (Maschensatz) lautet nach Öffnen des Schalters:

$$RC_g\frac{du_g}{dt} + u_g = U_Q. \tag{3}$$

Mit dem Lösungsansatz $u_{g1}(t) = A\exp -at$ $(a = \frac{1}{RC_g})$ des transienten Teils und dem Gleichgewichtswert $u_g(\infty) = U_Q$ für $t \to \infty$ ergibt sich als Gesamtlösung

$$u_g(t) = U_Q + A\exp -at. \tag{4}$$

Unmittelbar nach dem Schaltzeitpunkt $t(+0)$ gilt mit Gl.(1)

$$u_g(+0) = U_Q + A = \left(1 + \frac{C_1}{C_2}\right)U_Q \to A = \frac{C_1}{C_2}U_Q. \tag{5}$$

Damit lautet die Lösung für Spannung und Strom schließlich

$$u_g(t) = \left(1 + \frac{C_1}{C_2}\exp -at\right)U_Q, \quad i(t) = C_g\frac{du_g}{dt} = -\frac{C_1 U_Q}{C_2 R}\exp -at. \tag{6}$$

Im Verlauf von $u_g(t)$ und $i(t)$ (Bild 11.5/4c) treten Sprünge in Strom und Spannung als Folge der Kapazitätsänderung auf.

c) Die Transformation der Schaltung umfaßt zwei Aspekte: Aufstellung des Schaltungsmodells mit den transformierten Elementen *nach* dem Schaltvorgang und Bestimmung des zugehörigen Anfangswertes aus den Vorgabegrößen vor dem Schaltvorgang. Bild 11.5/4d zeigt das Schaltermodell nach dem Schaltvorgang mit der Ersatzkapazität $C_g = \frac{C_1 C_2}{C_1 + C_2}$ und der Anfangsspannung $u_g(+0)$ (Gl.(2)). Es gelten: $U_g(p) = \frac{u_g(+0)}{p} + \frac{I(p)}{pC_g}$ und in der Masche $U_q = \left(R + \frac{1}{pC_g}\right)I(p) + \frac{u_q(+0)}{p}$; zusammengefaßt wird daraus

$$U_g(p) = \frac{U_q(p) + u_g(+0)RC_g}{1 + pRC_g} \tag{7}$$

im Bildbereich. Mit der Schaltfunktion $U_q(p) = \frac{U_Q}{p}$ der Quelle (der Kreis verhält sich für die Schaltungsänderung so, als würde die Änderung von der Erregung stammen) wird dann aus Gl.(7)

$$U_g(p) = \frac{aU_Q}{p(p+a)} + \frac{u_g(+0)}{p+a}. \tag{8}$$

Die Rücktransformation gelingt mittels Tafel problemlos:

$$u_g(t) = (1 - \exp -at)U_Q + u_g(+0)\exp -at = \left(1 + \frac{C_1}{C_2}\exp -at\right)U_Q. \tag{9}$$

Der Anfangswert $u_g(+0)$ der Gesamtkondensatorspannung stammt aus der Ladungsbilanz Gl.(2). Einsetzen in Gl.(9) liefert das rechts stehende Ergebnis (s. Gl.(5)).

Aufgabe 11.5/5 Netzwerk mit Kondensatormasche

An das Netzwerk Bild 11.5/5a wird ein Spannungssprung zur Zeit $t = 0$ angelegt, die Kondensatoren sollen die Anfangsspannungen $u_1(-0)$, $u_2(-0)$ haben.

a) Entwerfen Sie die Ersatzschaltung mit transformierten Elementen und geben Sie die Größen $I_2(p)$ und $U_2(p)$ an.

b) Ermitteln Sie aus der Ladungsbilanz am Knoten K die Beziehungen zwischen den Anfangsspannungen $u_1(-0)$, $u_2(-0)$ und $u_1(+0)$, $u_2(+0)$ vor und nach dem Schalten. Untersuchen Sie das Grenzverhalten $p \to \infty$ des Stromes $I_2(p)$ und der Spannung $U_2(p)$.

c) Wie lauten die Ströme $i_1(t)$, $i_2(t)$ im allgemeinen Fall?

d) Diskutieren Sie die Ströme $i_1(t)$, $i_2(t)$ bei anfangswertfreien Kondensatoren. Es gelten die Zahlenwerte $U_Q = 1\,\mathrm{V}$, $R = 3\,\Omega$, $C_2 = 1\,\mathrm{F}$, $C_1 = 2\,\mathrm{F}$ für die Modellelemente.

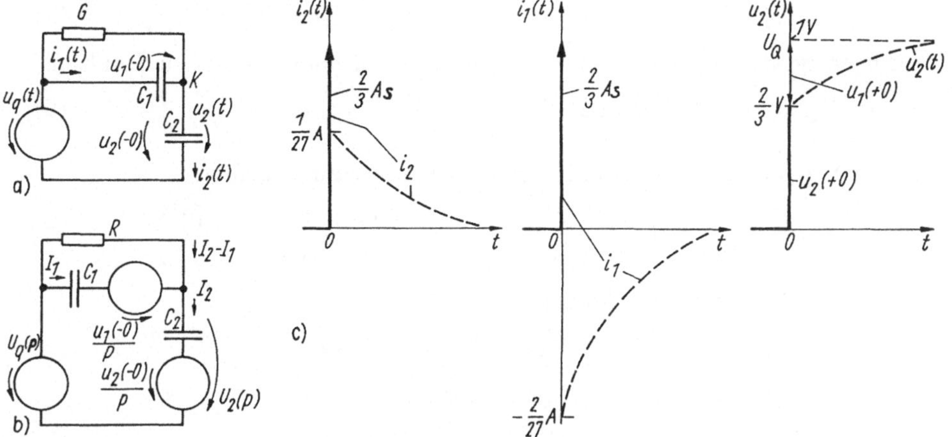

Bild 11.5/5

Lösung:

a) Das Netzwerk Bild 11.5/5b stellt die Ersatzschaltung zu Bild 11.5/5a mit transformierten Elementen im Bildbereich dar. Die Anfangsladungen der Kondensatoren werden durch geschaltete Spannungsquellen repräsentiert. Aus der Schaltung folgen die Maschengleichungen

$$\left(R + \frac{1}{pC_1}\right) I_1 - RI_2 = -\frac{u_1(-0)}{p} \tag{1a}$$

$$-RI_1 + \left(R + \frac{1}{pC_2}\right) I_2 = U_q(p) - \frac{u_2(-0)}{p} \tag{1b}$$

oder in Matrixform

$$\begin{pmatrix} R + \frac{1}{pC_1} & -R \\ -R & R + \frac{1}{pC_2} \end{pmatrix} \cdot \begin{pmatrix} I_1(p) \\ I_2(p) \end{pmatrix} = \begin{pmatrix} -\frac{u_1(-0)}{p} \\ U_q(p) - \frac{u_2(-0)}{p} \end{pmatrix} . \tag{2}$$

Bei Sprungerregung gilt $U_q(p) = \frac{U_Q}{p}$ und der Strom $I_2(p)$ lautet

$$I_2(p) = \frac{\begin{pmatrix} R + \frac{1}{pC_1} & -\frac{u_1(-0)}{p} \\ -R & \frac{U_Q}{p} - \frac{u_2(-0)}{p} \end{pmatrix}}{\left(R + \frac{1}{pC_1}\right)\left(R + \frac{1}{pC_2}\right) - R^2}$$

$$= \frac{pRC_1C_2\left(U_Q - u_1(-0) - u_2(-0)\right) + C_2\left(U_Q - u_2(-0)\right)}{1 + pR\left(C_1 + C_2\right)} . \tag{3}$$

Die Spannung $U_2(p)$ errechnet sich aus dem Ausgangszweig:

$$U_2(p) = \frac{I_2(p)}{pC_2} + \frac{u_2(-0)}{p}$$

$$= \frac{RC_1\left(U_Q - u_1(-0)\right) + RC_2 u_2(-0) + U_Q/p}{1 + pR\left(C_1 + C_2\right)}. \tag{4}$$

Die Rücktransformation ist problemlos möglich.

b) Die Ladungsbilanz lautet am Knoten K vor und nach dem Schalten:

$$-C_1 u_1(-0) + C_2 u_2(-0) = -C_1 u_1(+0) + C_2 u_2(+0). \tag{5}$$

Eine zweite Beziehung liefert die Maschengleichung (nach dem Schalten!)

$$U_Q = u_1(+0) + u_2(+0). \tag{6}$$

In Matrixform lauten beide Gleichungen zusammengefaßt:

$$\begin{pmatrix} -C_1 & C_2 \\ 1 & 1 \end{pmatrix} \cdot \begin{pmatrix} u_1(+0) \\ u_2(+0) \end{pmatrix} = \begin{pmatrix} -C_1 u_1(-0) + C_2 u_2(-0) \\ U_Q \end{pmatrix}. \tag{7}$$

Daraus folgt z.B. der Anfangswert $u_2(+0)$

$$u_2(+0) = \frac{\begin{pmatrix} -C_1 & -C_1 u_1(-0) + C_2 u_2(-0) \\ 1 & U_Q \end{pmatrix}}{-C_1 - C_2}$$

$$= \frac{C_1 U_Q - C_1 u_1(-0) + C_2 u_2(-0)}{C_1 + C_2}. \tag{8a}$$

Ganz entsprechend ergibt sich die Anfangsspannung $u_1(+0)$

$$u_1(+0) = \frac{C_2 U_Q + C_1 u_1(-0) - C_2 u_2(-0)}{C_1 + C_2} \tag{8b}$$

mit erwartungsgemäß $u_1(+0) + u_2(+0) = u_q(+0) = U_Q$.
Galt bereits *vor* dem Umschalten die Maschengleichung $U_Q = u_1(-0) + u_2(-0)$ (Gl.(6), gilt nach dem Schalten!), so führt Gl.(8) direkt auf $u_2(+0) = u_2(-0)$, also die übliche Stetigkeitsbedingung. Ist die Maschengleichung dagegen vor dem Einschalten nicht erfüllt, so gilt $u_2(-0) \neq u_2(+0)$. Diese Bedingung hängt von der Netzwerkauslegung ab (s.u.).
Der Grenzwertsatz angewendet auf $U_2(p)$ erfordert für $p \to \infty$

$$u_2(+0) = \lim_{p \to \infty} pU_2(p) = \frac{C_1(U_Q - u_1(-0)) + C_2 u_2(-0)}{C_1 + C_2}. \tag{9}$$

Die rechte Lösung entsteht aus Gl.(4) übereinstimmend und dem Lösungsansatz Gl.(8). Beim Strom $I_2(p)$ (Gl.(3)) werden zweckmäßig zwei Fälle verfolgt:
Es gilt *vor* Schließen des Schalters der Maschenansatz $U_Q - u_1(-0) - u_2(-0) = 0$. Dann wird $\lim_{p \to \infty} I_2(p) = 0$ und der Strom $i_2(t)$ wächst von Null aus an. Im *anderen* Fall liefert der erste Term einen konstanten Faktor, der bei der Rücktransformation einen δ-Stoß verursacht ($\to$ Folge erzwungener Spannungssprünge an den Kondensatoren).

c) Nach Umformung und der Substitution $b = \frac{1}{R(C_1+C_2)}$ sowie $C_{\mathrm{g}} = \frac{C_1 C_2}{C_1+C_2}$ geht Gl.(3) über in (Sprungerregung)

$$I_2(p) \;=\; C_{\mathrm{g}}\left(U_{\mathrm{Q}} - u_1(-0) - u_2(-0)\right)\frac{p}{b+p}$$

$$+\frac{C_2}{R\left(C_1+C_2\right)}\,\frac{\left(U_{\mathrm{Q}} - u_2(-0)\right)}{b+p}. \tag{10}$$

Die Rücktransformation (mit Tafel) ergibt

$$i_2(t) \;=\; C_{\mathrm{g}}\left(U_{\mathrm{Q}} - u_1(-0) - u_2(-0)\right)\left(\delta(t) - b\exp -bt\right)$$

$$+\frac{C_2}{R\left(C_1+C_2\right)}\left(U_{\mathrm{Q}} - u_2(-0)\right)\exp -bt. \tag{11}$$

Verschwindet die erste Spannungssumme (Maschensatz, s.o.), so fehlt der Dirac-Stoß, und es läuft ein gewöhnlicher Abklingvorgang ab (d.h. $u_1(0)$ bleibt ohne Einfluß). Im anderen Fall überlagern sich drei Zeitfunktionen. Analog ergibt sich aus Gl.(2) der Strom (bei Sprungerregung)

$$I_1(p) \;=\; \frac{\left(\begin{array}{cc} -\dfrac{u_1(-0)}{p} & -R \\[2mm] U_{\mathrm{q}}(p) - \dfrac{u_2(-0)}{p} & R+\dfrac{1}{pC_2} \end{array}\right)}{\left(R+\dfrac{1}{pC_1}\right)\left(R+\dfrac{1}{pC_2}\right) - R^2}$$

$$=\; \frac{pC_1C_2R\left(U_{\mathrm{Q}} - u_2(-0) - u_1(-0)\right) - C_1u_1(-0)}{1 + pR(C_1+C_2)} \tag{12}$$

oder mit Verwendung von b

$$I_1(p) = \frac{C_{\mathrm{g}}p\left(U_{\mathrm{Q}} - u_2(-0) - u_1(-0)\right)}{b+p} - \frac{C_1}{R(C_1+C_2)}\,\frac{u_1(-0)}{b+p}. \tag{13}$$

Der Strom $I_1(p) - I_2(p)$ durch den Widerstand R (Bild 11.5/5b)

$$I_1 - I_2 \;=\; \frac{1}{b+p}\left(-\frac{C_1u_1(\;0)}{R(C_1+C_2)} - \frac{C_2}{R(C_1+C_2)}\left(U_{\mathrm{Q}} - u_2(-0)\right)\right)$$

$$=\; -\frac{1}{R(C_1+C_2)(b+p)}\left(C_2\left(U_{\mathrm{Q}} - u_2(-0)\right) + C_1u_1(-0)\right) \tag{14}$$

enthält keinen Dirac-Stoß unabhängig von der Wahl der Anfangswerte $u_1(-0)$, $u_2(-0)$.

d) Ohne Anfangsladungen $u_1(-0) = u_2(-0) = 0$ stellen sich die Anfangsspannungen der Kondensatoren nach dem Schalten gemäß Gl.(8) ein mit den Zahlenwerten:

$$u_1(+0) = \frac{C_2}{C_1+C_2}U_{\mathrm{Q}} = \frac{1}{3}\,\mathrm{V}, \quad u_2(+0) = \frac{C_1}{C_1+C_2}U_{\mathrm{Q}} = \frac{2}{3}\,\mathrm{V}. \tag{15}$$

Des weiteren beträgt $b = \frac{1}{R(C_1+C_2)} = \frac{1}{9}\,\mathrm{s}^{-1}$. Der Strom $i_2(t)$ lautet gemäß Gl.(11)

$$i_2(t) \;=\; \frac{2}{3}\,\mathrm{As}\left(\delta(t) - \frac{1}{9}\,\mathrm{s}^{-1}\exp -bt\right) + \frac{1}{9}A\exp -bt$$

$$=\; \frac{2}{3}\,\mathrm{As}\delta(t) + \frac{1}{27}\exp -bt\,\mathrm{A}, \tag{16}$$

der Strom $i_1(t)$ mit Gl.(14) nach Rücktransformation

$$i_1(t) = C_g U_Q(\delta(t) - b\exp-bt) = \frac{2}{3}\,\text{As}\delta(t) - \frac{2}{3}\frac{1}{9}\,\text{A}\exp-bt. \qquad (17)$$

Im Schaltmoment werden beide Kondensatoren durch Dirac-Stöße auf die Anfangsspannungen $u_1(+0)$, $u_2(+0)$ geladen, anschließend entlädt sich C_1 über R, so daß schließlich $u_1 \to 0$ für $t \to \infty$ und $u_2(\infty)$ dem Grenzwert U_Q zustreben. Das läßt sich mit dem Endwertsatz zeigen:

$$u_2(+\infty) = \lim_{p\to 0} pU_2(p) = U_Q. \qquad (18)$$

Bild 11.5/5c zeigt die Ergebnisse.

Diskussion: Die Aufgabe vermittelt vertieften Einblick in ein Netzwerk mit sog. "singulären" oder anomalen Anfangsbedingungen, wie sie auftreten, wenn

- Maschen nur aus Kondensatoren und Spannungsquellen bestehen
- Knoten nur Induktivität und Stromquellen enthalten.

Merkmal sind dann Sprünge der Kondensatorspannungen bzw. der Spulenströme, also von Größen, für die üblicherweise Stetigkeitsbedingungen gelten. In solchen Fällen gelten vielmehr die Stetigkeit der Ladung und des magnetischen Flusses.

Schließlich klärt sich auch, daß das Netzwerk - obwohl zwei Energiespeicher besitzend - nur einen Lösungsverlauf hat, bestimmt durch eine Exponentialfunktion, obwohl nach der Zahl der Energiespeicher zwei erwartet würden. Durch die Kondensatormasche mit Spannungsquelle gibt es nur eine unabhängige Zustandsgröße und damit auch nur eine DGL erster Ordnung.

Die Vorgabe beliebiger Kondensatorspannungen (bzw. Spulenströme) zum Zeitpunkt $t(-0)$ setzt voraus, daß bis zu diesem Zeitpunkt die Netzwerkelemente durch Schalter voneinander getrennt sind und sich dadurch die Größen unabhängig voneinander einstellen können (Maschen- und Knotensatz nicht erfüllt, sog. unverträgliche Anfangsbedingungen). Zur Zeit $t = 0$ (Schalterschluß) beginnt die Analyse: sind die Gleichungen (Kirchhoff) für $t > 0$ nicht verträglich, so müssen Spannungssprünge an Kondensatoren und Stromsprünge an Spulen auftreten (trifft auf die erwähnten Kondensatormaschen und Spulenknoten zu). Die sprunghaften Energieänderungen sind Folge ideal angenommener Netzwerkelemente (Quelle, L, C), sie gelten für reale Netzwerke durch stets vorhandene Widerstände nicht.

Aufgabe 11.5/6 Induktivität im Schaltkreis, Anfangswerte

Gegeben sind die Schaltungen mit Induktivität Bild 11.5/6a.

a) Wie lautet der Zeitverlauf von Strom und Spulenspannung (Bild 11.5/6a1) unter der Annahme, daß die Spule (durch eine nicht gezeichnete Schaltung) einen Anfangsstrom $i(-0)$ führt? Man wende die Laplace-Transformation auf die DGL sowie die Schaltung an.

b) An der Schaltung Bild 11.5/6a1 liege eine impulsförmige Rechteckspannung (Höhe U_Q, Breite t_0). Wie lautet der Verlauf $i(t)$ (der Anfangswert $i(-0)$ sei null)?

c) Durch die Spule L_1 fließe ein Anfangsstrom (Bild 11.5/6a2). Nach Öffnen des Schalters S zur Zeit $t = 0$ werde die (widerstandslose) Induktivität L_2 zugeschaltet, so daß die Gesamtinduktivität $L_1 + L_2$ beträgt (Spulen nicht magnetisch gekoppelt). Wie lautet der Stromverlauf $i(t)$?

d) In Reihe zu R_1 wird der Widerstand R_2 geschaltet (Bild 11.5/6a3) und der Schalter S zur Zeit $t = 0$ geöffnet, ansonsten gelten die Bedingungen

Aufgabe a). Es liege eine Gleichspannung U_Q an. Wie lautet der Strom $i(t)$, welche Spannung $u_L(t)$ entsteht?

e) In der Schaltung a2 werde in Reihe zu L_2 der Widerstand R_2 ergänzt. Welcher Stromverlauf $i(t)$ stellt sich unter den sonstigen Bedingungen nach Aufgabe c) ein?

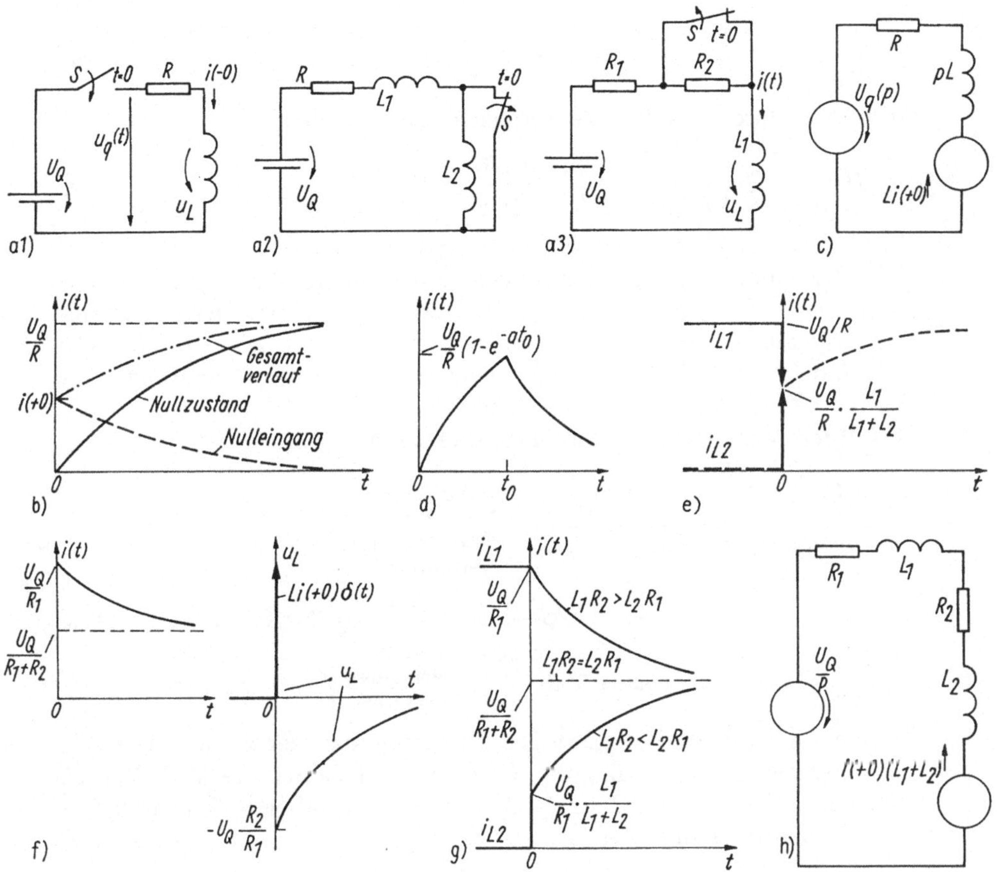

Bild 11.5/6

Lösung:

a) Nach Schließen des Schalters S zur Zeit $t = 0$ gilt gemäß Maschensatz

$$L\frac{\mathrm{d}i}{\mathrm{d}t} + Ri = u_q(t) \equiv U_Q s(t). \tag{1}$$

Dabei wurde die Anordnung Schalter + Gleichspannungsquelle durch die Sprungfunktion ersetzt. Die Laplace-Transformation von Gl.(1) führt mit $\mathrm{LT}\,(u_q(t)) = \frac{U_Q}{p}$ auf

$$L(pI(p) - i(+0)) + RI(p) = \frac{U_Q}{p} \tag{2}$$

und aufgelöst nach $I(p)$ mit der reziproken Zeitkonstante $a = R/L$

$$I(p) = \frac{U_Q}{L} \frac{1}{p(p + a)} + \frac{i(+0)}{p + a}. \tag{3}$$

Zur Rücktransformation wird der erste Term in Partialbrüche aufgespalten:

$$\frac{1}{p} \frac{1}{p + a} \equiv \frac{A}{p} + \frac{B}{p + a} \rightarrow A = 1,\ B = -1 \tag{4}$$

(ermittelt durch Koeffizientenvergleich). Das Ergebnis:

$$I(p) = \frac{U_Q}{R} \left(\frac{1}{p} - \frac{1}{p + a} \right) + \frac{i(+0)}{p + a} \tag{5}$$

kann ohne Tafel rücktransformiert werden (s.u.).
Die Beziehung zwischen dem (noch unbekannten) Anfangswert $i(+0)$ nach dem Einschaltvorgang und der Vorgabe $i(-0)$ vor dem Umschalten folgt aus der Stetigkeit des magnetischen Flusses: $Li(-0) = Li(+0)$. Die Induktivität L ändert sich dabei nicht. Aus der Schaltung folgt $i(-0) = \frac{U_Q}{R}$ (Spule ohne Widerstand).
Die Rücktransformation von Gl.(5) ergibt schrittweise

$$i(t) = \underbrace{\frac{U_Q}{R}(1 - \exp -at)}_{\text{Nullzustandsverhalten}} + \underbrace{i(+0) \exp -at}_{\substack{\text{Nulleingangs-} \\ \text{verhalten}}}$$

$$= \underbrace{\left(i(+0) - \frac{U_Q}{R} \right) \exp -at}_{\text{transienter Teil}} + \underbrace{\frac{U_Q}{R}}_{\substack{\text{stationäres} \\ \text{Verhalten}}} \quad t \geq 0. \tag{6a}$$

Der erste Term repräsentiert den Erregereinfluß, der zweite die Reaktion auf die Anfangsbedingung. Gleichwertig läßt sich das Verhalten als stationäre Lösung und Einschwingvorgang interpretieren (Bild 11.5/6b). Die Spulenspannung folgt aus

$$u_L = L \frac{di}{dt} = -aL \left(i(+0) - \frac{U_Q}{R} \right) \exp -at. \tag{6b}$$

Im Schaltmoment liegt (bei $i(+0) = 0$) die volle Schaltspannung an der Spule, die dann allmählich abklingt.
Bei Transformation der Schaltung in den Bildbereich (Bild 11.5/6c) wird die Spannungsquelle durch $U_q(p)$ ersetzt, die Induktivität durch ihre Impedanz $Z(p) = pL$ und ihr Anfangsstrom als "Flußquelle" $Li(+0)$ (Dimension Vs) berücksichtigt (auch eine Form mit parallelliegender geschalteter Stromquelle ist möglich, sie führt bei der Quellenumwandlung auf die Flußquelle). Die Flußquelle wird der Stromrichtung entgegen.
Der Maschensatz liefert aus der Schaltung $-U_q(p) + I(p)(R + pL) - Li(+0) = 0$. Daraus folgt (s. Gl.(3))

$$I(p) = \frac{U_q(p)}{R + pL} + \frac{Li(+0)}{R + pL} = \frac{U_q(p)}{L(p + a)} + \frac{i(+0)}{p + a}. \tag{7}$$

Der Spannungssprung zur Zeit $t = 0$ wird durch das Sprungsignal $U_q(p) = \frac{U_0}{p}$ erfaßt (s. Gl.(3), Lösung s. Gl.(6a)).

b) Den Rechteckimpuls (Höhe U_Q, Breite t_0) bauen wir aus zwei Sprungfunktionen als Einschalt-Ausschaltvorgang auf, letzterer um t_0 verschoben:

$$u_q(t) = U_Q(s(t) - s(t - t_0)). \tag{8}$$

Beide Signale führen nach dem Überlagerungssatz (Netzwerk linear!) auf zwei Stromanteile: $i(t) = i_1(t) + i_2(t)$, den ersten für die Erregung $U_Q s(t)$ ($\rightarrow$ Lösung s. Gl.(6a)), den zweiten ($i_2(t)$) für den Ausschaltvorgang $-U_Q s(t - t_0)$. Das ist aber die Lösung Gl.(6a) um die Zeit t_0 verschoben, im Vorzeichen der Spannung U_Q vertauscht und mit $i(+0) = 0$:

$$i_2(t) = -\frac{U_Q}{R}(1 - \exp{-a(t - t_0)}). \tag{9}$$

Die Gesamtlösung ergibt durch Überlagerung und zusammengefaßt (Bild 11.5/6d):

$$i(t) = \begin{cases} i_1(t) = \frac{U_Q}{R}(1 - \exp{-at}) & 0 \le t \le t_0 \\ i_1(t) + i_2(t) = \frac{U_Q}{R}((\exp{-at_0} - 1)\exp{-at}) & t > t_0 \end{cases}. \tag{10}$$

c) Da jetzt durch den Schalter S (Bild 11.5/6a2) das Energiespeicherelement verändert wird, untersuchen wir zunächst den Anfangswert des Stromes $i(-0) = \frac{U_Q}{R}$ (Spule L_1 widerstandslos angenommen). Der Anfangswert nach Öffnen des Schalters ergibt sich aus der Forderung nach Stetigkeit des Flusses: $L_1 i_1(-0) = (L_1 + L_2)i(+0)$, also

$$i(+0) = \frac{L_1}{L_1 + L_2}i(-0) = \frac{L_1}{L_1 + L_2}\frac{U_Q}{R}. \tag{11}$$

Nach Öffnen des Schalters gilt gemäß Maschensatz die DGL

$$(L_1 + L_2)\frac{di}{dt} + iR = U_Q s(t).$$

Nach LT mit $U_q(p) = \frac{U_0}{p}$, aufgelöst nach $I(p)$, und partialbruchzerlegt wird dann (Nachweis)

$$I(p) = \frac{U_Q}{R}\left(\frac{1}{p} - \frac{1}{p + R/(L_1 + L_2)}\right) + \frac{i(+0)}{p + R/(L_1 + L_2)}. \tag{12}$$

Mit dem Anfangswert (11) in $i(+0)$ ergibt sich durch gliedweise Rücktransformation und Zusammenfassung:

$$i(t) = \frac{U_Q}{R}\left(1 - \frac{L_2}{L_1 + L_2}\exp{-\frac{tR}{L_1 + L_2}}\right). \tag{13}$$

Bild 11.5/6e zeigt den Verlauf. Im Schaltzeitpunkt tritt ein Stromsprung auf und zwar durch L_1 von $\frac{U_Q}{R}$ auf $\frac{U_Q}{R}\frac{L_1}{L_1 + L_2}$ und durch L_2 von $i_{L_2} = 0$ auf den gleichen Wert. Anschließend setzt der Ausgleichsvorgang ein.

d) Bei geschlossenem Schalter S (Bild 11.5/6a3) fließt der Anfangsstrom $i(-0) = \frac{U_Q}{R_1}$, bei geöffnetem Schalter gilt die DGL (vom Zeitpunkt $t(+0)$

an):

$$L\frac{di}{dt} + (R_1 + R_2)i(t) = U_Q. \tag{14}$$

Da die stationäre Lösung $(t \to \infty)$ $i(\infty) = \frac{U_Q}{R_1+R_2}$ sein muß, treffen wir den Ansatz

$$i(t) = \frac{U_Q}{R_1 + R_2} + A\exp{-bt} \tag{15}$$

mit $b = \frac{R_1+R_2}{L}$ (reziproke Zeitkonstante).

Die Konstante A folgt aus der Tatsache, daß nach wie vor die Anfangsbedingung $(t = 0)$ $i(-0) = i(+0)$ gelten muß, da im Kreis keine Energiespeicherelemente geändert werden. Damit gilt in Gl.(15):

$$\frac{U_Q}{R_1} = \frac{U_Q}{R_1 + R_2} + A \to A = \frac{U_Q R_2}{R_1(R_1 + R_2)} \tag{16}$$

und führt zur Lösung (Bild 11.5/6f):

$$i(t) = \frac{U_Q}{R_1 + R_2}\left(1 + \frac{R_2}{R_1}\exp{-bt}\right) \quad t > 0. \tag{17}$$

Die gleiche Lösung ergibt sich aus der transformierten Schaltung (vgl. Bild 11.5/6c, $R \to R_1 + R_2$) nach Öffnen des Schalters. Der Maschensatz liefert: $I_p(R_1 + R_2 + pL) = \frac{U_Q}{p} + Li(+0)$ mit $i(+0) = i(-0) = \frac{U_Q}{R_1}$. Dabei wird die Schaltung so interpretiert, als ob im Kreis mit R_1, R_2, L ein Spannungssprung $u_q(t) \leftrightarrow \frac{U_Q}{p}$ anliegt ($\to$ Schalterwirkung!):

$$I(p) = \frac{U_Q/p + Li(+0)}{R_1 + R_2 + pL} = \frac{U_Q/p + Li(+0)}{L(p + b)}. \tag{18}$$

Die Rücktransformation führt auf:

$$i(t) = \frac{U_Q}{R_1 + R_2}(1 - \exp{-bt}) + i(+0)\exp{-bt}$$

$$= \frac{U_Q}{R_1 + R_2}\left(1 + \frac{R_2}{R_1}\exp{-bt}\right). \tag{19}$$

Das stimmt mit Gl.(17) überein, dabei wurde der Anfangswert $i(+0) = \frac{U_Q}{R_1}$ eingesetzt. Die Spannung an der Induktivität folgt im Bildbereich zu (Gl.(18))

$$U_L(p) = pLI(p) = \frac{U_Q}{p + b} + \frac{i(+0)pL}{p + b}. \tag{20}$$

Die Rücktransformation ergibt

$$u_L(t) = \mathrm{LT}^{-1}(U_L(p)) = U_Q\exp{-bt} + Li(+0)\,(\delta(t) - b\exp{-bt})$$

$$= -U_Q\frac{R_2}{R_1}\exp{-bt} + Li(+0)\delta(t). \tag{21}$$

Abgesehen vom δ-Impuls ergibt sich ein Spannungssprung $U_Q\frac{R_2}{R_1}$ in entgegengesetzer Richtung, der langsam abklingt (Bild 11.5/6f). Er verursacht in der realen Schaltung einen Schaltfunken am sich öffnenden Schalter S. Berechnet man $u_\mathrm{L} = L\frac{\mathrm{d}i}{\mathrm{d}t}$ aus der Lösung $i(t)$ Gl.(17) im Zeitbereich, so folgt $u_\mathrm{L} = L\frac{\mathrm{d}i}{\mathrm{d}t} = -U_\mathrm{Q}\frac{R_2}{R_1}\exp -bt$ $(t > 0)$. Wird hingegen $i(t)$ mit der Sprungfunktion $s(t)$ für den gesamten Zeitbereich formuliert:

$$i(t) = \frac{U_\mathrm{Q}}{R_1 + R_2}\left(1 + \frac{R_2}{R_1}\exp -bt\right)s(t),$$

so folgt

$$\begin{aligned}
u_\mathrm{L} &= L\frac{\mathrm{d}i}{\mathrm{d}t} = -\frac{U_\mathrm{Q}R_2}{R_1}\exp(-bt)s(t) + Li(t)\delta(t)\\
&= -\frac{U_\mathrm{Q}R_2}{R_1}\exp -bt + Li(+0)\delta(t)
\end{aligned} \tag{22}$$

(s. Gl.(21)). Dabei wurde die Ausblendeigenschaft des Dirac-Impulses $f(t)\delta(t) = f(0)\delta(t)$ beachtet, denn er tritt nur im Zeitpunkt $t = 0$ auf.

e) Wird im Bild 11.5/6a2 der Schalter S zur Zeit $t = 0$ geöffnet, so unterscheiden sich wieder wie in Aufgabe c) die Stromanfangswerte: $i(-0) = \frac{U_\mathrm{Q}}{R_1}$ und $i(+0)$, weil sich die Gesamtinduktivität ändert. Der Wert $i(+0)$ folgt aus der Flußstetigkeit nach Gl.(11) mit $R_1 \equiv R$.

Da sich die Schaltungsparameter ändern, erfolgt ein Ausgleichsvorgang nach dem Muster von Aufgabe d) mit folgenden Unterschieden:

- es variiert die Zeitkonstante $b \to b' = \frac{R_1+R_2}{L_1+L_2}$ durch $L_1 \to L_1 + L_2$. Daher erfolgt entsprechend Gl.(15) der Lösungsansatz:

$$i(t) = \frac{U_\mathrm{Q}}{R_1 + R_2} + A\exp -b't \tag{23}$$

- der Anfangswert $i(+0)$ ist nach Gl.(11) anzusetzen. Dann gilt für die Konstante A im Schaltzeitpunkt $t = +0$:

$$\begin{aligned}
i(t) &= \frac{U_\mathrm{Q}}{R_1 \mid R_2} + A = \frac{L_1}{L_1 + L_2}\frac{U_\mathrm{Q}}{R_1} \to\\
A &= U_\mathrm{Q}\left(\frac{L_1}{R_1(L_1 + L_2)} - \frac{1}{R_1 + R_2}\right)\\
&= \frac{(L_1R_2 - L_2R_1)U_\mathrm{Q}}{R_1(R_1 + R_2)(L_1 + L_2)}.
\end{aligned} \tag{24}$$

Der Strom Gl.(23) lautet damit zusammengefaßt:

$$i(t) = \frac{U_\mathrm{Q}}{R_1 + R_2}\left(1 + \frac{L_1R_2 - L_2R_1}{R_1(L_1 + L_2)}\exp -b't\right). \tag{25}$$

Bild 11.5/6g zeigt den Stromverlauf, er kann über der Zeit steigen oder auf den stationären Wert fallen. Das gleiche Ergebnis läßt sich durch Transformation der Schaltung gewinnen (Bild 11.5/6h). Nach dem Umschalten werden ersetzt: die Spannung $u_\mathrm{q}(t)$ durch $\frac{U_\mathrm{Q}}{p}$ und die Induktivität durch die Reihenschaltung L_1+L_2 und die Flußquelle $i(+0)(L_1+L_2)$ mit $i(+0)$ nach Gl.(11). Dann lautet der Maschensatz:

$$(R_1 + R_2)I(p) + p(L_1 + L_2)I(p) = \frac{U_\mathrm{Q}}{p} + i(+0)(L_1 + L_2) \tag{26}$$

oder aufgelöst ($b' = \frac{R_1+R_2}{L_1+L_2}$):

$$I(p) = \frac{U_Q}{p}\frac{1}{(L_1+L_2)(p+b')} + \frac{i(+0)(L_1+L_2)}{(L_1+L_2)(p+b')}. \qquad (27)$$

Die Rücktransformation liefert $i(t) = \frac{U_Q}{R_1+R_2}(1-\exp -b't)+i(+0)\exp -b't$ und mit $i(+0)$ nach Gl.(11) zusammengefaßt das Ergebnis Gl.(25).

Aufgabe 11.5/7 Abschalten einer Induktivität

a) In der Schaltung Bild 11.5/7a werde der Schalter S zur Zeit $t = 0$ geschlossen und zum Zeitpunkt $t = T$ umgeschaltet. Berechnen Sie den Strom $i_L(t)$ und die Spannung $u_L(t)$ vor und nach dem Umschalten, skizzieren Sie die Verläufe. Die Spule sei anfangs stromlos. Welche Spannung u_S entsteht über dem Schalter? Es sei der Spannungsquelleninnenwiderstand zunächst vernachlässigt.

b) Wie muß R_2 bemessen werden, wenn die Spannung über dem Schalter das m-fache von U_Q betragen darf?

c) Überarbeiten Sie die Ergebnisse Aufgabe b) für den Fall, daß die Spannungsquelle einen Innenwiderstand R_i hat.

d) Prüfen Sie, ob die Zuschaltung einer Diode D (mit Durchlaßwiderstand Null im Idealfall) die Schalterüberspannung beim Abschalten verhindert.

e) Schätzen Sie die Schalterüberspannung ab für die Zahlenwerte $U_Q = 100\,\text{V}$, $L = 1\,\text{H}$, $R_1 = 10\,\Omega$, $R_2 = 10\,\text{k}\Omega$, wenn zum Zeitpunkt $\frac{T}{\tau_1} = 0,1$, 1 und 10 abgeschaltet wird. Zunächst sein $R_i = 0$. Wie lauten die Werte für $R_i = 100\,\Omega$, $\frac{T}{\tau_1} \gg 1$, $(\tau_1 = \frac{L}{R})$?

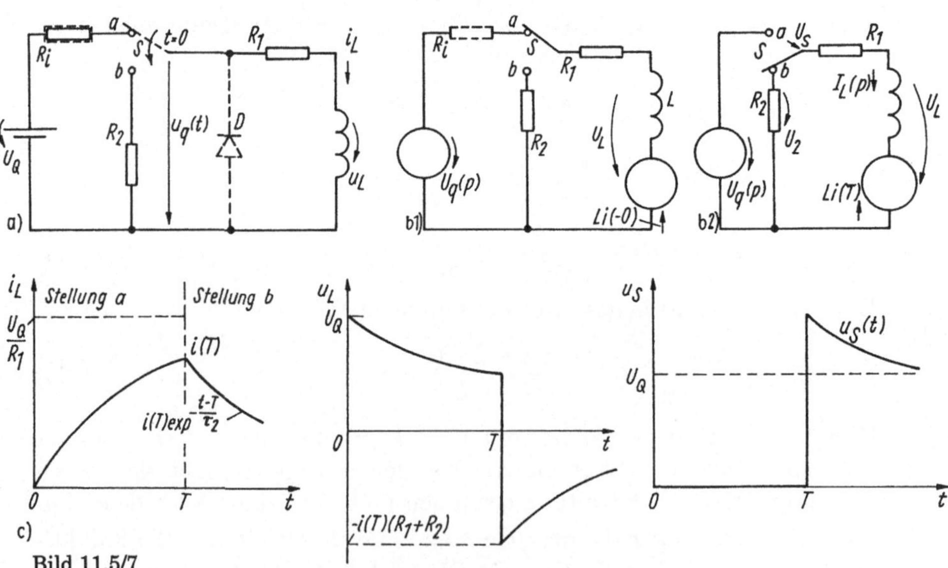

Lösung:

a) Aus Bild 11.5/7a folgt für Schalterstellung a) das transformierte Netzwerk Bild 11.5/7b1 mit der Maschengleichung $LpI_L(p) = U_q(p)-R_1I_L(p)+$

$Li(-0)$. Dabei wurde Spannungsquelle und Schalter durch die transformierte Erregung $U_q(p)$ ersetzt. Da eine stromlose Spule angenommen wird $(i(-0) = 0)$, fließt bei Einschalten der Spannungsquelle $U_q(p) = \frac{U_Q}{p}$ der Bildstrom

$$I_L(p) = \frac{U_Q}{R_1 p (1 + Lp/R_1)}. \tag{1}$$

Die Rücktransformation in den Zeitbereich ist problemlos möglich:

$$i_L(t) = \frac{U_Q}{R_1}\left(1 - \exp-\frac{t}{\tau_1}\right), \quad \tau_1 = \frac{L}{R_1} \tag{2a}$$

$$u_L(t) = L\frac{di}{dt} = \frac{LU_Q}{L}\exp-\frac{t}{\tau_1} = U_Q\exp-\frac{t}{\tau_1}. \tag{2b}$$

Zusammen mit der Spulenspannung u_L wurden die Verläufe in Bild 11.5/7c dargestellt. Zur Zeit $t = T$ wird der Schalter in Stellung b gelegt. In diesem Moment fließt der Strom $i_L(T)$ nach Gl.(2) zugleich als Anfangswert des folgenden Abschaltvorganges. Die zugehörige Ersatzschaltung Bild 11.5/7b2 enthält den Anfangswert des Stromes als "Flußquelle" $Li(+T)$ in Reihe zur Spule. Die Maschengleichung lautet: $LpI_L(p) = Li(+T) - (R_1 + R_2)I_L(p)$ mit der Lösung (s. Gl.(2)):

$$I_L(p) = \frac{U_Q}{R}\left(1 - \exp-\frac{T}{\tau_1}\right)\frac{1}{p + (R_1 + R_2)/L}. \tag{3}$$

Die Rücktransformation ergibt den Spulenstrom i_L (Zeitkonstante $\tau_2 = \frac{L}{(R_1+R_2)}$) und die Spulenspannung u_L (Bild 11.5/7c):

$$i_L(t) = i(+T)\exp-\frac{t-T}{\tau_2}, \quad t > T \tag{4a}$$

$$u_L = L\frac{di_L}{dt} = -i(+T)(R_1 + R_2)\exp-\frac{t-T}{\tau_2}. \tag{4b}$$

Auffällig ist die Spannungsspitze im Umschaltzeitpunkt. Über dem Schalter (Stellung a) fällt in dieser Phase die Schalterspannung u_S

$$u_S = U_Q - u_2 = U_Q + R_2 i_L = U_Q + R_2 i(+T)\exp-\frac{t-T}{\tau_2} \tag{5}$$

ab mit dem Höchstwert im Umschaltpunkt $t = T$

$$u_{S|m} = U_Q + R_2\frac{U_Q}{R_1}\left(1 - \exp-\frac{T}{\tau_1}\right) \approx U_Q\left(1 + \frac{R_2}{R_1}\right). \tag{6}$$

Verschiebt sich der Umschaltzeitpunkt T zu großen Zeiten $T \gg \tau_2$, so nähert sich $i(+T)$ nach Gl.(6) immer mehr dem Wert $\frac{U_Q}{R_1}$.

Im Abschaltzeitpunkt tritt am Schalter eine erhebliche Überspannung $u_S > U_Q$ auf, um so höher, je größer R_2 ist (für R_2, d.h. Ausschalten einer "leerlaufenden" stromdurchflossenen Spule, geht u_S gegen ∞, δ-Impuls der Spannung, $\rightarrow$ Spannungsdurchbruch, Funken am Schalter).

b) Da der Stromhöchstwert und damit die Spannung über R_2 im Umschaltzeitpunkt auftritt, setzen wir in Gl.(6) an:

$$u_{S|m} = mU_Q = U_Q \left(1 + \frac{R_1}{R_2}\left(1 - \exp-\frac{T}{\tau_1}\right)\right) \rightarrow$$

$$\frac{R_2}{R_1} = \frac{m-1}{1 - \exp-T/\tau_1} \approx m - 1|_{T \gg \tau}. \tag{7}$$

Daraus ergibt sich das gesuchte Widerstandsverhältnis. Der Widerstand R_2 kann um so kleiner sein, je rascher der Abschaltvorgang dem Einschalten erfolgt.

c) Der Spannungsquelleninnenwiderstand R_i wirkt nur auf den Einschaltvorgang (Ersatz von R_1 durch $R_i + R_1$), er beeinflußt damit den Stromanfangswert $i(+T)$ (s. Gl.(2)) und die Zeitkonstante τ_1. In der Ersatzschaltung Bild 11.5/7b1 ist die Änderung angedeutet.

d) Während die Diode (wie im Bild 11.5/7a eingetragen) beim Einschalten der Spule in Sperrichtung arbeitet, geht sie beim Abschaltvorgang in die Flußrichtung über. Deshalb schließt sie (im Idealfall) R_2 kurz und die Überspannung unterbleibt (über dem Schalter liegt jetzt nur U_Q). Ähnlich wirkt der Ersatz von R_2 durch einen Kondensator ($\rightarrow$ Spannung beginnt von Null aus), vor allem dann, wenn C, R_1 und L für den aperiodischen Ausgleichsfall bemessen werden ($\rightarrow R_1^2 = 4\frac{L}{C}$, Kondensator zur Funkenunterbindung am Schalter). Andererseits kann die Abschaltspannung der stromdurchflossenen Spule auch zur Erzeugung hoher Spannungsspitzen verwendet werden ($\rightarrow$ Prinzip der Zündspule).

e) Die Zahlenwerte ergeben mit $\tau_1 = \frac{L}{R_1} = \frac{1\,H}{10\,\Omega} = 100\,$ms die Anfangsströme $i_L(T) = (0,95;\ 6,32;\ 10)\,$A mit steigender Einschaltdauer und damit nach Gl.(6) die Schalterspannungen $u_S = 950\,$V; $9,5\,$kV und $\approx 100\,$kV(!). Wird der Innenwiderstand R_i berücksichtigt, so sinkt die Zeitkonstante τ_1 auf $\tau_1' \approx \frac{L}{R_1+R_2} \approx \frac{1\,H}{110\,\Omega} = 9,1\,$ms (Vorgang wird träger) und der Stromverlauf lautet statt Gl.(2):

$$i(0) \approx \frac{U_Q}{R_1 + R_i}\left(1 - \exp-\frac{t}{\tau_1'}\right) = 0,909\,\text{A}\left(1 - \exp\frac{t}{\tau_1'}\right).$$

Lange nach dem Einschalten beträgt die Schalterspannung dann maximal $u_{S|m} \approx U_Q\left(1 + \frac{R_2}{R_1+R_i}\right) \approx 92U_Q \approx 9,2\,$V, also deutlich weniger als im Grenzfall $R_i \rightarrow 0$.

Diskussion: Die Spannungsüberhöhung am Schalter bei Abschalten einer stromdurchflossenen Spule stellt in vielen Anwendungen ein erhebliches Problem dar (z.B. Überspannung an Transistoren, die als Schalter verwendet werden, Funkenbildung an mechanischen Schaltern). Die Beherrschung verlangt einen möglichst niederohmigen "Entladepfad" der Spule (z.B. Diode nach Bild 11.5/7a als sog. Freilaufdiode), geringe Vorstrombelastung und niedrige Induktivität.

Aufgabe 11.5/8 Induktivitätsknoten

Gegeben ist das Netzwerk Bild 8.7/11a mit Anfangsströmen $i_{10} = i_1(0)$, $i_{20} = i_2(0)$ durch die beiden Induktivitäten. Berechnen Sie die Ströme $i_1(t)$, $i_2(t)$ mittels Laplace-Transformation bei Sprungerregung. Zahlenwerte: $i_{10} = 4\,$A, $i_{20} = 1\,$A, $L_2 = 2\,$H, $L_1 = 3\,$H.

Lösung:

Der Ausgleichsvorgang ermittelt nach der Zustandsanalyse war relativ aufwendig. Das Verfahren läßt sich durch Transformation der Schaltung in den Bildbereich deutlich vereinfachen. Da beide Induktivitäten verschiedene Anfangsströme führen und diese nach Umlegen des Schalters parallel liegen, wählen wir für den Abschaltvorgang die Spulenersatzschaltung mit "Spannungsquelle" (Bild 11.5/8a) und führen zwei Maschenströme $I_1(p) \equiv I_{m1}$, $I_2(p) \equiv I_{m2}$ $i_1(t)$, $i_2(t)$ ein:

$$M_1 : \ pL_1 I_{m1} + R(I_{m1} + I_{m2}) = L_1 i_{10},$$
$$M_2 : \ pL_2 I_{m2} + R(I_{m1} + I_{m2}) = L_2 i_{20}. \tag{1}$$

Daraus folgt in Matrixform das Gleichungssystem

$$\begin{pmatrix} pL_1 + R & R \\ R & pL_2 + R \end{pmatrix} \cdot \begin{pmatrix} I_{m1} \\ I_{m2} \end{pmatrix} = \begin{pmatrix} L_1 i_{10} \\ L_2 i_{20} \end{pmatrix} \tag{2}$$

mit den Lösungen:

$$I_{m1} = \frac{\begin{pmatrix} L_1 i_{10} & R \\ L_2 i_{20} & pL_2 + R \end{pmatrix}}{(pL_1 + R)(pL_2 + R) - R^2} = \frac{(pL_2 + R)L_1 i_{10} - RL_2 i_{20}}{p(p + a)L_1 L_2} \tag{3}$$

und analog

$$I_{m2} = \frac{\begin{pmatrix} pL_1 + R & L_1 i_{10} \\ R & L_2 i_{20} \end{pmatrix}}{p\left(pL_1 L_2 + R(L_1 + L_2)\right)} = \frac{L_2 i_{20}(pL_1 + R) - RL_1 i_{10}}{p\left(pL_1 L_2 + R(L_1 + L_2)\right)} \tag{4}$$

mit der Abkürzung $a = \frac{R(L_1 + L_2)}{L_1 L_2}$ als reziproker Zeitkonstante der beiden parallel liegenden Spulen. Die erwartete Symmetrie der Lösungen ist sichtbar. Der Gesamtstrom $I_3 = I_{m1} + I_{m2}$ durch den Widerstand R

$$I_3 = \frac{pL_1 L_2 i_{10} + pL_1 L_2 i_{20}}{(p + a)pL_1 L_2} = \frac{pL_1 L_2 (i_{10} + i_{20})}{(p + a)pL_1 L_2} = \frac{i_{10} + i_{20}}{p + a} \tag{5}$$

hängt additiv von beiden Anfangswerten ab. Die Rücktransformation von Gl.(3) bzw. (4) ergibt im Zeitbereich $i_{m1}(t) = \mathrm{LT}^{-1}(I_{m1})$ problemlos unter

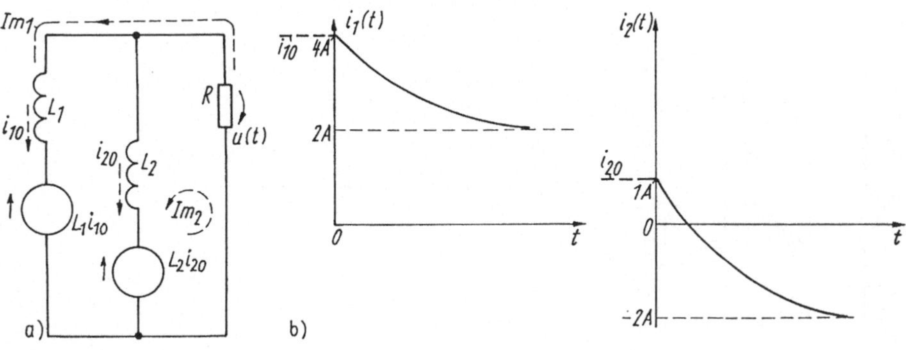

Bild 11.5/8

Tafelnutzung

$$i_{m1}(t) = i_{10}\exp-at + \frac{L_1 i_{10} - L_2 i_{20}}{L_1 + L_2}(1 - \exp-at) \tag{6a}$$

$$i_{m2}(t) = i_{20}\exp-at + \frac{L_2 i_{20} - L_1 i_{10}}{L_1 + L_2}(1 - \exp-at). \tag{6b}$$

und analog für den Maschenstrom $i_{m2}(t)$.

Die vorgegebenen Zahlenwerte führen auf

$$\begin{aligned}
i_1(t) &= 4A\exp-5t + \frac{(3\cdot4 - 1\cdot2)\,\mathrm{HA}}{5\,\mathrm{H}}(1 - \exp-5t)\\
&= 2\,\mathrm{A} + 2\mathrm{A}\exp-5t
\end{aligned} \tag{7a}$$

und analog

$$\begin{aligned}
i_2(t) &= 1A\exp-5t + \frac{(2\cdot1 - 3\cdot4)\,\mathrm{HA}}{5\,\mathrm{H}}(1 - \exp-5t)\\
&= -2\,\mathrm{A} + 3\mathrm{A}\exp-5t.
\end{aligned} \tag{7b}$$

Bild 11.5/8b zeigt die Verläufe. Der Gesamtstrom $i_3 = i_1 + i_2$ durch den Widerstand R folgt aus Gl.(5) nach Rücktransformieren:

$$i_3(t) = (i_{10} + i_{20})\exp-at. \tag{8}$$

Diskussion: Man ist geneigt, wegen der Parallelschaltung beider Spulen nach dem Schaltvorgang eine Parallelanordnung anzusetzen und die Anfangswerte, die als Stromquelle auftreten, zu einer Stromquelle zusammenzuziehen. Dieser Ansatz kann leicht zu Irrtümern führen. Eindeutig ist dagegen die Ersatzschaltung mit Spannungsquelle (Bild 11.5/8a) , die problemlos die richtige Lösung liefert. Die Ströme können auch mit anderen Verfahren bestimmt werden.

Im Vergleich zur Analyse mit Zustandsvariablen ist der Lösungsaufwand deutlich geringer.

Aufgabe 11.5/9 Kompensierter Spannungsteiler

Die Schaltung Bild 11.5/9a (sog. kompensierter Spannungsteiler) mit anfangswertlosen Kondensatoren werde mit einem Spannungssprung eingeschaltet: $u_q(t) = U_Q s(t)$ bei $t = 0$.

Berechnen Sie die Spannung u_2 mittels Laplace-Transformation durch Aufstellung der DGL und Transformation. Diskutieren Sie das Verhalten speziell bei $t = +0$.

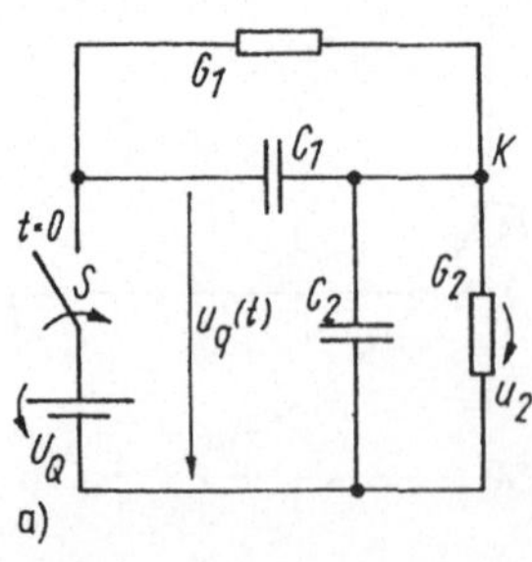

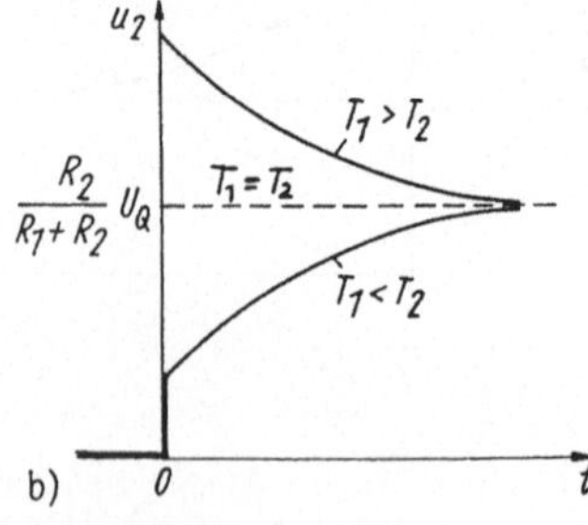

Bild 11.5/9

Hinweis: Der Einfluß des Spannungsquelleninnenwiderstandes wurde in Aufgabe 8.7/12 berücksichtigt. Da hier eine Kondensatormasche an einer idealen Spannungsquelle liegt, sind beide Kondensatorspannungen als Zustandsgrößen nicht unabhängig voneinander. Deshalb ist nur eine Differentialgleichung erster Ordnung zu erwarten

Lösung:
Die Netzwerk-Differentialgleichung kann z.B. durch Knotenspannungsanalyse am Knoten K gewonnen werden:

$$G_2(u_q - u_2) + C_1\frac{\mathrm{d}}{\mathrm{d}t}(u_q - u_2) - G_2 u_2 - C_2\frac{\mathrm{d}u_2}{\mathrm{d}t} = 0$$

und umgestellt

$$(C_1 + C_2)\frac{\mathrm{d}u_2}{\mathrm{d}t} + (G_1 + G_2)u_2(t) = C_1\frac{\mathrm{d}u_q}{\mathrm{d}t} + G_1 u_q(t). \tag{1}$$

Die DGL ist erwartungsgemäß erster Ordnung. Beiderseitige Laplace-Transformation liefert mit $T_1 = R_1 C_1$, $T_2 = \frac{C_1+C_2}{G_1+G_2}$

$$U_2(p) = \frac{C_1}{C_1 + C_2}\frac{p + 1/T_1}{p + 1/T_2}U_q(p) + \frac{u_2(+0) - u_q(+0)\frac{C_1}{C_1+C_2}}{p + 1/T_2}. \tag{2}$$

Dabei treten rechts die Anfangswerte $u_2(0)$ sowie $u_q(+0)$ auf. Zum Zeitpunkt $t = +0$ muß die Ladung im Knoten K erhalten bleiben, also gelten:

$$C_1(u_2(+0) - u_q(+0)) + C_2 u_2(+0) = q_1(+0) + q_2(+0) = 0. \tag{3}$$

Links steht der unterstrichene Term von Gl.(2), m.a.W. müssen die Anfangswerte der Kondensatoren für $u_q(+0) \neq 0$ nicht verschwinden, nur sind dann Spannungssprünge an ihnen erforderlich, die zwangsläufig Dirac-Stromstöße zur Folge haben. (Dies erfordert auch der Maschensatz durch den Sprung der Spannungsquelle.)

Für den Spannungssprung $u_q(t) = U_Q s(t)$ entsteht aus der transformierten Ausgangsspannung $U_2(p)$

$$U_2(p) = \frac{C_1}{C_1 + C_2}\left(\frac{p + 1/T_1}{p + 1/T_2}\frac{U_q}{p}\right) + \frac{u_2(+0) - u_q(+0)\frac{C_1}{C_1+C_2}}{p + 1/T_2} \tag{4}$$

und bei gliedweiser Rücktransformation (Tafel) die Ausgangsspannung:

$$u_2(t) = \frac{R_2}{R_1 + R_2}\left(1 + \left(\frac{T_1}{T_2} - 1\right)\exp-\frac{t}{T_2}\right)U_Q s(t)$$

$$+ \left(u_2(+0) - u_q(+0)\frac{C_1}{C_1 + C_2}\right)\exp\left(-\frac{t}{T_2}\right)s(t). \tag{5}$$

Hierbei wurde $s(t)$ zur Darstellung im gesamten Zeitbereich ergänzt. Je nach dem Wert von $\frac{T_1}{T_2}$ entstehen unterschiedliche Zeitverläufe (Bild 11.5/9b), für $T_1 = T_2$ (d.h. $R_1 C_1 = R_2 C_2$) unterbleibt der Ausgleichsvorgang: kompensierter Spannungsteiler. Dann entartet die DGL zu einem sog. anomalen System.

Diskussion: Im Grenzfall $t \to \infty$ folgt aus Gl.(5) $u_2(\infty) = U_Q\frac{R_2}{R_1+R_2}$ als ohmscher Spannungsteiler, für $t \to +0$ mit

$$u_2(+0) = U_Q\frac{C_1}{C_1 + C_2} + u_2(+0) - U_Q\frac{C_1}{C_1 + C_2} \tag{6}$$

die Spannung am kapazitiven Teiler (wie erwartet) und für die Spannung $u_1(+0)$ (Ladungsteilerregel)

$$u_1(+0) = U_Q - u_2(+0) = U_Q \frac{C_2}{C_1 + C_2} \tag{7}$$

und so $u_2(+0) = U_Q \frac{C_1}{C_1+C_2}$.

Ohne Vorladungen springen die Kondensatorspannungen auf diese ermittelten Werte. Dazu ist die Ladungsänderung $\Delta Q = U_Q \frac{C_1 C_2}{C_1+C_2}$ erforderlich, die (wegen der idealen Spannungsquelle) Stromimpulse bedingt. Die Ergebnisse können auch mit den Grenzwertsätzen bestätigt werden.

Aufgabe 11.5/10 Periodische Impulsspannung

An einen energielosen RC-Kreis (Reihenschaltung) werde ein Rechteckspannungsimpuls der Höhe U_q und Dauer t_1 angeschaltet.

a) Wie lautet die Kondensatorspannung $u(t)$ im Bild- und Zeitbereich?

b) An der Schaltung liege eine periodische Rechteckfolge $u_q(t)$ (Wiederholfrequenz T, Einschaltdauer t_p, Bild 11.5/10a). Bestimmen Sie den Zeitverlauf $u(t)$ der Kondensatorspannung durch Laplace-Transformation. Wann liegt ein eingeschwungener Zustand vor?

c) Lösen Sie Aufgabe b) unter der Annahme, daß $u_q(t)$ stückweise durch Berechnung der freien und eingeschwungen Lösungen im jeweiligen Teilbereich gegeben ist, so daß $u(t) = u_{fr}(t) + u_e(t)$. Bestimmen Sie den eingeschwungenen Zustand u_e.

d) Gegeben ist die Bildfunktion $F(p) = \sum_{k=0}^{\infty}(-1)^k I_0 \frac{\exp -kpT}{p}$. Welche Zeitfunktion gehört dazu?

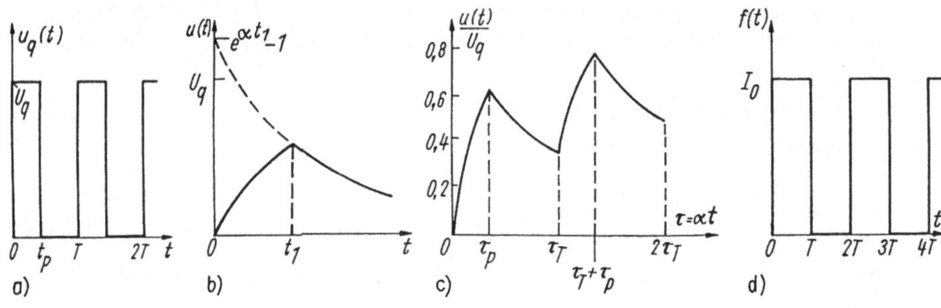

Bild 11.5/10

Hinweis: Ziehen Sie die Aufgaben 11.3/1, 11.3/3 als Ergänzung heran.

Lösung:

a) In der zugehörigen Netzwerk-Differentialgleichung der Kondensatorspannung $u(t)$

$$RC\frac{du}{dt} + u = u_q(t) \tag{1}$$

lautet die erregende Spannung $u_q = U_q(s(t) - s(t - t_1)) \circ\!\!-\!\!\bullet \frac{U_q}{p}(1 - \exp -pt_1)$, ausgedrückt als Differenz zweier um t_1 zeitverschobener Sprungfunktionen $s(t)$. Angewandt auf Gl.(1) erhalten wird nach der Laplace-

Transformation $RCU(p) + U(p) = \frac{U_q}{p}(1 - \exp -pt_1)$ oder als Lösung im Bildbereich

$$U(p) = \frac{U_q(1 - \exp -pt_1)}{p(1 + RCp)}. \tag{2}$$

Die Rücktransformation erfolgt mit Korrespondenztafel und Verschiebungssatz, die Lösung lautet:

$$\frac{u(t)}{U_q} = s(t)(1 - \exp -\alpha t) - s(t - t_1)(1 - \exp -\alpha(t - t_1)), \quad \alpha = \frac{1}{RC}. \tag{3}$$

Sie besteht aus einer bei $t = 0$ beginnenden ansteigenden Exponentialfunktion, von der für $t > t_1$ an eine um t_1 verschobene gleich verlaufende Exponentialfunktion subtrahiert wird. Für $t > t_1$ gilt deshalb gleichwertig

$$u(t) = U_q(\exp \alpha t_1 - 1) \exp -\alpha t \quad t > t_1. \tag{4}$$

Das ist eine abklingende e-Funktion mit dem Ordinatenwert $(\exp \alpha t_1 - 1)$ bei $t = 0$ (Bild 11.5/10b).

b) Die Lösung der Aufgabe kann grundsätzlich durch Darstellung von $u_q(t)$ als Fourier-Reihe erfolgen. Damit wird auf ein Schaltproblem von Sinusspannungen zurückgeführt. Der Zeitverlauf erfordert für hinreichende Genauigkeit eine hohe Zahl von Reihengliedern.

Der zweite Weg besteht in der Darstellung von $u_q(t)$ durch Sprungfunktionen und Anwendung der Laplace-Transformation. Der Aufwand ist deutlich geringer.

Die Zeitfunktion der Erregerspannung lautet:

$$\frac{u_q(t)}{U_q} = \underbrace{s(t) - s(t - t_p)}_{\text{erster Impuls}} + \underbrace{s(t - T) - s(t - T - t_p)}_{\text{zweiter Impuls}} + s(t - 2T) + \ldots \tag{5}$$

Man erkennt deutlich die Darstellung durch zeitversetzte Impulse. Mit dem Verschiebungssatz erhalten wir nach Transformation

$$\frac{u_q(t)}{U_q} \quad \circ\!\!-\!\!\bullet \quad 1 - \exp(pt_p) + \exp(-pT) - \exp(-p(t_p + T))$$

$$+ \exp(-pT) - \exp(-p(t_p + 2T)) + -+ \tag{6a}$$

und nach Einsetzen in die transformierte DGL (1) (analog zu Gl.(2))

$$\frac{U(p)}{U_q} = \frac{\alpha}{p + \alpha}(1 - \exp(-pt_p) + \exp(-pT) - \exp(-p(t_p + T)) + \ldots - . \tag{6b}$$

Erneute Anwendung des Verschiebungssatzes auf die einzelnen Summanden liefert mit der Abkürzung $\frac{t}{RC} = \alpha t = \tau$ bei schrittweiser Rücktransformation

$$\frac{u(t)}{U_q} = (1 - \exp -\tau)s(t) - (1 - \exp(-\tau + \tau_p))s(t - t_p)$$

$$+ (1 - \exp(-\tau - \tau_T))s(t - T) -$$
$$(1 - \exp(-\tau + \tau_p + \tau_T))s(t + t_p - T) +$$
$$(1 - \exp(-\tau + 2\tau_T))s(t - 2T) + \ldots \tag{7}$$

Jetzt treten die Exponentialfunktionen gestaffelt auf (Bild 11.5/10c) mit Knickstellen bei $t = kt_T$ $(k = 0, 1, 2 \ldots)$ und $t = t_\mathrm{p} + kt_T$:

$$t = t_\mathrm{p} : \quad \left.\frac{u}{U_\mathrm{q}}\right|_{\max} = 1 - \exp -\tau_\mathrm{p}, \tag{8a}$$

$$t = t_\mathrm{T} : \quad \left.\frac{u}{U_\mathrm{q}}\right|_{\min} = \exp -(\tau_\mathrm{T} - \tau_\mathrm{p}) - \exp -\tau_\mathrm{T}. \tag{8b}$$

Das Verfahren läßt sich mit Gl.(7) auf die n-ten Werte erweitern und liefert

$$\left.\frac{u}{U_\mathrm{q}}\right|_{\max,n} = (1 - \exp -\tau_\mathrm{p}) \sum_{k=0}^{n-1} \exp -k\tau_\mathrm{T} \to \left.\frac{(1 - \exp -\tau_\mathrm{p})}{1 - \exp -\tau_\mathrm{T}}\right|_{n\to\infty} \tag{9a}$$

und

$$\left.\frac{u}{U_\mathrm{q}}\right|_{\min,n} = (\exp -(\tau_\mathrm{p} - \tau_\mathrm{T}) - \exp -\tau_\mathrm{T}) \sum_{k=0}^{n-1} \exp -k\tau_\mathrm{T} \to$$

$$\frac{\exp -(\tau_\mathrm{p} - \tau_\mathrm{T}) - \exp -\tau_\mathrm{T}}{1 - \exp -\tau_\mathrm{T}}. \tag{9b}$$

Damit sind die Kurven leichter auswertbar und erfordern deutlich weniger Glieder als über eine Fourierreihe.

c) Ausgehend von der Tatsache, daß der freie Teil der Lösung während des ersten Rechteckimpulses genau dem Verlauf entspricht, wenn keine weiteren Impulse folgen würden, erhalten wir für das Intervall $0 < t < t_\mathrm{p}$ aus Gl.(7) die Lösung als erstes Glied (mit $\tau = \alpha t$):

$$\frac{u(t)}{U_\mathrm{q}} = 1 - \exp -\tau; \quad \frac{u(t)}{U_\mathrm{q}} = (\exp \tau_\mathrm{p} - 1) \exp -\tau. \tag{10}$$

Es entspricht dem üblichen Einschaltvorgang des RC-Gliedes. Für das Folgeintervall $t_\mathrm{p} < t < T$ steht die Lösung rechts. Zur weiteren Auswertung schreiben wir die Reihe Gl.(6) rechts um und heben $\exp -pt_\mathrm{p}$ als gemeinsamen Faktor aus:

$$(1 - \exp -pt_\mathrm{p})(1 + \exp -pT + \exp -2pT + \ldots) = \frac{1 - \exp -pt_\mathrm{p}}{1 + \exp -pT}. \tag{11}$$

Der zweite Faktor kann zusammengefaßt werden (Reihensumme!). Damit lautet die Lösung (6b) auch

$$\frac{U(p)}{U_\mathrm{q}} = \frac{\alpha}{p + \alpha} \frac{1 - \exp -pt_\mathrm{p}}{1 - \exp -pT}. \tag{12}$$

Zur Rücktransformation in den Zeitbereich benötigen wir die Nullstellen des Stammpolynoms, d.h. die Lösungen der charakteristischen Gleichung: $(p + \alpha)(1 - \exp -pT) = 0$. Sie lauten $p = -\alpha$ und $p_k = \pm j\frac{2\pi k}{T}$ $(k = 0, 1, 2)$. Während die p_k die Nullstellen des eingeschwungenen Anteils (in der Fourierreihe!) darstellen, liefert die reelle Nullstelle $p = -\alpha$ den freien Anteil der Gesamtlösung:

$$\frac{u_\mathrm{fr}}{U_\mathrm{q}} = \frac{\exp \tau_\mathrm{p} - 1}{1 - \exp \tau_\mathrm{T}} \exp -\tau. \tag{13}$$

Mit Gln.(10) und (13) ergibt sich dann als eingeschwungener Zustand u_e während des Einschaltimpulses:

$$\frac{u_e}{U_q} = (1 - \exp -\tau) + \frac{1 - \exp -\tau_p}{1 - \exp -\tau_T} \cdot \exp -\tau \tag{14a}$$

$$\frac{u_e}{U_q} = \frac{\exp \tau_p - 1}{1 - \exp -\tau_T} \exp -\tau \tag{14b}$$

mit den speziellen Werten am Intervallanfang ($\tau = 0$) und -ende ($\tau = \tau_p$). Sie stimmen mit Gl.(9) überein. Während der Impulspausen entsteht aus $u_e = u - u_{\text{frei}}$ mit Gln.(10) und (13) ($\tau = \alpha t$) das untere Ergebnis. Spezielle Werte sind Intervallanfang $\tau = \tau_p$ und -ende $\tau = \tau_T$.

Hinweis: Die hier schrittweise gewonnene Lösung kann ebenso durch Anwendung der Transformation $\mathrm{LT}(f(t)) = \frac{1}{1-\exp -pT} \int_0^T f(t)\exp(-pt)\,dt$ auf eine periodische Funktion $f(t)$ (Periodendauer T) berechnet werden. Dann folgt die Lösung Gl.(12) im Bildbereich direkt.

d) Die zu $F(p)$ gehörende Zeitfunktion lautet:

$$f(t) = \sum_{k=0}^{\infty}(-1)^k I_0 s(t - kT). \tag{15}$$

Das ist die Überlagerung von unendlich vielen Sprungfunktionen der Amplitude I_0, die um ganzzahlige Vielfache von T verschoben sind. Da die Vorzeichen der Einzelglieder alternieren, liegt eine Rechteckschwingung der Periodendauer $2T$ mit Gleichanteil vor (Bild 11.5/10d).

Aufgabe 11.5/11 Einschalten einer Wechselspannung

An eine RC-Reihenschaltung (Kondensatoranfangsspannung $u_C(-0)$) werde eine Wechselspannung $u_q(t) = \hat{U}_q \cos(\omega t + \varphi)s(t)$ zur Zeit $t = 0$ geschaltet. Berechnen Sie die Spannung $u_C(t)$ für $t \geq 0$.

Hinweis: Gegenüber der Lösung des gleichen Problems (mit $u_C(-0) = 0$) mit sin-Erregung wurde hier eine cos-Spannung gewählt; durch die Wahl $\cos \varphi = \sin(\varphi + \pi/2)$ sind beide überführbar.

Lösung:
Beiderseitige Laplace-Transformation der Netzwerk-Differentialgleichung

$$RC\frac{du_C}{dt} + u_C(t) = u_q(t).$$

ergibt $RC(pU_C(p) - u_C(-0)) + U_C(p) = U_q(p)$ und mit $a = \frac{1}{RC} = \frac{1}{\tau}$ die Kondensatorspannung im Bildbereich

$$U_C(p) = \frac{aU_q(p) + u_C(-0)}{p + a}. \tag{1}$$

Die Laplace-Transformierte der Wechselspannung $u_q(t)$ entnehmen wir der Tafel, die Korrespondenz lautet:

$$|\underline{A}| \cos(\omega t + \angle\underline{A})s(t) \circ\!\!-\!\!\bullet \frac{1}{2}\left(\frac{\underline{A}}{p - \mathrm{j}\omega} + \frac{\underline{A}^*}{p + \mathrm{j}\omega}\right).$$

Damit folgt als Lösung im Bildbereich

$$U_C(p) = \frac{1}{2}\frac{a\hat{U}_q\angle\varphi}{(p+a)(p-\mathrm{j}\omega)} + \frac{1}{2}\frac{a\hat{U}_q\angle-\varphi}{(p+a)(p+\mathrm{j}\omega)} + \frac{u_C(-0)}{p+a}. \qquad (2)$$

Im nächsten Schritt bereiten wir die Rücktransformation durch Partialbruchzerlegung vor, z.B. für den ersten Term

$$\frac{a\hat{U}_q\angle\varphi}{2(p+a)(p-\mathrm{j}\omega)} = \frac{C_{11}}{p+a} + \frac{C_{21}}{p-\mathrm{j}\omega} \qquad (3)$$

mit den Residuen

$$C_{11} = \left.\frac{a\hat{U}_q\angle\varphi}{2(p-\mathrm{j}\omega)}\right|_{p=-a} = \frac{a\hat{U}_q\angle\varphi}{(a+\mathrm{j}\omega)} = \frac{-\hat{U}_q\angle\varphi-\varphi_0}{2\sqrt{1+(\omega\tau)^2}}; \quad \varphi_0 = \arctan\omega\tau \qquad (4)$$

und analog

$$C_{21} = \left.\frac{a\hat{U}_q\angle\varphi}{2(p+a)}\right|_{p=\mathrm{j}\omega} = \frac{a\hat{U}_q\angle\varphi}{2(a+\mathrm{j}\omega)} = \frac{\hat{U}_q\angle\varphi-\varphi_0}{2\sqrt{1+(\omega\tau)^2}}. \qquad (5)$$

Die Partialbruchzerlegung des zweiten Terms in Gl.(2) verläuft sinngemäß. Da dieser Term konjugiert komplex zum ersten ist, gilt mit C_{11}, C_{21} nach Gl.(4), (5):

$$\frac{a\hat{U}_q\angle-\varphi}{2(p+a)(p+\mathrm{j}\omega)} = \frac{C_{11}^*}{p+a} + \frac{C_{21}^*}{p+\mathrm{j}\omega}. \qquad (6)$$

Damit zerfällt die Bildspannung $U_C(p)$ (nach Umrechnung) in

$$U_C(p) = \frac{C_{11} + C_{11}^* + u_C(-0)}{p+a} + \frac{C_{21}}{p+\mathrm{j}\omega} + \frac{C_{21}^*}{p+\mathrm{j}\omega}. \qquad (7)$$

Die Rücktransformation gelingt jetzt problemlos mittels Tafel:

$$u_C(t) = 2|C_{21}|\cos(\omega t + \angle C_{21})s(t) +$$
$$(u_C(-0) + C_{11} + C_{11}^*)\exp\left(-\frac{t}{\tau}\right)s(t). \qquad (8)$$

Nach Rückeinsetzen von C_{21}, C_{11} lautet die Lösung zusammengefaßt

$$u_C(t) = u_C(-0)\exp-\frac{t}{\tau}s(t) +$$
$$\frac{\hat{U}_q}{\sqrt{1+(\omega\tau)^2}}\left(\cos(\omega t + \varphi - \varphi_0) - \exp-\frac{t}{\tau}\cos(\varphi - \varphi_0)\right)s(t). \qquad (9)$$

Diskussion: Der erste Term in Gl.(9) ist der Einschwingvorgang der Kondensatoranfangsspannung $u_C(-0)$, er überlagert sich mit dem Gesamtvorgang. Im ersten Summand des zweiten Terms steht die stationäre Lösung unabhängig vom Einschwingvorgang, der zweite Summand ist der Einschwingvorgang. Dabei kann für $\varphi = \varphi_0 \pm \frac{\pi}{2}$ der eingeschwungene Zustand ohne Einschwingvorgang eintreten.

Aufgabe 11.5/12 *RC*-Netzwerk, Übergangsverhalten

a) Für das *RC*-Netzwerk (Bild 8.7/9, Aufgabe 8.7/9) berechne man die Ausgangsspannung u_a bei gegebenem Erregersignal $u_q(t)$ über die Laplace-

Transformation, wenn die beiden Kondensatoren die Anfangsspannungen u_{10}, u_{20} haben zur Zeit $t = 0$ haben sollen. Wählen Sie die Knotenspannungsanalyse und stellen Sie zunächst die Netzwerk-Differentialgleichung auf. Es sei $C_1 = C_2$ aber $u_{10} \neq u_{20}$.

b) Transformieren Sie die Schaltung in den Bildbereich und bestimmen Sie $U_\mathrm{a}(p) = LT(u_\mathrm{a}(t))$.

c) Berechnen Sie die Ausgangsspannung $u_\mathrm{a}(t)$, wenn eingangs ein Dirac-Impuls $u_\mathrm{q} = U'_\mathrm{q}\delta(t)$ anliegt und die Kondensatoren keine Anfangsladung haben.

d) Berechnen Sie den Ausgleichsvorgang, wenn der Kondensator C_2 die Anfangsspannung u_{20} hat und keine Erregung anliegt.

Hinweis: In Aufgabe 8.7/9 wurden die Kondensatorspannungen ($\rightarrow$ u_1, u_2) als Zustandsgrößen verwendet. Zur Lösung hier ist die Knotenspannungsanalyse zweckmäßig (Knotenspannungen $\neq$ Kondensatorspannungen!), es gilt z.B. $u_{C_2} = u_1 - u_2$.

Lösung:

a) Für die Knotenspannungsanalyse wird am Knoten K_1 die Knotenspannung u_1 zum Bezugsknoten (Masse) eingeführt (Bild 11.5/12a). Am Knoten K_2 liegt die Ausgangsspannung u_a. Die Knotengleichungen lauten:

$$K_1: \quad C\frac{\mathrm{d}}{\mathrm{d}t}(u_\mathrm{q} - u_1) + C\frac{\mathrm{d}}{\mathrm{d}t}(u_\mathrm{a} - u_1) - Gu_1 = 0 \tag{1a}$$

$$K_2: \quad C\frac{\mathrm{d}}{\mathrm{d}t}(u_1 - u_\mathrm{a}) + G(u_\mathrm{q} - u_\mathrm{a}) = 0. \tag{1b}$$

Durch Eliminieren von u_1 ergibt sich die gesuchte DGL für u_a.
Bei direkter Lösung im Zeitbereich treten die Kondensatoranfangswerte in den Lösungskonstanten auf. Wird Gl.(1) der Laplace-Transformation unterworfen, so gelten die Korrespondenzen $\frac{\mathrm{d}f}{\mathrm{d}t} \circ\!\!-\!\!\bullet\, pF(p) - f(0)$ und die Anfangswerte kommen direkt ins Spiel:

$$K_1: \quad C\left(pU_\mathrm{q}(p) - u_\mathrm{q}(0)\right) - C\left(pU_1(p) - u'_{10}\right) +$$
$$pC\left(U_\mathrm{a}(p) - U_1(p)\right) + C\left(-u'_{20} + u'_{10}\right) - Gu_1 = 0$$
$$K_2: \quad pC(pU_1(p) - U_\mathrm{a}(p)) + C(-u'_{10} + u'_{20}) +$$
$$G(U_\mathrm{q} - U_\mathrm{a}) = 0. \tag{2a}$$

Durch Eliminieren von U_1 folgt $U_\mathrm{a}(p) = f(U_\mathrm{q}(p))$. Zu beachten ist, daß die Anfangsspannungen u'_{10}, u'_{20} Knotenspannungen sind, nicht Kondensatorspannungen und die Beziehung zwischen beiden durch die jeweiligen Maschengleichungen festliegen, z.B.

$$u_\mathrm{q} = u_{C_1} + u_1 \rightarrow 0 = u_{C_1}(0) + u'_{10}$$
$$u_1 = u_{C_2} + u_2 \rightarrow u'_{10} = u_{C_2}(0) + u'_{20}.$$

b) Bei Transformation der Schaltung in den Bildbereich werden die geladenen Kondensatoren durch ladungslose und jeweils eine geschaltete Anfangsspannung ersetzt (Bild 11.5/12b, Richtung in Relation zur Stromrichtung durch C beachten!). Dann ergeben sich mit den Hilfsgrößen

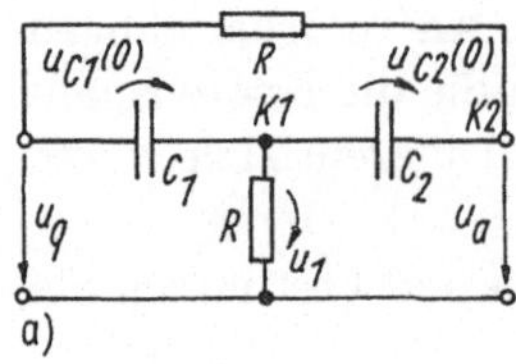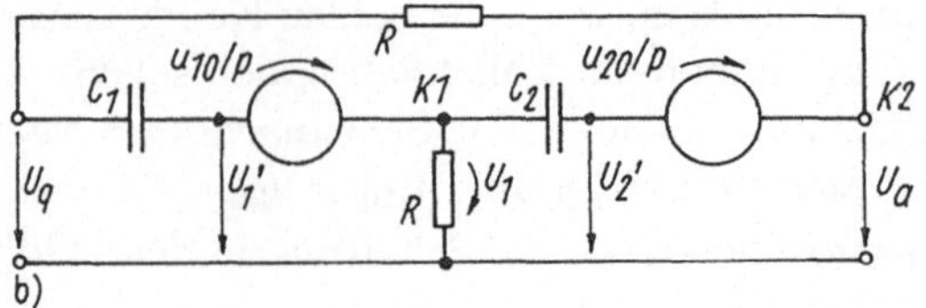

Bild 11.5/12

$U_1' = \frac{u_{10}}{p} + U_1$ (U_a' analog) z.B. mit $i_{C_1} = C\frac{\mathrm{d}}{\mathrm{d}t}(u_q - u_1')$ die Knotengleichungen (im Bildbereich, U_1 usw.):

$$K_1: \quad pC\left(U_q - \frac{u_{10}}{p} - U_1\right) - pC\left(U_1 - \frac{u_{20}}{p} - U_a\right) - GU_1 = 0.$$

$$K_2: \quad pC\left(U_1 - \frac{u_{20}}{p} - U_a\right) + G(U_q - U_a) = 0. \tag{3}$$

Jetzt treten die Kondensatoranfangsspannungen u_{10}, u_{20} im Gegensatz
zu Gl.(2) direkt auf. Die Ordnung als Matrixschema ergibt

$$\begin{pmatrix} 2pC + G & -pC \\ -pC & pC + G \end{pmatrix} \cdot \begin{pmatrix} U_1 \\ U_a \end{pmatrix} = \begin{pmatrix} pCU_q + C(u_{20} - u_{10}) \\ GU_q - Cu_{20} \end{pmatrix} \tag{4}$$

mit der Lösung nach U_a:

$$\begin{aligned}
U_a &= \frac{\begin{pmatrix} 2pC + G & pCU_q + C(u_{20} - u_{10}) \\ -pC & GU_q - Cu_{20} \end{pmatrix}}{(pC + G)(2pC + G) - (pC)^2} \\
&= \frac{U_q(pC + G)^2 - u_{10}pC^2 - u_{20}C(pC + G)}{(pC)^2 + 3pCG + G^2}.
\end{aligned} \tag{5}$$

Die Funktion hat zwei reelle Pole ($\to$ gleichartige Energiespeicher!):

$$-p_1 = a = \frac{m}{2}\left(3 + \sqrt{5}\right); \quad -p_2 = b = \frac{m}{2}\left(3 - \sqrt{5}\right); \quad m = \frac{G}{C} \tag{6}$$

und eine doppelte Nullstelle bei $p_z = -\frac{G}{C}$. Nützlich sind noch $ab = m^2$, $a - b = m\sqrt{5}$, $a + b = 3m$. Mit diesen Abkürzungen lautet die
Ausgangsspannung $U_a(p)$ endgültig

$$U_a(p) = \frac{U_q(p)(p + m)^2 - pu_{10} + u_{20}(p + m)}{(p + a)(p + b)}. \tag{7}$$

c) Fallen Anfangsladungen weg ($\to u_{10} = u_{20} = 0$) und liegt ein Dirac-
Impuls $u_q = U_q'\delta(t)$ vor mit der Laplace-Transformierten $\mathrm{LT}(u_q(t)) = U_q'$,
so folgt aus Gl.(7)

$$U_a(p) = \frac{U_q'\left(p^2 + 2mp + m^2\right)}{(p + a)(p + b)} \equiv U_q'\left(A + \frac{Bp + C}{(p + a)(p + b)}\right). \tag{8}$$

Da im Zähler und Nenner ein Term gleicher Ordnung auftritt, wird er
abgespalten. Ein Koeffizientenvergleich ergibt für $A \dots C$ die Bedingun-

gen: $1 = A$, $2m = A(a + b) + B$, $m^2 = Aab + C$ oder aufgelöst $A = 1$, $B = 2m - (a + b) = -m$, $C = m^2 - ab = 0$. Damit lautet das Ausgangssignal

$$U_{\mathrm{q}}(p) = U_{\mathrm{q}}' \left(1 - \frac{mp}{(p + a)(p + b)} \right). \tag{9}$$

Mittels der Korrespondenz

$$\frac{p}{(p + a)(p + b)} \;\bullet\!\!-\!\!\circ\; \frac{a \exp(-at) - b \exp(-bt)}{a - b}$$

lautet die Ausgangsspannung $u_{\mathrm{a}}(t)$ bei Diracerregung

$$u_{\mathrm{a}}(t) = \mathrm{LT}^{-1}(U_Q(p))$$

$$= U_{\mathrm{q}}' \left(\delta(t) - \frac{m\left(3 + \sqrt{5}\right)\exp(-at) - m(3 - \sqrt{5})\exp(-bt)}{2m\sqrt{5}} \right)$$

$$u_{\mathrm{a}}(t) = U_{\mathrm{q}}' \left(\delta(t) - 1,17 \exp(-at) + 0,17 \exp(-bt) \right). \tag{10}$$

Das ist die Lösung Gl.(13) in Aufgabe 8.7/9. Für die Rücktransformation wurde $\mathrm{LT}^{-1}(U_{\mathrm{q}}' \cdot 1) = U_{\mathrm{q}}'\delta(t)$ beachtet (Dimension: $U_{\mathrm{q}}' \to \mathrm{Vs}$, $[\delta] = \frac{1}{\mathrm{s}}$).

d) Hat nur der Kondensator C_2 eine Anfangsspannung u_{20} und liegt keine Erregung an, so ist für den Ausgleichsvorgang in Gl.(7) nur der zu u_{20} proportionale Term maßgebend. Er läßt sich leicht mittels Tabelle rücktransformieren, die Lösung lautet:

$$u_{\mathrm{a}}(t) = -u_{20} \left(\frac{a \exp(-at) - b \exp(-bt)}{a - b} - m\frac{\exp(-at) - \exp(-bt)}{a - b} \right)$$

$$= -\frac{u_{20}}{2\sqrt{5}} \left((1 + \sqrt{5})\exp(-at) + (-1 + \sqrt{5})\exp(-bt) \right) \tag{11}$$

$$= -u_{20} \left(0,723 \exp(-at) + 0,276 \exp(-bt) \right)$$

und stimmt mit eingearbeiteten Polen nach Gl.(6) erwartungsgemäß mit Gl.(16) Aufgabe 8.7/9 überein.

Diskussion: Die Lösung des gleichen Problems durch Zustandsanalyse (Aufgabe 8.7/9) zeigt, daß dort erheblicher Aufwand bei Berechnung der Transitionsmatrix entsteht, die Einarbeitung der Anfangswerte dagegen relativ systematisch möglich ist. Die Lösung mittels LT über den Bildbereich und Beachtung der Anfangswerte über geschaltete Kondensatorspannungen führt rasch (und systematisch, Knotenspannungsanalyse!) zur Lösung Gl.(7) im Bildbereich, die Rücktransformation gelingt problemlos mit Tabellen.

Die Verwendung der Kondensatorspannungen als Zustandsgrößen für die Zustandsanalyse in Aufgabe 8.7/9 ist nicht zwingend, es hätten ebenso die beiden Knotenspannungen als Zustandsvariable gewählt werden können: z.B. $u_{C_2} = u_1 - u_2$. Dazu muß $u_1(t)$ noch aus Gl.(4) berechnet und rücktransformiert werden.

Durch Anwendung der Laplace-Transformation lassen sich auch andere Netzwerkerregungen leicht überblicken. So ist beispielsweise für die Sprungerregung bei der Zustandsanalyse ein Integral auszuwerten, im Bildbereich wird in Gl.(7) einfach die Erregung geändert ($\to U_{\mathrm{q}}(p) = \frac{U_{\mathrm{q}}}{p}$). Auch dann bereitet die Rücktransformation keine Probleme.

Aufgabe 11.5/13 Integrier-Differenzierglied

a) Für das Integrier-Differenzierglied (Bild 11.4/1a, Aufg. 11.4/1) bestimme man mittels Laplace-Transformation die Übertragungsfunktion $G(p)$. Es sei $R_2 = R_1 = R$, $C_1 = C_2 = C$.

b) Wie lautet die zugehörige Gewichtsfunktion $g(t)$?

c) Wie lautet die Übergangsfunktion $h(t)$?

d) Welches Ausgangssignal entsteht für die Eingangsspannung $u_q(t) = U_Q kts(t)$?

e) Was ändert sich an der Ausgangsspannung $u_2(t)$, wenn die Kondensatoren (Bild 11.4/1a) durch Induktivitäten ersetzt werden?

Hinweis: Während das Problem in Aufgabe 11.4/1 im Zeitbereich (aufwendig) gelöst wurde, wird die Berechnung über den Frequenzbereich ($G(p)$, Anwendung der Laplace-Transformation) recht einfach.

Lösung:

a) Die praktische Anwendung der Laplace-Transformation beginnt mit der Transformation des Netzwerkes in den Bildbereich. Zur Berechnung der Übertragungsfunktion $G(p) = \frac{U_2(p)}{U_q(p)}$ mit $U_2(p) = \mathrm{LT}(u_2(t)), U_q(p) = \mathrm{LT}(u_q(t))$ werden die Kondensatoren (definitionsgemäß!) als anfangsladungslos angenommen. Dann fehlen Anfangswertquellen und die Ausgangsspannung $U_2(p)$ folgt über die Spannungsteilerregel (mit $\tau = RC$, Bild 11.4/1a)

$$G(p) = \frac{U_2(p)}{U_q(p)} = \frac{1/Y_2}{Z_1(p) + 1/Y_2} = \frac{1}{1 + (G + pC)(R + 1/pC)}$$

$$= \frac{\tau p}{(\tau p)^2 + 3p\tau + 1}. \tag{1}$$

Der Nenner hat Nullstellen bei

$$p_1 = -\frac{1}{\tau_1}, \quad p_2 = -\frac{1}{\tau_2},$$

$$\tau_1 = \frac{2\tau}{3 - \sqrt{5}} = 2{,}618\tau, \quad \tau_2 = \frac{2\tau}{3 + \sqrt{5}} = 0{,}3828\tau, \quad \tau_1 \tau_2 = \tau^2 \tag{2}$$

(vgl. Aufgabe 11.4/1,Gl.(8)). Damit lautet Gl.(1) auch

$$G(p) = \frac{p}{\tau(p + 1/\tau_1)(p + 1/\tau_2)}. \tag{3}$$

b) Die Gewichtsfunktion $g(t)$ (Reaktion der Ausgangsspannung auf einen Dirac-Impuls) folgt aus $g(t) = \mathrm{LT}^{-1}(G(p))$ mit den Korrespondenzen (Tafel)

$$\frac{p}{(p + 1/\tau_1)(p + 1/\tau_2)} \bullet\!\!-\!\!\circ \frac{\alpha \exp(-\alpha t) - \beta \exp(-\beta t)}{\alpha - \beta},$$

$$\alpha = \tfrac{1}{\tau_1}, \beta = \tfrac{1}{\tau_2} \text{ zu}$$

$$g(t) = \mathrm{LT}^{-1}(G(p)) = \frac{\tau_1 \exp(-t/\tau_2) - \tau_2 \exp(-t/\tau_1)}{\tau(\tau_1 - \tau_2)}$$

$$= \tau^{-1}\left(1{,}138 \exp-\frac{2{,}62t}{\tau} - 0{,}138 \exp-\frac{0{,}318t}{\tau}\right). \tag{4}$$

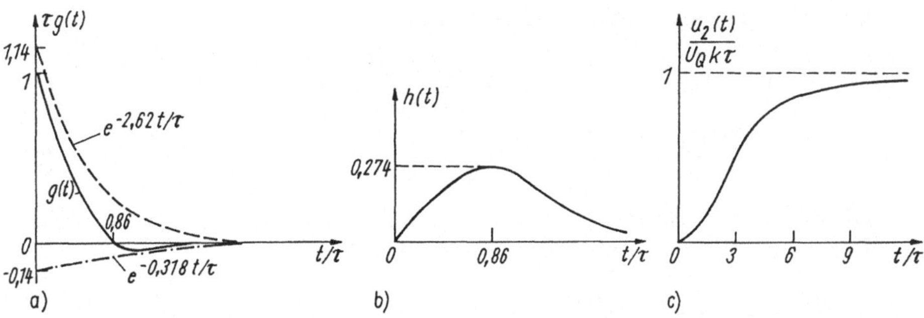

Bild 11.5/13

Sie enthält zwei Anteile mit stark unterschiedlichen Zeitkonstanten (Bild 11.5/13a). $g(t)$ beginnt bei $t \to 0$ mit dem Wert $1/\tau$, fällt dann stark, erreicht einen Nulldurchgang bei

$$t' = \frac{\tau_1 \tau_2}{\tau_1 - \tau_2} \ln \frac{\tau_1}{\tau_2} = \tau^2 \frac{\ln \tau_1/\tau_2}{\tau_1 - \tau_2} = 0,86\,\tau, \tag{5}$$

durchläuft anschließend ein Minimum und nähert sich asymptotisch Null wegen $g(t) \to 0$ für $t \to \infty$.

c) Die Übergangsfunktion $h(t)$ als Reaktion auf den Einschaltsprung (Höhe U_Q, $u_q(t) = U_Q s(t)$) ergibt sich

- entweder mit der Übertragungsfunktion Gl.(3) für die Eingangsspannung $U_q(p) = \frac{U_Q}{p}$

$$U_2(p) = \frac{p U_q/p}{\tau(p + 1/\tau_1)(p + 1/\tau_2)} \tag{6}$$

über die Korrespondenz

$$\frac{1}{(p + 1/\tau_1)(p + 1/\tau_2)} \;\bullet\!\!-\!\!\circ\; \frac{\exp\left(-t/\tau_1\right) - \exp\left(-t/\tau_2\right)}{1/\tau_2 - 1/\tau_1}$$

$$\small 7.11$$

$$u_2(t) = U_Q\tau \frac{\left(\exp(-\tfrac{t}{\tau_1}) - \exp(-\tfrac{t}{\tau_2})\right)}{\tau_1 - \tau_2}$$

$$= \frac{\left(\exp -\tfrac{t}{\tau_1} - \exp -\tfrac{t}{\tau_2}\right)}{\sqrt{5}} U_Q \tag{7}$$

(s. Gl.(9), Aufgabe 11.4/1)

- oder durch Integration der Gewichtsfunktion (Bild 11.5/13b)

$$h(t) = \int_0^t g(\tau)\,\mathrm{d}\tau. \tag{8}$$

Die Übergangsfunktion $h(t)$ hat an der Stelle t' nach Gl.(5) ein Maximum, also dort, wo die Gewichtsfunktion $g(t)$ durch Null geht (s. auch Gl.(11), Aufg. 11.4/1).

Anschaulich erklärt sich der Grenzwert $h(\infty) \to 0$ dadurch, daß sich bei Sprungerregung schließlich die gesamte Spannung U_Q am Längskondensator aufbaut und die Ausgangsspannung gegen Null geht.

d) Wird eine zeitlinear ansteigende Spannung zum Zeitpunkt $t = 0$ angeschaltet mit $U_q(p) = U_Q k \frac{1}{p^2}$ ($ts(t) \circ\!\!-\!\!\bullet \frac{1}{p^2}$, Korrespondenztafel), so folgt mit der Übergangsfunktion $G(p)$ (Gl.(3)) die Ausgangsspannung

$$U_2(p) = U_q(p)G(p) = \frac{pU_Qk(1/p^2)}{\tau(p+1/\tau_1)(p+1/\tau_2)}$$

$$= \frac{A_1}{p} + \frac{A_2}{p+1/\tau_1} + \frac{A_3}{p+1/\tau_2}. \tag{9}$$

Die Rücktransformation kann mit der Tafel erfolgen, wir wollen aber den Residuensatz (hier für einfache Pole) anwenden:

$$G(p) = \frac{a_0 \ldots a_m p^m}{b_n(p-p_1)\ldots(p-p_n)} = \frac{A_1}{p-p_1} + \frac{A_2}{p-p_2} \ldots + \frac{A_n}{p-p_n}$$

mit $A_\nu = (G(p)(p-p_\nu))|_{p=p_\nu}$.

Die A_ν sind die Residuen oder Entwicklungskoeffizienten. Sie lauten:

$$A_1 = (U_2(p)p)\,|_{p=0} = \frac{U_Qk}{\tau}\tau_1\tau_2 = U_Qk\tau$$

$$A_2 = (U_2(p)(p+1/\tau_1))\,|_{p=-1/\tau_1} = \frac{-U_Qk}{\tau}\frac{\tau_1}{1/\tau_2-1/\tau_1}$$

$$= -kU_Q\cdot 1,171\tau \tag{10}$$

$$A_3 = (U_3(p)(p+1/\tau_2))\,|_{p=-1/\tau_2} = \frac{U_Qk}{\tau}\frac{\tau_2}{1/\tau_2-1/\tau_1}$$

$$= kU_Q\cdot 0,171\tau.$$

Die Rücktransformation ist mit Gl.(9) gliedweise möglich, sie ergibt zusammengefaßt

$$u_2(t) = U_Qk\tau\left(1 + \frac{\tau_1\exp-\frac{t}{\tau_1} - \tau_2\exp-\frac{t}{\tau_2}}{\tau_2-\tau_1}\right). \tag{11}$$

Bild 11.5/13c zeigt den Verlauf. Interessanterweise nähert sich $u_2(t)$ für $t \to \infty$ einem Grenzwert $u_2(\infty) = U_Qk\tau$ trotz des ansteigenden Signals.

e) Werden statt der Kondensatoren Spulen eingesetzt, so geht in der Übertragungsfunktion Gl.(1) das Produkt Y_2Z_1 über in $(R+pL)(G+1/pL)$, m.a.W. bleibt $G(p)$ erhalten ($\tau = RC \to \frac{L}{R}$) und die Ausgangsspannung ändert sich nicht.

Diskussion: Im Vergleich zur Behandlung im Zeitbereich (Aufgabe 11.4/1) führt der Weg über die Laplace-Transformation - vor allem mit Tafelnutzung zur Rücktransformation - sehr rasch ans Ziel, auch bei Wechsel der Erregerquelle. (Im Zeitbereich würde eine andere Erregerfunktion die Faltung mit der Impulsfunktion nach sich ziehen!) Ferner können Anfangsladungen der Kondensatoren bequem über Quellenmodelle einbezogen werden.

Besonders einfach läßt sich der Austausch $C \to L$ beurteilen: im Zeitbereich müßte mindestens die Differentialgleichung aufgestellt werden, um auf gleiches Übertragungsverhalten schließen zu können.

Aufgabe 11.5/14 Einschaltverhalten gekoppelter Spulen

Gegeben ist ein anfangswertfreier Transformator, an den zur Zeit $t = 0$ eine Gleichspannung $u_q(t) = U_Q s(t)$ sprungförmig eingeschaltet wird (Bild 11.5/14a).

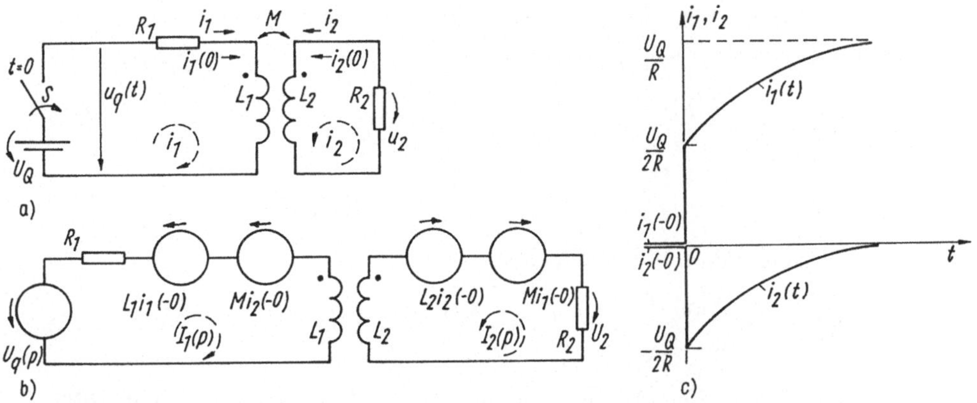

Bild 11.5/14

a) Geben Sie die Transformatorgleichungen im Frequenzbereich an.

b) Diskutieren Sie den Zeitverlauf des Stromes $i_2(t)$ als Reaktion auf den Einschaltsprung.

c) Welchen Verlauf hat der Strom $i_2(t)$ für den idealen Übertrager? Diskutieren Sie verschiedene Näherungsstufen: streufrei, unendliche Selbstinduktivität.

d) Prüfen Sie die Wirkung der Stromanfangsbedingungen $i_1(-0)$, $i_2(-0)$ bei unterschiedlichen Idealisierungen des Übertragers.

e) Berechnen Sie die Ströme $i_1(t)$, $i_2(t)$ für den Übertrager mit fester Kopplung $M = \sqrt{L_1 L_2}$ als Funktion der Anfangswerte $i_1(-0)$, $i_2(-0)$.

f) Skizzieren Sie die Stromverläufe $i_1(t)$, $i_2(t)$ für $U_Q = 200\,\mathrm{V}$, $R_1 = 48\,\Omega$, $R_2 = 27\,\Omega$, und die Anfangswerte $i_1(0) = i_2(0) = 0$.

Lösung:

a) Aus den Transformatorgleichungen (symmetrische Stromrichtungen, s. Gl.(1), Aufgabe 11.4/2)) folgen die L-transformierten Gleichungen (in Matrixschreibweise)

$$\begin{pmatrix} R_1 + pL_1 & pM \\ pM & R_2 + pL_2 \end{pmatrix} \begin{pmatrix} I_1(p) \\ I_2(p) \end{pmatrix} - \begin{pmatrix} L_1 i_1(-0) & +M i_2(-0) \\ L_2 i_2(-0) & +M i_1(-0) \end{pmatrix} = \begin{pmatrix} U_\mathrm{q}(p) \\ 0 \end{pmatrix} \tag{1}$$

mit der Ersatzschaltung Bild 11.5/14b. Die Ausgangsspannung beträgt $U_2(p) = -I_2(p)R_2$. Die Anfangswerte drücken sich in den Anfangsquellen aus. Verschwinden die Anfangswerte ($i_1(-0) = i_2(-0) = 0$), so lauten die beiden Ströme $I_1(p)$, $I_2(p)$ bei Sprungerregung $U_\mathrm{q}(p) = \frac{U_Q}{p}$:

$$I_1(p) = \frac{\frac{U_Q}{p}(R_2 + pL_2)}{(R_1 + pL_1)(R_2 + pL_2) - (pM)^2} \tag{2}$$

$$I_2(p) = \frac{-pM\frac{U_Q}{p}}{R_1 R_2 + p(R_2 L_1 + R_1 L_2) + p^2(L_1 L_2 - M^2)} \tag{3}$$

oder mit den Abkürzungen Streuung σ sowie den reziproken Zeitkonstanten α_1, α_2: $\sigma = 1 - \frac{M^2}{L_1 L_2}$, $\alpha_1 = \frac{R_1}{L_1}$, $\alpha_2 = \frac{R_2}{L_2}$

$$I_1(p) = \frac{U_q(p)}{L_1 L_2} \frac{R_2 + pL_2}{\sigma p^2 + (\alpha_1 + \alpha_2)p + \alpha_1 \alpha_2}, \tag{4a}$$

$$I_2(p) = \frac{-pM U_q(p)}{L_1 L_2} \frac{1}{\sigma p^2 + (\alpha_1 + \alpha_2)p + \alpha_1 \alpha_2}. \tag{4b}$$

Die Ströme haben die beiden Pole:

$$p_{1/2} = \frac{\alpha_1 + \alpha_2}{2\sigma} \left(-1 \pm \sqrt{1 - \frac{4\alpha_1 \alpha_2 \sigma}{(\alpha_1 + \alpha_2)^2}} \right) = -\lambda_{1/2} \tag{5}$$

(Aufg. 11.4/2, Gl.(5)). Sie sind negativ reell, denn ohne Kapazitäten können keine konjugiert komplexen Werte auftreten.

b) Liegt ein Spannungssprung $U_q(p) = \frac{U_Q}{p}$ an, so geht der Ausgangsstrom $I_2(p)$ über in

$$I_1(p) = \frac{U_Q}{\sigma L_1 L_2} \frac{1}{p} \frac{R_2 + pL_2}{(p - p_1)(p - p_2)}, \tag{6a}$$

$$I_2(p) = \frac{-U_Q M}{\sigma L_1 L_2} \frac{1}{(p - p_1)(p - p_2)}. \tag{6b}$$

Die Rücktransformation (mit Tafel) von Gl.(6) ergibt:

$$i_1(t) = \frac{U_Q}{R_1} + \frac{U_Q}{\sigma L_1} \frac{\left(1 + \frac{\alpha_1}{p_1}\right) \exp(p_1 t) - \left(1 + \frac{\alpha_2}{p_2}\right) \exp(p_2 t)}{p_1 - p_2}, \tag{7a}$$

$$i_2(t) = \frac{-U_Q(1 - \sigma)}{M\sigma} \frac{\exp(p_1 t) - \exp(p_2 t)}{p_1 - p_2}. \tag{7b}$$

Das sind die Lösungen Gl.(6), (7) in Aufgabe 11.4/2, die dort diskutiert wurden.

c) Bei fester Kopplung $M = \sqrt{L_1 L_2}$ verschwindet die Streuung σ ($\sigma = 0$) und damit auch die Funktion $\exp -p_2 t$ wegen $p_2 \to \infty$ in den Strömen. Dann folgen nach Auswertung von Gl.(7)

$$i_1(t) = \frac{U_Q}{R_1} \left(1 - \frac{\alpha_2}{\alpha_1 + \alpha_2} \exp p_{10} t \right), \tag{8a}$$

$$i_2(t) = \frac{-U_Q}{\alpha_1 + \alpha_2} \frac{1}{\sqrt{L_1 L_2}} \exp p_{10} t \tag{8b}$$

mit $-p_{10} = \frac{\alpha_1 \alpha_2}{\alpha_1 + \alpha_2}$.

Dies sind die bereits in Aufg. 11.4/2 diskutierten Lösungen einer DGL erster Ordnung, m.a.W. hat das Netzwerk jetzt nur noch einen Energiespeicher. Tatsächlich verschwinden in der Transformator-Ersatzschaltung die beiden Längsinduktivitäten, es verbleibt nur die Querinduktivität. Wir führen zweckmäßig das Übersetzungsverhältnis $\ddot{u} = \sqrt{\frac{L_1}{L_2}}$ ein und erhalten aus Gl.(8)

$$i_2 = \frac{-U_Q \ddot{u}}{R_1 + R_2 \ddot{u}^2} \exp p_{10} t, \quad -p_{10} = \frac{R_1 R_2^2 \ddot{u}^2}{R_1 + R_2 \ddot{u}^2} \frac{1}{L_1}, \tag{9a}$$

$$i_1 = = \frac{U_Q}{R_1}\left(1 - \frac{R_2\ddot{u}^2}{R_1 + R_2\ddot{u}^2}\exp p_{10}t\right). \tag{9b}$$

Dabei ergibt sich p_{10} aus p_1 für $\sigma \to 0$ (Gl.(5)). Für $L_1 \to \infty$ (idealer, streuungsfreier Übertrager, nur beschrieben durch das Übersetzungsverhältnis $\ddot{u}$) gilt $p_{10} \to 0$. Dann fließen die Ströme

$$i_2 = \frac{-U_Q\ddot{u}}{R_1 + R_2\ddot{u}^2}, \quad i_1 = \frac{U_Q}{R_1}\frac{R_1}{R_1 + R_2\ddot{u}^2} = \frac{U_Q}{R_1 + R_2\ddot{u}^2} \tag{10}$$

und es gilt $\frac{i_2}{i_1} = -\ddot{u}$ als Stromübersetzung bei symmetrischen Stromrichtungen wie hier. Jetzt verhält sich der Übertrager wie ein Übersetzervierpol ohne Energiespeicher.

d) Die (rechtsseitigen) Anfangsbedingungen der Ströme i_1, i_2 (für $t \to +0$) ergeben sich für $\sigma \neq 0$ aus Gl.(7) zu Null, beide verschwinden erwartungsgemäß (es wurden keine Anfangswerte zugelassen). Für $\sigma = 0$ hingegen wird aus Gl.(9) die Lösung Gl.(10)

$$i_1(0) \equiv \frac{U_Q}{R_1 + R_2\ddot{u}^2}, \quad i_2(0) = \frac{-U_Q}{\alpha_1 + \alpha_2}\frac{1}{\sqrt{L_1 L_2}} = -i_1(0)\ddot{u}. \tag{11}$$

Beide Anfangsströme hängen jetzt voneinander ab und sind von Null verschieden. Dieses Ergebnis läßt sich mit der magnetischen Energie

$$W = \frac{i_1^2 L_1}{2} + \frac{i_2^2 L_2}{2} + i_1 i_2 M \tag{12}$$

überprüfen, die stetig sein muß: Für $\sigma \neq 0 \to i_1(0)$, $i_2(0) = 0$ verschwindet W, denn vor dem Schaltvorgang war das System energielos. Für $\sigma = 0$ hingegen gilt mit den Anfangswerten nach Gl.(11)

$$W = \frac{i_1^2(0)}{2}L_1 + \frac{i_1^2(0)}{2}\ddot{u}^2\frac{L_1}{\ddot{u}^2} - i_1(0)i_2(0)L_1^2\sqrt{\frac{1}{\ddot{u}^2}}$$

$$= L_1 i_1^2(0)\left(\frac{1}{2} + \frac{1}{2} - 1\right) = 0, \tag{13}$$

auch jetzt verschwindet die Energie erwartungsgemäß.

Zusammengefaßt geht das Netzwerk bei Streufreiheit des Übertragers in ein solches erster Ordnung mit nur einem Eigenwert und von Null verschiedenen (abhängigen) Anfangswerten über. Es hat nur scheinbar zwei unabhängige Energiespeicher und heißt "anomales" System.

e) Aus Gl.(1) ergeben sich für feste Kopplung $M = \sqrt{L_1 L_2}$ mit dem Übersetzungsverhältnis $\ddot{u} = \sqrt{\frac{L_1}{L_2}}$ die Ströme bei Anlegen eines Sprunges $U_q(p) = \frac{U_Q}{p}$ (nach Ausrechnen und Zusammenfassen $\tau_1 = \frac{1}{\alpha_1} = \frac{L_1}{R_1}$, $\tau_2 = \frac{1}{\alpha_2} = \frac{L_2}{R_2}$) und Rücktransformation

$$i_1(t) = \frac{U_Q}{R_1} -$$

$$\frac{L_1}{R_1(\tau_1 + \tau_2)}\left(\frac{U_Q}{R_1} - i_1(-0) - \frac{i_2(-0)}{\ddot{u}}\right)\exp-\frac{t}{\tau_1 + \tau_2} \tag{14a}$$

$$-i_2(t) = \frac{\sqrt{L_1 L_2}}{R_2(\tau_1 + \tau_2)}\left(\frac{U_Q}{R_1} - i_1(-0) - \frac{i_2(-0)}{\ddot{u}}\right)\exp-\frac{t}{\tau_1 + \tau_2}. \tag{14b}$$

Der von U_Q abhängige Anteil stimmt mit Gl.(8) überein. Die Grenzwerte $i_1(+0)$, $i_2(+0)$ stimmen i.a. nicht mit den (beliebig wählbaren) Anfangswerten $i_1(-0)$, $i_2(-0)$ überein. Deshalb können beide Ströme im Einschaltzeitpunkt ihre Werte sprungartig ändern. Im Bild 11.5/14c wurde dies für den Sonderfall $R_1 = R_2 = R$, $ü = 1$ und $i_1(-0) = i_2(-0) = 0$ dargestellt. Auf die Möglichkeit derartiger Stromsprünge wurde bereits in Kreisen mit geschalteten Induktivitäten verwiesen.

f) Die gegebenen Zahlenwerte führen nach Gl.(5) auf die Eigenwerte $p_2 = -75\,\mathrm{s}^{-1}$, $p_1 = (+)\frac{p_2}{4}$ und die Ströme

$$i_1(t) = 4,16 - 2,08\exp(-75t) - 2,08\exp-\frac{75}{4}t$$

$$i_2(t) = -2,77\exp(-75t) + 2,77\exp-\frac{75}{4}t,$$

dabei gelten die Bezüge I/A, t/s. Die Relation $|p_2| > |p_1|$ ist für dieses Beispiel nur ungenügend erfüllt, die Stromverläufe stimmen aber mit Bild 11.4/2b tendenziell überein.

Aufgabe 11.5/15 Zustandsgleichung, Übergangsverhalten, Trajektorie

a) Für die Schaltung Bild 11.5/15a stelle man die Zustandsgleichung für u_C, i_L auf und berechne die Ausgangsgröße u_a. Die Zustandsvariablen haben die Anfangswerte $u_C(0)$, $i_L(0)$.

b) Prüfen Sie, ob neben u_C auch die Spannung u_L Zustandsvariable sein kann.

c) Wie lautet die Übertragungsfunktion $G(p) = \frac{Y(p)}{X(p)}$?

d) Untersuchen Sie den Einfluß der Anfangswerte $u_C(0)$, $i_L(0)$ auf die Zustandsgrößen z_1, z_2 über den Bildbereich für die Zahlenwerte $R = 3\,\Omega$, $L = 1\,\mathrm{H}$, $C = 0,5\,\mathrm{F}$.

e) Stellen Sie $z_1(t)$, $z_2(t)$ über t für die Anfangswerte $z_1(0) = 1\,\mathrm{V}$, $z_2(0) = 1\,\mathrm{A}$ dar und bestimmen Sie die Trajektorie des Zustandsvektors.

f) Bei gegebenen Anfangswerten $z_1(0)$, $z_2(0)$ werde zur Zeit $t = 0$ ein Einschaltstromsprung $i_q(t) = I_Q s(t)$ angelegt. Wie kann die Ausgangsspannung $u_a(t)$ berechnet werden?

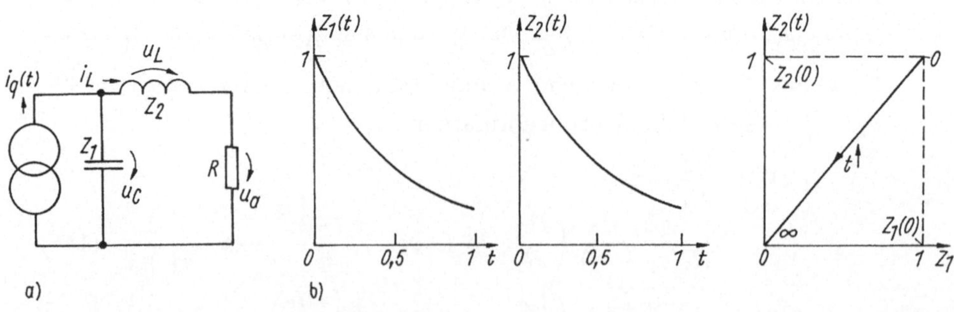

Bild 11.5/15

Hinweis: Die Aufgabe kann über die Netzwerk-Differentialgleichung, die Zustandsgleichung oder den Bildbereich gelöst werden.

Lösung:

a) Kondensatorspannung u_C und Spulenstrom i_L sind natürliche Zustandsvariable. Es folgen die Netzwerkgleichungen

$$\frac{du_C(t)}{dt} = -\frac{i_L}{C} + \frac{i_q(t)}{C}, \quad \frac{di_L}{dt} = \frac{u_C}{L} - \frac{R}{L}i_L \tag{1}$$

und für die Ausgangsspannung $u_a = Ri_L$. Wir setzen $z_1 \equiv u_C$, $z_2 \equiv i_L$, $x(t) = i_q(t)$ und erhalten die Standard-Zustandsgleichung

$$z' = Az + Bx; \quad y = Cz + Dx$$

mit

$$A = \begin{pmatrix} 0 & -\frac{1}{C} \\ \frac{1}{L} & -\frac{R}{L} \end{pmatrix}, \quad B = b = \begin{pmatrix} \frac{1}{C} \\ 0 \end{pmatrix}, \quad c^{\mathrm{T}} = \begin{pmatrix} 0 & R \end{pmatrix}, \quad d = 0. \tag{2}$$

b) Es gilt für die neuen Zustandsvariablen: $z_1^* = u_C = z_1$, $z_2^* = u_L = u_C - Ri_L = z_1 - Rz_2$. Das sind zwei unabhängige Linearkombinationen von u_C und i_L, die damit auch Zustandsvariable sein können.

c) Zur Berechnung der Übertragungsfunktion transformieren wir Gl.(1) in den Bildbereich ($u_C \rightarrow U_C$)

$$pU_C - u_C(-0) = \frac{-I_L}{C} + \frac{I_q}{C}, \quad pI_L - i_L(-0) = \frac{U_C}{L} - \frac{R}{L}I_L \tag{3}$$

und erhalten mit $U_a = I_L R$ die Übertragungsfunktion (für verschwindende Anfangswerte)

$$G(p) = \frac{Y(p)}{X(p)} = \frac{U_a(p)}{I_q(p)} = \frac{R}{LCp^2 + RCp + 1}. \tag{4}$$

Im Nenner von Gl.(4) treten die Eigenwerte λ_i der Systemmatrix A auf, ermittelt aus $\det(\lambda_i E - A) = 0$:

$$\begin{pmatrix} \lambda & \frac{1}{C} \\ -\frac{1}{L} & \lambda + \frac{R}{L} \end{pmatrix} = 0 \rightarrow \lambda_{1/2} = -\frac{R}{2L} \pm \sqrt{\left(\frac{R}{2L}\right)^2 - \frac{1}{LC}}.$$

Es sind die Frequenzen der freien Schwingung des angestoßenen ($\rightarrow$ $u_C(0)$, $i_L(0)$) LC-Kreises.

Grundsätzlich kann die Übertragungsfunktion $G(p)$ auch durch direkte Transformation der Zustandsgleichung (2) gewonnen werden:

$$G(p) = \frac{Y(p)}{X(p)} = C\Phi(p)b \tag{5}$$

mit $\Phi(p) = (pE - A)^{-1}$. Dabei gelten $pE - A = \begin{pmatrix} p & \frac{1}{C} \\ -\frac{1}{L} & p + \frac{R}{L} \end{pmatrix}$ und

$$\Phi = (pE - A)^{-1} = \frac{1}{\Delta}\begin{pmatrix} p + \frac{R}{L} & -\frac{1}{C} \\ \frac{1}{L} & p \end{pmatrix} \tag{6}$$

$\Delta = p^2 + \frac{R}{L}p + \frac{1}{LC}$. Zusammengefaßt wird daraus nach Gl.(5)

$$G(p) = \frac{(\,0\ R\,)}{\Delta} \left(\begin{array}{cc} p + \frac{R}{L} & -\frac{1}{C} \\ \frac{1}{L} & p \end{array} \right) \left(\begin{array}{c} \frac{1}{C} \\ 0 \end{array} \right),$$

mit der Lösung Gl.(4).

d) Die Zustandsübergangsmatrix $\boldsymbol{\Phi}(p)$ lautet für die Werte $R = 3\,\Omega$, $C = 0,5\,\mathrm{F}$, $L = 1\,\mathrm{H}$ nach Gl.(6) in dimensionsloser Form (Bezug auf die Grundeinheiten)

$$\boldsymbol{\Phi} = (p\boldsymbol{E} - \boldsymbol{A})^{-1} = \frac{1}{\Delta} \left(\begin{array}{cc} p+3 & -1 \\ 1 & p \end{array} \right) \tag{7}$$

mit $\Delta = p(p+3) + 2 = p^2 + 3p + 2 = (p+1)(p+2)$.

Die Zustandstransitionsmatrix $\boldsymbol{\Phi}(t)$ ergibt sich durch gliedweise Rücktransformation von $\boldsymbol{\Phi}(p)$. Da einfache Pole vorliegen, wird (mit Tafel)

$$\begin{aligned} \boldsymbol{\Phi}(t) &= \mathrm{LT}^{-1}\left(\boldsymbol{\Phi}(p) \right) \\ &= \left(\begin{array}{cc} 2\exp(-t) - \exp(-2t) & -2\exp(-t) + 2\exp(-2t) \\ \exp(-t) - \exp(-2t) & -\exp(-t) + 2\exp(-2t) \end{array} \right). \end{aligned} \tag{8}$$

Das erste Glied beispielsweise ergibt

$$\frac{p+3}{(p+1)(p+2)} \quad\bullet\!\!-\!\!\circ\quad \frac{\exp(-t) - 2\exp(-2t)}{1-2} + 3\left(\frac{\exp(-t) - \exp(-2t)}{2-1} \right)$$
$$= 2\exp(-t) - \exp(-2t)$$

usw.

Die Anfangswerte $z_1(0)$, $z_2(0)$ bestimmen das Nulleingangsverhalten, wir erhalten

$$\left(\begin{array}{c} z_1(t) \\ z_2(t) \end{array} \right) = \boldsymbol{\Phi}(t) \left(\begin{array}{c} z_1(0) \\ z_2(0) \end{array} \right)$$
$$= \left(\begin{array}{c} z_1(0)(2\exp(-t) - \exp(-2t)) + z_2(0)(-2\exp(-t) + 2\exp(-2t)) \\ z_1(0)(\exp(-t) - \exp(-2t)) + z_2(0)(-\exp(-t) + 2\exp(-2t)) \end{array} \right). \tag{9}$$

e) Für die Anfangswerte $z_1(0) = z_2(0) = 1$ lautet das Nulleingangsverhalten aus Gl.(9) zusammengefaßt

$$z_1(t) = z_1(0)\exp(-2t), \quad z_2(t) = z_2(0)\exp(-2t). \tag{10}$$

Bild 11.5/15b gibt die Verläufe an. Die Trajektorie oder Phasenkurve ist die Darstellung von $z_2(t)$ über $z_1(t)$ mit der Zeit als Parameter. Sie entartet hier zu einer Geraden.

f) Das Einschaltverhalten kann verschiedenartig gelöst werden

- mit der Übertragungsfunktion $G(p)$ Gl.(4) und $I_\mathrm{q}(p) = \frac{I_\mathrm{Q}}{p}$ sowie Rücktransformation, dabei sind verschwindende Anfangswerte angenommen. Grundsätzlich lassen sich aber aus Gl.(3) auch $U_\mathrm{a}(p)$ als Funktion von $I_\mathrm{q}(p)$ und der Anfangswerte darstellen und rücktransformieren. Zustandsvariable treten bei diesem Verfahren nicht explizit auf.

- durch Bestimmung des Zeitverlaufs der Zustandsvariablen $z_1(t)$, $z_2(t)$ etwa direkt über die Lösung im Zeitbereich (s. Aufg. 8.7/10) oder die Zustandsgleichung im Bildbereich (III/Gl.(8.5/17))
$$\boldsymbol{Z}(p) = \boldsymbol{\Phi}(p)\boldsymbol{B}\boldsymbol{X}(p) + \boldsymbol{\Phi}(p)\boldsymbol{z}(0) \text{ und } \boldsymbol{Y}(p) = \boldsymbol{C}\boldsymbol{Z}(p) + \boldsymbol{D}\boldsymbol{X}(p) \tag{11}$$

und die Ausgabegleichung rechts. Da $\boldsymbol{\Phi}(p)$ und $\boldsymbol{B}$ bekannt sind (Gl.(7), (2)), ist für den erregungsabhängigen Teil anzusetzen:

$$\begin{pmatrix} Z_1(p) \\ Z_2(p) \end{pmatrix} = \frac{1}{\Delta} \begin{pmatrix} p+3 & -2 \\ 1 & p \end{pmatrix} \begin{pmatrix} 2 \\ 0 \end{pmatrix} \frac{I_Q}{p} = \frac{1}{\Delta} \begin{pmatrix} 2(p+3) \\ 2 \end{pmatrix} \frac{I_Q}{p}. \quad (12)$$

Die Rücktransformation erfolgt gliedweise. Die Ausgangsspannung $U_a(p)$ ergibt sich über die Ausgabegleichung

$$U_q(p) = \begin{pmatrix} 0 & R \end{pmatrix} \begin{pmatrix} Z_1(p) \\ Z_2(p) \end{pmatrix} = R Z_2(p) \quad (13)$$

(Einbezug des Anfangsvektors möglich). Die Lösung mit der Übertragungsfunktion ist zwar kürzer, der zweite Weg eröffnet aber Einblick in die Systemdynamik.

- Bei der Lösung im Zeitbereich (Nullzustandsanteil) ist von

$$\boldsymbol{z}(t) = \int_0^t \exp(\boldsymbol{A}(t-\tau))\boldsymbol{b}x(\tau)\,\mathrm{d}\tau$$

$$= \int_0^t \begin{pmatrix} 2\exp(-t') - \exp(-2t') & -2\exp(-t') + 2\exp(-2t') \\ \exp(-t') - \exp(-2t') & -\exp(-t') + 2\exp(-2t') \end{pmatrix} \begin{pmatrix} 2 \\ 0 \end{pmatrix} I_Q\,\mathrm{d}\tau$$

$$\quad (14)$$

$(t' = t - \tau)$ mit $(x(\tau) = I_Q s(t) \equiv I_Q)$ auszugehen:

$$\boldsymbol{z}(t) = \int_0^t \begin{pmatrix} 2(2\exp(-t') - \exp(-2t')) \\ 2(\exp(-t') - \exp(-2t')) \end{pmatrix} I_Q\,\mathrm{d}\tau.$$

Mit dieser Lösung und dem Nulleingangsanteil wird dann die Ausgangsgröße $u_a(t) = \boldsymbol{C}\boldsymbol{z}(t)$ berechnet (Weg aufwendig).

Diskussion: Es wurde bereits mehrfach darauf verwiesen, daß die Anwendung der Übertragungsfunktion bei kleinen Netzwerken Vorteile bietet und in jedem Fall beschritten werden sollte. Für die dynamische Analyse größerer (und nichtlinearer!) Netzwerke ist das Zustandsverfahren allerdings transparenter.

Teil B

Selbstkontrolle

1. Selbstkontrolle der Kenntnisse

Einige allgemeine Hinweise zum Kenntnisnachweis finden sich im Arbeitsbuch 1. Bei der Stofferarbeitung dienen die Zielsetzungen der einzelnen Abschnitte des Lehrbuches als Orientierungshilfe, ebenso die in diesem Abschnitt zusammengestellten Testfragen und -aufgaben. Sie sollten dazu auch die Fragen zur Selbstkontrolle am Ende einzelner Abschnitte des Lehrbuches heranziehen. Die Kontrollaufgaben beschränken sich auf grundsätzliche Zusammenhänge. Dabei kommt es nicht darauf an, als Antwort nur die Formel zu sehen, sondern den physikalischen Gehalt (und Zusammenhang) wiederzugeben. Stets werden durch Formeln *physikalische* Größen miteinander verknüpft, also physikalische Sachverhalte wiedergegeben. Auf diese Weise festigt sich mit der Zeit ein *verstandener* Vorrat von Grundkenntnissen, die notwendige Basis zur Lösung von Übungsaufgaben.

Wollen Sie die Bearbeitung der Kontrollfragen zur Kontrolle Ihres Stoffverständnisses einsetzen (wofür sie gedacht sind), so sollten Sie keinerlei weitere Hilfsmittel verwenden. Von den angegebenen Lösungen sind i.a. mehrere gültig (dies schließt das "sichere Empfinden" aus, wenn man weiß, daß nur ein Lösung richtig ist). Dort, wo die Lösung einen Kommentar verdient, ist er angegeben (ggf. auch Bezug auf das Repetitorium). Sie sollten pro Aufgabe nicht länger als 1...2 Minuten verweilen müssen, wenn Sie den Stoff beherrschen. In vielen Fällen wurde auf einige mehr oder weniger fragenrelevante Übungsaufgaben verwiesen, anhand derer Sie sofort überprüfen können, ob Sie Ihr Wissen auch zur Problemlösung anwenden können.

7 Wechselstromtechnik

7.1 Können in der Sinusfunktion $A\cos\omega t + B\sin\omega t = C\cos(\omega t + \varphi)$ die Konstanten A, B größer als C sein: a) nein, b) ja?

7.2 Eine Steckdose trägt die Aufschrift 230 V/50 Hz. Welche der folgenden Zeitfunktionen verbirgt sich hinter der Angabe?
a) $230\,\text{V}\cos(50t + \varphi)$, b) $325\,\text{V}\cos(50t + \varphi)$, c) $\frac{230}{\sqrt{2}}\,\text{V}\sin(50t + \varphi)$,
d) $325\,\text{V}\cos(314t + \varphi)$, e) $230\,\text{V}\cos(314t + \varphi)$, f) etwas anders.

7.3 Ein sinusförmiger Strom habe den Maximalwert von 20 mA, nach einer Zeit von 1 ms wiederhole sich der Verlauf und im Zeitnullpunkt werden 10 mA gemessen.

1. Welche Frequenz besitzt die Schwingung: a) 50 Hz, b) 1000 Hz, c) 500 Hz?
2. Welche Kreisfrequenz gehört dazu: a) $2000\,\text{rads}^{-1}$, b) $1000\,\text{rads}^{-1}$, c) $50\,\text{rads}^{-1}$?
3. Wie lauten die Bestimmungsstücke, wenn der Verlauf durch $i(t) = I\cos(\omega t + \varphi_i)$ beschrieben werden soll? $\hat{I}$: a) 10 mA, b) 20 mA, c) 100 mA, : s. Aufgabe 2, φ_i: a) $0°$, b) $30°$, c) $60°$, d) $-60°$.

7.4 Eine Treppenspannung (beginnend von 0 V, Treppenstufe 1 V, Stufenbreite τ, Periode $T = 7\tau$) hat einen linearen Mittelwert von a) 2,68 V, b) 3 V, c) 5,5 V und einen Effektivwert U_{eff} von a) 10 V, b) 2,56 V, c) 3,6 V.

7.5 Eine Sägezahnfunktion (pro Periode zwei gleiche Sägezähne gleicher Amplitude, einmal nur positiv, einmal positiv-negativ wechselnd) hat in beiden Fällen a) verschiedene, b) gleiche Effektivwerte.

7.6 Ist die komplexe Impedanz definiert als Verhältnis von Spannung und Strom sinusförmig zeitveränderlicher Größen: a) ja, b) nein?

7.7 Ein Netzwerk habe bei gegebener Frequenz die normierte Impedanz 1-j1. Welche der folgenden Erklärungen gelten nicht: (Wählen Sie Antwort d, wenn mehr als ein Kriterium nicht gilt.) Die Schaltung könnte sein:
a) Reihenschaltung von R, C, b) Parallelschaltung von R, C,
c) Reihenschaltung von R, L, C, d) etwas anderes.

7.8 Eine zeitabhängige Spannung $u(t) = \hat{U}\cos(\omega t + \varphi)$ hat
1. die komplexe Amplitude: a) $\hat{U}\exp\text{j}(\omega t + \varphi)$, b) $\frac{\hat{U}}{\sqrt{2}}\exp\text{j}\varphi$, c) $\hat{U}\exp\text{j}\varphi$, d) $\underline{U}$, e) $\underline{\hat{U}}$
2. den komplexen Scheitelwert: a) $\hat{U}\exp\text{j}(\varphi + \pi/2)$, b) $-\text{j}\hat{U}\exp\text{j}\varphi$, c) $\hat{U}\exp\text{j}\varphi$
3. den komplexen Effektivwert: a) $\frac{\text{j}\hat{U}}{\sqrt{2}}$, b) $\frac{\hat{U}}{\sqrt{2}}\exp\text{j}\varphi$, c) $\frac{\hat{U}}{\sqrt{2}}$, d) $\underline{U}$.

7.9 Zum komplexen Scheitelwert $\underline{\hat{U}} = \text{j}\hat{U}$ gehört die Zeitfunktion $u(t)$:
a) $-\hat{U}\sin\omega t$, b) $\hat{U}\cos\omega t$, c) $\hat{U}\cos(\omega t - \pi/2)$.

7.10 1. Die Reihenschaltung von Widerstand R und Kondensator C hat bei der Kreisfrequenz die (komplexe) Admittanz: a) $\frac{1}{R+\text{j}\omega C}$, b) $\text{j}\omega C$ c) $\frac{\text{j}\omega C}{1+\text{j}\omega RC}$.
2. Der Phasenwinkel der komplexen Admittanz lautet a) $\arctan\frac{1}{\omega RC}$, b) $-\arctan\omega RC$, c) $\arctan\frac{1}{1+\omega RC}$.
3. Kann der Realteil der Admittanz negativ werten: a) ja, b) nein?

7.11 Die Reihenschaltung von Widerstand R und Kondensator C hat bei der Kreisfrequenz ω den Scheinwiderstand: a) $-\frac{1}{\omega C} + R$, b) $R + \frac{1}{\omega C}$, c) $\sqrt{R^2 + \left(\frac{1}{\omega C}\right)^2}$.

7.12 Die Parallelschaltung eines Widerstandes $R = 1\,\text{k}\Omega$ und einer Spule $L = 50\,\text{mH}$ hat bei der Kreisfrequenz $\omega = 10^4\,\text{rads}^{-1}$
1. die Impedanz $\underline{Z}$: a) $(1 - \text{j}0,5)\,\text{k}\Omega$, b) $(1000 + \text{j}500)\,\Omega$, c) $(\text{j}1000 - 500)\,\Omega$,
2. die Admittanz $\underline{Y}$: a) $(0,4 + \text{j}0,8)\,\text{S}$, b) $(0,8 + \text{j}0,7)\,\text{mS}$, c) $(0,8 - \text{j}0,4)\,\text{mS}$.

7.13 Kann ein beliebiges, nur aus den Elementen R, L, C bestehendes Netzwerk bei einer bestimmten Frequenz durch eine Ersatzschaltung nur aus einem Widerstand R und einem Energiespeicherelement der gleichen Impedanz oder Admittanz ersetzt werden: a) ja, b) nein?

7.14 An eine ideale Spannungsquelle $(\rightarrow \underline{U}_q)$ ist die Reihenschaltung einer Induktivität $(L = 0,25\,\mathrm{H})$ und einer Kapazität $(C = 1\,\mathrm{F})$ angeschlossen.
1. Kann die Schaltung zwischen den Kondensatorklemmen als ideale Stromquelle wirken: a) ja, b) nein?
2. Für welche Kreisfrequenzen : a) $\omega = 6\,\mathrm{rads}^{-1}$, b) $\omega = 2\,\mathrm{rads}^{-1}$, c) $\omega = 0$ ergibt sich eine sinnvolle Antwort (Aufgabe 1)?

7.15 Gegeben ist die Parallelschaltung R_1 und Kondensator C, diesem Gesamtzweipol ist der Widerstand R_2 reihengeschaltet. Die Ortskurve der (Gesamt-)Impedanz $\underline{Z}(\omega)$ ist bei variabler Frequenz : a) ein Kreisabschnitt, b) ein Geradenabschnitt, c) keines von beiden.

7.16 Zwei Zweige $\underline{Z}_1 = R_1 + \mathrm{j}\omega L$ und $\underline{Z}_2 = R_2 + \frac{1}{\mathrm{j}\omega C}$ sind parallelgeschaltet $(R_1 = 20\,\Omega,\ \omega L = 30\,\Omega,\ R_2 = 10\,\Omega,\ C$ variabel, $f = 50\,\mathrm{Hz})$. Die Admittanzortskurve $\underline{Y}(C)$ der Parallelschaltung $\frac{1}{\underline{Z}_1} + \frac{1}{\underline{Z}_2}$
1. ist a) ein Geradenabschnitt, b) ein Kreisabschnitt, c) keines von beiden
2. hat a) eine reelle Nullstelle, b) zwei reelle Nullstellen, c) drei reelle Nullstellen
3. Kondensatorwerte für die Nullstelle sind a) $C = 48,77\,\mu\mathrm{F}$, b) $77,9\,\mu\mathrm{F}$, c) $1302\,\mu\mathrm{F}$.

7.17 Wodurch wird das Bode-Diagramm der Netzwerkfunktion $G(\mathrm{j}\omega) = \frac{1}{\mathrm{j}\omega}$ gekennzeichnet:
a) Konstant 0 dB für $\omega < 1\,\mathrm{rads}^{-1}$ und Steigung $+20$ dB/Dek. bei $\omega > 1\,\mathrm{rads}^{-1}$, b) wie a), jedoch Steigung $- 20$ dB/Dek, c) Gerade mit Steigung 20 dB/Dek. durch Punkt 0 dB und $\omega = 1\,\mathrm{rads}^{-1}$, d) wie c), jedoch Steigung -20 dB/Dek, e) durch keine der genannten Formen.

7.18 Wodurch wird das Bode-Diagramm der Netzwerkfunktion $G(\mathrm{j}\omega) = \frac{1}{1 + \mathrm{j}\omega}$ gekennzeichnet (ω normiert auf Grundeinheit):
a) Konstant 0 dB für $\omega < 1$, Steigung $+20$ dB/Dek. für $\omega > 1$, b) dto. a), jedoch Steigung -20 dB/Dek., c) Gerade mit Steigung $+20$ dB/Dek. durch Punkt 0 dB bei $\omega = 1$, d) anders.

7.19 Das Bode-Diagramm einer Netzwerkfunktion (konstanter Zähler, Nenner erster Ordnung) geht vom konstanten Wert 20 in eine Steigung -20 dB/Dek. bei $\omega = 10\,\mathrm{rads}^{-1}$ über. Welche Netzwerkfunktion gehört dazu: a) $\frac{10}{10+\mathrm{j}\omega}$, b) $\frac{10}{1+\mathrm{j}\omega/10}$, c) $\frac{1}{10+\mathrm{j}\omega}$, d) andere?

7.20 Gegeben ist ein Zweipol mit positivem Phasenwinkel seiner Admittanz. Ist der Leistungsfaktor dieses Netzwerkes a) voreilend, b) nacheilend, c) beides?

7.21 Ein Zweipol habe positive Blindleistung. Welcher Leistungsfaktor gehört dazu: a) voreilend, b) nacheilend, c) keines von beiden?

7.22 An einem Zweipol treten die Zeiger $\underline{U}, \underline{I}$ auf. Wie ist die zugehörige Blindleistung Q definiert: a) $\mathrm{Re}(\underline{U}\underline{I})$, b) $\mathrm{Im}(\underline{U}\underline{I})$, c) $\mathrm{Re}(\underline{U}\underline{I}^*)$, d) $\mathrm{Im}(\underline{U}\underline{I}^*)$, e) anders?

7.23 An einer (komplexen) Impedanz $\underline{Z} = 5\,\Omega\exp\mathrm{j}\frac{\pi}{4}$ liegt die Spannung $\underline{U} = 10\,\mathrm{V}\exp-\mathrm{j}\frac{\pi}{3}$. Die Wirkleistung beträgt: a) 10 W, b) 14,14 W, c) $20\sqrt{2}$ W.

8 Netzwerke

8.1 Eine ideale Spannungs- und Stromquelle werden parallelgeschaltet. Die Gesamtanordnung hat die Eigenschaften a) der idealen Spannungsquelle, b) der idealen Stromquelle, c) keiner von beiden.

8.2 Eine ideale Spannungs- und Stromquelle werden reihengeschaltet. Die Gesamtanordnung hat die Eigenschaften a) der idealen Stromquelle, b) der idealen Stromquelle, c) keiner von beiden.

8.3 Zwei (verschiedene) ideale Spannungsquellen werden parallelgeschaltet. Was gilt: a) die Spannungen addieren sich, b) die Anordnung verletzt den Maschensatz und ist daher nicht erlaubt, c) keines von beiden trifft zu?

8.4 Zwei (verschiedene) ideale Stromquellen werden reihengeschaltet. Was gilt: a) die Ströme addieren sich, b) die Anordnung verletzt den Knotensatz und ist daher nicht erlaubt, b) keines von beiden trifft zu?

8.5 Ein (als linear bezeichneter) Widerstand habe einen Temperaturkoeffizienten und linearen Temperatureinfluß. Der Widerstand a) hat eine lineare u-i-Relation, b) hat keine lineare u-i-Relation, c) keines von beiden trifft zu.

8.6 An einer (linearen, zeitunabhängigen) Induktivität liegt eine (ideale) Stromquelle $i(t) = I_0't\exp-at$ $(i(t) = 0,\ t < 0,\ i(t) > 0,\ t > 0)$.
1. Der Strom
a) steigt kontinuierlich an, b) hat ein Maximum, c) fällt monoton, d) fällt mit $t \to \infty$ auf Null.
2. Die Spannung an der Induktivität
a) fällt kontinuierlich, b) kehrt zeitweilig das Vorzeichen um, c) hat ein Maximum.
3. In welchem Zeitbereich wird Energie in der Spule gespeichert
a) ständig, b) im Bereich 0 bis zur ersten Nullstelle der Spannung, c) im Bereich, für den die Leistung $p > 0$.
4. Die der Spule zugeführte Leistung ist
a) beständig positiv, b) Null, c) teils positiv, teils negativ.
5. Die Integrale $\int_0^{t_0} p\,\mathrm{d}t$, $\int_{t_0}^{\infty} p\,\mathrm{d}t$ haben die Bedeutung
a) der (irreversiblen) Verlustenergie, b) zugeführten bzw. abgeführten Speicherenergie, c) der von der Stromquelle gelieferten bzw. ihr zugeführten Energie.

8.7 Ein Kondensator (linear, zeitunabhängig) verhält sich wie :
a) leerlaufend bei konstanter Klemmenspannung, b) kurzgeschlossen bei konstanter Klemmenspannung, c) leerlaufend bei sehr großer Klemmenspannungsänderung, d) kurzgeschlossen bei sehr großen Klemmenspannungsänderung?

8.8 An den Kondensatorklemmen trete die Leistung $p(t)$ auf, dabei gelte $u \sim t$.
1. Welchen Zeitverlauf hat $p(t)$
a) zeitlich konstant, b) zeitlinear steigend, c) zeitquadratisch steigend, d) andere Zeitfunktion? e) Wie ändert sich die Leistung $p(t)$, wenn der Anstieg der Funktion $u \sim t$ verdoppelt wird: a) wird halbiert, b) bleibt, c) verdoppelt sich, d) ändert sich anders?

8.9 Ein geladener (linear zeitunabhängiger) Kondensator wird einem ungeladenen parallelgeschaltet.
1. Wie verhält sich die Spannung über dem Ausgangskondensator
a) steigt, b) bleibt erhalten, c) sinkt, d) keine der genannten Antworten?
2. Welchen Zeitverlauf hat der Ausgleichsstrom:
a) sprungförmig, b) zeitlinear steigend, c) exponentiell abnehmend, d) Impuls, e) andere Form?

8.10 Wie lautet das Integral der Sprungfunktion $f(t) = s(t - 3)$ (normierte Darstellung):
a) $ts(t - 3)$, b) $ts(t - 3) - s(t - 3)$, c) anders?

8.11 Welche Ableitung hat $f(t) = ts(t - 1)$ (normierte Darstellung):
a) $s(t - 1)$, b) $\delta(t - 1) + s(t - 1)$, c) anders?

8.12 Welche Ableitung hat $f(t) = (t - 3)s(t - 2)$ (normierte Darstellung):
a) $(t - 3)$, b) $(t - 3)\delta(t - 2)$, d) $s(t - 2) - 2\delta(t - 2)$, e) eine andere?

8.13 Eine ideale Spannungsquelle (zeitkonstante Spannung) wird an einen ungeladenen Kondensator geschaltet (kein Kreiswiderstand vorhanden). Nach welcher Zeit ist der Kondensator geladen:
a) Zeit null, b) endliche Zeit, c) unendliche Zeit?

8.14 Die Funktion $f(t) = A\cos(\omega t + \varphi)s(t)$
a) ist eine harmonische Funktion definiert im Bereich $-\infty < t < \infty$, b) ist eine harmonische Funktion, die zur Zeit $t = 0''$ eingeschaltet wird (für $-\infty < t \leq 0$: $f(t) = 0$), c) ist ein periodisch wiederkehrender Einschalt-/Ausschaltvorgang.

8.15 Die Ableitung $\frac{df}{dt}$ von $f(t) = A\cos(\omega t + \varphi)s(t)$ lautet:
a) $-A\omega\sin(\omega t + \varphi)$, b) $-A\omega\sin(\omega t + \varphi)s(t)$, c) $A(\delta(t)\cos\varphi - A\omega(\omega t + \varphi)s(t))$.

8.16 An einem Kondensator C wird die Spannung $A\sin(\omega t + \varphi)s(t)$ zur Zeit t geschaltet. Es fließt der Strom i:
a) $CA\omega\cos(\omega t + \varphi)$, b) $\omega CA\cos(\omega t + \varphi) + CA\delta(t)\sin\varphi$, c) $CA\delta(t)\sin(\omega t + \varphi)$.
Aufgabe 11.3/5.

8.17 Gegeben ist ein resistives Netzwerk mit unabhängigen Spannungsquellen. Was gilt bezüglich der Elemente der Widerstandsmatrix $\boldsymbol{R}$:
1. Kann die Maschenstromanalyse auf jedes derartige Netzwerk angewendet werden: a) ja, b) nein?
2. Was gilt für das Netzwerk nicht: a) Jedes Hauptdiagonalelement ist gleich der Summe der Maschenwiderstände, b) der Widerstand R_{ij} ist gleich der

Summe aller Widerstände, die den Maschen i und j gemeinsam sind, c) die Matrix ist stets symmetrisch, d) Bedingungen a)...c) treffen zu?

3. Zu jeder Spannungsquelle wird ein konstanter Wert addiert. Die Maschenströme:

a) ändern sich um den gleichen konstanten Wert, b) bleiben erhalten, c) ändern sich beliebig.

Aufgabe 8.3/2.

8.18 Gegeben ist ein resistives Netzwerk mit unabhängigen Stromquellen.

1. Was gilt bezüglich der Leitwertmatrix G *nicht*: a) Jedes Hauptdiagonalelement ist gleich der Summe aller am betreffenden Knoten angeschlossenen Leitwerte. b) Der Gesamtleitwert zwischen den Knoten i und j ist gleich dem Element G_{ij} der Matrix. c) Das Element G_{ij} ist stets der negativen Summe aller Leitwerte zwischen Knoten i, j. d) Die Matrix ist immer symmetrisch. e) Es treffen a)...d) zu.

2. Ändern sich Matrixelemente, wenn die Richtung einer Knotenspannung bezüglich des Bezugsknotens vertauscht wird: a) ja, b) nein?

3. Welche Eigenschaften haben die Elemente der Leitwertmatrix G des o.a. Netzwerkes:

a) Die Summe der Nebendiagonalelemente einer Zeile oder Spalte ist stets größer als das Hauptdiagonalelement der Zeile oder Spalte, b) das Hauptdiagonalelement R_{ii} ist stets größer als die negative Summe aller Nebendiagonalelemente der Zeile oder Spalte, c) weder a) noch b) treffen zu?

4. Gelten die Ergebnisse 1)...3) im Zeitbereich, wenn das Netzwerk lineare, zeitunabhängige Elemente R, L, C und sinusförmige Stromquellen enthält: a) ja, b) nein?

Aufgabe 8.2/2.

8.19 Was gilt bezüglich der Matrixelemente der Knotenspannungsmatrix in einem linearen resistiven Netzwerk nicht mehr, wenn wenigstens eine gesteuerte Stromquelle auftritt: a) Symmetrie der Nebendiagonalelemente, b) Hauptdiagonalelemente sind stets positiv, c) die Koeffizientendeterminante ist immer von Null verschieden, d) das Netzwerk ist stabil?

8.20 Gegeben ist die Spannungsquellenersatzschaltung eines Netzwerkes, der eine ideale Stromquelle parallelgeschaltet wird: a) ändert sich die Spannungsquellenersatzschaltung, b) die Spannungsquellenersatzschaltung bleibt erhalten, c) es existiert keine Spannungsquellenersatzschaltung mehr.

8.21 Die Spannungsquellenersatzschaltung eines (resistiven) Netzwerkes bestehe nur aus einem Innenwiderstand. Welche Netzwerkelemente kann das Netzwerk enthalten: a) nur Widerstände, b) Widerstände und unabhängige Quellen, c) Widerstände und gesteuerte Quellen, d) Elemente b und c?

8.22 Eine spannungsgesteuerte Stromquelle wird zu einem Widerstand R in Reihe geschaltet, der Spannungsabfall über R ist gleich der Steuerspannung. Die Stromquellenersatzschaltung dieses Zweipols besteht aus: a) nur einem Ersatzinnenwiderstand ∞, b) einer gesteuerten Stromquelle parallel zu $1/R$, c) einer anderen Anordnung.

8.23 Ein Wechselstromnetzwerk (mehrere Knoten, ein Masseknoten N) habe zwischen zwei Knoten 1, 2 eine ideale Stromquelle (in Reihe mit einer Induktivität L), zwischen Knoten 2 und Masse eine ideale Spannungsquelle. Alle Netzwerkknoten sind mit Widerständen R verbunden (Skizze! Betrachtung im Frequenzbereich).
1. Die Stromquelle wird einseitig von Knoten 2 abgetrennt und mit Masse N verbunden. Ändern sich die Knotenspannungen: a) ja, b) nein?
2. Die Induktivität L wird durch eine (beliebige) Kapazität ausgetauscht. Ändern sich die Knotenspannungen: a) ja, b) nein?
3. Es werden alle Netzwerkwiderstände R geändert. Ändert sich die Spannung über der idealen Stromquelle: a) ja, b) nein?

8.24 Erfüllen zwei beliebige Klemmenpaare, die aus einem Netzwerk herausgezogen werden, die Bedingung eines Vierpoles: a) ja, b) nein?

8.25 Das Element y_{11} der Leitwertmatrix eines allgemeinen Vierpols (mit RLC-Elementen im Frequenzbereich):
1. ist die reziproke Eingangsimpedanz bei: a) Kurzschluß am Tor 2, b) Leerlauf am Tor 2, c) Abschluß mit - y_{11} am Tor 2, d) Abschluß mit dem Wellenwiderstand?
2. ist: a) positiv reell, b) stets reell, c) allgemein komplex, d) negativ komplex?

8.26 Ein Vierpol (Leitwertparameterbeschreibung, symmetrische Stromrichtung) wird mit einer Kurzschlußlängsverbindung zwischen Ein- und Ausgang versehen. Wie groß ist ein Eingangsleerlaufleitwert: a) Y_{11}, b) $Y_{11} + Y_{22}$, c) $Y_{11} + Y_{12} + Y_{21} + Y_{22}$, d) $Y_{22} + Y_{21}$?

8.27 Die Reziprozitätsbedingung eines Vierpoles (symmetrische Stromrichtung) wird ausgedrückt durch a) $Y_{21} = Y_{12}$, b) $Y_{21} = -Y_{12}$. c) $Y_{21} + Y_{11} = Y_{22} + Y_{12}$.

8.28 Welche der folgenden Vierpoldarstellungen (Matrixformen) a) $\boldsymbol{Z}$, b) $\boldsymbol{Y}$, c) $\boldsymbol{H}$, d) $\boldsymbol{G}$, e) $\boldsymbol{A}$ sind am zweckmäßigsten zur Kennzeichnung folgender realer gesteuerter Quellen:
1. spannungsgesteuerte Stromquelle, 2. spannungsgesteuerte Spannungsquelle, 3. stromgesteuerte Spannungsquelle?

8.29 Für welchen der nachfolgenden Vierpole existiert die Kettenmatrix nicht: a) Widerstand im Längszweig einer Paralleldrahtleitung, b) einzelnes Querelement, c) spannungsgesteuerte Stromquelle, d) existiert nicht für mehr als einen der genannten Fälle, d) für alle Fälle a)...c)?

8.30 Das Leerlaufspannungs-Übertragungsverhältnis vorwärts eines Vierpols wird ausgedrückt durch a) $\frac{U_2}{U_1}$, b) $\frac{U_2}{U_1}\big|_{I_2=0}$, c) A_{11}^{-1}, d) $\frac{Y_{21}}{Y_{22}}$, e) H_{21}.

8.31 Ein idealer Übertrager erfüllt folgende Bedingungen (Verlustwiderstände zu Null gesetzt):
a) Streufaktor $\sigma = 0$, b) $\sigma = 1$, c) $M = \sqrt{L_1 L_2}$, d) $ü = 1$, e) $M \to \infty$, f) $L_1 L_2 \to \infty$.

Aufgaben 8.5/1, 8.5/2.

8.32 Ein Übertrager wird beschrieben durch die Elemente a) $L_1 L_2$, M, b) $L_1 L_2$, c) L_1/L_2.

8.33 Ein idealer Übertrager (symmetrische Stromrichtungen) und Übersetzungsverhältnis $ü = U_1/U_2$ hat das Stromverhältnis I_1/I_2: a) $-1/ü$, b) $ü$, c) $-ü$. Aufgabe 8.5/4.

8.34 Hängt das Vorzeichen der Gegeninduktivität gekoppelter Spulen vom gegenseitigen Windungssinn ab: a) nein, b) ja?

8.35 Welche Eigenschaften treffen auf eine (ideale) gesteuerte Quelle zu:
a) Sie wirkt nur in einer Richtung (nicht umkehrbar), b) die Quellengröße hängt von einer anderen Netzwerkgröße (Steuergröße ab), c) sie ist als Vierpol darstellbar, d) es existieren alle Vierpoldarstellungsformen, e) für die Umwandlung Strom-Spannungsquelle gelten die Gesetze unabhängiger Strom- und Spannungsquellen, f) es gibt vier Arten gesteuerter Quellen, g) wirkt wie ein idealer Transformator und verknüpft zwei Stromkreise, h) wird bei Anwendung des Überlagerungssatzes wie eine unabhängige Quellen zeitweilig außer Betrieb gesetzt.

8.36 Welche der folgenden Merkmale gelten für einen Nullor (idealer Verstärker): a) ist der Grenzfall, in den jede der vier gesteuerten Quellen bei unendlich hohem Steuerparameter (z.B. Spannung-, Stromverstärkung) übergeht, b) erfüllt eingangsseitig die Bedingung $u_1 = 0$, $i_1 = 0$ (sog. virtueller Kurzschluß), c) erlaubt ausgangsseitig beliebige, nicht durch den Nullor zusammenhängende Strom- und Spannungswerte i_2, u_2, d) existiert nicht als Bauelement, e) der (ideale) Operationsverstärker mit unendlich hoher Spannungsverstärkung wird netzwerktechnisch als Nullor bezeichnet.

8.37 Ein idealer Operationsverstärker wird beschrieben durch: a) verschwindende Spannung zwischen +- und --Eingang ($\rightarrow$ virtueller Kurzschluß), b) kein Stromfluß in die beiden Eingangsklemmen, c) ideale Spannungsquelle am Ausgang mit Spannungsverstärkung $A_u \rightarrow \infty$, d) endliche Spannungsverstärkung A_u, e) Eingangswiderstand $r_e > 0$.

8.38 Die Analyse einer Schaltung mit idealem Operationsverstärker (aber endliche Spannungsverstärkung) umfaßt (bei linearem Netzwerk) die Anwendung: a) der Maschenstromanalyse, b) der Knotenspannungsanalyse, c) zusätzlich die
Verstärkerbeziehung $u_a = A_u u_d$ (ev. Vorzeichen von A_u beachten) zur Verknüpfung von relevanten Knotenspannungen (Ersatz des Operationsverstärkers durch eine spannungsgesteuerte Spannungsquelle), d) die Analyse der Vorgänge im Zeitbereich.

8.39 Welche Eigenschaften hat eine Übertragungsfunktion (im Frequenzbereich) nicht: a) ist rationale Funktion, b) definiert als Verhältnis der Reaktion und einer Anregung, c) Funktion von $j\omega$, d) alle genannten Eigenschaften?

8.40 In die Zuleitung eines Vierpoles wird ein Kondensator C reihengeschaltet. Welche (Netzwerk)-Übertragungsfunktion ist unabhängig von C: a) $\frac{U_1(p)}{I_1(p)}$, b) $\frac{I_1(p)}{U_1(p)}$, c) $\frac{U_2(p)}{I_1(p)}$, d) $\frac{U_2(p)}{I_2(p)}$?

8.41 Was trifft auf eine natürliche Frequenz nicht zu: a) sie ist ein Pol der Übertragungsfunktion, b) sie ist ein Pol der Impulsanregung, c) sie ist eine Netzwerkeigenschaft und keine Folge einer besonderen Anregung?

8.42 Wo liegen die natürlichen Frequenzen eines (verlustfreien) LC-Netzwerkes: a) linke Halbebene, b) jω-Achse, c) negative reelle Achse, d) positive reelle Achse?

8.43 An einem Übertragungsglied mit der Übertragungsfunktion $G(p) = \frac{1}{p(1+p)}$ liegt ein zeitkonstantes Eingangssignal $x = $ const. Das Ausgangssignal $y(t)$ nähert sich mit $t \to \infty$:
a) einem stationären Wert, b) gegen unendlich, c) gegen Null (Erklärung?)

8.44 Was beinhaltet die Angabe, daß eine Übertragungsfunktion $G(\mathrm{j}\omega)$ um 12 dB angehoben bzw. gesenkt wurde: a) bezieht sich auf log. Angabe eines Größenverhältnisses, b) bezieht sich auf Bode-Diagramm, c) gibt die Steigung der Übertragungsfunktion vor?

8.45 Unterscheiden sich Grenz- und Resonanzfrequenz im Bode-Diagramm einer Übertragungsfunktion:
a) kein Unterschied, b) Betragsmaximum/-minimum, Knickfrequenz, c) Resonanz = spezielle Grenzfrequenz?

8.46 In der Übertragungsfunktion $G(p) = \frac{K}{1+2DTp+(Tp)^2}$
1. bewirkt K bezüglich der Pol-Nullstellendarstellung: a) eine Verschiebung zur reellen Achse, b) keinen Einfluß, c) Polverschiebung um K in Richtung der imaginären Achse
2. wandern die Polstellen bei $D = $ const. und T variabel: a) auf einer Parallelen zur jω-Achse, b) auf Strahlen durch $p = 0$ mit der Richtung bestimmt durch D, c) in Richtung der negativen reellen Achse
3. wandern die Polstellen bei $T = $ const. und D variabel: a) im Bereich $0 \leq D \leq 1$ auf Kreisbögen um den Punkt $p = 0$, b) auf Strahlen durch $p = 0$, mit der Richtung bestimmt durch D?

8.47 Welche Merkmale treffen auf Zustandsgrößen zu:
a) es sind Variable, die zusammen mit ihren Werten zum Zeitpunkt t_0 und den Eingangsgrößen die Werte der Ausgangsgrößen für $t > t_0$ eindeutig bestimmen, , b) es sind Elemente eines Zustandsvektors, c) sie bestimmen den dynamischen Zustand eines Systems zu jedem Zeitpunkt, d) es sind in elektrischen Netzwerken nur Kondensatorspannung und Spulenstrom, e) es sind nur die Erregergrößen eines Netzwerkes?

8.48 Die Lösungen der Zustandsgleichungen wird durch die Fundamentalmatrix $\boldsymbol{\Phi}(t)$ bestimmt. Sie ist berechenbar durch: a) die Systemmatrix $\boldsymbol{A}$: $\boldsymbol{\Phi}(t) = \exp \boldsymbol{A}t$, b) durch Laplace-Transformation: $\boldsymbol{\Phi}(p) = (p\boldsymbol{E} - \boldsymbol{A})^{-1}$, $\Phi(t) = \mathrm{LT}^{-1}(\boldsymbol{\Phi}(p))$, das Caley-Hamilton-Theorem, d) die Übergangsmatrix $\boldsymbol{G}(p)$, e) durch Fourier-Transformation.

8.49 Ist die Vierpoldarstellung (Kettenpfeilrichtung) eines RC-Gliedes
$\begin{pmatrix} u_2 \\ i_2 \end{pmatrix} = \begin{pmatrix} 1 & -R \\ -Cp & 1 + pCR \end{pmatrix} \begin{pmatrix} u_1 \\ i_1 \end{pmatrix} = \boldsymbol{G}(p) \begin{pmatrix} u_1 \\ i_1 \end{pmatrix}$ ein Mehrgrößensystem:
a) ja, b) nein, c) unter bestimmten Bedingungen ja?

8.50 Zur DGL $2y' + y = 2x$ gehören die Zustands- und Ausgabegleichungen:

a) $\begin{pmatrix} z_1' \\ z_2' \end{pmatrix} = \begin{pmatrix} -0,5 & 0 \\ 0 & 0 \end{pmatrix} \begin{pmatrix} z_1 \\ z_2 \end{pmatrix} + \begin{pmatrix} 1 \\ 0 \end{pmatrix} x$ b) $z_1' = -\frac{z_1}{2} + x$, $y = z$, c)

$\begin{pmatrix} z_1' \\ z_2' \end{pmatrix} = \begin{pmatrix} 0 & -0,5 \\ 0,5 & 0 \end{pmatrix} \begin{pmatrix} z_1 \\ z_2 \end{pmatrix} + \begin{pmatrix} 0 \\ 1 \end{pmatrix} x.$

8.51 Welche Übertragungsmatrix $\boldsymbol{G}(p)$ gehört zum System

$$\boldsymbol{z}' = \begin{pmatrix} 0 & 0 \\ -1 & -1 \end{pmatrix} \boldsymbol{z} + \begin{pmatrix} 1 & 0 \\ 1 & 1 \end{pmatrix} \boldsymbol{x}, \; \boldsymbol{y} = \begin{pmatrix} 1 & 0 \\ 0 & 1 \end{pmatrix} \boldsymbol{z}:$$

a) $\boldsymbol{G}(p) = \frac{1}{p(p-1)} \begin{pmatrix} p-1 & p \\ p+1 & 0 \end{pmatrix}$, b) $\boldsymbol{G}(p) = \frac{1}{p(p+1)} \begin{pmatrix} p+1 & 0 \\ p-1 & p \end{pmatrix}$?

9 Drehstrom

9.1 In symmetrischen 3-Phasen-Drehstromsystem gilt zwischen Leiter- und Sternspannung die Beziehung

a) $U_{\mathrm{RS}} = \mathrm{j}\sqrt{3}U_{\mathrm{RN}}$, b) $U_{\mathrm{RS}} = -\mathrm{j}\underline{a}\sqrt{3}U_{\mathrm{RN}}$, c) $U_{\mathrm{RS}} = \mathrm{j}\underline{a}^2\sqrt{3}U_{\mathrm{RN}}$.

9.2 Ein symmetrisches 3-Phasen-Drehstromsystem hat eine Rechtsfolge, wenn folgende Beziehungen der Außenleiterspannung gelten:

a) $\underline{U}_{\mathrm{RS}} = \underline{U}_{\mathrm{RN}}(1 - \underline{a})$, b) $\underline{U}_{\mathrm{RS}} = \underline{U}_{\mathrm{RN}}(1 - \underline{a}^*)$, c) $\underline{U}_{\mathrm{RS}} = \underline{U}_{\mathrm{RN}}\underline{a}$, d) $\underline{U}_{\mathrm{RS}} = \underline{U}_{\mathrm{RN}}(1 - \underline{a}^2)$.

9.3 Im symmetrischen 3-Phasen-Drehstromsystem eilt die Spannung $\underline{U}_{\mathrm{RS}}$ gegen $\underline{U}_{\mathrm{RN}}$

a) um $\pi/6$ vor, b) um $\pi/6$ nach, c) um $\pi/3$ nach, c) um $2\pi/3$ vor.

9.4 Ein symmetrischer 3-Phasen-Generator (Dreieckschaltung) wird mit unsymmetrischer reeller Last (Sternschaltung) betrieben. Die am kleinsten Widerstand abfallende Spannung ist: a) kleiner, b) gleich, c) größer als die beiden anderen Spannungen?

9.5 Gegeben sei eine Wechselspannung U. Durch einen Spannungsteiler soll damit ein symmetrischer 3-Phasen-Sternverbraucher gespeist werden (Sternwiderstand R):

a) Lösung möglich, für betragsgleiche Impedanzen $Z_1 = Z_2$, $\varphi_{z1} = -\varphi_{z2}$, b) Lösung möglich für $Z_1 = Z_2$, $\varphi_{z1} = -\varphi_{z2} - 60°$, c) Lösung möglich $Z_1 \neq Z_2$, $\varphi_{z1} = \varphi_{z2} = 60°$, d) Lösung unmöglich.

10 Fourierreihe, Fourier-Transformation

10.1 Die Fourierentwicklung
a) ist auf beliebige Funktionen anwendbar, b) gilt nur für stetige Funktionen, c) gilt für periodische Funktionen, d) gilt nur für stückweise periodische Funktionen, e) gilt nur für harmonische Funktionen.

10.2 Die Fourierentwicklung kann erfolgen
a) als reelle Fourierreihe, b) als Fourierreihe mit komplexen Koeffizienten, c) nur für gerade Funktionen, d) für Funktionen, die die Dirichlet-Bedingungen erfüllen.

10.3 Die komplexe Fourierreihe
a) konvergiert rascher als die reelle Fourierreihe, b) gilt für beliebige, auch nichtperiodische Funktionen, c) ist eine gleichwertige Darstellung der reellen Fourierreihe, d) ist an die Koeffizientenbedingung $c_n = \frac{1}{2}(a_n - jb_n)$ gebunden.

10.4 Eine gerade Funktion $f(t)$
a) hat gerade und ungerade Koeffizienten $\underline{c}_n$, b) hat nur gerade Koeffizienten, c) hat nur ungerade Koeffizienten, d) erfüllt die Bedingung $\underline{c}_n = \underline{c}_{-n}$, e) hat nur reelle Koeffizienten.

10.5 Das Integral $\frac{1}{T}\int_{-T/2}^{T/2} f^2(t)\,\mathrm{d}t$ einer periodischen Funktion $f(t)$ (mit arithmetischem Mittelwert 0) ist
a) gleich dem Effektivwertquadrat von $f(t)$, b) darstellbar durch die Summe $\frac{1}{2}\left((\sum_n a_n)^2 + (\sum_n b_n)^2\right)$, c) $\frac{1}{2}\sum_n(a_n^2 + b_n^2)$, d) $2\sum_n \underline{c}_n\underline{c}_{-n}$.

10.6 Eine Funktion $f(t)$ mit der Bedingung $f(t) = -f(-t)$ heißt: a) gerade, b) ungerade, c) weder noch.
Eine Funktion $f(t)$ mit der Bedingung $f(t) = f(-t)$ heißt: a) gerade, b) ungerade, c) weder noch.

10.7 Wird Halbwellensymmetrie der Funktion $f(t)$ ausgedrückt durch:
a) $f(t) = f(t + T/2)$, b) $f(t) = -f(t + T/2)$, c) $f(t) = f(t - T/2)$?

10.8 Welche Folgerungen können für die Fourierreihe einer (periodischen) Rechteckschwingung ($f(t) = A$, $-\frac{3}{4}T \leq t \leq \frac{1}{4}T$, $f(t) = -A$, $\frac{1}{4}T \leq t \leq \frac{3}{4}T$), Skizze) gezogen werden:
a) a_k kann verschwinden, b_k verschwinden stets ($k = 1, 2 \ldots n$), b) a_k stets Null, b_k kann verschwinden, e) a_k, b_k sind verschieden von Null?

10.9 Die Fourier-Transformierte eines Signals $f(t)$ wird erhalten:
a) durch Definition der Fourier-Transformation (Integral), b) bei existierender Laplace-Transformierter $F(p)$ (einseitig definierte LT) aus dieser, wenn alle Pole in der linken Halbebene liegen, c) durch Grenzwertbetrachtungen. Befinden Sie über diese Möglichkeiten für:
1. einen Impuls endlicher Dauer, 2. die Funktion $f(t) = \exp -\alpha t$, 3. eine Stufenfunktion $f(t) = s(t)$ oder auch eine Sinusfunktion.

10.10 Die Fourier-Transformation ist anwendbar:
a) auf Energiesignale, b) auf Leistungssignale, c) auf keines von beiden.

10.11 Die Fouriertransformierte - das Frequenzspektrum - eines Signals:
1. ist eine kontinuierliche Funktion von ω (ohne Impulsanteile), wenn a) das Signal absolut integrabel ist ($\int_{-\infty}^{\infty} |f(t)|\,\mathrm{d}t < \infty$), Energiesignal, b) nicht absolut integrabel ist
2. ist eine kontinuierliche Funktion von ω mit Impulsanteilen, wenn das Signal enthält

a) periodische Komponenten, b) einen Teil, der für $t \to 0$ verschwindet, c) einen exponentiell abklingenden Teil
3. enthält bei konstantem Signal
a) ein Spektrum, das von $\omega = 0$ mit $1/\omega$ beiderseitig abfällt, b) nur einen Impuls bei $\omega = 0$, c) etwas anderes
4. enthält bei harmonischen Funktionen $\sin \omega_0 t$, $\cos \omega_0 t$
a) einen konstanten Anteil, b) zwei Impulse bei $\omega = \pm \omega_0$.

10.12 Die Fouriertransformierte eines periodischen Signals $f(t) = f(t + T)$ mit der Fourierreihe $f(t) = \sum_{k=-\infty}^{\infty} \underline{c}_k \exp \mathrm{j}k\omega_0 t$ $(\omega_0 = \frac{2\pi}{T})$:
a) existiert nicht, b) ist ein "Impulszug" mit δ-Signal bei $\omega = k\omega_0$ vom Gewicht $2\pi c_k$, c) ist keine periodische Funktion.

10.13 Es habe $f(t)$ die Dimension V. Welche Dimension hat $F(\mathrm{j}\omega)$:
a) V, b) (V/s, c) VA/s, d) Vs, e) Vs^2?

10.14 Warum läßt sich die Fouriertransformierte der Sprungfunktion $s(t)$ nicht ohne weiteres bestimmen?

10.15 Wie lautet die Fouriertransformierte:
1. eines Dirac-(Spannungs-)Stoßes der Stärke A $(f(t) = A\delta(t))$
a) $F(\mathrm{j}\omega) = 1/A$, b) $F(j\omega) = 1$, c) $F(\mathrm{j}\omega) = A$
2. eines Rechteckimpulses (Dauer τ, Amplitude A)
a) $F(\mathrm{j}\omega) = A\tau(1 - \exp \mathrm{j}\omega\tau)$, b) $F(\mathrm{j}\omega) = \frac{A}{\tau}\frac{1-\exp -\mathrm{j}\omega\tau}{\mathrm{j}\omega} \approx A|_{\omega\tau \ll 1}$?

11 Übergangsverhalten, Laplace-Transformation

11.1 Ein Netzwerk mit einem Energiespeicher wird mit einer Gleichquelle geschaltet. Es entsteht als Ausgleichsvorgang:
a) eine Sinusfunktion, b) eine abklingende Exponentialfunktion, c) eine exponentiell ansteigende Funktion, d) zwei überlagerte Exponentialfunktionen, d) etwas anderes.

11.2 Ein Netzwerk erster Ordnung (befindlich im Nullzustand) wird mit beliebiger Erregung angeregt. Enthält die Lösung einer beliebigen Netzwerkvariablen einen Term $\exp -at$: a) ja, b) nein?

11.3 Welche der folgenden Verhaltensanteile eines Netzwerkes erster Ordnung haben (für jede beliebige Variable) keinen Term $\exp -at$: a) Nullzustandsverhalten, b) Nulleingang, c) Übergangsverhalten, d) erzwungenes (stationäres) Verhalten, e) alle?

11.4 Ein Netzwerk mit zwei gleichartigen Energiespeichern wird an eine Gleichquelle geschaltet. Es entstehen:
a) die Überlagerung einer Sinus- und Exponentialfunktion, b) zwei überlagerte abhängige Exponentialfunktionen, c) eine Exponentialfunktion, d) eine exponentiell abklingende harmonische Schwingung.

11.5 Welche der folgenden Netzwerke (2. Ordnung) haben keine Lösung, die aus der Überlagerung zweier exponentiell abklingender Lösungen als Nulleingangsverhalten bestehen:
a) RL, b) RC, c) LC, d) RLC, e) alle?

11.6 Können aus den Anfangswerten der Energiespeicher in einem Netzwerk zweiter Ordnung die Anfangswerte (beliebiger) anderer Netzwerkelemente (und ihrer Ableitung) ermittelt werden: a) ja, b) nein?

11.7 Wie werden bei der Knotenspannungsanalyse eines LT-transformierten Netzwerkes die Anfangswerte der Energiespeicher zweckmäßig einbezogen:
a) durch Spannungsquellen in Reihe zu C und Stromquellen zu C, b) durch Spannungsquellen in Reihe zu C und Stromquellen parallel zu L, c) durch Addition von Spannungsquellen in Reihe zu C und L, d) durch Addition von Stromquellen parallel zu C und L, e) keines von allen?

11.8 Werden die charakterischen Gleichungen der Knotenspannungs- bzw. der Maschenimpedanzmatrix eines gegebenen Netzwerkes gelöst, so
a) hängen die Lösungen nicht zusammen, b) stimmen sie überein, c) unterscheiden sie sich nur um einen multiplikativen Faktor.

11.9 Was gilt für natürliche Frequenzen *nicht*:
a) es sind Pole der Netzwerkfunktion, b) es sind Nullstellen der Netzwerkfunktion, c) es sind Pole der Netzwerkreaktion auf eine Sprungfunktion, e) alle Antworten gelten, f) mehr als eine Angabe ist falsch?

11.10 Hat jede der folgenden Funktionen eine Laplace-Transformierte?
a) Periodische Funktion, b) absolut integrable Funktion, c) solche für die gilt $f(t) = 0$ für $t < 0$, d) $\int_{-0}^{\infty} |f(t)| \exp -\delta_0 t \, \mathrm{d}t < \infty$.

11.11 Warum heißt die Variable p komplexe Frequenz:
a) da nicht auf reelle Werte begrenzt, b) im Sprachgebrauch verbreitet, c) wegen ihrer komplizierten Herleitung.

11.12 Die Laplace-Rücktransformation einer Lösung $Y(p)$ im Frequenzbereich erfolgt durch:
a) Faltung, b) Anwendung des Residuensatzes, c) Realteilbildung von $Y(p)$ und Tabellenanwendung, d) das komplexe Umkehrintegral, e) Aufsuchen der Pole von $Y(p)$.

11.13 Von zwei Zeitfunktionen $f_1(t)$, $f_2(t)$ (jeweils mit den LT $F_1(p)$, $F_2(p)$) wird das Produkt gebildet. Welche Lösung gehört zu $f_1(t) \cdot f_2(t)$:
a) $F_1(p) \cdot F_2(p)$, b) $\int_0^p F_1 F_2 \exp -pt' \, \mathrm{d}t'$, c) $\int_{-\infty}^p F_1(p - p_o) F_2(p_o) \, \mathrm{d}p_o$, d) $\int_{-\infty}^p F_1(p_o) F_2(p - p_o) \, \mathrm{d}p_o$, e) $\int_0^{p_o} F_1(p - p_o) F_2(p_o) \, \mathrm{d}p_o$?

11.14 Eine lineare Differentialgleichung mit gegebenen Anfangswerten der Netzwerkvariablen ergibt durch Laplace-Transformation:
a) die homogene Lösung ohne Anfangswerte, b) die vollständige Lösung mit Anfangswerten im Zeitbereich, d) die vollständige Lösung, Anfangswerte müssen später eingearbeitet werden, d) eine algebraische Gleichung, bei der die Anfangswerte als eigenständige Quellengrößen fungieren, e) nur die algebraische Gleichung der Netzwerkvariablen.

11.15 Die Anfangsspannung eines geladenen Kondensators wird im Schaltzeitpunkt $t = 0$ im Frequenzbereich berücksichtigt:
a) durch Reihenschaltung einer idealen Spannungsquelle zum ladungslos aufgefaßten Kondensator, b) durch Parallelschaltung einer idealen Stromquelle, c) durch Parallelschaltung einer Ladungsquelle (Ladungsimpuls), d) Reihenschaltung einer idealen Stromquelle, f) durch Reihenschaltung einer idealen Spannungsquelle dividiert durch p.

11.16 Werden bei Bildung der Übertragungsfunktion eines transformierten Netzwerkes die Anfangswerte der Energiespeicher mit berücksichtigt: a) ja, b) nein?

11.17 Wie wirkt die Division der komplexen Variablen p durch eine Konstante im Frequenzbereich auf die Variable im Zeitbereich:
a) Multiplikation der Funktion $f(t)$ mit einem Exponentialfaktor, b) Multiplikation der Variablen mit einer Konstanten, c) Division der Variablen mit einer Konstanten, d) anders?

11.18 Gehört zur DGL $\frac{\mathrm{d}^2 u}{\mathrm{d}t^2} + b\frac{\mathrm{d}u}{\mathrm{d}t} + u(t) = u_\mathrm{q}(t)$ die Laplace-Transformierte $U_\mathrm{q}(p) = U(p)(p^2 + bp + 1)$: a) ja, b) nein?

11.19 Welche DGL gehört zu ihrer transformierten Form $X(p) + 10p + 2 = (p^2 + 6p + 3)Y(p)$: a) $x' = y'' + 6y' + 3y$, b) $10x' + 2x = y'' + 6y' + 3y$, c) $x = y'' + 6y' + 3y$, d) andere Lösung?

2. Lösungen

7 Wechselstromtechnik

7.1 a) Nein, da $C = \sqrt{A^2 + B^2}$, ist weder A noch B größer als C.

7.2 Angabe 230 V bezieht sich auf den Effektivwert, so daß die Amplitude $230\sqrt{2}\,\text{V} = 325\,\text{V}$, beträgt und die Kreisfrequenz $2\pi \cdot 50 \widehat{=} 314\,\text{rad/s}$. Die dimensionslose Angabe 314 rückt aus, daß t in der Grundeinheit anzugeben ist (Antwort d). Phase beliebig, daher auch Sinusfunktion ansetzbar.

7.3 1. Aus der Aufgabe folgt $f = 1/T = 10^3\,\text{s}^{-1}$, $\rightarrow$ b).
2. Es gilt $\omega = 2\pi/T = 2000\pi\,\text{rads}^{-1}$.
3. Aus dem Ansatz folgt für $t = 0$: $10\,\text{mA} = 20\,\text{mA}\cos\varphi \rightarrow \varphi = 60°$ Antwort c). Wegen $\cos\varphi = \cos -\varphi$ ($\varphi < \pi/2$) gilt auch Antwort d).

7.4 Der lineare Mittelwert beträgt: $\overline{u}(t) = 1/7\tau \int_0^{7\tau} u(t)\,\text{d}t = 1/7\tau(0\tau + \tau + 2\tau + +3\tau + 4\tau + 5\tau + 6\tau)\,\text{V} = 1/T\sum_{i=0}^{6} i\tau = 3\,\text{V}$. Antwort b.

Der Effektivwert beträgt $U_{\text{eff}} = \sqrt{\frac{1}{T}\int_0^T u^2(t)\,\text{d}t} = \sqrt{\frac{\tau}{T}}\sqrt{\sum_{i=0}^{n=6} i^2} = \sqrt{\frac{1}{7}}\sqrt{0 + 1^2 + 2^2 + 3^2 + 4^2 + 5^2 + 6^2} = \frac{\sqrt{91}}{\sqrt{7}} = 3,6\,\text{V}$. Antwort c.

7.5 b) Bei der Effektivwertbildung wird die Zeitfunktion quadriert, daher unterscheiden sich beide Kurven nach Quadratur nicht $\rightarrow$ Antwort b.

7.6 b) Man unterscheide sorgfältig zwischen Sinusgrößen (zeitabhängig!) und Zeigern (nicht zeitabhängig), die Sinusgrößen repräsentieren. Die Impedanz ist als Verhältnis von Spannungs- und Stromzeigern definiert. Aufgabe 7.3/5 und 7.4/1.

7.7 d) Eine Kombination von R, C gibt stets einen negativen Imaginärteil der Impedanz (a, b richtig), ein Reihen-Parallelkreis kann ebenfalls negativen Imaginärteil haben (c). Deshalb lautet die Antwort d. Aufgabe 7.4/1.

7.8 1. c), e) die komplexe Amplitude der gegebenen Spannung lautet $\hat{U}\exp j\varphi = \underline{\hat{U}}$, die Größe $\frac{\hat{U}}{\sqrt{2}}\exp j\varphi = \frac{\hat{U}}{\sqrt{2}} = \underline{U}$ heißt komplexer Effektivwert. Die komplexe Amplitude ist ein ruhender Zeiger.
2. c) Komplexe Amplitude und komplexer Scheitelwert sind identisch.
3. b), c), d) s. Frage 1. Aufgabe 7.3/1.

7.9 Es gilt: $u(t) = \mathrm{Re}\left(\mathrm{j}\hat{U}\exp\mathrm{j}\omega t\right) = \mathrm{Re}\left(\mathrm{j}\hat{U}(\cos\omega t + \mathrm{j}\sin\omega t)\right) =$
$\mathrm{Re}\left(\hat{U}(\mathrm{j}\cos\omega t - \sin\omega t)\right) = -\hat{U}\sin\omega t$, Antwort a.

7.10 1. Die Admittanz $\underline{Y} = 1/\underline{Z}$ lautet bei gegebener (komplexer) Impedanz
$\underline{Z} = R + \frac{1}{\mathrm{j}\omega C}$: $\underline{Y} = \frac{1}{\underline{Z}} = \frac{1}{R + 1/\mathrm{j}\omega C} = \frac{\mathrm{j}\omega C}{1 + \mathrm{j}\omega CR}$ (Antwort c).
2. Ihr Phasenwinkel φ_y ($\underline{Y} = Y\exp\mathrm{j}\varphi_\mathrm{y}$) lautet: $\varphi_\mathrm{y} = \arctan\frac{\mathrm{Im}(\underline{Y})}{\mathrm{Re}(\underline{Y})} = -\varphi_\mathrm{z} =$
$\arctan\frac{\mathrm{Im}(\underline{Z})}{\mathrm{Re}(\underline{Z})} = -\arctan\frac{-1}{\omega RC} = \arctan\frac{1}{\omega RC}$ (Antwort a).
3. Sofern der Widerstand R positiv ist (gilt bei der Definition des Wider-
standsbegriffes als Energieverbraucher) ist $\mathrm{Re}(\underline{Y})$ stets > 0 (Antwort b). Ein
Netzwerk, das nur positive Elemente R, L, C enthält, hat immer $\mathrm{Re}(\underline{Y}) \geq 0$.
Tritt in elektronischen Bauelementen und Schaltungen (mit gesteuerten Quel-
len) unter bestimmten Bedingungen ein negativer Wirkwiderstand (bereichsweise) auf, so ist auch $\mathrm{Re}(\underline{Y}) < 0$ möglich.

7.11 c) Es folgt der Scheinwiderstand Z aus $Z = \frac{|U|}{|I|} = \frac{U_\mathrm{eff}}{I_\mathrm{eff}} = \sqrt{R^2 + \left(\frac{1}{\omega C}\right)^2}$,
wenn von einem eingeprägten Strom $i(t)$ ausgegangen wird. Aufgaben 7.4/1
und 7.4/2.

7.12 1. b), 2: Es gilt $\underline{Y} = \frac{1}{\underline{Z}} = \frac{1}{R + \mathrm{j}\omega L} = \frac{R - \mathrm{j}\omega L}{R^2 + (\omega L)^2} = (0,8 - \mathrm{j}0,4)\,\mathrm{mS}$, die
Phasenwinkel ($\rightarrow$ Imaginärteil!) von $\underline{Y}$ und $\underline{Z}$ unterscheiden sich stets im
Vorzeichen (Aufgabe c).

7.13 Bei gegebener Frequenz ist die Impedanz/Admittanz durch eine komplexe Zahl (neben der Einheit) bestimmt, deshalb kann sie stets durch eine
Ersatzschaltung bestehend nur aus einem Widerstand und nur einem Energiespeicherelement interpretiert werden (Antwort a).

7.14 Der aktive Zweipol hat an den Kondensatorklemmen die Ersatzgrößen:
$\underline{Z}_\mathrm{i} = \frac{\mathrm{j}\omega L/(\mathrm{j}\omega C)}{\mathrm{j}\omega L + 1/(\mathrm{j}\omega C)} = \frac{L}{C}\frac{1}{\mathrm{j}(\omega L - 1/(\omega C))} = \frac{\omega L}{\mathrm{j}(\omega^2 LC - 1)}$, $\underline{U}_\mathrm{e} = \frac{U_\mathrm{q}}{1 + \omega^2 LC}$, $\underline{I}_\mathrm{k} = \frac{U_\mathrm{e}}{\underline{Z}_\mathrm{i}} =$
$-\mathrm{j}\frac{U_\mathrm{q}}{\omega L}$.
Für $\omega^2 LC = 1$ (Resonanz) wirkt der Zweipol als ideale Stromquelle (mit
$\underline{Z}_\mathrm{i} \rightarrow \infty$), Antwort a. Für $\omega = 2\,\mathrm{rads}^{-1}$ stellt sich die Forderung $\underline{Z}_\mathrm{i} \rightarrow \infty$
der idealen Stromquelle ein (Antwort b), dazu gehört $\underline{I}_\mathrm{k} = -2\mathrm{j}\underline{U}_\mathrm{q}(\mathrm{A/V})$, in
allen anderen Fällen nicht.

7.15 Zum Leitwert $\underline{Y}_1 = \frac{1}{R_1} + \mathrm{j}\omega C$ (Gerade im Abstand $\frac{1}{R_1}$ parallel zur
imaginären Achse beginnend auf der reellen Achse) muß die Inverse $\underline{Y}_1^{-1}$ ($\rightarrow$
Halbkreis im 4. Quadranten, durch die Punkte $R_1(\omega = 0)$ auf der reellen
Achse und dem Ursprung ($\omega \rightarrow \infty$)) gebildet werden, die Addition von R_2
verschiebt den Halbkreis im 4. Quadranten nach rechts (Antwort a).

7.16 1. Zum (festen) Zeiger $\underline{Y}_1 = 1/\underline{Z}_1$ (4. Quadranten) wird der variable
Zeiger $\underline{Y}_2 = \frac{1}{R_2 + 1/\mathrm{j}\omega C}$ addiert. Letzterer ist ein Halbkreis (1. Quadrant beginnend im Ursprung ($\omega = 0$) und endet auf der reellen Achse ($\omega \rightarrow \infty$,
$1/R_2$)). Verschiebung des Halbkreisanfanges an den Zeigerendpunkt von $\underline{Y}_1$
ergibt einen Halbkreis, der die reelle Achse an zwei Punkten schneidet. Damit
Antworten 1b, 2b. Zahlenwerte: $\underline{Y}_1 = 1/(20 + \mathrm{j}30)\,\Omega$. Die Schnittpunkte der
reellen Achse folgen aus der Bedingung $\mathrm{Im}(\underline{Y}_1) = -\mathrm{Im}(\underline{Y}_2) = \frac{-\omega CR_2}{1 + (\omega CR_2)^2} =$

$\frac{-\omega L}{R_1^2+(\omega L)^2}$. Zahlenrechnung führt auf $23,08\,\mathrm{mS} = \frac{X_C}{R_1^2+X_C^2} = \frac{X_C}{100+X_C^2}$ mit den Lösungen $X_C = 2,446\,\Omega$, $40,88\,\Omega$, $\omega = 314\,\mathrm{rads}^{-1} \rightarrow C = 77,9\,\mu\mathrm{F}$ ($130\,\mu\mathrm{F}$) (Antwort 3b und 3c).

7.17 Antwort d, Aufgabe 8.6/4.

7.18 Antwort b, Aufgabe 8.6/5.

7.19 In Standardform muß der Nenner ausfaktorisiert werden: $1 + \mathrm{j}\omega/10$. Da $20\lg 10 = 20$, beträgt die Zählerkonstante $10 \rightarrow$ Antwort b.

7.20 Ein Zweipol mit positiver Phase seiner Admittanz ist ein kapazitiver Zweipol, er hat einen voreilenden oder kapazitiven Leistungsfaktor (Antwort a).

7.21 Die Blindleistung Q ist proportional $\sin\varphi_z$, deshalb gehört positive (oder induktive) Blindleistung zu einer induktiven Schaltung $\rightarrow$ induktiver oder nacheilender Leistungsfaktor (Antwort b). Aufgabe 7.6/2.

7.22 Die komplexe Leistung $\underline{S}$ ist durch $\underline{S} = \underline{U}\underline{I}^*$ definiert, Q ist der Imaginärteil von $\underline{S}$: $Q = \mathrm{Im}(\underline{U}\underline{I}^*)$ (Antwort d). Aufgabe 7.6/6.

7.23 Es gilt $P = \mathrm{Re}(\underline{U}\underline{I}^*) = \mathrm{Re}\left(|\underline{U}|^2\frac{1}{\underline{Z}^*}\right) = \mathrm{Re}\left(\frac{100\,\mathrm{V}^2}{5\,\Omega\,\exp -\mathrm{j}\pi/4}\right) = 20\,\mathrm{W}\cos\frac{\pi}{4} = 14,14\,\mathrm{W}$, (Antwort b).

8 Netzwerke

8.1 Durch den verschwindenden Innenwiderstand der Spannungsquelle wird die Stromquelle kurzgeschlossen, daher verhält sich die Anordnung wie eine ideale Spannungsquelle (Antwort a).

8.2 Da die Spannung über der idealen Stromquelle beliebig sein kann und die Spannungsquelle den Innenwiderstand Null hat, verhält sich die Anordnung wie eine ideale Stromquelle (Antwort b).

8.3 Der Maschensatz ist verletzt (Antwort b), lediglich bei gleicher Spannung ist die Parallelschaltung von idealen Spannungsquellen erlaubt.

8.4 Der Knotensatz ist verletzt (Antwort b), lediglich bei gleichen Strömen ist eine Reihenschaltung idealer Stromquellen erlaubt.

8.5 In $R(T) = R_0(1 + \alpha(T - T_0))$ entsteht die Temperaturerhöhung $T - T_0$ durch Zunahme der Verlustleistung $P_V = UI$, z.B. in Form der $T - T_0 \sim P_V$, deshalb ist der Quotient $U/I = R(T) = R_0(1 + \alpha cUI)$ nichtlinear (Antwort b). Lediglich bei sehr guter Wärmeableitung wird T nicht von der Verlustleistung bestimmt, dann ist R ein lineares Netzwerkelement. Aufgabe 8.5/5.

8.6 1. Der Strom steigt zunächst an (Einfluß von t), um nach einem Maximum stetig auf Null zu fallen (Einfluß $\exp -at$) (Antwort b). Das Maximum liegt bei $\frac{\mathrm{d}i}{\mathrm{d}t} = 0 = \exp(-at) - at\exp(-at) \rightarrow t_0 = \frac{1}{a}$.

2. Die Spannung $u = L\frac{di}{dt} = LI_0'\exp(-at)(1-at)$, $(t > 0)$ fällt anfangs, verschwindet bei t_0, kehrt dann das Vorzeichen und nähert sich nach Durchlauf eines (negativen) Maximums asymptotisch Null (Antwort b, c).

3. Energie wird nur gespeichert, solange u, i die VPS erfüllen: bis zur Zeit t_0 (dann $p > 0$) (Antwort b, c).

4. Die Leistung beträgt $p = ui = LI_0'^2 t \exp -2at(1-at)$ bis t_0: $p > 0$, dann Antwort c.

5. Das Integral lautet $\int_0^{t_0} p\,dt = LI_0'^2 \frac{\exp -2}{2a^2}$ (längere Zwischenrechnung), die Fläche unter dem Verlauf p ist gleich der gespeicherten Energie. Das Integral $\int_{t_0}^\infty p\,dt = LI_0'^2 \frac{\exp -2}{2a^2}$ ist gleich der von der Spule abgegebenen Speicherenergie (Vorzeichen von u für $t > t_0$ negativ!), die anfangs gespeicherte Energie wird voll zurückgeführt; für $t \to \infty$ ist keine Energie mehr gespeichert (Antwort b, c). Der Energieaustausch erfolgt mit der Stromquelle.

8.7 Wegen $i \sim \frac{du}{dt}$ gilt $i = 0$ bei $u = \mathrm{const.}$ (Antwort a), und $i \sim \frac{du}{dt}$, d.h. i ist sehr groß bei $\frac{du}{dt}$ sehr groß (Antwort d), im Grenzfall $\frac{du}{dt} \to \infty$ (Spannungssprung erzwungen) gilt $i \to \infty$ (δ-Impuls). Aus Stetigkeitsgründen der Energie ist Spannungssprung nicht möglich.

8.8 1. Wegen $\frac{du}{dt} = \mathrm{const.}$ ($u \sim t$, Vorgabe) ist $p \sim t$ (Antwort b).

2. Bei doppelter Steigung $u \sim t$ werden $\frac{du}{dt}$ und u verdoppelt $\to p$ vervierfacht sich (Antwort d).

8.9 1. Die Ladung wird erhalten, die Gesamtkapazität wächst, deshalb muß die Spannung am Ausgangskondensator sinken (Antwort c).

2. Im widerstandslosen Kreis ist beim Zusammenschalten die Kontinuitätsbedingung verletzt: die Spannung über dem ungeladenen Kondensator muß sich sprunghaft ändern. Dadurch ist ein Stromimpuls die Folge (Antwort d). Bei vorhandenem (auch noch so kleinen Leitungswiderstand) klingt der Strom jedoch exponentiell ab (Antwort c) ausgehend von seinem Anfangswert $(u(0)/R)$.

8.10 Die Funktion stellt einen Sprung bei $t = 3\,\mathrm{s}$ dar, daher ist das Integral eine Rampenfunktion beginnend bei 3s mit der Steigung 1. Form a ist die Rampe mit der Steigung 1, aber dem Anfangswert 3 bei 3s, wo er Null sein sollte. Analog ist in b der Startwert der Rampe nicht Null. Die richtige Lösung lautet $(t-3)s(t-3)$, auch darstellbar als $ts(t-3) - 3s(t-2)$ (Antwort c).

8.11 Die Ableitung des Produktes lautet $f'(t) = t\delta(t-1) + s(t-1)$. Da $t\delta(t-1)$ und $\delta(t-1)$ für $t = 1$ identisch sind (außerhalb von $t = 1$ verschwindet $\delta(t-1)$), lautet die Antwort b.

8.12 Wir schreiben den Term $ts(t-2) - 3s(t-2)$ und erhalten abgeleitet $f'(t) = s(t-2) + t\delta(t-2) - 3\delta(t-2)$. Da $t\delta(t-2) \equiv 2\delta(t-2)$ (für $t \neq 2$ verschwindet $\delta(t-2)$), gilt Antwort d.

8.13 Der Kondensator lädt sich in unendlich kurzer Zeit mit unendlich hohem Stromstoß $\left(i = C\frac{du}{dt} = CU_0\delta(t)\right)$ (Antwort a), wenn die Einschaltspannung die Amplitude U_0 hat ($u(t) = U_0 s(t)$).

8.14 Die Sprungfunktion $s(t) = \begin{cases} 0 & t < 0 \\ 1 & t \geq 0 \end{cases}$ hat nur für $t \geq 0$ den Wert 1, deshalb Antwort b.

8.15 Nach der Produktregel gilt: $\frac{\mathrm{d}f}{\mathrm{d}t} = A\cos(\omega t + \varphi)\frac{\mathrm{d}s}{\mathrm{d}t} - A\omega\sin(\omega t + \varphi)s(t)$ (Antwort c). Im Schaltzeitpunkt $t = 0$ gibt es einen δ-Impuls vom Gewicht $A\cos\varphi$ und eine mit der Amplitude $-A\omega\sin\varphi$ eingesetzte Sinus-Schwingung.

8.16 Mit der Produktregel gilt mit $\delta(t) = \frac{\mathrm{d}s}{\mathrm{d}t}$: $i = CA\sin(\omega t + \varphi)\delta(t) + C\omega A\cos(\omega t + \varphi)s(t)$, da $\delta(t)$ nur für $t = 0$ von Null verschieden ist, folgt die Antwort b. Der Strom besteht aus dem ersten stationären Anteil, dem ein Einschaltimpuls bei $t = 0$ (durch erzwungenen Spannungssprung) überlagert ist.

8.17 1.b) Netzwerk muß planar sein (keine Kreuzungspunkte enthalten)
2. Das Nebendiagonalelement R_{ij} ist gleich der negativen Summe aller Widerstände zwischen benachbarten Maschen i, j, wenn beide Maschenströme den gleichen Umlaufsinn haben (Antwort b, Vorzeichen wird oft übersehen)
3. Allgemeine Vorhersage nicht möglich. Haben allerdings alle Spannungsquellen einen gemeinsamen Bezugspunkt und gleiche Richtung zu diesem Punkt ($\rightarrow$ Referenzknoten), so ändern sich die Maschenströme nicht.

8.19 a), c) und d) (wobei c und d) zusammenhängen. Gesteuerte Quellen führen zu unsymmetrischer Koeffizientenmatrix und unter bestimmten Bedingungen kann das Netzwerk instabil sein.

8.20 Die zugeschaltete Stromquelle erzeugt am Innenwiderstand zusätzlich einen Spannungsabfall, der zur Ausgangsleerlaufspannung hinzutritt: $\rightarrow$ Änderung der Ersatzleerlaufspannung (Antwort a).

8.21 Das Netzwerk besteht entweder nur aus Widerständen (Antwort a) oder enthält gesteuerte Quellen (Antwort c). Ein Sonderfall liegt vor, wenn unabhängige Quellen im Netzwerk zwar vorhanden sind, sich ihre Wirkungen an den Außenklemmen aber kompensieren.

8.22 Ein Reihenwiderstand zu einer idealen Stromquelle hat keinen Einfluß auf die Stromquelle, wegen ihres Innenwiderstandes ∞ gilt Antwort a.

8.23 1. Nach dem Stromteilungssatz kann die ideale Stromquelle auch über Knoten N geführt werden, dabei wird die Stromquelle zwischen Knoten 2 und N durch die ideale Spannungsquelle kurzgeschlossen $\rightarrow$ keine Änderung der Knotenspannungen (Antwort b).
2. Eine Impedanz in Reihe zur idealen Spannungsquelle hat keinen Einfluß auf die Knotenspannungen, daher Tausch $L \rightarrow C$ möglich (Antwort b).
3. Änderung der Widerstände R ändert die Spannung zwischen Knoten 1, 2 und damit auch die Spannung über der Stromquelle (Antwort a).

8.24 Die Vierpolbeschreibung erfordert als Zusatzeinschränkung gleiches Potential zwischen zwei Klemmen (Antwort b).

8.25 1. a), 2. c) mit $\mathrm{Re}(y_{11}) \geq 0$

8.26 Durch Schaltungszwang folgt $\underline{U}_1 = \underline{U}_2$ und für den Eingangsstrom $\underline{I} = \underline{I}_1 + \underline{I}_2$ (Antwort c).

8.27 Bei symmetrischer Stromrichtung lautet die Reziprozitätsbedingung $Y_{21} = Y_{12}$.

8.28 1. b), weniger gut e, 2. c, e, 3. a, weniger gut e.

8.29 Antwort e.

8.30 Die Definition ist b, richtig ist ferner c, in d fehlt das negative Vorzeichen.

8.31 Der ideale Übertrager erfüllt die Bedingung $\sigma = 0$ (a, ideale Kopplung $k = 1$, identisch mit c, ferner $M(L_1, L_2) \to \infty$).

8.32 Antwort a.

8.33 Antwort a) $I_1/I_2 = -1/\ddot{u}$ (bei Kettenpfeilrichtung entfällt das Vorzeichen) folgt aus Leistungsübertragung: $P_1 = \underline{U}_1\underline{I}_1 = \underline{P}_2 = -\underline{I}_2\underline{U}_2$.

8.34 Das Vorzeichen der Gegeninduktivität hängt vom Windungssinn und den Stromflußrichtungen ab ($\to$ maßgebend Koppelfluß, Antwort a).

8.35 Zutreffend sind a, b, c, e und f. Es existieren für ideale Quellen nie alle Vierpoldarstellungen, sie wirken (im Gegensatz zum idealen Transformator) nur in einer Richtung und dürfen bei Anwendung des Überlagerungssatzes nie außer Betrieb gesetzt werden. Aufgaben 8.1/10, 8.1/12, 8.3/13.

8.36 Es gelten a...e. Aufgaben 8.3/17, 8.3/14.

8.37 Nach dem Modell des idealen Operationsverstärkers treffen die Bedingungen a, b, c zu. Bei endlicher Spannungsverstärkung A_u (ideale gesteuerte Spannungsquelle) gilt für die Eingangsspannung $u_d = u_a/A_u$ (u_a Ausgangsspannung). Aufgabe 8.2/1.

8.38 Es werden die Maschenstrom-, vor allem aber die Knotenspannungsanalyse angewendet und durch die OP-Gleichung zusätzliche Verknüpfungen zwischen relevanten Knotenspannungen hergestellt (Antwort a...c) und gelöst. Der Sonderfall $A_u \to \infty$ wird entweder durch Grenzübergang im Ergebnis oder (einfacher) durch Zusammenfassen zweier relevanter Zeilen und Spalten (und Streichen je einer) in der Knotenspannungsmatrix beachtet (sog. Nullor-Modell). Das Verfahren ist im Zeit- und Frequenzbereich gleichermaßen anwendbar. Aufgabe 8.2/3.

8.39 Antwort d, a...c sind alles Eigenschaften der Übertragungsfunktion. Aufgabe 8.6/5.

8.40 Antwort c, wenn als Erregung der Strom $I_1(p)$ eingeprägt wird und die Wirkung nicht $U_1(p)$ ist.

8.41 Antwort d. Aufgabe 8.6/3.

8.42 Antwort b), Nachweis z.B. über Spannungsteilerregel am Reihenschwingkreis.

8.43 Die Übertragungsfunktion stellt einen Integrator mit Verzögerung dar. Integriert er ein zeitkonstantes Signal beliebig lange, so gilt $y(t) \to \infty$ (Antwort b).

8.44 Es gilt in logarithmischer Angabe der Übertragungsfunktion U_1/U_2 (Betrag) $G_{dB} = 20 \lg \frac{U_1}{U_2} \to \lg \frac{U_1}{U_2} = \frac{12}{20} = 0,6$, $U_1 = 3,98 U_2$ (analog $G = -12dB$: $U_1 = \frac{1}{3,98} U_2$) (Antwort a). Aufgabe 8.6/8.

8.45 Resonanz ist an einem Maximum/Minimum des Betrages der Übertragungsfunktion über erkennbar, eine Grenzfrequenz dadurch, daß sich $G(\omega_{\mathrm{g}})$ gegenüber einem Bezugswert (z.B. $G(0)$) um 3 dB verändert hat (Abfall/ Anstieg), z.B. $|G(\mathrm{j}\omega_{\mathrm{g}})| = 0,7 G(0)$. Bei Asymptotennäherung von $|G(\mathrm{j}\omega)|$ folgt sie als "Knickfrequenz" (Antwort b).

8.46 1. Keine Auswirkung (Antwort b), aus den Polen $p_{1/2} = 1/T(-D \pm \sqrt{D^2 - 1})$ bzw. $p_{1/2} = 1/T(-D \pm \sqrt{1 - D^2})$ $(D \leq 1)$ folgt Antwort 2b resp. 3a. Aufgabe 8.6/6.

8.47 a), b), c) in Netzwerken lassen sich auch andere Größen als u_{C}, i_{L} als Zustandsgrößen verwenden. Aufgabe 8.7/2.

8.48 a...c, führt von $\boldsymbol{G}(p)$ auf DGL $\boldsymbol{A} \to \boldsymbol{\Phi}$, der Weg von $\boldsymbol{G}(p)$ über die DGL nach $\boldsymbol{A}$ und $\boldsymbol{\Phi}$ ist prinzipiell möglich, aber umständlich. Aufgaben 8.7/3, 8.7/5.

8.49 a) Ein Mehrgrößensystem hat n Ausgangsgrößen (hier 2) und m Eingangsgrößen (hier 2), und es gibt $n \cdot m$ partielle Übertragungsfunktionen. Die ihnen zugehörende Matrix heißt Übergangsmatrix $\boldsymbol{G}(p)$ (Dimension $n \cdot m$). Der betrachtete Vierpol ist ein Sonderfall eines Mehrgrößengliedes insofern, als i und u auf jeder Seite noch über Abschlußbedingungen verknüpft sind.

8.50 Es gibt nur eine Zustandsvariable $y \equiv z$, Antworten a und b sind gleichwertig. Aufgabe 8.7/1.

8.51 Lösung über

$$\boldsymbol{G}(p) = \boldsymbol{C}(p\boldsymbol{E} - \boldsymbol{A})^{-1}\boldsymbol{B} = \frac{1}{p(p+1)} \begin{pmatrix} 1 & 0 \\ 0 & 1 \end{pmatrix} \begin{pmatrix} p+1 & 0 \\ -1 & p \end{pmatrix} \begin{pmatrix} 1 & 0 \\ 1 & 1 \end{pmatrix} \to \text{Lösung}$$

b, einfacher wäre der Ansatz $z_1' = pz_1$, $z_2' = pz_2$ und Eliminierung von z_1, z_2 aus Zustands- und Ausgabegleichung. Aufgabe 8.7/4.

9 Drehstrom

9.1 Antwort b wegen $\underline{U}_{\mathrm{RS}} = \underline{U}_{\mathrm{RN}} - \underline{U}_{\mathrm{SN}} = U_{\mathrm{RN}}(1 - \underline{a}^2) = -\mathrm{j}\underline{a}\sqrt{3}U_{\mathrm{RN}}$. Aufgabe 9.1/1.

9.2 Aus $\underline{U}_{\mathrm{RS}} = \underline{U}$, $\underline{U}_{\mathrm{SN}} = \underline{U}_{\mathrm{RN}}\underline{a}^*$ folgt $\underline{U}_{\mathrm{RS}} = \underline{U}_{\mathrm{RN}} - \underline{U}_{\mathrm{SN}} = \underline{U}_{\mathrm{RN}}(1 - \underline{a}^*)$ (Antwort b, d) $(\underline{a}^* = \underline{a}^2)$. Aufgabe 9.1/1.

9.3 Wegen $\underline{U}_{\mathrm{RS}} = -\mathrm{j}\underline{a}\sqrt{3}\underline{U}_{\mathrm{RN}} = \sqrt{3}U_{\mathrm{RN}} \exp{-\mathrm{j}\frac{\pi}{2}} \exp{\mathrm{j}\frac{2\pi}{3}} = \sqrt{3}\underline{U}_{\mathrm{RN}} \exp{\mathrm{j}\frac{\pi}{6}}$ (Antwort a).

9.4 Die Spannung muß kleiner als die übrige Sternspannung (wegen der fest vorgegebenen Dreieckspannungen) sein. Sie verschwindet für $R \to 0$, dann liegt an den verbleibenden beiden Widerständen jeweils die Strangspannung.

9.5 Der Sternverbraucher wird an die Wechselspannung geschaltet, der freie Pol über einen Kondensator C sowie Spule L an die Spannungsquelle. Bemessung $\omega L = 1/\omega C = \sqrt{3}R$ (entspricht Antwort b). Aufgabe 9.1/3.

10 Fourierreihe, Fourier-Transformation

10.1 Antwort c. Aufgabe 10.1/1.

10.2 Antwort a, b, d.

10.3 Antwort c, d. Aufgabe 10.1/1.

10.4 Antwort a, d, d. Eine gerade Funktion erfüllt wegen $b_n = 0$ die Bedingung $\underline{c}_n = \frac{1}{2}a_n = \underline{c}_{-n}$ unabhängig vom Index n. Aufgabe 10.1/2.

10.5 Antwort a, c, d. Aufgabe 10.1/3.

10.6 Antwort b und a.

10.7 Antwort b.

10.8 Die Funktion ist gerade und hat daher nur cos-Glieder (Antwort a). Aufgabe 10.1/2

10.9 Antwort 1 a, 2 b, 3 c. Aufgabe 10.2/1.

10.10 FT auf Energiesignale direkt anwendbar (Spektrum enthält keine Impulsanteile). Auf Leistungssignale ebenso anwendbar, aber das Spektrum enthält Impulsanteile endlicher Leistung (unendliche Energie) bei diskreten Frequenzen.

10.11 Antwort 1a, 2a, 3b, 4b. Aufgabe 10.2/2

10.12 Es gelten b und c, die Gewichte der $2\pi c_k$ der Einzelimpules im Abstand ω_0 unterscheiden sich. Aufgabe 10.2/2.

10.13 Aus der Transformationsdefinition folgt als Dimension $[F(\mathrm{j}\omega)] = \mathrm{Vs}$ (Antwort d).

10.14 Der Sprung ist kein Energiesignal, d.h. die Forderung der absoluten Integrabilität $\int_0^\infty |f(t)|\,\mathrm{d}t < M$ ist nicht erfüllt. Daher ist Grenzwertbetrachtung erforderlich.

10.15 Antwort 1c, 2b.

11 Übergangsverhalten, Laplace-Transformation

11.1 Die Lösung ist grundsätzlich von der Form $f(t) = (f(0) - f(\infty)\exp -at + f(\infty)$ ($a > 0$, nur abhängig von Netzwerkparametern, Antwort e), neben abklingender Exponentialfunktion tritt noch der sog. stationäre Anteil $f(\infty)$ auf. Aufgabe 11.3/1.

11.2 Bedingt durch die natürliche Frequenz des Netzwerkes (Eigenwert) enthält jede Variable unabhängig von der Erregung eine abklingende Exponentialfunktion (Antwort a). Aufgabe 11.3/2.

11.3 Diesen Term haben alle Anteile mit Ausnahme des stationären Verhaltens: umgekehrt wird das Verhalten stationär, proportional der Eingangserregung, wenn der Ausgleichsvorgang abgeklungen ist (Antwort d).

11.4 Von Sonderfällen abgesehen gilt Antwort b, Sonderfälle sind die sog. anomalen Netzwerke: eine Kondensatormasche an einer idealen Spannungsquelle, ein Induktivitätsknoten an einer idealen Stromquelle (dann DGL erster Ordnung). Aufgabe 11.4/1.

11.5 Der verlustfreie LC-Kreis hat nur eine sinusförmige Lösung, Exponentiallösungen sind nicht möglich (Antwort c).

11.6 Aufstellen der KHG und Lösung nach den gesuchten Größen zur $t = 0$. Aufgabe 11.2/1.

11.7 Bei der Knotenspannungsanalyse werden zweckmäßig Stromquellen einbezogen (Antwort d), obwohl sie grundsätzlich auch mit Spannungsquellen durchführbar ist. Aufgabe 11.5/4.

11.8 Die Lösungen des charkteristischen Polynoms der Knotenspannungsoder Maschenstromgleichungen sind die natürlichen Frequenzen des Netzwerkes, sie stimmen überein (Antwort b).

11.9 Falsch ist die Angabe b, die Antwort lautet daher f. Aufgabe 8.6/3.

11.10 Grundsätzlich muß das Kriterium d gelten, vereinfacht wird auch Kriterium c vorausgesetzt. Aufgabe 11.5/1.

11.11 p hat Real- und Imaginärteil und umfaßt so Dämpfung und Kreisfrequenz und tritt im Exponent des definierenden Integrals der LT auf (Antwort a).

11.12 Antwort b und d sind richtig. Aufgabe 11.5/2.

11.13 Zum Produkt $f_1(t)$, $f_2(t)$ gehört nach dem Faltungssatz $f_1(t) \circ\!\!-\!\!\bullet F_1(p)$, $f_2(t) \circ\!\!-\!\!\bullet F_2(p)$, Antwort c und d.

11.14 d), durch Rücktransformation in den Zeitbereich ergibt sich b.

11.15 Da die Kondensatoranfangsspannung im Zeitbereich (Integral des Stromes) als Festwert auftritt, wirkt sie bei der Transformation wie ein Spannungssprung, der bei der Transformation in $u(0)/p$ übergeht (Antwort f). Die gleichwertige Zweipolersatzschaltung führt auf einen parallelliegenden Stromimpulsgenerator, der in verschwindender Zeit mit unendlich hoher Amplitude (aber endlicher Ladung) den Spannungssprung erzwingt (Antwort b). Aufgabe 11.5/7.

11.16 Bei Bildung der Übertragungsfunktion werden alle Anfangswerte definitonsgemäß zu Null gesetzt (Antwort b). (Die Übertragungsfunktion hat die Erregerfunktion als Bezug!). Aufgabe 11.5/18.

11.17 Zeit und Frequenz sind reziprok zueinander, Division eine dieser Größen durch eine Konstante bedingt Multiplikation der anderen (Antwort b).

11.18 b), es fehlen die allgemeinen Anfangswerte $u(-0)$, $u(0)$.

11.19 Der Term $10p + 2$ links kann nur durch Anfangswerte entstehen, er ist deshalb bei Suche der zugeordneten DGL zu ignorieren (Antwort c).

Literaturverzeichnis

Bronstein-Semendjajew: Taschenbuch der Mathematik, 25. Aufl. Leipzig: Teubner 1991.

Handbuch der Informationstechnik u. Elektronik (Hrg. bisher C. Rint, neu herausgg. von Lacroix, A.; Motz, T.; Paul, R.; Reuber, C.), Band 1: Mathematik. Heidelberg: Hüthig 1988.

Phillipow, E.: Taschenbuch Elektrotechnik, Bd.1: Allgemeine Grundlagen, 3. Aufl., München: Hanser 1986.

Ameling, W.: Grundlagen der Elektrotechnik, Bd. 1, 4. Aufl, Bd. 2, 2. Aufl., Braunschweig: Vieweg 1984-1988.

Bosse, G.: Grundlagen der Elektrotechnik, Bd. I: Elektrostatisches Feld und Gleichstrom. 2. Aufl., Bd. II: Magnetisches Feld und Induktion. 3. Aufl., Bd. III: Wechselstromlehre, Vierpol- und Leitungstheorie. 2. Aufl., Bd. IV: Drehstrom. Ausgleichsvorgänge in linearen Netzen. Mannheim: Bibliogr. Institut 1973-1989.

Fricke, H.; Vaske, P.: Grundlagen der Elektrotechnik, Teil 1: Elektrische Netzwerke, 17. Aufl., Stuttgart: Teubner 1982.

Frohne, H.: Einführung in die Elektrotechnik, Bd. I: Grundlagen und Netzwerke, 5. Aufl., Bd. II: Elektrische und magnetische Felder, 4. Aufl., Bd. III: Wechselstrom, 4. Aufl., Stuttgart: Teubner 1983-1987.

Matthes, H.: Übungskurs Elektrotechnik 2, Berlin, Springer 1994.

Paul, R.: Elektrotechnik Bd. 1: Elektrische Erscheinungen und Felder, 3. Aufl., Berlin: Springer 1993.

Paul, R.: Elektrotechnik Bd.2: Elektrische Netzwerke, 3. Aufl., Berlin: Springer 1994.

Paul, R., Paul, S.: Arbeitsbuch Elektrotechnik 1, Berlin: Springer 1995.

Paul, R., Paul, S.: Repetitorium zur Elektrotechnik, Berlin: Springer 1996.

Schüßler, H.-W.: Netzwerke, Signale und Systeme 1, 3. Aufl., Berlin, Springer 1991.

Schüßler, H.-W.: Netzwerke, Signale und Systeme 2, 3. Aufl., Berlin, Springer 1992.

Wiesemann, G./Mecklenbräuker, W.: Übungen in Grundlagen der Elektrotechnik I, 2. Aufl., Mannheim: Bibliogr. Institut 1989.

Wiesemann, G.: Übungen in Grundlagen der Elektrotechnik II, Mannheim: Bibliogr. Institut 1989.

Sachverzeichnis